高等职业教育"十四五"规划教材

动物生物化学

侍世梅　主编

中国农业大学出版社
· 北京 ·

内 容 简 介

本教材以培养“厚基础、强能力、高素质、广适应”的创新型人才为目标，以“思路清、内容新、形式活”为指导思想，以“利于教师传授、利于学生学习”为宗旨，进行精心编写。本教材共有10个模块，分为理论与实训两大部分。理论部分共有9个模块，前三个模块依次介绍核酸、蛋白质、酶与维生素的组成、结构、性质及主要生物学功能。模块四介绍能量的生成与利用特点，模块五至模块八分别介绍糖类、脂类、核酸和蛋白质的代谢，模块九介绍物质代谢的相互关系与代谢的调节。模块十是生物化学实验技能，包括生物化学实验基本技术和生物化学技能训练两部分。本教材在编写中体现职业教育特色，突出基础性、实用性和应用性的特点，每个模块前有学习目标和素质目标，并配有任务解析，模块后有知识拓展、思考与练习题，便于学生学习与教师教学。

本教材既可作为高等职业院校动物科学、动物医学、动物药学、水产养殖、动植物检疫、水族科学与技术、野生动物与自然保护区管理和生物技术等专业的教材，也可作为中等职业学校师生、广大畜牧兽医工作者、参加国家执业兽医资格考试人员和专升本同学的参考书。

图书在版编目(CIP)数据

动物生物化学/侍世梅主编. --北京：中国农业大学出版社，2024.8. ISBN 978-7-5655-3258-0

Ⅰ. Q5

中国国家版本馆CIP数据核字第2024P8A891号

书　名　动物生物化学
作　者　侍世梅　主编

策划编辑　康昊婷　　**责任编辑**　康昊婷
封面设计　郑　川　李尘工作室
出版发行　中国农业大学出版社
社　址　北京市海淀区圆明园西路2号　　**邮政编码**　100193
电　话　发行部 010-62733489，1190　　读者服务部 010-62732336
编辑部 010-62732617，2618　　出　版　部 010-62733440
网　址　http://www.caupress.cn　　**E-mail** cbsszs@cau.edu.cn
经　销　新华书店
印　刷　河北朗祥印刷有限公司
版　次　2024年8月第1版　2024年8月第1次印刷
规　格　185 mm×260 mm　16开本　23印张　569千字
定　价　69.00元

编审人员

主　编　侍世梅（甘肃畜牧工程职业技术学院）

副主编　邬立刚（黑龙江农业职业技术学院）

张　洁（甘肃农业职业技术学院）

张梦玲（广东梅州职业技术学院）

李　显（广西农业工程职业技术学院）

参　编　刘兴龙（甘肃酒泉职业技术学院）

苗钟环（甘肃畜牧工程职业技术学院）

陈明霞（广东科贸职业学院）

莘海亮（黔东南民族职业技术学院）

唐榕泽（广西农业工程职业技术学院）

贾聪俊（广东梅州职业技术学院）

主　审　张登辉（甘肃畜牧工程职业技术学院）

前 言

生物化学已成为现代生命科学的基础和前沿，生命科学要取得更大的进展或突破，在一定意义上有赖于生物化学及分子生物学研究的进展及所取得的成就。

为推动职业教育高质量发展，党的二十大报告强调“统筹职业教育、高等教育、继续教育协同创新，推进职普融通、产教融合、科教融汇，优化职业教育类型定位”，明确了职业教育发展的方向，报告将大国工匠、高技能人才纳入国家战略人才力量，充分彰显加强新时代高技能人才队伍建设的重要性。结合高等职业教育畜牧兽医类专业群人才培养方案，为适应畜牧兽医类专业高等职业教育发展的需要和动物生物化学课程的特点，为培养具备较强综合畜牧兽医职业能力的高技能应用型人才，我们编写了这本《动物生物化学》教材。本教材紧密结合职业院校学生实际，注重理论与实践相结合、多样性与普遍性相结合、科学性与灵活性相结合，重点介绍动物生物化学的基础知识，并进行了知识的创新和拓展，力求做到内容科学、结构合理、学以致用。

动物生物化学是高等职业院校动物科学、动物医学、动物药学、水产养殖、动植物检疫、水族科学与技术、野生动物与自然保护区管理和生物技术等相关专业的专业基础课。本教材共有 10 个模块，主要以三大物质代谢为中心内容，分别介绍了核酸、蛋白质、酶与维生素的组成、结构、性质和主要生物学功能，以及结构和功能之间的关系；重点介绍糖、脂肪、核酸、蛋白质在动物体内的代谢过程和代谢规律。每个模块前都有学习目标和素质目标，模块后有知识拓展，并附有思考与练习题帮助学生巩固知识、复习重点。本教材职业教育特色鲜明，既突出基础性、实用性，又具有创新性，与时俱进。本教材可作为职业院校动物医学、畜牧兽医、宠物和其他相关专业的教材，也可作为畜牧兽医工作者、相关教师、参加国家执业兽医资格考试人员及专升本同学的参考书。

本教材由侍世梅担任主编，在编写过程中参阅了大量书籍，编者所在学校及有关专家对教材的编写工作给予了大力支持，在此表示感谢。

由于我们水平所限，经验不足，时间仓促，书中疏漏和不妥之处在所难免，恳切希望广大师生和读者批评指正，以便今后进一步修订。

编　者

2024 年 1 月

目 录

绪 论 …………………………………… 1

一、生物化学概述及研究的内容 …… 1

二、生物化学的发展简史 ………… 2

三、生物化学在畜牧兽医专业中的地位及生产中的应用 …………… 3

四、动物生物化学的学习方法 ……… 4

模块一 核酸化学………………………… 5

任务一 核酸的化学组成……………… 5

一、核酸基本结构单位——核苷酸 … 6

二、细胞内重要的游离核苷酸 ……… 8

任务二 核酸的结构 ………………… 10

一、核酸的一级结构………………… 10

二、核酸的空间结构………………… 14

任务三 核酸的理化性质 …………… 19

一、基本特性………………………… 19

二、核酸的变性、复性和分子杂交 … 22

知识拓展 …………………………… 24

思考与练习 ………………………… 24

模块二 蛋白质化学 ………………… 26

任务一 蛋白质的分子组成 ……… 27

一、蛋白质的化学元素组成………… 27

二、蛋白质的基本结构单位——氨基酸 ……………………… 27

三、氨基酸的理化性质……………… 30

任务二 肽与蛋白质的分子结构 …… 32

一、肽………………………………… 32

二、蛋白质的一级结构……………… 36

三、蛋白质的空间结构……………… 36

四、蛋白质结构与功能的关系……… 41

任务三 蛋白质的理化性质 ………… 43

一、蛋白质的两性解离与等电点…… 43

二、蛋白质的胶体性质……………… 43

三、蛋白质的沉淀…………………… 44

四、蛋白质的变性与复性…………… 46

五、蛋白质的呈色反应……………… 46

知识拓展 …………………………… 46

思考与练习 ………………………… 47

模块三 酶与维生素 ………………… 49

任务一 酶的概述 ………………… 49

一、酶的相关概念、化学本质和特性…………………………… 50

二、酶分子的组成…………………… 52

三、酶的分子结构…………………… 53

四、酶的命名、分类与活力 ………… 58

任务二 酶作用机理 ……………… 61

一、酶作用与分子活化能的关系…… 61

二、酶催化作用的基本原理………… 61

任务三 影响酶促反应速率的因素 … 64

一、底物浓度对酶促反应速率的影响…… 64
二、酶浓度对酶促反应速率的影响 … 66
三、温度对酶促反应速率的影响…… 66
四、pH 对酶促反应速率的影响 …… 67
五、激活剂对酶促反应速率的影响 … 68
六、抑制剂对酶促反应速率的影响 … 69
任务四 维生素与辅酶 …… 72
一、维生素概述…… 73
二、水溶性维生素与辅酶…… 74
三、脂溶性维生素…… 85
任务五 核酶、抗体酶及酶的应用…… 89
一、核酶…… 89
二、脱氧核酶…… 91
三、抗体酶…… 92
四、酶的应用…… 92
知识拓展 …… 99
思考与练习 …… 99

模块四 生物氧化…… 101

任务一 生物氧化的概述…… 101
一、生物氧化的概念和特点 …… 101
二、生物氧化的方式 …… 102
三、生物氧化的类型 …… 104
任务二 生物氧化中 CO_2 的生成 … 106
一、单纯脱羧 …… 106
二、氧化脱羧 …… 107
任务三 生物氧化中水的生成…… 107
一、呼吸链的概念 …… 107
二、呼吸链的组成 …… 107
三、呼吸链各组分的作用机理 …… 108
四、动物体内重要的呼吸链 …… 110
任务四 生物氧化中能量的生成与转化…… 112
一、高能键和化合物 …… 112
二、ATP 的生成方式 …… 115
三、胞液中 NADH 的氧化 …… 117
四、能量的转移、贮存与利用…… 119
知识拓展…… 120
思考与练习…… 126

模块五 糖类化学与糖类代谢 …… 128

任务一 糖类概述…… 129
一、单糖及其衍生物 …… 130
二、寡糖的降解 …… 133
三、多糖的降解 …… 135
四、糖的生理功能 …… 142
五、血糖及其调节 …… 143
任务二 单糖的分解代谢…… 144
一、糖的无氧分解 …… 145
二、糖的有氧分解 …… 151
三、磷酸戊糖途径 …… 158
任务三 糖的合成代谢…… 162
一、糖异生作用 …… 163
二、糖原的合成 …… 165
知识拓展…… 166
思考与练习…… 172

模块六 脂类化学与脂类代谢 …… 174

任务一 脂类化合物…… 174
一、脂酰甘油类 …… 175
二、三酰甘油的类型 …… 177
三、三酰甘油的理化性质 …… 178
四、其他酰基甘油类 …… 179
五、磷脂类 …… 179
任务二 脂类概述…… 184
一、脂类的生理功能 …… 185
二、脂类的贮存、动员和运输…… 186
任务三 脂肪的分解代谢…… 189
一、脂肪的水解 …… 189
二、甘油的分解代谢 …… 191
三、脂肪酸的分解代谢 …… 191
任务四 脂肪的合成代谢…… 198
一、α-磷酸甘油的合成 …… 198

二、饱和脂肪酸的合成 …………… 198
三、脂肪的合成途径 ……………… 204
任务五　类脂代谢………………… 206
一、磷脂的代谢 ………………… 206
二、胆固醇的代谢 ……………… 208
知识拓展……………………………… 210
思考与练习…………………………… 214
模块七　核酸与蛋白质的分解代谢 ………………… 215
任务一　核酸的代谢……………… 215
一、核酸的降解 ………………… 215
二、核苷酸的分解代谢 ………… 216
三、核苷酸的合成代谢 ………… 218
任务二　蛋白质代谢概述………… 224
一、蛋白质的生理功能 ………… 224
二、氮平衡与蛋白质的营养价值 … 225
任务三　蛋白质的分解代谢……… 226
一、蛋白质的降解 ……………… 226
二、氨基酸的一般分解代谢 …… 227
任务四　个别氨基酸的代谢……… 239
一、一碳基团氨基酸的代谢 …… 240
二、含硫氨基酸的代谢 ………… 242
三、芳香族氨基酸的代谢 ……… 246
四、支链氨基酸的代谢 ………… 247
知识拓展……………………………… 247
思考与练习…………………………… 249
模块八　核酸与蛋白质的生物合成 ……………………… 250
任务一　DNA 的生物合成 ……… 251
一、DNA 的复制 ……………… 251
二、DNA 的损伤与修复 ……… 255
三、逆转录 ……………………… 257
任务二　RNA 的生物合成 ……… 258
一、转录作用 …………………… 258
二、RNA 的复制………………… 263
任务三　蛋白质的生物合成……… 265
一、参与蛋白质生物合成的物质 … 265
二、蛋白质生物合成的过程 …… 269
三、翻译后的加工 ……………… 273
四、基因表达的调控 …………… 274
任务四　现代生物技术简介……… 276
一、基因工程 …………………… 276
二、酶工程 ……………………… 279
三、细胞工程 …………………… 279
四、蛋白质工程 ………………… 280
五、发酵工程 …………………… 280
知识拓展……………………………… 280
思考与练习…………………………… 283
模块九　物质代谢的相互关系与代谢的调节 ……………………… 284
任务一　糖、脂、蛋白质和核酸代谢的相互关系………………… 284
一、糖代谢与脂类代谢的相互联系 ……………………… 284
二、糖代谢与蛋白质代谢相互联系 ……………………… 285
三、脂类代谢与蛋白质代谢的相互联系 ………………… 285
四、核酸与糖、脂类和蛋白质代谢的相互联系 ………………… 286
任务二　物质代谢调节…………… 287
一、细胞水平调节 ……………… 287
二、激素水平的代谢调节 ……… 294
三、整体水平的代谢调节 ……… 295
知识拓展……………………………… 297
思考与练习…………………………… 297
模块十　生物化学实验技能 ……… 299
任务一　生物化学实验基本技术…… 299
一、层析分离技术 ……………… 299
二、电泳技术 …………………… 310
三、分光光度技术 ……………… 315
四、离心技术 …………………… 321

五、生物大分子制备技术 ………… 326
任务二 生物化学技能训练………… 333
技能训练一 蛋白质等电点的测定………………… 333
技能训练二 双缩脲法测定蛋白质的含量………………… 334
技能训练三 生化实验样品的制备………………… 335
技能训练四 唾液淀粉酶的特性试验………………… 338
技能训练五 蛋白质含量的测定（凯氏定氮法）……… 340
技能训练六 血糖含量的测定…… 342
技能训练七 肝糖原的提取与鉴定………………… 344
技能训练八 血清总脂的测定…… 345
技能训练九 酮体的测定………… 346
技能训练十 核酸的定量测定（定磷法）…………… 349
技能训练十一 荧光法测定维生素C的含量……………… 350
技能训练十二 聚合酶链反应（PCR）实验……………… 352
参考文献 ……………………………… 357

绪 论

一、生物化学概述及研究的内容

(一)生物化学概述

生物化学是生命的化学,是以生物体(人、动物、植物、微生物等)为研究对象,运用化学的原理和方法研究生物体内的物质组成、结构和功能的关系,以及物质在生命活动中的变化过程、变化规律,并从分子水平上阐明生命现象化学本质的科学。动物生物化学主要是以动物为研究对象的生物化学。

(二)生物化学研究的主要内容

生物化学是介于化学、生物学及物理学之间的一门边缘学科。动物生物化学研究的主要方面包括动物体的物质组成、分子结构与功能;物质的新陈代谢、代谢调控、信号转导、遗传信息传递和自我复制等生命现象的化学本质,以及有关现代生物化学技术等。

1. 生物体的物质组成、化学结构与功能

生物体内主要由C、H、O、N、P、S等元素组成的蛋白质、核酸、糖类、脂类、维生素、水和无机盐等,这些有机和无机化合物按一定的规律组成,并结合生成复杂的生物大分子、亚细胞结构、组织器官,并在一定的生理条件下表现出各种功能。其中最主要的物质是蛋白质和核酸,蛋白质是生命的物质基础,执行着一定的生物学功能,体现着各种生命活动。核酸则是通过遗传信息的贮存、遗传物质的表达指导各种蛋白质的合成,从而体现生命特征的代代相传的另一类大分子物质。研究生物体内的生物大分子及各种物质的组成、含量、结构、化学性质和功能,是生物化学的一项重要内容。高等生物体主要由蛋白质、核酸、糖类、脂类、水以及无机盐等组成,此外还含有一些低分子物质,如维生素、激素、氨基酸、多肽、核苷酸及一些分解产物。

2. 物质代谢与调控

新陈代谢是生命的基本特征。生物体一方面从外界环境摄取营养物质和能量,通过体内一系列化学变化,转变为自身的组成物质,即合成代谢;另一方面生物体内的原有物质又经过一系列化学变化,分解为废物和热能排出体外,即分解代谢。物质在生物体内经过分解、合成、再分解、再合成这一系列新陈代谢过程实现机体的体温调节、肌肉收缩、腺体分泌、生长、发育、遗传、变异、生殖、衰老、死亡等生命过程。新陈代谢的协调进行,有赖于细胞水平的调节、神经和激素的调节。新陈代谢一旦停止,生命即告结束。因此,研究动态的新陈代谢过程是生物化学的另一个重要内容。

3. 基因的贮存、传递、表达及其调控

生物体能够进行自我复制，自我繁殖，这是它的一个基本属性。生物体通过个体的繁衍，将其遗传信息传给下一代，基因是遗传信息贮存与传递的载体，是DNA分子中可表达的功能片段，通过DNA的复制、转录、翻译将遗传信息传递给后代。基因的贮存、传递使生命得以延续；基因的遗传、变异与表达赋予生物体丰富多彩的特色。研究基因在染色体中的定位、核苷酸的排列顺序及其功能、DNA复制、RNA转录、蛋白质生物合成过程中基因传递的机制、基因传递与表达的时空调节规律是生物化学极为重要的课题，为解开生物体生命本质奠定坚实的基础。

4. 现代生物化学技术

现代生物化学技术已渗透到生产、生活的各个领域，包括生物大分子的提取、分离、纯化与检测等一系列相关技术。生物化学技术不仅仅是化学的技术，还融入了生物学、物理学、免疫学、微生物学、药理学等知识与技术作为研究手段。正是这些技术的发展和新技术、新仪器的不断涌现，在加快生物化学领域发展的同时，也带动了其他学科的发展。

二、生物化学的发展简史

生物化学是既古老又年轻的一门学科，生物化学是生命科学之一，它是在有关科学发展的基础上逐步形成的。在我国可追溯到公元前21世纪，而欧洲约为200年前。直到1903年由德国科学家C. Neuberg提出“Biochemistry（生物化学）”这一名词，使生物化学成为一门独立的学科，并促进了生物化学的飞速发展。

（一）古代生物化学的应用

18世纪之前，我们的祖先就能够利用曲酿酒，利用豆、谷、麦等为原料制成酱、饴和醋，其实饴就是淀粉酶催化淀粉水解的产物；汉代的淮南王制作豆腐，是利用胶体化学相关的原理方法提取豆类蛋白质；公元7世纪孙思邈用猪肝治疗雀目的记载，实际上是利用富含维生素A的猪肝治疗夜盲症；北宋沈括记载的“秋石阴炼法”，实际上就是采用皂角汁沉淀等方法从尿中提取性激素制剂；明末宋应星记载的用石灰澄清法将甘蔗制糖的工艺，被近代公认为最经济的方法。

（二）近代生物化学的发展

从18世纪中叶到20世纪初，主要完成了各种生物体化学组成的分析研究，发现了生物体主要由糖类、脂类、蛋白质和核酸四大类有机物质组成，以及它们的含量、性质等，这是人们在长期的生产实践和医疗实践中逐步认识的，这一阶段可称为静态生物化学阶段。

从20世纪初到20世纪50年代，此阶段人们对物质在生物体内的变化过程和变化规律，各种化学物质的代谢途径有了深入的研究，由静态生化发展到动态生化。其中主要的有：1932年，英国科学家Krebs建立了尿素合成的鸟氨酸循环；1937年，Krebs又提出了各种化学物质的中心环节——三羧酸循环的基本代谢途径；1940年，德国科学家Embden和Meyerhof提出了糖酵解代谢途径。这一时期揭示了蛋白质是生命的表现形式。酶作为催化剂的发现打开了通向现代生物化学的大门。20 世纪 50 年代，维生素、辅酶、激素的结构与功能，酶促反应动力学，脂肪酸的氧化分解，氨基酸的分解代谢等被阐明。

(三)现代生物化学的发展

从 1953 年至今，以 1953 年 Watson 和 Crick 提出 DNA 的双螺旋结构模型为标志，生物化学的发展进入分子生物学阶段。Frederick Sanger 完成了胰岛素一级结构的测定。这一阶段的主要研究工作就是探讨各种生物大分子的结构与其功能之间的关系，人们提出遗传信息的传递规律，核酸和蛋白质组成的序列分析技术取得了飞速的发展。20 世纪 60—70 年代，体外 DNA 重组技术的建立和基因表达调控机制被发现，使人们主动改造生物体成为可能。1965 年我国在世界上首次人工合成牛胰岛素；1966 年破译了 mRNA 分子中的遗传密码；1981 年在世界上又首次完成酵母丙氨酰-tRNA 的人工合成。20 世纪 80—90 年代核酶和抗体酶被发现，PCR 技术发明，并启动了人类基因组计划，完成了其他相关基因工程，为生物的进化、遗传、发病机理、疾病的预防、治疗、延缓衰老和新药的开发，以及整个生命科学产生深远影响。以研究生物大分子的结构和功能为基础去探讨生命现象的本质，这就使许多生物学科与生物化学密切联系起来，把生物化学推进到分子生物学时代。分子生物学和生物工程(包括基因工程、酶工程、蛋白质工程、细胞工程、微生物发酵工程等)都是以生物化学为基础发展起来的新学科和新技术。它们的兴起和应用，使生命科学的研究上升到一个新阶段，使人类从分子水平上揭示生命现象的本质。

进入 21 世纪，进一步深入研究各种基因的功能和调节。近年来蛋白质组学、RNA 组学等的研究迅速兴起，这些研究成果必将加深人们对生命本质的认识，也将极大地推动医药和农业的发展。

三、生物化学在畜牧兽医专业中的地位及生产中的应用

(一)与畜牧专业的关系

学习生物化学的物质和能量代谢规律，物质之间的相互联系和相互影响，进一步促进动物饲料的科学配方，新型饲料开发以及新型饲料添加剂的研究，提高动物生产率，预防养殖过程中的各种代谢疾病，还能使人们深入了解动物遗传学，为有目的、按计划操纵动物体的生命特征开辟道路。

(二)与兽医学科的关系

生物化学的理论与知识为动物疾病临床诊断，掌握疾病发生发展规律，对于新药研发、动物疾病防疫与检验提供科学的理论基础，为推动现代生物学技术的发展，提高动物生命质量奠定基础。

(三)与其他学科的关系

生物化学与生命科学的许多分支学科均有密切关系。首先，它与生理学是特别密切的姊妹学科。例如，动物生理学，它是研究动物生命活动原理的一门科学。动物的生命活动包括许多方面，其中有机物代谢是重要的方面，这本身也属于生物化学的内容。因此，在动物生理学

的教科书中也包括部分生物化学内容。其次，生物化学与遗传学也有密切关系，现已知核酸是一切生物遗传信息的载体，而遗传信息的表达，则是通过核酸所携带的遗传信息翻译为蛋白质实现的。因此，核酸和蛋白质的结构、代谢与功能，同时是生物化学与遗传学的内容。再次，生物化学与微生物学也有关，目前所积累的生物化学知识，有相当部分是用微生物为研究材料所获得的，如大肠埃希菌是被生物化学广泛应用的材料。然后，生物化学与分类学也有关系，由于蛋白质在进化上是较少变化的，近代利用某些蛋白质结构的研究，可以作为分类的依据。此外，农业、生物技术、食品、医药卫生及生态环境等科学，都需要生物化学的理论基础。

（四）生物化学的应用与发展

21 世纪是以信息科学和生命科学为前沿科学的时代。生物化学在生命科学中居于基础地位，也是医学、畜牧、兽医、农学、林学和食品科学等专业必修的基础课。生物化学在生产生活中的应用主要体现在医疗、农业和食品行业等方面。在医学上，人们根据疾病的发病机理以及病原体与人体在代谢和调控上的差异，设计或筛选出各种高效低毒的药物，比如最早的抗生素——磺胺类药物发挥竞争性抑制作用使细菌不能合成叶酸而死亡；依据免疫学知识人们设计研制出各种疫苗，使人类从传染病中得以幸免；艾滋病疫苗的研制工作也在不断取得进步。

我国是一个人口大国，需要通过生物技术改良农作物提高产量和质量，通过核移植过程进行无性繁殖克隆技术培育优良动物品种。现代生命科学技术可以大大加快人类的进化历程并改变某些物种，从而影响整个自然界的发展历程。科技的每一小步前进都会带来社会的深刻变化，如网络的出现促成了虚拟社区的形成，而这虚拟的世界却又实实在在地影响着人们的现实生活。科技的进步给人类带来更多的利益，生命科学领域中的工作者们正在努力实现使生命更完美的目标。没有疾病的困扰，胎儿在发育之前已对其缺陷基因进行了彻底的修复；人工合成的蛋白质取代了动物肉类。这就是生命科学的未来，它将为人类营造出一个健康、繁荣和幸福的生命世界。

四、动物生物化学的学习方法

动物生物化学是畜牧兽医学科重要的专业基础课程，它是实验科学，其一切成果均建立在严谨的科学实验基础之上，有一定规律可循，需要理解和记忆相关概念知识和化学原理。为了提高学习效率，学习时各章节要相互联系，通过比较、分析、总结，才能将整个内容融会贯通，还要和其他专业课程紧密联系，要为相关专业课程的学习打下坚实的理论基础。因此，为实现我国农业现代化，畜牧兽医工作者学习掌握现代生物化学的基本知识，是非常必要的。

模块一
核酸化学

【学习目标】

(1)掌握核酸的化学组成、结构特点、理化性质。

(2)熟悉 DNA 双螺旋结构模型的特点和碱基配对规律。

(3)了解核酸的变性、复性、杂交技术。

【素质目标】

(1)培养家国情怀,法治意识。

(2)培养具有良好的思想素质、社会公德和职业道德。

(3)培养团结协作的精神和严谨科学的思维。

任务一　核酸的化学组成

任务解析

掌握 DNA 和 RNA 组成上的异同点;了解多磷酸核苷酸、环化核苷酸的结构和生理功能,为学习核酸的结构打下基础。

核酸最早是由瑞士青年化学家米歇尔(Friedrich Miescher)发现的,1868 年他从脓细胞核中分离出一种富含氮和磷的酸性化合物,称为"核素"。研究证明,核酸是由核苷酸组成的具有复杂三维空间结构的大分子酸性化合物,是遗传的物质基础。

经过实验证明,核酸存在于任何有机体中,包括病毒、细菌、动植物等。核酸分为两类:一类是脱氧核糖核酸(DNA),主要存在于细胞核染色体上,并与组蛋白相结合,是染色体的主要成分。线粒体、叶绿体也含有 DNA。原核生物无细胞核,染色体含有一条高度压缩的 DNA。真核细胞含不止一条染色体,每个染色体只含一个 DNA 分子。生物体的遗传信息就蕴藏在 DNA 的碱基排列顺序中,DNA 是遗传信息的贮存和携带者,是遗传的物质基础,DNA 的相对分子质量一般在 10^6 以上。另一类是核糖核酸(RNA),主要存在于细胞质内,起着传递遗传信息,参与遗传信息表达的作用,与蛋白质的生物合成密切相关。有些 RNA 还具有酶的催化作用。根据 RNA 的结构和功能不同又可分 3 类,即信使核糖核酸(mRNA)、转运核糖核酸(tRNA)、核糖体核糖核酸 (rRNA)。

各种病毒都是核蛋白，其核酸要么是 DNA，要么是 RNA，至今尚未发现两者都含有的病毒。DNA 的含量很稳定，在真核细胞中 DNA 与染色体的数目多少有平行关系，体细胞（双倍体）DNA 含量为生殖细胞（单倍体）DNA 含量的 2 倍。DNA 在代谢上也比较稳定，不受营养条件、年龄等因素的影响。

核酸分子是由 C、H、O、N、P 5 种元素组成，其中磷元素的含量在核酸分子中比较恒定。DNA 的平均含磷量为 9.9%；RNA 的平均含磷量为 9.4%。因此，可以通过测定生物样品中核酸的磷元素含量，推算出生物样品中核酸含量。

一、核酸基本结构单位——核苷酸

核酸经酸、碱或酶水解后得到它的基本结构单位——核苷酸，核酸是由核苷酸缩合而成的高分子物质。核苷酸是由核苷和磷酸组成的，而核苷又是由碱基和戊糖组成的。DNA 和 RNA 两类核酸的基本组成成分见表 1-1。

表 1-1 两类核酸的基本组成成分

核酸组成成分	DNA	RNA
嘌呤碱基	腺嘌呤（A）、鸟嘌呤（G）	腺嘌呤（A）、鸟嘌呤（G）
嘧啶碱基	胞嘧啶（C）、胸腺嘧啶（T）	胞嘧啶（C）、尿嘧啶（U）
戊糖	*β*-*D*-2-脱氧核糖	*β*-*D*-核糖
酸	磷酸	磷酸

（一）核苷

戊糖和碱基缩合形成的化合物称为核苷。

1. 碱基

核苷分子中的碱基分为嘌呤碱基和嘧啶碱基 2 类。嘌呤碱基主要有腺嘌呤和鸟嘌呤 2 种；嘧啶碱基主要有胞嘧啶、尿嘧啶和胸腺嘧啶 3 种。碱基常用英文开头大写字母表示，如腺嘌呤（adenine）为 A，鸟嘌呤（guanine）为 G，胞嘧啶（cytosine）为 C，尿嘧啶（uracil）为 U，胸腺嘧啶（thymine）为 T。嘌呤碱基和嘧啶碱基的化学结构式分别如下：

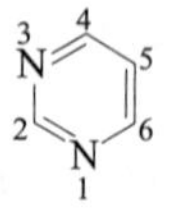
嘧啶

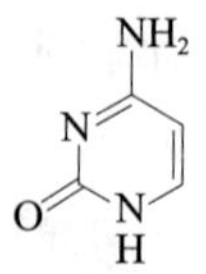
胞嘧啶（C）

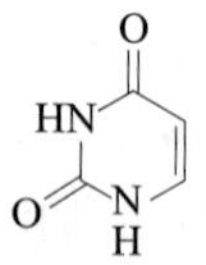
尿嘧啶（U）

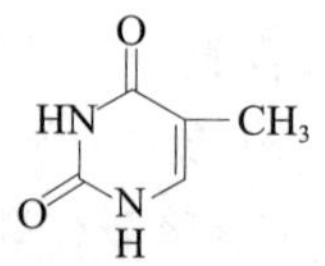
胸腺嘧啶（T）

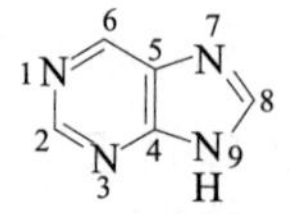
嘌呤

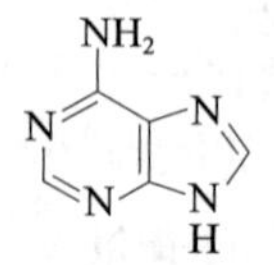
腺嘌呤（A）

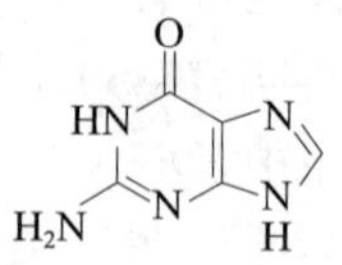
鸟嘌呤（G）

除上述几种主要碱基外，还有少量的稀有碱基（由碱基修饰而成的），如 5-甲基胞嘧啶、5,6-二氢尿嘧啶、次黄嘌呤等。

2. 戊糖

核苷分子中的戊糖有 2 种：核糖和脱氧核糖，它们均为 β-呋喃糖。DNA 中的戊糖为 *β-D*-2-脱氧核糖；RNA 中的为 *β-D*-核糖。它们的化学结构式分别如下：

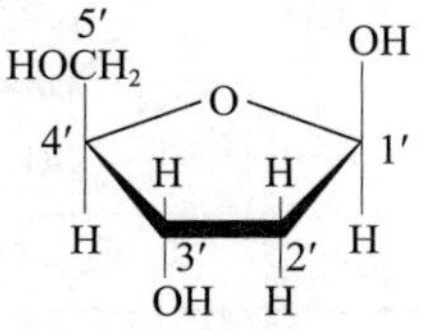

β-D-2-脱氧核糖

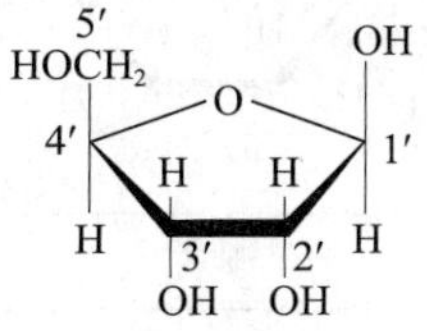

β-D-核糖

戊糖环上的碳原子用 1′，2′，…表示。戊糖的 C_1 上的羟基与嘌呤碱基的第 9 位氮原子或嘧啶碱基的第 1 位氮原子上的氢原子脱水缩合形成糖苷键。脱氧核糖与碱基缩合形成的化合物称为脱氧核糖核苷，核糖与碱基缩合形成的化合物称为核糖核苷。核苷根据其中的碱基和戊糖的名称来命名，如腺嘌呤与核糖缩合生成的核苷称为腺嘌呤核糖核苷，简称腺苷（A）。同样其他核糖核苷可简称为鸟苷（G）、胞苷（C）、尿苷（U）等。脱氧核糖与各种碱基形成的核苷可分别称为脱氧腺苷（dA）、脱氧鸟苷（dG）、脱氧胞苷（dC）、脱氧胸苷（dT）等。部分核苷的化学结构式如下：

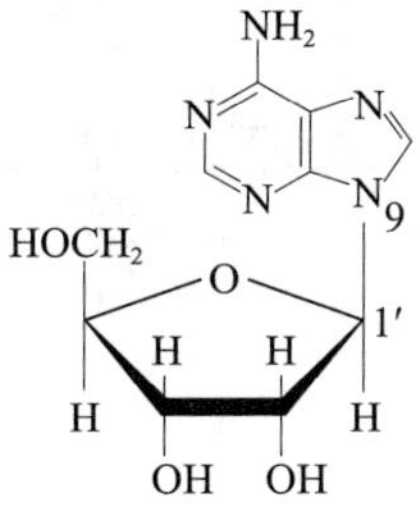

腺苷（A）

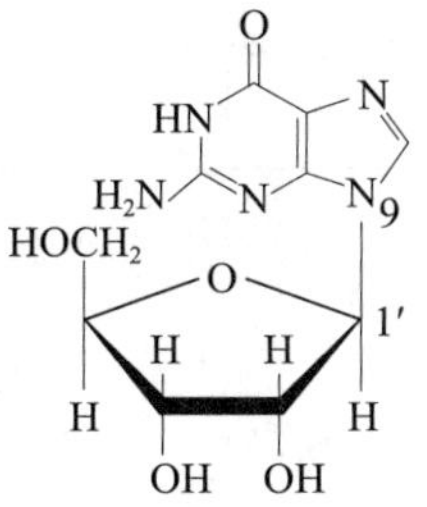

鸟苷（G）

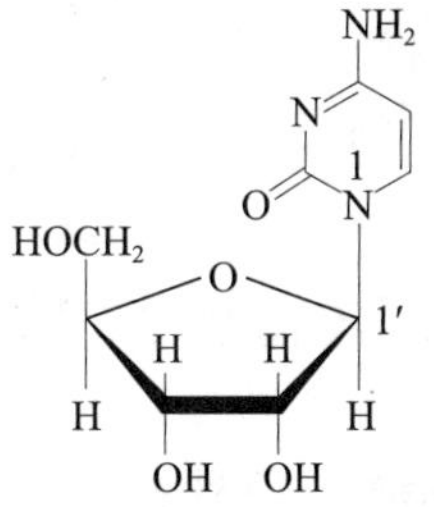

胞苷（C）

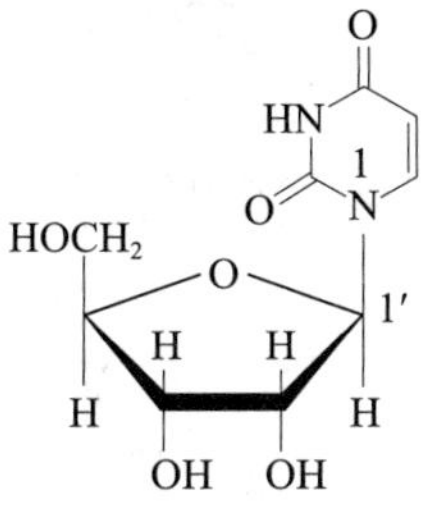

尿苷（U）

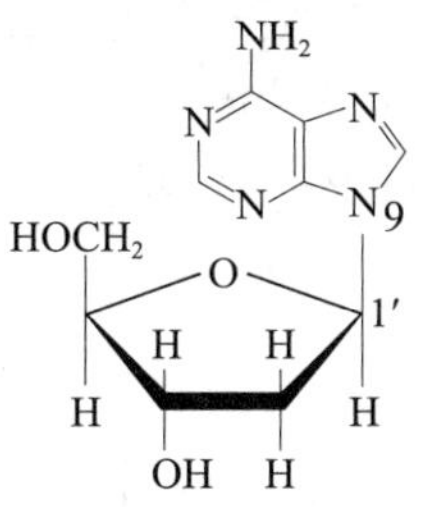

脱氧腺苷（dA）

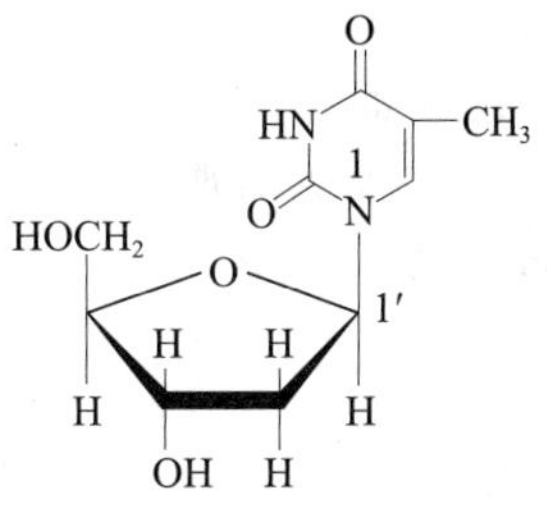

脱氧胸苷（dT）

（二）核苷酸

核苷分子中戊糖环上的羟基磷酸酯化，形成核苷酸。根据戊糖的不同可将核苷酸分为脱氧核糖核苷酸和核糖核苷酸。脱氧核糖核苷有 2 个羟基（3′、5′），因此能生成 2 种脱氧核糖核苷酸（3′-脱氧核苷酸、5′-脱氧核苷酸）。核糖核苷有 3 个羟基（2′、3′、5′），故能生成 3 种核糖核苷酸（2′-核糖核苷酸、3′-核糖核苷酸、5′-核糖核苷酸）。核苷酸的结构以一磷酸腺苷和一磷酸脱氧腺苷为代表剖析如下。

一磷酸腺苷（AMP）、一磷酸鸟苷（GMP）、一磷酸胞苷（CMP）和一磷酸尿苷（UMP）是构成 RNA 的基本结构单位。一磷酸脱氧腺苷（dAMP）、一磷酸脱氧鸟苷（dGMP）、一磷酸脱氧

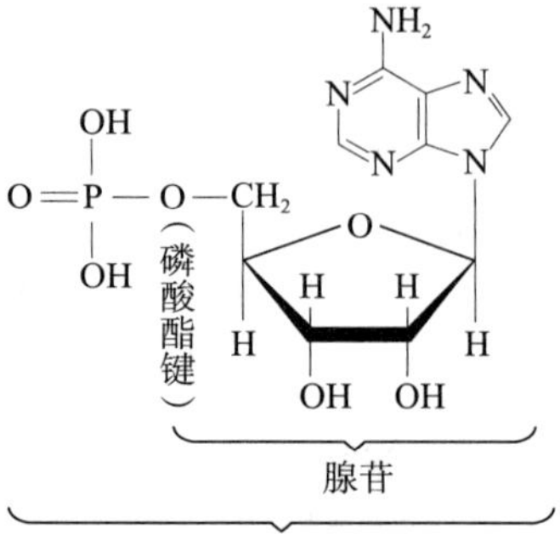

一磷酸腺苷（5′-AMP）

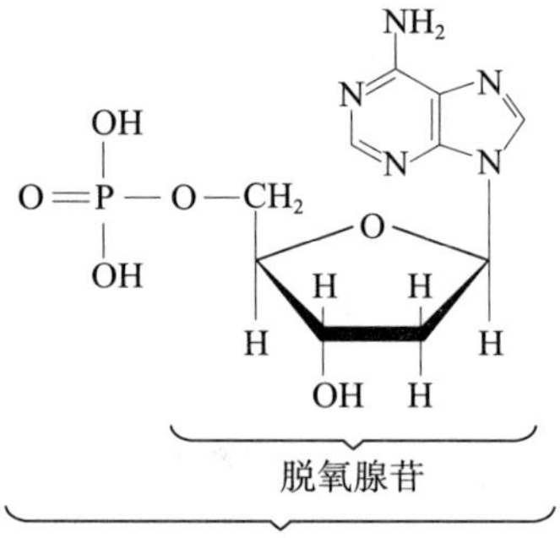

一磷酸脱氧腺苷（5′-dAMP）

胞苷(dCMP)和一磷酸脱氧胸苷(dTMP)是构成DNA的基本单位。常见的核苷酸及其缩写符号见表1-2。

表1-2　常见的核苷酸及缩写符号

碱基	核糖核苷酸(5′-单磷酸)	脱氧核糖核苷酸(5′-单磷酸)
腺嘌呤(A)	腺苷酸(AMP)	脱氧腺苷酸(dAMP)
鸟嘌呤(G)	鸟苷酸(GMP)	脱氧鸟苷酸(dGMP)
胞嘧啶(C)	胞苷酸(CMP)	脱氧胞苷酸(dCMP)
尿嘧啶(U)	尿苷酸(UMP)	—
胸腺嘧啶(T)	—	脱氧胸苷酸(dTMP)

二、细胞内重要的游离核苷酸

(一)多磷酸核苷酸

凡含有一个磷酸基的核苷酸统称为一磷酸核苷或核苷酸（NMP）。5′-核苷酸的磷酸基还能与磷酸结合而生成二磷酸核苷（NDP)和三磷酸核苷(NTP)。例如，5′-腺苷酸（AMP)可再结合一个磷酸生成二磷酸腺苷（ADP)，ADP还可再结合一个磷酸生成三磷酸腺苷（ATP)。常用多磷酸核苷简化符号见表1-3。

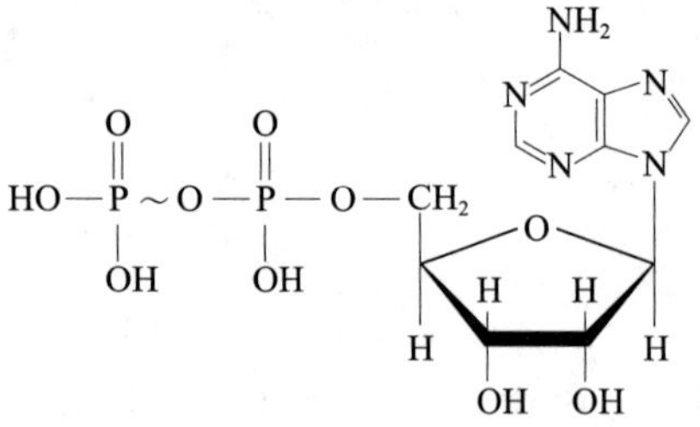

二磷酸腺苷（ADP）

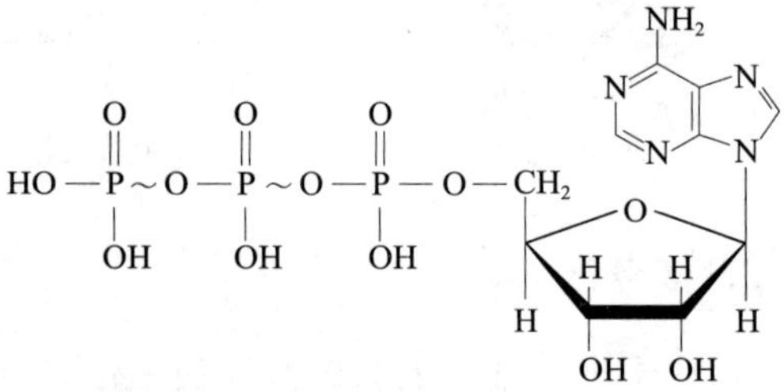

三磷酸腺苷（ATP）

表1-3　常见多磷酸核苷简化符号

核苷	二磷酸核苷	三磷酸核苷
腺苷	ADP	ATP
鸟苷	GDP	GTP
胞苷	CDP	CTP

续表 1-3

核苷	二磷酸核苷	三磷酸核苷
尿苷	UDP	UTP
脱氧腺苷	dADP	dATP
脱氧鸟苷	dGDP	dGTP
脱氧胞苷	dCDP	dCTP
脱氧胸苷	dTDP	dTTP

生物体细胞内的多磷酸核苷具有重要的生理作用。例如，ATP 在能量的贮存、释放中起重要的作用，UTP 参与糖原的合成，CTP 参与磷脂的合成，GTP 参与蛋白质的生物合成等。此外，某些核苷酸还是一些辅酶的组成成分，如 NAD^+（辅酶Ⅰ，称为烟酰胺腺嘌呤二核苷酸）、$NADP^+$（辅酶Ⅱ，称为烟酰胺腺嘌呤二核苷酸磷酸）、FAD（黄素腺嘌呤二核苷酸）、FMN（黄素单核苷酸）、CoA（辅酶 A）等的结构中都含有核苷酸，它们是重要的辅酶，在生物氧化中发挥着特殊的作用。

磷酸与磷酸之间的连接键水解裂开时能产生较大能量，称为高能磷酸键，习惯以"～"代表它，含高能键的化合物称为高能化合物。ATP 含有两个高能键。物质代谢所产生的能量使 ADP 和磷酸合成 ATP，这是生物体内贮能的一种方式，ATP 分解又释放能量。高能磷酸键水解裂开时，每生成 1 mol 磷酸就放出能量大约 30.5 kJ（一般磷酸酯水解释能 8.4～12.5 kJ/mol），放出的能量可以支持生理活动（如肌肉的收缩），也可用以促进生物化学反应（如蛋白质的合成）。所以 ATP 是体内蕴藏可利用能量的主要仓库，也是体内所需能量的主要来源。生物体内还有其他高能化合物是由酰基和硫醇基构成，称为高能硫酯化合物，如乙酰 CoA、酯酰 CoA 和琥珀酰 CoA 等。多磷酸核苷酸分子中含有高能磷酸键，它的合成与释放直接影响生物体细胞对化学能的贮存和利用。

（二）环化核苷酸

生物体内的核苷酸除核酸外，还会以其他衍生物的形式参与各种物质代谢的调节和多种蛋白质功能的调节。例如，组织细胞内有 2 种环化核苷酸：3′，5′-环化腺苷酸（cAMP）和 3′，5′-环化鸟苷酸（cGMP），它们均由核苷酸上的磷酸与核糖的 3′，5′-二羟基形成双酯环化而成。

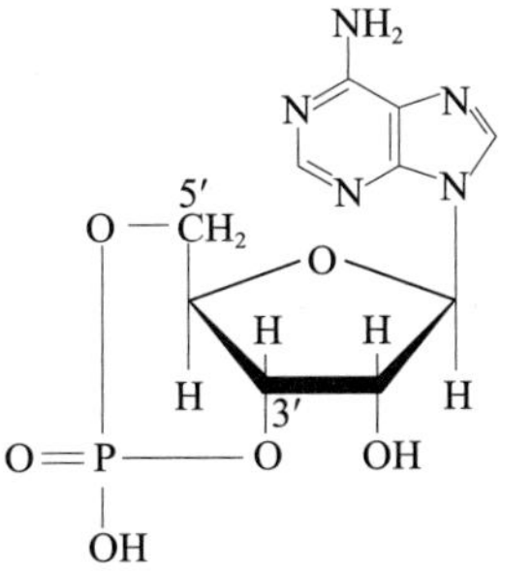

3′，5′-环化腺苷酸（cAMP）

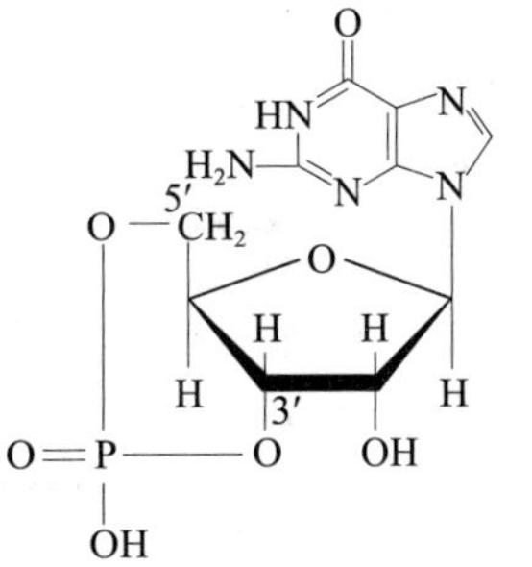

3′，5′-环化鸟苷酸（cGMP）

cAMP 是 ATP 经腺苷酸环化酶催化生成。游离存在于组织细胞中的 cAMP 和 cGMP 这两种环化核苷酸浓度很低，虽不是核酸分子中的组成部分，但具有重要的生理功能。现已证实多种激素是通过 cAMP、cGMP 而发挥生理作用的，所以通常把 cAMP、cGMP 称为激素（第一信使）或其他信息分子发挥作用的"第二信使"。

任务二　核酸的结构

任务解析

比较核酸与蛋白质结构特点，找出两者结构上的异同点。结合多媒体等教学手段，形象地学习核酸的一级结构和二级结构。重点了解核酸的结构与功能的关系，为后续内容的学习打好基础。

一、核酸的一级结构

（一）磷酸二酯键与多核苷酸链

核酸分子是由多个单核苷酸按照一定的顺序连接成的多核苷酸链。一个核苷酸的3′-碳原子上的羟基与另一个核苷酸的5′-碳原子的磷酸基团脱水形成的酯键，称为3′，5′-磷酸二酯键，生成二聚核苷酸分子。二聚核苷酸分子仍保留着5′-碳原子的磷酸基团和3′-碳原子上的羟基，使该二聚核苷酸分子具有5′-末端和3′-末端之分的方向性，此3′-碳原子上的羟基可以与第三个核苷酸5′-碳原子的磷酸基团反应，形成第二个磷酸二酯键并生成三聚核苷酸分子。反应持续进行，形成由多个核苷酸通过3′，5′-磷酸二酯键连接形成的具有5′→3′方向的线性多核苷酸链，它的两端分别称为5′-端和3′-端。戊糖5′-磷酸基指向的一端称为5′-末端，戊糖3′-羟基指向的另一端称为3′-末端。图1-1是DNA和RNA的多核苷酸链结构。

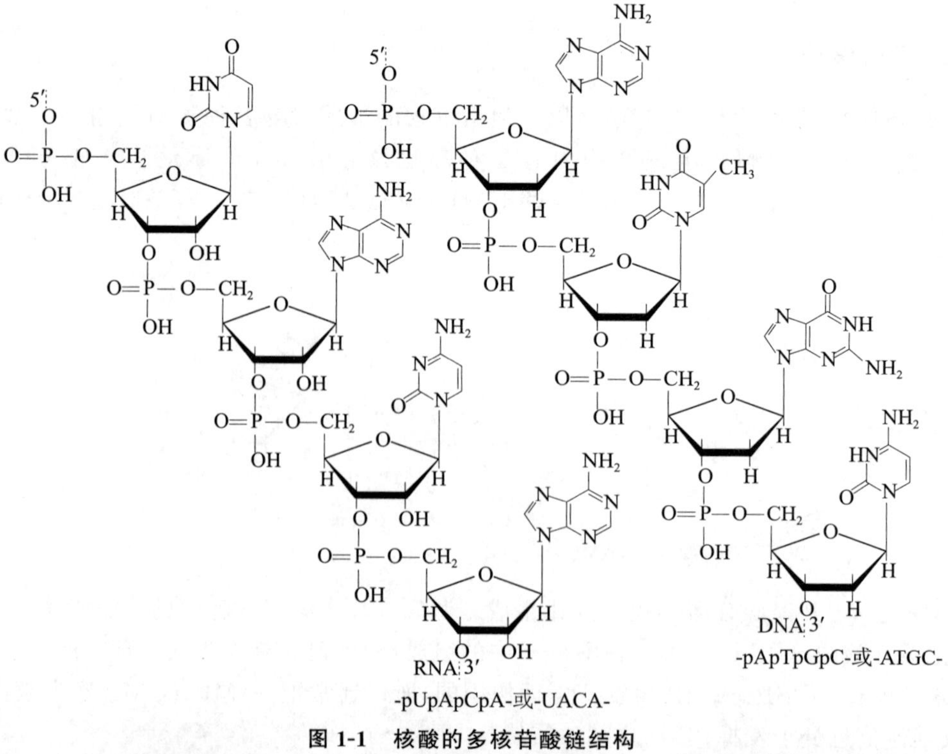

图1-1　核酸的多核苷酸链结构

由多核苷酸链的基本结构可以看出，DNA 是脱氧核糖核酸链，由磷酸脱氧核糖组成的链是所有 DNA 的共同结构；RNA 是核糖核酸链，由磷酸核糖组成的链是所有 RNA 的共同结构。

核酸的多核苷酸链常用简化式表示，习惯书写方式由 5′→3′方向，5′-端通常写在左边。例如：多核苷酸链 5′-端是磷酸基，3′-端是—OH 基，多核苷酸链书写式为 5′pApCpGpT…3′，碱基左边的 p 代表 5′端的磷酸基。上述书写方式还可进一步省略为 5′pACGT…—OH3′，或 5′pACGT…3′。

(二)DNA 的碱基组成和一级结构

DNA 的一级结构是由数量极其庞大的 4 种脱氧核糖核苷酸，即腺嘌呤脱氧核苷酸(dAMP)、鸟嘌呤脱氧核苷酸(dGMP)、胞嘧啶脱氧核苷酸(dCMP)和胸腺嘧啶脱氧核苷酸(dTMP)，通过 3′，5′-磷酸二酯键连接起来的直线形或环形多核苷酸链。DNA 分子中核苷酸的排列顺序称为 DNA 的一级结构。书写方式有两种：线条式和字母式(碱基序列式)(图 1-2)。

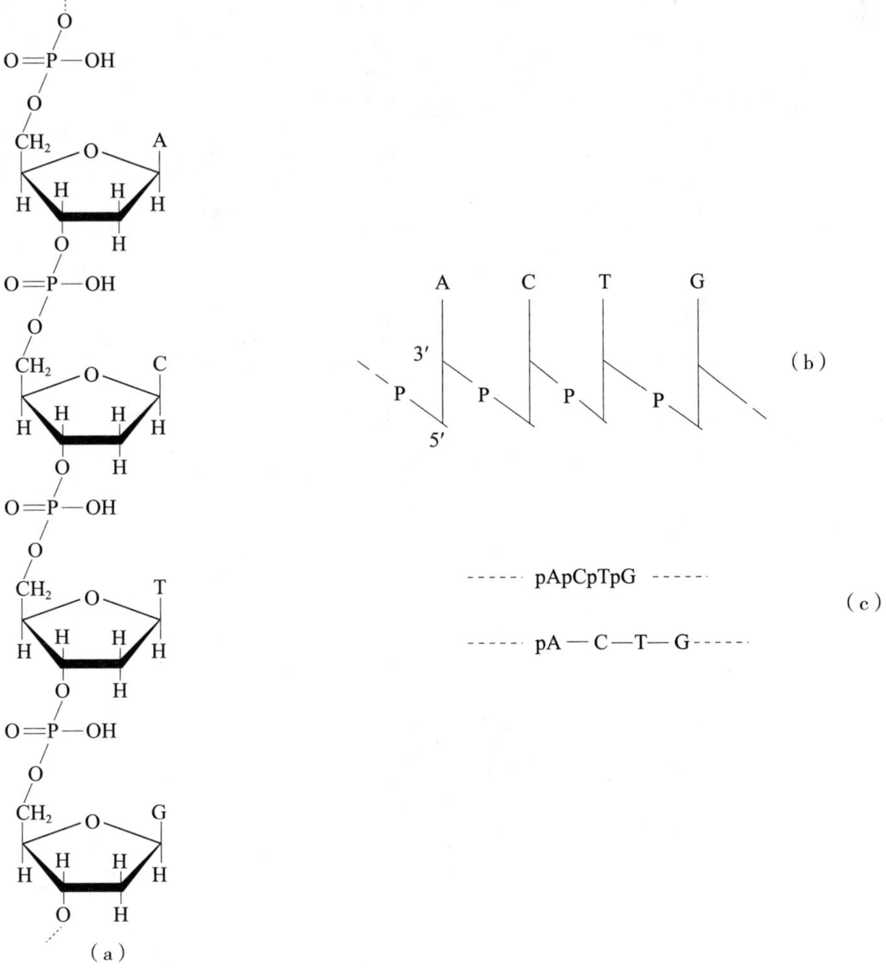

a. DNA 中多核苷酸链的一个小片段；b. 为线条式缩写；c. 为字母式缩写

图 1-2　DNA 中多核苷酸链的一个小片段及缩写符号

图 1-2b 所示为线条式缩写，竖线表示核糖的碳链，A、C、T、G 表示不同的碱基，p 代表磷酸基，由 p 引出的斜线一端与 3′相连，另一端与 5′相连。图 1-2c 所示为字母式缩写，p 在碱基之左侧，表示 p 在 5′位置上。p 在碱基之右侧，表示 p 与 3′相连接。有时多核苷酸中磷酸二酯键上的 p 也可省略，而写成…pA—C—T—G…。这两种写法对 DNA 和 RNA 分子都适用。

DNA 是由 2 条脱氧核糖核苷酸链组成，2 条链反向平行，即一条链为 3′→5′走向，而另一条链为 5′→3′走向。2 条链上的碱基朝内，同一水平上的一对碱基以氢键互相连接，腺嘌呤与胸腺嘧啶以 2 个氢键配对连接（A═T），鸟嘌呤与胞嘧啶以 3 个氢键配对连接(G≡C)，G 与 C 之间比 A 与 T 之间结合力强(图 1-3)。每一碱基对中的 2 个碱基称为互补碱基。核酸分子中碱基对应关系称为碱基配对或碱基互补。DNA 的碱基配对规律是 A 与 T、G 与 C 相互配对。DNA 分子中碱基互补配对的 2 条链彼此称为互补链。由于所有 DNA 核苷酸分子中磷酸和脱氧核糖的结构均相同，所以 DNA 中核苷酸的顺序可以用碱基顺序代表。DNA 分子骨

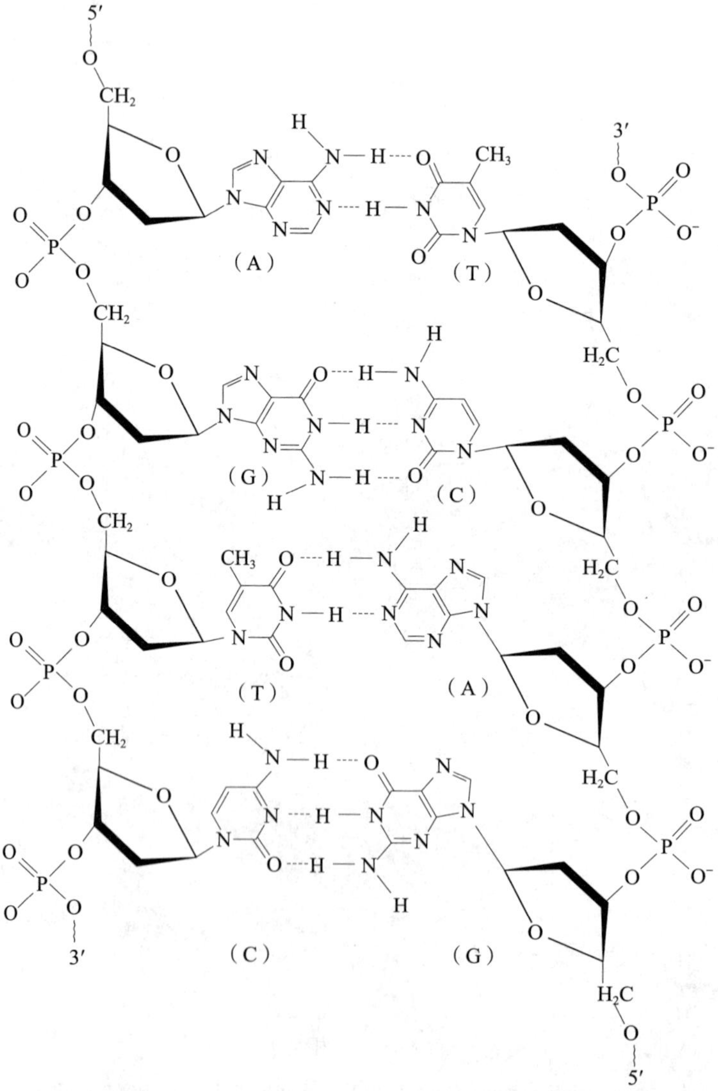

图 1-3 DNA 反向平衡及互补碱基的氢键示意图

架是脱氧核糖和磷酸基团，DNA 携带的遗传信息实质上就是分子中的碱基排列顺序。研究 DNA 的一级结构，实际上就是测定 DNA 分子中碱基的排列顺序，简称“测序”。

Chargaff(查加夫)等对许多物种的 DNA 的碱基组成进行研究，根据收集的分析数据，1950 年总结出了 Chargaff 规律：

(1)DNA 碱基组成只有种的特异性，即不同生物种属的 DNA 碱基组成不同。

(2)DNA 碱基组成没有组织器官的特异性，即同一个体不同器官、不同组织的 DNA 具有相同的碱基组成。

(3)生物体内 DNA 碱基组成一般不受个体的年龄、营养状况和环境条件的影响。

(4)所以 DNA 分子中，腺嘌呤和胸腺嘧啶的物质的量相等，即 A ═T；鸟嘌呤和胞嘧啶的物质的量也相等，即 G ═C。

(三) RNA 碱基组成和一级结构

RNA 是由 AMP、GMP、CMP、UMP 四种核苷酸组成的多核苷酸链，即腺嘌呤核糖核苷酸、鸟嘌呤核糖核苷酸、胞嘧啶核糖核苷酸和尿嘧啶核糖核苷酸。这些核苷酸中的戊糖不是脱氧核糖，而是核糖。RNA 分子中也还有某些稀有碱基。和 DNA 一样 RNA 分子中相邻的两个核苷酸也是以 3′,5′-磷酸二酯键相连接形成多核苷酸链。

组成 RNA 的核苷酸也是以 3′,5′-磷酸二酯键彼此连接起来的。尽管 RNA 分子中核糖环 C_2 上有一羟基，但并不形成 2′,5′-磷酸二酯键。用牛脾磷酸二酯酶降解天然 RNA 时，降解产物中只有 3′-核苷酸，并无 2′-核苷酸，也支持了上述结论。

RNA 的一级结构是指多核苷酸的组成及排列顺序。RNA 由一条核糖核苷酸链组成，其中核苷酸总数由数十个至数千个不等。根据 RNA 的某些性质和 X 线衍射图像，天然 RNA 并不像 DNA 那样都是双螺旋结构，而是单链线性分子，只有局部区域为双螺旋结构。

动物、植物、微生物的细胞内都存在有 3 种主要的 RNA，即 mRNA、tRNA、rRNA。此外，真核细胞中还有少量核内小 RNA(简写为 snRNA)。表 1-4 中列出了大肠埃希菌中三类 RNA 的主要特性。

1. mRNA

mRNA 含量最少，种类非常多，仅占细胞内 RNA 总量的 2%左右，但它代谢活跃、更新迅速、半衰期最短。mRNA 作为蛋白质生物合成的直接模板指导蛋白质的合成。其分子长短决定着由它翻译出来的蛋白质分子的大小。

2. tRNA

tRNA 分子最小，占细胞内 RNA 总量的 10%～25%。细胞内的 tRNA 种类很多，每一种氨基酸都有相应的一种或几种 tRNA，但任何一种 tRNA 只对应一种氨基酸。各种生物的 tRNA 在结构上有许多共同点，由 70～90 个核苷酸组成。tRNA 分子中含有较多的稀有碱基。tRNA 是蛋白质生物合成过程中起活化、运输氨基酸到核糖体的作用。

3. rRNA

rRNA 是核蛋白体的组成成分，含量最多，相对分子质量最大，结构也相对复杂，约占细胞内 RNA 总量的 80%。原核生物的 rRNA 有 3 种，即 5S rRNA、16S rRNA 和 23S rRNA，真核生物的 rRNA 有 4 种，即 5S rRNA、5. 8S rRNA、18S rRNA 和 28S rRNA(S 是大分子物质在超速离心沉降中的一个物理学单位，称为沉降系数，典型的 S 值一般为 1×10^{-13} s)。在细胞内，单独的 rRNA 不能执行其功能，它与多种蛋白质结合组成核蛋白体，在蛋白质生物合成中作为蛋白质合成场所。

表 1-4 大肠埃希菌中三类 RNA 的主要特性

RNA 类型	相对含量/%	沉降系数/S	相对分子质量	分子长度/个核苷酸
rRNA	80	23	1.2×10^3	3 700
		16	0.55×10^3	1 700
		5	3.6×10^1	120
tRNA	15	4	2.5×10^1	75
mRNA	5	—	变化范围大	—

二、核酸的空间结构

DNA 分子中所有原子在三维空间具有确定的相对位置，称为 DNA 的空间结构。DNA 空间结构包括二级结构(双螺旋结构)和三级结构(超螺旋结构)。DNA 空间结构是在一级结构的基础上进一步折叠形成的。

(一) DNA 的二级结构——双螺旋结构

1953 年，J. Watson 和 F. Crick 根据 M. Wilkins 拍摄的高质量 DNA 分子 X 射线衍射图像和各种化学数据，说明 DNA 含有 2 条或 2 条以上具有螺旋结构的多核苷酸链，并已证明 DNA 的二级结构是双螺旋结构(图 1-4)。DNA 的二级结构——双螺旋结构是由 2 条多聚脱氧核糖核苷酸形成的。DNA 双螺旋结构的提出被誉为“20 世纪最伟大的发现之一”，它揭示了生物体遗传信息得以代代相传的分子机制，标志着现代分子生物学的开始。

1. DNA 双螺旋结构特点

(1)DNA 分子由两条反向平行的脱氧核糖多核苷酸链组成，共同围绕一个假想的中心轴旋转，以右手螺旋方式形成双螺旋结构。

(2)双螺旋的两条链走向相反，相互平行，一条链自上而下走向为 5′→3′，而另一条链自下而上走向也为 5′→3′。

(3)DNA 双螺旋以 2 条多核苷酸链的脱氧核糖基和磷酰基为骨架。由脱氧核糖基和磷酰基组成的亲水性骨架位于双螺旋的外侧，疏水碱基位于双螺旋的内侧，通过碱基配对形成氢键连接 2 条多核苷酸链。

(4)每个碱基对处于同一平面，称为碱基平面，此平面与螺旋的中心轴垂直。2 条多核苷酸链是互补链，双链上的碱基按 A 与 T、G 与 C 的碱基配对原则相连。这意味着在 DNA 分子中，根据其中一条链的碱基顺序，可以确定另一条链的碱基顺序。

(5)典型的双螺旋结构直径为 2.0 nm，沿中心轴每旋转 1 周上升 10 个碱基对，螺距(螺旋上升高度)为 3.4 nm，相邻的 2 个碱基对之间的堆积距离为 0.34 nm。每圈螺旋含 10 个碱基对。由于戊糖-磷酸骨架的扭转，螺旋的表面形成大小不等的 2 条凹沟，较大的一条称为大沟，较小的一条称为小沟。小沟位于双螺旋的互补链之间，而大沟位于相毗邻的双股之间。在大沟或小沟中每个碱基都有部分暴露出来，以便接触和识别其他生物分子。

2. DNA 双螺旋结构的维系力

维系 DNA 双螺旋结构稳定的因素是纵向的碱基堆积力和横向的氢键。双螺旋结构中的两条逆向平行的脱氧多核苷酸链在向上盘绕过程中相邻的两个碱基平面会彼此重叠，产生纵向的、具有疏水性的碱基堆积力。这种碱基堆积力和 2 条互补链上连接碱基对的氢键共同维系 DNA 双螺旋结构的稳定性，其中碱基堆积力是主作用力。

3. DNA 双螺旋结构的生物学意义

DNA 双螺旋结构开启了分子生物学时代，使生物大分子的研究进入了一个新的阶段，使遗传学的研究深入分子层次。“生命的奥秘”被揭示，人们清楚地了解遗传信息的构成和传递途径。在其后的近 70 年，分子遗传学、分子免疫学、细胞生物学等新学科出现并被深入研究。许多生命之谜从分子角度得到了更清晰的认识，DNA 重组技术更是为生物工程手段的研究和应用开辟了广阔的前景。碱基配对的规律具有重要的生物学意义，它是 DNA 复制、RNA 转录和反向转录的分子基础，关系到生物遗传信息的传递与表达。

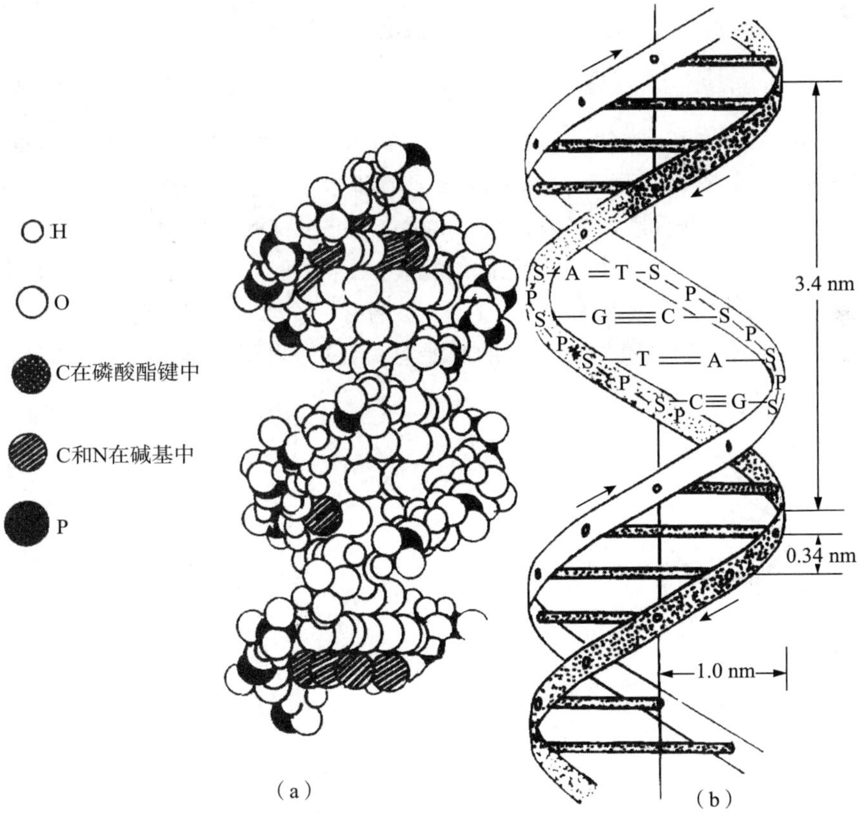

图 1-4　DNA 分子双螺旋结构模型(a)及其图解(b)

(二) RNA 的二级结构

RNA 分子的一条核糖核苷酸链可以弯曲折叠，使互补的碱基对相遇形成氢键结合而成，同时形成局部双螺旋结构称为臂。在双螺旋区域腺嘌呤与尿嘧啶、鸟嘌呤与胞嘧啶配对(图 1-5)。

不能配对的区域形成突环(loop),被排斥在双螺旋结构之外,此即 RNA 的二级结构。RNA 中的双螺旋结构为 A-DNA 类型的结构。每一段双螺旋区需要有 4～6 对碱基才能保持稳定。一般说来,双螺旋区约占 RNA 分子的 50%。RNA 双螺旋区的主要维系力也是碱基堆积力,其次是配对碱基之间的氢键。不同的 RNA 中,双螺旋区结构所占的比例不同,rRNA 中约占 40%,tRNA 中约占 50%,mRNA 则多呈线状。

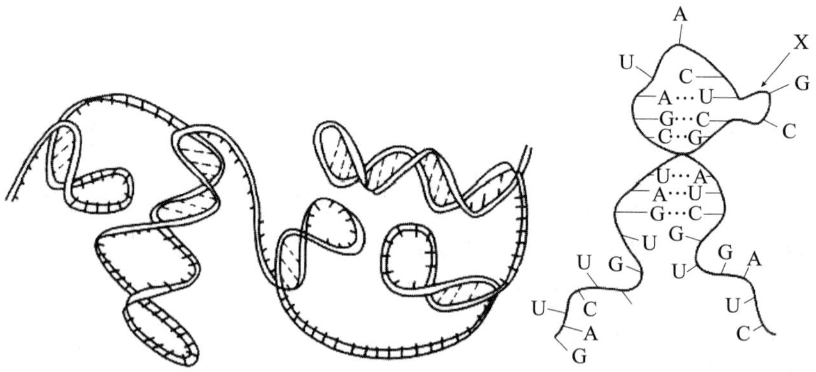

图 1-5　RNA 形成的突环和二级结构

1. mRNA 的结构特点

mRNA 的分子结构呈一直线,一般含有 900～1 800 个核苷酸。其 3′-末端有一段多聚腺苷酸的"尾"结构,称为多聚 A 尾。长短可由数十个到 200 个不等的腺苷酸组成,这种"多聚 A 尾"结构是在 mRNA 合成后经加工修饰形成的,它不是从 DNA 转录来的,而是在 mRNA 合成后经加工修饰上去的,原核生物一般无此结构。该结构可能与 mRNA 在胞核内合成后移至胞质的过程有关。多数真核细胞 mRNA 的 5′-末端有一个 7- 甲基鸟嘌呤核苷的"帽"状结构(图 1-6),此结构可能与蛋白质生物合成的起始有关,同时可以增强 mRNA 的稳定性。

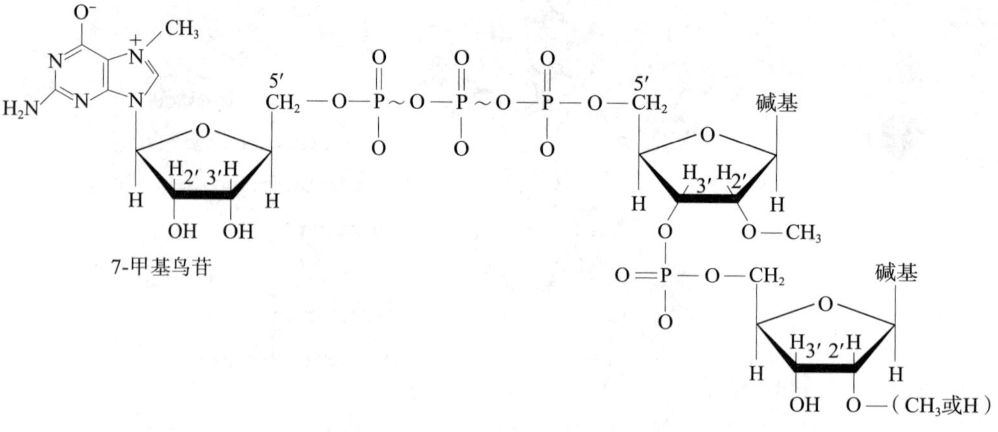

图 1-6　mRNA 5′-末端的"帽"结构

mRNA 分子内有信息区（编码区）和非信息区(非编码区)。信息区是 mRNA 分子的主要结构部分,在蛋白质生物合成中决定蛋白质的一级结构。

2. tRNA 的结构特点

在 3 种 RNA 的二级结构中研究比较清楚的是 tRNA。各种 tRNA 的一级结构互不相同,但它们的二级结构都呈三叶草形（图 1-7）。tRNA 二级结构分子结构内有 4 个或 5 个螺旋区，其中 3 个螺旋区的外端连着呈单链存在的小环，分别用Ⅰ、Ⅱ和Ⅲ表示。环Ⅰ含有 5,6-二氢尿嘧啶，故称为二氢尿嘧啶环（DHU 环），也称为 D 环，相应的臂称为 D 臂。环Ⅱ顶端有 3 个相邻碱基组成的"反密码子"，它可以按碱基互补的原则识别 mRNA 上的密码子，故称为反密码环。反密码环由 7 个核苷酸组成，相应的臂称为反密码臂。环Ⅲ含有假尿苷(Ψ)及核糖胸苷，故称为 TΨC 环(所谓假尿苷是指糖的 1′碳原子连于尿嘧啶的 5′碳原子所形成的核苷)。在环Ⅱ与环Ⅲ之间有一个"附加叉"，或称"可变臂"，有的也可形成螺旋及小环，有的则不能，其中含稀有碱基较多。不同的 tRNA 额外环上核苷酸的数目可以不同。所有 tRNA 的 3′-末端都是呈单链存在的 CCA-OH 顺序，可与氨基酸连接，称为"氨基酸臂"，臂上 3′-末端部位 CCA-OH 用来接受氨基酸。

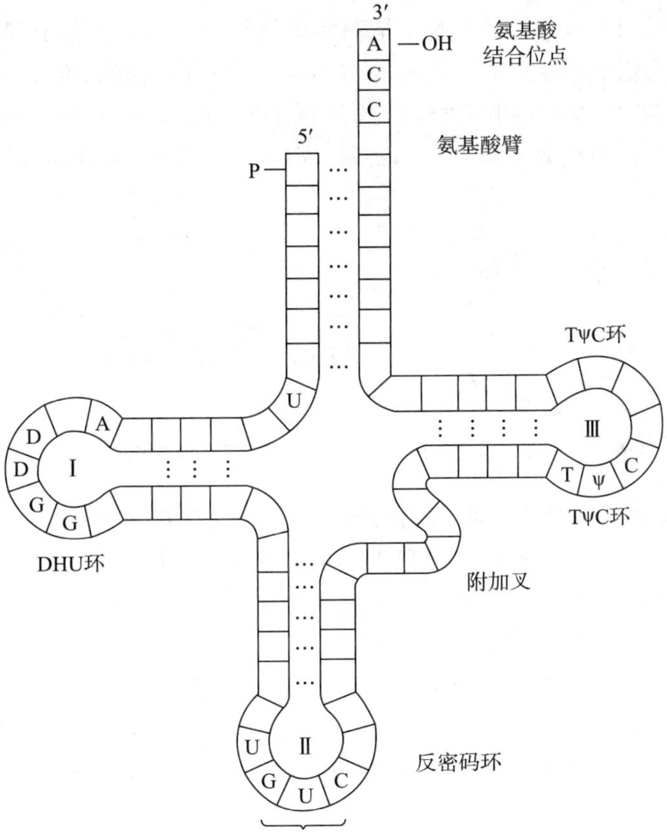

图 1-7　tRNA 的三叶草形二级结构

3. rRNA 的结构特点

rRNA 的相对分子质量最大，结构相当复杂。原核生物的 rRNA 有 3 种，即 5S rRNA、16S rRNA 和 23S rRNA。真核生物的 rRNA 有 4 种，即 5S rRNA、5.8S rRNA、18S rRNA 和 28S rRNA(S 是大分子物质在超速离心沉降中的一个物理学单位，称为沉降系数，其数值为 10^{-13} s)。在细胞内，单独的 rRNA 不能执行其功能，它与多种蛋白质结合组成核蛋白体，在蛋白质生物合成中作为蛋白质合成的场所。原核生物和真核生物的核蛋白体均由大、小亚基组成(表 1-5)。

表 1-5 核蛋白体的组成

来源	亚基	rRNA 种类	蛋白质种类
真核生物	大 60S	5S、5.8S、28S	36～50
	小 40S	18S	30～32
原核生物	大 50S	5S、23S	34
	小 30S	16S	21

(三)核酸的三级结构特点

1. DNA 的三级结构——超螺旋结构 DNA

真核细胞染色质和一些病毒的 DNA 是双螺旋线性分子。在双螺旋结构的基础上还可进一步形成更高级的结构。原核生物 DNA 的双螺旋可进一步紧缩成闭环状、开链环状、麻花状等形式的超螺旋结构(图 1-8),如多发性肿瘤病毒 DNA 的超螺旋结构图,它是由双螺旋结构的首尾两端连接后再扭曲形成麻花双股闭链环 DNA。线粒体、叶绿体、细菌质粒也可以形成封闭环状结构。

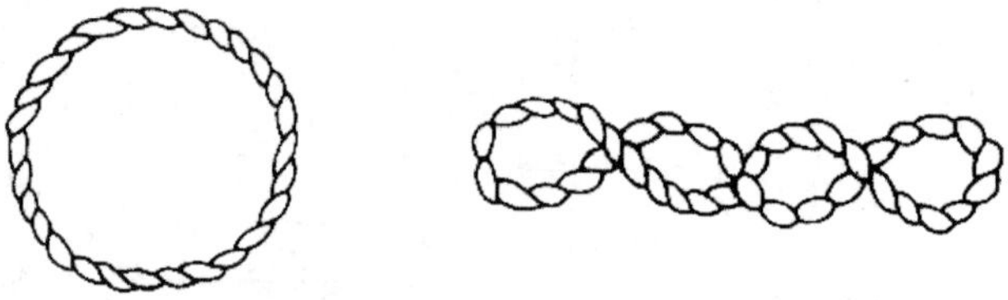

图 1-8 原核生物 DNA 的超螺旋结构图

真核生物 DNA 的三级结构与蛋白质的结合有关,和 DNA 相结合的蛋白质有组蛋白和非组蛋白。组蛋白有 H1、H2A、H2B、H3 和 H4 共 5 种,其中 H2A、H2B、H3 和 H4 各以 2 分子形成八聚体。在八聚体的外面绕有 2 圈 DNA,相当于 140～145 碱基对的长度,构成一个核小体。H1 位于相邻 2 个核小体之间的连接区,并与 25～100 碱基对的 DNA 结合,一起构成念珠状结构。念珠状结构进一步盘绕成更复杂更高层次的结构,这就是高等动物染色质的结构基础(图 1-9)。据估算,人的 DNA 大分子在染色质中反复折叠盘绕,共压缩 8 000～10 000 倍。由核小体组成的串珠样纤维再经多层次的螺旋化结构就形成了染色单体,此时的 DNA 已被压缩了近万倍。

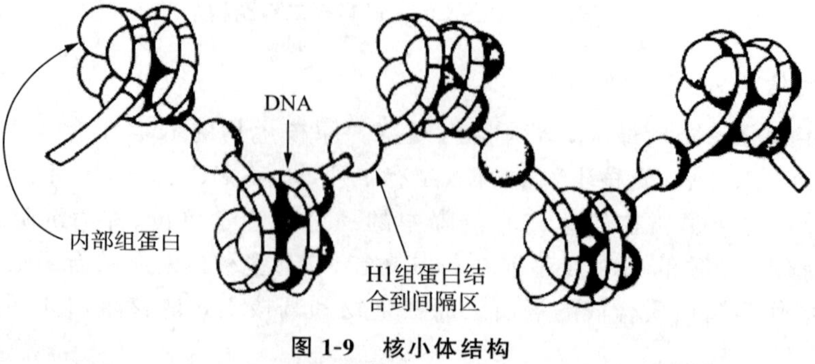

图 1-9 核小体结构

2. RNA 的三级结构

RNA 的三级结构是指在二级结构的基础上，进一步卷曲成为三维的空间结构。Kim(1973)和 Robertus(1974)应用 X 线衍射分析法对 tRNA 晶体进行研究，并先后阐明了 tRNA 的三级结构。所有 tRNA 在二级结构的基础上进一步折叠形成倒"L"形的三级结构(图 1-10)。这种倒"L"形源于四环、四臂在空间上的排列，"L"形的一端为反密码环，另一端为氨基酸臂。

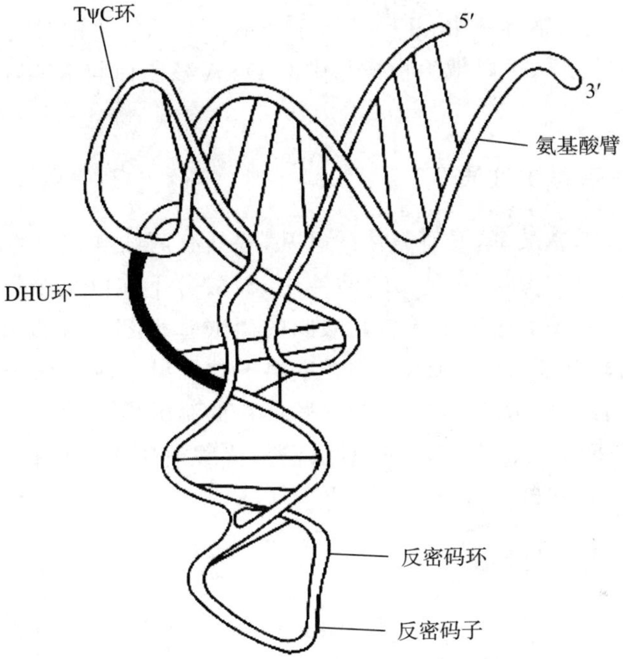

图 1-10　tRNA 的三级结构

任务三　核酸的理化性质

任务解析

本任务重点学习 DNA 变性与复性的特点及应用。通过学习核酸的性质掌握核酸的分离、纯化和检测技术。

一、基本特性

(一)核酸的分子大小、形状、黏度

核酸的相对分子质量大，属于生物大分子物质。活体中 DNA 多数为线形分子，多数为白色纤维状固体，相对分子质量很大，其长度可以达到几厘米，而分子的直径只有 2 nm，因此

DNA 溶液的黏度极高。RNA 分子比 DNA 分子小且短，相对分子质量在数百至数百万之间，其溶液的黏滞度也较 DNA 溶液低得多。

(二)核酸的溶解度

DNA 和 RNA 是极性化合物，均微溶于水，它们的钠盐在水中的溶解度较大。DNA 和 RNA 均能溶于 2-甲氧乙醇，但不溶于乙醇、乙醚、氯仿等有机溶剂，所以在分离核酸时，加入乙醇即可使之从溶液中沉淀出来。在生物体内核酸与蛋白质结合形成核蛋白，RNA 核蛋白易溶于 0.14 mol/L 的稀氯化钠溶液中，几乎不溶于 2 mol/L 的氯化钠溶液，DNA 核蛋白的溶解性与之相反。利用这一性质，可以把生物样品中的 DNA 核蛋白与 RNA 核蛋白以及其他杂质区分开。

(三)核酸的两性电解质性质

因为核酸既有酸性的磷酸基，又有碱性的碱基，故具有两性解离的性质。因磷酸基的酸性较强，核酸通常表现为酸性。在一定的 pH 溶液中，核酸分子在电场中可泳动，所以常用电泳的方法对其分离纯化。在核酸中两个单核苷酸间的磷酸基很容易电离出氢离子，所以核酸可以看成是多元酸，具有较强的酸性。RNA 能在室温下被稀碱水解成核苷酸，而 DNA 较稳定，但会变性，可利用这一性质把 RNA 和 DNA 分开。在低温酸性条件下，RNA 和 DNA 都较稳定，而在高温酸性条件下，RNA 和 DNA 都不稳定。核酸被酸水解可得到碱基或碱基与核苷酸的混合物。嘌呤碱比嘧啶碱更容易水解下来。

(四)核酸的紫外光吸收性质

核酸分子所含的嘌呤碱和嘧啶碱具有共轭双键，使碱基、核苷、核苷酸和核酸在 240～290 nm 的紫外波段有一强烈的吸收峰，最大吸收值在 260 nm 附近。不同核苷酸有不同的吸收特性，所以可以常利用紫外分光光度法对核酸进行定量和定性分析。实验室中最常用的是定量测定少量的 DNA 或 RNA。通常情况下提纯的核酸样品中会混有较多的蛋白质，蛋白质对紫外光最大吸收峰波长大约为 280 nm，检验待测样品是否为纯品，可用紫外分光光度计读出260 nm 与 280 nm 的 OD(吸光度)值，可用 OD_{260}/OD_{280} 的值即可判断样品的比纯度。纯 DNA 的 OD_{260}/OD_{280} 应为 1.8，纯 RNA 的应为 2.0。样品中如含有杂蛋白及苯酚，OD_{260}/OD_{280} 的值即明显降低。不纯的样品不能用紫外分光光度法作定时测定。对于纯的样品，只要读出 260 nm 的 OD 值即可算出含量，依据 1 μg/mL 的 DNA 溶液的吸光度 A_{260} 为 0.020，1 μg/mL 的 RNA 溶液的吸光度 A_{260} 为 0.022，可用紫外分光光度计在 260 nm 处测得光吸收值。

(五)呈色反应

两类核酸中不同的戊糖各自具备不同的颜色反应。RNA 中核糖在加热的条件下与盐酸、苔黑酚(3,5-二羟基甲苯)和三氯化铁(作催化剂)反应，生成绿色化合物；DNA 中脱氧核糖与二苯胺在酸性溶液中加热，生成蓝色化合物。通过以上反应可以对 RNA 和 DNA 做定性鉴别及定量测定。另外，核酸在强酸中加热，能完全水解生成磷酸，磷酸与钼酸铵生成磷钼酸铵，再加抗坏血酸或亚硫酸钠等还原剂，可被还原为钼蓝而使溶液呈现蓝色。钼蓝反应可用于核酸的定量测定。

（六）沉降特性

溶液中的核酸分子在引力场中可以下沉。不同构象的核酸（线形、开环、超螺旋结构）、蛋白质及其他杂质，在超离心机的强大引力场中，沉降的速率有很大差异，所以可以用超离心法纯化核酸或将不同构象的核酸进行分离，也可以测定核酸的沉降常数与分子量。

用不同介质组成密度梯度进行超离心分离核酸时，效果较好。RNA 分离常用蔗糖梯度。分离 DNA 时用得最多的是氯化铯梯度。氯化铯在水中有很大溶解度，可以制成浓度很高（80 mol/L）的溶液。

应用菲啶溴红-氯化铯密度梯度平衡超离心，很容易将不同构象的 DNA、RNA 及蛋白质分开。这个方法是目前实验室中纯化质粒 DNA 时最常用的方法。如果应用垂直转头，每分钟65 000 r（Beckman L-70 超离心机），只要 6 h 就可以完成分离工作。但是如果采用角转头，转速为每分钟 45 000 r 时，则需 36 h。离心完毕后，离心管中各种成分的分布可以在紫外光照射下显示得一清二楚。蛋白质漂浮在最上面，RNA 沉淀在底部。超螺旋 DNA 沉降较快，开环及线形 DNA 沉降较慢。用注射针头从离心管侧面在超螺旋 DNA 区带部位刺入，收集这一区带的 DNA。用异戊醇抽提收集到的 DNA 以除去染料，然后透析除去 CsCl，再用苯酚抽提 1～2 次，即可用乙醇将 DNA 沉淀出来。这样得到的 DNA 有很高的纯度，可供 DNA 重组、测定序列及限制酶图谱等。在少数情况下，需要特别纯的 DNA 时，可以将此 DNA 样品再进行一次氯化铯密度梯度超离心分离。

（七）凝胶电泳

凝胶电泳可算是当前核酸研究中最常用的方法了。它有简单、快速、灵敏、成本低等优点。常用的凝胶电泳有琼脂糖凝胶电泳和聚丙烯酰胺凝胶电泳。凝胶电泳可以在水平或垂直的电泳槽中进行。凝胶电泳兼有分子筛和电泳双重效果，所以分离效率很高。

1. 琼脂糖凝胶电泳

以琼脂糖作为支持物，电泳的迁移率决定于以下因素：

（1）核酸分子大小。迁移率与分子量对数成反比。

（2）胶浓度。迁移率与胶浓度成反比，常用 1%的胶分离 DNA。

（3）DNA 的构象。一般条件下超螺旋 DNA 的迁移率最快，线形 DNA 其次，开环形最慢。但在胶中加入过多的菲啶溴红时，上述分布次序会发生改变。

（4）电流一般不大于 5 V/cm。有适当的电压差时，迁移率与电流大小成正比。

（5）碱基组成有一定影响，但影响不大。

（6）温度 4～30 ℃都可，常为室温。

琼脂糖凝胶电泳常用于分析 DNA。由于琼脂糖制品中往往带有核糖核酸酶杂质，所以用于分析 RNA 时，必须加入蛋白质变性剂，如甲醛等。图 1-11 为分离后质粒 DNA 与各种杂质的分布。

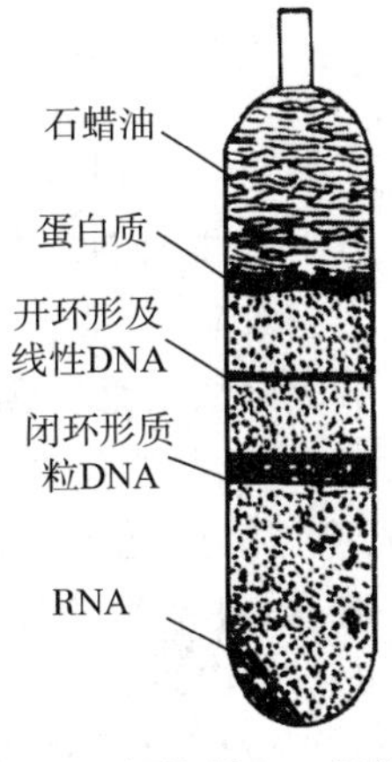

图 1-11　经染料——氯化铯密度超离心后，质粒 DNA 及各种杂质的分布

2. 聚丙烯酰胺凝胶电泳

以聚丙烯酰胺作为支持物。单体丙烯酰胺在加入交联剂后就成了聚丙烯酰胺。由于这种凝胶的孔径比琼脂糖凝胶的要小，所以可用于分析小于 1 000 bp 的 DNA 片段。聚丙烯酰胺中一般不含有 RNase，所以可用于 RNA 的分析。

聚丙烯酰胺凝胶上的核酸样品，经菲啶溴红染色，在紫外线照射下，发出的荧光很弱，所以浓度很低的核酸样品用此法检测不出来。

二、核酸的变性、复性和分子杂交

(一)核酸的变性

受理化因素的影响，维持核酸三维结构的碱基堆积力和氢键被破坏，其三维空间结构改变，理化性质及生物学功能发生变化，这种现象称为变性(图 1-12)。核酸变性只是碱基间的氢键和碱基堆积力被破坏，并不破坏核酸链中的共价键。在变性过程中，DNA 分子双链间氢键断裂，双螺旋结构可完全解开成 2 条单链无规则线团状结构，其黏度下降、沉降速度加快且失去生理活性；RNA 分子中的局部双螺旋也可解开发生变性。

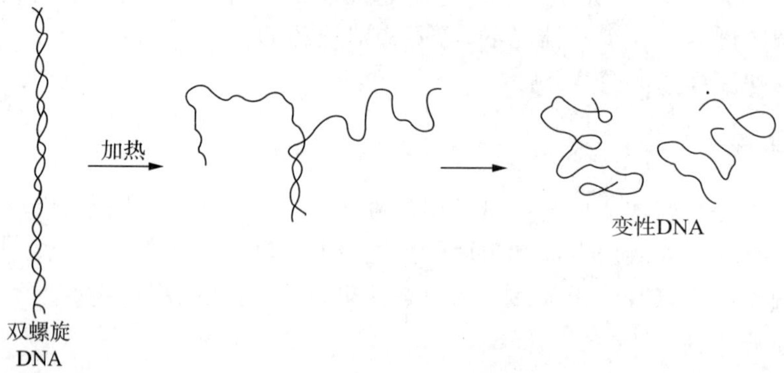

图 1-12 DNA 的变性过程

核酸变性后很多理化性质都发生了改变，其中最重要的是在 260 nm 处紫外吸收值的变化。由于变性，DNA 双螺旋解开，内部碱基外露，在 260 nm 处紫外线吸收明显增强，此现象称为增色效应(图 1-13)。常用增色效应跟踪 DNA 的变性过程，了解 DNA 变性程度。

引起核酸变性的因素有物理和化学等多种因素，包括加热、强酸、强碱的变化、有机溶剂(如乙醇、尿素、甲酰胺、丙酰胺)、辐射、超声波等都可造成核酸变性，而且大多数变性是不可逆的，其中加热引起的变性称为热变性。

将 DNA 的溶液加热，随着温度的升高 DNA 变性，溶液在 260 nm 处的吸光度增加，最后达最大值。以温度对紫外吸收值作图，可得到一条曲线，称为熔解曲线。从图 1-13 中可以看出，DNA 的热变性不是随温度升高逐渐进行的，而是“暴发式”发生并迅速完成的，像晶体的熔点一样，只在很狭窄的温度范围内发生。核酸变性过程中当紫外线光吸收增加 50%时的温度(即 DNA 分子变性达到 50%)，称为变性温度，又称为解链温度、熔解温度或熔点，用 T_m 表示。

DNA 的 T_m 值一般在 70～85 ℃，不同的 DNA 其 T_m 值不同，T_m 值与 DNA 分子中 G—C

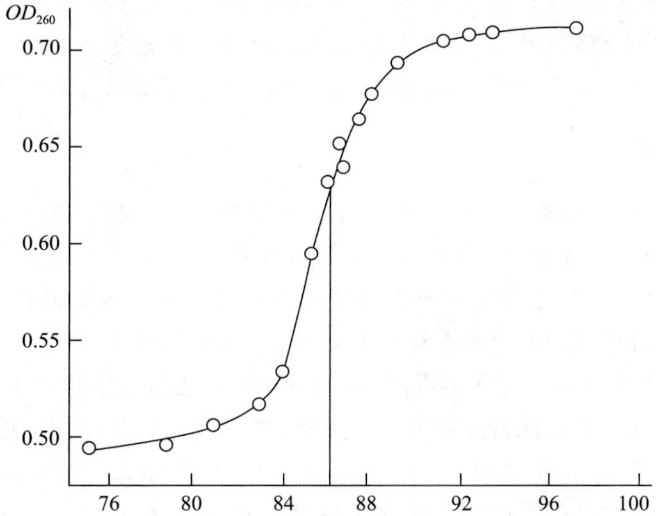

图 1-13　DNA 溶液的增色效应及熔点

含量有关，G 与 C 之间有 3 个氢键，而 A 与 T 之间只有 2 个氢键，所以 G—C 含量高的 DNA 分子较稳定，T_m 值较高。

凡是能破坏氢键，阻碍碱基堆积作用和增加磷酸基静电斥力的因素都能够使 T_m 降低，也能增加 DNA 变性的可能。原因如下：

（1）高 pH 会使碱基失去质子而破坏氢键，低 pH 会脱嘌呤。

（2）前面所述的有机化学溶剂可破坏氢键和碱基堆积力。

（3）环境中低的正离子浓度能降低 T_m 而促进变性。

（4）核酸本身的碱基组成也是一个重要因素：碱基 A 与 T 之间以 2 个氢键相连，G 与 C 之间以 3 个氢键相连，G 与 C 含量高的核酸，其 T_m 自然就高。

核酸变性大多数是不可逆的，在提取和保存核酸的过程中，要特别注意防止核酸的变性。例如，高温能引起核酸的不可逆变性，保存核酸溶液最好采用低温。加水稀释核酸的盐溶液，也会造成核酸的不可逆变性；在提取及分离核酸时，要注意盐类电解质的浓度，防止稀释造成核酸变性。强酸和强碱都会引起核酸的不可逆变性，因此核酸应当保存在 pH＝7 的缓冲溶液中。

（二）核酸的复性

变性后的 DNA 在适当条件下，又可使 2 条彼此分开的链重新缔合成为双螺旋结构，这一过程称为复性。DNA 因加热而变性后，当温度缓慢下降时，解开的 2 条链又重新以氢键连接，形成双螺旋结构，其在 260 nm 处对紫外线的吸光度降到天然 DNA 的范围内，这就是 DNA 的复性过程，又称为“退火”。复性快慢受许多因素的影响，如变性 DNA 的难度越大，则复性越慢；变性 DNA 的浓度越大，则复性越容易等。复性是变性的一种逆过程，影响核酸复性的因素有温度、核酸片段的大小、单链浓度的高低、链内重复序列的含量和溶液的离子强度等。在一定温度条件下，核酸要经过多次试探性碰撞才能形成正确的互补区，温度过低也不利于复性，比 T_m 低 25 ℃是复性的理想温度。如果热变性后温度骤然下降，复性则不能发生。DNA

复性后重新恢复双螺旋结构，其碱基又“藏匿”于双螺旋内部，碱基对又呈堆积状态，DNA 溶液在 260 nm 处的吸收值逐渐变小，这种现象称为减色效应。可通过减色效应判断 DNA 的复性程度。复性后，许多物理化学性质又得到恢复，生物活性也可以得到部分恢复。

(三)分子杂交

加热变性后的 DNA，经退火处理后可复性。不完全互补的 2 条多核苷酸链，依据碱基配对的原则部分相互结合的现象，称为分子杂交。这样形成的新分子称为 DNA 分子。不同来源的 DNA 加热变性后，只要 2 条多核苷酸链之间有一定数量的碱基能彼此互补，经退火处理就可以形成双螺旋结构。DNA 分子杂交的基础是 DNA 的变性与复性。不仅同源 DNA 单链之间可以进行杂交，而且 DNA 单链与同源的 RNA 序列之间也可以进行杂交。其中的一条单链杂交前要进行标记，称为探针。杂交过程是高度特异性的，利用探针已知序列可以进行特异性的靶序列检测。即使 2 种生物 DNA 分子之间形成百万分之一的双链区，也能够被检出。

目前，分子杂交技术已广泛应用于核酸结构及功能的研究，还用于 DNA 分子内遗传信息含量的测定，对于 DNA 亲缘关系的测定、遗传性疾病的诊断、肿瘤病因学的研究、基因工程及遗传育种，分子杂交技术是重要手段之一。

知识拓展

核酸检测的应用

核酸检测作为一种分子诊断技术，在多个领域都有广泛应用，涉及感染性疾病与传染病、呼吸系统疾病、生物学、畜牧与动物医学、儿科学等多个学科。中国疾控中心专家曾在 2022 年新闻发布会上介绍，核酸检测技术包括很多种，如常规 PCR、实时荧光 PCR、核酸等温扩增技术、核酸杂交技术，而新冠疫情中日常所提及的“核酸检测”，一般就是指实时荧光 PCR 检测方法，它是在病原体检测领域应用最广泛的一种核酸检测技术。专家指出，在新冠疫情发生之前，核酸检测技术在我国已经经过了数十年的发展和完善，广泛应用于流行性感冒、麻疹、风疹、手足口病、病毒性腹泻、乙型肝炎、艾滋病等传染病病原体的核酸检测、监测或筛查。目前，包括新冠病毒在内的我国 40 种法定传染性的病原体都可以通过实时荧光 PCR 技术检测相关的病原体。除此以外，核酸检测技术也已经在生殖医学、肿瘤医学、农牧学、生态学、刑侦等非传染病领域广泛应用。

思考与练习

一、名词解释

1. 核酸的一级结构　2. 核苷酸　3. DNA 的变性　4. DNA 的复性　5. 变性温度　6. 分子杂交

二、简答题

1. DNA 和 RNA 在化学组成、分子结构、生物学功能上各有何特点？
2. 简述 DNA 双螺旋结构模型的特点。

3. RNA 有哪些主要类型？它们的主要功能是什么？
4. 核酸杂交的技术基础是什么？有哪些应用价值？
5. tRNA 二级结构有什么特点？
6. DNA 变性后结构和性质发生了哪些变化？
7. 核苷酸的基本结构单位是什么？它由哪些成分构成？
8. 如何分离 DNA 和 RNA？
9. 何谓核酸的碱基互补规律？
10. 何谓核酸的两性电解质性质？

模块一 思考与练习参考答案

模块二 蛋白质化学

【学习目标】

(1)掌握蛋白质的化学组成和氨基酸的理化性质。

(2)掌握蛋白质结构与功能之间的关系及蛋白质的理化性质。

(3)掌握分光光度计的使用及电泳分离的操作技术,并能够进行实验应用。

【素质目标】

(1)培养科学素养及安全意识。

(2)培养诚信品质、敬业精神和责任意识,树立正确的世界观、人生观和价值观。

蛋白质是生命活动的物质基础,没有蛋白质就没有生命。在自然界中,蛋白质的种类很多,整个生物界约有100亿种蛋白质;人体内有十万余种蛋白质。肉类、蛋类、豆类及鱼类等动植物产品中含有丰富的蛋白质。蛋白质是生物体含量丰富、功能复杂、种类繁多的生物大分子,在人体内约占干重45%,蛋白质在机体内发挥着重要的生物学作用。

组织蛋白质作为细胞的构件,塑造细胞和组织;结构蛋白质,如皮肤、骨骼、肌腱中的胶原蛋白,韧带中的弹性蛋白,毛发、指甲中的角蛋白等在生物体内起支持的作用;酶是具有催化活性的蛋白质;运输蛋白质,如血红蛋白、脂蛋白、运铁蛋白等执行着各种运输功能;运动蛋白质,如肌动蛋白、肌球蛋白等是机体各种机械运动的物质基础;防御蛋白质,如免疫球蛋白、补体结合蛋白具有免疫保护作用;凝血酶原、纤维蛋白原等凝血因子可防止血管损伤时血液的流失;调控蛋白质,如某些激素、细胞受体,以及与细胞生长、分化、基因表达密切相关的蛋白等具有调节控制机体代谢的作用。此外,蛋白质还有许多其他功能,血浆清蛋白除具有物质运输、营养作用外,还是维持血浆胶体渗透压的重要物质;肌红蛋白贮氧,铁蛋白贮铁等。

蛋白质的结构复杂,种类繁多,分类方法也有多样,通常分类的方法有2类。

(一)按蛋白质分子组成分类

根据蛋白质分子组成特点,可将蛋白质分为单纯蛋白质和结合蛋白质2大类。在单纯蛋白质中,蛋白质分子仅由氨基酸组成,如清蛋白、球蛋白、精蛋白、组蛋白、硬蛋白等都属此类。在结合蛋白质的分子组成中,除蛋白质部分外,还包含非蛋白部分(称为辅助因子);根据辅助因子的不同,结合蛋白质又可分为核蛋白(含核酸)、糖蛋白(含多糖)、脂蛋白(含脂类)、色蛋白(含色素,如血红蛋白含血红素)等。

(二)按蛋白质分子形状分类

根据蛋白质分子形状不同，可将蛋白质分为球状蛋白质和纤维蛋白质 2 大类。球状蛋白质分子外形似球状，较易溶解，酶及免疫球蛋白等功能蛋白质均属此类。纤维蛋白质形状似纤维，不溶于水，结缔组织中的胶原蛋白、毛发中的角蛋白等结构蛋白均属于此类。

任务一　蛋白质的分子组成

任务解析

本任务主要学习蛋白质的化学元素组成、蛋白质的基本结构单位、氨基酸的理化性质等知识点；熟悉氮含量与蛋白质含量的换算关系。

一、蛋白质的化学元素组成

蛋白质是一类含氮的有机化合物，组成蛋白质的基本元素有 C、H、O、N、S。有些蛋白质含有 P 元素；少数蛋白质含有 Fe、Cu、Mn、Zn 等金属元素；个别蛋白质含有 I 元素。所有蛋白质都含氮元素，而且各种蛋白质的含氮量十分接近且恒定，平均为 16%，即氮含量＝蛋白质的量×16%，由此推算出蛋白质的量＝氮含量×100/16＝氮含量×6.25，也就是 1 g 蛋白氮相当于 6.25 g 蛋白质，因此 6.25 为蛋白质系数，所以分析生物样品中蛋白质的含量时，可以通过测定样品内氮的含量来算出样品中蛋白质的含量，这就是凯氏定氮法，是经典的蛋白质定量测定的方法。2009 年轰动全国的三聚氰胺事件，不法分子将三聚氰胺添加到原料乳中，在分析过程中所有含氮物质均被统计成蛋白质总量。三聚氰胺含氮量高达 66%，一旦被掺入乳制品中，就可以提高氮的含量，造成原料乳蛋白质含量虚高。

二、蛋白质的基本结构单位——氨基酸

蛋白质在酸、碱或酶的作用下可水解生成终产物氨基酸，即氨基酸是构成蛋白质的基本单位。

(一)氨基酸的结构与构型

天然氨基酸有 300 多种，而组成蛋白质的氨基酸常见的有 20 种。组成蛋白质的氨基酸是羧酸分子中 α-碳原子上的氢原子被氨基取代而成的化合物，故又称 α-氨基酸。除脯氨酸外，其余的氨基酸均为 α-氨基酸，其结构通式如下。

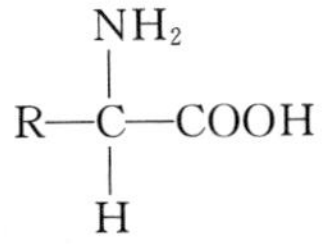

蛋白质是由 α-氨基酸(英文缩写 AA)按照一定的顺序结合形成多肽链，再由一条或一条以上的多碳链按照特定方式结合而成的具有一定空间结构的高分子有机化合物。α-氨基酸是

具有氨基($—NH_2$)和羧基(—COOH)的有机分子。

R代表氨基酸侧链,不同的R代表不同的氨基酸。各种氨基酸R基团结构和性质不同,它们在决定蛋白质的性质和功能上起着重要作用。各种氨基酸结构各不相同,除甘氨酸外,其他氨基酸中的α-碳原子所连接的4个原子或基团互不相同,是不对称碳原子,故它们具有旋光异构现象,用(-)号表示左旋体,用(+)号表示右旋体。若以甘油醛的构型为参考,这些氨基酸具有*L*型和*D*型2种异构体。凡氨基在α-碳原子右侧的为*D*型;在左侧的为*L*型,组成蛋白质的氨基酸是*L*型。

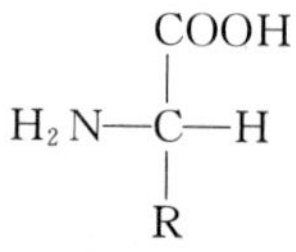

L-α-氨基酸

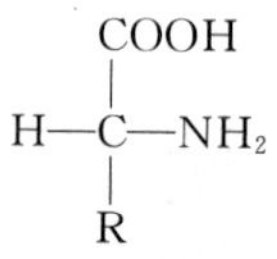

D-α-氨基酸

*D*型氨基酸在20世纪70年代被科学家在人体内发现,直到80年代后期才被广泛研究。非天然的*D*型氨基酸虽不是构成蛋白质的基本结构单位,但在许多植物、微生物和高等植物中都有*D*型氨基酸的存在。主要应用于以下领域:医药方面——用于合成多肽药物,如多肽抗生素(阿扑西林)、肠胃药、腹泻药(奥曲肽)、促皮质素类似物、止痛镇痛药、减肥药、2型糖尿病治疗药(那格列奈)等;食品方面——新型甜味剂,如阿斯巴甜、阿力甜等;农药方面——氨基酸农药无需大面积使用,可减少人力、物力和药用量,且具有毒性低、高效、无公害、易被降解利用、原料来源广泛等特点,成为新型农药研究热点;科学研究方面——通过研究生物体内氨基酸*D*、*L*型异构体含量的改变,可作为年代计时器进行气候、水文研究。*D*型氨基酸还可用于酶的结构和功能方面的研究。

(二)氨基酸的分类

1. 按营养学分类

可将氨基酸分为3类:必需氨基酸、半必需氨基酸和非必需氨基酸。

(1)必需氨基酸。机体自身不能在体内合成,或者合成速度不能满足机体需要,必须由饲料提供的氨基酸称为必需氨基酸。组成蛋白质的20种氨基酸,只有赖氨酸、色氨酸、苯丙氨酸、甲硫氨酸、苏氨酸、亮氨酸、异亮氨酸、缬氨酸是体内不能合成的氨基酸,故这8种氨基酸是必需氨基酸。

(2)半必需氨基酸。某些氨基酸机体虽然能够合成,但通常不能满足正常的需要,此类氨基酸称为半必需氨基酸,主要包括精氨酸和组氨酸。

(3)非必需氨基酸。机体内能够合成,不需要从饲料中获得的氨基酸,称为非必需氨基酸。20种氨基酸除8种必需氨基酸外,其余都是非必需氨基酸。

2. 按氨基酸结构分类

可将20种氨基酸分为4类。

(1)脂肪族氨基酸。甘氨酸、丙氨酸、丝氨酸、苏氨酸、半胱氨酸、蛋氨酸(甲硫氨酸)、天冬酰胺、谷氨酰胺、天冬氨酸、谷氨酸、精氨酸、赖氨酸、缬氨酸、亮氨酸、异亮氨酸。

(2)芳香族氨基酸。苯丙氨酸、酪氨酸、色氨酸。

(3)杂环氨基酸。组氨酸、色氨酸。

(4)杂环亚氨基酸。脯氨酸。

3.按氨基酸R基团性质分类

可将20种氨基酸分为2类。

(1)极性氨基酸(亲水氨基酸)。

①极性不带电荷的氨基酸:苏氨酸、半胱氨酸、甘氨酸、丝氨酸、酪氨酸、天冬氨酸、谷氨酰胺。

②极性带负电荷的氨基酸(酸性氨基酸):天冬氨酸、谷氨酸。

③极性带正电荷的氨基酸(碱性氨基酸):精氨酸、组氨酸、赖氨酸。

(2)非极性氨基酸(疏水氨基酸)。丙氨酸、缬氨酸、亮氨酸、异亮氨酸、脯氨酸、苯丙氨酸、色氨酸、蛋氨酸。

20种氨基酸的名称、结构及分类见表2-1。

表2-1　20种氨基酸的名称、结构及分类

分类	氨基酸名称	三字母符号	单字母符号	中文简称	结构式
非极性氨基酸	丙氨酸	Ala	A	丙	$CH_3-\underset{NH_2}{CH}-COOH$
	缬氨酸	Val	V	缬	$CH_3-\underset{CH_3}{CH}-\underset{NH_2}{CH}-COOH$
	亮氨酸	Leu	L	亮	$CH_3-\underset{CH_3}{CH}-CH_2-\underset{NH_2}{CH}-COOH$
	异亮氨酸	Ile	I	异亮	$CH_3-CH_2-\underset{CH_3}{CH}-\underset{NH_2}{CH}-COOH$
	苯丙氨酸	Phe	F	苯丙	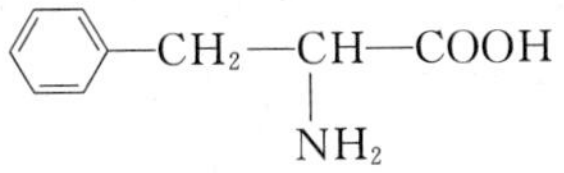
	色氨酸	Trp	W	色	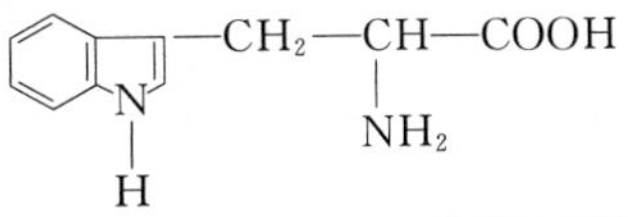
	蛋氨酸	Met	M	蛋	$CH_3-S-CH_2-CH_2-\underset{NH_2}{CH}-COOH$
	脯氨酸	Pro	P	脯	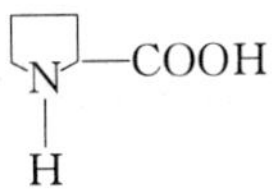
	甘氨酸	Gly	G	甘	$\underset{NH_2}{CH_2}-COOH$

续表 2-1

分类	氨基酸名称	三字母符号	单字母符号	中文简称	结构式
不带电荷极性氨基酸	丝氨酸	Ser	S	丝	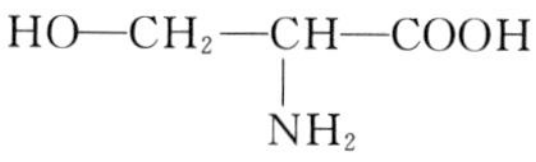
	苏氨酸	Thr	T	苏	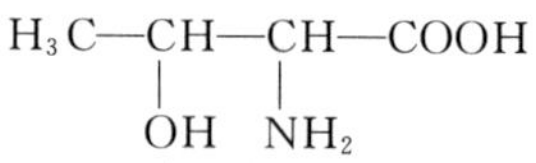
	半胱氨酸	Cys	C	半胱	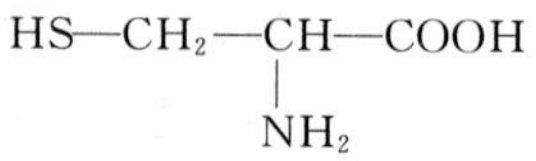
	酪氨酸	Tyr	Y	酪	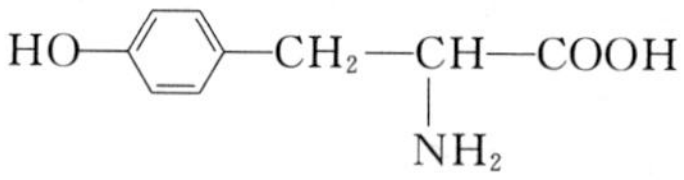
	天冬酰胺	Asn	N	天冬酰	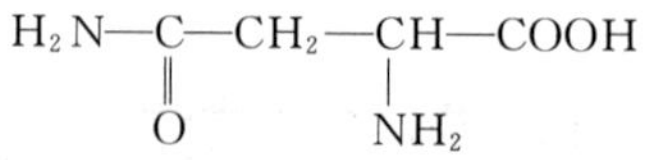
	谷氨酰胺	Gln	Q	谷氨酰	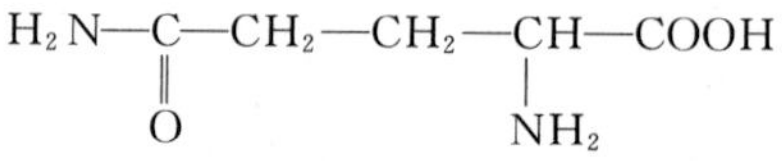
带正电荷极性氨基酸	组氨酸	His	H	组	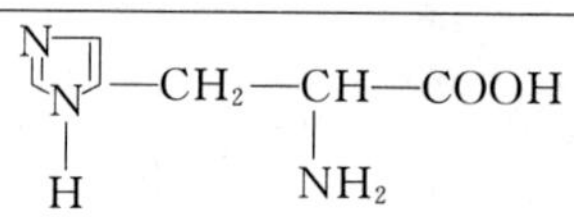
	赖氨酸	Lys	K	赖	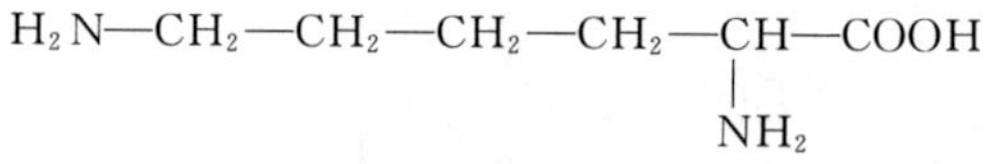
	精氨酸	Arg	R	精	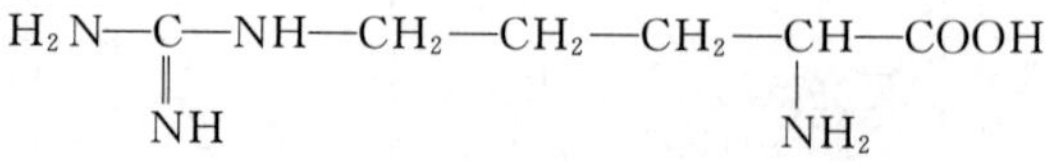
带负电荷极性氨基酸	天冬氨酸	Asp	D	天冬	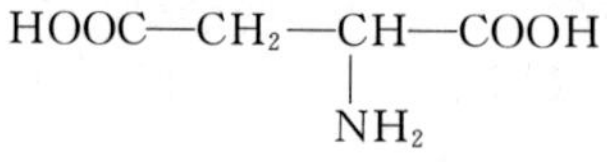
	谷氨酸	Glu	E	谷	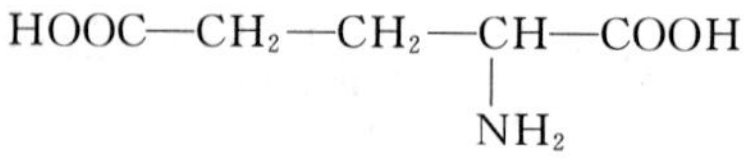

三、氨基酸的理化性质

(一)氨基酸的两性解(电)离及等电点

1. 两性电离

氨基酸分子既含有氨基、胍基、咪唑基等碱性基团,能发生碱式电离,成为阳离子,如—NH_2发生碱式电离成为—NH_3^+;又含有羧基等酸性基团,能发生酸式电离,成为阴离子,如

—COOH 发生酸式电离成为—COO^-。因此，同一个氨基酸分子上既带有能放出质子的—NH_3^+ 正离子，也有能接受质子的—COO^- 负离子，因此氨基酸为两性电解质。

2. 氨基酸的等电点

氨基酸在溶液中以何种离子形式存在，取决于分子中酸性基团与碱性基团的数量、比例以及溶液 pH。氨基酸在某 pH 溶液中所带正、负电荷的量相等时，称为兼性离子（两性离子）。氨基酸以兼性离子状态存在时的溶液 pH 称为该氨基酸的等电点，用 pI 表示。兼性离子静电荷为零，在电场中不向正极或负极移动。氨基酸在酸性（pH＜pI）环境中，酸性基团电离受抑制，氨基酸分子电离成为阳离子，在电场中可向负极移动；在碱性（pH＞pI）环境中，碱性基团电离受到抑制时，则电离成为阴离子，在电场中可向正极移动（图 2-1）。每种氨基酸都有其特定的等电点。

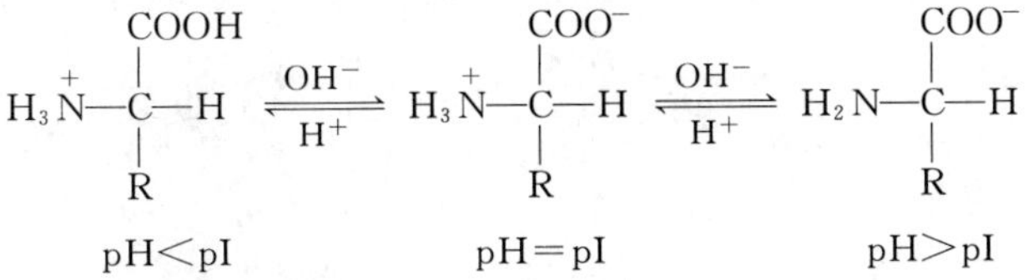

图 2-1　氨基酸的两性解离和等电点

氨基酸在溶液 pH 处于等电点时的应用：氨基酸溶解度最小，最容易从溶液中析出。在实际工作中可利用等电点聚焦电泳分离各种不同的氨基酸。

（二）氨基酸的紫外光吸收作用

氨基酸的一个重要光学性质是对紫外光有吸收作用。20 种氨基酸在可见光区域均无光吸收，对小于 220 nm 的远紫外光均有光吸收，而在 280 nm 附近的近紫外区，只有 3 种氨基酸因其 R 基含有苯环共轭双键系统（即所谓的芳香族氨基酸）对光有吸收能力，这 3 种氨基酸分别是：酪氨酸、苯丙氨酸和色氨酸。由于蛋白质一般都含有这 3 种氨基酸，故蛋白质的最大光吸收在 280 nm 波长处附近（图 2-2）。因此，可利用紫外分光光度法在 280 nm 波长处测定以上

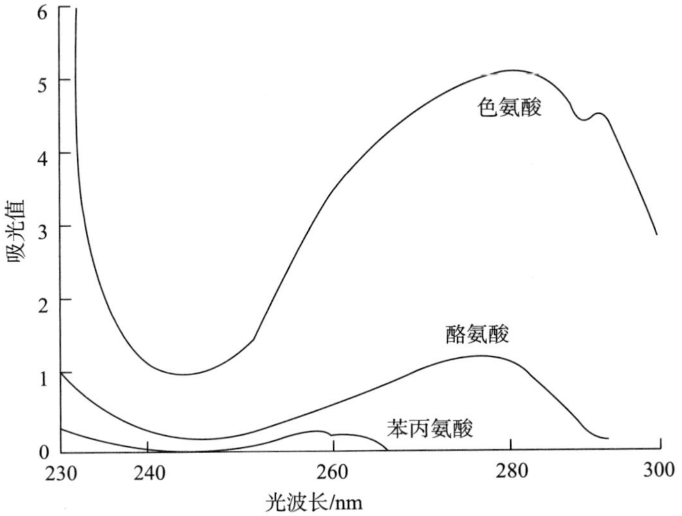

图 2-2　芳香族氨基酸的紫外吸收光谱

氨基酸及含有这些氨基酸的蛋白质的含量，其原因就是在 280 nm 处蛋白质溶液吸光值与其浓度成正比。

（三）茚三酮反应

茚三酮在微酸性溶液中与氨基酸共热发生颜色反应，除与脯氨酸和羟脯氨酸反应生成黄色物质外，与其余氨基酸反应生成蓝紫色化合物（图 2-3）。茚三酮反应可用于氨基酸的定性与定量分析。

图 2-3　氨基酸与茚三酮反应

蛋白质与茚三酮的丙酮液加热，也可产生蓝紫色物质，此反应可用于蛋白质的定性与定量测定。法医上常用茚三酮溶液分析纸张等表面上的浅指纹。手指所分泌的汗液中含有氨基酸，聚集于独特的手指纹路表面，就成为含有氨基酸的指纹，经过茚三酮处理可将氨基酸指尖纹路变为可见的紫色。

（四）氨基酸的食用

味精的主要成分为谷氨酸钠。味精的主要作用就是增加食品的鲜味，在中国菜的加工制作中用得非常多，也可以用于汤和调味料。谷氨酸钠还可用于具有慢性肝炎、肝性脑病、神经衰弱、癫痫病、胃酸缺乏等病的治疗。

任务二　肽与蛋白质的分子结构

任务解析

本任务主要学习氨基酸如何形成肽键和多肽（蛋白质）、蛋白质的各级结构及其与功能之间的关系，掌握蛋白质的理化性质，并与实际生产生活紧密相连。

一、肽

蛋白质是由氨基酸以脱水缩合的方式形成的肽键连接在一起组成的多肽链经盘绕折叠形成的具有一定空间结构的大分子化合物。

(一)肽键与多肽链

一个氨基酸的 α-羧基与另一个氨基酸的 α-氨基脱水缩合形成的共价键(—CO—NH—)称为肽键,又称酰胺键(图 2-4)。如甘氨酸与丙氨酸脱水缩合生成甘氨酰丙氨酸。蛋白质分子中的氨基酸通过肽键连接。

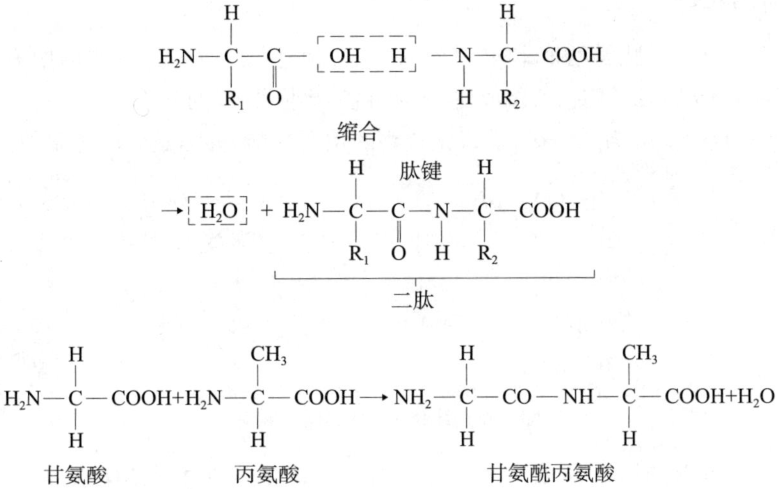

图 2-4　肽键的形成

氨基酸通过肽键连接起来的化合物称为肽。由 2 个氨基酸形成的肽称为二肽,由 3 个氨基酸形成的肽称为三肽,以此类推至多肽。通常将十肽以下者称为寡肽,十肽以上称为多肽。多肽是链状化合物,也可以称为多肽链(图 2-5)。氨基酸在形成多肽链后,因有部分基团参加肽键的形成,失去了 1 分子水,已经不是完整的氨基酸,故将蛋白质肽链中的每个氨基酸部分称为氨基酸残基。多肽本身就是蛋白质的一种形式,一般把相对分子质量超过 10 000 的多肽称为蛋白质。每一个氨基酸残基上都有一个 R 侧链,氨基酸的 R 侧链不同,其功能也不同。多肽链是有一定方向的,多肽链中一端具有游离的 α-氨基称为氨基末端(或 N 末端),通常写在多肽链的左端;多肽链的另一端具有游离的 α-羧基,称为羧基末端(或 C 末端),通常写在多肽链的右端。书写多肽链的结构时,方向是从 N 端至 C 端。

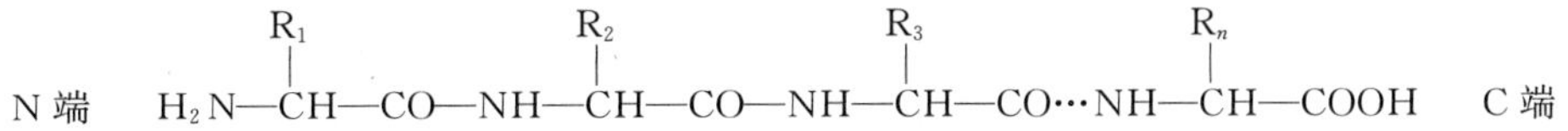

图 2-5　多肽链的通式

(二)多肽的命名

肽链是从 N 端到 C 端按氨基酸残基的排列顺序来命名的,依次称为某氨酰某氨酰……某氨基酸(简写为某—某—某)。例如,从 N 端到 C 端依次由甘氨酸、丙氨酸、酪氨酸、色氨酸缩合形成的四肽,正规化学名称应为"甘氨酰丙氨酰酪氨酰色氨酸",简写为"甘—丙—酪—色"或"Gly—Ala—Tyr—Trp";又如谷胱甘肽(GSH)是由谷氨酸、半胱氨酸和甘氨酸 3 个氨基酸所组成的三肽,全名是 γ-谷氨酰半胱氨酰甘氨酸,缩写为 Glu—Cys—Gly,简称谷胱甘肽。

(三)重要的肽化合物

氨基酸通过肽键相连形成长短不一的肽，根据肽中氨基酸的数目可分为寡肽(小分子肽)和多肽。许多小分子肽和部分多肽在医学上具有极其重要的生理功能，在细胞内发挥着一定的生物学作用，常把这类肽称为生物活性肽。列举部分活性肽如下。

1. 谷胱甘肽(GSH)

GSH 是由谷氨酸、半胱氨酸和甘氨酸组成的三肽(图 2-6)。它的结构中有一个由谷氨酸的 γ-羧基和半胱氨酸的 α-氨基缩合成的 γ-肽键；半胱氨酸的结构中含有一个活泼的巯基(—SH)，容易被氧化脱氢成为二硫键，是该化合物的主要功能基团，是体内主要的自由基清除剂。

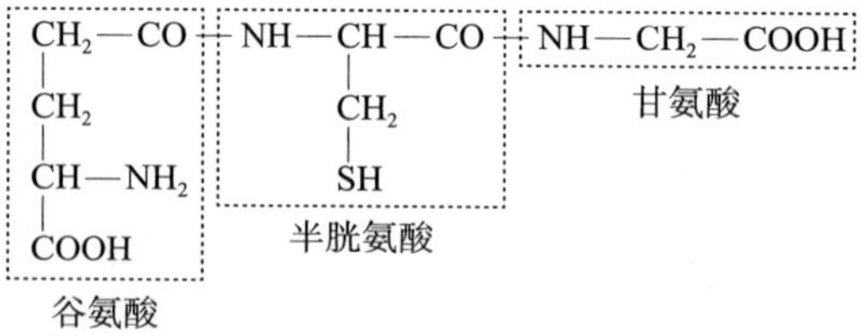

图 2-6　谷胱甘肽的化学结构

谷胱甘肽在机体内的防御体系中发挥重要作用，具有多种生理功能。一是参与细胞内氧化还原反应，作为氧化还原酶的辅酶，是一种重要的还原剂。它保护蛋白质、巯基酶中的巯基基团免遭氧化，以免失去该蛋白质或酶的生物活性。同时，GSH 上的氢在谷胱甘肽过氧化物酶的催化下，能使细胞内产生的 H_2O_2 还原成 H_2O，还原型 GSH 则变成氧化型 GSSG。GSSG 由存在于肝与红细胞中的谷胱甘肽还原酶作用下，接受 H 被还原成 GSH，使体内自由基的清除反应能够持续进行，因此谷胱甘肽具有抗氧化作用，这就防止了过氧化物在体内的堆积。二是解毒功能，谷胱甘肽分子中的巯基(—SH)可与一些卤化有机物、环氧化物(如一些致癌剂、药物)、毒素(如碘乙酸、芥子气、铅、汞、砷等重金属)等结合，避免了这些毒物和 DNA、RNA、蛋白质结合，从而保证了 DNA、RNA、蛋白质的正常功能。催化这一反应的酶是谷胱甘肽-S-转移酶，此酶在肝中活性最高，在脾、肾、肺、脑等组织中活性次之。谷胱甘肽还可作为功能性食品的基料，在延缓衰老、增强免疫力、抗肿瘤等功能性食品中被广泛应用。

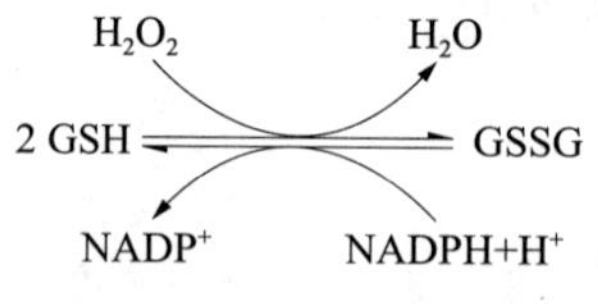

2. 激素肽

很多肽都具有调节机体代谢的激素功能。

(1)催产素。它是由下丘脑视上核及室旁核的神经元合成的一种九肽，经垂体后叶分泌，具有使子宫和乳腺平滑肌收缩的功能。其氨基酸排列顺序为：

半胱— 酪 —异亮—谷氨酰—天冬酰—半胱— 脯 — 亮 — 甘 —
Cys —Tyr— Ile — Gln — Asn — Cys —Pro—Leu—Gly—

(2)抗利尿激素(ADH)。它也是由下丘脑视上核及室旁核的神经元合成的多肽。生物合成后再裂解为 ADH(九肽),经神经轴突转移至垂体后叶贮存。当体内需要时释放入血,能增加肾远曲小管及集合小管对水的再吸收,故具有抗利尿作用。由于 ADH 可广泛地引起骨骼肌和内脏小动脉强烈收缩,外周阻力增高,血压升高,故又有加压素(AVP)之称。平时 ADH 的释放量很少,对维护正常血压不起作用。只有当血压显著降低时,ADH 的释放量增多,对血压的回升有一定的作用。其氨基酸排列顺序为:

半胱—酪—苯丙—谷氨酰—天冬酰—半胱—脯—赖—甘—
Cys—Tyr—Phe—Gln—Asn—Cys—Pro—Lys—Gly—

(3)促甲状腺激素释放激素(TRH)。它是下丘脑分泌的一种三肽,主要作用是促进垂体前叶分泌促甲状腺激素。TRH 的 N 端谷氨酸环化成为焦谷氨酸;C 端的脯氨酸残基酰化为脯氨酰胺。

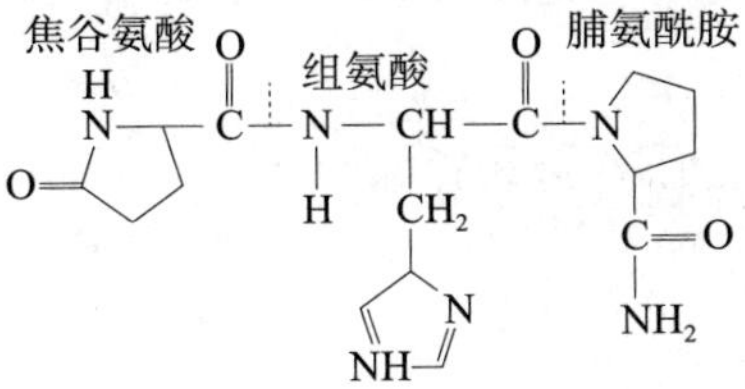

(4)促黄体生成素释放激素(LRH)。它是下丘脑分泌的一种十肽,其作用是控制垂体黄体生成素和卵泡成熟激素的分泌。此外,还有一些肽类物质在医学上有重要的作用。例如,内啡肽是分布于垂体和脑内的内源性类吗啡活性肽,具有强止痛作用。

3. 脑啡肽

脑啡肽它是由 5 个氨基酸残基组成的具有吗啡样活性的神经肽。包括:

Met-脑啡肽:Tyr—Gly—Gly—Phe—Met
Leu-脑啡肽:Tyr—Gly—Gly—Phe—Leu

脑啡肽对脑细胞具有独特的作用,能够激活处于抑制沉睡状态的脑细胞,对因脑损伤导致的后遗症有很好的恢复作用。脑啡肽在药效方面是吗啡的 2～3 倍,但不具备造成使用者成瘾的特性。

4. 多肽类抗生素

多肽类抗生素是具有多肽结构特征的一类抗生素,包含多黏菌素类(多黏菌素 B、多黏菌素 E)、杆菌肽类(杆菌肽、短杆菌肽)和万古霉素。多肽类抗生素是一类具有抑制或杀灭细菌作用的肽类药物。如短杆菌肽是一种环状十肽,在氨基酸的组成上,除正常的 *L-α*-氨基酸外,还有 *D-α*-氨基酸和鸟氨酸。多肽类抗生素用于治疗外耳道、角膜或皮肤感染,也可用于尿路灌注或雾化吸入治疗。

5. 免疫活性肽

免疫活性肽是一种能刺激巨噬细胞的吞噬能力,抑制肿瘤细胞生长的活性肽,分为内源免疫活性肽和外源免疫活性肽两种。内源免疫活性肽包括干扰素、白细胞介素和 β-内啡肽,它们都是激活和调节机体免疫应答的中心。外源免疫活性肽主要来自人乳和牛乳中的酪蛋白。免疫活性肽能刺激机体淋巴细胞的增殖和增强巨噬细胞的吞噬能力,提高机体对外界病原微生物的抵抗能力。

二、蛋白质的一级结构

构成蛋白质的各种氨基酸在多肽链中的排列顺序，称为蛋白质的一级结构。多肽链中氨基酸的顺序是由基因的碱基排列顺序所决定的。蛋白质的一级结构包括：组成蛋白质的多肽链的数目，多肽链中氨基酸的排列顺序，二硫键的数目和位置。一级结构是蛋白质的基本结构，是蛋白质的空间结构的基础。一级结构的主要键是肽键，有的蛋白质含有二硫键，它是由2个半胱氨酸残基中2个—SH脱氢形成的化学键（—S—S—）。因维持一级结构的化学键是肽键和二硫键，共价键的键能大，故蛋白质的一级结构稳定性较强。目前，已有许多蛋白质如胰岛素、胰蛋白酶等的一级结构被研究确定。牛胰岛素的一级结构是由一条A链（二十一肽）和一条B链（三十肽）组成，分子中共有3个二硫键，其中1个是A链的二硫键，2个存在于A链和B链之间。牛胰岛素的一级结构见图2-7。

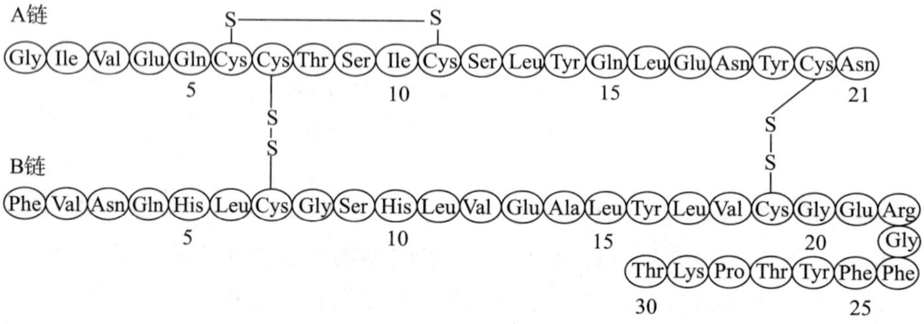

图2-7　牛胰岛素的一级结构

蛋白质的一级结构具有重要的意义，它使人们从根本上认识到由于20种氨基酸排列不同而组成不同种类的蛋白质，并具有不同的生物学功能。一级结构的测定还应用在临床医学中，许多先天性疾病是由某一重要蛋白质一级结构发生改变而引起的。例如，镰刀型红细胞性贫血症是由血红蛋白β-亚基的第6位缬氨酸被谷氨酸取代所致。一个氨基酸的改变就使得血红蛋白在低氧状态下的溶解性降低，聚集成丝，相互黏着，导致红细胞形成镰刀状而易碎裂。因为蛋白质的一级结构中氨基酸排列顺序是由遗传密码所决定，氨基酸的改变最根本原因是DNA碱基顺序的改变所致，因此研究蛋白质的一级结构有助于从分子水平上诊断和治疗遗传病。

三、蛋白质的空间结构

天然蛋白质具有一定的空间结构或构象，它决定着蛋白质的分子形状、理化特性和生物学活性。蛋白质构象分为主链构象和侧链构象，主链构象是指多肽链上各原子的排布及相互关系；侧链构象是指各氨基酸侧链基团中原子的排布及彼此关系。主链构象决定侧链基团的排布，侧链构象影响主链构象的卷曲和折叠，两者相互依存，相互影响。

（一）蛋白质的二级结构

蛋白质的二级结构是指多肽链主链盘旋、折叠形成的主链构象，即多肽链中主链各原子在空间的排列方式，不涉及侧链部分的构象。蛋白质的二级结构主要包括α-螺旋、β-折叠、β-转角和无规则卷曲几种。维持二级结构稳定的化学键是主链原子形成的氢键。

形成蛋白质二级结构的基础是肽键平面，肽键中的 C、O、N、H 4 个原子和与它们相邻的 2 个 α-碳原子都处于同一个平面上，此平面称为肽键平面(图 2-8)。

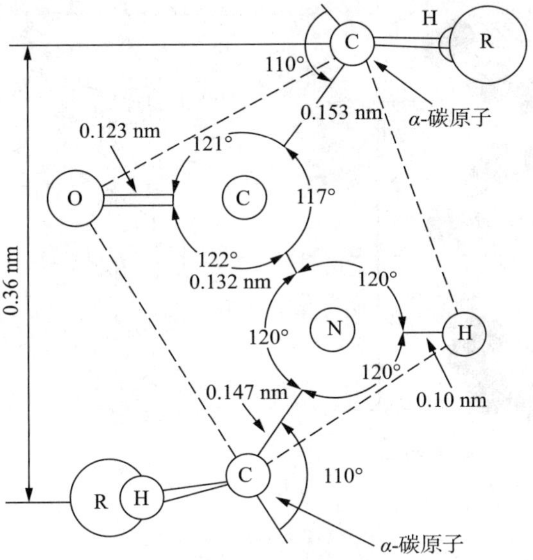

图 2-8　肽键平面

X 线衍射分析证明，肽平面肽键长为 0.132 nm。如果 C 与 N 之间是单键，则键长为 0.149 nm，如果是双键则为 0.127 nm，所以肽键介于两者之间，故有一定程度的双键性能，C 与 N 不能以 C—N 为轴心旋转，于是肽键及其相关的 6 个原子形成平面，而与肽键相连的 α-碳原子两侧单键都可以自由旋转，肽平面就可以围绕 α-碳原子旋转、折叠或卷曲。

1. *α-螺旋*

α-螺旋是指蛋白质分子中多个肽平面通过氨基酸的 α-碳原子沿长轴方向旋转，按一定规律形成稳定 α-螺旋结构(图 2-9)。α-螺旋主要特征为以下几点。

(1)一般为右手螺旋，仅个别蛋白质分子中存在左手螺旋。

(2)每一螺旋圈含有 3.6 个氨基酸残基，每个残基高度 0.15 nm，因此螺距为 0.54 nm (0.15 nm×3.6)，每个残基沿轴旋转 100°。

(3)螺旋圈之间通过肽键上的 CO(羰基氧)与 NH(第四个氨基酸氨基上的氢)形成氢键，是维持 α-螺旋结构稳定的主要次级键。

(4)肽链中氨基酸残基的 R 基团均伸向螺旋的外侧，其空间形状、大小及电荷对 α-螺旋的形成和稳定有重要的影响。各种蛋白质的结构和功能差异很大，其中 α-螺旋的百分含量也有较大的差异，如肌红蛋白螺旋含量为 77%，而 α-胰凝乳蛋白酶仅为 9%。

不同蛋白质的一级结构不同，所以蛋白质分子中的 α-螺旋结构的比例也不一样。有些蛋白质，如毛发、指甲中的 α-角蛋白，几乎都是 α-螺旋结构组成的纤维蛋白，形成强度大的长纤维状蛋白质。肌红蛋白和血红蛋白也主要是由 α-螺旋结构组成的，但是有些蛋白质几乎不含 α-螺旋结构，如 γ-球蛋白。

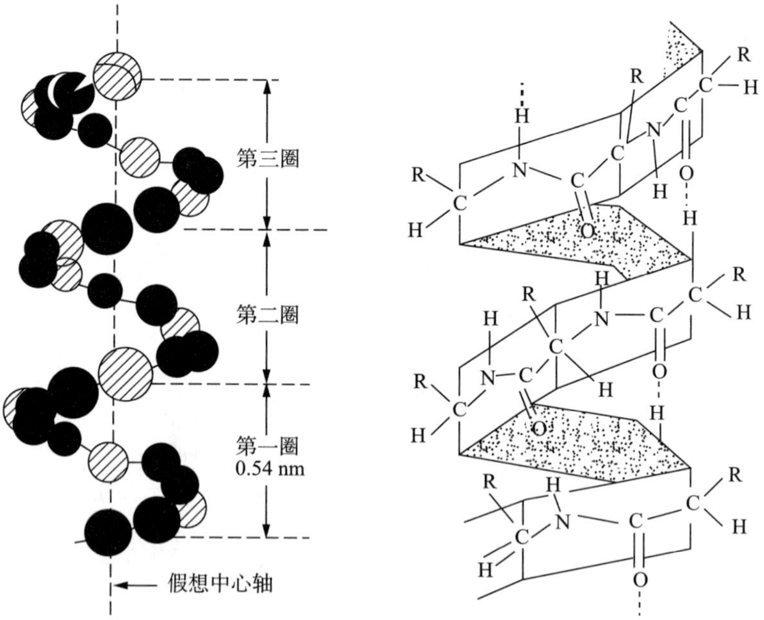

（a）　　　　（b）

a. α-螺旋示意图（黑球代表主链上碳原子，条纹球代表氮原子）；b. 肽键平面示意图

图 2-9　α-螺旋结构示意图

2. β-折叠

β-折叠使蛋白质肽链主链的肽平面折叠成锯齿状，又称 β-折叠片层结构（图 2-10）。β-折叠是蛋白质中常见的二级结构，是由伸展的多肽链组成的，与 α-螺旋不同。

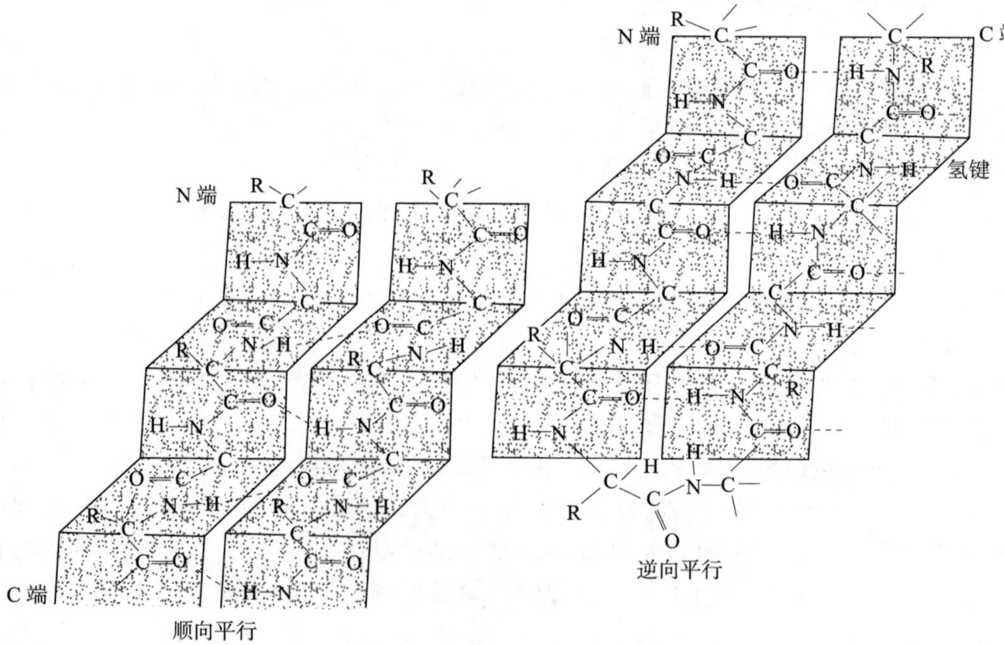

图 2-10　β-折叠片层结构示意图

β-折叠的特点如下：

(1)肽链延伸，肽平面之间折叠成锯齿状。

(2)呈片状，肽链几乎完全伸展，而非紧密卷曲。

(3)若干条多肽链或一条多肽链迂回，形成的若干肽段互相靠拢平行排列，折叠片的构象通过一个肽键的羰基氧和位于同一个肽链或相邻肽链的另一个酰胺键的氢之间形成的氢键维持。

(4)相邻排列两条β-折叠结构走向相同时，称为顺向平行，即两条链走向都是由N到C方向；反之，称为逆向平行，即一条是N到C方向，另一条是C到N方向。

β-折叠的形成也有一定的条件，肽链上的氨基酸残基的R较小，才能允许2条肽段彼此靠近。蚕丝蛋白是典型β-折叠，该蛋白含有大量甘氨酸与丙氨酸残基。

3. β-转角

β-转角也称为β-回折。蛋白质分子多肽链在形成空间构象的时候，经常会出现180°的回折，回折处的结构就称为β-转角结构。β-转角中，第一个氨基酸残基的羰基(C═O)与第四个氨基酸残基的亚氨基之间(N—H)形成氢键，多肽链形成180°回折。β-转角常见于球状蛋白质分子表面，含量十分丰富。

4. 无规则卷曲

肽链呈现无确定规律的卷曲，即蛋白质肽链中有一些肽段与α-螺旋、β-折叠、β-转角比较起来没有确定规律，其结构比较松散，因此，称为无规则卷曲。

(二)蛋白质的三级结构

蛋白质的三级结构是指整条多肽链所有原子的排布方式，包括多肽链分子主链及侧链的构象，即蛋白质的多肽链在二级结构的基础上再进一步盘曲或折叠形成一定规律的空间结构，不同蛋白质的三级结构是不同的，具有三级结构的蛋白质才有生物学活性，如肌红蛋白(图2-11)。

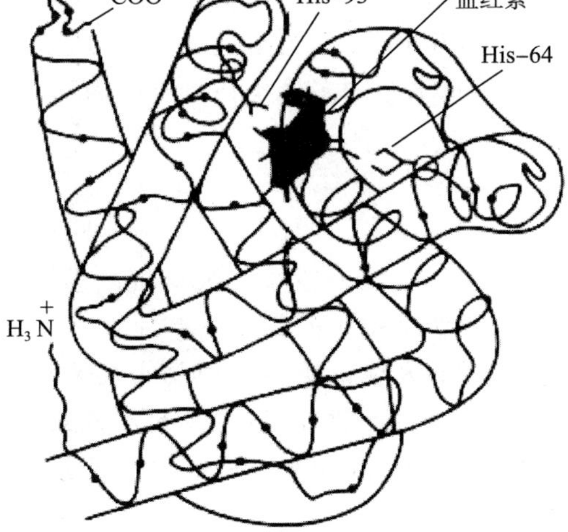

图 2-11　肌红蛋白三级结构示意图

蛋白质稳定的三级结构主要是通过次级键的作用，包括氢键、离子键、二硫键、疏水键以及范德华力等(图 2-12)，尤其是疏水键在稳定蛋白质三级结构中起着重要作用。次级键中除二硫键外都是非共价键，容易受环境中 pH、温度、离子强度等的影响，有变动的可能性。

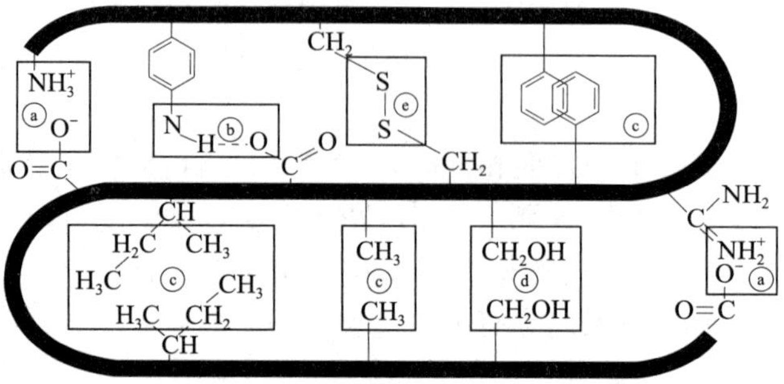

a. 离子键；b. 氢键；c. 疏水键；d. 范德华力；e. 二硫键

图 2-12　蛋白质分子中的次级键

1. 氢键

除前述多肽链主链之间的氢键外，在多肽链主链与极性侧链之间以及在极性侧链之间都可形成氢键。

2. 二硫键

二硫键由 2 个半胱氨酸残基的侧链巯基脱氢缩合而成。

3. 离子键

离子键又称盐键，是由蛋白质带正电荷的基团和带负电荷的基团形成。

4. 疏水基相互作用

疏水基相互作用又称疏水键，是由缬氨酸、亮氨酸、异亮氨酸、苯丙氨酸等非极性疏水侧链之间的吸引力形成疏水区。蛋白质三级结构中疏水键的数量最多，且往往居于球状蛋白质的内部。

具有三级结构的蛋白质从其外形上看，有的细长(长轴比短轴长 10 倍以上)，属于纤维状蛋白质(如丝心蛋白)；有的长、短轴相差不多，基本上呈球形，属于球状蛋白质(如血浆清蛋白、球蛋白、肌红蛋白)，球状蛋白质的疏水基团多聚集在分子的内部，而亲水基则多分布于分子表面，因此球状蛋白质是亲水的。

(三)蛋白质的四级结构

蛋白质的四级结构是指 2 个或 2 个以上独立三级结构的多肽链借次级键(氢键、疏水键、离子键)结合而形成的复杂结构，四级结构中的每条具有独立三级结构的多肽链称为蛋白质亚基。蛋白质分子中各亚基的空间排布及亚基接触部位的布局和相互作用，称为蛋白质的四级结构。因此，只有一条多碳链的蛋白质(如肌红蛋白)是没有四级结构的。维持蛋白质的四级结构的键主要是疏水键、氢键和离子键。含四级结构的蛋白质分子具有复杂的生物学功能，其单个亚基一般没有生物学功能或功能不完整。

在四级结构中的各亚基可以是相同的，也可以是不同的。由相同类型的蛋白质亚基构成的四级结构称为均一四级结构，如过氧化氢酶是由 4 个相同的亚基构成的；由不同亚基构成的四级结构，称为非均一四级结构，如正常人的血红蛋白是由 2 个 α-亚基和 2 个 β-亚基形成的四聚体(图 2-13)。具有四级结构的蛋白质有复杂的生物学功能，而四级结构的亚基解聚后，蛋白质就不能执行其正常的功能。

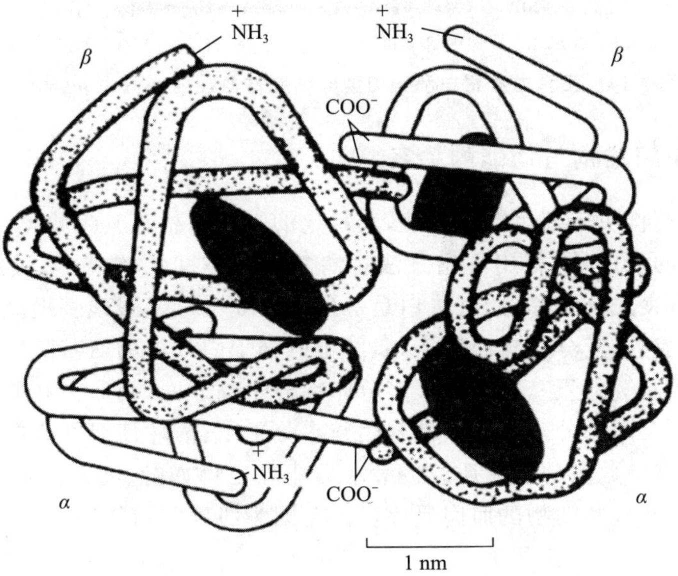

图 2-13　血红蛋白四级结构示意图

四、蛋白质结构与功能的关系

蛋白质分子具有三维空间结构，执行复杂的生物学功能。蛋白质结构与功能之间的关系非常密切。蛋白质的结构是蛋白质功能的基础，有什么样的结构就对应什么样的功能，正是蛋白质结构的多样性产生了其功能的多样性，所以，蛋白质的结构决定其功能，蛋白质的功能体现其结构。蛋白质的一级结构与空间结构对维持蛋白质的生物学活性都具有重要的作用。

(一)蛋白质一级结构与功能的关系

在人和高等动物体内，有不少游离的多肽，如催产素、加压素、生长激素、脑啡肽等，它们分别具有不同的激素功能，对体内新陈代谢起调节作用。多肽的激素功能与一级结构是密切相关的。蛋白质一级结构决定生物学功能，不同的结构具有不同的功能。催产素和加压素都是由人和高等动物的垂体后叶所分泌的九肽激素，由于两者在第三位和第八位的氨基酸残基不同，其余组成完全相同，但是两者功能差别明显。加压素具有促进血管平滑肌收缩，升高血压，减少排尿的生理作用；而催产素使子宫和乳腺平滑肌收缩，具有催产和促使乳腺排乳的生理功能。

蛋白质的一级结构中氨基酸序列改变可以引起疾病，许多先天性疾病已被查明是组成蛋白质一级结构的某种氨基酸缺乏或异常所致，这些缺损的蛋白质可能仅仅因为一个氨基酸发生异常所造成的，即所谓的分子病。例如，正常人的血红蛋白 β-亚基的第六位氨基酸是谷氨酸，若突变为缬氨酸(图 2-14)，红细胞变形成镰刀状且极易破碎，携带氧气的功能降低，使人产生贫血。这种血红蛋白分子变异引起的遗传性疾病称为镰刀型红细胞贫血症。

β-链	1	2	3	4	5	6	7	8
Hb-A(正常)	Val—	His—	Leu—	Thr—	Pro—	Glu—	Glu—	Lys…
Hb-S(不正常)	Val—	His—	Leu—	Thr—	Pro—	Val—	Glu—	Lys…

图 2-14 正常血红蛋白和镰刀型红细胞贫血症血红蛋白 β-链比较

(二)蛋白质空间结构与功能的关系

蛋白质的空间结构决定其生物学功能，其特定的空间结构是其生物学功能的基础。例如，酶是具有催化作用的蛋白质，若用一定方法将酶的正常空间结构破坏，虽然不破坏其一级结构，但酶的活性也可丧失。又如，肌红蛋白是一条由 153 个氨基酸残基组成的肽链盘绕一个血红蛋白（辅基）而形成的，其分子折叠紧密，肌红蛋白分子内外层的氨基酸残基的排列都有一定规律，含有极性基团侧链的氨基酸残基大多分布在分子的表面，而非极性的残基则被埋在分子内部，不与水接触。正因为分子表面极性基团与水分子结合，才使肌红蛋白具有可溶性。肌红蛋白是哺乳动物肌肉中贮氧的蛋白质。在潜水类哺乳动物如鲸、海豹及海豚的肌肉中肌红蛋白含量非常丰富，致使这些动物的肌肉呈棕色。正因为肌红蛋白能够贮氧，这些动物可以长时间潜在水下。

有些蛋白质的功能发挥仅与其某部位的特定构象有关，通常将这特定构象称为蛋白质功能区，只要蛋白质功能区的结构完整，分子其他部位改变也不影响蛋白质的功能。例如，血红蛋白是一个由 4 个亚基构成的四聚体，它的整个结构要比肌红蛋白复杂得多，因此表现出肌红蛋白没有的一些功能，除运输氧外，血红蛋白还能运输 H^+ 和 CO_2。血红蛋白的四聚体具有稳定的结构，其亚基处于某一种空间紧密构象（T 型），与 O_2 的亲和力小。在需氧的组织中，血红蛋白呈 T 型构象，致使血红蛋白可以快速地脱氧，供组织利用。在氧丰富的肺里，血红蛋白转变成疏松构象（R 型），此时与 O_2 的亲和力变大，是因为当氧和血红蛋白分子中一个亚基血红蛋白铁结合后，就会引起该亚基的构象发生改变，这个构象改变又会引起另外三个亚基相继发生变化从而使整个血红蛋白分子构象发生改变，使所有亚基血红蛋白铁原子的位置都变得易于与氧结合，血红蛋白与氧结合的速度就会大大加快。因此，血红蛋白是通过其构象变化调节与氧的结合，对氧气的运输有重要作用。

对于维持蛋白质功能区的结构完整，一级结构中某些氨基酸残基是必需的，如果这些必需的氨基酸残基发生改变，蛋白质特定构象即被破坏，蛋白质生物学活性也将丧失。例如，指甲和毛发中的角蛋白，分子中含有大量的 α-螺旋结构，因此性质稳定，既坚韧又富有弹性，这与角蛋白的保护功能分不开；丝心蛋白分子中富含 β-折叠结构，因此分子伸展，蚕丝柔软却没有多大的延伸性。一些疾病的发生与蛋白质的空间结构改变密切相关。又如，当蛋白质由于折叠错误而相互聚集时，常形成抗原蛋白水解酶的淀粉样纤维沉淀，可导致人类的老年痴呆和疯牛病等。因此，一级结构与空间结构对维持蛋白质的生物学活性均有重要的作用。

任务三　蛋白质的理化性质

任务解析

本任务主要学习蛋白质的两性解离与等电点、蛋白质的胶体性质、蛋白质的沉淀、蛋白质的变性与复性、蛋白质的呈色反应等知识，为掌握消毒技术、电泳技术、透析技术等蛋白质知识的实际应用奠定基础。

蛋白质是由氨基酸组成的生物大分子，其理化性质一部分与氨基酸相似，如两性解离、等电点等，也有一部分不同于氨基酸，如胶体性质、变性等。

一、蛋白质的两性解离与等电点

蛋白质同氨基酸一样均为两性电解质，都具有两性解离的特性。蛋白质分子中肽链的两个末端，有解离出正离子的 α-氨基和解离出负离子的 α-羧基。更主要的是，侧链上有不少基团，也可以解离出正离子或负离子。例如，赖氨酸残基中的 ε-氨基，精氨酸残基的胍基，组氨酸残基的咪唑基都可解离出带正离子的基团；而谷氨酸残基的 γ-羧基和天冬氨酸残基的 β-羧基都可解离出带负离子的基团。蛋白质中碱性和酸性氨基酸的含量和所处溶液的 pH 决定了蛋白质颗粒在溶液中所带的电荷。当蛋白质处于某一 pH 溶液时，蛋白质分子上正、负电荷相等，净电荷为零，蛋白质为兼性离子，此时溶液的 pH 称为该蛋白质的等电点(pI)。当溶液的 pH 等于等电点时，蛋白质在电场中不移动。等电点是蛋白质特征性常数，各种蛋白质的等电点不同。含碱性氨基酸较多的蛋白质，等电点偏高，如组蛋白、鱼精蛋白等；相反，含酸性氨基酸较多的蛋白质，等电点偏低，如酪蛋白、胃蛋白酶等。当溶液的 pH>pI 时，蛋白质分子的正离子解离，带负电荷，反之则带正电荷(图 2-15)。血浆中绝大部分蛋白质的等电点在 pH 为 5 左右，故在血浆 pH 7.4 的生理情况下，血浆蛋白质以负离子形式存在。

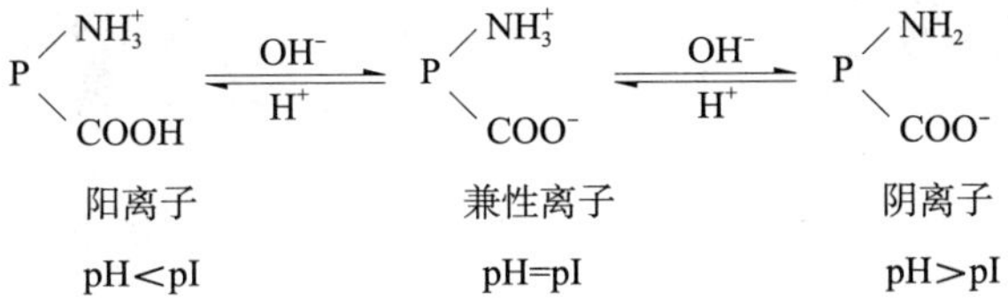

图 2-15　蛋白质两性电离和等电点

在同一 pH 溶液中，各种蛋白质所带电荷的性质和数量不同，加之蛋白质分子大小和形状不同，在电场中移动速率也有差别。这种带电荷的蛋白质，在电场中向电性相反的电极移动的现象称为蛋白质电泳移动。电泳的速度与带电粒子电荷多少、分子的大小、形状以及电场强度等多种因素有关，因此，可通过电泳的方法，对蛋白质进行分离、纯化、鉴定和制备。

二、蛋白质的胶体性质

蛋白质是高分子物质，其相对分子质量为 10 000～100 000，最大者可达数千万。蛋白质在溶液中形成的颗粒直径为1～100 nm，属于胶体颗粒的范围，所以蛋白质具有布朗运动、丁达尔现象、电泳现象、不能透过半透膜、吸附能力等胶体性质，溶液是亲水胶体溶液。维持蛋白质亲水胶体溶液的稳定因素主要有两个：一是分子表面的水化膜，在蛋白质表面有不少的亲水基团，具有强烈的吸引水分子的作用，能与水发生水合作用，水分子受蛋白质极性基团的影响，定向排列在蛋白质分子的周围，形成水化膜，从而使蛋白质颗粒分开，不致相互聚集而发生蛋白质的沉淀析出；二是电荷层，蛋白质在偏离等电点的溶液中，形成电荷层。在 pH 不等于 pI 的溶液中，蛋白质带有同种电荷；当 pH＞pI，蛋白质带负电荷；当 pH＜pI，蛋白质带正电荷。同性电荷相互排斥，防止蛋白质颗粒相聚沉淀。因此，蛋白质的水溶液是稳定的亲水胶体溶液，如果破坏水化膜和电荷层，蛋白质则因分子间引力聚集而发生沉淀。

蛋白质溶液具有胶体溶液的性质，如表现出溶液扩散慢，黏度大，不能透过半透膜的特性。蛋白质这一胶体性质是某些蛋白质分离、纯化方法的基础。最简单的纯化蛋白质方法是将混有小分子杂质的蛋白质溶液放入半透膜制成的囊内，置于流动水或适宜的缓冲液中，使小分子物质可透过半透膜，蛋白质分子保留在半透膜内，这种方法称为透析法(图 2-16)。利用透析法可除去蛋白质溶液中的无机盐等小分子物质。蛋白质分子不易透过半透膜的性质，决定了它在维持生物体内体液的平衡中起着重要作用。例如，血液透析，就是利用半透膜原理，通过扩散和对流将体内各种有害及多余的代谢废物、电解质移除体外，达到净化血液和纠正水电解质及酸碱平衡的目的。在兽医临床诊断上，正常动物的尿常规检测中不应有蛋白质，就是由于肾或膀胱黏膜是半透膜，蛋白质是很难透过的，只有当肾或膀胱黏膜发生病变时，透过性增大，才会在尿液中出现蛋白质。

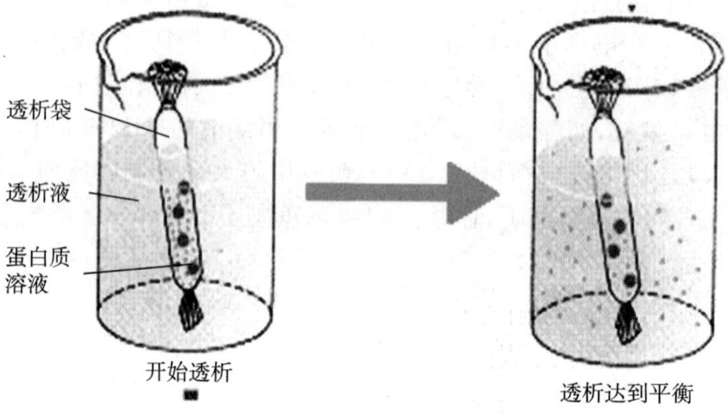

图 2-16　蛋白质透析法

三、蛋白质的沉淀

在蛋白质溶液中加入适当试剂，破坏蛋白质的水化膜或中和其分子表面的电荷，从而使蛋白质胶体溶液变得不稳定而发生沉淀，这种现象称为蛋白质的沉淀作用。沉淀出来的蛋白质有时是变性的，但如果控制实验条件(如低温和使用温和的沉淀剂)，便可使沉淀的蛋白质不变性。沉淀蛋白质常见的方法有以下几种。

1. 盐析法

在蛋白质溶液中加入高浓度的中性盐[$(NH_4)_2SO_4$、Na_2SO_4、NaCl 等]用以破坏蛋白质的胶体稳定性而使蛋白质从溶液中析出的现象，称蛋白质的盐析法。中性盐在水中溶解性及亲水性大，与蛋白质争夺与水结合，破坏蛋白质的水化层。另外中性盐又是强电解质，解离作用强，能中和蛋白质的电荷，破坏蛋白质的电荷层。各种蛋白质盐析时所需的盐浓度及 pH 不同，通过盐析沉淀的蛋白质，经过透析除盐，仍保证蛋白质的活性。因此，稳定蛋白质溶液的因素遭到破坏，蛋白质溶解度下降而从溶液中析出，盐析法沉淀蛋白质并未破坏蛋白质天然状态，沉淀出的蛋白质可不变性，所以盐析法是分离制备蛋白质或蛋白类生物制剂的常用方法，也可以通过调节盐浓度使混合液中几种不同蛋白质分别沉淀析出，达到分离的目的，这种方法称为分段盐析。硫酸铵是最常用来盐析的中性盐，如用饱和硫酸铵可使血浆中清蛋白沉淀出来，而球蛋白则在半饱和硫酸铵溶液中析出。调节蛋白质溶液的 pH 至等电点后，再用盐析法，蛋白质沉淀的效果会更好。

2. 有机溶剂沉淀法

乙醇、甲醇、丙酮等对水的亲和力很大，能破坏蛋白质的水化膜，在等电点时能使蛋白质沉淀且效果较好。在常温下有机溶剂沉淀蛋白质可引起蛋白质变性，如利用乙醇消毒灭菌就是根据这一原理。在低温下，蛋白质变性速度减慢，因此，用有机溶剂沉淀蛋白质，为防止蛋白质的变性，常需在低温条件下快速进行，可用于分离制备各种血浆蛋白质。

3. 重金属盐沉淀法

重金属离子，如 Cu^{2+}、Hg^{2+}、Pb^{+}、Ag^{+} 等可与蛋白质结合形成不溶于水的蛋白质盐沉淀。当蛋白质溶液 pH＞pI 而带负电荷时，可与重金属离子结合成蛋白质盐。重金属沉淀的蛋白质常会发生变性，但如果在低温条件下，控制重金属离子浓度，也可用于分离制备不变性的蛋白质。

临床上急救重金属盐中毒的动物，早期可以服用大量新鲜牛奶或鸡蛋清，使重金属离子在消化道内被蛋白质结合成不溶性物质，以阻止该金属离子吸收入体内，随后再用催吐剂或洗胃将蛋白质重金属复合物排出。

4. 生物碱试剂沉淀法

生物碱试剂（如苦味酸、鞣酸）以及某些酸（如三氯乙酸、钨酸、硝酸）可与蛋白质正离子结合，形成不溶性盐而沉淀。沉淀的条件是当蛋白质在 pH＜pI 的溶液中解离成正离子时，易与酸根负离子（X^{-}）结合成盐。例如，发芽的马铃薯中含有一种弱碱性的生物碱称为茄碱（又名龙葵苷），龙葵苷具有腐蚀性、溶血性，并对运动中枢及呼吸中枢有麻痹作用。每 100 g 马铃薯含龙葵苷 5～10 mg，未成熟、青紫皮的马铃薯或发芽马铃薯含龙葵苷 25～60 mg，甚至高达 430 mg，所以大量食用未成熟或发芽马铃薯可引起急性中毒。

临床检验常用这类方法沉淀蛋白质，制备无蛋白血滤液，或用这类酸作尿蛋白的检查试剂。

5. 加热沉淀法

将 pH 处于等电点附近的蛋白质溶液加热，可使蛋白质发生凝固而沉淀。加热可使有规则的肽链结构被打开呈不规则松散状的结构分子，蛋白质发生变性，疏水基团暴露，蛋白质凝集成凝块。例如，煮熟的鸡蛋，蛋黄和蛋清都会发生凝固；煮沸的牛奶，蛋白质发生沉淀。

四、蛋白质的变性与复性

蛋白质在某些理化因素影响下，其特定空间结构破坏而导致理化性质改变和生物学活性丧失，这种现象称为蛋白质的变性。使蛋白质变性的物理因素有高温、高压、超声波、紫外线、X线等；化学因素有强酸、强碱、浓乙醇、重金属、尿素、去污剂等。蛋白质变性时，空间结构剧烈变化，而不涉及肽键的断裂，故一级结构并未被破坏。蛋白质变性的实质是维系蛋白质空间结构的次级键、二硫键被破坏。蛋白质空间结构破坏，多肽链成为松散状态，原本隐藏在分子内部的疏水基团暴露，而促使蛋白质的溶解度降低，因此变性的蛋白质易沉淀，但是维系蛋白质胶体溶液的因素除表面水化层外还有表面的同种电荷，变性蛋白质溶液的 pH 远离其 pI，此时蛋白质仍不易沉淀；变性蛋白质溶液的 pH 接近等电点时易聚集而沉淀。天然蛋白质结构紧凑，不易被酶水解，而变性蛋白质，因肽键暴露易被酶水解，这就是煮熟的饲料比生食容易消化的原因。变性蛋白质除溶解度降低极易被消化外，最主要的特点是其生物学活性的丧失，如酶的催化活性，抗原-抗体的特异性反应、血红蛋白运输 O_2 和 CO_2 的功能、毒素的致毒作用等均可丧失。

大多数蛋白质变性后，不能恢复其天然状态，称为不可逆变性，如煮熟的鸡蛋不能恢复成原状。有些蛋白质变性后，变性程度较轻，若设法将变性剂除去，该变性蛋白质尚能恢复其活性或部分恢复原来的构象和功能，称为蛋白质的复性。例如，用脲和 β-巯基乙醇作用于核糖核酸酶，可使该酶的天然构象被破坏，失去生物学活性，去除脲和 β-巯基乙醇，该酶的活性又逐渐地恢复；又如，将胃蛋白酶加热到 80～90 ℃时，失去溶解性，也失去消化蛋白的能力，若将温度再降低到 37 ℃，则又可恢复溶解性和消化蛋白的功能。

蛋白质的变性在临床医学上具有重要意义。例如，采用高压、高温、紫外线、乙醇等措施可使病原微生物蛋白质变性，失去致病性和繁殖能力；在保存血清、疫苗、抗体等生物制品时，应当保存在低温条件下，防止剧烈振荡及强光照射，避免强酸、强碱、重金属的污染，以防止蛋白质变性失活。

五、蛋白质的呈色反应

在蛋白质分子中，肽键及某些氨基酸残基的化学基团，可与某些化学试剂反应显色，称为蛋白质呈色反应。利用蛋白质的呈色反应原理可以对蛋白质进行定性、定量测定。常用的呈色反应有双缩脲反应，该反应是蛋白质分子的肽键与碱性铜试剂生成紫红色化合物；蛋白质与酚试剂反应，是蛋白质分子中酪氨酸的酚基与酚试剂（磷钼酸-磷钨酸化合物）作用，生成蓝色化合物；蛋白质与茚三酮反应，该反应是蛋白质分子的 α-游离氨基与茚三酮反应产生蓝紫色化合物。

知识拓展

蛋白质变性在临床医学上的应用

一、蛋白质变性为何可以消毒灭菌？

消毒和灭菌在医学上是两个有层次差异的概念。消毒是指杀灭物体上和环境中的病原微生物，但不一定能杀死芽孢及非病原微生物，就如同摧毁敌对势力军事组织的战斗力，平民和溃散躲起来的士兵就不管了。灭菌是指杀灭物体上所有微生物，包括病原微生物、非病原微生物和芽孢，差不多相当于赶尽杀绝的屠城行为。

但需要注意的是，变性并不意味着完全摧毁，一般情况下能够使蛋白质变性的条件也并不能稳定杀死病菌。

蛋白质是由氨基酸构成的长链，长链上所带基团之间相互作用可以使之折叠缠绕产生更高级的结构，从而具备特殊的形状并发挥功能。蛋白质变性氨基酸链本身一般并不会被破坏。

有些蛋白质变性后会在环境适宜时恢复高级结构和功能，例如胃蛋白酶在加热到 90 ℃失活后降温还可以恢复活性，但大部分变性都难以逆转，就像煮熟的鸡蛋不能复生。通常蛋白质在 65 ℃就开始变性，但一些耐受性极好的生物，比如嗜热菌和细菌的芽孢，甚至可以在沸水中生存超过 0.5 h，对酸、碱、酒精等也有很好的抵抗性。芽孢耐受性强的原因很多，比如形成耐热凝胶、中心结构脱水、含有耐热的 2,6-吡啶二羧酸等。杀死它们需要高压蒸汽灭菌等更为极端的手段。

二、其他临床医学方面的应用

1.氰化物中毒时的弃卒保车之法

血红蛋白中的血红素中含有二价铁，负责运载氧气；而细胞中有一类似血红素的铁可在二价铁和三价铁间变价，在呼吸作用时利用氧气通过氧化还原反应产生能量。而氰根可与三价铁牢固结合，氧化还原无法继续，细胞便无法获取能量，导致生命危险。食用可导致食物中毒的亚硝酸盐则具有强氧化剂，将血液中血红蛋白的二价铁变为三价铁，使其运载氧气能力下降。人体内的血红蛋白多于细胞中氧化还原的酶，故在氰化物中毒后，无硫代硫酸钠的情况下，可食用适量亚硝酸盐，使氰化物与血红蛋白中新形成的三价铁结合，以保证细胞氧化反应的进行，为脑细胞等供能。暂时得救后，静养两三个月，使被氧化的血红蛋白代谢。硫代硫酸钠治疗法作用是：使氰离子转变为低毒硫氰酸盐而排出体外。

2.肿瘤的治疗

放疗杀死癌细胞原理：癌细胞能够无限繁殖，生命代谢旺盛。具有放射性的元素食入体内，导致蛋白质变性。由于肿瘤细胞代谢旺盛，故能摄取的更多，优先被放射性元素杀死。

思考与练习

一、名词解释

1.肽键　2.多肽链　3.蛋白质的等电点　4.不可逆变性　5.β-转角

二、简答题

1.什么是必需氨基酸？必需氨基酸有哪些？

2.举例说明蛋白质的一级结构和空间结构与功能的关系。

3.沉淀蛋白质的方法有哪些？各有何特点？

4.组成蛋白质的基本单位是什么？其结构特点如何？

5.什么是蛋白质的一、二、三、四级结构？稳定各级结构的作用力是什么？

6.何谓蛋白质的变性？哪些因素容易导致蛋白质变性？

7.分离纯化蛋白质的常用方法有哪几种？其作用原理是什么？

8. 何谓蛋白质的复性？举例说明蛋白质的复性。

9. 为什么发芽马铃薯不能吃？

10. 举例说明蛋白质变性在临床医学上的应用。

模块二　思考与练习参考答案

模块三
酶与维生素

【学习目标】

(1)掌握酶的相关概念,酶分子的组成,酶的结构与功能的关系。

(2)掌握影响酶促反应速率的因素,酶原、酶原激活及其生理意义。

(3)了解酶的分类和命名,酶催化作用机理,核酶和抗体酶。

(4)熟悉维生素与辅酶的关系及各类维生素的结构、性质、生理功能。

【素质目标】

(1)培养自觉学习的意识及交流沟通的能力。

(2)培养社会适应性以及创新意识。

生命活动的基本特征是新陈代谢,新陈代谢是由一系列化学反应组成,生物体内这一系列化学反应几乎都是在酶的作用下完成的,没有酶,新陈代谢就不可能进行。生物体内的这些在酶的作用下完成的化学反应,需要在一定的温和条件下进行,如常温、常压、pH 呈中性等。实验证明,体内的化学反应和体外的化学反应本质相同,但各自有不同的特性。体外的化学反应需要在高温、高压、强酸、强碱等剧烈条件下才能进行,有的甚至不能进行,而在生物体内,化学反应的调节要通过重要的物质——酶来实现。动物疾病的发生、诊断都与酶的异常有密切关系,许多药物也是通过对酶的影响来达到治疗疾病的目的。

现已发现和鉴定的酶有 8 000 多种,其中近 1 000 种已得到结晶,很多酶的化学本质、化学组成、三维结构也已被彻底阐明。研究发现,辅酶是酶分子的重要组成部分,没有辅酶,酶分子的结构就不完整,酶的功能也不能体现,而大多数维生素与辅酶的作用关系密切。

任务一　酶的概述

任务解析

本任务介绍酶的概念、分类、命名、酶活性测定及酶促反应的特点,通过实例重点介绍酶的特性;本任务还介绍酶的化学组成、酶的结构以及酶的结构和功能的关系。通过酶概述的学习可对酶有初步的认识,了解“活性中心”在酶结构中的重要作用,认识酶的结构决定酶的功能,再结合酶原激活、同工酶和变构酶的例子,加深对“结构决定功能”的认识,为后续任务的学习打下基础。

一、酶的相关概念、化学本质和特性

（一）酶的相关概念

酶(E)是由生物活细胞合成的具有催化功能的生物大分子，也称生物催化剂。由酶催化的化学反应称为酶促反应。在酶促反应中，被酶催化的物质称为底物(S)；反应中生成的物质称为产物(P)。酶催化化学反应的能力称为酶活性；酶若失去催化能力称为酶失活。迄今已经发现，生物体内存在的酶有数千种，被分离纯化的酶也有上百种。

（二）酶的化学本质

自1926年由刀豆制出脲酶结晶并证明它是蛋白质之后，确证了酶的化学本质主要是蛋白质，它具有蛋白质所有的属性。例如，酶具有蛋白质的一、二、三、四级结构；酶不耐热，一般当温度在60～70 ℃及以上时，结构即被破坏；酶易变性，凡能使蛋白质变性的理化因素均可使酶变性失活；酶是两性电解质，在不同pH的溶液中，能以阳离子、阴离子或两性离子的形式存在；酶具有胶体物质的一系列特性；酶受蛋白水解酶的催化作用可丧失活力。

近年来，随着对酶的深入研究，除蛋白质可作为生物催化剂外，还发现了具有催化活性的其他物质，如核糖核酸(RNA)、脱氧核糖核酸(DNA)、抗体等，前两者常称为核酶，后者称为抗体酶。现代科学认为，酶是由生物活细胞产生的，能在体内和体外起同样催化作用的一类具有活性中心和特殊空间构象的生物大分子，包括蛋白质和核酸。本节主要介绍化学本质为蛋白质的酶。

（三）酶的特性

酶是生物催化剂，具有一般催化剂的共性。例如，化学反应前后没有数量和质量的改变；只能催化热力学上允许进行的化学反应；只能缩短化学反应达到平衡所需的时间，但不改变化学反应的平衡常数，即不能改变化学反应的平衡点；对可逆反应的正反应和逆反应都具有催化作用；作用的原理是在于降低了反应的活化能等。同时，酶又具有与一般催化剂不同的个性特点，表现在以下几个方面。

1. 高效催化性

酶催化反应的效率极高，对于同一反应，酶催化反应的速率比非催化反应的速率高10^8～10^{20}倍，比一般催化剂高10^7～10^{13}倍。例如，过氧化氢酶催化过氧化氢水解比Fe^{2+}催化快10^{11}倍；酵母蔗糖酶催化蔗糖水解的速率是H^+催化反应速率的2.5×10^{12}倍；脲酶催化尿素水解是H^+催化效率的7×10^{12}倍。酶如此高的催化效率有赖于酶蛋白分子与底物分子之间独特的作用机制。由于酶的催化效率极高，故在生物体内尽管酶含量很低，却可以迅速地催化大量的底物发生反应，以满足机体代谢的需求。

2. 高度特异性(专一性)

酶对其作用的底物具有严格的选择性，就是指一种酶只能作用于一种或一类底物，或一定的化学键，催化一定的化学反应并生成一定的产物，这种对底物的严格选择性称为酶的特异性。例如，蔗糖酶只能催化蔗糖的水解，不能催化淀粉的水解；淀粉酶只能催化淀粉的水解，不能催化蛋白质和脂肪的水解，而盐酸可使糖、脂肪、蛋白质等多种物质水解，一般催化剂没有这种严格的特异性。酶的种类繁多，不同的酶表现的特异性程度有所不同。酶催化作用的特异性取决于酶蛋白分子上的特定结构，一般可将酶的特异性分为绝对专一性、相对专一性和立体异构专一性3类。

(1)绝对专一性。有些酶对底物的要求很严格，一种酶只能催化一种物质进行一种化学反应，生成一种特定结构的产物，这种高度的专一性称为绝对专一性。例如，脲酶只能催化尿素水解生成NH_3和CO_2，而对尿素的衍生物甲基尿素则不起作用。氨酰tRNA连接酶，只催化一种氨基酸与其受体tRNA的连接反应，而对其他氨基酸则不起作用。

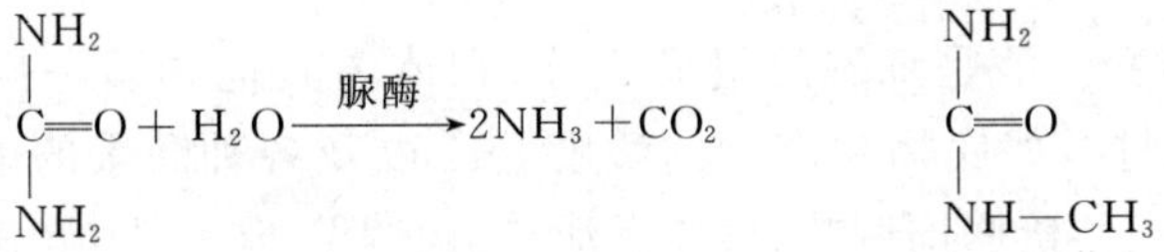

脲酶不能催化

尿素　　甲基尿素

(2)相对专一性。一些酶对于同一类化合物或化学键都具有催化作用，这种不太严格的专一性称为相对专一性。例如，醇脱氢酶作用于伯醇和仲醇，进行脱氢反应生成醛或酮；脂肪酶不仅能催化脂肪水解，也可水解简单的酯类化合物；胰磷酸酶对一般的磷酸酯都有水解作用；蔗糖酶不仅能水解蔗糖，也可水解棉子糖中的同一糖苷键；胰蛋白酶选择性地水解含有赖氨酸或精氨酸羰基的键，所以凡是含有赖氨酸或精氨酸羰基的酰胺、酯和肽都能被该酶迅速地水解。

(3)立体异构专一性。当酶作用的底物或形成的产物含有不对称碳原子时，酶只能作用于异构体的一种，这种绝对专一性称为立体异构专一性。例如，*L*-乳酸脱氢酶只催化丙酮酸生成*L*-乳酸，*D*-乳酸脱氢酶只能催化丙酮酸生成*D*-乳酸；*L*-天冬氨酸酶仅作用于*L*-天冬氨酸，经脱氨基作用生成延胡索酸或催化逆反应，而对*D*-天冬氨酸不起作用；淀粉酶只能水解淀粉中的α-1,4-糖苷键，而不能水解纤维素中β-1,4-糖苷键。

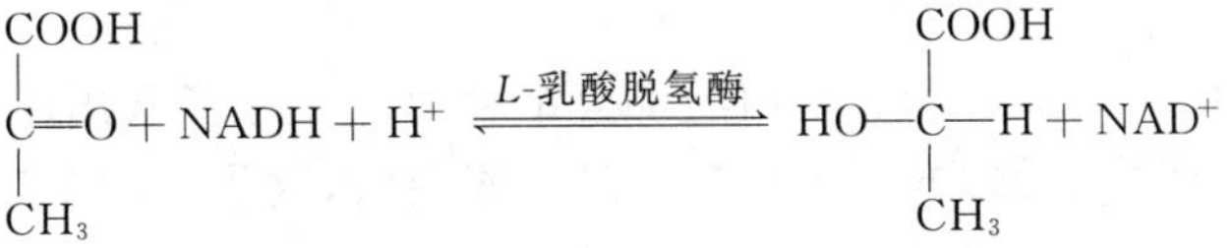

丙酮酸　　*L*-乳酸

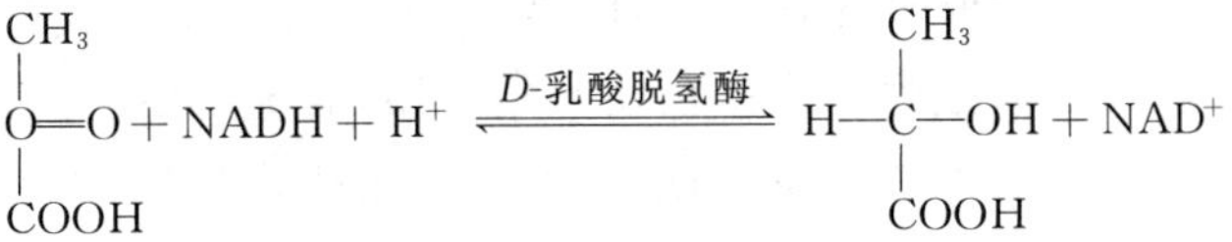

丙酮酸　　*D*-乳酸

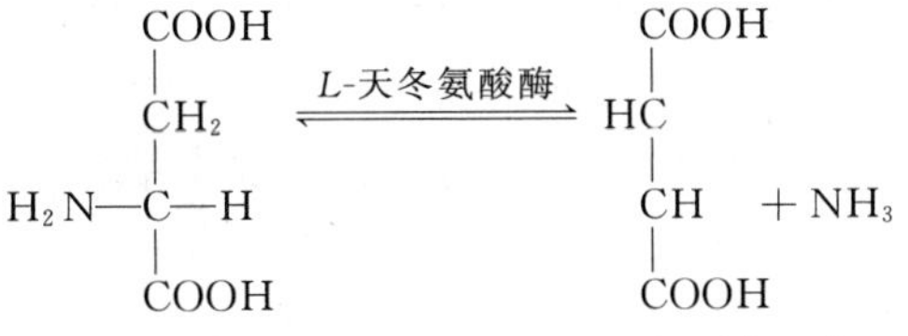

L-天冬氨酸　　反丁烯二酸

3. 反应条件温和性

酶需要在温和的条件下发挥作用。除个别极端例子外，酶促反应条件，一般为pH呈中性，37 ℃左右，1 个标准大气压。而一般催化剂则需要高温、高压、强酸及强碱等剧烈条件。

4. 高度不稳定性

酶是蛋白质，易受外界条件的影响而变性，从而影响其催化活性。凡能使蛋白质变性的因素均可使酶变性失去活性，如高温、高压、强酸、强碱、有机溶剂、重金属盐、超声波、紫外线、剧烈振荡搅拌，甚至泡沫的表面张力等。另外，酶本身是蛋白质，能被蛋白酶水解，所以酶常在机体内更新。酶对反应条件十分敏感，甚至温度、pH 的轻微变化，或少量抑制剂的存在，也可能使酶的催化活性发生明显的变化。

5. 可调控性

催化剂的催化活性一般不变。酶是细胞的组成成分，和体内其他物质一样不断地进行新陈代谢，其活性受许多因素的调控，如底物和产物的浓度、pH 以及各种激素的浓度等。酶活性的调控方式有多种，如反馈调节、共价修饰调节、酶原激活、变构调节、激素调节、酶与代谢物在细胞内的区域化分布、酶生物合成的诱导与阻遏作用等。通过各种调控方式，有的可提高酶的活性，有的可抑制酶的活性，从而使机体内各种化学反应有条不紊地进行。酶活性变化的生物学意义是适应生物体内复杂多变的环境条件和多种多样的生理需要，从而保证生命活动的正常进行。

二、酶分子的组成

酶和其他蛋白质一样，根据其化学组成可分为单纯蛋白酶和结合蛋白酶 2 类。

（一）单纯蛋白酶

单纯蛋白酶分子中只含有蛋白质部分，不含非蛋白质成分，其水解产物只有氨基酸单一成分。一般的水解酶类，如蛋白酶、淀粉酶、脂酶、核糖核酸酶、脲酶都属于单纯蛋白酶。

（二）结合蛋白酶

结合蛋白酶是由蛋白质部分和非蛋白质部分结合而成。许多氧化还原酶类、转移酶类，如细胞色素氧化酶、乳酸脱氢酶、转氨酶等均属于结合蛋白酶，这类酶水解后除得到氨基酸外，还有非氨基酸类物质。结合蛋白酶分子中，蛋白质部分称为酶蛋白，非蛋白质部分称为辅助因子，酶蛋白与辅助因子单独存在时均无催化活性，两者结合在一起构成全酶时，才具有催化活性。全酶＝酶蛋白＋辅助因子，生物体内多数酶是结合蛋白酶。在酶促反应过程中，酶蛋白起到识别和结合底物的作用，决定该酶的专一性，而辅助因子决定反应的类型。

一种酶蛋白只能与一种辅助因子结合构成一种特异性全酶，如乳酸脱氢酶的酶蛋白只能与辅酶Ⅰ（NAD^+）结合，才具有催化作用，不能与其他辅酶结合；而一种辅助因子却能与多种酶蛋白结合构成多种特异性的全酶，参与催化多种反应，如辅酶Ⅰ（NAD^+）既可与乳酸脱氢酶的酶蛋白结合生成全酶，也可与磷酸甘油脱氢酶结合形成全酶。

辅助因子可分 2 类：一类是金属离子，如 Cu^{2+}、Zn^{2+}、Mg^{2+}、Mn^{2+}、Fe^{2+}、Fe^{3+}、Mo^{2+}、K^+ 等，有 30％以上的酶需要金属元素作为辅助因子。可将金属离子分为 2 种，如有些酶的金属离子与酶蛋白结合紧密，不易分离，称为金属酶；有些酶的金属离子与酶蛋白结合松散，称为金属活化酶。另一类是小分子有机物，如 NAD^+、FAD、FMN 等，这些小分子有机物的结构中常含有维生素或维生素类物质，它们的主要作用是参与酶的催化过程，在酶促反应中起着传递电子、质子或转移基团(如酰基、氨基、甲基等)的作用。小分子有机化合物作为酶的辅助因子称为辅基或辅酶,与酶蛋白以非共价键松散结合,可以用透析或超滤的方法将两者分开的辅助因子称为辅酶;与酶蛋白以共价键紧密结合,不能用透析或超滤方法将其除去的辅助因子称为辅基。辅酶与辅基之间无严格界线,两者仅是与酶蛋白结合的牢固程度不同而区分。在催化过程中,辅基不与酶蛋白分离,只作为酶内载体起作用,如黄素蛋白类酶分子中的FAD、FMN辅基携带氢;羧化酶的生物素辅基携带羧基等。辅酶则常作为酶间载体,将2个酶促反应连接起来,如NAD^+在一个反应中被还原成$NADH+H^+$,在另一个反应中又被氧化成NAD^+。

(三)单体酶、寡聚酶和多酶复合体系

根据酶蛋白的结构特点可将酶分成单体酶、寡聚酶和多酶复合体系3类。

1. 单体酶

单体酶只有一条多肽链,属于这一类的酶很少,一般都是催化水解反应的酶,相对分子质量在13 000～35 000,如溶菌酶、胰蛋白酶等。

2. 寡聚酶

寡聚酶由几个甚至几十个亚基组成,这些亚基可以是相同的多肽链,也可以是不同的多肽链。亚基之间不是共价结合,彼此很容易分开。寡聚酶的相对分子质量从35 000到几百万,如磷酸化酶a和3-磷酸甘油醛脱氢酶等。

3. 多酶复合体系

多酶复合体系是由几种酶彼此嵌合形成的复合体,这类多酶复合体系有利于一系列化学反应的连续进行,相对分子质量很高,一般都在几百万以上,如丙酮酸脱氢酶复合体系等。

单体酶、寡聚酶和多酶复合体系的化学组成及功能见表3-1。

表3-1　单体酶、寡聚酶和多酶复合体系的化学组成及功能

分类	组成	数量	生理意义	举例
单体酶	1条肽链	少	促进水解反应	水解酶、溶菌酶、胃蛋白酶
寡聚酶	2个或多个亚基	多	参与代谢途径的关键反应	3-磷酸甘油醛脱氢酶、磷酸果糖激酶、己糖激酶
多酶复合体系	2～7个功能相关的酶及载体	少	可以降低底物和产物的扩散限制,提高总反应的速率和效率	丙酮酸脱氢酶复合体、α-酮戊二酸脱氢酶复合体、脂肪酸合成酶复合体等

三、酶的分子结构

不同的酶具有不同的一级结构和空间结构。酶分子中的肽链通过折叠、螺旋或缠绕形成酶的空间结构,无论是单纯蛋白酶还是结合蛋白酶,在空间结构上有一个共同特点——活性中心。

(一)必需基团与活性中心

酶分子很大,构成酶分子的化学基团有多种,并不是所有的基团都与酶的活性有关。根据化学基团与酶活性的关系,可分为必需基团与非必需基团两类。必需基团构成酶的活性中心,

非必需基团构成酶的非活性区域。

在复杂的酶分子结构中，存在许多氨基酸侧链基团，如—NH_2、—COOH、—SH、—OH等，但在发挥催化作用时并不是整个分子都参加，而只是少数氨基酸侧链基团起作用。通常把与酶活性密切相关的基团称为酶的必需基团(活性基团)。常见的必需基团有：组氨酸残基上咪唑基、丝氨酸和苏氨酸残基上羟基、半胱氨酸残基上的巯基、某些酸性氨基酸残基上的自由羧基和碱性氨基酸残基上的氨基等。这些必需基团在一级结构上可能相距甚远，甚至位于不同的肽链上，肽链的盘曲折叠，致使必需基团在空间位置上彼此靠近，组成具有特殊空间结构的区域，并能与底物特异性结合将底物转化为产物，这一特殊的空间区域称为酶的活性中心。换而言之，酶分子中与底物结合并催化底物的化学基团构成的特殊空间区域称为酶的活性中心或者活性部位。酶的活性中心就是由酶分子中几个氨基酸残基的侧链基团所组成。例如，与胰凝乳蛋白酶催化活性有关的化学基团在57位(组氨酸残基)、102位(天冬氨酸残基)、195位(丝氨酸残基)上，它们在酶蛋白的一级结构中相距较远，但在空间结构上相互靠近，参与结合底物，催化底物生成产物。单纯蛋白酶的活性中心只包括几个氨基酸侧链基团；结合蛋白酶的活性中心除包括几个氨基酸侧链基团外，辅酶或者辅基上的某一部分结构往往也是其中的组成部分。

根据必需基团在活性中心的位置，又可将其分为活性中心内必需基团和活性中心外必需基团。活性中心内必需基团是酶发挥作用及与底物直接接触的基团，组成酶的活性中心，称为活性中心内必需基团。按照功能不同，活性中心内必需基团有两种：一种是结合基团，其作用是与底物结合形成复合物；另一种是催化基团，其作用是影响底物中某些化学键的稳定性，催化底物发生化学反应，并使之转化为产物。活性中心内必需基团可同时具有结合与催化两方面的功能，结合基团和催化基团并不是各自独立的，而是相互联系的整体。酶活性中心结构如图3-1所示。

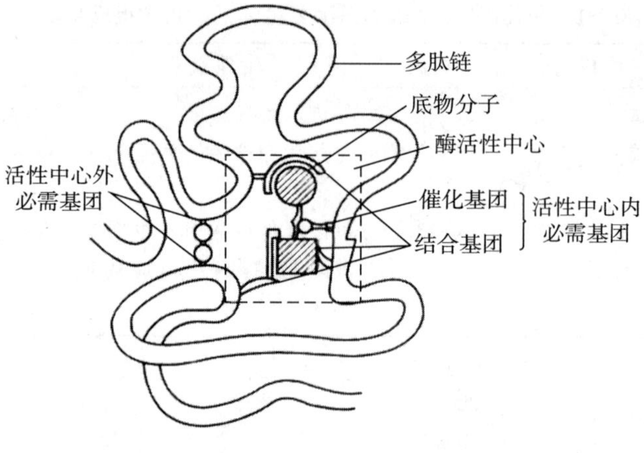

图3-1 酶活性中心结构示意图

对结合蛋白酶来说，其辅助因子也是酶活性中心的组成部分，若没有辅助因子，这类酶就不具备催化活性。酶的活性中心是酶发挥催化作用的关键部位，当活性中心被占据或空间结构被破坏，酶就失去催化活性。酶的活性中心是酶分子中具有三维结构的区域，或为裂缝，或为凹陷，常位于酶分子的表面。虽然活性中心的结构决定了酶的催化活性，但是其他部分的结构为酶的活性中心的形成和稳定奠定了基础。应当指出，酶的活性中心并不是孤立存在的，它与酶蛋白的整体结构之间是辩证统一的，活性中心的形成，要求酶蛋白具有一定的空间结构。在活性中心外也有一些基团虽然不与底物直接作用，不参与活性中心的组成，但是对维持酶活性中心特有的空间构象是必需的，称为活性中心外必需基团。因此，酶分子中除活性中心以外的其他部分结构，对于酶的催化作用来说可能是次要的，但绝不是毫无意义的，它们至少为活性中心的形成提供了必要的结构基础。

不同酶分子活性中心的结构是不同的，是不同的酶具有不同的活性中心，导致酶分子空间结构（构象）不同，催化作用也就各不相同，它只能结合与之相适应的一定底物，发生一定的化学反应，这也就是酶催化作用专一性的结构基础。相反，具有相同或相近活性中心的酶，尽管其分子组成和理化性质不同，其催化作用则可能相同或极为相似。

（二）非必需基团与非活性区域

与酶活性关系不大的基团称为酶的非必需基团，非必需基团与酶活性中心外必需基团一起构成酶的非活性区域。非必需基团的替换对酶活性无影响，但与酶的免疫、运输、调控、寿命等有关。非活性区域并不是无用的，它能维持酶的空间结构使活性中心保持完整。在酶与底物结合后，整个酶分子的构象发生变化，这种扭动的张力使底物化学键容易断裂，这种变化也要依靠非活性区域的协同作用。

有些酶分子中存在一些特定部位，即调控部位。它虽然不是酶的活性中心，但可以与底物以外的其他分子发生某种程度的结合，从而引起酶分子空间构象的变化，对酶起激活或抑制作用，这就是酶的特性中具有可调控性的原因。

活性中心的空间结构是由酶分子构象决定的，酶分子的整个空间构象遭到破坏，则酶活性中心的空间结构就被破坏，酶就失去活性。酶的结构分区及功能见表 3-2。

表 3-2　酶的结构分区及功能

酶分子结构	基团类型		功能
活性中心	活性中心内必需基团	结合基团	构成结合中心
		催化基团	构成催化中心
非活性区域	活性中心外必需基团		协助维持酶活性中心特有的空间结构
	非必需基团		维持活性中心的完整性，与酶的免疫、运输、调控、寿命相关。个别酶在非活性区域存在调节酶活性的调控部位

（三）酶活性中心的特点

（1）酶活性中心只占酶分子总体积的一小部分（通常只占整个酶分子体积的 1%～2%）。

（2）酶活性中心往往位于酶分子表面的凹陷处，形成一个非极性环境，以利于酶和底物结合，并发生催化作用。

（3）酶活性中心具有精致的三维空间结构，若空间结构（构象）被破坏，则酶丧失其催化活性。

（4）酶活性中心的空间结构不是刚性的，当它与底物结合时可以发生某些变化，使之更适合于和底物结合。

(5)酶活性中心与底物结合的化学键力是相当弱的,这有利于产物的生成。

(四)酶原及酶原激活

生物体内有些酶在细胞内合成或初分泌时,没有催化活力,这种无活力的酶的前身物质称为酶原,如胃蛋白酶原、胰蛋白酶原、凝血酶原等。酶原经适当物质作用后能转变为有活力的酶,酶原转变为酶的过程称为酶原激活。例如,胃蛋白酶原可被胃酸激活为有活力的胃蛋白酶;胰蛋白酶原被肠激酶激活为胰蛋白酶;糜蛋白酶原被胰蛋白酶激活为糜蛋白酶。

$$胃蛋白酶原\xrightarrow{HCl}胃蛋白酶+6\ 个多肽碎片$$

$$胰蛋白酶原\xrightarrow{肠激酶}胰蛋白酶+六肽$$

$$糜蛋白酶原\xrightarrow{胰蛋白酶}糜蛋白酶+2\ 个二肽$$

酶原激活的实质是酶原在一定条件下水解掉一个或几个特定的肽段,致使空间构象发生改变,形成或暴露酶的活性中心,从而表现出酶的活性。能使酶原激活的物质称为酶的激活剂,有些酶本身也是激活剂,这种酶称为激活酶;有些酶能激活同类酶原,这种作用称为酶的自身激活。例如,胰蛋白酶原从胰腺细胞初合成分泌时并无活性,但随着胰液进入小肠后,在 Ca^{2+} 存在下,受肠激酶的激活,第 6 位赖氨酸残基与第 7 位异亮氨酸残基之间的肽键被切断,水解掉 1 个六肽,使分子构象发生改变,从而形成酶的活性中心,成为有催化活性的胰蛋白酶(图 3-2)。

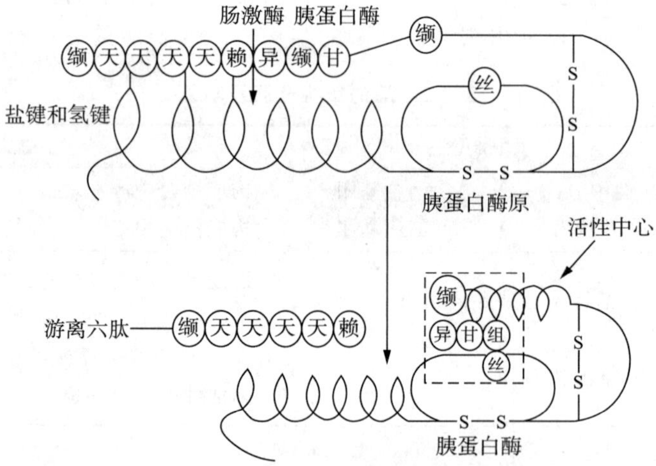

图 3-2 胰蛋白酶原的激活过程

酶原的存在具有重要的生理意义。首先,酶原的生物合成和酶原激活的过程一般不在同一组织、细胞或细胞器中进行;其次,酶原只是在特定的部位、环境和特定条件下才能被激活,才表现出酶的活性。

消化系统中的几种蛋白酶均以酶原的形式分泌出来,避免了分泌细胞的自身消化。同时又便于酶原运输到特定部位发挥作用,从而保证体内代谢过程的正常进行。例如,胃蛋白酶初分泌时以胃蛋白酶原的形式存在,能防止胃壁被自身胃液所消化形成胃溃疡和胃穿孔,胃液中

的 H^+ 将少量胃蛋白酶原激活成胃蛋白酶后，该少量蛋白酶在短时间内就能使更多的胃蛋白酶原转变成有活性的酶，对食物中的蛋白质进行消化。这是临床上对某些消化不良的病人用胃酶合剂进行辅助治疗的基础。

胰蛋白酶初分泌时，以胰蛋白酶原的形式存在，保护了胰腺细胞不受胰蛋白酶的破坏，急性胰腺炎就是因为存在于胰腺中的胰蛋白酶原就地被激活所致，产生剧痛又危及生命。

正常生理条件下，血液中虽有凝血酶，却不会在血管中引起大量凝血，妨碍血液循环，这是由于凝血酶原没有激活成凝血酶。当创伤出血时，大量凝血酶原被激活成凝血酶，从而促进血液凝固，堵塞伤口，防止大量流血。

(五)同工酶与变构酶

1. 同工酶

同工酶是指存在于同一种属或同一个体的不同组织或同一细胞的不同亚细胞结构中催化相同的化学反应，而分子结构、理化性质、生化特性(K_m、电泳行为等)均不相同的一组酶。不同种生物有相同功能的酶不是同工酶。同工酶具有相同或相似的活性中心，但其理化性质、生物学性质、细胞定位、专一性、活性及其对代谢的调节有所不同。每种同工酶都有其独特的功能和意义。

现已发现百余种酶具有同工酶。发现最早、研究最多的同工酶是哺乳动物的乳酸脱氢酶(LDH)。LDH 是四聚体酶，该酶的亚基有两种：骨骼肌型(M 型)和心肌型（H 型)。这两种亚基以不同的比例组成 5 种同工酶，分别是：H4(LDH1)、H3M(LDH2)、H2M2(LDH3)、HM3(LDH4)、M4(LDH5)5 种四聚体(图 3-3)。此外，在动物睾丸及精子中还发现由另一种基因编码的 X 亚基组成的四聚体 C4(LDH-X)。

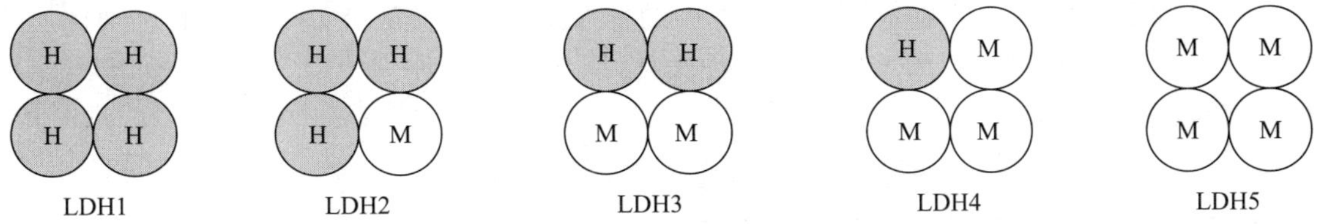

图 3-3　乳酸脱氢酶的同工酶

同工酶广泛存在于生物界，具有多种多样的生物学功能。同工酶的存在能满足某些组织或某一发育阶段代谢转换的特殊需要，提供了对不同组织和不同发育阶段代谢转换的独特诊断手段。LDH 同工酶在不同组织器官中的含量和分布比例不同，从而形成各组织特有的同工酶谱。近年来，在哺乳动物上的同工酶的测定已应用于临床疾病的诊断。当某一组织发生病变时，可能使某种同工酶释放入血，导致血清同工酶谱的改变。例如，心肌富含 LDH1，当急性心肌梗死或心肌细胞损伤时，血清中 LDH 总活性可能正常，但 LDH1＞LDH2（正常血清中 LDH2＞LDH1)，同工酶谱的变化有助于该病的诊断，对于遗传育种研究有一定的指导意义。

2. 变构酶

变构酶是一类重要的调节酶，其分子除含有活性中心的结合部位和催化部位外，还有调节部位(也称为调节中心或变构部位)，调节部位可与调节物结合，改变酶分子的构象，并引起酶催化活性的改变，这种具有变构效应的酶称为变构酶，又称为别构酶。调控位点可以与底物以外的物质结合，使酶分子的构象发生改变，从而提高或降低酶的活性，这种效应称为变构效应。例如，异柠檬酸脱氢酶是变构酶，ADP、柠檬酸和 NAD^+ 可与其调控位点结合，使酶活性增加；NADH 和 ATP 也可与其调控位点结合，却使酶活性降低。

若调节物的结合使酶与底物的亲和力或催化效率提高，则称为别构激活剂；反之，若使酶与底物的亲和力或催化效率降低，则称为别构抑制剂。

变构酶一般位于反应途径的关键位置，控制整个反应途径的反应速率。在很多反应中底物是变构酶的激活剂，通过变构调节可以避免过多的底物积累。另外，细胞可通过别构抑制的方式及早调节整个代谢途径的速率，减少不必要的底物消耗。这种调节对于维持细胞内的代谢平衡起到重要作用。

四、酶的命名、分类与活力

（一）酶的命名

酶的命名法有习惯命名法与系统命名法。

1. 习惯命名法

习惯命名法常有以下几种方式：以底物命名，如淀粉酶、蛋白酶、脂肪酶、磷酸酶、激酶；以反应性质命名，如氧化酶、异构酶、脱氢酶、脱氨酶、转氨酶等；以结合底物与反应性质命名，如乳酸脱氢酶、丙氨酸氨基转移酶、琥珀酸脱氢酶等；有时在上述命名的基础上，还加上酶的来源或酶的其他特点命名，如胃蛋白酶、胰蛋白酶、碱性磷酸酶、酸性磷酸酶等。

虽然习惯命名法简单、应用历史长，但缺乏系统性、不准确，常常出现一酶数名或一名数酶的情况。目前，已发现的酶达数千种，新酶又不断被发现，为了避免出现酶的名称重复、混淆的现象，1961 年国际酶学委员会（IUB）公布了酶的系统命名法，规定对每一种酶需确切标明底物的名称和反应的类型。若酶反应中有 2 种底物，则在底物名称当中用“:”隔开，如醇脱氢酶和谷丙转氨酶命名（表 3-3）。

表 3-3　酶习惯命名法与系统命名法的比较

习惯名称	系统名称	催化的反应
醇脱氢酶	醇:NAD^+ 氧化还原酶	醇＋NAD＝醛或酮＋NADH＋H^+
谷丙转氨酶	*L*-丙氨酸:*α*-酮戊二酸转氨酶	*L*-丙氨酸＋*α*-酮戊二酸$\longrightarrow$丙酮酸＋*L*-谷氨酸

2. 系统命名法

系统命名法是由酶名加酶分类编号组成，每一种酶只有一个名称和一个由 4 个数字组成的分类编号。例如，谷草转氨酶是酶的习惯命名，而系统命名则为 *L*-天冬氨酸:*α*-酮戊二酸氨基转移酶，其分类编号是 EC2.6.1.1。EC 表示国际酶学委员会，第一个数字表示酶的大类，第二个数字表示酶的亚类，第三个数字表示酶的亚亚类，第四个数字表示酶在亚亚类中的序列号，多功能酶可以有多个编号。例如，葡萄糖激酶催化的下列反应：

$$ATP + D\text{-葡萄糖} \longrightarrow ADP + D\text{-葡萄糖-6-磷酸}$$

该酶的系统命名及分类编号分别是 ATP:葡萄糖磷酸基转移酶，E.C.2.7.1.1，明确表示该酶催化从 ATP 转移 1 个磷酸基到葡萄糖分子上的化学反应。系统命名法虽然合理，但是比较烦琐，使用不方便。在国际科学文献中，为严格起见，规定使用酶的系统命名法，但为了应用起来简单方便，目前生产中仍沿用习惯命名法。

(二)酶的分类

国际酶学委员会提出酶的系统分类法是根据酶促反应的类型，将酶分为六大类，分别用 1、2、3、4、5、6 编号来表示。

1. 氧化还原酶类

催化底物进行氧化还原反应的酶类，如葡萄糖氧化酶、乳酸脱氢酶、琥珀酸脱氢酶、细胞色素氧化酶等。这类氧化还原酶的辅酶是 NAD^+ 或 $NADP^+$，FMN 或 FAD。生物体内的氧化还原反应以脱氢、加氧为主，还有失电子的反应。反应通式：$AH_2+B \rightleftharpoons A+BH_2$。

2. 转移酶类

催化底物分子之间功能基团转移的酶类，如转氨酶、糖原磷酸化酶、蛋白激酶等。反应通式：$AR+B \rightleftharpoons A+BR$。

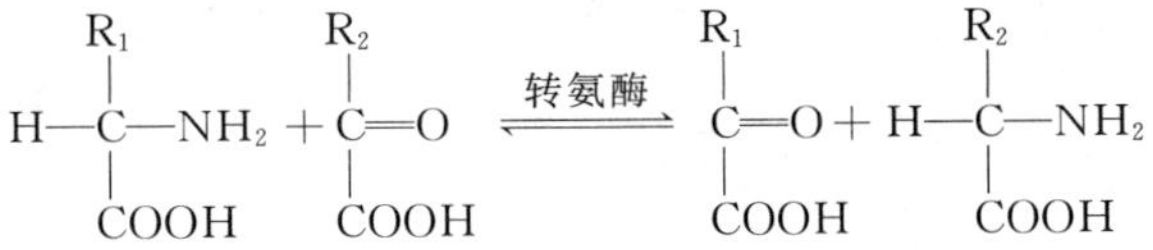

3. 水解酶类

催化底物进行水解反应的酶类，如蛋白酶、脂肪酶、淀粉酶、磷酸酶等，常见的被水解的键的类型有：肽键、酯键、糖苷键。反应通式：$AB+H_2O \rightleftharpoons AOH+BH$。

4. 裂合酶类或裂解酶类

催化从底物移去 1 个基团而留下双键的反应或其逆反应的酶类，如醛缩酶、水化酶、脱羧酶、脱氨酶等。反应通式：$AB \rightleftharpoons A+B$。

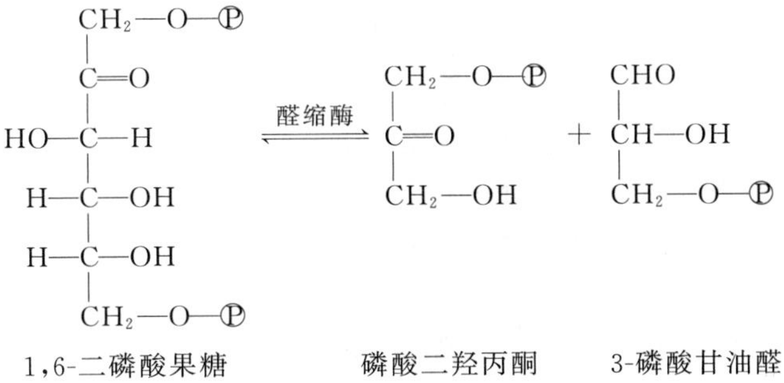

1,6-二磷酸果糖　　磷酸二羟丙酮　　3-磷酸甘油醛

5. 异构酶类

催化同分异构体之间相互转化的酶类，包括消旋酶、异构酶、变位酶等，如磷酸丙糖异构

酶、磷酸己糖异构酶等。反应通式：A $\rightleftharpoons$ B。

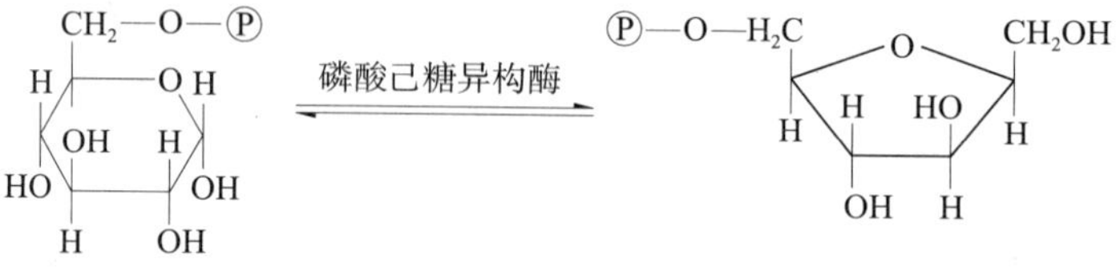

6-磷酸葡萄糖　　6-磷酸果糖

6. 合成酶类或连接酶类

催化2分子底物合成为1分子化合物，同时由ATP或GTP、UTP提供能量的酶类，如谷氨酰胺合成酶、羧化酶、氨基酰-tRNA合成酶等、DNA连接酶等。反应通式：A+B+ATP $\rightleftharpoons$ AB+ADP+Pi。

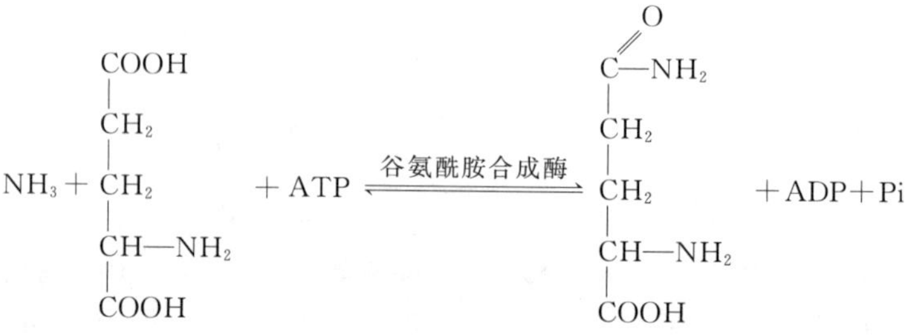

谷氨酸　　谷氨酰胺

(三)酶的活力

1. 酶活力

酶活力又称为酶活性，是指酶催化某种底物反应的能力。酶活力的大小可用在一定条件下酶催化某一化学反应的速率来表示。无论是酶的分离提纯还是酶的性质研究都离不开酶的活力测定。酶活力越强，酶促反应速率越快；反之，酶活力越弱，反应速率越慢。因此，测定酶的活力本质上就是测定酶促反应的速率，通常是测定酶促反应的初速率。反应速率可用单位时间内底物的减少量或者产物的生成量来表示。在一般的反应中，底物往往是过量的，在测定的初速率范围内，底物减少量仅为底物总量的一小部分，不易准确测定；而产物从无到有，容易测定。所以一般用单位时间内产物生成的量来表示反应速率。

2. 酶活力单位

酶的活力大小是用酶的活力单位来表示。酶活力单位是指在特定的条件下，酶促反应在单位时间内生成一定量的产物或者消耗一定量的底物所需的酶量。酶活力单位往往与所用的测定方法、反应条件等因素相关。酶活力单位用“U”表示。1961年，国际酶学委员会建议采用统一的国际单位(IU)来表示酶活力，1 IU是指在最适条件下(25 ℃)，每分钟内催化1 μmol/L底物转化为产物的酶量为1个酶活力单位(1 IU=1 μmol底物/min)。1972年，国际酶学委员会为了使酶的活力单位与国际单位制中的反应速率表达方式一致，推荐使用一种新的单位来代表酶的活力，即“催量(Katal)”，简称Kat。1 Kat定义为：在最适条件下，每秒钟能使1 mol/L底物转化为产物所需的酶量。Kat和IU之间的关系是：1 Kat $=6\times10^{7}$ IU。

3. 比活力

比活力是表示酶制剂纯度的一个重要指标。比活力又称比活性，是指每毫克酶蛋白所具有的酶活力单位（IU/mg 酶蛋白）。但有时也用每克酶制剂或每毫升酶制剂含有多少个活力单位来表示（IU/g 酶制剂或 IU/mL 酶制剂）。比活力是酶学研究和生产中常用的数据，它可以用来比较单位质量酶蛋白的催化能力。对同一种酶来说，酶的比活力越高，其纯度越高。

任务二　酶作用机理

任务解析

本任务介绍酶的催化作用和活化能之间的关系、中间产物学说及诱导契合学说。通过本单元的学习，了解酶具有高效性的原因及酶与底物合成中间产物的机制，从而掌握酶的催化机理。

一、酶作用与分子活化能的关系

在一个化学反应体系中，并不是所有的分子都能发生反应，只有那些能量达到或超过反应要求的能阈水平的分子才能发生反应，通常把这些分子称为活化分子。使一般分子变为活化分子所需的能量称为活化能。在反应体系中，活化分子越多，反应速率越快。在酶促反应中，由于酶能够短暂地与反应物结合形成过渡态，从而降低了化学反应的活化能，这样只需要较少的能量就能够使反应物进入“活化态”。通常能使活化分子数目增多的途径有 2 种：一是通过加热、加压、光照等物理手段使一般分子获得所需的活化能，从而增加活化分子数目，加快化学反应速率；二是使用催化剂降低反应能阈，即降低反应的活化能，使原来不够活化水平的分子也成为活化分子，以此增加活化分子数目，加快化学反应速率。酶作为高效催化剂，与一般催化剂比较，可使反应的能阈降得更低，从而使反应所需活化能减少，化学反应速率大大加快。如 H_2O_2 的分解，当没有催化剂时活化能为 75.24 kJ/mol，用铂作为催化剂时，活化能仅为 48.9 kJ/mol，而当有过氧化氢酶催化时，活化能下降到 8.36 kJ/mol 及以下。

由此可见，酶比一般催化剂降低活化能的幅度更大，即酶可以使更多的底物分子转变为活化分子，因此酶促反应效率更高。酶降低活化能的作用如图 3-4 所示。

二、酶催化作用的基本原理

酶具有极高的催化效率，其根本原因是它比一般催化剂能更有效地降低反应的活化能，从而加速化学反应的进行。酶如何使反应的活化能降低？目前比较圆满的解释是“中间产物学说”。

(一)中间产物学说

中间产物学说认为，酶在发挥催化作用时，首先与底物结合，生成酶-底物复合物(ES)，然后转变成不稳定的酶-过渡态中间物复合物（ES′），再生成酶-产物复合物(EP)，最后 EP 分解生成产物(P)和酶(E)。E 又可与 S 结合，继续发挥其催化作用，因此少量的酶可催化大量的

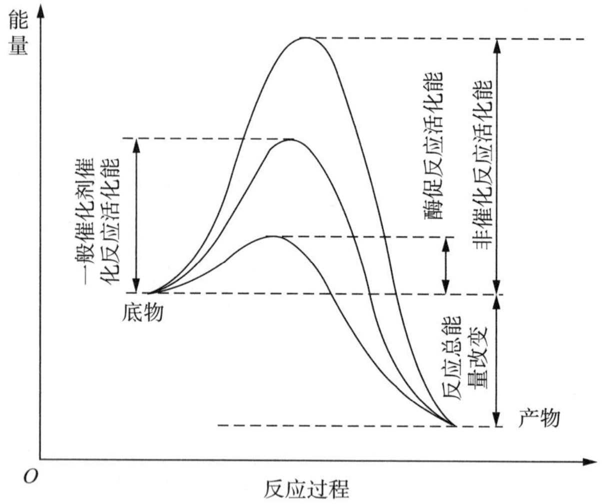

图 3-4　酶与一般催化剂降低反应活化能的对比图

底物进行化学反应。

$$E+S\rightarrow ES\rightarrow ES'\rightarrow EP\rightarrow P+E$$

由于酶促反应中间产物的形成，改变了原来的反应途径，原来能阈极高的一步反应（S→P），即没有酶催化的反应，现在由于酶的催化反应变成能阈极低的两步反应：

$$\begin{cases} E+S\rightarrow ES\rightarrow ES' & (1) \\ ES'\rightarrow EP\rightarrow P+E & (2) \end{cases}$$

(1)和(2)两步反应相加所需的活化能比没有酶催化的 S→P 的一步反应低，所以反应速率加快。反应的总结果是相同的，但由于反应过程不同，活化能大大降低，且 ES→ES′形成速度极快，极易使底物的构象和某些化学键发生改变，迅速分解，形成产物，从而加速化学反应。

中间产物是客观存在的，但是由于中间产物很不稳定，易迅速分解成产物，所以不易把它从反应体系中分离出来。随着分离技术的提高，有些中间产物已经成功得到分离，如 *D*-氨基酸氧化酶与 *D*-氨基酸结合而成的复合物已经被分离并结晶出来。

(二)诱导契合学说

酶与底物如何形成中间产物？又如何完成催化作用？酶与底物的结合为什么具有专一性？关于这些问题有很多假设。酶对它所作用的底物有着严格的选择性，酶只能催化一定结构或一些结构相似的化合物发生反应。

人们曾经用锁和钥匙来比喻酶和底物的关系。但“锁钥学说”是不全面的，比如，酶既能与底物结合，也能与产物结合，大多数的酶催化是可逆反应。但是“锁钥学说”认为，酶和底物结合时，底物的结构必须和酶活性中心的结构非常吻合，就如同锁和钥匙一样，这样才能紧密结合形成中间产物，这就是所谓的“锁钥学说”。但是后来发现，当底物与酶结合时，酶分子上的某些基团常发生明显变化，另外也无法解释可逆反应及酶对底物的相对专一性。因此，“锁钥学说”把酶的结构看成固定不变的，是不切实际的。

“锁钥学说”被推翻，于是有人提出了“诱导契合学说”。认为在酶与底物游离存在时其形状并不精确互补，即酶的活性中心并不是僵硬的，而是具有一定的柔性结构。当底物与酶相遇时，两者结构相互诱导、相互变形、相互适应，使酶活性中心上有关的各个基团正确地排列和定向，这种适应性的变化更有利于使酶和底物契合形成中间产物，并引起底物发生反应。换句话说，酶分子的构象与底物的结构原来并不完全吻合，只有当酶与底物分子相互碰撞时，结构上才相互诱导适应，更密切地多点结合，此时酶与底物的结构均有变形。同时酶在底物的诱导下，其活性中心进一步形成，并与底物易受催化攻击的部位紧密接触，易于反应进行。这种相互诱导变形是双向的，既有底物对酶的诱导，又有酶对底物的诱导，使底物更接近于过渡态，从而易受酶的催化，在酶与底物结合时两者结构都发生变化，最终转变为产物(图 3-5)。酶的诱导契合学说成功地解释了酶的各种特异性，能被大多数人所接受。

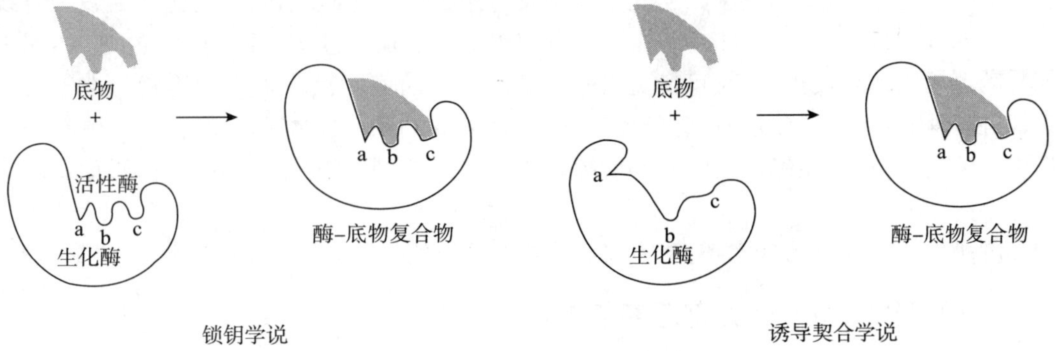

图 3-5　底物与酶结合示意图

(三)邻近效应与定向排列

酶促反应可以使诸多彼此互不靠近的底物分子，结合到酶的活性中心，这样大大提高了底物的局部浓度，结合在酶表面的底物分子就有足够的时间进行反应，这种邻近效应将分子间的反应变成类似分子内反应；同时底物易受酶催化攻击的部位定向地对准酶的活性中心，使酶的活性中心易于诱导底物分子中的电子轨道，有利于反应的排列，从而大大提高酶的催化效率。

(四)多元催化

酶的化学本质是蛋白质，是两性电解质，同时具有酸和碱的催化特性。酶分子中含有多种不同的功能基团，不同的功能基团具有不同的解离度。所以同一种酶同时具有酸、碱双重催化作用。多功能基团协同可极大地提高酶的催化效率。

(五)表面效应

酶的活性中心内部富含疏水性氨基酸，可形成疏水性微环境，酶与底物的反应常在酶分子内部疏水性微环境中进行，疏水环境可防止底物与酶之间形成水化膜，有利于酶与底物的密切接触，使酶的活性基团对底物的催化更加有效和强烈。

任务三 影响酶促反应速率的因素

任务解析

本任务介绍底物浓度、酶浓度、温度、pH、激活剂、抑制剂六个因素对酶促反应速率的影响。通过本单元的学习，能够学会利用某种因素对酶活性的影响来指导生产实践，如低温麻醉、高温灭菌等，还可以理解某些医用药物和农药的应用原理。

酶促反应速率及其影响因素是酶促反应动力学研究的重要内容。酶促反应速率通常是指酶促反应开始的速率，即初速率。初速率是指反应刚开始的短时间内，时间进程曲线为直线时的反应速率，这时的反应速率相对恒定。各种因素对酶促反应速率的影响均指初速率，因为初速率与酶促反应速率成正比，且可避免反应产物及其他因素对反应速率的影响。由于酶是蛋白质，凡能影响蛋白质理化性质发生改变的因素都可影响酶的结构和功能。活性中心是酶催化作用的关键部位，凡能影响活性中心发挥作用的因素都可影响酶的催化活性，进而影响酶促反应速率。

影响酶促反应速率的因素很多，主要有底物浓度、酶浓度、温度、pH、激活剂、抑制剂等。

一、底物浓度对酶促反应速率的影响

酶促反应体系中，当酶浓度、温度、pH 等条件固定不变时，酶促反应速率受底物浓度的影响，底物浓度[S]不同，反应速率 V 也不同，它们之间的相互关系见图 3-6，呈矩形双曲线。

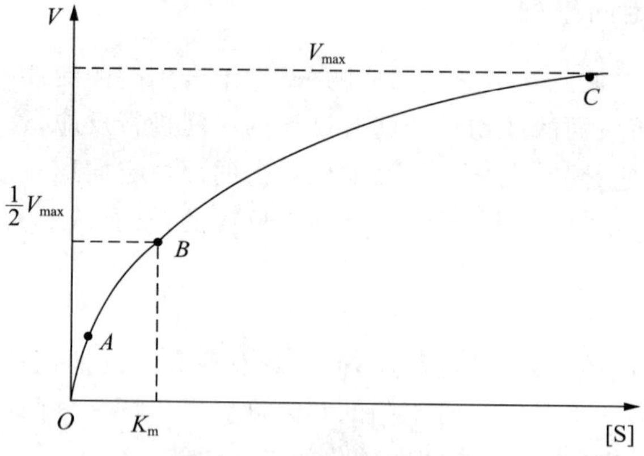

图 3-6 底物浓度对酶促反应速率的影响

当底物浓度较低时，反应速率随底物浓度的增加而急剧增加，两者呈正比例的关系，反应为一级反应；当底物浓度较高时，反应速率虽然随着底物浓度的增加而继续增加，但是反应速率不再呈正比例增加，反应速率增加的幅度逐渐下降；当底物浓度增高到一定程度时，反应速率趋于恒定，继续增加底物浓度，反应速率不再增加，达到极限，此时的反应速率称为最大反应速率(V_{max})，表现为零级反应，说明酶的活性中心已被底物饱和，如果继续加大底物浓度，反应速率保持不变。

所有的酶都有饱和现象，只是达到饱和时，所需底物浓度各不相同(图 3-7)。

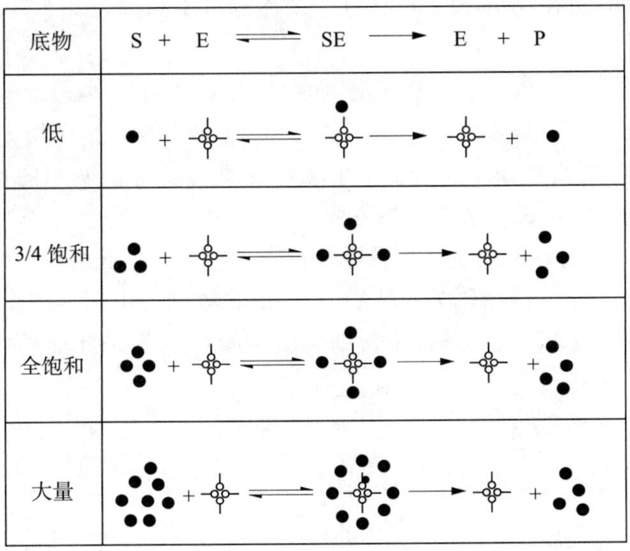

说明：

●：代表S，-⊕-：代表E。

①当S浓度低时，E活性中心有足够的空间结合S，反应速率较快。

②当S浓度不断增加，E的活性中心结合了较多的S，达到3/4饱和时，E催化的速率越来越慢。

③当S浓度很高时，E的活性中心已全部饱和，反应速率达到V_{max}。

④当S浓度继续增加，大量的S不能与E的活性中心结合，反应停止。

图 3-7　底物浓度对酶的饱和效应

中间产物学说可用于解释酶促反应中的底物浓度与反应速率之间的关系。即酶(E)首先与底物(S)结合生成中间产物(ES)，中间产物(ES)再分解为产物(P)和酶(E)。

$$E+S \rightleftharpoons ES \rightarrow E+P$$

反应速率 V 决定于[ES]的浓度。当[S]很低时，E 未被 S 饱和，反应体系中的[ES]与[S]成正比，V 取决于[ES]，此时 V 和[S]成正比，相当于图 3-6 中 A 点；随着 [S]的进一步增高，则有更多的 ES 生成，V 也随之增加，但增加的幅度逐渐减小，相当于图 3-6 中 B 点；当 [S]增加至最大时，反应体系中的 E 全部与 S 结合成 ES，此时 V 达到 V_{max}，相当于图 3-6 中的 C 点。若再增加底物浓度，ES 也不再增加，反应速率趋于恒定。

1. 米-曼氏方程式

1913 年 Michaelis 和 Menten 提出了酶促反应动力学理论，根据中间产物学说进行了数学推导，得出了 V 与[S]关系的公式，即著名的米-曼氏方程式，简称米氏方程。

$$V = \frac{V_{max}[S]}{K_m + [S]}$$

式中：V 代表反应速率，V_{max} 为最大反应速率，[S]为底物浓度，K_m 称为米氏常数。

K_m 是酶的特征性参数，在酶促反应动力学中具有重要意义。

2. K_m 的意义

(1)K_m 值等于酶促反应最大速率一半时的底物浓度。当 $V = \frac{1}{2}V_{max}$ 时，代入米-曼氏方程得 $\frac{V_{max}}{2} = \frac{V_{max}[S]}{K_m + [S]}$，即 $K_m = [S]$。米氏常数的单位是底物浓度的单位，一般用 mol/L 表示。

(2)K_m值是酶的特征性常数之一，各种酶的米氏常数不同，K_m只与酶的性质有关，与酶浓度无关。不同酶的K_m不同，同种酶对不同底物的K_m也不同。在特定pH和温度条件下，可用K_m来鉴别酶。

(3)K_m值可表示酶与底物的亲和力，K_m值越大，表示酶与底物的亲和力越小；K_m值越小，表示酶与底物的亲和力越大。在酶的多种底物中，K_m最小的底物是该酶的天然底物。

(4)催化可逆反应的酶，当正反应和逆反应K_m不同时，可以大致推测该酶正逆两向反应的效率，K_m小的底物所代表的反应方向是该酶催化的优势方向。

(5)在有多个酶催化的系列反应中，确定各种酶的K_m及相应底物浓度，有助于判断代谢过程中的限速步骤。在各底物浓度相当时，K_m大的酶则为限速酶，相应的步骤则为限速步骤。

(6)测定不同的抑制剂对某一酶K_m及V_{max}的影响，可帮助判断该酶抑制剂是此酶的竞争性抑制剂还是非竞争性抑制剂。

3. V_{max}的含义

V_{max}是酶完全被底物饱和时的反应速率，与酶的浓度成正比。

二、酶浓度对酶促反应速率的影响

在酶促反应过程中，其他条件固定不变，当底物浓度远远超过酶浓度即底物浓度达到饱和的情况下，反应速率与酶浓度变化呈正比例关系，即酶的浓度越大，反应速率越快(图3-8)。但反应速率与酶浓度的正比例关系是有一定条件的：一是底物浓度足够大；二是使用的必须是纯酶制剂或不含抑制剂、激活剂或失活剂的粗酶制剂。

在细胞内，通过改变酶浓度来调节酶促反应速率，是细胞代谢调节的一个重要途径。

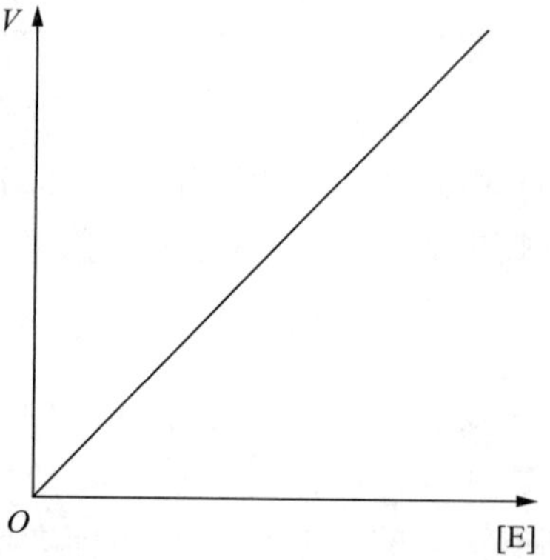

图3-8 酶浓度对酶促反应速率的影响

三、温度对酶促反应速率的影响

在酶促反应过程中，其他条件固定不变，温度对酶促反应速率的影响呈现似抛物线的曲线(图3-9)。温度过低抑制酶的活性；温度过高可引起酶蛋白变性，使酶失活。因此，温度对酶促反应速率具有双重影响。

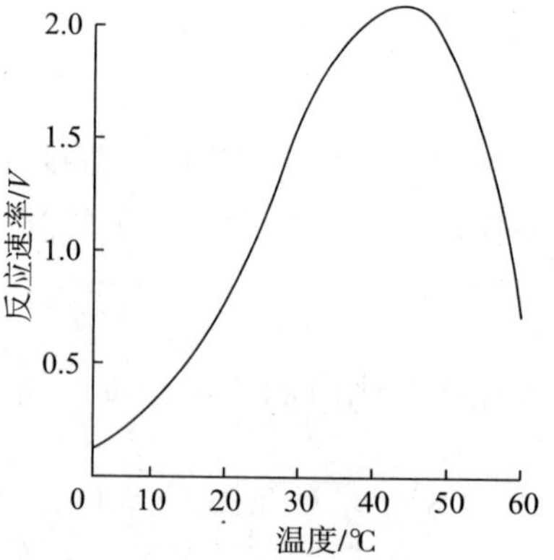

图3-9 温度对酶促反应速率的影响

一般酶都有发挥作用的最适温度范围，即最适温度，偏离最适温度范围越远，酶促反应速率越低。当其他条件固定不变，反应速率达到最大时的温度范围称为酶的最适温度。动物体内各种酶的最适温度一般为 37～40 ℃，接近于体温。最适温度不是酶的特征性常数，与酶作用时间有关，只有在规定的反应时间内，酶才具有最适温度，酶与酶之间才能进行比较。酶可以在短时间内耐受较高的温度。相反，延长反应时间，则最适温度降低。

温度对酶促反应速率具有 2 种相反的双重影响：在低温状态下，反应速率随温度升高而加快；当温度超过最适温度时，酶受热变性，酶促反应速率随温度的升高而逐步降低。许多酶在 60 ℃以上变性，少数酶能耐受高温，如牛胰核糖核酸酶加热到 100 ℃仍不失活。80 ℃时多数酶变性不可逆。环境温度低于最适温度时，温度升高酶促反应加速，温度每升高 10 ℃，反应速率可提高 1～2 倍。温度高于最适温度时反应速率则因酶变性而降低。

酶在干燥状态下，耐温度变化的能力较强，故一般酶制剂为干粉状；低温条件下，由于分子碰撞机会少的缘故，酶的催化作用难以发挥，酶活性处于抑制状态。但低温一般不破坏酶分子构象，一旦温度回升，酶又恢复活性。所以酶在冰箱中保存时间较长，临床上低温麻醉就是利用酶的这一性质以减慢细胞代谢速率，从而提高动物体对氧和营养物质缺乏的耐受性。酶制剂和酶检测标本（如血清、血浆等）生物制品应放在低温条件下保存，菌种、精液、胚胎冷冻保存的原理正是如此。据此，在生化检验中，可以采取提高温度缩短反应时间的方法，进行酶的快速检测诊断。酶的最适温度不是酶的特征性常数，常受到其他条件如底物、作用时间、pH、抑制剂等的影响。

四、pH 对酶促反应速率的影响

在酶促反应过程中，其他条件固定不变，pH 对酶促反应速率的影响多数呈现吊钟形曲线，除少数有例外。一般酶都有发挥作用的最适 pH，偏离此范围越远，酶促反应速率越低。酶在一定的 pH 范围内活性最大，催化能力最强，此 pH 为酶的最适 pH（图 3-10）。

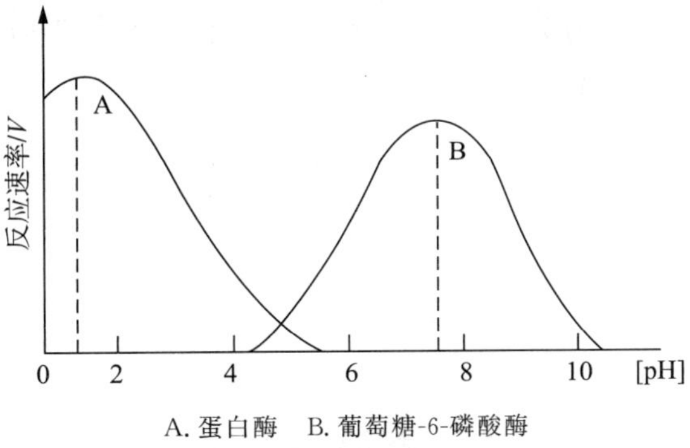

A. 蛋白酶　B. 葡萄糖-6-磷酸酶

图 3-10　pH 对某些酶活性的影响

pH 能影响酶分子的结构，特别是影响酶活性中心上必需基团的解离状态，同时也可影响底物和辅酶（如 NAD^+、CoA—SH）的解离程度，影响酶和底物的解离，从而影响酶与底物的结合。各种酶在最适 pH 时，酶的活性中心、底物、辅酶均处于适合的解离状态，有利于酶与底物结合并催化底物释放出产物，这时酶活性最高，酶具有最大的催化作用，酶促反应速率最大。最适 pH 不是酶的特征性常数，它因底物浓度、缓冲液的种类及浓度不同而有差异。可见 pH 的改变对酶的催化作用影响很大。溶液的 pH 高于或低于最适 pH 时，酶的活性降低，酶促反应应速率减慢，远离最适 pH 时甚至会导致酶的变性失活。因此，在测定酶活性时，要选择适当的缓冲液，以保持酶活性的相对恒定。

动物体内各种酶的最适 pH 不同，而多数酶的最适 pH 接近中性，但是个别也有例外，见表 3-4。如胃蛋白酶的最适 pH 大约为 1.8；肝精氨酸酶的最适 pH 在 9.8 左右。实践中用酸性溶液配制胃蛋白酶合剂，就是依据这一特点。此外，同一种酶催化不同的底物其最适 pH 会稍有变动。

表 3-4 动物体内部分酶的最适 pH

酶	最适 pH	酶	最适 pH
胃蛋白酶	1.8	延胡索酸酶	7.8
过氧化氢酶	7.6	核糖核酸酶	7.8
胰蛋白酶	7.7	肝精氨酸酶	9.8

pH 影响酶活力的原因大致有 3 个方面。

(1)过酸或过碱会影响酶蛋白的构象，甚至使酶变性而失活。

(2)pH 改变不剧烈时，酶虽不变性，但活力受影响，因为 pH 会影响底物分子的解离状态、酶分子的解离状态，也可能影响中间产物 ES 的解离状态。

(3)pH 影响反应分子中另一些基团的解离，而这些基团的离子化状态与酶的专一性及酶分子中活性中心的构象有关。

五、激活剂对酶促反应速率的影响

凡能使酶原转变为酶或使酶活性提高的物质都称为酶的激活剂。激活剂对酶促反应速率的影响主要是通过酶的激活或酶原的激活来实现的。酶的激活与酶原激活不同，酶的激活是使已具有活性的酶的活性增加，使活力由小变大；酶原的激活是使本来无活性的酶原变成有活性的酶。常见的激活剂主要分为无机离子、简单的有机化合物和蛋白质类物质，例如 Cl^- 是唾液淀粉酶最强的激活剂(表 3-5)。

表 3-5 激活剂的分类

分类	举例
无机离子	金属离子：K^+、Na^+、Mg^{2+}、Zn^{2+}、Fe^{2+} 氢离子：H^+ 阴离子：Cl^-、Br^-、I^- 等
简单的有机化合物	还原剂：半胱氨酸、胱氨酸、谷胱甘肽、维生素 C、氰化物等 螯合剂：EDTA(乙二胺四乙酸)等
蛋白质类物质	胃蛋白酶等

金属离子既是许多酶的辅助因子，又是酶的激活剂。还原剂能激活某些酶，使酶分子中的二硫键还原成有活性的巯基，从而提高酶的活性。螯合剂可螯合金属，解除重金属对酶的抑制作用。蛋白质类激活剂使无活性的酶原变成有活性的酶。

激活剂对酶的作用是相对的，即一种激活剂对某种酶能起激活作用，而对另一种酶可能起抑制作用，如 Cu^{2+} 是唾液淀粉酶的抑制剂；另外，激活剂的浓度对其作用也有影响，即同一种激活剂由于浓度高，可以从激活作用转变为抑制作用。

六、抑制剂对酶促反应速率的影响

抑制剂对酶促反应速率的影响是通过与酶分子上的某些必需基团反应，引起酶活力下降，甚至丧失而实现的。凡能使酶活性下降或者丧失，而不引起酶蛋白变性的物质称为酶的抑制剂，抑制剂降低酶的活性，并不引起酶蛋白变性的作用称为酶的抑制作用。抑制剂与酶分子上的某些必需基团反应，引起酶活力下降，甚至丧失，但并不使酶变性，去除抑制剂后，酶仍可表现其原有活性。加热、强酸、强碱等因素破坏酶分子构象而使酶变性失活，不属于抑制作用的范畴。

酶的抑制作用在医学上具有十分重要的意义。许多药物就是通过对体内某些酶的抑制来发挥治疗作用的。另外，有些毒物中毒，实质上就是毒素对酶抑制的结果。抑制剂的种类很多，如有机磷及有机汞化合物、重金属离子、氰化物、磺胺类药物等。根据抑制剂与酶的作用，通常将抑制作用分为可逆性抑制作用与不可逆性抑制作用 2 类。

（一）可逆性抑制作用

此类抑制作用通常是抑制剂以非共价键的形式与酶结合，使酶活性降低或丧失。抑制剂与酶的结合是可逆的，可用物理透析、超滤等方法除去抑制剂，使酶恢复活性。根据酶与抑制剂相互作用的特点，将可逆性抑制作用分成 3 种类型。

1. 竞争性抑制作用

竞争性抑制剂(I)与酶(E)的正常底物(S)有相似的结构，因此它与底物分子竞争性地结合到酶的活性中心，从而阻碍酶与底物结合形成中间产物，这种抑制作用称为竞争性抑制作用。竞争性抑制作用具有以下特点：①抑制剂在化学结构上与底物相似，两者互相争夺同一酶的活性中心；②抑制剂与酶的活性中心结合后，酶分子失去催化作用；③竞争性抑制作用的强弱，取决于抑制剂与底物之间的相对浓度，抑制剂浓度不变时，通过增加底物浓度可以减弱甚至解除竞争性抑制作用；④酶既可以结合底物分子也可以结合抑制剂，但不能与两者同时结合。E、S、I 催化反应的关系如下：

$$
\begin{array}{l}
E + S \rightleftharpoons ES \\
+ \\
I \\
\big\downarrow\!\!\uparrow \\
EI
\end{array}
$$

通过研究酶的竞争性抑制作用原理，可阐明许多治疗疾病药物的作用机理，如磺胺类药物及抗菌增效剂。对磺胺类药物敏感的细菌，在生长繁殖时，不能利用环境中现成的叶酸，而只能在体内利用对氨基苯甲酸（PABA）、二氢蝶呤和谷氨酸在菌体内二氢叶酸合成酶的催化下，合成二氢叶酸(FH_2)，二氢叶酸再进一步在二氢叶酸还原酶的作用下还原成四氢叶酸(FH_4)，四氢叶酸是细菌体内核酸和蛋白质的合成不可缺少的辅酶。磺胺类药物与对氨基苯甲酸结构相似，可竞争性地与细菌二氢叶酸合成酶的活性中心结合，使其酶活性下降，抑制二氢叶酸和四氢叶酸的合成，影响细菌的核酸与蛋白质的合成，进而抑制细菌的生长繁殖，达到消炎治病的效果。人和动物体可利用食物中现成的叶酸，因而不受药物的影响。

$$\left.\begin{array}{l}\text{对氨基苯甲酸}\\ \text{二氢蝶呤}\\ \text{谷氨酸}\end{array}\right\}\xrightarrow[\text{磺胺类药物(－)}]{\text{二氢叶酸合成酶}}\text{二氢叶酸}\xrightarrow[\text{磺胺增效剂(－)}]{\text{二氢叶酸还原酶}}\text{四氢叶酸}$$

对氨基苯甲酸(PABA)与磺胺类药物的化学结构式如下：

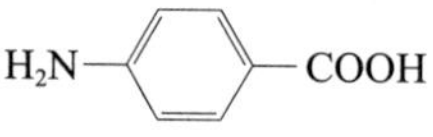

对氨基苯甲酸

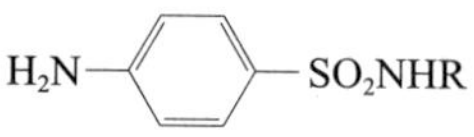

磺胺类药物

根据竞争性抑制的特点，使用磺胺类药物时必须保持血液中药物的高浓度，以发挥其有效的竞争性抑菌作用。

抗菌增效剂(TMP)可增强磺胺的药效，因为其结构与二氢叶酸相似，可抑制细菌二氢叶酸还原酶，它与磺胺类药物配合使用，可使细菌的四氢叶酸合成受到双重阻碍，严重影响细菌的核酸及蛋白质的合成。人和动物体能从食物中直接获取叶酸(维生素 B_{11})，所以磺胺类药物和抗菌增效剂很少能抑制人和动物体内的核酸与蛋白质的合成。

许多属于抗代谢物的抗癌药物，如甲氨蝶呤(MTX)、5-氟尿嘧啶(5-FU)和 6-巯基嘌呤(6-MP)等均属酶的竞争性抑制剂，它们分别抑制四氢叶酸、脱氧胸苷酸及嘌呤核苷酸的合成，以抑制肿瘤的生长。

植物中的某些生物碱，如毒扁豆碱是胆碱酯酶的竞争性抑制剂，含季铵基团，与乙酰胆碱类似，能抑制胆碱酯酶的活力。

2. 非竞争性抑制作用

抑制剂在活性中心之外的位点上与酶结合，并不妨碍底物与酶的结合，同时，酶与底物分子的结合也不影响酶与抑制剂的结合。抑制剂、底物与酶结合形成 ESI 复合物，三者不存在竞争关系，但产生的 ESI 复合物催化位点构象变化，使酶活性下降或丧失，从而不能进一步释放产物，这种抑制作用称为非竞争性抑制作用。反应过程如下：

$$\begin{array}{l}\mathrm{E+I} \rightleftharpoons \mathrm{EI+S} \longrightarrow \mathrm{ESI}\\ + \\ \mathrm{S} \\ \Updownarrow \\ \mathrm{ES} \longrightarrow \mathrm{E+P}\end{array}$$

非竞争性抑制作用的强弱取决于抑制剂的浓度，这类抑制作用不能通过增加底物浓度来减弱或消除。例如，毒毛花苷 G 抑制细胞膜上 Na^{+}-K^{+}-ATP 酶活性就是以非竞争性抑制方式进行的。由图 3-11 可说明竞争性抑制与非竞争性抑制的区别。

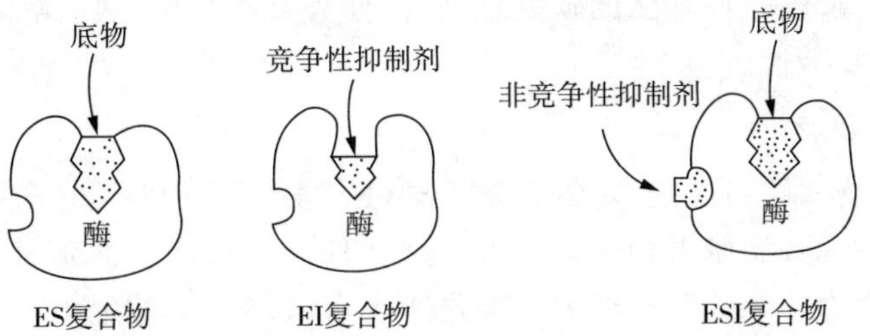

图 3-11　竞争性抑制与非竞争性抑制的作用机制

3. 反竞争性抑制作用

抑制剂不与酶结合，仅与酶和底物分子形成的中间复合物结合，使中间复合物 ES 的量下降，即 ES＋I→ESI。当 ES 与 I 结合后，ESI 不能分解产物，酶的催化活性被抑制。在反应体系中存在反竞争性抑制剂时，不仅不排斥 E 和 S 的结合，反而可增加两者的亲和力，这与竞争性抑制作用相反，故称为反竞争性抑制作用。例如，肼类化合物抑制胃蛋白酶就是反竞争性抑制。其抑制作用的反应过程如下：

$$\begin{array}{c} S+E \rightleftharpoons ES \longrightarrow E+P \\ + \\ I \\ \Updownarrow \\ ESI \end{array}$$

(二)不可逆性抑制作用

此类抑制剂通常以共价键的形式与酶活性中心上的必需基团结合，使酶失去活性，这种抑制剂不能用物理透析、超滤等方法除去而使酶的活性恢复，这种抑制作用称为不可逆性抑制作用。这类抑制作用只能通过某些药物才能解除，从而使酶恢复活性。不可逆抑制剂包括有机磷化合物、有机砷、汞化合物、CO 和氰化物，还有重金属银、铜、铅、汞等。具体如下：

1. 有机磷化合物

如 1059(内吸磷)、敌百虫(美曲磷脂)、敌敌畏(DDVP)等有机磷杀虫剂，它们可特异性地与胆碱酯酶活性中心的丝氨酸残基的羟基(—OH)牢固结合，使胆碱酯酶失活。通常把这些能够与酶活性中心的必需基团进行共价结合，从而抑制酶活性的抑制剂称为专一性抑制剂。有机磷杀虫剂中毒后，乙酰胆碱不能被胆碱酯酶水解而大量堆积，引起一系列神经中毒症状。

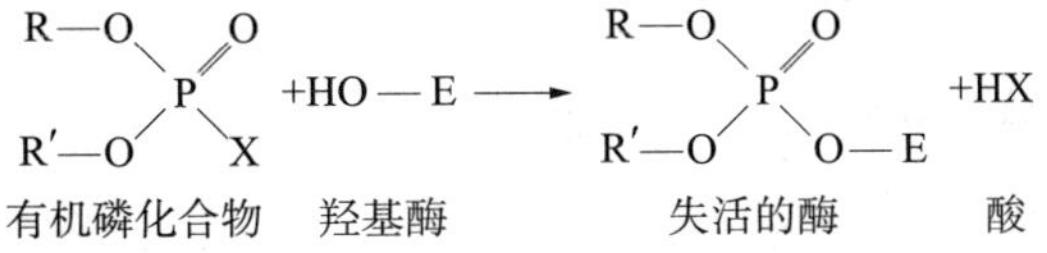

胆碱酯酶催化乙酰胆碱水解，它是一种羟基酶，有机磷化合物中毒时，使酶的羟基磷酸化，从而使胆碱酯酶活性受到抑制，造成神经末梢分泌的乙酰胆碱不能及时水解而堆积，使得迷走神经持续兴奋而呈现中毒症状，甚至使动物死亡。临床上常采用解磷定(PAM)治疗有机磷化

合物中毒。解磷定与磷酰化羟基酶的磷酰基结合，使羟基酶游离，从而解除有机磷化合物对酶的抑制作用，使酶恢复活性。

2. 有机砷、汞化合物

有机砷、汞化合物如路易氏剂、对氯汞苯甲酸(PCMB)等可与酶分子中半胱氨酸残基的巯基作用，抑制含巯基的酶，而使人畜中毒。由于这些抑制剂所结合的巯基不局限于必需基团，所以这类抑制剂又称为非专一性抑制剂。砷化物也可破坏硫辛酸辅酶，从而抑制丙酮酸氧化酶体系。路易氏剂 ($CHCl=CHAsCl_2$)是一种含砷的化合物，能抑制几乎所有的巯基酶。这类抑制剂可以通过加入过量巯基类化合物如半胱氨酸、还原型谷胱甘肽(GSH)，而砷化物的毒性不能用单巯基化合物解除，可用过量双巯基化合物而解除，如二巯丙醇(BAL)。

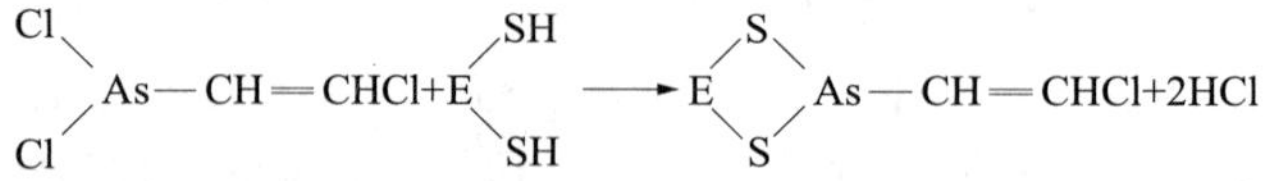

路易氏剂　　巯基酶　　失活的酶　　酸

3. 重金属盐

含 Pb^{2+}、Hg^{2+}、Cu^{2+}、Fe^{2+}、Ag^{+} 的重金属盐在高浓度时会使酶蛋白变性失活，而在低浓度时会对某些酶的活性产生抑制作用，通常选用金属螯合剂如 EDTA(乙二胺四乙酸)螯合除去有害的金属离子，恢复酶的活性。螯合剂可能是与酶分子中的巯基发生反应，或置换酶中的金属离子。二巯丙醇也是临床上重金属中毒的解毒剂。

4. 氰化物、硫化物和 CO

这类化合物能与酶分子中金属离子(辅助因子)形成较为稳定的络合物，使酶的活性受到抑制。如氰化物(CN—)作为剧毒物质与细胞色素氧化酶等含铁卟啉的酶中 Fe^{2+} 络合，使酶没有携带氧分子的能力而失活，进而阻断了电子传递而阻止细胞呼吸。

5. 烷基化试剂

这类试剂往往含有一个活泼的卤素原子，如碘乙酸、2,4-二硝基氟苯等，能与巯基、氨基、羧基、咪唑基等基团作用。常用碘乙酸等作为鉴定酶中是否存在巯基的特殊试剂。

对生物体有剧毒的物质大多是酶的抑制剂，因此，酶的抑制剂还可应用于杀虫、灭菌和临床治疗等多个方面。

任务四　维生素与辅酶

任务解析

本任务介绍维生素的分类、命名，各类维生素的结构、功能、所构成的辅酶及相应辅酶的功能。通过学习，掌握相关维生素与辅酶之间的关系，并初步认识各种维生素的性质和功能及相关的缺乏症，为动物营养相关课程的学习打下一定的理论基础。

一、维生素概述

人们对维生素的认识来源于医学实践和科学实验。从发现维生素到充分认识并重视它已经有几千年的历史了，我国唐代医学家孙思邈(公元581—682年)曾经指出，用动物肝脏防治夜盲症，用谷皮汤熬粥防治脚气病。后来发现两种物质中分别含有相应的维生素。在动物饲养方面也得到了实践证明，研究发现喂养动物时，饲料中除蛋白质、脂肪、糖类和矿物质外，还必须有维生素。

(一)维生素的概念和特点

维生素是指人及动物体维持正常生命活动所必需的一类小分子有机化合物，是以其本体或以能被动物体利用的前体形式存在于天然物中。

各种维生素的生理功能各不相同，但具有如下共同特点：不参与机体组成，也不提供能量；机体需要量很少，但因体内不能合成或合成量极少，必须从外界环境中摄取补充；主要的生理功能是参与物质代谢和能量代谢的调节过程，维持细胞正常的生理功能。大多数维生素是辅酶或辅基的组成，参与相应的酶促反应。机体对维生素的需要量极少，一般日需要量以毫克或微克计，但不可缺少。维生素一旦缺乏会引起代谢障碍，出现维生素缺乏症，动物体不能正常发育，如动物缺乏维生素 B_1 会引起多发性神经炎；过多也会干扰正常代谢，引起维生素过多症，如长期摄入过量维生素A、维生素D会引起机体中毒。

(二)动物体获取维生素的途径

动物体获取维生素的途径主要有以下4个方面。

1. 由饲料直接提供(最主要的途径)

维生素在动植物组织中广泛存在，绝大多数维生素直接来源于饲料。

2. 由肠道菌合成

动物体肠道菌能合成某些维生素，如维生素K、维生素 B_3、维生素 B_6、维生素 B_7、维生素 B_{11} 等。长期服用抗菌药物，使肠道菌受到抑制，可引起维生素K等的缺乏。

3. 维生素原在体内转变

能在体内直接转变成维生素的物质称为维生素原。一些植物类饲料中含类胡萝卜素，可在小肠壁和肝脏氧化转变成维生素A，所以类胡萝卜素被称为维生素A原。

4. 体内部分合成

贮存在皮下的7-脱氢胆固醇经紫外线照射，可转变成维生素 D_3。机体还可利用色氨酸合成维生素 B_5，长期以玉米为主料的动物由于色氨酸不足，容易发生糙皮病等维生素 B_5 缺乏症。

(三)维生素的分类与命名

1. 分类

维生素的结构差异大，生理功能各异，通常按溶解性不同分为脂溶性维生素和水溶性维生素两大类。

（1）脂溶性维生素　包括维生素 A（维生素 A_1、维生素 A_2）、维生素 D（维生素 D_2、维生素 D_3）、维生素 E（α-生育酚、β-生育酚、γ-生育酚、δ-生育酚）、维生素 K（维生素 K_1、维生素 K_2、维生素 K_3）。

（2）水溶性维生素　包括 B 族维生素（维生素 B_1、维生素 B_2、维生素 B_3、维生素 B_5、维生素 B_6、维生素 B_7、维生素 B_{11}、维生素 B_{12}）和维生素 C。

2.命名

维生素虽然是小分子，但结构较复杂，一般常见的有以下四种命名方式。

（1）按早期发现的顺序和来源用字母和数字组合的方式进行命名。如维生素 A_1、维生素 A_2、维生素 B_1、维生素 B_2、维生素 D_1、维生素 D_2、维生素 D_3 等。

（2）根据其生理功能命名，以“抗……维生素”命名。如维生素 A 具有抗干眼病的功能，称为抗干眼病维生素；维生素 D 具有抗佝偻病的功能，称为抗佝偻病维生素；维生素 C 有抗坏血病的作用，称为抗坏血病维生素。

（3）根据其结构及功能命名。如维生素 B_1 是含硫的胺类，称为“硫胺素”；维生素 B_{11} 分子结构中含有羧基，称为“叶酸”；维生素 A 与眼睛视觉功能有关，称为“视黄醇”。

（4）根据维生素的来源进行命名。如维生素 A 原在胡萝卜中含量较多，称为胡萝卜素；维生素 B_3 广泛存在于自然界中的各种生物体中，称为泛酸；维生素 B_{11} 在植物绿色叶片中含量比较多，称为叶酸。

维生素的分类及常用名称见表 3-6。

表 3-6　维生素的分类及常用名称

分类	名称	
水溶性维生素	维生素 B_1	硫胺素、抗脚气病维生素、抗神经炎维生素
	维生素 B_2	核黄素
	维生素 B_3	泛酸、遍多酸
	维生素 B_5	尼克酸（尼克酰胺）、烟酸（烟酰胺）、VPP、抗癞皮病维生素、抗糙皮病维生素
	维生素 B_6	吡哆素（吡哆醇、吡哆醛、吡哆胺）
	维生素 B_7	生物素、维生素 H
	维生素 B_{11}	叶酸
	维生素 B_{12}	钴胺素、甲基钴胺素
	维生素 C	抗坏血酸
脂溶性维生素	维生素 A	视黄醇、抗干眼醇、抗干眼病维生素
	维生素 D	钙化醇、抗佝偻病维生素
	维生素 E	生育酚、抗不育维生素
	维生素 K	抗凝血维生素

二、水溶性维生素与辅酶

水溶性维生素具有易溶于水，易吸收，能随尿排出，一般不在体内积存，容易缺乏等共同特点，包括B族维生素和维生素C。水溶性维生素的主要生理作用是构成酶的辅酶参与酶的催化反应，如B族维生素在酶促反应中起载体作用，作为酶的辅酶参与各种化学基团、电子或原子的传递作用。维生素C是烯醇式*L*-古洛糖酸内酯，有较强的酸性，容易氧化，是强力抗氧化剂，也可作为氧化还原载体。

（一）维生素 B_1（硫胺素）

1. 化学结构与特点

维生素 B_1 分子是由一个含硫的噻唑环和一个含氨基的嘧啶环组成，故称为硫胺素。其在生物体内常与磷酸结合生成焦磷酸硫胺素（TPP^+），TPP^+ 是维生素 B_1 在体内的活性形式。维生素 B_1 为无色结晶体，溶于水，在酸性溶液中很稳定，在碱性溶液中不稳定，易被氧化和受热破坏。一般使用的维生素 B_1 都是化学合成的硫胺素盐酸盐。它们的化学结构式分别如下：

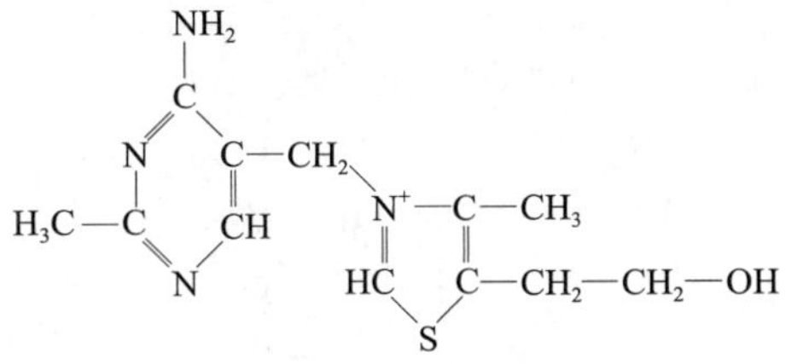

维生素B_1（硫胺素）

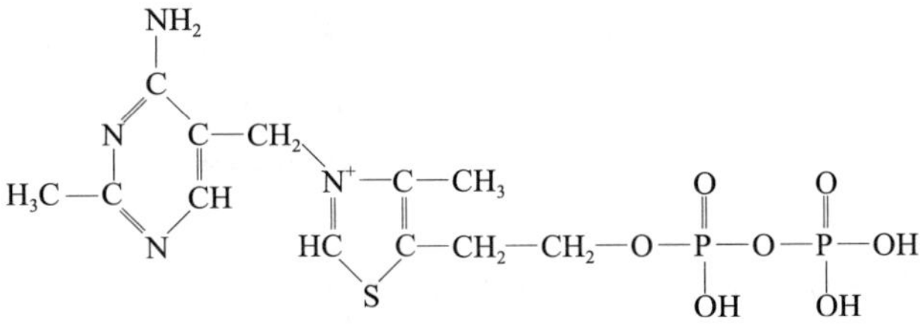

焦磷酸硫胺素（TPP^+）

2. 活性形式与辅酶

TPP^+ 是维生素 B_1 在体内的活性形式。TPP^+ 可构成 α-酮戊二酸脱氢酶系和丙酮酸脱氢酶系的辅酶，又称为羧化辅酶，参与糖的中间代谢和氨基酸代谢，整个反应中除 TPP^+ 外还需要硫辛酸、CoA、NAD^+ 和FAD等多种辅酶参与。维持神经组织及心肌的正常功能，抑制胆碱酯酶活性。

3. 缺乏症

维生素 B_1 广泛存在于动植物性饲料中，在一般情况下不易发生维生素 B_1 缺乏症。若维生素 B_1 缺乏可引起猪心肌坏死、公鸡发育受阻、母鸡卵巢萎缩、幼龄反刍动物脑灰质软化。详见表3-7。

（二）维生素 B_2（核黄素）

1. 化学结构与特点

维生素 B_2 是一种含有核糖醇基的黄色物质，故又称为核黄素。其化学结构为核糖醇与

6,7-二甲基异咯嗪的缩合物。维生素 B_2 为黄色针状晶体,味苦,微溶于水,极易溶于碱性溶液。水溶液呈黄绿色荧光,对光不稳定。

维生素 B_2 是异咯嗪与核醇的缩合物,是黄素蛋白酶类的辅基。维生素 B_2 有 3 种存在形式:游离的核黄素、黄素单核苷酸(FMN)、黄素腺嘌呤二核苷酸(FAD),它们的化学结构式分别如下:

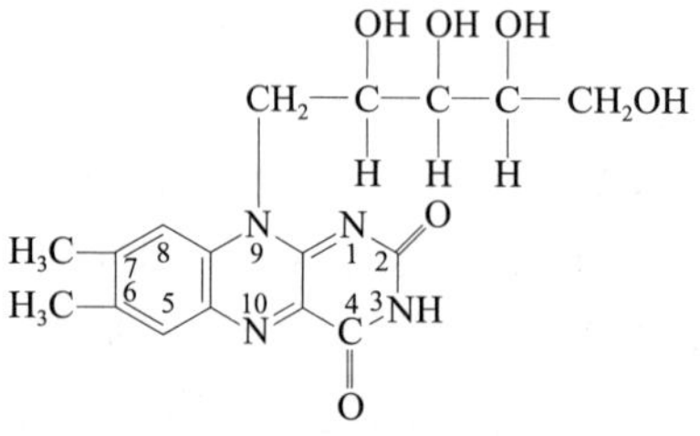

核黄素

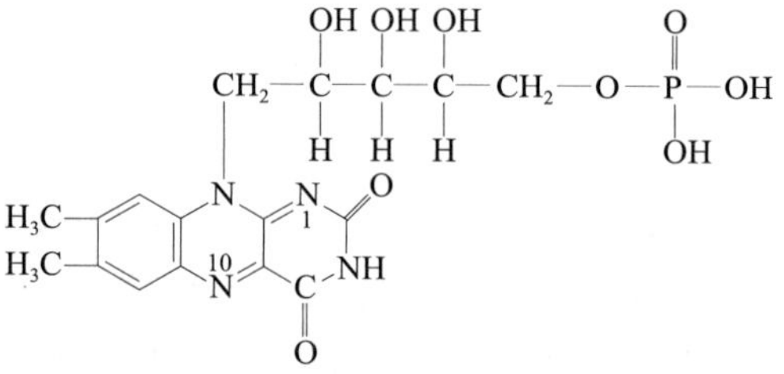

黄素单核苷酸(FMN)

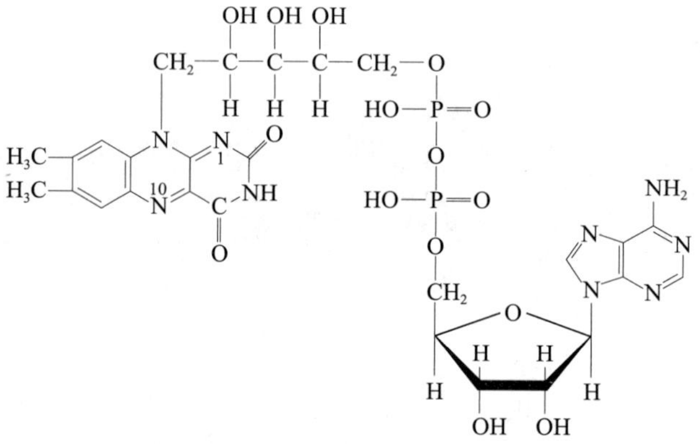

黄素腺嘌呤二核苷酸(FAD)

2. 活性形式与辅酶

核黄素在体内经磷酸化作用可生成黄素单核苷酸(FMN)和黄素腺嘌呤二核苷酸(FAD),FMN 和 FAD 是各种黄素酶的辅酶,参与体内生物氧化过程。在生物氧化过程中,维生素 B_2 分子中的异咯嗪环的第 1 位和第 10 位氮原子可反复接受和放出氢,它们是多种氧化还原酶(黄素酶)的辅基,一般与酶蛋白结合紧密,不易分开,在氧化还原反应中参与氢原子的传递。

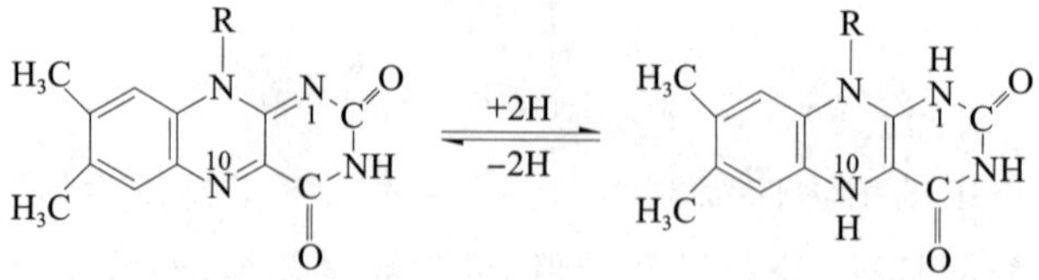

FMN 和 FAD 的氧化还原反应

简化式如下:

$$\text{FAD(FMN)} \underset{-2H}{\overset{+2H}{\rightleftharpoons}} \text{FADH}_2\text{(FMNH}_2\text{)}$$

氧化型　　　　还原型

维生素 B_2(FAD)以辅基的形式组成谷胱甘肽还原酶，此酶在细胞膜脂质过氧化反应中可阻止过氧化的过程，可增强黄素酶的活性；增加组织中维生素 B_6 的含量；催化维生素 C 的生物合成；增加动物对铁的吸收和利用；强化肝脏的解毒功能；延长红细胞的生命周期。

3. 缺乏症

维生素 B_2 广泛存在于酵母、麦麸、豆饼、青绿多汁饲料、谷物胚芽及动物的乳、蛋中，尤其是苜蓿叶片中含量丰富。

维生素 B_2 缺乏主要表现在皮肤、黏膜、神经系统的变化，各种动物的表现不同，详见表 3-7。

(三)维生素 B_3(泛酸)

1. 化学结构与特点

泛酸是由 β-丙氨酸与 α,γ-二羟-β,β-二甲基丁酸缩合而构成的有机酸，因其广泛存在于动植物组织中，故又称为泛酸或遍多酸。其化学结构式如下：

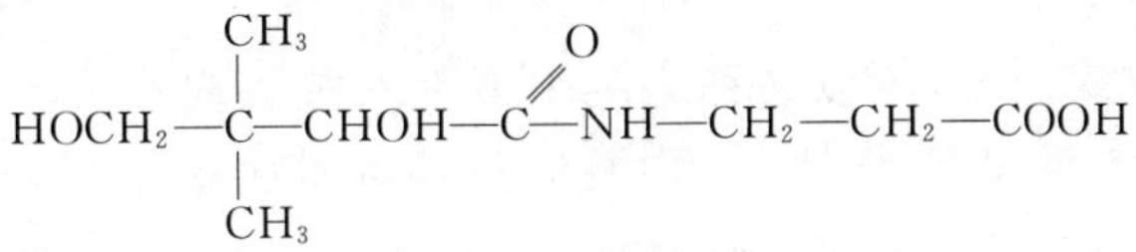

泛酸

2. 活性形式与辅酶

泛酸是辅酶 A 及酰基载体蛋白(ACP)的组成成分。辅酶 A(CoA—SH，也可写成 CoA)是由等分子的泛酸、腺嘌呤、核糖、氨基乙硫醇和 3 分子磷酸组成，其活性部位是其中的—SH 基，其结构如下：

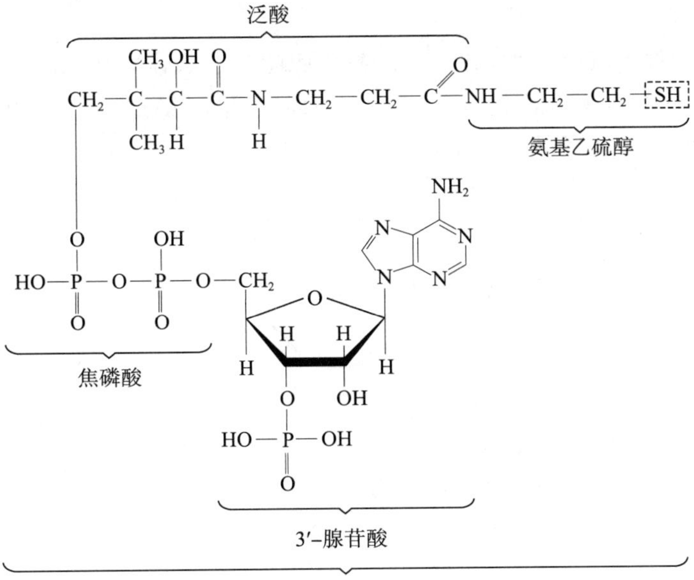

辅酶A（CoA—SH）

泛酸以 CoA 及 ACP 的形式参与物质代谢，在糖、脂等的物质代谢过程中，作为酰基的载体;泛酸还可通过促进氨基酸与血液中清蛋白的结合来刺激动物体内的抗体形成,从而提高动物对病原体的抵抗力。

3. 缺乏症

维生素 B_3 广泛存在于动植物组织中,苜蓿干草、酵母、米糠、花生饼、青绿饲料、麦麸、鱼膏等是动物良好的泛酸来源。一般情况下不易缺乏,但饲料单一时可引起缺乏。维生素 B_3 缺乏时,CoA 的形成减少,影响糖、脂类、蛋白质代谢。猪、鸡、犬等对泛酸的缺乏较为敏感。猪缺乏泛酸的典型症状为运动失调,缺乏症前期猪的后腿僵直、痉挛、站立时后肢发抖,如长期缺乏,上述症状可继续发展为"鹅步",最终后肢瘫痪。家禽缺乏泛酸表现为产蛋量、孵化率下降,胚胎皮下出血、水肿,雏鸡可出现全身羽毛粗糙卷曲、质地脆弱易脱落、喙部出现皮炎、趾部外皮脱落、出现裂口或者皮变厚、角质化等。

(四)维生素 B_5(烟酸或烟酰胺)

1. 化学结构与特点

维生素 B_5 是抗糙皮病因子,所以又称为维生素 PP(抗癞皮病维生素,"PP"是防癞皮病的缩写),是烟酸和烟酰胺两种化合物的总称,它们都是吡啶的衍生物,在体内主要由色氨酸生成。它们为无色晶体,较稳定,不被酸、碱、水、金属离子、热、光、氧化剂及加工贮存等因素的影响,对碱很稳定,溶于水及乙醇。它们的化学结构式分别如下:

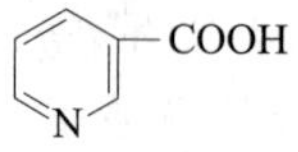

烟酸(尼克酸)

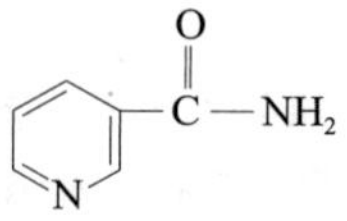

烟酰胺(尼克酰胺)

2. 活性形式与辅酶

维生素 B_5 的活性形式有两种,分别是烟酰胺腺嘌呤二核苷酸(NAD^+)和烟酰胺腺嘌呤二核苷酸磷酸($NADP^+$),前者称为辅酶Ⅰ,后者称为辅酶Ⅱ,NAD^+ 和 $NADP^+$ 在体内是多种不需氧脱氢酶的辅酶,在氧化还原反应中起传递氢的作用。NAD^+ 和 $NADP^+$ 结构如下:

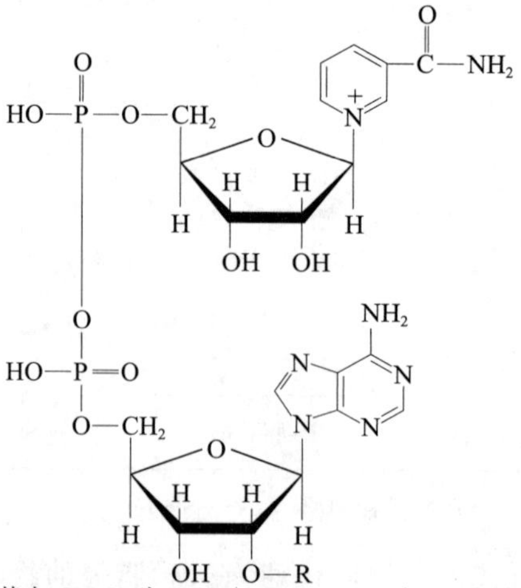

其中,R=H 为 NAD^+,R=PO_3H_2 为 $NADP^+$

NAD^+ 和 $NADP^+$ 这两种辅酶结构中的烟酰胺部分可逆地加氢和脱氢，反应如下：

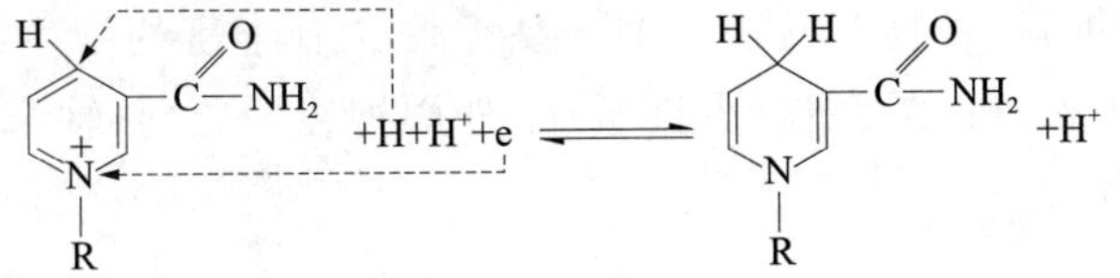

氧化型　　还原型

简写为：

$$NAD^+(NADP^+) \underset{-2H}{\overset{+2H}{\rightleftharpoons}} NADH+H^+(NADPH+H^+)$$

氧化型　　还原型

维生素 B_5 以辅酶Ⅰ和辅酶Ⅱ的形式参与糖类、脂类、蛋白质的代谢，是多种脱氢酶的辅酶，在生物氧化过程中起到传递氢原子的作用；作为辅酶Ⅰ的组成部分，直接影响其在体内的含量，而体内辅酶Ⅰ的含量又可影响视黄醛向维生素 A 的转化；另外烟酸又是辅酶Ⅱ的组成部分。

3. 缺乏症

维生素 B_5 广泛分布于各种饲料中，维生素 B_5 的缺乏症主要表现有：癞皮病、消化道及其黏膜损伤、神经系统的变化。

(五)维生素 B_6

1. 化学结构与特点

维生素 B_6 是吡啶的衍生物，其存在形式为吡哆醇、吡哆醛、吡哆胺三种，在动物体内可互相转化。维生素 B_6 实际上是吡哆醇、吡哆醛、吡哆胺三种物质的组合，它们的化学结构式分别如下：

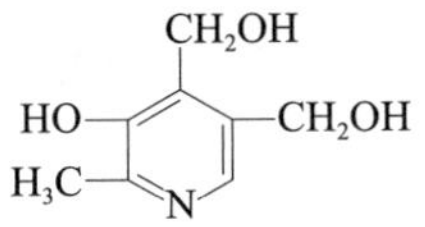

吡哆醇

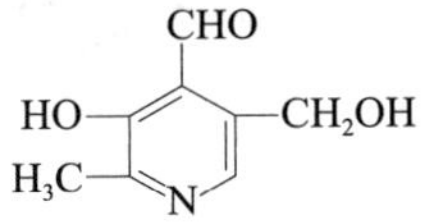

吡哆醛

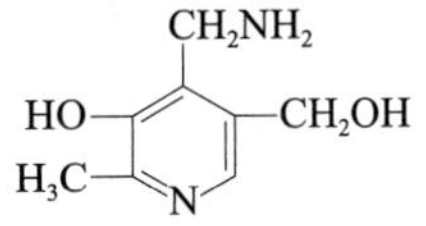

吡哆胺

2. 活性形式与辅酶

维生素 B_6 的活性形式是磷酸吡哆醛和磷酸吡哆胺，它们的化学结构式分别如下：

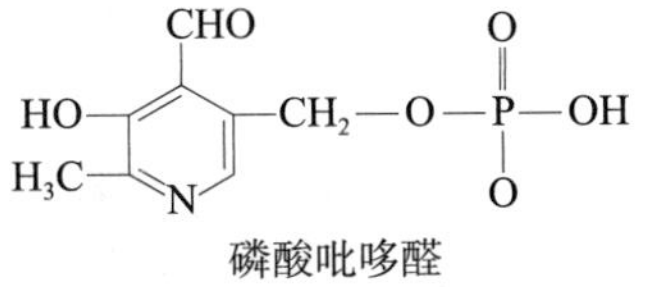

磷酸吡哆醛

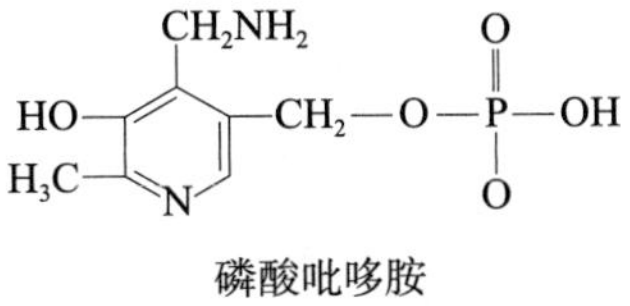

磷酸吡哆胺

维生素 B_6 以磷酸吡哆醛的形式在氨基酸代谢中构成转氨酶和脱羧酶系统的辅酶，参与氨基的传递。在动物体内糖、脂肪、氨基酸、维生素、矿物质的代谢中有重要作用；维生素 B_6 与神经系统的正常功能有关；维生素 B_6 能增强机体免疫功能。

3. 缺乏症

动物性饲料、青绿饲料、谷物及其加工副产品中均含有丰富的维生素 B_6。缺乏维生素 B_6 幼小动物生长缓慢或停止；血红蛋白过少性贫血，外周神经脱髓鞘、轴索变性等。

(六)维生素 B_7(生物素)

1. 化学结构与特点

维生素 B_7 称为生物素，也称为维生素 H，具有噻吩与尿素相结合的骈环，并带有戊酸侧链。维生素 B_7 是一种无色、针状的物质，微溶于水中，较易溶解于乙醇中，但不溶于其他有机溶剂中。生物素对热较稳定，并不被酸或碱所破坏，生物素的化学结构式如下：

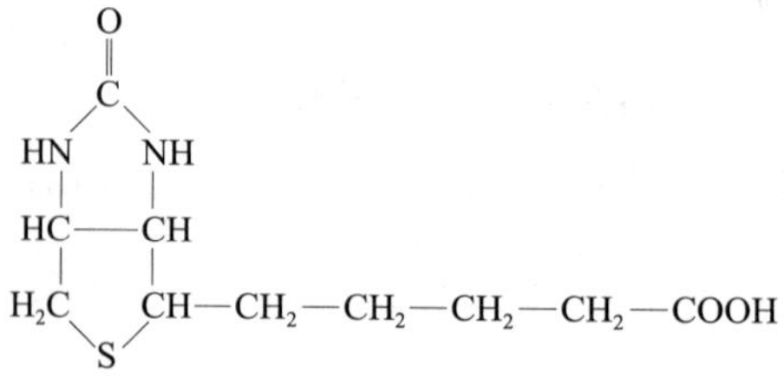

生物素

2. 活性形式与辅酶

生物素是多种羧化酶的辅酶，起传递羧基的作用，以辅酶的形式参与糖、脂肪、蛋白质代谢过程中的脱羧及羧化反应、脱氢反应，完成糖向蛋白质的互变，糖、蛋白质向脂肪的转化过程。另外，维生素 B_7 还可转移一碳基团，固定组织中的二氧化碳；参与溶菌酶活化并与皮脂腺功能有关。

3. 缺乏症

生物素广泛来源于各种动、植物性饲料和产品。肝、酵母及鸡蛋中均含量丰富；青绿饲料含量也很高。缺乏维生素 B_7 时，各种动物的症状不一样，家禽表现为脱腱症；猪表现为被毛粗糙、脱毛、皮肤干燥结痂、角质化、蹄开裂，出现"毛刺舌"。

(七)维生素 B_{11}(叶酸)

1. 化学结构与特点

维生素 B_{11} 称为叶酸是由于最早从植物的叶片中提取而得名的，别名维生素 M、蝶酰谷氨酸等。叶酸是由 2-氨基-4-羟基-6-甲基蝶呤、对氨基苯甲酸和谷氨酸三种成分组成的分子。维生素 B_{11} 的化学名称是蝶酰谷氨酸，其化学结构式如下：

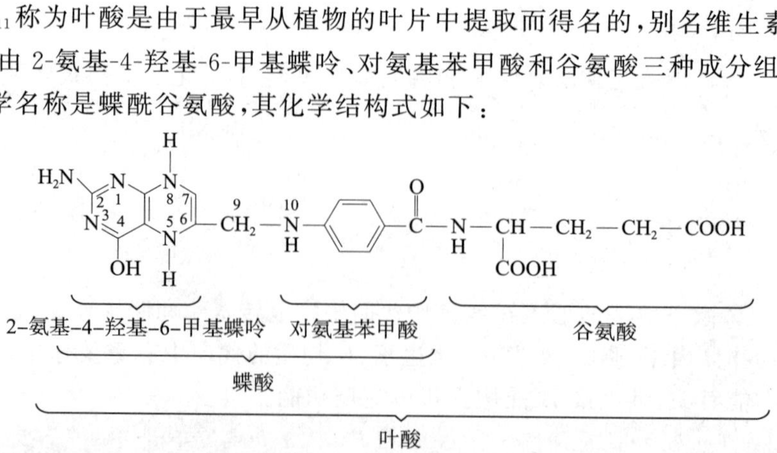

叶酸在饲料中，大多以蝶酰多聚谷氨酸的形式存在，即分子中含有 2 分子、3 分子以至 7 分子的谷氨酸，相互连接在一起。这些具有蝶酰谷氨酸生物活性的一类物质，称为叶酸盐。

2. 活性形式与辅酶

叶酸是构成四氢叶酸的成分，四氢叶酸是一碳基团转移酶的辅酶。叶酸在叶酸还原酶、NADPH 和维生素 C 的参与下还原为四氢叶酸（FH_4 或 THFA）才有生理活性，小肠黏膜、肝及骨髓等组织含有叶酸还原酶。

四氢叶酸在嘌呤和嘧啶合成及氨基代谢中起转运甲酰基、羟甲基、甲基等一碳基团的作用，是细胞形成和核苷酸生物合成所必需的营养物质。叶酸是维持免疫系统正常功能的必需物质。

3. 缺乏症

动物若缺乏叶酸可导致巨幼红细胞性贫血；猪生长受阻、食欲减退，正常红细胞性贫血，种用母猪繁殖及泌乳功能紊乱。在各种畜禽中以家禽对叶酸的缺乏最为敏感。

（八）维生素 B_{12}（氰钴素）

1. 化学结构与特点

维生素 B_{12} 是自然界中仅能靠微生物合成的一种维生素，也是维生素中唯一含有金属元素（钴）的维生素，因此，维生素 B_{12} 又称氰钴素或钴胺素，是一种由含钴的卟啉类化合物组成的 B 族维生素。维生素 B_{12} 为深红色晶体，易溶于水、乙醇和丙酮。其水溶液相当稳定，结晶的氰钴素在中性至微酸性溶液中对空气和热较稳定，但易被光、紫外线破坏，维生素 B_{12} 对碱、强酸、还原剂不够稳定。其化学结构式如下：

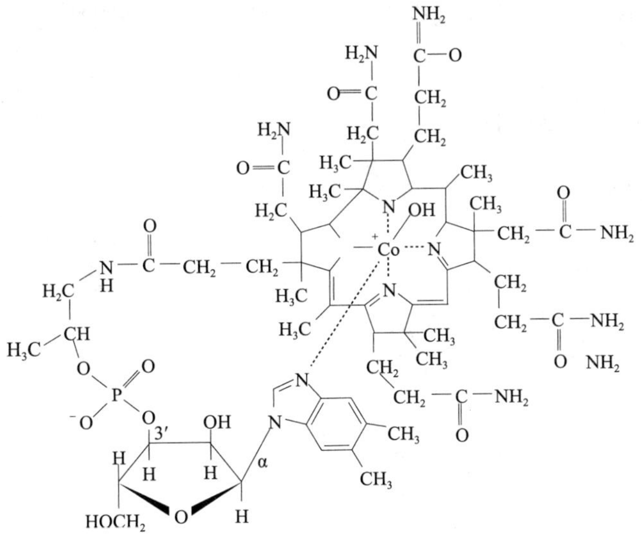

维生素 B_{12} 结构复杂，分子中的钴（可以是一价、二价或三价）能与—CN、—OH、—CH_3 或 5′-脱氧腺苷等基团相连，分别称为氰钴素、羟钴素、甲基钴胺素和 5′-脱氧腺苷钴胺素，后者又称为辅酶 B_{12}。其实，甲基钴胺素也是维生素 B_{12} 的辅酶形式。

2. 活性形式与辅酶

甲基钴胺素和 5′-脱氧腺苷钴胺素是维生素 B_{12} 存在的主要形式，它是几种变位酶的辅酶，它们在代谢中的作用各不相同。甲基钴胺素($CH_3 \cdot B_{12}$)参与体内甲基转移反应和叶酸代谢，是 N^5-甲基四氢叶酸甲基转移酶的辅酶；5′-脱氧腺苷钴胺素是甲基丙二酰辅酶 A 变位酶的辅酶，参与体内丙酸的代谢；维生素 B_{12} 能使酶促反应中处于还原状态的酶系具有活性；维生素 B_{12} 能促进 DNA 以及蛋白质的生物合成，同时也能促进一些氨基酸的合成(图 3-12)。

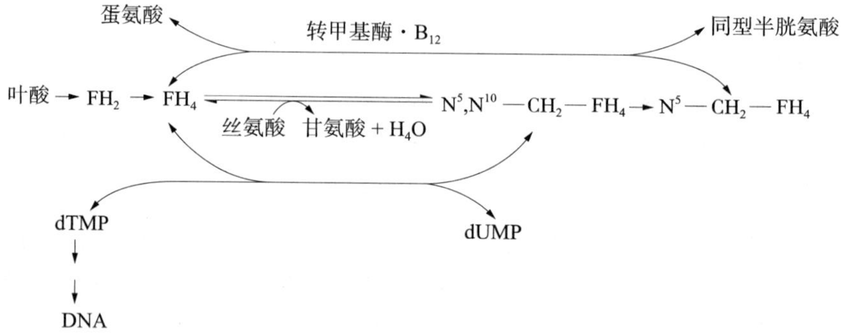

图 3-12 维生素 B_{12} 和叶酸代谢以及与 DNA 合成的关系

3. 缺乏症

植物性饲料中不含维生素 B_{12}，动物性饲料中或多或少地含有维生素 B_{12}，其中以肝中含量最丰富。集约化饲养的猪、鸡，尤其是饲喂全植物性饲料时，日粮中必须以添加剂的形式补充维生素 B_{12}。

若缺乏维生素 B_{12} 时，雏鸡生长停止、贫血、脂肪肝、死亡率增高、鸡产蛋率下降、种蛋孵化率下降、胚胎中途因畸形而死亡；猪食欲丧失、消瘦、对应激敏感、运动失调及出现小细胞性贫血；母猪缺乏维生素 B_{12} 产仔数明显减少，仔猪活力减弱；反刍动物缺乏维生素 B_{12} 表现为厌食，营养不良，饲料利用率低。

(九)维生素 C(抗坏血酸)

1. 化学结构与特点

维生素 C 又称抗坏血酸，是一种己糖内酯，分子中 2′和 3′位碳原子上两个相邻的烯醇式羟基极易解离出 H^+，故维生素 C 具有酸性。这两个位置上的羟基也很容易被氧化成羰基，因此，维生素 C 有氧化型和还原型两种形式，在生物组织中自成氧化还原体系。维生素 C 具有光学异构体，自然界存在有生理活性的是 *L*-抗坏血酸。其基本结构如下：

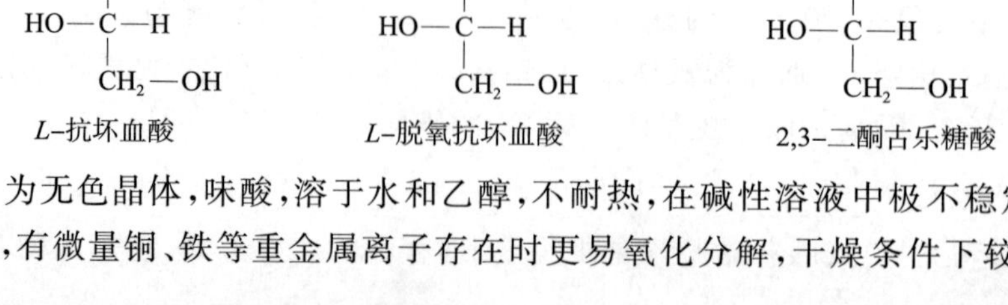

维生素 C 为无色晶体，味酸，溶于水和乙醇，不耐热，在碱性溶液中极不稳定，日光照射后易被氧化分解，有微量铜、铁等重金属离子存在时更易氧化分解，干燥条件下较为稳定。故维

生素 C 制剂应放在干燥、低温和避光处保存。

2. 活性形式与辅酶

维生素 C 是脯氨酸羟化酶的辅酶。此外，细胞中许多含—SH 的酶需要游离的—SH 状态才能发挥作用，维生素 C 可维持这些酶的—SH 处于还原状态。

3. 生理功能

维生素 C 具有广泛的生理功能，具体表现在以下几个方面。

(1)参与体内的羟化反应。表现在促进胶原的生成、类固醇的合成与转变，促进芳香族氨基酸的羟化，促进有机药物或毒物的生物转化，增强机体解毒及抗病能力的作用。当维生素 C 缺乏时，胶原和细胞间质合成障碍，毛细管壁脆性增大，通透性增强，轻微创伤或压力即可使毛细血管破裂，引起出血现象，临床上称为坏血病。维生素 C 可促使苯丙氨酸羟化为酪氨酸，酪氨酸转变为儿茶酚胺，色氨酸转变为 5-羟色胺。儿茶酚胺和 5-羟色胺都是重要的神经递质，它们在调节神经活动方面有重要作用。维生素 C 可促进有机药物或毒物在内质网上的羟化过程，缺乏维生素 C 时，此种羟化反应明显下降，药物或毒物的代谢显著减慢，给予维生素 C 后，催化此类羟化反应的酶系活性升高，促进药物或毒物的代谢转变，因而有增强解毒的作用。

(2)维生素 C 是体内重要的还原剂。可促进体内物质的氧化还原反应，保护精子免受氧化作用的损害，具体体现在如下：

①保护巯基和使巯基再生。维生素 C 可使氧化型的谷胱甘肽还原为还原型的谷胱甘肽，使—SH 得以再生，从而保证谷胱甘肽的功能(图 3-13)。

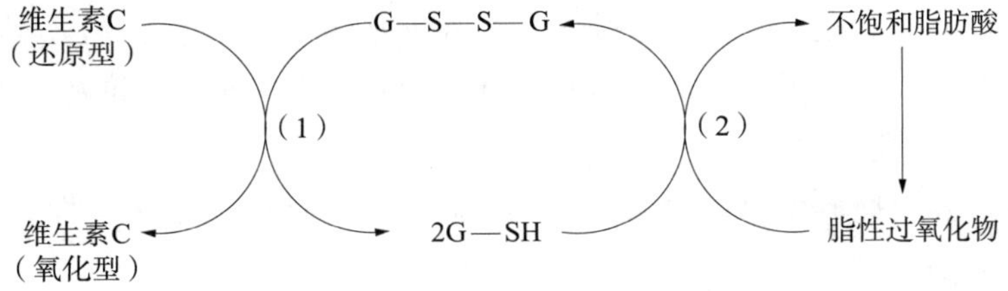

(1)G—SH 还原酶　(2)G—SH 过氧化酶

图 3-13　维生素 C 与谷胱甘肽氧化还原反应的关系

某些含巯基的酶当重金属中毒(如铅中毒)被抑制时，给予大量维生素 C 往往可以缓解其毒性(图 3-14)。

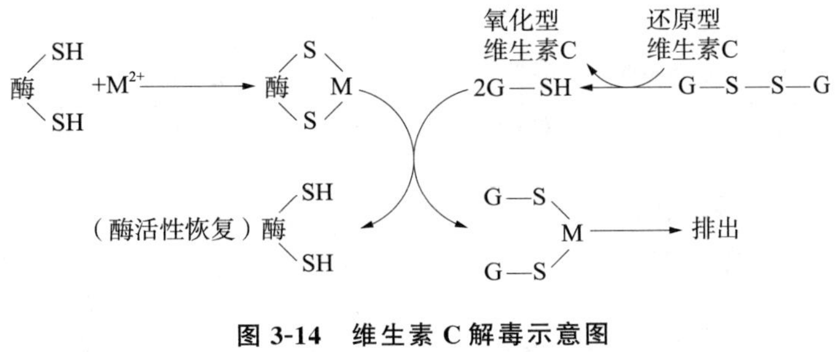

图 3-14　维生素 C 解毒示意图

②促进铁的吸收和利用。维生素 C 能使难吸收的 Fe^{3+} 还原成易吸收的 Fe^{2+}，促进铁的吸收，有利于血红素的合成。此外，维生素 C 还有直接还原高铁血红蛋白(MHb)的作用。

③促进叶酸转变为四氢叶酸。维生素 C 可促进叶酸转变为四氢叶酸，对缺铁性贫血和巨幼细胞贫血的治疗都可起辅助作用。

④利于抗体的生成。抗体分子中含有相当数量的二硫键，抗体的合成需要足够量的半胱氨酸，体内高浓度的维生素 C 可以把胱氨酸还原成半胱氨酸，有利于抗体的合成。维生素 C 增强机体的免疫功能不限于促进抗体的合成，它还能增强白细胞对流感病毒的反应性以及促进 H_2O_2 在粒细胞中的杀菌作用等。

维生素 C 具有广泛的生理作用，除防治坏血病外，临床上还有许多应用，从感冒到癌症，维生素 C 是应用最多的一种维生素，但是其作用机理有些还不十分清楚。

4. 缺乏症

维生素 C 广泛存在于新鲜的青绿多汁饲料中，尤以新鲜的水果、蔬菜中维生素 C 的含量最丰富。若日粮营养成分不平衡时，可导致维生素 C 缺乏，引起“坏血病”。

(十)其他辅酶

1. 硫辛酸

硫辛酸学名 6,8-二硫辛酸，是一种含硫脂肪酸。其化学结构式如下：

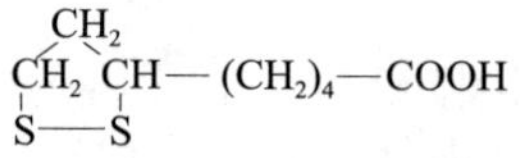

硫辛酸

硫辛酸分子内含二硫键，可通过自身氧化型和还原型的变化传递氢，是一些脱氢酶的辅酶；另外还是丙酮酸和 α-酮戊二酸脱氢酶复合体的辅酶，在氧化脱羧过程中起着传递酰基和氢的作用，在糖代谢中发挥重要作用。

硫辛酸是酵母和一些微生物的生长因子，其盐可溶于水，也属于水溶性维生素范畴。

2. 辅酶 Q(CoQ)

辅酶 Q 又称泛醌或铁卟啉，是血红蛋白的组成成分，由 4 个吡咯环借助 4 个甲烯基桥连接而成。分子中有 1 个铁原子，位于卟啉环的中心，也是细胞色素 C 氧化酶、过氧化氢酶和过氧化物酶的辅基，通过铁卟啉三价铁和二价铁之间的相互转化起到传递电子的作用。CoQ 广泛存在于线粒体中，与细胞呼吸链有关，CoQ 起传递氢原子的作用。

水溶性维生素的生理功能及缺乏症见表 3-7。

表 3-7 水溶性维生素的生理功能及缺乏症

名称	来源	辅酶形式	主要生理功能	缺乏症
维生素 B_1	酵母、豆类、谷物外皮及胚芽，青绿饲料、干草	TPP^+	α-酮戊二酸脱氢酶系的辅酶，抑制胆碱酯酶活性	神经系统代谢障碍，鸟类可出现多发性神经炎，胃肠道功能障碍
维生素 B_2	谷物外皮、油饼类、酵母、青贮饲料、青绿饲料、发酵饲料	FMN FAD	构成黄素酶的辅基成分，参与生物氧化过程	幼畜生长停止脱毛，出现神经症状等

续表 3-7

名称	来源	辅酶形式	主要生理功能	缺乏症
维生素 B_3	麸皮、米糠、油饼类、胡萝卜、苜蓿	CoA—SH	构成辅酶 A，参与体内酰基的转移反应	人类未发现缺乏症
维生素 B_5	谷物种皮、胚芽、花生饼、苜蓿，体内也能合成少量	NAD^+ $NADP^+$	构成脱氢酶的辅酶成分（辅酶Ⅰ、辅酶Ⅱ），参与生物氧化过程	癞皮病
维生素 B_6	谷物、豆类、酵母、种子外皮、禾本科植物	磷酸吡哆醛 磷酸吡哆胺	构成氨基酸脱羧酶和转氨酶的辅酶，参与氨基酸的分解代谢构成 ALA 合酶的辅酶，参与血红素的合成	幼小动物生长缓慢或停止，血红蛋白过少性贫血，外周神经脱髓鞘、轴索变性
维生素 B_7	广泛分布于动植物界	生物素	构成羧化酶的辅酶，参与体内 CO_2 的固定	皮炎、贫血、脱毛
维生素 B_{11}	广泛分布于动植物、微生物，特别是植物的绿叶	FH_4	以 FH_4 的形式参与一碳单位的代谢，与蛋白质和核酸合成，红细胞和白细胞的成熟有关	巨幼细胞贫血，白细胞减少，生长停止
维生素 B_{12}	只有微生物能合成维生素 B_{12}，动物肝脏、肉、蛋中含量丰富	5′-脱氧腺苷钴胺素	参加一碳基团代谢，参与核酸与蛋白质合成以及其他中间代谢	巨幼细胞贫血，神经系统损害
维生素 C	各种新鲜蔬菜、水果，家畜体内能合成	抗坏血酸	参与羟化反应，促进细胞间质合成，参与氧化还原反应，解毒作用，促进小肠对铁的吸收	人、猴、豚鼠出现坏血病

三、脂溶性维生素

脂溶性维生素的特点是不溶于水而易溶于脂肪或脂类溶剂的一类维生素，在饲料中与脂类共存，并随脂类一起吸收。脂类吸收不良者，脂溶性维生素的吸收也将受到影响，严重的可出现缺乏症。脂溶性维生素不易排泄，容易在体内积存（主要在肝脏和脂肪组织中），若使用不当会引起中毒。

脂溶性维生素的生理功能：脂溶性维生素参与动物体内一些具有重要生理作用的活性分子的构成。

（一）维生素 A

1. 化学结构与特点

维生素 A 又称抗干眼病维生素，有维生素 A_1（视黄醇）和维生素 A_2（3-脱氢视黄醇），两者均为 20 个碳含白芷酮环的多烯烃一元醇。维生素 A_1 和维生素 A_2 的差别仅为后者在 3′和 4′碳原子之间多一个双键。它们的化学结构式分别如下：

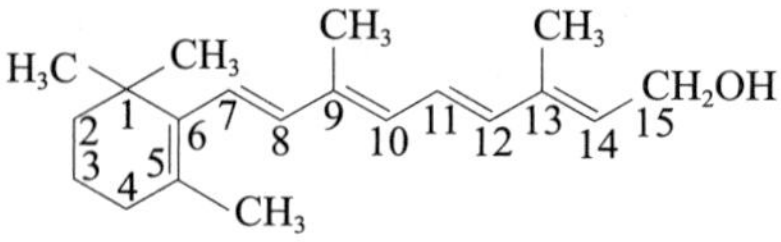

维生素A_1（视黄醇）

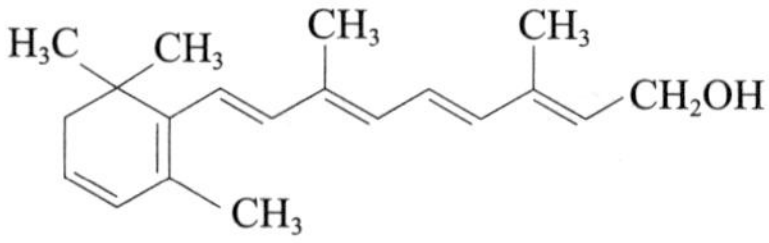

维生素A_2（3-脱氢视黄醇）

2. 生理功能

维生素 A 影响许多细胞内的新陈代谢过程，在视网膜的视觉反应中有特殊的作用，视网膜中有感强光和感弱光的两种细胞，感弱光的细胞中含有一种色素称为视紫红质，它是在黑暗的环境中由顺视黄醛和视蛋白结合而成的，在遇光时则会分解成反视黄醛和视蛋白，并引起神经冲动，传入中枢产生视觉。视黄醛在体内不断地被消耗，需要维生素 A 加以补充，进而促进视紫红质的合成，维持眼的暗视觉。维生素 A 还能保持上皮组织结构与功能健全，促进幼小动物生长发育。

3. 缺乏症

胡萝卜、菠菜、青椒、植物绿叶、韭菜、南瓜等植物性饲料中所含的类胡萝卜素，在动物体内经肠壁或肝中的胡萝卜素酶的作用，可以转化为维生素 A。转化过程如下：

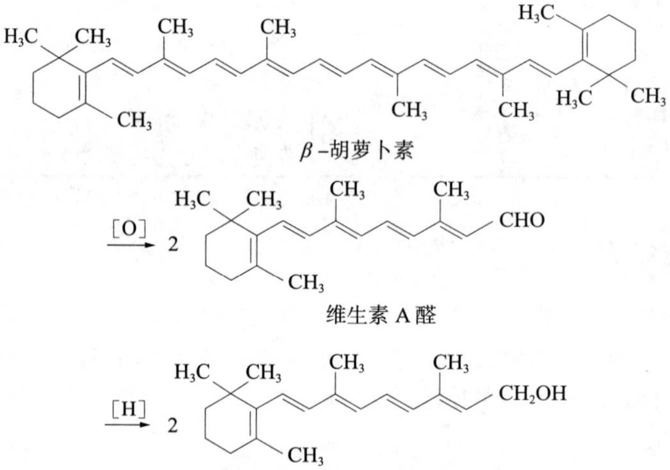

β-胡萝卜素

维生素 A 醛

维生素 A

鱼肝油、动物肝脏、未脱脂乳及其制品、蛋黄等动物性食物中也含有维生素 A。动物体内缺乏维生素 A 会导致夜盲症、干眼病、上皮组织角质化、牙齿发育不正常。幼小动物生长期维生素 A 供应不足会延缓生长，骨骼发育不正常。

(二)维生素 D

1. 化学结构与特点

维生素 D 又称抗佝偻病维生素，是类固醇衍生物。有四种有效成分，其中维生素 D_2（麦角钙化醇)和维生素 D_3(胆钙化醇)的生理活性较高。两者的结构十分类似,维生素 D_2 在侧链上比维生素 D_3 多一个甲基和一个双键。维生素 D 为无色晶体,不溶于水而溶于油脂及脂溶性溶剂,相当稳定,不易被酸、碱或氧化所破坏。它们的化学结构式分别如下:

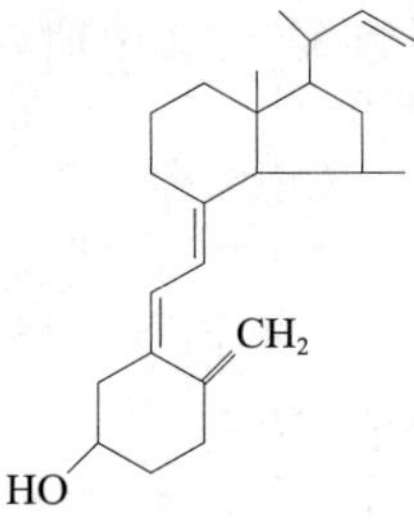

维生素 D_2

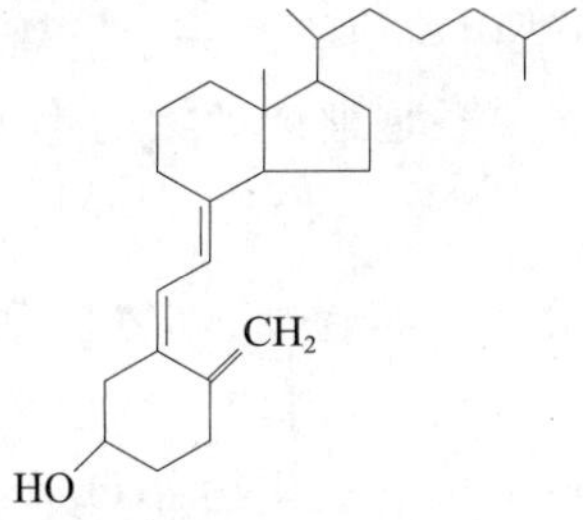

维生素 D_3

2. 生理功能

维生素 D 主要促进钙、磷吸收,调节钙、磷代谢;促进骨盐代谢和骨的正常代谢。维生素 D 本身并不具有调节钙、磷代谢的作用,需要在体内代谢成 1,25-$(OH)_2$-D_3 后,才能对钙、磷代谢起调节作用。1,25-$(OH)_2$-D_3 是维生素 D 的活性形式。维生素 D 的第一次羟化在肝脏中生成 25-OH-D_3,然后再在肾中进行第二次羟化,生成 1,25-$(OH)_2$-D_3。后者由血液中维生素 D 结合蛋白质运送到靶器官如小肠黏膜、骨、肾细胞,与这些细胞的核内特异受体结合,使钙结合蛋白基因激活表达,所以 1,25-$(OH)_2$-D_3 已被认为是一种激素,对钙、磷代谢起调节作用。酵母的麦角固醇可转变为维生素 D_2;人和动物皮肤下面的 7-脱氢胆固醇经紫外线照射可转变为维生素 D_3。两者有相同的生物学功能,但维生素 D_3 的生理活性强于维生素 D_2。

3. 缺乏症

家畜经日光照射在体内可合成维生素 D_3,鱼肝油、动物肝脏、蛋黄、干草等含有维生素 D。维生素 D 缺乏会导致钙、磷代谢失常,影响骨质形成,典型的病症是幼畜会得佝偻病,成年家畜容易得软骨病。

(三)维生素 E

1. 化学结构与特点

维生素 E 又称为生育酚或抗不育维生素。其化学结构为 6-羟苯并二氢吡喃环的异戊二烯的衍生物。天然存在的维生素 E 有 7 种,其中活性最强的是 α-生育酚,为淡黄色无臭无味的油状物,不溶于水,溶于油脂,耐热、耐酸并耐碱,极易被氧化,可作为抗氧化剂。它的化学结构式如下:

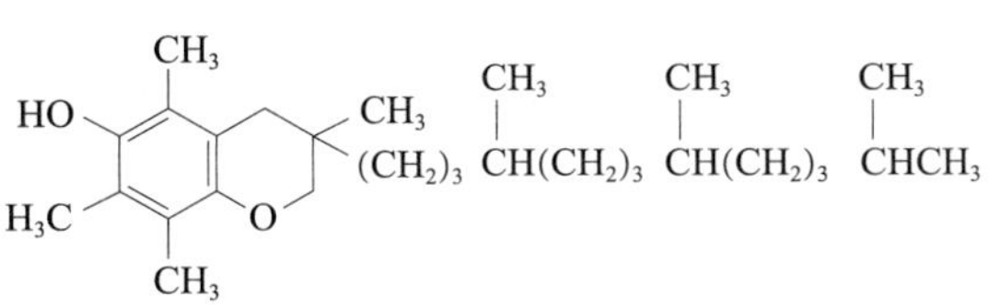

维生素E(α–生育酚)

2. 生理功能

维生素 E 的生理功能主要表现在两个方面：一是具有抗氧化作用，它是一类动物体内重要的过氧化自由基的清除剂，保护生物膜磷脂和血浆脂蛋白中的多不饱和脂肪酸免遭氧自由基破坏，维持生物膜结构与功能的完整。维生素 E 是一种断链抗氧化剂，阻断酯类过氧化链式反应的产生与扩展。二是维持动物的生殖功能。

3. 缺乏症

维生素 E 广泛分布于植物油（如麦胚油、玉米油、花生油、棉籽油）、绿色植物、谷物种子、蛋黄、牛奶、水果、莴笋叶等饲料中。维生素 E 缺乏，过氧化自由基（ROO·）可与多不饱和脂肪酸（RH）反应，生成有机过氧化物（ROOH）与新的有机自由基（R·）。R·经氧化又生成新的过氧化自由基，于是形成一条过氧化自由基生成的锁链，使自由基的损伤作用进一步放大。维生素 E 缺乏时，雌性鼠胚胎胎盘萎缩，易流产，雄性鼠出现睾丸萎缩、精子活动能力减退，小鸡的脉管出现异常。典型的缺乏症有不育、肌肉萎缩、麻痹、溶血性贫血等症。

动物体内自身不能合成维生素 E，所需的维生素 E 都从饲料中取得。维生素 E 主要用于防治不育症和习惯性流产。维生素 E 作为一种抗衰老药物，对延缓衰老有一定的作用。由于维生素 E 是一种抗氧化剂，在浓缩的鱼肝油中加入维生素 E，可保护鱼肝油中的维生素 A 不被氧化破坏，以延长维生素 A 的贮存期。

（四）维生素 K

1. 化学结构与特点

维生素 K 又称为凝血维生素，是具有异戊二烯类侧链的萘醌化合物，自然界存在的维生素 K 分别有维生素 K_1 和维生素 K_2 两种。维生素 K_3 为人工合成的化合物，可作为维生素 K_1 和维生素 K_2 的代用品。它们的化学结构式分别如下：

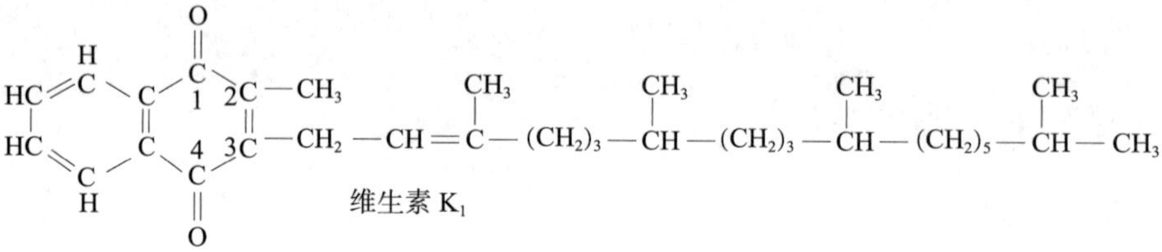

维生素 K_1

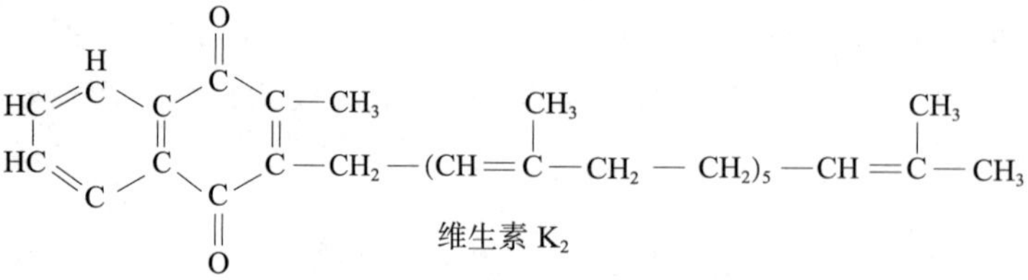

维生素 K_2

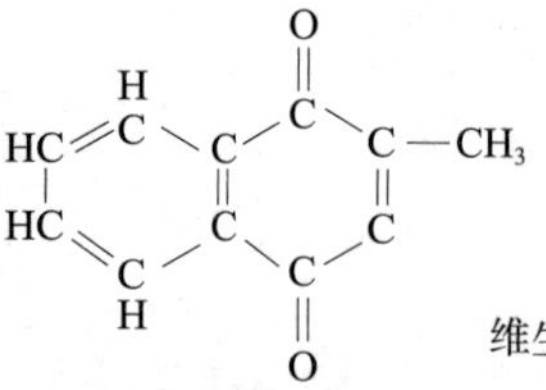

维生素 K_3

2. 生理功能

维生素 K 参与凝血因子Ⅱ、Ⅶ、Ⅸ、Ⅹ的合成，促进凝血。维生素 K 是谷氨酸 γ 羧化酶的辅酶，可参与骨钙素中谷氨酸的 γ 位羧基化，从而促进骨矿盐沉积，促进骨形成。

3. 缺乏症

绿色植物中含有丰富的维生素 K；维生素 K 还可由肠道菌合成，长期口服抗生素类药物可造成肠道菌谱紊乱或胆汁分泌障碍（如阻塞性黄疸），造成维生素 K 缺乏。若脂肪吸收不良的情况下，也发生维生素 K 缺乏。缺乏维生素 K 表现为凝血因子合成受阻，凝血过程出现障碍，凝血时间会延长，皮下、肌肉及胃肠道发生出血。

任务五　核酶、抗体酶及酶的应用

任务解析

本任务主要介绍核酶和抗体酶的概念、分类及应用。通过本单元的学习，了解新型酶的研究和应用前景。

一、核酶

（一）核酶（ribozyme）的概念

20 世纪 80 年代初期，美国科学家 Cech 和 Altman 各自独立地发现 RNA 具有生物催化功能，从而改变了生物体内所有的生物催化剂都是蛋白质的传统观念。这个发现被认为是近几十年来生化领域内最令人鼓舞的发现之一。

1982 年 Cech 等以原生动物嗜热四膜虫（tetrahymena thermophila）为材料，研究 rRNA 的基因转录问题时发现：转录产物 rRNA 前体很不稳定，在 ATP、GTP 存在下，可以发生自我剪接，生成 26S rRNA。后经体外转录实验进一步证明大肠埃希菌 RNA 聚合酶在细胞外转录出的该 rRNA 前体也能够进行自我剪接反应。通过这种方式排除了任何蛋白质酶的催化作用，进一步说明该 rRNA 前体的自我剪接是其自身固有的特性，即证明了 RNA 具有催化功能。为区别于传统的蛋白质性质的酶，Cech 给这种具有催化活性的 RNA 定名为 ribozyme。1989 年 Cech 和 Altman 共同获得了诺贝尔化学奖。

（二）核酶的种类

按作用底物，自然界现有核酶分为催化分子内反应的核酶和催化分子间反应的核酶。在此主要介绍催化分子内反应的核酶。催化分子内反应的核酶分为自我剪接核酶和自我剪切核酶两类。

1. 自我剪接核酶

自我剪接有两种方式，是由于存在两类不同内含子 RNA（IVS）决定的。自我剪接的第一种方式是：Ⅰ型 IVS 催化自我剪接需要鸟苷（G）和 Mg^{2+} 参与，结果得到剪接产物 G-IVS。自我剪接的第二种方式是：Ⅱ型IVS催化自我剪接并不需要鸟苷参与，这种自我剪接是由Ⅱ型IVS的特定结构决定的，并类似于细胞核mRNA前体的剪接方式。现已证实，Ⅰ型和Ⅱ型IVS的自我剪接反应都是可逆的，表明他们都能催化IVS移位和实现RNA重组。自我剪接核酶作用机制是通过既剪又接的方式去除内含子，包含剪切与连接两个步骤。

2. 自我剪切核酶

自我剪切核酶包括：锤头结构核酶、发夹结构核酶、丁型肝炎病毒核酶等。

(1)锤头结构核酶。Symons在比较研究了一些植物类病毒、拟病毒和卫星病毒自我剪切规律后，于1986年提出锤头结构(hammer head structure)的二级结构模型。锤头结构核酶长约30个核苷酸，由3个碱基配对的螺旋区、两个单链区和突出的核苷酸构成(图3-15)。该酶可分为三个部分，中间是以单链形式存在的13个保守核苷酸核螺旋Ⅱ组成的催化核心，两侧的螺旋Ⅰ/Ⅲ可变为序列，共同组成特异性序列，决定核酶的特异性。锤头结构核酶是较小的核酶，其自我剪切活性依赖于结构的完整性，只有满足锤头状的二级结构和13个核苷酸的保守序列，剪切反应就会在锤头结构右上方的GUN序列的3′端自动发生。

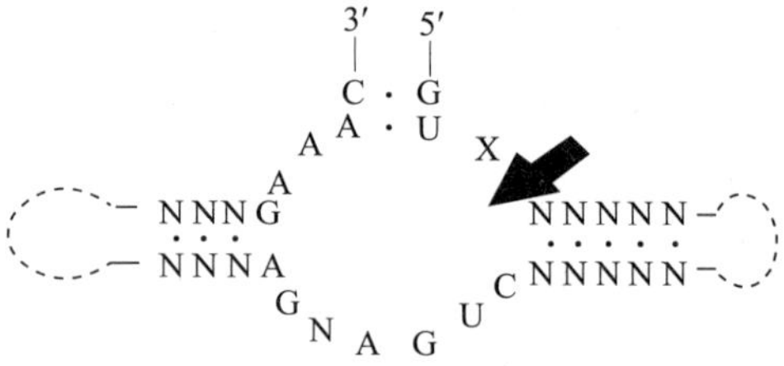

图3-15 锤头结构核酶

(2)发夹结构核酶。1989年Hample等提出发夹结构核酶模型，发夹结构核酶切割活性所需最小长度为50个核苷酸，其中15个是必需的。该酶由4个螺旋区(H)和数个环状区(J)组成。螺旋Ⅰ、Ⅱ的主要功能是与靶序列结合，决定核酶切割部位的特异性，螺旋Ⅲ配对碱基及其3′-端的未配对碱基均为切割活性所必需。发夹结构核酶在负链sTRSV RNA中发现，它不同于正链sTRSV RNA和其他有关病毒RNA的自我剪切结构。

(3)丁型肝炎病毒(HDV)核酶和链孢霉线粒体(VS)RNA自我剪切的结构特点，完全不同于锤头结构核酶和发夹结构核酶，表明自然界存在多式多样的自我剪切加工方式。

催化分子间反应的核酶如RNase P的M_1RNA具有催化tRNA前体5′端成熟的功能，RNase P是由RNA和蛋白质两部分组成的，前者占全酶总量的77%，后者占23%。前面已介绍过的L_{19}RNA具有多种酶活性，可催化多种分子间反应。

(三)核酶的研究意义及应用前景

1. 核酶的研究意义

(1)它突破了“生物体内所有的生物催化剂都是蛋白质”的传统观念。

(2)具有催化功能RNA的重大发现，使人们对普遍感兴趣的生命起源这一问题有了新的认识。长期以来，人们认为所有的生命形式在冗长的相互依赖的循环中，信息分子和功能分子是分离的，核酸是信息分子，蛋白质是功能分子。核酶的发现表明：RNA是一种既能携带遗传信息又有生物催化功能的生物分子。因此，RNA既是信息分子，又是功能分子，很可能早于蛋白质和DNA，是生命起源中先出现的生物大分子，而一些有酶活性的内含子，可能是生物进化过程中残存的分子“化石”。具有酶活性的RNA的发现，有助于人们提出生物大分子和生命起源的新概念，促进对生命起源的研究。

(3)从生物进化角度来看，生物催化剂从核酶到蛋白质的转变，伴随着生物代谢高效率和生命现象的更趋复杂。核酶与蛋白质酶的差异不仅在于化学本质的不同，两者的催化活性也相差很大。核酶的催化活性比大多数蛋白质酶要低得多。生物催化分子进化的可能过程是：RNA→RNA-蛋白质→蛋白质-RNA→蛋白质-辅酶(辅基)→蛋白质。它表示生物催化功能从RNA到蛋白质的转移。现在，主要的生物催化剂是蛋白质-辅酶(辅基)。这将促进对生物进化的认识和研究。

2. 核酶的应用前景

首先，可以设计出自然界不存在的各种核酶。例如，按已知自我剪切原理，剪切是高度专一的，把自我剪切转换成分子间剪切，利用锤头结构就可以设计出相应的核酶，用以破坏一些有害病毒的RNA分子，以及有害病毒基因转录出的mRNA或者其前体。

其次，核酶基因研究在基因治疗领域中备受青睐，其研究进展也相当迅速。根据锤头结构或发夹结构原理设计核酶基因，连接于特定的表达载体并在不同细胞内表达已经成功。结果表明，核酶基因导入细胞或体内可以阻断基因表达，用作抗病毒感染、抗肿瘤的有效药物，应用广泛。核酶基因导入已获得美国食品与美国食品药品监督管理局(FDA)批准，并已在临床上使用。我国已在体外用核酶成功地剪切了乙肝病毒、甲肝病毒、蚕核型多角体病毒及MTV(烟草花叶病毒)等核酸片段。

二、脱氧核酶

1. 脱氧核酶(deoxyribozyme)的概念

脱氧核酶是利用体外分子进化技术合成的一种单链DNA片段，具有高效的催化活性和结构识别能力。

1994年，Gerald. F. Joyce等报道了一个人工合成的35 bp的多聚脱氧核糖核苷酸能够催化特定的核糖核苷酸或脱氧核糖核苷酸形成磷酸二酯键，并将这一具有催化活性DNA称为脱氧核酶或DNA酶(DNA enzyme, DE)。

1995年，Cuenoud等在*Nature*杂志发表了一个具有连接酶活性的DNA，能够催化与它互补的两个DNA片段之间形成磷酸二酯键。迄今已经发现了数十种脱氧核酶。

尽管到目前为止，还未发现自然界中存在天然的脱氧核酶，但脱氧核酶的发现仍然使人类对于酶的认识又产生了一次重大飞跃，是继核酶发现后又一次对生物催化剂知识的补充。这将有助于了解有关生命的一个最基本问题，即生命如何由RNA世界演化为今天的以DNA和蛋白质为基础的细胞形式。这项发现也揭示出RNA转变为DNA过程的演化路径可能也存在于其他与核酸相似的物质中，有助于了解生命基础结构及其进化过程。

2. 脱氧核酶的分类

根据催化功能的不同，可以将脱氧核酶分为五大类：切割RNA的脱氧核酶、切割DNA的脱氧核酶、具有激酶活性的脱氧核酶、具有连接酶功能的脱氧核酶、催化卟啉环金属螯合反应的脱氧核酶。其中以具RNA切割活性的脱氧核酶更引人关注，该酶不仅能催化RNA特定部位的切割反应，而且能从mRNA水平对基因进行灭活，从而调控蛋白的表达。

3. 脱氧核酶的研究前景

脱氧核酶有望成为基因功能研究、核酸突变分析、对抗病毒及肿瘤等疾病的新型核酸工具酶。

三、抗体酶

抗体酶是20世纪80年代后期才出现的一种具有催化能力的蛋白质,其本质上是免疫球蛋白,但是在易变区被赋予了酶的属性,所以又称为催化性抗体(catalytic antibody)。抗体酶是生物学与化学的研究成果在分子水平上交叉渗透的产物,是将抗体的多样性和酶分子的巨大催化能力结合在一起的蛋白质分子设计的新方法。

1946年,Pauling用过渡态理论,阐明了酶催化的实质,即酶之所以具有催化活性是因为它能特异性结合,并稳定化学反应的过渡态(底物激态),从而降低反应能级。1984年Lerner推测:以过渡态类似物作为半抗原,则其诱发出的抗体即与该类似物有着互补的构象,这种抗体与底物结合后,即可诱导底物进入过渡态构象,从而引起催化作用。根据这个猜想Lerner和P. C. Schultz分别领导各自的研究小组独立地证明了:针对羧酸酯水解的过渡态类似物产生的抗体,能催化相应的羧酸酯和碳酸酯的水解反应。1986年美国*Science*杂志同时发表了他们的发现,并将这类具有催化能力的免疫球蛋白称为抗体酶或催化抗体。这标志着抗体酶的研究进入一个新阶段。

抗体酶的研究不仅有重要的理论价值,为酶的过渡态理论提供了有力的实验证据,而且有令人鼓舞的应用前景。抗体酶的研究,为人们提供了一条合理途径去设计适合于市场需要的蛋白质,即人为地设计制作酶。利用动物免疫系统产生抗体的高度专一性,可以得到一系列高度专一性的抗体酶,使抗体酶不断丰富,随之生产大量针对性强、药效高的药物。立体专一性抗体酶的研究,使生产高纯度立体专一性的药物成为现实。抗体酶可有选择地使病毒外壳蛋白的肽键裂解,从而防止病毒与靶细胞结合。抗体酶技术已受到高度重视,抗体酶的定向设计开辟了一个不依赖于蛋白质工程的真正酶工程的领域。

四、酶的应用

随着酶工业化生产的发展,酶已广泛地应用于工业、农业、医药、环保及科研等领域。游离酶、固定化酶、修饰酶等酶工程技术的发展,使酶的应用显示出更加广阔的前景。

酶工程又称为酶技术,是生物工程的主要内容之一。它是随着酶学研究的迅速发展,特别是酶的应用推广,酶学和工程学相互渗透结合、发展而成的一门新的技术科学。酶工程是酶学、微生物学的基本原理与化学工程有机结合而产生的边缘科学技术。简单地说,酶工程是以研究大规模生产酶制剂、应用酶、改造酶或合成新酶为目的的生物学技术,也是自然酶制剂在工业上的大规模生产和应用的技术过程。由于酶能在常温、常压、中性等温和条件下高效地催化底物发生反应,所以酶的开发和利用是当代新技术革命中的一个重要课题。酶工程的主要内容包括以下几个方面:

(一)酶的产生

通过微生物、动物和植物细胞发酵来产生酶,以微生物发酵生产为主。微生物也生产特殊性能的新型酶,如耐高温的α-淀粉酶、耐碱性的蛋白酶和脂肪酶等,因此,需要研究、开发生产特殊性能的新型酶的菌株。

(二)酶的制备

采用各种分离提纯技术,从微生物细胞及其发酵液或动植物细胞及其培养液中分离提纯酶,制成高活性的不同纯度的酶制剂。

(三)酶和细胞固定化

酶和细胞固定化技术是酶工程的中心任务。为了提高酶的稳定性,重复使用酶制剂,扩大酶制剂的应用范围,采用各种固定化方法对酶进行固定化制备固定化酶,如固定化葡萄糖异构酶、固定化氨基酰化酶等;测定固定化酶的各种性质,并对固定化酶作各方面的应用与开发研究。

固定化细胞是在固定化酶的基础上发展起来的,是用各种固定化方法对微生物细胞、动物细胞和植物细胞进行固定化制成的。

(四)酶分子改造

酶分子改造又称为酶分子修饰。为了提高酶的稳定性,降低抗原性,延长药用酶在机体内的半衰期,采用各种修饰方法对酶分子结构进行改造,以便创造出天然酶所不具备的某些优良特性(如较高的稳定性、无抗原性、抗蛋白酶水解等),甚至创造出新的酶活性,扩大酶的应用,从而提高酶的应用价值,达到较大的经济效益和社会效益。

(五)酶在有机介质中的反应

传统意义的酶只能在水溶液中起催化作用,而在 1984 年,美国科学家首次报道了酶可在非水相溶剂中发挥催化作用,并说明了酶在有机介质中的催化反应的许多优点。近年来,酶在有机介质中催化反应的研究,已受到不少人的重视,成为酶工程中一个新的发展方向。目前,关于酶在有机介质中呈现高活性必须具备的条件,有机介质对酶性质的影响等方面的研究已取得重要进展。

(六)酶传感器与酶反应器

酶传感器又称为酶电极,是由感受器(如固定化酶)和换能器(如离子选择性电极)所组成的一种分析装置,用于测定混合物溶液中某种物质的浓度。酶传感器研究内容包括酶电极的种类、结构与原理,酶电极的制备、性质及应用。

酶反应器是完成酶促反应的装置,其研究内容包括酶反应器的类型及特性,酶反应器的设计、制造、选择等。

(七)抗体酶、人工酶和模拟酶

抗体酶是一类具有催化活性的抗体,是抗体的高度专一性与酶的高效催化能力两者巧妙结合的产物。抗体酶研究内容包括:抗体酶的制备、结构、特性、作用机理、催化反应类型、应用等。

人工酶是用人工合成的具有催化活性的多肽或蛋白质。据 1977 年 Dhar 等报道,人工合成的 Glu—Phe—Ala—Glu—Glu—Ala—Ser—Phe 8 肽具有溶菌酶的活性,其活性为天然溶菌酶的 50%。

模拟酶是利用有机化学合成方法合成了一些比酶结构简单的具有催化功能的非蛋白质分子。这些物质分子可以模拟酶和底物结合并催化反应过程，这样既可以达到酶催化的高效率，又能够克服酶的不稳定性。这种物质分子称为模拟酶。目前，用环糊精已成功地模拟了胰凝乳蛋白酶等多种酶。

（八）酶技术的应用

主要是研究与开发酶、固定化酶、固定化细胞等在医药、食品、纺织、化工、能源开发、环境工程等方面的应用。

1. 酶与疾病诊断

随着对酶的深入研究和越来越多的认识，酶在疾病诊断方面发挥着越来越显著的作用。酶在疾病诊断方面的应用主要体现在两个方面：一是根据体内原有酶活力的变化来诊断某些疾病；二是利用酶来测定体内某些物质的含量，从而诊断某些疾病。酶在疾病诊断方面的应用见表 3-8 和表 3-9。

表 3-8 酶活力变化与疾病诊断

酶	疾病与酶活力变化
淀粉酶	胰脏、肾脏疾病时，活力升高；肝病时，活力下降
胆碱酯酶	肝病时，活力下降
酸性磷酸酶	前列腺癌、肝炎、红细胞病变时，活力升高
碱性磷酸酶	佝偻病、软骨病、骨癌、甲状旁腺功能亢进时，活力升高；软骨发育不全时，活力下降
谷丙转氨酶	肝炎等肝病、心肌梗死时，活力升高
谷草转氨酶	肝病、心肌梗死时，活力升高
胃蛋白	胃癌时，活力升高；十二指肠溃疡时，活力下降
磷酸葡萄糖变位酶	肝炎、癌症时，活力升高
醛缩酶	癌症、肝病、心肌梗死时，活力升高
碳酸酐酶	坏血病、贫血时，活力升高
β-葡萄糖醛缩酶	肾癌、膀胱癌时，活力升高
乳酸脱氢酶	癌症、肝病、心肌梗死时，活力升高

表 3-9 酶含量变化与疾病诊断

酶试剂	被测物质	诊断的疾病
葡萄糖氧化酶和过氧化氢酶联合	血液、尿液中葡萄糖	糖尿病
尿酸酶	血液中尿酸	痛风病
胆碱酯酶或胆固醇氧化酶	血液中胆固醇的含量	心血管疾病和高血压
碱性磷酸酶和过氧化物酶标记抗原或抗体	待测抗原或抗体	肠虫、毛线吸虫、血吸虫、疟疾、麻疹、疱疹、乙型肝炎

正常人体内酶活性较稳定，当人体某些器官和组织受损或发生疾病后，某些酶被释放入血、尿或体液内。例如，急性胰腺炎时，血清和尿中淀粉酶活性显著升高；肝炎和其他原因肝脏受损，肝细胞坏死或通透性增强，大量转氨酶释放入血，使血清转氨酶升高；心肌梗死时，血清乳酸脱氢酶和磷酸肌酸激酶明显升高。

例如，当有机磷农药中毒时，胆碱酯酶活性受抑制，血清胆碱酯酶活性下降；某些肝胆疾病，特别是胆道梗阻时，血清 r-谷氨酰转换酶增高等。因此，借助血、尿或体液内酶的活性测定，可以了解或判定某些疾病的发生和发展。

2. 酶与疾病治疗

酶作为药物可以治疗多种疾病，而且具有疗效显著、副作用小的特点。人和动物体一旦发生疾病，究其根本原因都与酶有直接或间接关系。机体内部发生的疾病，往往由于酶的功能失调，把酶作为药物，补充酶的不足，或调整酶的作用，可以达到治疗的目的。早期酶类的临床应用以消化和消炎为主，随着现代酶学和分子医学的发展，酶在疾病医疗方面的应用范围越来越广，现已经发展至降压、凝血、抗肿瘤、抗病毒等多种途径。酶在疾病治疗方面的应用见表 3-10。

酶在各种疾病中都有应用，转氨酶能反映肝脏的健康状况，当它异常升高时，肝脏可能受到损害；凝血酶与心脑血管疾病关系密切，它会导致凝血块产生，堵塞血管，导致中风、脑血管等疾病；多种心肌酶反映心脏的综合状况；抑制端粒酶的活性可以治疗癌症等。现代人的高发疾病，就是经常提到的“三高”——高血压、高血脂、高血糖。酶与“三高”有直接关系，为什么这“三高”常常连在一起？因为人体的发生机制，就像多米诺骨牌一样，牵一发而动全身。肝脏受损导致各种酶合成不足。脂肪过多，酶无法及时分解，血脂就会升高。高血糖引发血液黏稠，血压升高。血糖高胰岛受损，导致血脂升高。对于糖尿病患者，有专家指出，让人体减少吸收淀粉是降糖的重要手段。葡萄糖苷酶可以产生葡萄糖，医学上研制出相应的葡萄糖苷酶的抑制剂，它可以有效减少淀粉的吸收，使吃进去的淀粉不会变为糖，从而根本上控制葡萄糖的浓度。

表 3-10 酶在疾病治疗方面的应用

药物酶	用途
淀粉酶	治疗消化不良、食欲不振
蛋白酶	治疗消化不良、食欲不振，消炎、消肿，除去坏死组织，促进创伤愈合，降低血压，制造水解蛋白质
脂肪酶	治疗消化不良、食欲不振
纤维素酶	治疗消化不良、食欲不振
溶菌酶	治疗手术性缺血、咯血、鼻出血，分解脓液，消炎、镇痛、止血，治疗外伤性浮肿，增加放射线的疗效
尿激酶	治疗心肌梗死、结膜下出血、黄斑部出血
链激酶	治疗炎症、血管栓塞，清洁外伤创面
青霉素酶	治疗青霉素引起的变态反应
青霉素酰化酶	制造半合成青霉素和头孢霉素
超氧化物歧化酶	预防辐射损伤，治疗皮肌炎、结肠炎、氧中毒、红斑狼疮
凝血酶	治疗各种出血
胶原酶	分解胶原，消炎、化脓、脱痂，治疗溃疡

续表 3-10

药物酶	用途
葡萄糖氧化酶	测定血糖含量，诊断糖尿病
胆碱酯酶	测定胆固醇含量，治疗皮肤病、支气管炎、气喘
溶纤酶	溶血栓
弹性蛋白醇	治疗动脉硬化，降血脂
尿酸酶	测定尿酸含量，治疗痛风
L-精氨酸酶	抗癌
L-组氨酸酶	抗癌
α-乳糖苷酶	治疗遗传缺陷病
胰蛋白酶、胰凝乳酶	外科扩创、化脓伤口的净化，浆膜粘连的防治和一些炎症的治疗
链激酶、尿激酶、纤溶酶	防治血栓的形成
L-天冬酰胺酶	用于治疗白血病

3. 酶与药物制造

酶在药物制造方面的应用是利用酶的催化作用将前体物质转变为药物的技术过程称为药物的酶法生产。现已有不少药物，包括一些贵重药物都是由酶法生产的。酶在药物制造方面的应用见表 3-11。

表 3-11　酶在药物制造方面的应用

酶	生产的药物
青霉素酰化酶	β-内酰胺抗生素，如青霉素、头孢霉素
β-酪氨酸酶	多巴
蛋白酶	氨基酸和蛋白质水解液
核糖核酸酶	核苷酸
核苷磷酸化酶	阿拉伯糖腺嘌呤核苷
蛋白酶和羧化酶	将猪胰岛素转化为人胰岛素

青霉素的治病机理：1928 年，英国细菌学家弗莱明在实验室中无意发现，培养皿中的葡萄球菌由于被污染而长成了一个大酶团，在酶团周围的葡萄球菌均被杀死，而离酶团较远的葡萄球菌依然存活。他把这种酶团接种到无菌培养基上，发现霉菌生长很快，并形成一个白中透绿的酶团。通过鉴定，他发现这种霉菌是青霉菌的一种，葡萄球菌、链球菌和白喉杆菌都能被它抑制，而经过过滤含霉菌分泌物的液体就被称为“青霉素”。目前，青霉素类抗生素（抗生素又称抗菌素，是指由细菌、放线菌、真菌等微生物经培养而得到的一定浓度下对病原体有抑制和杀灭作用的一种产物）是 β-内酯酰胺类中一大类抗生素的总称。

青霉素的作用机制是干扰细菌细胞壁的合成。青霉素通过抑制细菌细胞壁四肽侧链和五肽交联桥的结合而阻碍细胞壁合成从而发挥杀菌作用。青霉素的结构与细胞壁的成分——黏肽结构中的 *D*-丙氨酰-*D*-丙氨酸近似，可与后者竞争转肽酶，阻碍黏肽的形成，造成细胞壁的缺损，使细菌失去细胞壁的渗透屏障，使水分不断内渗，以致菌体膨胀，促使细菌裂解死亡从而对细菌起到杀灭作用，其对革兰阳性菌有效，由于革兰阴性菌缺乏五肽交联桥，青霉素对其作用不大。因为哺乳类动物和真菌细胞无细胞壁，故青霉素对人毒性小，对真菌无效。

4. 酶在其他方面的应用

(1)在分析检测方面的应用。利用酶催化作用的高度专一性对物质进行检测，已成为物质分析的重要手段。常用的检测法有单酶反应检测、多酶偶联反应检测和酶标记免疫反应检测三种。

①单酶反应检测。利用单酶与底物反应，然后用各种方法检测出反应前后物质的变化情况，从而确定底物的量。这是最简单的酶法检测技术。以谷氨酸脱羧酶为例，*L*-谷氨酸脱羧酶专一地催化 *L*-谷氨酸脱羧生成 γ-氨基丁酸和二氧化碳，生成的二氧化碳可以用气体检测法测定。该酶已广泛地用于 *L*-谷氨酸的定量分析，可使用游离酶、固定化酶或酶电极。检测二氧化碳可以用二氧化碳电极等。利用脲酶专一地催化尿素水解生成氨和二氧化碳的特性，通过气体检测或者使用氨电极、二氧化碳电极等，测出氨或二氧化碳的量，就可确定尿素的量。此外，可用于单酶反应检测的还有葡萄糖氧化酶、胆固醇氧化酶、荧光素酶等。通过单酶催化反应进行物质检测，具有简便、快捷、灵敏、准确的特点，是酶法检测中最常用的技术，具有广泛的应用前景。

②多酶偶联反应检测。多酶偶联反应检测是利用两种或两种以上的酶的联合作用，使底物通过两步或多步反应，转化为易于检测的产物，从而测定被测物质的量。多酶偶联反应检测已有不少成功应用的例子。例如，通过葡萄糖氧化酶与过氧化物酶偶联可以检测葡萄糖的含量，使用时先将葡萄糖氧化酶、过氧化物酶与还原型邻联甲苯胺一起用明胶固定在滤纸条上制成酶试纸。测试时将酶试纸与样品溶液接触，在一定的时间内试纸即显色，从颜色的深浅判定样品液中葡萄糖的含量。还可利用 β-半乳糖苷酶与葡萄糖氧化酶偶联反应检测乳糖的含量，已糖激酶与葡萄糖氧化酶偶联反应可以用于测定 ATP 的含量。

③酶标记免疫反应检测。酶标记免疫反应检测是一种在液相内微量物质的定量测定方法。用酶标记已知抗体或抗原，与待测抗原或抗体材料混合反应后，再加入酶的底物显色，使用分光光度计根据呈色程度测定待测物的含量。EIA(酶免疫测定)又根据抗原抗体反应后是否需要将游离的和与抗原(抗体)结合的酶标记物分离，而分为均相酶免疫测定和非均相(或异相)酶免疫测定两种类型。非均相酶免疫测定根据是否使用固相支持物作为抗体(抗原)的载体，又可分为液相和固相酶免疫测定两种类型。固相酶免疫测定技术中，分离结合标记物和游离标记物最常用的分离方法是采用固相吸附法，也称酶联免疫吸附实验，是目前最常用的酶标免疫技术。

(2)在生物工程技术方面的应用。生物工程主要包括基因工程、细胞工程、酶工程、发酵工程等几个方面内容。这些内容都是以生物体及其代谢产物为主要研究对象。酶作为生物催化剂，在生物体及其代谢过程中是必不可少的。酶在细胞工程及基因工程方面起着关键性作用，主要应用于除去细胞壁、进行大分子切割、酶分子拼接等。

(3)在食品工业及饲料加工方面的应用。食品工业及饲料加工行业是最早和最广泛应用酶的行业之一，酶的应用见表 3-12。

表 3-12 酶在食品工业及饲料加工行业的应用

行业	应用
食品工业	酶法生产葡萄糖、饴糖、果葡糖浆、酿酒
	用于肉、蛋、乳、鱼及其制品的加工生产
	用于果蔬加工
	用酶改善食品的品质和风味
饲料加工行业	生产发酵饲料

近年来蛋白酶、淀粉酶、脂肪酶、纤维酶之类的消化酶在饲料加工方面得到了广泛的应用。由于幼龄畜禽消化道内的酶系统发育很不完善，消化酶、胃酸和消化液分泌不足，不能满足分解大分子营养物质的需要，以及断奶、健康状况不佳或应激对消化道分泌的影响，所以有必要给幼龄动物补充酶。另外，老年畜禽消化道功能减退等病理和生理变化引起的各类消化酶分泌也不足，迫切需要饲用酶制剂的充分利用。

用作饲料添加剂的饲用酶制剂包括单一酶制剂和复合酶制剂。单一酶制剂是指具有特定分解能力的单一菌种(或菌株)培养物经浓缩等处理制成的酶制剂。主要含有催化分解某种饲料成分(如纤维素)的多种相关酶系。还含有一定量的维生素和未知生长因子，具有较好的促生长作用，且生产成本低。猪日粮中多使用单一酶制剂。复合酶制剂是由多种来源酶配制而成的产品，是由一种或几种单一酶制剂为主体，加上其他单一酶制剂混合而成，或经过一种或几种微生物发酵而成。复合酶制剂可以同时降解饲粮中多种底物(多种抗营养因子和营养物质)，可协同一些饲料的营养价值，效果优于单一酶制剂。

目前美国、芬兰、瑞典等欧美国家在90%以上的饲料中都添加了酶制剂，且利用的酶制剂种类已从单一的酶制剂向复合酶制剂发展，酶制剂已成为当今乃至将来畜牧生产中不可缺少的一类饲料添加剂。酶制剂的作用主要体现在以下几个方面：①补充内源性酶的不足，并刺激内源性酶的分泌；②破解植物细胞壁和分解可溶性非淀粉多糖，提高营养物质的利用率；③改善了动物的健康水平，提高代谢水平。

酶制剂作为一类无毒、无残留的新型高效绿色饲料添加剂，通过调节动物消化道的营养生理、微生态平衡和食糜的理化性能而改善动物的生产性能，引起了饲料工业和养殖业的普遍重视，显现出良好的经济效益和生态效益以及广阔的发展前景。

(4)酶在轻工业方面的应用。酶制剂在轻工业方面的应用概括起来有三个方面的用途：用酶进行原料处理，如发酵原料、纺织原料、生丝脱胶处理、造纸原料制浆、羊毛除垢等；用酶生产各种产品，如酶法生产 *L*-氨基酸、核苷酸、有机酸、酶法制酱、制革等；用酶增强产品的效果，如加酶洗涤剂、牙膏、牙粉、加酶饲料等。

①酶在纺织业原料处理中的应用。纤维素酶主要用于减量处理、生理抛光处理、水洗和石磨处理及其他等。减量处理中纤维织物用于纤维素酶处理都伴随着纤维的减量或失重，并引起许多性能变化。

②酶在制革和毛皮工业中的应用。酶在制革和毛皮工业中的应用最早仅限于酶脱毛和酶软化，主要应用有酶浸水、酶脱脂、酶法局部处理、酶在浸灰及复灰中的应用、酶软化及酶制剂的制革前处理。酶浸水所使用的酶蛋白能打断生皮在干燥过程中形成的交联键，溶解和除去纤维间质，从而促进生皮的回湿，使之恢复到鲜皮状态。酶脱脂是利用脂肪酶对油脂分子的水

解作用，达到除去生皮内油脂的目的。

③酶在造纸工业上的应用。造纸工业用酶包括纤维素酶、半纤维素酶、木素降解酶、淀粉酶、脂肪酶、果胶酶、漆酶，其中应用较多较重要的酶为纤维素酶、半纤维素酶、果胶酶、漆酶。纸浆生物漂白用酶主要有两类：半纤维素酶和木素降解酶。半纤维素酶包括聚木糖酶和聚甘露糖酶；木素降解酶主要有木素过氧化物酶、锰过氧化物酶和漆酶；废纸的生物脱墨化学方法可选用不同的生物酶，可以是一种酶，也可以是几种酶，但是化学法脱墨难以达到理想的脱墨效果和成浆质量并对环境造成较为严重的污染，而用纤维素酶和淀粉酶的混合酶液对形形色色印刷废报纸进行脱墨处理，可以达到理想的脱墨效果。

随着人们对酶和酶技术的研究不断深入，酶的应用前景也将更加广阔。

知识拓展

低温酶解技术

低温酶解技术是一种利用酶在低温下进行生物催化反应的技术。这种技术可以在较低的温度下进行反应，从而避免了高温下酶的失活和蛋白质的变性，同时也可以减少反应中产生的副产物和能耗，具有很高的应用价值。

低温酶解技术在生物医药、食品加工、环境保护等领域都有广泛的应用。在生物医药领域，低温酶解技术可以用于制备生物药物，如蛋白质药物、抗体药物等。这些药物需要在特定的温度和 pH 条件下进行酶解反应，低温酶解技术可以满足这些要求，同时也可以保证药物的纯度和活性。在食品加工领域，低温酶解技术可以用于制备酶解食品，如酶解乳制品、酶解肉制品等。这些食品具有更好的口感和营养价值，同时也可以延长食品的保质期。在环境保护领域，低温酶解技术可以用于处理废水和废气。废水和废气中含有大量的有机物和污染物，这些物质可以通过酶解反应被降解和转化为无害物质，从而达到净化环境的目的。

低温酶解技术是一种非常有前途的技术，具有广泛的应用前景。随着科技的不断发展和进步，相信这种技术将会在更多的领域得到应用，并为人类的生产和生活带来更多的便利和福利。

思考与练习

一、名词解释

1.酶　2.必需基团　3.活性中心　4.酶原激活　5.维生素　6.辅酶　7.辅基　8.激活剂　9.抑制剂　10.最适温度

二、简答题

1.酶对底物为什么具有专一性？酶与底物如何形成中间产物？

2.有机磷化合物发挥的是哪类抑制作用？作用机理是什么？

3.酶原激活的实质是什么？

4.简述影响酶促反应速率的因素。

5.酶催化反应的特点是什么？

6.磺胺类药物发挥的是哪类抑制作用？它的抑菌机理是什么？

7. B族维生素与辅助因子的关系是什么？

8. K_m值的意义是什么？它的大小说明了什么问题？

9. 可逆性抑制作用指的是什么？常见的可逆性抑制剂有哪些？

10. 为什么血液在血管中不凝固，而受伤流出的血液会马上凝固？

11. 简述维生素的种类、特点及生理功能。

12. 急性胰腺炎的发病原理是什么？

13. 酶在畜牧兽医实践中有哪些应用？

模块三　思考与练习参考答案

模块四
生物氧化

【学习目标】

(1)熟悉和理解生物氧化的概念、特性及与非生物氧化的区别。

(2)理解生物氧化过程中两条呼吸链的组成及作用机理。

(3)熟悉线粒体生物氧化体系中能量的生成与利用;了解呼吸链抑制剂、解偶联抑制剂的类别及作用机理。

(4)掌握氰化物、一氧化碳等有毒物质阻断呼吸链的位置,并依据原理选择正确的解毒方法。

【素质目标】

(1)培养热爱防疫检疫事业,具备吃苦耐劳、爱岗敬业的精神。

(2)培养具有终身学习的意愿,能够正确面对挫折和挑战。

任务一　生物氧化的概述

任务解析

通过对生物氧化与非生物氧化的比较了解生物氧化的特点,为后续物质代谢的学习打下基础。

动物体无时无刻不在进行着新陈代谢,新陈代谢是生命活动的基本特征之一,新陈代谢停止就意味着生命的结束。生物体在其生命活动过程中,细胞内的物质不断地分解与合成、吸收与释放,不停地与外界环境进行着物质与能量的交换,这一切都离不开生物氧化过程。

一、生物氧化的概念和特点

(一)生物氧化的概念

动物体的生长、发育、繁殖等生命活动过程中所需要的能量主要依靠从外界摄取的糖、脂肪、蛋白质等有机能源物质在机体内氧化分解而产生。一般把糖、脂肪、蛋白质等有机化合物在生物体内氧化分解生成 CO_2 和 H_2O,同时释放出蕴藏于分子内部的一部分化学能,称为生物氧化。由于氧化是在细胞内进行的,所以又称为细胞氧化或组织氧化。由于多数氧化过程需要有氧参加，同时又有 CO_2 的生成，且与组织细胞的呼吸有关，故又称生物氧化为细胞呼吸或组织呼吸。

（二）生物氧化的特点

物质在动物体内进行的生物氧化过程和在外界环境中的非生物氧化过程化学本质是相同的，都是脱氢、加氧、失电子过程，同时能量的吸收和释放也遵循着“能量守恒”，但两者进行氧化的方式是不同的，动物体内的生物氧化又有不同于非生物氧化的特点，具体表现为：

（1）生物氧化和非生物氧化反应条件不同。生物氧化是在活细胞内进行的，即在常温、常压、酸碱适中（pH 呈中性），有 H_2O 参加的温和条件下缓慢进行的，而非生物氧化是在短时间内高温、高压、干燥等条件下进行的。

（2）生物氧化的一系列反应过程均需在酶的催化下才能完成。

（3）生物氧化过程是分阶段逐步进行的，有着严格的顺序性。

（4）生物氧化主要是代谢物脱氢和电子转移的反应，脱下的氢或电子经一系列传递体传递才能与氧结合生成水，再逐步释放出能量，除少部分能量以热能的形式散失外，大部分能量暂时贮存在 ATP 中，这样既提高了能量的利用率，又可避免因能量集中释放使温度骤然升高而造成对生物体的损害。

（5）生物氧化的速度严格受有机体等多种因素的调控。

（6）生物氧化的场所。真核生物主要在线粒体内膜上进行，而无线粒体的原核生物是在细胞膜上进行。

二、生物氧化的方式

动物体内，生物氧化的方式通常有三种，即脱氢反应、加氧反应和失电子反应，其中最主要的是脱氢反应。

（一）脱氢反应

底物分子在酶的作用下脱氢氧化的反应，是体内最为常见的氧化方式，代谢底物脱掉的氢原子，经线粒体生物氧化体系与非线粒体生物氧化体系，最终与分子氧结合生成水，底物分子脱氢的同时常伴有电子的转移。脱氢反应有直接脱氢和加水脱氢 2 种。直接脱氢如乳酸的脱氢氧化，加水脱氢如延胡索酸的脱氢。

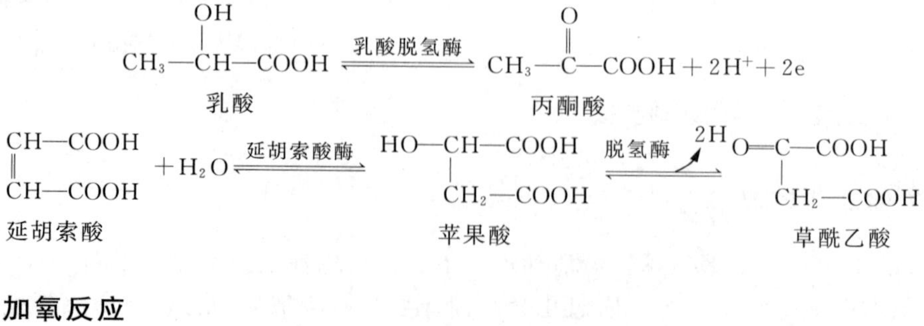

（二）加氧反应

底物分子直接加入氧分子或氧原子，使底物被氧化的反应。

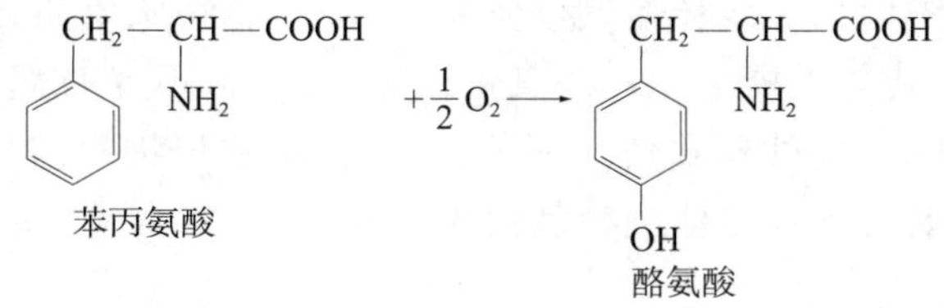

(三)失电子反应

在反应过程中失去电子，底物在反应的过程中失去电子，脱去的电子由受电子体接受，使化合价升高的反应。

$$细胞色素\ Fe^{2+} \xrightarrow{-e} 细胞色素\ Fe^{3+}$$

在化学反应中，物质加氧、失电子、脱氢及加水脱氢都称为氧化。反之，脱氧、得电子、加氢都称为还原。

还原反应：机体不存在游离的电子或氢原子，所以机体内脱下的氢或电子必须由另一物质所接受。接受电子或原子的反应为还原反应。

氧化还原反应：机体内的氧化反应总是和还原反应相偶联进行的，称为氧化还原反应。

生物体内的物质在氧化过程中常和还原反应同时并存，因此体内不存在游离的氢原子或电子。在氢和电子的转移过程中，能够提供氢或电子的物质称为供氢体或供电子体，而接受氢或电子的物质称为受氢体或受电子体。

根据细胞定位和功能不同可将生物氧化的场所分为两种体系：一是发生在细胞线粒体内以提供能量为主要功能的线粒体氧化体系。线粒体是生物氧化的场所，这是因为线粒体具有特殊的结构和富含参与生物氧化的复杂酶体系。线粒体是细胞内的短棒状颗粒，由外膜、内膜和基质三部分组成(图 4-1)。外膜光滑，内膜有复杂的折叠伸入内腔，构成线粒体嵴，内膜对物质的通透有严格的选择性，线粒体内腔充满基质，具有多种物质氧化酶系。在线粒体内膜上还顺序排列很多三分体结构。三分体分布有呼吸链传递体和氧化磷酸化酶系。可见，线粒体氧化体系的最主要功能是将糖、脂肪、蛋白质分解代谢所产生的中间产物(如乙酰 CoA)，经三羧酸循环彻底氧化，氧化脱下的氢经电子传递链传递，最终与氧结合生成水同时释放能量形成 ATP。因此，在线粒体内则集中了大多数脱氢酶、氧化酶、氢和电子的传递体等，构成线粒体氧化体系。二是发生在细胞线粒体外行使特殊作用的非线粒体氧化体系，非线粒体氧化体系实际上是微粒体和过氧化体，微粒体是细胞匀浆中被打碎的内质网。由微粒体和过氧化体中

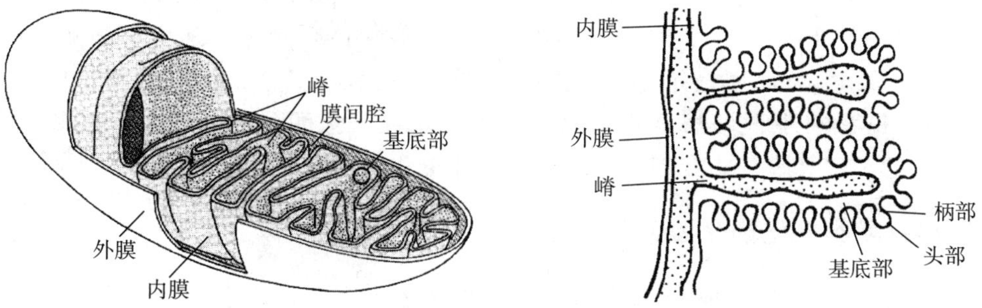

图 4-1　线粒体结构

存在的一些酶类组成细胞内的非线粒体氧化体系，包含有需氧脱氢酶、过氧化氢酶、过氧化物酶、加氧酶。非线粒体氧化体系能催化一些氧化还原反应，但不伴有偶联磷酸化，不能生成能量 ATP，其主要生理功能在于处理和消除环境污染、化学致癌物、药物、毒物以及体内代谢产生的有害物等。本节主要讲述线粒体生物氧化体系。

三、生物氧化的类型

生物氧化的类型是根据参与生物氧化的酶类进行分类，参与生物氧化的酶类：氧化酶类、脱氢酶类、加氧酶类、过氧化氢酶和过氧化物酶类，后两者参与线粒体外的生物氧化，还有一种超氧化物歧化酶（属氧化酶类）。

（一）氧化酶类催化的生物氧化

氧化酶是一类辅基中含铜离子的结合蛋白酶，如抗坏血酸酶、细胞色素氧化酶、酚氧化酶等。这类酶的特点是直接以氧作为受氢体，分子氧在氧化酶的激活下，以氧原子接受 2 个电子和 2 个质子，化合生成水。

（二）脱氢酶类催化的生物氧化

脱氢酶类的催化作用需 FMN、FAD 或 NAD^+、$NADP^+$ 为辅基或辅酶，催化代谢物的脱氢。脱氢酶分为需氧脱氢酶和不需氧脱氢酶。

1. 需氧脱氢酶

催化代谢物脱氢并以氧为直接受氢体，产物为 H_2O_2。需氧脱氢酶能直接作用于底物，使底物中氢原子被激活，并通过辅酶传递使分子氧与 2 个氢原子结合生成过氧化氢。辅酶的作用是接受底物分子中脱落的氢原子，一方面把电子传递给分子氧，另一方面使氢原子失去电子后生成的 H^+ 进入溶液。所以需氧脱氢酶的辅酶起着传递氢原子的作用。常见的需氧脱氢酶有 *L*-氨基酸氧化酶、*D*-氨基酸氧化酶、黄嘌呤氧化酶和醛氧化酶等属此类。其特点是不受氰化物及 CO 抑制。

氧化酶和需氧脱氢酶的共同点是底物脱下的氢以氧为直接受氢体，两者的区别是氧化酶催化的反应生成水，而需氧脱氢酶催化的反应生成过氧化氢。

2. 不需氧脱氢酶

所催化的脱氢反应不以氧作为直接的受氢体，而以其辅酶或辅基（FMN、FAD、NAD^+、$NADP^+$）作为直接受氢体。酶催化脱下的氢被其辅酶或辅基所接受，生成相应的还原型的辅酶与辅基（$FMNH_2$、$FADH_2$、NADH、NADPH），通过线粒体呼吸链传递生成水并产生 ATP。以 NAD^+ 和 $NADP^+$ 为辅酶的有乳酸脱氢酶、异柠檬酸脱氢酶、苹果酸脱氢酶；以 FMN 为辅基的有琥珀酸脱氢酶、脂酰辅酶 A 脱氢酶、α-磷酸甘油酸脱氢酶（线粒体内）等都属此类酶；以 FMN 为辅基的不需氧脱氢酶有 NADH 脱氢酶，能催化 $NADH+H^+$ 脱氢。

（三）加氧酶类催化的生物氧化

这类酶主要存在于微粒体，是催化加氧反应的酶体系。按照向底物分子中加入氧原子的数目不同，可分为加单氧酶和加双氧酶两类，主要存在于微粒体中。

1. 加单氧酶(又称羟化酶)

加单氧酶可催化氧分子中的1个氧原子加到底物上，反应中所需的氧原子来自氧分子，其中1个氧原子进入底物分子中，另1个氧原子则被 $NADPH+H^+$ 还原生成 H_2O。其反应通式如下：

$$RH+O_2+NADPH+H^+ \xrightarrow{\text{加氧酶类}} ROH+H_2O+NADP^+$$

加单氧酶反应与体内很多重要活性物质的合成、灭活以及可使多种脂溶性物质(药物、毒物、类固醇等)氧化，是肝脏生物转化的重要酶。例如，维生素D在肝、肾的羟化作用与加单氧酶有关，胆固醇合成胆汁酸的羟化反应也与加单氧酶有关。

2. 加双氧酶

加双氧酶催化的是氧分子中的2个氧原子，是将氧分子分别直接加到底物分子中特定双键的2个碳原子上。如β-胡萝卜素转变为视黄醛的反应就是加双氧反应。

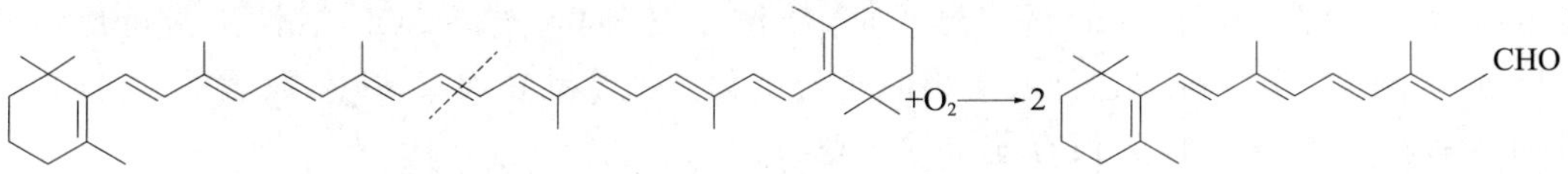

β-胡萝卜素　　　　视黄醛

(四)过氧化氢酶和过氧化物酶类催化的生物氧化

过氧化氢酶和过氧化物酶都是以铁卟啉为辅基的酶。过氧化氢酶可催化两分子 H_2O_2 生成 H_2O 和 O_2；过氧化物酶能催化 H_2O_2 分解生成 H_2O，同时释放出原子氧使底物氧化为酚类物质。

动物体的肝、肾、中性粒细胞和小肠黏膜上皮细胞中都含有过氧化体。过氧化体中含需氧脱氢酶、过氧化氢酶和过氧化物酶。需氧脱氢酶催化反应的产物 H_2O_2 有重要的生理作用。例如，在粒细胞中产生的 H_2O_2 可消灭吞噬进来的细菌；在甲状腺中产生的 H_2O_2 可用于酪氨酸的碘化过程，有利于甲状腺激素的合成。但过多的 H_2O_2 对机体有毒害作用，过氧化氢酶和过氧化物酶均能使 H_2O_2 分解，从而消除其毒性。

$$H_2O_2+H_2O_2 \xrightarrow{\text{过氧化氢酶}} 2H_2O+O_2$$

$$RH_2+H_2O_2 \xrightarrow{\text{过氧化物酶}} R+2H_2O$$

(五)超氧化物歧化酶催化的生物氧化

超氧化物歧化酶(superoxide dismutase，简称SOD)，是一类含金属的酶类，广泛存在于各种生物体内。SOD按其所含金属离子的不同分为三种形式：Cu—Zn—SOD、Mn—SOD、Fe—SOD。在生物体内，SOD是一种重要的超氧化物阴离子自由基(O^{2-})的清除剂，能促使自由基形成过氧化氢，生成的过氧化氢再被过氧化氢酶分解。

$$2O_2^-+2H^+ \xrightarrow{SOD} H_2O_2+O_2$$

SOD作为一种人体内最重要的酶之一，它所起的作用是不可小视的，应用前景非常广泛，可作为药品、食品及日化产品的添加剂。

临床上可用SOD治疗和预防下列疾病：对多种炎症、放射病、自身免疫性疾病有治疗作用；对急性炎症、水肿、氧中毒预防（进入高压氧舱的工作人员，可预先注射SOD）、氧中毒治疗、自身免疫性疾病（早期治疗）、肺气肿、辐射病及辐射防护、老年性白内障等有一定疗效；对生物体还有抗衰老保护作用；SOD还对一些由于年龄、疾病或伤害造成的组织硬化以及纤维化显示出强大的再生修复能力；SOD已被成功地应用于放疗后的辅助治疗、控制心脏病人的疾病进展、用于治疗严重的风湿性关节炎（在丹麦，有人通过注射SOD治疗风湿性关节炎）。

超氧化物歧化酶广泛应用于化妆品添加剂方面，如利用超氧化物歧化酶制造的SOD面膜、SOD蜜、SOD蛇粉等化妆品，目前已有不下数百种产品。

SOD被作为一种补充食物，人们想尽各种可行的办法使SOD在人体内维持较高的水平，即在消耗食物的同时，提供合适的营养供肝脏合成SOD，或者直接将外源SOD包裹在食物蛋白质中，经消化系统而不被消化，进入身体其他位置。

SOD在医学应用领域的拓展，取决于对其作用机制和生成机制的更深入研究，期待发现SOD的促生成因子。由于SOD的来源不同，检测手段各异，造成SOD活性不具可比性。期待国际通行检测标准以科学、简便、实用原则规范化。由于动物血SOD在欧盟推广受阻，大力开发植物和微生物SOD成为很有前景的产业方向。

任务二　生物氧化中CO_2的生成

任务解析

结合动物体的呼吸作用，阐述CO_2的生成方式。

生物氧化中，CO_2的生成并不是由体内物质代谢过程中碳原子直接与氧结合的结果，而是糖、脂肪、蛋白质等有机物在体内代谢过程中先形成带羧基的化合物，然后在脱羧酶的作用下，进行脱羧反应生成CO_2。根据脱羧过程是否伴随着物质的氧化，把脱羧反应分为单纯脱羧和氧化脱羧两种类型。又根据脱羧时羧基的位置不同，把脱羧反应又分为α-脱羧和β-脱羧两种。

一、单纯脱羧

单纯脱羧指的是非氧化脱去羧基的反应。α-单纯脱羧是非氧化脱去α-碳位上羧基的反应，如谷氨酸脱羧反应。β-单纯脱羧是不伴随氧化反应脱去β-碳位上羧基的反应，如草酰乙酸脱羧反应。

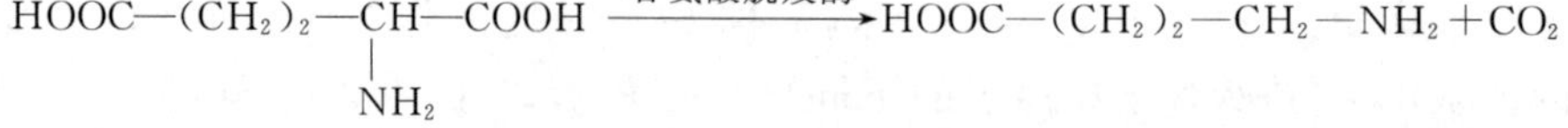

谷氨酸　　　　γ-氨基丁酸

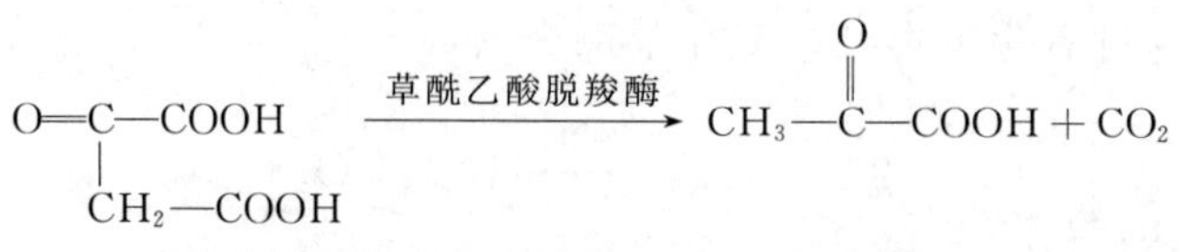

草酰乙酸　　　　丙酮酸

二、氧化脱羧

氧化脱羧是指在脱羧过程中伴随着脱氢氧化的反应。α-氧化脱羧，如丙酮酸脱羧；β-氧化脱羧，如苹果酸脱羧。

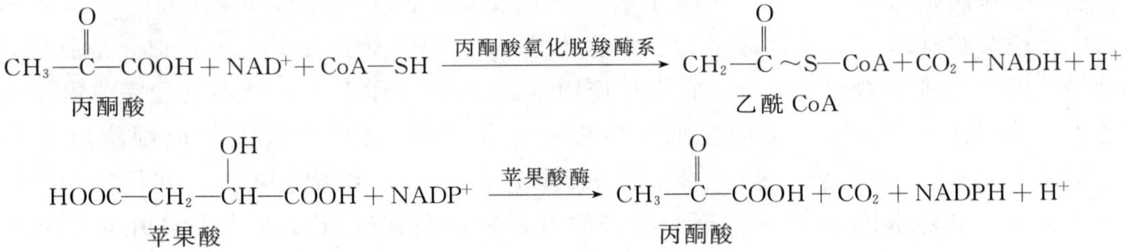

任务三　生物氧化中水的生成

任务解析

依据自然界生物体的呼吸作用中需要有氧的参与，了解机体细胞内的氧与水的生成之间的关系，水的生成与能量之间的关系。了解动物体内形成水的两条重要的呼吸链。

由于脱氢反应是生物氧化的最主要方式。生物体内水的生成主要是由代谢物氧化脱下的氢经呼吸链传递与生物体内的氧结合而形成。

一、呼吸链的概念

代谢底物上的氢被脱氢酶激活脱落后，在线粒体内膜上经一系列具有氧化还原活性的酶与辅酶或辅基等递氢体或递电子体的传递，最终与被激活的氧负离子结合生成水。由于这些递氢体或递电子体在线粒体内膜上有规律的排列并形成链式反应体系，所以称其为电子传递链，氧是最终电子受体。由于氧来源于细胞的呼吸作用，故电子传递链又称氧化呼吸链。

二、呼吸链的组成

氧化呼吸链是由 4 种具有电子传递活性的氧化还原酶复合体和 2 个独立成分构成（表 4-1）。4 种氧化还原酶复合体分别是：复合体Ⅰ称为 NADH-CoQ 氧化还原酶（又称 NADH 脱氢酶）；复合体Ⅱ称为琥珀酸-CoQ 氧化还原酶；复合体Ⅲ称为 CoQ-Cyt c 氧化还原

表 4-1　线粒体呼吸链的组成

名称		相对分子质量	辅酶或辅基
复合体Ⅰ	NADH-CoQ 氧化还原酶	850 000	FMN、Fe—S
复合体Ⅱ	琥珀酸-CoQ 氧化还原酶	140 000	FAD、Fe—S
复合体Ⅲ	CoQ-Cyt c 氧化还原酶	250 000	Cyt b、Cyt c_1、Fe—S
复合体Ⅳ	Cyt c 氧化酶	162 000	Cyt aa_3、Cu^{2+}

酶；复合体Ⅳ称为细胞色素 c(Cyt c)氧化酶。2 个独立成分分别是辅酶 Q(CoQ)和 Cyt c(细胞色素 c)。每一种复合体代表完整的呼吸链的一部分，具有其独特的组成成分，在呼吸链上按一定顺序排列，完成电子传递过程。

由上表看出，复合体Ⅰ含有以 FMN 为辅基的黄素蛋白和非血红素 Fe 原子构成的铁硫蛋白。它们的作用是将以 NAD^+ 为辅酶的脱氢酶从底物上脱下的氢经 FMN 和 Fe—S 蛋白等传递体传递交给辅酶 Q。复合体Ⅲ含有细胞色素 b、细胞色素 c_1 和 Fe—S 蛋白。细胞色素 b 和细胞色素 c_1 都含有血红素成分。它们的作用是通过 Fe^{2+} 和 Fe^{3+} 的互相转变完成电子向细胞色素 c 的转移。复合体Ⅳ是催化细胞色素 c 氧化的酶，含有细胞色素 a、细胞色素 a_3 和 Cu^{2+}，因细胞色素 a 和细胞色素 a_3 结合紧密很难分离，故也称细胞色素 aa_3，它们的功能是将电子传给氧。复合体Ⅱ含有以 FAD 为辅基的黄素蛋白和铁硫蛋白，它们的作用是催化代谢产物(如琥珀酸、脂酰 CoA、磷酸甘油)脱氢使 CoQ 还原。呼吸链中各复合体的排列顺序见图 4-2。

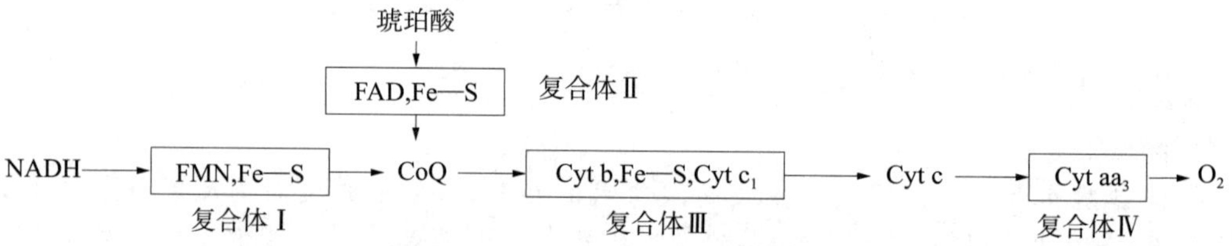

图 4-2 呼吸链中各复合体的排列顺序

三、呼吸链各组分的作用机理

(一)递氢体

1. 烟酰胺类

烟酰胺类辅酶有烟酰胺腺嘌呤二核苷酸(NAD^+，即辅酶Ⅰ)和烟酰胺腺嘌呤二核苷酸磷酸($NADP^+$，即辅酶Ⅱ)，两者都是组成维生素 B_5 的成分。NAD^+ 和 $NADP^+$ 都是体内多种脱氢酶的辅酶，在氧化还原反应中能可逆地加氢和脱氢，每分子 NAD^+ 或 $NADP^+$ 每次能接受一个 H^+ 和两个电子，剩下的一个 H^+ 留在介质中。作用机理简式如下：

$$NAD^+(NADP^+) \underset{-2H}{\overset{+2H}{\rightleftharpoons}} NADH+H^+(NADPH+H^+)$$

氧化型　　　　　　还原型

2. 黄素蛋白类

黄素蛋白类辅基有黄素单核苷酸(FMN)和黄素腺嘌呤二核苷酸(FAD)，两者均含维生素 B_2 成分。FMN 和 FAD 通过其氧化型与还原型的变化从代谢物上接受氢原子，然后再把 2 个氢质子和 2 个电子经铁硫蛋白传递给 CoQ，使 CoQ 还原生成 CoQ_2，完成电子的传递。由于每次同时可以传递 2 个电子，所以 FMN 和 FAD 又称双电子传递体，不同的是 FMN 催化的是从 $NADH+H^+$ 脱氢，而 FAD 催化的是从琥珀酸等物质脱氢。作用机理简式如下：

$$FAD(FMN) \underset{-2H}{\overset{+2H}{\rightleftharpoons}} FADH_2(FMNH_2)$$

氧化型　　　　还原型

3. 辅酶 Q 类(CoQ)

辅酶 Q 类是一种脂溶性醌类物质，因广泛存在于生物界又称为泛醌。泛醌在呼吸链中是唯一的不与蛋白质结合的电子传递体。其分子的苯醌结构，不仅能接受 NADH-CoQ 还原酶复合体释放出的 2 个 H^+ 和 2 个电子，也能接受 $FADH_2$-CoQ 还原酶复合体传递来的 2 个 H^+ 和 2 个电子，自身被还原成二氢 CoQ ($CoQH_2$)，然后把 2 个氢质子释放到线粒体基质内，2 个电子传递给复合体Ⅲ中的细胞色素 b。辅酶 Q 分子结构中，还有一个很长的聚异戊二烯侧链，侧链一般由 6～10 个异戊二烯单位组成(哺乳动物为 10 个)，侧链有利于在线粒体内膜中扩散。CoQ 的结构及电子传递过程如下：

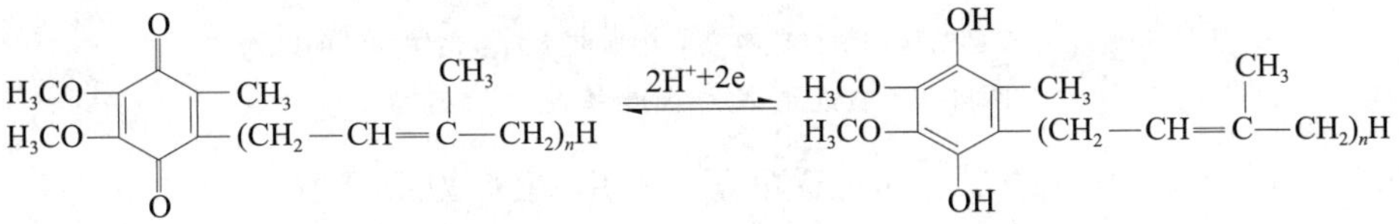

(二)递电子体

1. 细胞色素类

细胞色素是以铁卟啉(血红素)为辅基的蛋白质。除一些细胞色素(如 Cyt P_{450})在内质网上构成单加氧酶催化底物羟基化外，大部分细胞色素存在于线粒体内膜上，参与呼吸链的电子传递。组成呼吸链的细胞色素有多种，按电子传递的顺序包括细胞色素 b、细胞色素 c_1、细胞色素 c、细胞色素 a、细胞色素 a_3 等，其共同点是它们借助于细胞色素中 Fe^{2+} 和 Fe^{3+} 化合价变化，完成电子从辅酶 Q 到氧生成 H_2O 的传递过程，细胞色素 a 和细胞色素 a_3 不能分开，统称为细胞色素 aa_3(Cyt aa_3)，位于呼吸链的末端。由于每次只能传递 1 个电子，所以细胞色素是单电子传递体。但不同种类的细胞色素的辅基结构和蛋白质的连接方式不同：第一，Cyt b、Cyt c_1、Cyt c 都具有血红素辅基(图 4-3b)，而 Cyt a 、Cyt a_3 的辅基是血红素 A(图 4-3a)，血红素与血红素 A 区别在于血红素 A 是一种被修饰的血红素，在铁卟啉环的 2 号位，有一个长达 17 个碳组成的疏水链代替原来的乙烯基，并在 8 号位上以一个甲酰基代替了原来的甲基。第二，Cyt aa_3 的结构中的辅基与蛋白质的连接为非共价结合，而 Cyt c、Cyt c_1 所含辅基的 2 个乙烯基与蛋白质的 2 个半胱氨酸残基共价结合。第三，细胞色素 aa_3 辅基中，除铁卟啉外还有 2 个铜原子，也称为细胞色素氧化酶或细胞色素 c 氧化酶或末端氧化酶。在电子传递中依靠 Cu^+ 和 Cu^{2+} 化合价变化，把电子从 a_3 直接交给氧形成 O^{2-}(氧负离子自由基)，再与基质中的 2 个 H^+ 结合生成水。第四，Cyt b、Cyt c_1 、Cyt c 中的铁均与卟啉环和蛋白质形成 6 个配位键，不能再与 O_2、CO、CN^- 结合，只有 Cyt aa_3 的铁原子只形成了 5 个配位键，还保留了一个配位点可与 O_2、CO、CN^- 等结合，因此当一氧化碳、氰化物等有毒物与 Cyt aa_3 结合后能使 Cyt aa_3 失去激活氧的能力，使呼吸链的电子传递无法进行，导致细胞窒息死亡。

2. 铁硫蛋白(Fe—S)类

铁硫蛋白是一类含硫和铁的蛋白质，Fe 和 S 通过半胱氨酸残基连接在蛋白质分子内。铁

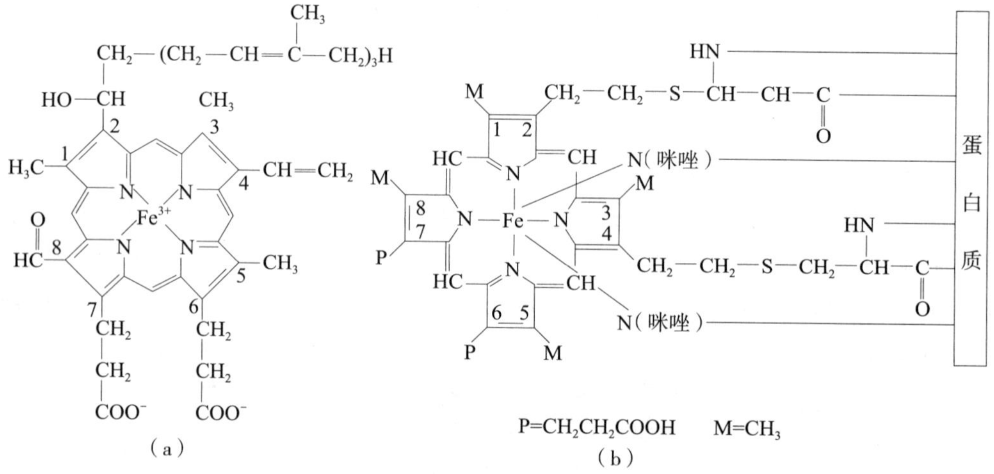

a. 血红素 A 的结构 b. 细胞色素 C 中血红素与蛋白质连接的结构

图 4-3 血红素 A 和细胞色素 C 的结构

硫蛋白靠 $Fe^{2+} \rightleftharpoons Fe^{3+} + e$ 的互变起传递电子的作用，也称为铁硫中心。

铁硫蛋白在呼吸链中与其他电子传递体结合成复合体，才能完成电子的传递过程，如 NADH-CoQ 还原酶、琥珀酸-CoQ 还原酶和 CoQ-细胞色素还原酶复合体中都有铁硫蛋白。铁硫蛋白的特点是分子中含有等量的非血红素铁和对酸不稳定的硫，并且铁原子还与蛋白质中半胱氨酸上的巯基连接，由于铁和硫所在的部位是铁硫蛋白质分子完成电子传送的功能部位，所以称此部位为铁硫中心。铁硫蛋白在呼吸链中是单电子传递体，分子中的铁是借助于 Fe^{2+} 和 Fe^{3+} 可逆的变化完成电子的传递过程(图 4-4)。已知的铁硫蛋白有 9 种形式，最常见的是 Fe_2S_2 和 Fe_4S_4。其中 4 种存在于 NADH 脱氢酶中；4 种与细胞色素 b 有关，1 种与细胞色素 c 有关。在 NADH 脱氢酶中的 4 种铁硫中心有 1 种在 NADH→FMN 的电子传递中起作用，另外 3 种则在 FMN→CoQ 的电子传递中起作用。

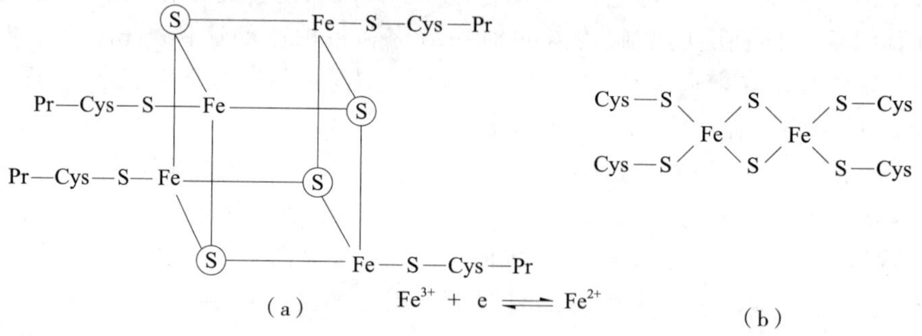

a. Fe_4S_4 b. Fe_2S_2

图 4-4 铁硫蛋白及电子传递

四、动物体内重要的呼吸链

动物细胞的线粒体中，根据其最初受氢体的种类，典型的呼吸链有两种类型，即 NADH 呼吸链与 $FADH_2$ 呼吸链。绝大多数代谢物，如丙酮酸、α-酮戊二酸、异柠檬酸、苹果酸、谷氨酸等，它们脱下的 2 个氢原子是进入 NADH 呼吸链氧化的。有些代谢物，如琥珀酸、脂酰辅酶 A、α-磷酸甘油等,它们脱下的 2 个氢原子是进入 $FADH_2$ 呼吸链氧化的。NADH 呼吸链与 $FADH_2$ 呼吸链只是开始时有所不同,当把氢传递给 CoQ 后便完全相同。

(一)NADH 呼吸链

NADH 呼吸链是最常见的电子传递链。在糖、脂肪、蛋白质许多代谢反应中,以 NAD^+ 为辅酶的脱氢酶脱下的氢都要通过此呼吸链的递氢、递电子过程,最终把氢交给氧生成水。

NADH 呼吸链是由复合体Ⅰ(FMN、Fe—S),复合体Ⅲ(Cyt b、Fe—S、Cyt c_1)、复合体Ⅳ(Cyt aa_3)和 CoQ、Cyt c 两个独立成分组成,当 NAD^+ 从底物接受氢生成 NADH+H^+ 以后,首先通过复合体Ⅰ把氢传给 CoQ,生成还原型 $CoQH_2$,然后 $CoQH_2$ 把 2 个 H^+(质子)释放到基质(介质)中,而将 2 个电子依次经复合体Ⅲ中的 Cyt b→Cyt c_1→Cyt c→Cyt aa_3(复合体Ⅳ)传递。最后 Cyt aa_3 将电子激活 1/2 O_2 生成氧负离子(O^{2-}),O^{2-} 与基质中游离的 $2H^+$ 结合生成水,具体传递过程见图 4-5。

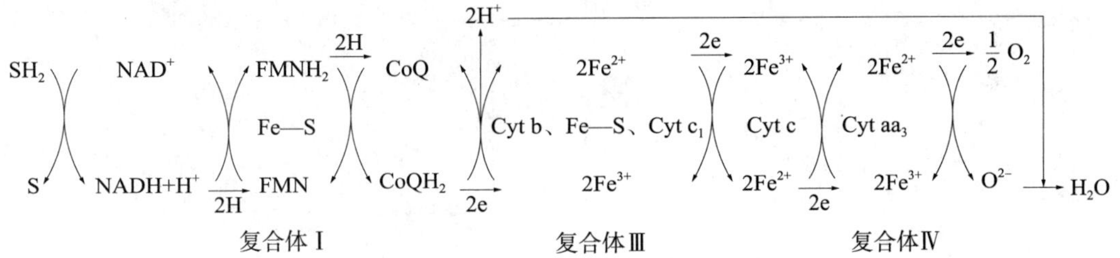

图 4-5 NADH 呼吸链电子传递过程

(二)$FADH_2$ 呼吸链

$FADH_2$ 呼吸链是由复合体Ⅱ(FMN、Fe—S),复合体Ⅲ(Cyt b、Fe—S、Cyt c_1)、复合体Ⅳ(Cyt aa_3)和 CoQ、Cyt c 两个独立成分组成。

$FADH_2$ 呼吸链是以 FAD 为最初受氢体,经复合体Ⅱ(FMN、Fe—S)将得到的氢传给 CoQ 后,生成还原型 $CoQH_2$,再向后的传递过程与 NADH 呼吸链相同,具体传递过程见图 4-6。

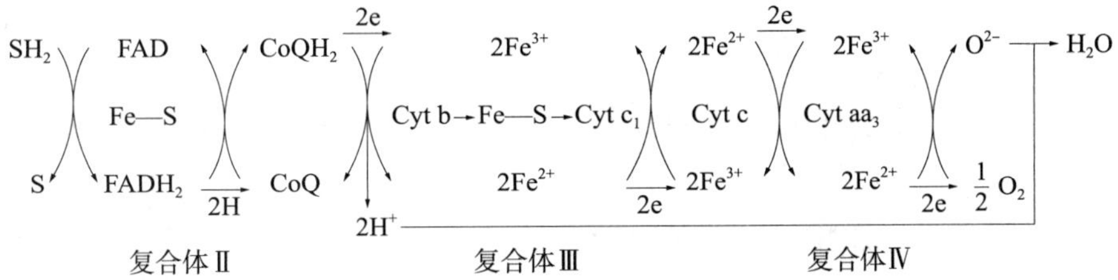

图 4-6 $FADH_2$ 呼吸链电子传递过程

以上两种呼吸链在氢和电子传递过程中的顺序和方向不能颠倒。两条呼吸链的电子传递的过程中各中间体的顺序见图 4-7。

从代谢物脱氢到传递给氧生成水的过程中,传递体成分无消耗,可反复使用,被消耗的是代谢物脱下的氢和吸入的氧。由肺部吸入的氧约 99%用于氧化呼吸链过程。当机体缺乏氧(如氧吸入量减少,血红蛋白用氧能力降低或血液循环障碍)时,可引起生物氧化障碍。甚至当氧供应并不缺乏,只要呼吸链中的某环节被抑制,也能使生物氧化发生障碍,造成细胞内窒息,引起死亡(抑制剂的抑制原理在下一节详细介绍)。

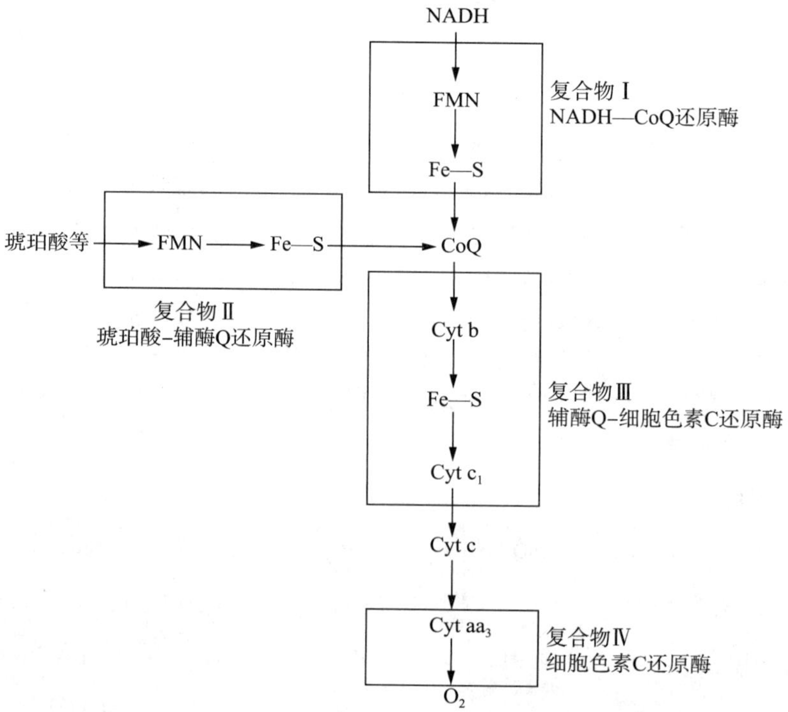

图 4-7 电子传递链中各中间体的顺序

任务四 生物氧化中能量的生成与转化

任务解析

ATP 是生物体能量利用的形式,其在生物体内有 2 种生成方式,其中氧化磷酸化是主要的生成方式。通过本任务的学习能够理论联系实际说明呼吸链的阻断和解偶联作用对机体的影响。

生物体在进行物质的氧化分解过程中,释放能量以满足各种生命活动的需要,能量的大约 60%用于维持体温或以热的形式散发,剩余的 40%能量可以转移到高能化合物中贮存起来,在动物需要时再释放出来,以便使动物有机体生命活动所需的能量得以长期稳定的供给。

一、高能键和化合物

简单地讲,凡是有高能键的化合物都称为高能化合物。通常在生化标准条件下(25 ℃,1 mol/L),高能化合物一般水解时能释放 20.93 kJ/mol 以上的自由能。一般将水解或基团转移时能释放大量能量的活泼共价键称为高能键,高能键通常用"～"符号表示,高能键和化学中所讲的键能高有着本质的区别,高能键的特点是连接疏松,容易断开,高能键水解断开或基团转移时能够释放大量的能量。

生物体内的高能化合物根据高能键的连接键型主要有三类:即高能磷酸化合物、高能硫酯类化合物和高能甲硫化合物。高能化合物及其种类如表 4-2 所示。

(一)高能磷酸化合物

这类高能化合物有磷氧键型和磷氮键型 2 类。

1. 磷氧键型(—O～P)

(1)烯醇式磷酸化合物。是指代谢物烯醇基与磷酸脱水形成的化合物。

通式：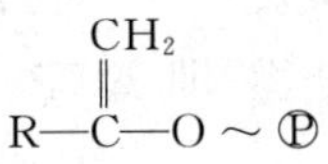　举例：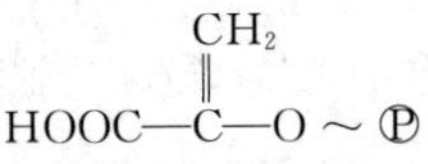

磷酸烯醇式丙酮酸

(2)酰基磷酸化合物。是指代谢物羟基与磷酸脱水形成的化合物，主要有 1,3-二磷酸甘油酸、乙酰磷酸、氨甲酰磷酸等。

通式：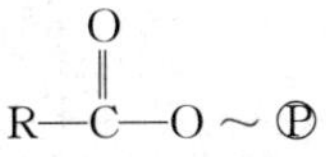　举例：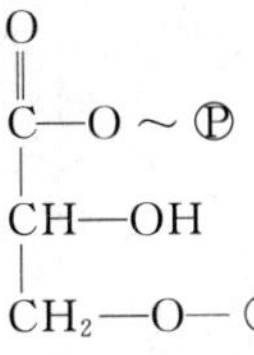

1,3-二磷酸甘油酸

(3)焦磷酸化合物。是指代谢物相邻的磷酸脱水形成的化合物，主要有 NTP、NDP(N 为各种含氮碱基)。

通式：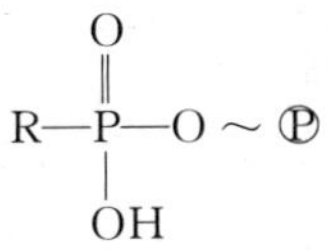　举例：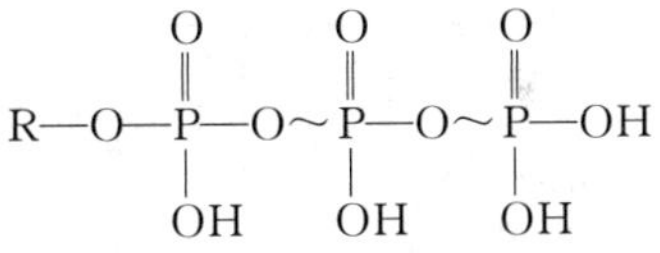

5′-三磷酸腺苷

2. 磷氮键型(—NH～P)

磷氮键型主要有磷酸肌酸和磷酸精氨酸等。

通式：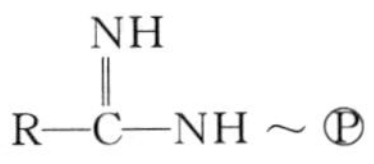　举例：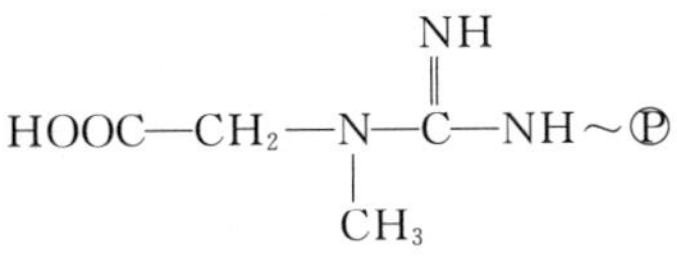

磷酸肌酸

(二)高能硫酯化合物(～S—CoA)

高能硫酯化合物是由代谢物的羧基与硫氢基脱水形成，主要有乙酰 CoA、琥珀酰 CoA、脂酰 CoA 等。

通式：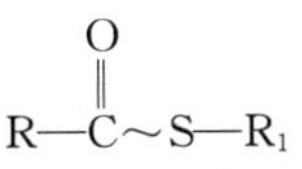　举例：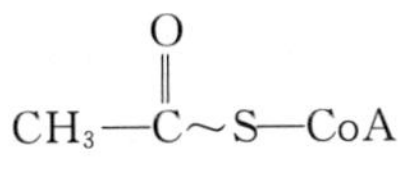

乙酰 CoA

(三)高能甲硫键化合物($CH_3\sim S^+$)

高能甲硫键化合物主要有腺苷甲硫氨酸等。

通式:$CH_3\sim S^+(R)—R_1$　　举例:$CH_3\sim S^+(腺苷)—(CH_2)_2—CH(NH_2)—COOH$

腺苷甲硫氨酸

在以上高能化合物中最主要的是腺苷三磷酸化合物,即 ATP。

表 4-2　高能化合物及其种类

高能键型		高能化合物举例	水解时释放的标准自由能 $\Delta G^{\Theta'}$
磷氧键型 —O~P	酰基磷酸化合物 $—C(=O)—O\sim P$	乙酰磷酸 $CH_3—C(=O)—O\sim P(=O)(OH)—OH$	−42.3 kJ/mol (−10.1 kcal/mol)
	烯醇式磷酸化合物 $—C=C—O\sim P$	磷酸烯醇式丙酮酸 $CH_2=C(COOH)—O\sim P(=O)(OH)—OH$	−61.9 kJ/mol (−14.8 kcal/mol)
	焦磷酸化合物 —P—O~P	腺苷三磷酸 腺苷—O—P(=O)(OH)—O~P(=O)(OH)—O~P(=O)(OH)—OH	−30.5 kJ/mol (−7.3 kcal/mol)
磷氮键型 —N(H)~P	胍基磷酸化合物 —N~Ⓟ, C=NH, N—	磷酸肌酸 NH~Ⓟ—C(=NH)—N(CH₃)—CH₂COOH	−43.1 kJ/mol (−10.3 kcal/mol)
硫碳键型 —C~S	高能硫酯键化合物 —C(=O)~S—	乙酰辅酶 A $CH_3—C(=O)\sim SCoA$	−34.3 kJ/mol (−8.2 kcal/mol)
	高能甲硫键化合物 $CH_3\sim S^+$	S-腺苷甲硫氨酸 $CH_3\sim S^+(腺苷)—CH_2CH_2CH(NH_2)—COOH$	−40.1 kJ/mol (−9.6 kcal/mol)

二、ATP 的生成方式

动物体内的各种能源物质氧化分解释放的能量，必须转化为 ATP 的形式才能被机体利用。ATP 的生成是通过 ADP 磷酸化作用生成，ADP 磷酸化作用的方式在动物体内有 2 种形式，即底物水平磷酸化和氧化磷酸化。

(一)底物水平磷酸化

底物水平磷酸化是指在物质代谢过程中，由于脱氢或脱水氧化使得分子内部的能量重新排布和集中，从而生成了含某些高能磷酸键或高能硫酯键的高能化合物，在酶的作用下，高能化合物将高能键转移给 ADP(GDP)，从而使其磷酸化生成 ATP(GTP)的过程。底物水平磷酸化是机体获能的一种方式，它与氧的存在与否无关。例如，在糖的分解代谢过程中，有 3 处底物磷酸化过程。

$$\text{1,3-二磷酸甘油酸}+\text{ADP}\xrightarrow{\text{磷酸甘油酸激酶}}\text{3-磷酸甘油酸}+\text{ATP}$$

$$\text{磷酸烯醇式丙酮酸}+\text{ADP}\xrightarrow{\text{丙酮酸激酶}}\text{丙酮酸}+\text{ATP}$$

$$\text{琥珀酰 CoA}+\text{GDP}+H_3PO_4\xrightarrow{\text{硫激酶}}\text{琥珀酸}+\text{GTP}$$

底物磷酸化生成 ATP 不需要经过呼吸链的传递过程，也不需要消耗氧气，也不利用线粒体 ATP 酶系统。因此，生成 ATP 速度比较快，但是生成量不多。在机体缺氧或无氧条件下，底物磷酸化无疑是一种生成 ATP 的快捷和便利的方式。例如，糖无氧分解途径中生成的 2 分子 ATP 就是以底物磷酸化的方式产生的。

(二)氧化磷酸化

代谢物脱下的氢经呼吸链传递给氧生成水，传递过程释放出的能量使 ADP 磷酸化生成 ATP，这种氧化过程与磷酸化过程相偶联的反应称为氧化磷酸化或氧化磷酸化偶联。机体内营养物质的氧化分解，多数情况下是在氧气充足的条件下进行的，因此，氧化磷酸化是生物体合成 ATP 的主要方式。

1. 氧化磷酸化的偶联部位

氧化磷酸化的偶联部位由实验得知，从 NADH 到氧的电子传递链中，有 3 处释放的能量足以使 ADP 磷酸化生成 ATP。3 个部位分别是 NADH-$CoQH_2$ 还原酶复合体、$CoQH_2$—Cyt c 还原酶复合体和 Cyt c 氧化酶复合体所在的部位。在线粒体内膜的 NADH 呼吸链上，每传递 2 个氢交给氧生成水，这 3 个偶联部位各产生 1 mol ATP，因此共产生 3 mol ATP。而 $FADH_2$ 呼吸链在氢和电子传递过程中，所释放的能量只能在后 2 个部位使 ADP 磷酸化产生 ATP。所以 $FADH_2$ 每传递 2 个氢交给氧生成水，只产生 2 mol ATP (图 4-8)。

2. P/O 值

氧化磷酸化的偶联部位，常通过测定线粒体及其制剂的 P/O 值，或测定传递链上电子经相邻传递体传递时的自由能降来实现的。所谓 P/O 值是指当底物进行氧化时，每消耗1 mol 氧原子生成水，ADP 磷酸化时消耗无机磷的摩尔数。无机磷的消耗量可间接测出 ATP 的生

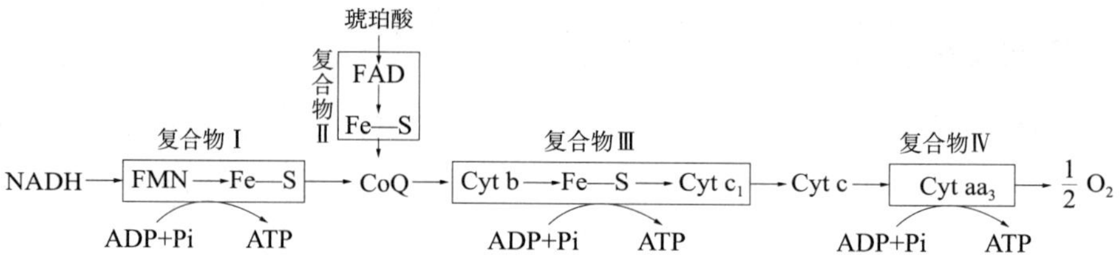

图 4-8　氧化磷酸化偶联

成量。实验测得 NADH 呼吸链的 P/O 值为 3∶1,即每消耗 1 mol 氧原子可形成 3 mol ATP;而 $FADH_2$ 呼吸链的 P/O 值为 2∶1,即每消耗 1 mol 氧原子可形成 2 mol ATP。根据不同底物在氧化磷酸化过程中消耗的无机磷不同,可由测定的 P/O 值来推测偶联部位。

3. 氧化磷酸化的作用机理

目前对氧化磷酸化偶联作用机理的解释有三种假说:化学偶联假说、构象变化偶联假说和化学渗透偶联假说,其中化学渗透偶联假说得到较多人的支持。该假说是英国科学家 Peter Mitchel 1961 年提出的,其基本要点为线粒体内膜是质子不能自由通过的膜系统,当电子沿呼吸链传递时,电子传递链不断地把 H^+ 由线粒体基质泵到内膜外面的膜间腔中,质子泵出后不能自由通过内膜而重新回到内膜内侧,这就使得膜间腔中的 H^+ 浓度高于内膜内侧,形成了内膜内外正负电位差和 H^+ 浓度差;电子传递时释放的能量转变为电化学梯度的渗透能,也称质子动力势,膜间腔内的质子在质子动力势的驱使下,质子(H^+)通过内膜上 ATP 合酶复合体回到膜内基质中,同时催化 ADP 生成 ATP。

用电子显微镜观察线粒体内膜,可见内膜和嵴的基质侧表面有许多带柄的球状小体,称为基粒,这就是 ATP 合酶复合体,它由头部 (F_1)、柄部(OSCP)及基部 (F_0)三部分组成,又称 F_0F_1-ATP 合酶。F_1 由 5 种多肽链 9 个亚基构成,能催化合成 ATP,而 F_1 单独存在时不能催化 ATP 合成,只有当和其他部分结合后才具有催化 ATP 合成的功能;柄部是连接 F_1 和 F_0 的部位,有控制质子流的作用;F_0 被包埋在线粒体内膜之中,是质子的通道。质子(H^+)通过 F_0F_1-ATP 合酶复合体返回到膜内基质时在 F_1 处合成 ATP(图 4-9)。

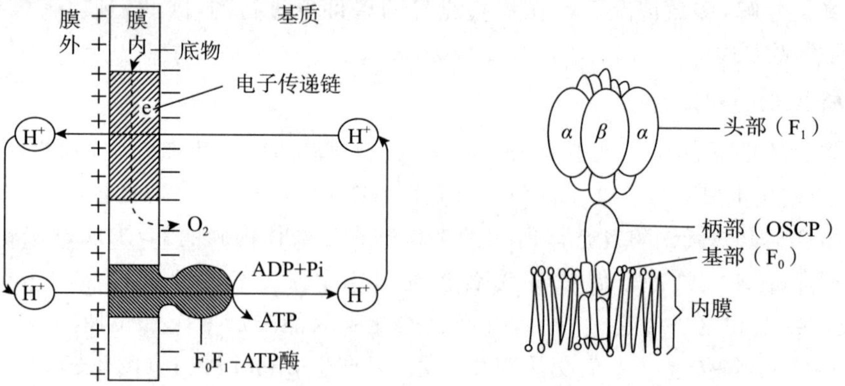

图 4-9　化学渗透假说及 F_0F_1-ATP 合酶结构

4. 影响生物体内氧化磷酸化的因素

(1)ADP、ATP 浓度的影响。氧化磷酸化的速率受生物体内能量水平的调节。当有机体由于使役、运动、生产等活动时，ATP 分解为 ADP 和磷酸，释放能量被机体利用，这样使得体内 ADP 的浓度升高，氧化磷酸化过程加快。当机体休息或营养较好时，大部分 ATP 不能被利用，使 ADP 浓度下降，因而抑制了氧化磷酸化的进行。这种调节作用使有机体根据生理需要，随时可以得到能量的供应。

(2)甲状腺素的影响。甲状腺素可诱导细胞膜 Na^+-K^+-ATP 酶(钠泵)的合成，钠泵运转消耗，因而加速了 ATP 分解为 ADP＋Pi，ADP 的增多可促进氧化磷酸化的进行，ATP 合成增加。

(3)某些抑制剂的影响。凡是能够阻碍氧化磷酸化进行的物质称为氧化磷酸化抑制剂，根据抑制剂作用方式的不同，可将其分为呼吸链抑制剂、解偶联抑制剂、磷酸化抑制剂和离子载体抑制剂。

呼吸链抑制剂可以在呼吸链的特异部位阻断呼吸链的传递，如鱼藤酮、安密妥可以阻断电子由 NADH 向 CoQ 的传递；抗霉素 A、二巯丙醇可以抑制 Cyt b 向 Cyt c_1 的电子传递；而 CO、CN^-、H_2S 等能抑制 Cyt c 氧化酶，阻断电子由 Cyt aa_3 向 O_2 的传递。

解偶联抑制剂是指能够使呼吸链电子传递与 ADP 磷酸化过程相脱离的物质，其作用方式不抑制电子传递，但抑制了 ATP 的生成，传递过程中释放的能量以热的形式散失，常见的有 2,4-二硝基苯酚等(图 4-10)。

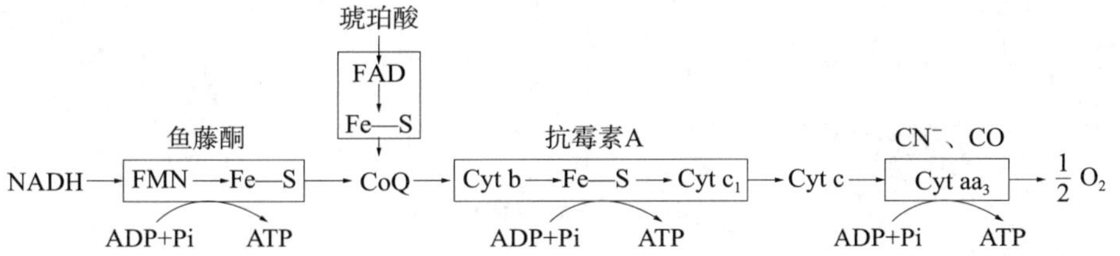

图 4-10　呼吸链抑制剂与抑制部位

磷酸化抑制剂可以同时抑制电子传递和 ADP 磷酸化。例如，寡霉素可与 F_0F_1-ATP 合酶柄部的寡霉素敏感蛋白(OSCP)结合，因而阻止了 H^+ 质子通过质子通道回流，抑制了 ATP 的生成。H^+ 在内外膜之间的积累影响了质子由内膜内侧向膜外的泵出，阻碍了电子的传递。

离子载体抑制剂是一类脂溶性抗生素物质，其作用方式是这些物质能与一价阳离子(如 K^+)形成复合物，使 K^+ 等离子很容易透过线粒体膜，同时消耗了呼吸链电子传递释放的能量，使 ATP 合成受阻，如缬氨霉素等。

三、胞液中 NADH 的氧化

在细胞的胞液中存在着 3-磷酸甘油醛脱氢酶和乳酸脱氢酶等酶，它们的作用是从代谢物脱氢生成 NADH＋H^+。由于线粒体内膜不允许 NADH＋H^+ 自由通过，所以脱下的氢也就不能进入呼吸链传递生成水和 ATP。那么这些 NADH＋H^+ 是怎样进入线粒体进行氧化生成 ATP 的呢？目前知道的有两个穿梭系统能够完成氢在线粒体膜内外的转运。胞液中的 NADH＋H^+ 可以将 2H 转移给另一个物质。此物质可携带氢进入线粒体，并在线粒体内将 2H 转移给辅酶，然后该物质再回到线粒体外继续接受另一个 NADH＋H^+ 的氢。即通过某物质在线粒体内外来回穿梭，达到氧化线粒体外的 NADH＋H^+ 的目的，两种穿梭机制分别是苹果酸穿梭和 α-磷酸甘油穿梭。

(一)苹果酸穿梭

苹果酸穿梭主要存在于肝脏、肾脏和心肌组织中。胞液中生成的 $NADH+H^+$ 和草酰乙酸在苹果酸脱氢酶作用下生成苹果酸,苹果酸作为氢的载体可以通过线粒体膜进入线粒体,再在线粒体内的苹果酸脱氢酶作用下,又转变为草酰乙酸和 $NADH+H^+$。后者进入 NADH 呼吸链经传递把氢交给氧生成水并产生 3 mol 的 ATP。草酰乙酸经谷草转氨酶的作用生成天冬氨酸,穿过线粒体内膜回到胞液中,天冬氨酸在胞液中经转氨作用又生成草酰乙酸,完成氢在线粒体膜内外的转运。苹果酸穿梭过程如图 4-11 所示。

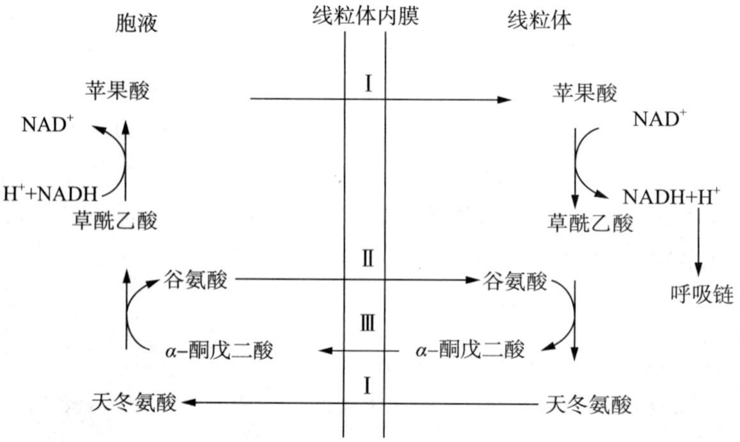

图 4-11 苹果酸穿梭过程

(二)α-磷酸甘油穿梭

α-磷酸甘油穿梭存在于肌肉和大脑组织中,胞液中的 $NADH+H^+$ 和磷酸二羟丙酮在α-磷酸甘油脱氢酶的作用下,生成α-磷酸甘油,然后α-磷酸甘油穿过线粒体膜进入线粒体,进入线粒体的α-磷酸甘油和 FAD 再在α-磷酸甘油脱氢酶的作用下,生成磷酸二羟丙酮和 $FADH_2$。$FADH_2$ 经 $FADH_2$ 呼吸链传递生成水,产生 2 mol 的 ATP,而磷酸二羟丙酮又穿出线粒体预备完成下一次氢的转运。α-磷酸甘油穿梭过程见图 4-12。

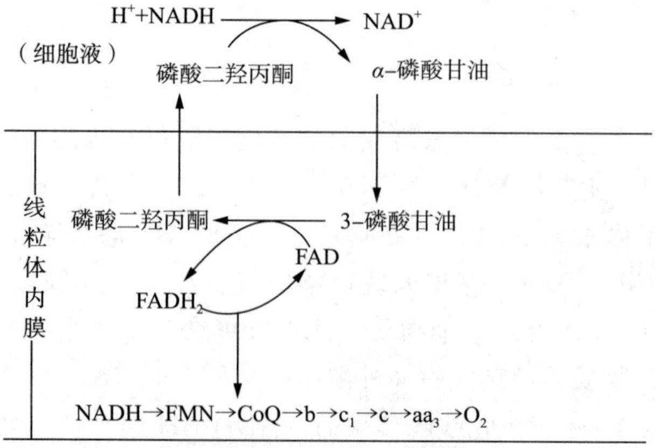

图 4-12 α-磷酸甘油穿梭过程

四、能量的转移、贮存与利用

在生物体内，物质氧化分解逐步释放的大量能量不能直接被有机体利用，必须先由 ADP 磷酸化把能量暂时贮存在 ATP 后，才能使能量进一步转移、贮存和利用。

1. 高能磷酸键的转移

ATP 是高能磷酸化合物，其高能磷酸键和潜能可转移给 GDP、UDP、CDP 等，生成相应的三磷酸核苷化合物参与核酸的代谢过程。

ATP＋UDP ⟷ ADP＋UTP（参与多糖的合成）

ATP＋CDP ⟷ ADP＋CTP（参与磷脂合成）

ATP＋GDP ⟷ ADP＋GTP（参与磷脂合成）

2. 高能磷酸键的贮存

当细胞中 ATP 浓度较高时，脊椎动物可以把 ATP 的能量和磷酸转移给肌酸生成磷酸肌酸，把能量贮存起来；当 ATP 浓度降低时，磷酸肌酸再将高能磷酸键转移给 ADP 形成 ATP，供机体代谢需要的能量。无脊椎动物则是把 ATP 中的能量转变为磷酸精氨酸贮存，需要能量时，磷酸精氨酸再分解把能量转移给 ADP，生成 ATP 供机体利用。

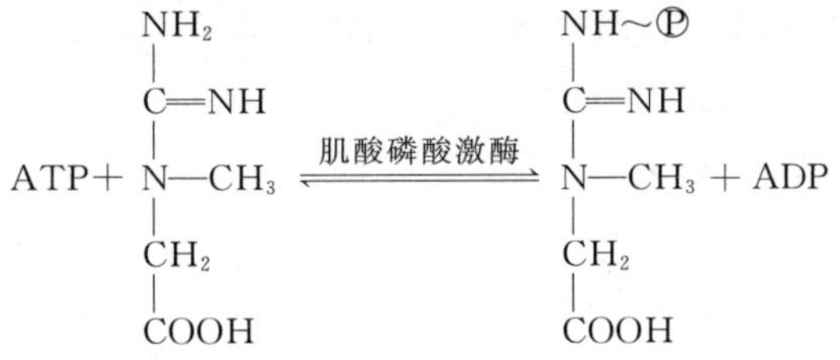

肌酸　　　　磷酸肌酸

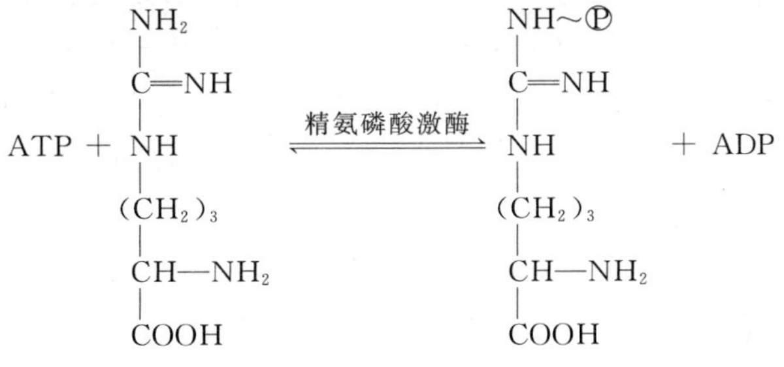

精氨酸　　　　磷酸精氨酸

3. 高能化合物中能量的利用

高能化合物中蕴藏的能量在酶的作用下释放出来，由 ATP 携带把能量转移到机体相应的部位，供给机体各种生理功能活动所需要的能量（图 4-13）。

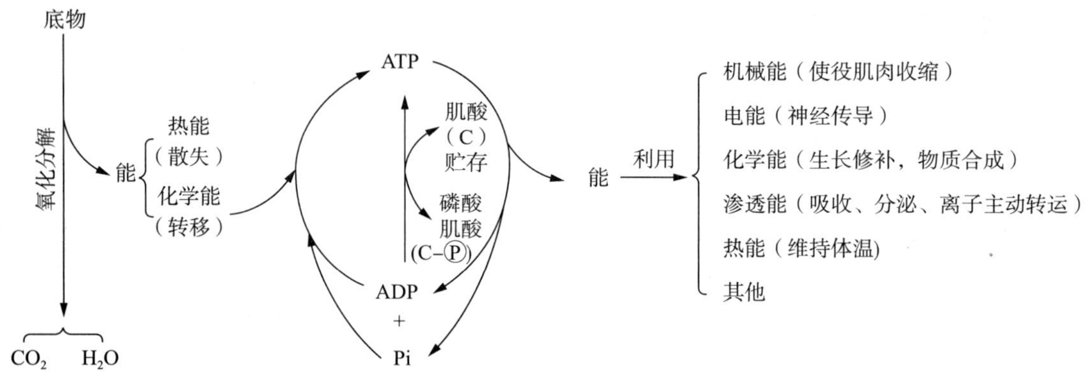

图 4-13 能量的转移、贮存和利用

知识拓展

非线粒体氧化体系

通过线粒体细胞色素系统进行氧化的体系是一切动物、植物、微生物主要氧化途径，它与ATP的生成紧密相关。除此以外，生物体内还存在非线粒体氧化系统，其特点是从底物脱氢到 H_2O 的生成是经过其他末端氧化酶完成的，与ATP的生成无关，但各自具有重要的生理功能。生物体内主要的非线粒体氧化系统如下：

一、超氧化物歧化酶(简称SOD)

(一)SOD的临床作用

SOD是一种新型酶制剂。它在生物界的分布极广，几乎从动物到植物，甚至从人到单细胞生物，都有它的存在。SOD被视为生命科技中最具神奇魔力的酶、人体内的垃圾清道夫。SOD是氧自由基的自然天敌，是机体内氧自由基的头号杀手，是生命健康之本，原多从牛血中提取，1997年欧盟禁止使用动物中提取的SOD。过氧化物游离基可造成机体的损害，该品由哺乳动物的红细胞、肝和组织中分离提取的一种肽链大分子的金属酶，能促使过氧化物游离基转化成过氧化氢和氧，从而清除炎症过程中伴随产生的过氧化物游离基，而有强大的抗炎作用。临床用于以下几个方面：

(1)抑制心脑血管疾病。机体的衰老与体内氧自由基的产生与积累密切相关，SOD可清除人体内过多的有害的氧自由基，是对健康有益的功效成分。具有调节血脂的保健作用，可预防动脉粥样硬化，预防高血脂引起的心脑血管疾病，降低脂质过氧化物的含量。

(2)抗衰老。年龄的增长和某些体外因素会造成机体和皮肤组织自由基产生超过机体正常清除自由基的能力，从而使皮肤组织造成伤害，导致衰老。由于SOD能够清除自由基，所以可以延缓机体衰老。人之所以会衰老，老化迹象一点一滴出现，如色素沉淀、体力衰退，是因为体内产生氧化作用，所谓"氧化作用"就类似于生锈，抗氧化剂的补充有助于降低氧化的速度，减慢衰老的脚步。

(3)自身免疫性疾病。SOD对各类自身免疫性疾病都有一定的疗效，如红斑狼疮、硬皮病、皮肌炎等。对于类风湿关节炎患者应在急性期病变未形成前使用，疗效较好。

(4)肺气肿。肺气肿患者也可使用SOD，但应在病变初期肺弹性纤维尚未受到损害时使用，疗效较好。

(5)辐射病及辐射防护。SOD可用来治疗因放疗引起的膀胱炎、皮肌炎、红斑狼疮及白细胞减少等疾病，对有可能受到电离辐射的人员，也可注射SOD作为预防措施。

(6)老年性白内障。对这类疾病应在进入老年期前即开始经常服用抗氧化剂，或者说经常注射SOD。一旦形成白内障，则应该摘除，因为此时使用SOD无效。

(7)抗氧化。医学报告指出，抗氧化能力的衰退期已提前至40岁左右，光靠蔬果已经不足以消除人体内外共同形成的氧化压力。

(8)预防慢性病。自由基是科学家已发现导致各种慢性病与老化的罪魁祸首，故说它是“万病之源”，是人体健康的大敌，自由基对身体的伤害是日积月累的，尤其是糖尿病与心血管方面的疾病，养成多摄取抗氧化物的好习惯，保证可以让人类远离慢性疾病的威胁。

(9)抗疲劳。过多的自由基在体内残存，就犹如毒素蓄积在体内一样，会使人容易疲劳、厌倦、注意力不集中、常常昏昏沉沉、打哈欠。SOD对上班族熬夜加班、学生应付考试所产生的疲劳，在提振精神及集中注意力方面成效显著，有助于工作绩效的提升及考试成绩的进步。

(10)消除副作用。接受化疗的癌症患者体内的抗氧化能力会大大地降低，若低到某个程度，自由基就会损害细胞、黏膜、五脏六腑、脑、中枢神经等，所以癌症患者应及时补充抗氧化剂来维持好体力。日本厚生省与美国癌症中心(NCI)均建议使用抗氧化剂来预防癌症或治疗因氧自由基破坏细胞所引起的病变，降低抗癌药物所引起的如呕吐、食欲不振、掉发等副作用。

(11)避免二次伤害。手术会引起大量自由基，故建议手术前后口服抗氧化剂来迅速恢复体力，加速伤口复原。

(12)化解女性的危机。妇女的氧化危机有三方面：第一，皮肤出现斑点皱纹，原因是氧自由基无法有效被清除，破坏胶原蛋白、弹力纤维蛋白，使皮肤保湿及维持弹性的功能丧失，皱纹横生，加速黑色素的沉淀；第二，血液循环不良、经期不顺、黑眼圈、肤色灰暗无光泽；第三，更年期障碍，因为动情激素的缺乏体内的抗氧化能力降低，常伴有的症状有阵发性潮热、失眠、夜间流汗、头痛、情绪不稳、心神不宁等。

(13)有效降低血脂、胆固醇、血压。

(14)抗辐射。

(15)增强肝肾功能。

(16)对糖尿病有明显的恢复作用。

(二)SOD在临床诊断方面的应用

在国外SOD常用于对缺血、出血性心、脑等重要脏器病伤(或手术治疗后)引发的继发性(自由基)过氧化损伤及其自由基清除药物治疗效果的监测，以指导临床制订相应的自由基清除干预对策及最佳治疗时间窗的确立，它对自由基继发损伤病情的诊断、自由基清除治疗疗效跟踪和预后判断与评估等具有重要参考价值。比较一致的意见是：SOD测定虽然是一种非特异的辅助诊断指标，但对机体自由基代谢紊乱、自由基清除干预对策，以及对于同一疾病患者病程转归(自由基损伤的加剧或降低、自由基清除剂药物或手术治疗效果)的判断，实时动态监测具有重要参考价值。

1. SOD水平降低

(1)生理性降低。

①机体抗氧化营养素摄入不足，如维生素E、维生素A、维生素C、β-胡萝卜素、硒、铜、锌、

锰等缺乏，硒是GSH-Px（谷胱甘肽过氧化物酶）的组成部分，铜锌是Cu/Zn-SOD的成分，锰是Mn-SOD的成分。

②一般老年人清除酶活力降低，老年人新陈代谢功能下降，酶诱导生成减少，不能维持自由基的低浓度动态平衡。

（2）病理性降低。

①脑部神经疾病、脑血管疾病，如急性脑梗死、脑出血、蛛网膜下腔出血、缺氧缺血性脑病（Hypoxic-Ischemic Encephalopathy，HIE）、外伤（颅脑损伤）。

②缺血性心脏病心肌缺血（冠状动脉粥样硬化性心脏病）、急性心肌梗死。

③医学手术救治治疗后，继发损伤缺血-再灌注损伤（IRI）全身循环障碍待恢复血液供应后造成再灌注损伤；休克微循环痉挛解除、心搏骤停后心脑肺复苏、体外循环的建立与撤除，如心脏外科体外循环术后重新恢复血流供应后可能造成心肌缺血—再灌注损伤等；某一组织器官缺血后血流恢复或某一血管再通后造成再灌注损伤，如动脉搭桥术、经皮腔内冠脉血管成形术（PTCA）、溶栓疗法、器官移植、断肢再植、冠状动脉痉挛解除等高压氧（HBO）治疗后过度氧化损伤；放射治疗后过氧化损伤，如放射性脑病。

2. SOD水平增高

（1）生理性增高。长时间外源性增加过多的SOD，机体将不能维持一定量的自由基水平，免疫细胞使用自由基作为一个方法执行其免疫功能，过低的自由基会引起生理生化过程失常，破坏正常的生理功能，如机体解毒、吞噬功能下降、凝血过程受阻及胶原蛋白、前列腺素、环核苷酸合成受损等，并引起严重的毒副作用。

（2）病理性增高。国内外研究表明，在急性病患发生初期，当机体自由基产生大幅过多激增时，机体会很快引起氧化应激，并影响蛋白质表达等调节、应答机制。在自由基的诱导及机体代偿应激下，细胞或机体会诱导性地增强抗氧化能力，一般会出现一过性SOD水平增高现象。但随着高浓度自由基对SOD的大量消耗，以及机体的失代偿，SOD的生物合成能力会很快回落到低水平，并与较高浓度的自由基保持新的动态平衡。

3. 临床监测

SOD能专一地清除体内有害的自由基，以解除自由基氧化体内的某些组成成分而造成的机体损害，如氧中毒、急性炎症、水肿、自身免疫性疾病、辐射病等疾病都与活性氧的毒性有关。实验证明SOD能够清除自由基，因此可消除上述疾病的病因，此解毒反应过程有两步：

第一步，作为有害物质的超氧阴离子在SOD的作用下和氢离子反应，生成一种物质——过氧化氢，过氧化氢又在过氧化氢酶的作用下和氢离子反应，最终生成了一种对人体无害的物质——水。

第二步，人体清除第一步反应所需的过氧化氢酶或谷胱甘肽过氧化氢酶体，因而作为治疗手段的药用SOD若与过氧化氢酶或谷胱甘肽过氧化氢酶合并使用，其治疗效果将更好。SOD作为超氧阴离子的整合剂，它是目前临床上常用的治疗药物。

（三）SOD测定方法

SOD的催化底物是O_2，一般多以一定时间内产物生成量或底物的消耗量作为酶活性单位。由于O_2自身很不稳定，且不易制备，测定SOD的方法除少数采用直接法外，一般多为间接法。

1. 直接法

原理是根据O_2或产生O_2的物质本身的性质测定O_2的歧化量，从而确定SOD的活性。经典的直接法包括：脉冲辐射分解法、电子顺磁共振波法（EPR）、磁共振法。由于所需的仪器设备价格昂贵，一般较少应用。

2. 一般化学法

这些方法的共同特点是要有一个 O_2 的产生体系和一个被 O_2 还原或氧化的可检测体系。在 SOD 存在下，一部分 O_2 被 SOD 歧化，因而 O_2 还原或氧化检测体系的反应受到抑制。根据反应受抑制程度，测定 SOD 的活性。一般化学法有邻苯三酚自氧化法、细胞色素 C 还原法、化学发光法、免疫学方法、电泳染色定位法、肾上腺素法、没食子酸法、6-羟多巴胺法、亚硝酸盐形成法和碱性二甲亚砜法等。常用的有以下几种：

（1）邻苯三酚自氧化法（即改良 Marklund 法）。原理是基于经典的分光光度法，在碱性条件下，邻苯三酚自氧化成红桔酚，用紫外可见光谱跟踪波长为 325 nm、420 nm 或 650 nm（经典为 420 nm），同时产生 O_2，SOD 催化 O_2 发生歧化反应从而抑制邻苯三酚的自氧化，样品对邻苯三酚自氧化速率的抑制率，可反映样品中的 SOD 含量。本法具有特异性强，所需样本量少（仅 50 μL），操作快速简单，重复性好，灵敏度高，试剂简单等优点。

（2）细胞色素 C 还原法（McCord 法）。原理是黄嘌呤氧化酶体系中产生的 O_2 使一定量的氧化型细胞色素 C 还原为还原型细胞色素 C，后者在 550 nm 有最大光吸收。在 SOD 存在时，由于一部分 O_2 被 SOD 催化而歧化，O_2 还原细胞色素 C 的反应速度则相应减少，即其反应受到抑制。将抑制反应的百分数与 SOD 浓度作图可得到抑制曲线，由此计算样品中 SOD 活性。本法是间接法中的经典方法，但本法灵敏度较低。

3. 化学发光法

原理是黄嘌呤氧化酶在有氧条件下，催化底物黄嘌呤或次黄嘌呤发生氧化反应生成尿酸，同时产生 O_2。后者可与化学发光剂鲁米诺反应，使其产生激发。SOD 能清除 O_2 从而抑制鲁米诺的化学发光。本法可应用于 SOD 的微量测定，不仅灵敏度高，简便易行，而且特异性与准确性至少与细胞色素 C 还原法类似。

4. 免疫学方法

上述方法测定的是 SOD 活性，免疫学方法则可测定样品中 SOD 的质量，因此特异性较好，是较理想的测定 SOD 方法，免疫法有放射免疫法、化学发光免疫分析法、ELISA（酶联免疫吸附剂测定）法等。但其缺陷是只能测定抗体相应的抗原，对于检测不同种类的 SOD，则须制备相应的特异性抗体，手续烦琐。

5. 电泳染色定位法

电泳染色定位法的基本原理是依据光化学法与 NBT 还原法。电泳则采取垂直板聚丙烯酰胺凝胶电泳，既可采用 SOD 活性正染色（呈现棕色区带），也可采取 SOD 活性负染色（呈现无色透明区带）。根据凝胶上电泳分离的 SOD 区带的着色深浅与面积大小，对样品进行半定量分析，也可制作校正曲线计算样品中的 SOD 含量。电泳染色定位法常用于鉴定 SOD，很少为了定量，主要原因是它不及化学法简便，但鉴定 SOD 却较化学法为优。用电泳染色定位法可鉴定 SOD 是否掺有杂质蛋白，有无同工酶，且可半定量地确定 SOD 的活性大小。

二、多酚氧化酶系统

多酚氧化酶（1，2-苯二酚氧化还原酶，EC1.10.3.1），一类含铜的氧化还原酶类，催化邻苯二酚氧化成邻苯二醌，也能作用于单酚单加氧酶的底物。多酚氧化酶的共同特征是能够通过分子氧氧化酚或多酚形成对应的醌。在广义上，多酚氧化酶可分为三大类：单酚氧化酶（酪氨酸酶)、双酚氧化酶(儿茶酚氧化酶)和漆酶(对苯二酚氧化酶)。在这三大类多酚氧化酶中,儿茶酚氧化酶主要分布在植物中,微生物中的多酚氧化酶主要包括漆酶和酪氨酸酶。

多酚氧化酶是植物中最受关注的一种酶,在葡萄糖、洋李、无花果、枣、茶叶和咖啡豆中含量很高,它在这些果实中起着人们期望的作用。多酚氧化酶在桃、苹果、香蕉、荔枝、马铃薯、莲藕和莴苣中的含量也是相当高,然而它对这些果实起着不良的作用,易引起褐变,造成变质和腐烂,对于新鲜果实的保藏带来极大困难。多酚氧化酶是一种加氧酶,它催化酚的选择性羟基化,羟基化产物继续氧化生成邻苯醌。多酚氧化酶的作用下氧化形成不稳定的邻-苯醌类化合物,然而再进一步通过非酶氧化反应,聚合成黑色素,这也是香蕉、马铃薯、蘑菇、虾发生褐变和人的黑斑形成的原因。当邻苯醌与蛋白质中赖氨酸残基的ε-氨基反应,可引起蛋白质的营养价值和溶解度下降,同样由于褐变反应也将会造成食品的质地和风味的变化。热带水果50%以上的损失都是由于酶促褐变引起的。控制果蔬加工和贮藏过程中褐变的几种方法,如驱除O_2和底物酚类化合物以防止褐变,或者添加抗坏血酸、亚硫酸氢钠和硫醇类化合物等,将初始产物,邻苯醌还原为原来的底物,从而阻止黑色素的生成。还原剂都能直接引起酶失活,从而抑制酶促褐变,这是因为抗坏血酸能够破坏酶活性位点上的组氨酸残基,而亚硫酸氢钠和硫醇可以除去酶活性位点中的Cu^{2+}。4-己基间苯二酚、苯甲酸和其他一些非底物酚类化合物也可作为多酚氧化酶的有效性抑制剂。因此,防止褐变的方法一般为降低酚酶活性、驱氧。

1. 加热钝化酶活性

75~95 ℃、5~7 s的加热处理可使大部分酶活性丧失,常用的方法有漂烫、巴氏杀菌。加工中必须严格控制时间和温度,加热温度过高、加热时间过长,可抑制酶褐变,但会影响食品品质;加热不足,不能抑制酶褐变;微波加热,热穿透力强,迅速均匀,不影响风味。

2. 螯合酶促作用的金属离子

金属离子(铁、铜、锡、铝等)是多酚氧化酶的激活剂。Fe^{3+}、Fe^{2+}、Cu^{2+}能促进褐变主要是因为铁和铜不仅能和酚类化合物反应形成褐色物质,而且能催化还原酚类的氧化。柠檬酸对Cu^{2+}有螯合作用。EDTA是一种金属离子螯合剂,可阻止金属离子对褐变反应的促进作用,但其与作用对象有关,有的效果则不明显。

3. 酸处理法

多数酚酶最适pH为6~7,pH<3时会失活。高酸性环境会使酶蛋白上的铜离子解离下来,导致PPO(多数酚酶)逐渐失活,酶活性趋于最低。常用的酸有柠檬酸、苹果酸、磷酸、抗坏血酸、混合酸。柠檬酸可降低pH,还可络合酚酶辅基Cu^{2+},但单独用效果不大,常与抗坏血酸、亚硫酸合成。实验证明,0.5%柠檬酸+0.3%抗坏血酸效果好。抗坏血酸不但能降低体系pH,而且具有还原剂的作用,可将体系中醌类及其衍生物还原成酚,并通过自身氧化来减少体系的含氧量。

4. 酶活性抑制剂

常用的抑制剂有二氧化硫、亚硫酸钠、亚硫酸氢钠、焦亚硫酸钠、低亚硫酸钠($Na_2S_2O_4$)。在蘑菇、马铃薯、桃、苹果等加工中常用二氧化硫及亚硫酸盐类作为护色剂。在微酸性(pH为6)环境中,抑制酚酶的效果最好,因为能够抑制酶活性,可将醌还原为酚,可以与醌加成防止聚合。

5. 驱氧

通过沸水烫漂、抽真空(93 kPa,5~15 min)、高浓度抗坏血酸溶液浸泡、气调包装设计等均可达到驱除食品内氧化的目的，从而抑制酶褐变的发生。控制氧气含量有抽空处理技术或添加去氧剂等方法。用2%食盐+0.2%柠檬酸+0.06%偏重亚硫酸钠溶液作为抽空液，在500 mmHg的真空度抽空5～10 min，可取得良好的护色效果。

多酚氧化酶活性测定主要有终点法、测定系统法。

(1)终点法。多酚氧化酶催化分子态氧将酚类化合物氧化为醌类反应，以儿茶酚为多酚氧化酶的底物，其氧化产物在416 nm处有最大光吸收。

(2)测定系统法。1.5 mL 20 mmol/L邻苯二酚溶于0.05 mol/L，pH 6.8 KH_2PO_4-NaOH缓冲液中，然后再加入0.1 mL酶提取液，保温37 ℃，三氯醋酸终止反应，并4 000 r/min离心5 min，取上清液，适当稀释。以空白为对照，用分光光度计测定其在416 nm波长下的*OD*(光密度)值。

三、抗坏血酸氧化酶系统

在抗坏血酸氧化酶催化下，分子态的氧可将抗坏血酸氧化成去氢抗坏血酸，它存在于细胞溶胶和细胞壁中，酶中含铜。抗坏血酸氧化酶是一种含铜的酶，位于细胞质中或与细胞壁结合，与其他氧化还原反应相偶联起到末端氧化酶的作用，能催化抗坏血酸的氧化，具有抗衰老等作用，在植物体内的物质代谢中具有重要的作用。丙酮酸、异柠檬酸、α-酮戊二酸、苹果酸、葡萄糖、6-磷酸葡萄糖酸都可以在脱氢酶的作用下脱去H质子，把H质子转移给辅酶，然后再经过谷胱甘肽把H质子传递给抗坏血酸，在抗坏血酸氧化酶的作用下，抗坏血酸被氧化脱H，H与氧结合生成水。

酶活性以酶活单位(酶活单位为1 min氧化1 g还原性抗坏血酸的酶量)表示，即酶活单位/g鲜重。常用的测定方法是碘量法，这是一种经典的方法，所用仪器简单，准确性高；二是分光光度法，这种方法灵敏度和准确性高，重演性好，用途广，选择性好；三是氧电极分析法，该法灵敏度高，准确性好，但是氧电极对温度变化非常敏感，测定时需要维持温度恒定；四是脉冲极谱法，此种方法操作简单，重演性好，与碘量法结果相一致。在pH为5～7范围内抗坏血酸氧化酶表现较高活性，在pH为5时活性最强。

抗坏血酸氧化酶在温度45 ℃以下时出现2次活性高峰，50 ℃以上时出现一次高峰。温度在50 ℃以下时酶活性持续时间长，达40 min，而且随着温度的升高，活性高峰会提前。当温度在55 ℃以上时，酶活性持续的时间很短，在60 ℃时只需20 min。

四、黄素蛋白氧化酶系统

存在于微粒体中，其催化特点是不需要经过细胞色素等传递体，将脱下的氢直接交给O_2生成H_2O_2。在光吸收中，乙醇被氧化为乙醛时，由此酶催化。

五、植物抗氰氧化酶系统

抗氰氧化酶又称交替氧化酶，广泛存在于高等植物及部分真菌和藻类中，是植物体线粒体内膜上的线粒体呼吸链中抗氰呼吸途径的末端氧化酶。植物抗氰氧化酶是一种非血红素铁蛋白，它不受氰化物的抑制。易被水杨基氧肟酸所抑制，是一种双铁羧基蛋白，Fe^{2+}是其活性中心的金属。它不仅具有其他双铁羧基蛋白共有的结构特点以及去除分子氧的功能，更重要的是它还可以通过改变自身结构等方式来主动调节抗氰呼吸途径的运行程度，进而调节细胞多方面的代谢和功能，以适应环境条件的改变，增强植物适应各种逆境的能力，调节植物生长速率，并与细胞凋亡和光合作用相关。

抗氰呼吸及氰化物的危害机理。抗氰呼吸：当植物体内存在与细胞色素氧化酶的铁结合的阴离子(如氰化物、叠氮化物)时,仍能继续进行的呼吸,即不受氰化物抑制的呼吸。许多植物组织可以进行,一些真菌和绿藻、少数细菌和动物也可进行,但绝大多数动物不能进行。它在呼吸链(电子传递链)上,从泛醌分叉,电子不经过细胞色素系统,即不经过磷酸化部位复合体Ⅱ及复合体Ⅲ,直接通过另一种末端氧化酶——交替氧化酶传递到分子氧,故形成的ATP少。要得到与呼吸链的主链产生同样多的ATP,就需消耗较多的底物,这样呼吸作用加速,放出的热能也多,对其生理功能,了解甚少。已发现某些植物的花序或花中有这种产热能力,如生长在低寒地带的沼泽植物臭菘,其花序能通过抗氰呼吸产生热,温度可达30 ℃(当时的气温5 ℃以下),促使挥发物质挥发,吸引昆虫传粉。大多数无机氰化物属剧毒,高毒物质,极少量的氰化物(每千克体重数毫克)就会使人、畜在很短的时间内中毒死亡,含氰化物浓度很低的水(<0.05 mg/L)也会使鱼等水生生物中毒死亡,还会造成农作物减产。国内外都有报道,氰化物污染水体引起鱼类、家畜乃至人群急性中毒的事件,这些事件是因短期内将大量氰化物排入水体造成的。因此,在工业生产过程中,必须严格控制氰化物的使用和排放量,尤其要有完善的污水处理设施以减少氰化物的外排量。不但氰化物会污染环境,使人、畜中毒甚至死亡,即使铁氰酸盐和亚铁氰酸盐那样的低毒性氰化物复盐,如果大量排入地面水中,经过阳光照射和其他条件的配合也可分解释放出相当数量的游离氰化物,导致水生生物的中毒死亡。通常所说氰化物对环境的污染,主要是指含氰废水外排所造成的河流(地面水)、饮用水(地下水)的污染,由于氰化物在大气中存在的时间仅十几分钟,故一般不会造成大气的污染。含氰废渣由于必须处理后才能堆积存放,故产生的污染仍是对水的污染。下面介绍动物氰化物中毒机理。

氢氰酸中毒是常见的动物体呼吸链阻断与解偶联现象,氢氰酸中毒是动物采食富含氰苷的青饲料如木薯、高粱及与玉米的新鲜幼苗或亚麻子、豆类(海南刀豆、狗爪豆)、蔷薇科植物(桃、李、梅、杏、枇杷、樱桃)的叶和种子,经胃内酶和盐酸的作用水解,产生游离的氢氰酸,发生以呼吸困难、震颤、惊厥等组织性缺氧为特征的中毒病。动物采食含有氰苷的饲料后15~20 min,表现腹痛不安、呼吸加快、可视黏膜鲜红、流出白色泡沫状唾液等症状,首先兴奋,然后很快转为抑制,呼出气有苦仁味,随之全身极度衰弱无力,步态不稳,很快倒地,体温下降,后肢麻痹,肌肉痉挛,瞳孔放大,反射减少或消失,心动徐缓,呼吸浅表,最后昏迷而死亡。

氰苷本身是无毒的,当含有氰苷的植物被动物采食咀嚼时,在水分及适宜的温度条件下,经植物的脂解酶作用,产生氢氰酸。进入机体的氰离子能抑制细胞内许多酶的活性,如细胞色素氧化酶、过氧化物酶、过氧化氢酶、接触酶、脱羟酶、琥珀酸脱氢酶、乳酸脱氢酶等,其中最主要的是细胞色素氧化酶。氰离子能迅速与氧化型细胞色素氧化酶的三价铁离子结合,并阻碍其被细胞色素还原为还原型细胞色素(Fe^{2+}),失去传递电子、激活分子氧的作用,抑制组织内的生物氧化过程,阻止组织对氧的吸收作用,导致机体缺氧症。由于组织细胞不能从血液中摄取氧,所以动脉血液和静脉血液的颜色都呈鲜红。由于中枢神经系统对缺氧特别敏感,而且氢氰酸在类脂质内溶解度较大,所以中枢神经系统先受害,尤以血管运动中枢和呼吸中枢为甚,临床上表现为先兴奋、后抑制,并表现为严重的呼吸麻痹。

思考与练习

1. 什么是生物氧化?生物氧化有哪几种方式?其特点如何?
2. 呼吸链的概念是什么?呼吸链组成成分有哪些?

3. 什么是高能化合物？高能化合物的类型有哪些？

4. 什么是氧化磷酸化和底物水平磷酸化？举例说明。

5. 试述动物体内重要的呼吸链及其传递氢和电子的过程。

6. 说明氧化作用与磷酸化作用的偶联部位。

7. 说明 CO_2 的产生过程及脱羧的方式。

8. 呼吸链中的递氢体分别有哪些？

9. 生物体呼吸链中 5 种细胞色素分别是什么？

10. 氧化磷酸化抑制剂分别有哪些？

模块四　思考与练习参考答案

模块五
糖类化学与糖类代谢

【学习目标】

(1)了解糖类化合物的种类及结构,动物体内血糖的来源及去路。

(2)掌握糖酵解和有氧分解的基本反应过程、限速酶、ATP的生成及其生理意义。

(3)掌握糖异生的概念、基本反应过程及其生理意义。

(4)熟悉血液生化样品的制备方法,动物血糖的测定原理和方法。

【素质目标】

(1)培养学以致用及主动探究的精神。

(2)培养动手操作的能力及科学研究的能力。

新陈代谢包括同化作用和异化作用两个独立统一的过程。同化作用是动物从周围环境中不断摄取营养物质,物质在体内经过一系列的变化,变为机体所特有的物质的过程。异化作用是动物体内原有物质不断分解变化,变为废物排出体外的过程。中间代谢包括合成代谢和分解代谢。合成代谢是由简单的小分子物质合成为生物大分子需能过程;而分解代谢是由生物大分子分解成简单的小分子的放能过程。由此可见,合成代谢是同化作用的重要部分,分解代谢是异化作用的重要部分。

- 新陈代谢
  - 同化作用
    - 消化吸收
    - 合成代谢 } 中间代谢
  - 异化作用
    - 分解代谢 } 中间代谢
    - 排泄

糖是自然界中存在的一大类具有广谱化学结构和生物功能的有机化合物,它主要是由绿色植物经光合作用形成的。糖类化合物主要是由碳、氢、氧化学元素所组成,化学本质是含多羟基的醛类或酮类化合物。糖是体内三大能源物质之一,动物体内的糖,主要以糖原形式贮存或构成血糖,有的以糖蛋白或糖脂形式存在于细胞膜等组织结构中。

机体内糖的来源形式有两种:一是食物或饲料中的多糖或二糖在消化道内消化吸收所得,称为外源性糖;二是由体内非糖物质经糖异生作用转化而来,称为内源性糖。根据水解后产生单糖残基的多少(其分子组成大小)可将糖类化合物分为多糖、寡糖和单糖,除此之外,还有糖的衍生物和复合多糖,如糖苷化合物、糖蛋白、糖脂等。

单糖:是一类最简单的多羟基醛或多羟基酮,它不能再进行水解。根据其所含的碳原子数，单糖可分为丙糖、丁糖、戊糖、己糖、庚糖等。依据其带有的基团，又可分为醛糖和酮糖。

寡糖（低聚糖）：是由 2～10 个单糖分子聚合而成的糖，如二糖、三糖、四糖、五糖、……、九糖等。

多糖：是由多个单糖分子脱水缩合而成的高分子化合物，包括淀粉、糖原、纤维素、半纤维素、右旋糖酐等。多糖依据其组成又可分为两类：一是同聚多糖，由相同单糖结合而成，如戊聚糖、淀粉、纤维素等；二是杂聚多糖，由一种以上单糖或其衍生物所组成，如半纤维素、黏多糖等。

任务一　糖类概述

任务解析

了解糖类化合物种类、结构与生理功能，掌握糖类在动物体内的消化吸收、血糖的来源与去路，为糖代谢相关内容的学习打下基础。通过生化实验掌握血糖测定方法。

任何单糖的构型都是由甘油醛及二羟丙酮派生的，形成醛糖和酮糖。糖的构型有 *D*-构型与 *L*-构型，即凡分子中靠近伯醇（—CH_2OH）的仲醇基（—CHOH）中的羟基，若在分子的右方者称为 *D*-糖，在左方者称为 *L*-糖，因此又有 *D*-醛糖和 *L*-醛糖、*D*-酮糖和 *L*-酮糖之分。它们的关系如图 5-1 和图 5-2 所示。

植物体内最重要的单糖有戊糖、己糖和庚糖，以下分别举例说明。

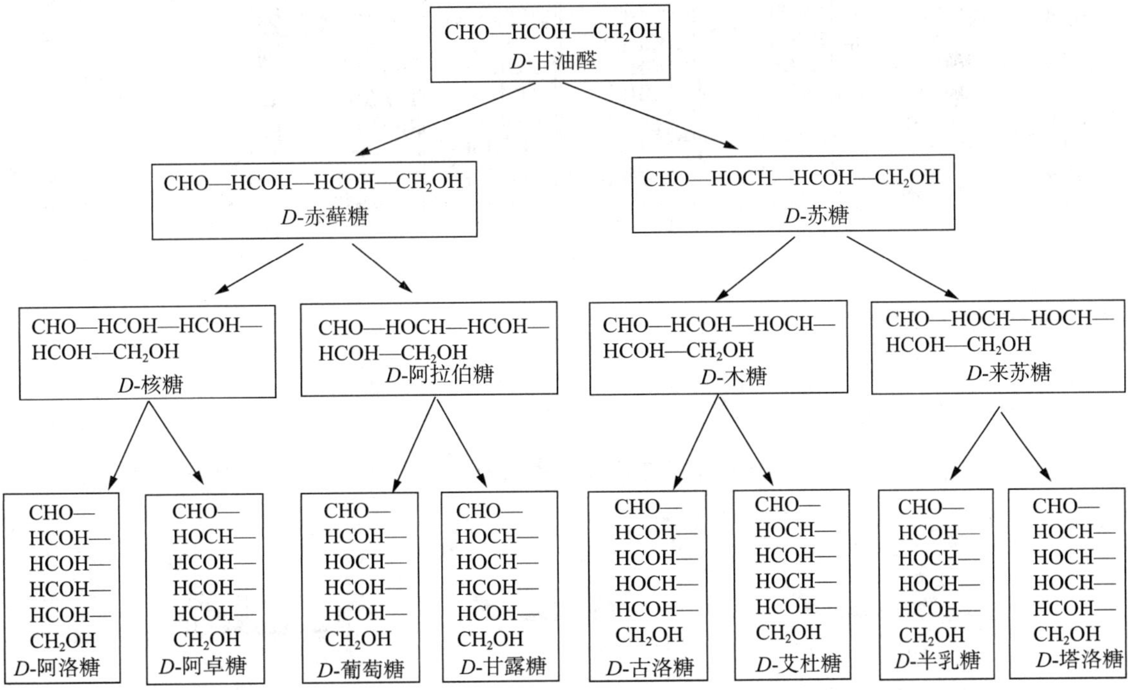

图 5-1　*D*-醛糖的关系图

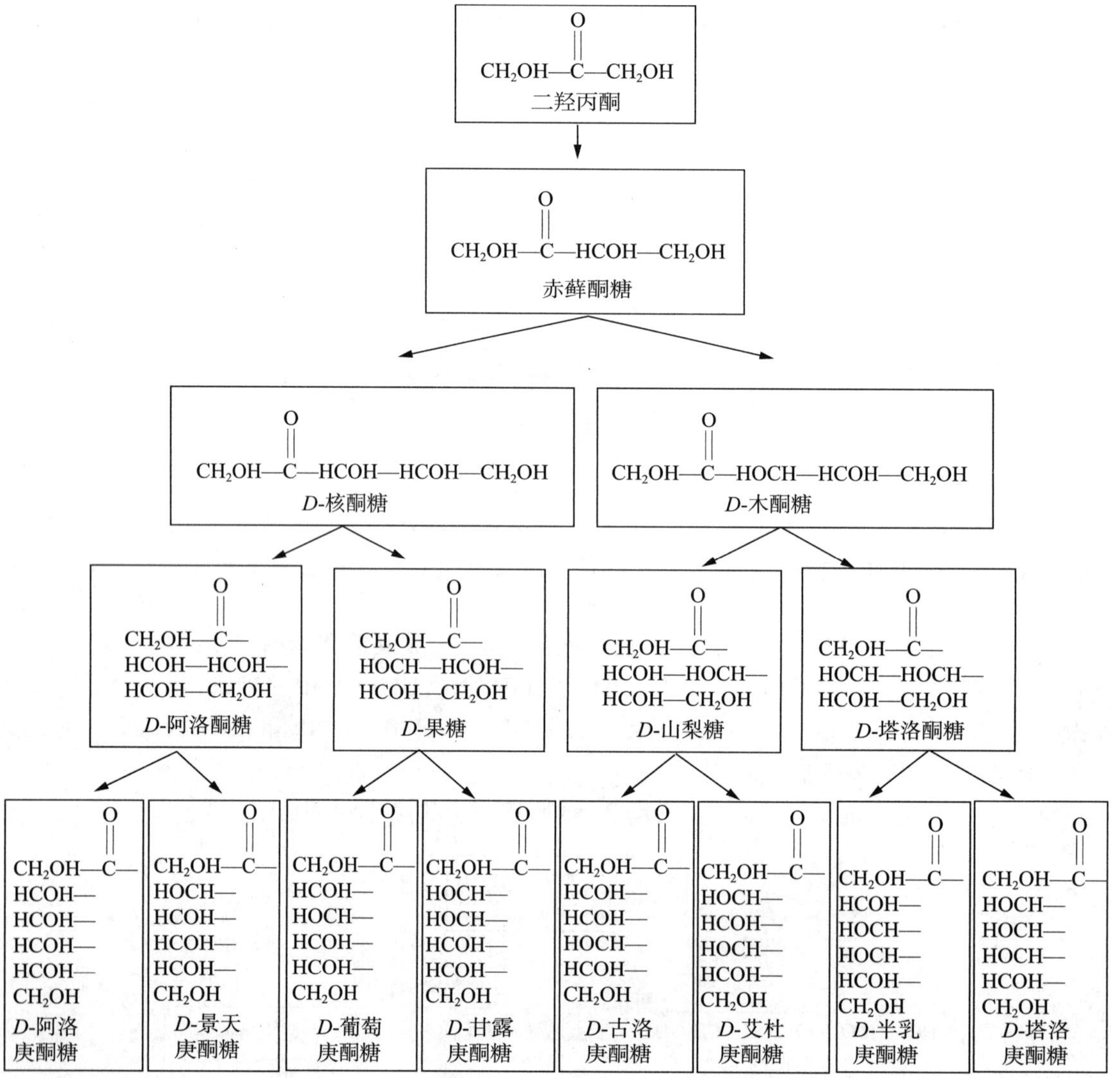

图 5-2 D-酮糖的关系图

一、单糖及其衍生物

(一)戊糖

高等植物中有三种重要的戊糖,即 D-核糖、L-阿拉伯糖及 D-木糖。其环状结构式为:

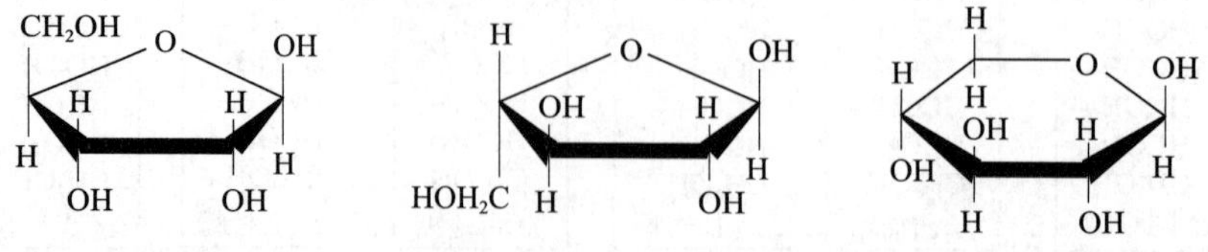

β-D-核糖　　L-阿拉伯糖　　D-木糖

D-核糖是所有生物细胞的普遍成分之一,在细胞质中含量最多。核糖是构成遗传物质——核糖核酸(RNA)的主要成分。如果 *D*-核糖在 C_2 上被还原，则形成 2-脱氧-*D*-核糖。脱氧核糖是另一类遗传物质——脱氧核糖核酸(DNA)的主要成分。

L-阿拉伯糖在植物中分布很广，是黏质、树胶、果胶质与半纤维素的组成成分，在植物体内以结合态存在。

D-木糖是植物黏质、树胶及半纤维素的组成成分，也以结合态存在于植物体内。

(二)己糖

在高等植物中主要的己醛糖有 *D*-葡萄糖、*D*-甘露糖、*D*-半乳糖，主要的己酮糖有 *D*-果糖和 *D*-山梨糖。

葡萄糖(简写为 *G*)是植物界分布最广，数量最多的一种单糖，多以 *D*-型存在。葡萄糖在植物的种子、果实中以游离状态存在，它也是许多多糖的组成成分，如蔗糖是由 *D*-葡萄糖与 *D*-果糖结合而成的，淀粉及纤维素都是由 *D*-葡萄糖聚合而成的。

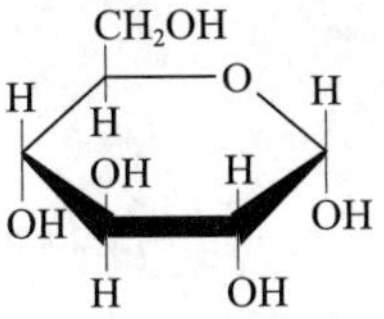

α-*D*-吡喃葡萄糖

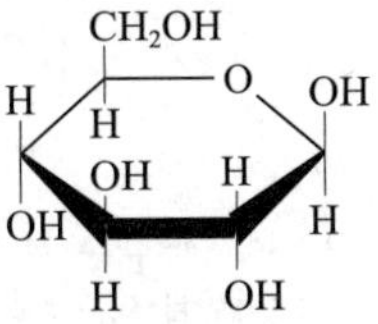

β-*D*-吡喃葡萄糖

果糖也是自然界中广泛存在的一种单糖。存在于植物的蜜腺、水果及蜂蜜中，是单糖中最甜的糖类。在游离状态时，果糖为 *β*-*D*-吡喃果糖，结合态时为 *β*-*D*-呋喃果糖。

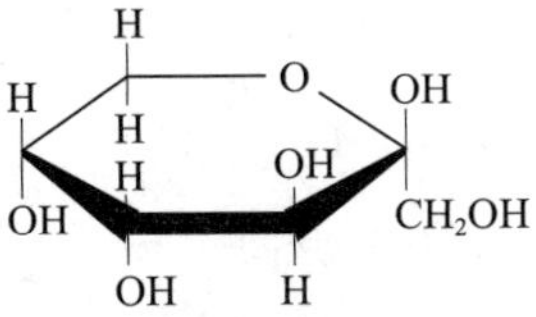

β-*D*-吡喃果糖

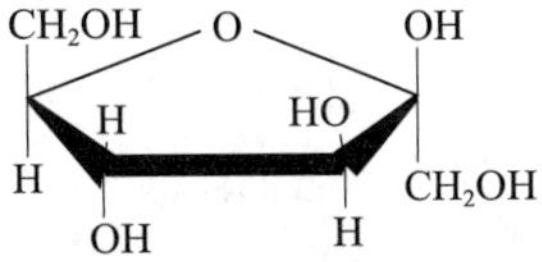

β-*D*-呋喃果糖

甘露糖在植物体内以聚合态存在，如甘露聚糖。它是植物黏质与半纤维的组成成分。花生皮、椰子皮、树胶中含有较多的甘露糖。甘露糖的还原产物——甘露糖醇是柿霜的主要成分。

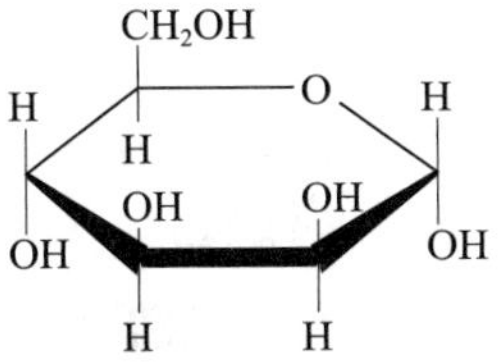

D-甘露糖

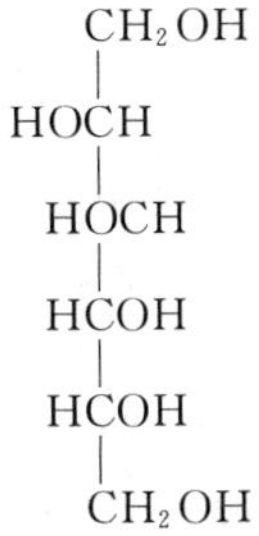

D-甘露糖醇

半乳糖在植物体内仅以结合状态存在。乳糖、蜜二糖、棉子糖、琼脂、树胶、果胶类及黏质等都含有半乳糖。

山梨糖又称清凉茶糖，存在于细菌发酵过的山梨汁中，是合成维生素 C 的中间产物，在制造维生素 C 的工艺中占有重要的地位。桃、李、苹果、樱桃等果实中含有山梨糖的还原产物——山梨糖醇。

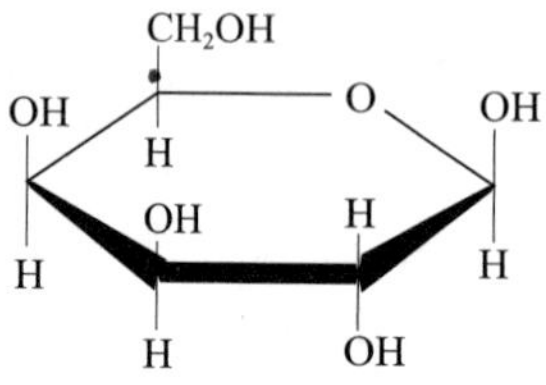

D-半乳糖

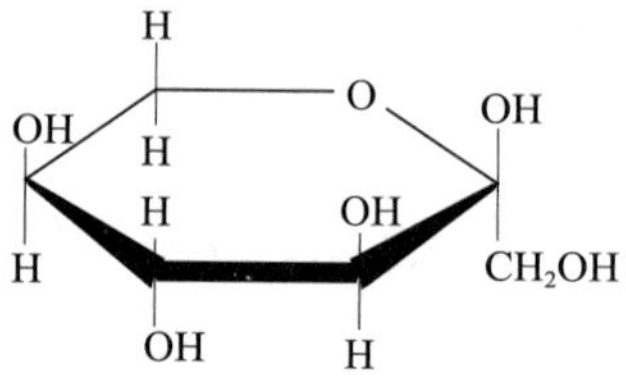

L-山梨糖

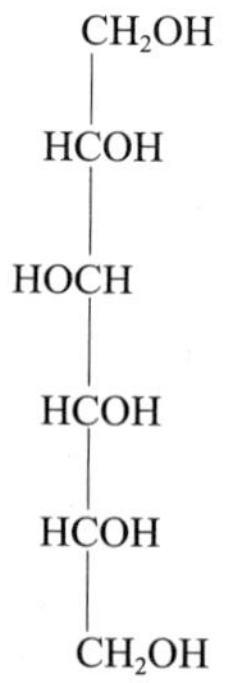

山梨糖醇

(三)庚糖

庚糖在自然界分布较少，主要存在于高等植物中，最重要的有 *D*-景天庚酮糖及 *D*-甘露庚酮糖。前者存在于景天科及其他肉质植物的叶子中，故名景天庚酮糖，它以游离状态存在。庚糖是光合作用的中间产物，在碳循环中占有重要地位。*D*-甘露庚酮糖存在于樟梨果实中，也以游离状态存在。它们的线状结构如下：

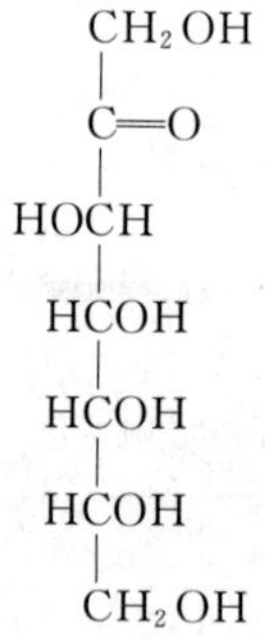

D-景天庚酮糖

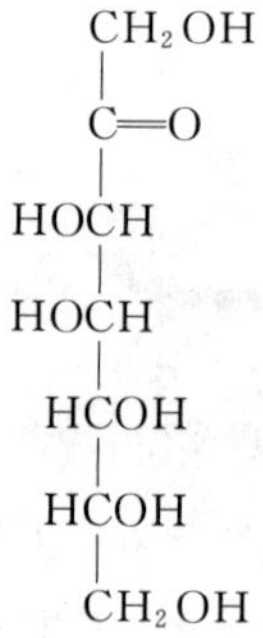

D-甘露庚酮糖

(四)糖的重要衍生物

由于电子显微镜的应用及近代细胞壁化学的研究，自然界中又发现有 2 种其他的脱氧糖类，它们是细胞壁的成分。一种是 *L*-鼠李糖；另一种是 6-脱氧-*L*-甘露糖。

糖醛酸由单糖的伯醇基氧化而得，其中最常见的是葡糖醛酸，它是脏内的一种解毒剂。半乳糖醛酸存在于果胶中。

糖胺又称氨基糖，即糖分子中的一个羟基为氨基所代替。自然界中存在的糖胺都是己糖胺，常见的是 *D*-葡萄糖胺，为甲壳质（几丁质）的主要成分，甲壳质是组成昆虫及甲壳类结构的多糖。*D*-半乳糖胺则为软骨组成成分软骨酸的水解产物。

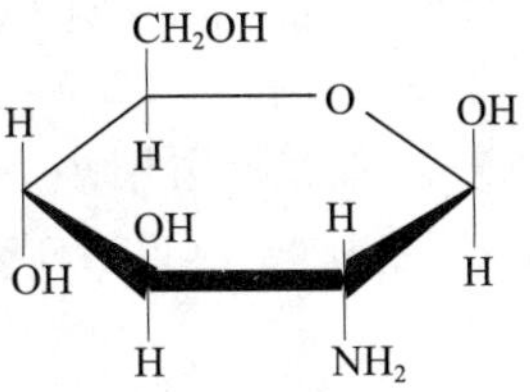

β-D-葡萄糖胺

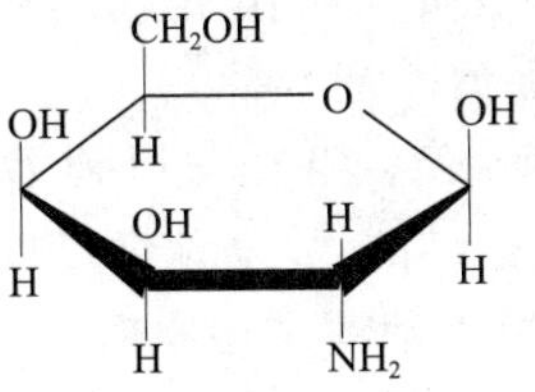

β-D-半乳糖胺

二、寡糖的降解

寡糖的概念是1930年提出的，是指由2～10个单糖分子聚合而成的糖。自然界中存在着大量的寡聚糖，早在1962年就已经发现了584种之多。寡聚糖在植物体内具有贮存、运输、适应环境变化、抗寒、抗冻、调节酶活性等功能。寡糖中以双糖分布最为普遍，意义也较大。

（一）双糖

双糖又称二糖，是由2个相同的或不同的单糖分子缩合而成的。双糖可以认为是一种糖苷，其中的配基是另外一个单糖分子。在自然界中，仅有蔗糖、麦芽糖和乳糖这3种双糖以游离状态存在，是最常见的双糖，其他多以结合形式存在，如纤维二糖。蔗糖在碳水化合物中是最重要的双糖，而麦芽糖和纤维二糖在植物中也很重要，它们是2个重要的多糖——淀粉和纤维素的基本结构单位。

1. 蔗糖

蔗糖在植物界分布最广，在植物的生理功能上发挥着重要的作用。蔗糖不仅是植物光合作用的主要产物，而且是碳水化合物贮存和积累的一种主要形式。在植物体中碳水化合物也以蔗糖形式进行运输，此外，我们日常食用的糖主要是蔗糖。蔗糖大量存在于甘蔗或甜菜中，在各种水果中含量也较多，如香蕉、柑橘等。

蔗糖是*α*-*D*-吡喃葡萄糖-*β*-*D*-呋喃果糖苷。由于2个还原性的基团都包括在糖苷键中，所以它不是还原糖。蔗糖有一个特殊性质，就是极易被酸水解，其水解速度比麦芽糖或乳糖大1 000倍。蔗糖水解后产生等量的*D*-葡萄糖及*D*-果糖，这个混合物称为转化糖。

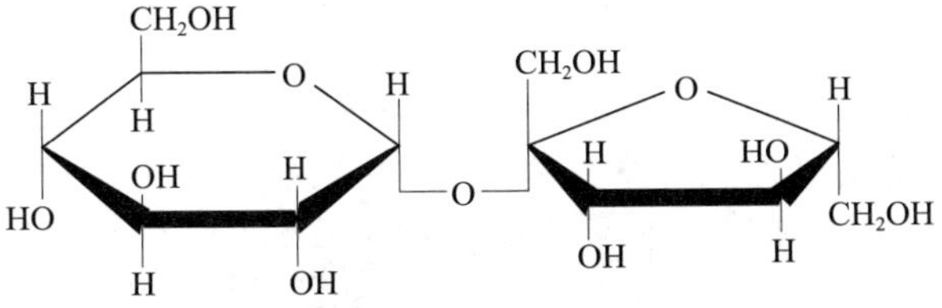

蔗糖［*α*-*D*-吡喃葡萄糖-*β*-*D*-呋喃果糖苷］

人和动物体消化道内蔗糖在蔗糖酶的作用下，被水解成相应的葡萄糖和果糖，水解过程如下：

$$\text{蔗糖} + H_2O \xrightarrow{\text{蔗糖酶}} \text{葡萄糖} + \text{果糖}$$

2. 麦芽糖

麦芽糖大量存在于发芽的谷粒，特别是麦芽中，在自然界中很少以游离状态存在，它是淀粉的组成成分。淀粉在淀粉酶作用下水解可以产生麦芽糖。用大麦淀粉酶水解淀粉,可以得到产率为 80%的麦芽糖。

用酸或麦芽糖酶水解麦芽糖只得到 *D*-葡萄糖,麦芽糖酶的作用表明 2 个 *D*-葡萄糖是通过第 1 和第 4 碳原子连结的,故麦芽糖可以认为是 *α*-*D*-葡萄糖-(1,4)-*D*-葡萄糖苷。因为有一个醛基是自由的,所以麦芽糖是还原糖。

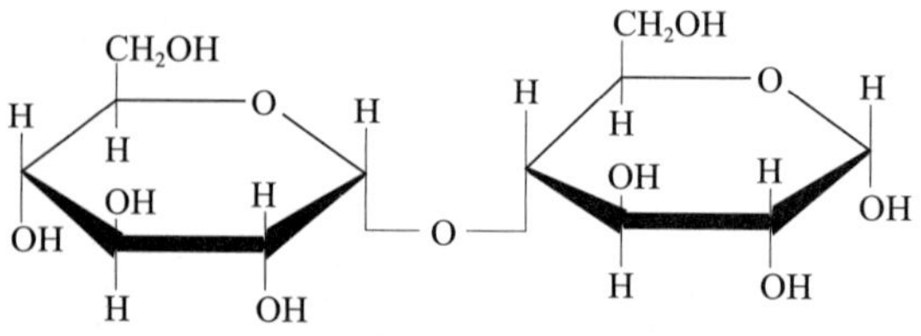

麦芽糖[*α*-*D*-葡萄糖-(1, 4)-*D*-葡萄糖苷]

水解过程如下:

$$\text{麦芽糖} + H_2O \xrightarrow{\text{麦芽糖酶}} 2\ \text{葡萄糖}$$

3. 乳糖

乳糖存在于哺乳动物的乳汁中(牛奶中含乳糖 4%~7%)。在高等植物花粉管及微生物中也含有少量乳糖。乳糖是由 *D*-葡萄糖和 *D*-半乳糖分子以 1,4 糖苷键连结缩合而成,乳糖是还原糖。

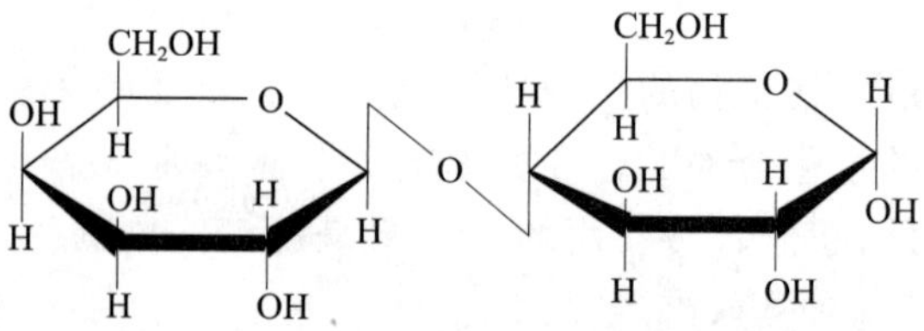

乳糖[*β*-*D*-吡喃半乳糖-(1, 4)-*α*-*D*-吡喃葡萄糖苷]

人及动物消化道内乳糖在乳糖酶作用下被水解,水解过程如下:

$$\text{乳糖} + H_2O \xrightarrow{\text{乳糖酶}} \text{葡萄糖} + \text{半乳糖}$$

4. 纤维二糖

纤维素经过小心水解可以得到纤维二糖,它是由 2 个葡萄糖通过 *β*-1,4-葡萄糖苷键缩合而成的还原性糖。与麦芽糖不同,它是 *β*-葡萄糖苷。

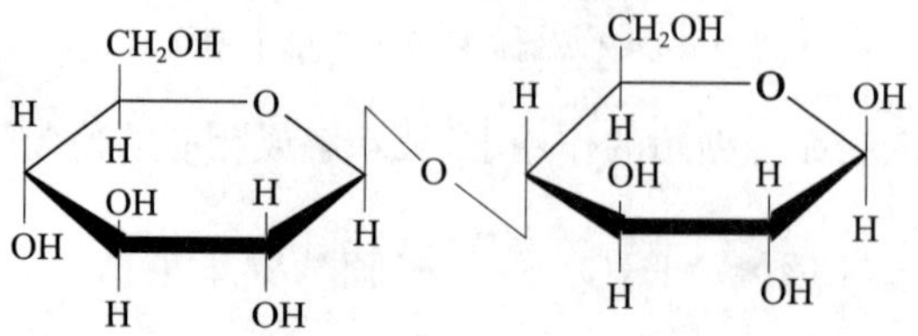

纤维二糖[*β*-*D*-吡喃葡萄糖-(1, 4)-*D*-吡喃葡萄糖苷]

(二)三糖

自然界中广泛存在的三糖仅有棉子糖,主要存在于棉籽、甜菜及大豆中,水解后产生 *D*-葡萄糖、*D*-果糖及 *D*-半乳糖。在蔗糖酶作用下,由棉子糖中分解出果糖而留下蜜二糖;在 *α*-半乳糖苷酶作用下,由棉子糖中分解出半乳糖而留下蔗糖。棉子糖的分子结构如下:

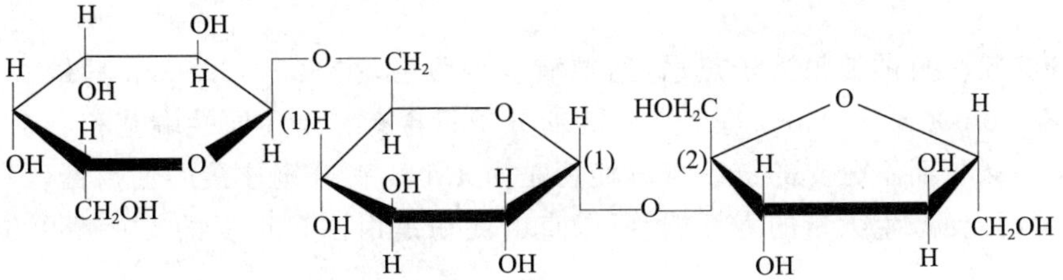

棉子糖

(三)四糖

水苏糖是目前研究比较清楚的四糖,存在于大豆、豌豆、洋扁豆和羽扇豆种子内,由 2 个分子半乳糖、1 分子 *α*-葡萄糖及 1 个分子 *β*-果糖组成。水苏糖的分子结构如下:

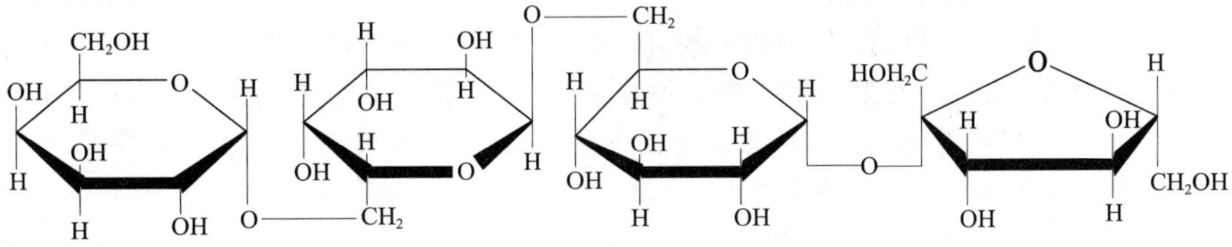

水苏糖

三、多糖的降解

多糖是分子结构复杂的高分子碳水化合物,在植物体内占有很大部分。多糖可以分为两大类:一类是构成植物骨架结构的不溶性多糖,如纤维素、半纤维素等,是构成细胞壁的主要成分;另一类是贮存的营养物质,如淀粉、糖原等。

多糖是指由多个单糖分子脱水缩合而成的高分子化合物。由一种单糖分子缩合而成的如淀粉、糖原、纤维素等;由两种单糖分子缩合而成的如半乳甘露糖胶、阿拉伯木糖胶等;由数种单糖及非糖物质构成的如果胶物质等。

1. 淀粉

淀粉是植物光合作用的产物,它几乎存在于所有绿色植物的多数组织中,是植物中最重要的贮存多糖。淀粉是禾谷类、豆科种子、马铃薯块茎和甘薯块根的主要成分,它是人类粮食及动物饲料的重要来源。在植物体中,淀粉以淀粉粒状态存在,形状为球形、卵形,随植物种类不同而不同。即使是同种作物,淀粉含量也因品种、气候、土壤等条件变化而有所不同。

淀粉在酸和体内淀粉酶的作用下被降解,其最终水解产物为葡萄糖,它的降解过程是逐步进行的:

淀粉⟶红色糊精⟶无色糊精⟶麦芽糖⟶葡萄糖
遇碘显　（紫蓝色）　（红色）　（不显色）　（不显色）

淀粉根据其葡萄糖的连接方式有直链和支链两种存在形式。直链淀粉是由 α-1,4-糖苷键连接的多聚葡萄糖；支链淀粉除由 α-1,4-糖苷键连接外，在分支点处还有 α-1,6-糖苷键连接的多聚葡萄糖。用热水溶解淀粉时，可溶的一部分为直链淀粉；另一部分不能溶解的为支链淀粉。

（1）直链淀粉。直链淀粉溶于热水，遇碘液呈紫蓝色，在 620～680 nm 呈最大光吸收。相对分子质量在 10 000～50 000。每个直链淀粉分子只含有一个还原性端基和一个非还原性端基，所以它是一条长而不分支的链。直链淀粉是由 α-1,4-糖苷键连接的葡萄糖残基组成，当它被淀粉酶水解时，便产生大量的麦芽糖，所以直链淀粉是由许多重复的麦芽糖单位组成的，分子结构如下：

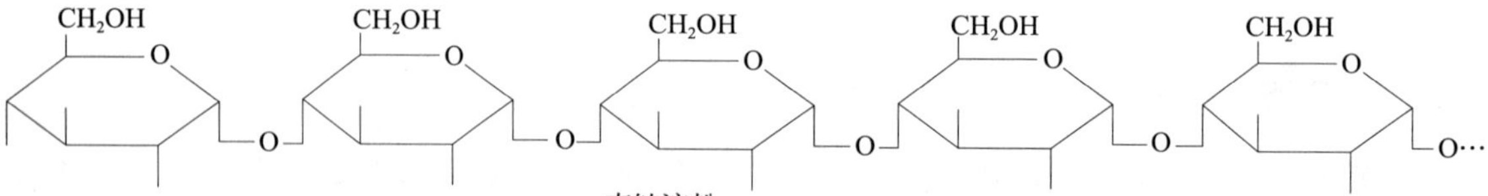

直链淀粉

（2）支链淀粉。支链淀粉的相对分子质量非常之大，在 50 000～1 000 000。端基分析表明，每 24～30 个葡萄糖单位含有一个端基，因而它必定具有支链的结构，每条直链都是通过 α-1,4-糖苷键连结，支链之间由 α-1,6-糖苷键连接，可见支链淀粉分支点的葡萄糖残基不仅连接在 C_4 上，而且连接在 C_6 上，α-1,6-糖苷键占 5%～6%。支链淀粉的分支长度平均为 24～30 个葡萄糖残基，遇碘显紫色或紫红色，在 530～555 nm 呈现最大光吸收。

一般淀粉都含有直链淀粉和支链淀粉，但在不同植物中，直链淀粉和支链淀粉所占的比例不同，如表 5-1 所示。即使是同一作物，品种不同两者的比例也不同，如糯玉米中几乎不含直链淀粉，全为支链淀粉。

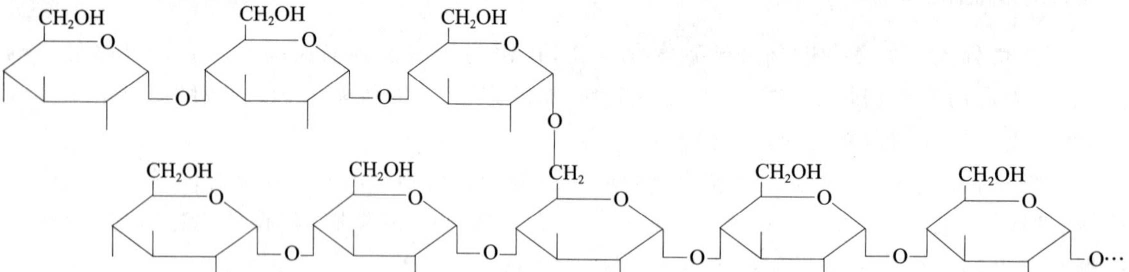

支链淀粉

表 5-1　不同植物淀粉中直链淀粉和支链淀粉的比例　　%

淀粉	直链淀粉	支链淀粉
马铃薯淀粉	19～20	78～81
小麦淀粉	24	76
玉米淀粉	21～23	77～79
稻米淀粉	17	83

(3)淀粉的降解。由于淀粉分子较大,不能透过细胞膜,在动物体利用之前必须将淀粉在消化道内淀粉酶的作用下,转变为单糖后才能被吸收利用。消化道内水解淀粉的酶主要有α-淀粉酶、β-淀粉酶、α-1,6-糖苷酶等。α-淀粉酶的作用是可以随意地水解直链淀粉或支链淀粉中任何部位的α-1,4-糖苷键,它是一种内切酶,能将淀粉切断成分子量较小的糊精,但不能水解α-1,6-糖苷键,水解的产物是麦芽糖、异麦芽糖、麦芽寡糖和α-糊精的混合物;β-淀粉酶,它是仅作用于链的末端单位,它从链的非还原性末端开始,每次切下两个葡萄糖单位——麦芽糖;葡萄糖淀粉酶,它是一种外切酶,能够将淀粉链端基葡萄糖水解下来,最终可以将淀粉完全水解成葡萄糖;α-1,6-糖苷酶又称脱支酶,是一种能水解α-1,6-糖苷键的淀粉酶,其作用为可以水解带分支的糊精中α-1,6-糖苷键,生成α-1,4-糊精和麦芽糖的混合物(图5-3)。麦芽糖在小肠内由麦芽糖酶催化进一步降解为葡萄糖而被吸收。淀粉的磷酸解中α-1,4-糖苷键的降解是在淀粉磷酸化酶的催化下,用磷酸代替水,将淀粉降解生成1-磷酸葡萄糖。

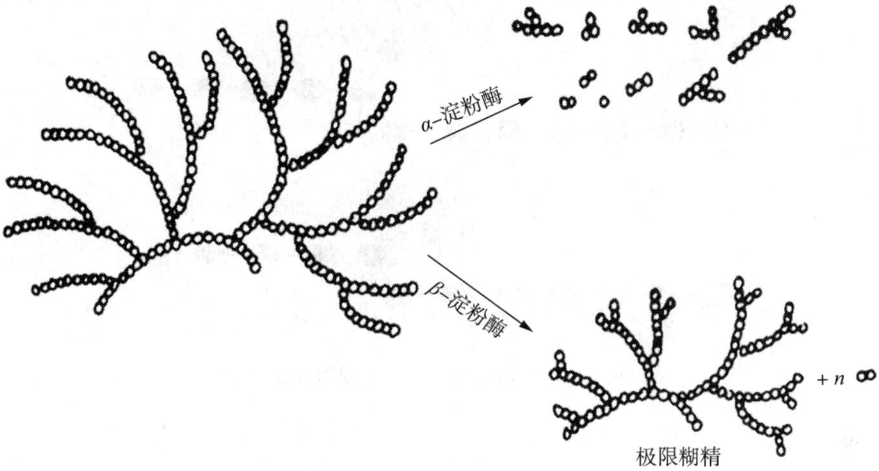

图5-3　淀粉酶的降解过程

α-1,6-支链的降解过程,α-淀粉酶、β-淀粉酶和磷酸化酶只能水解α-1,4-糖苷键,不能水解α-1,6-糖苷键。如图5-4所示磷酸化酶将一个分支上的5个α-1,4-糖苷键和另一个分支上的3个α-1,4-糖苷键水解,至末端残基a和d处即停止,此时需要一个转移酶,将一个分支上的3个糖残基(a、b、c)转移到另一个分支上,在糖残基c与d之间形成一个新的α-1,4-糖苷键,然后在α-1,6-糖苷酶(脱支酶)的作用下,水解z与h之间的α-1,6-糖苷键,从而将一个具有分支结构的淀粉(糖原)转变成为线型的直链结构,后者可被磷酸化酶继续分解。因此,淀粉(糖原)降解生成葡萄糖是几种酶相互配合进行催化反应的结果。

2. 糖原(简称Gn)

糖原是动物体内由多个葡萄糖单位组成的多糖,是葡萄糖在体内的贮存形式,有肝糖原和肌糖原两种。当血糖水平降低或动物剧烈运动时,糖原可被动员出来供有机体利用。糖原的结构和淀粉相似,大多数葡萄糖是以α-1,4-糖苷键连接,只在糖原分支的分支点处是α-1,6-糖苷键连接,大约每10个残基中有一个键(图5-5)。糖原端基含量占9%,而支链淀粉为4%,故糖原的分支程度比支链淀粉约高1倍多。糖原的相对分子质量很高,约为5 000 000,它与碘作用显棕红色,在430～490 nm呈现最大光吸收。糖原的分解是从非还原端开始,与淀粉在植物中发挥的作用一样，故有"动物淀粉"之称。

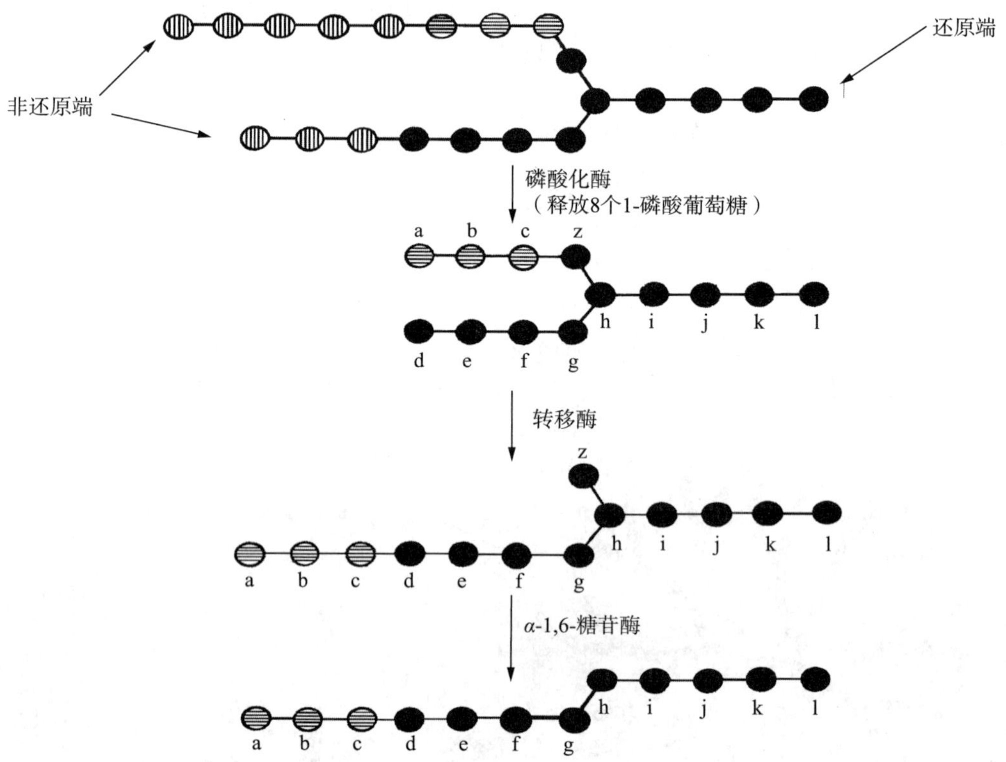

图 5-4　淀粉(糖原)α-1,6-支链的降解过程

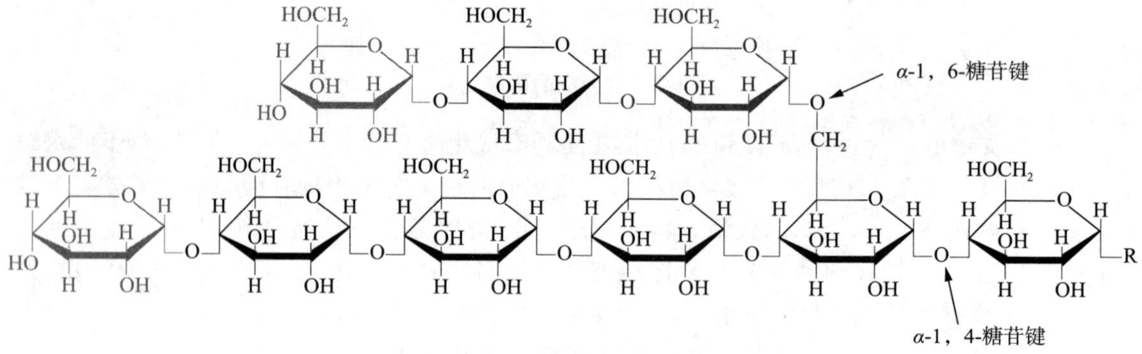

图 5-5　糖原的分子结构

糖原的降解过程同淀粉相似，只是催化的酶不同，具体过程如下：

在细胞内，糖原在糖原磷酸化酶催化下产生 1-磷酸葡萄糖(G-1-P)。

$$G_n + H_3PO_4 \xrightarrow{\text{糖原磷酸化酶}} G_{n-1} + \text{G-1-P}$$

1-磷酸葡萄糖在磷酸葡萄糖变位酶作用下转变为 6-磷酸葡萄糖。

$$\text{G-1-P} \xrightleftharpoons{\text{磷酸葡萄糖变位酶}} \text{G-6-P}$$

G-6-P 不能透过细胞膜，因此在肝脏中 G-6-P 在葡萄糖-6-磷酸酶的催化下水解生成葡萄糖和磷酸，葡萄糖通过细胞膜进入血液，补充血糖，保证血糖的稳定。但是在肌肉中由于缺乏葡萄糖-6-磷酸酶，所以 G-6-P 可继续降解，给肌肉收缩供给能量。

$$\text{G-6-P} + H_2O \xrightarrow{\text{葡萄糖-6-磷酸酶}} H_3PO_4 + \text{G}$$

3. 纤维素

纤维素是最丰富的有机化合物，是植物中最广泛的骨架多糖，植物细胞壁和木材差不多有一半是由纤维素组成的。棉花是较纯的纤维素，它含纤维素高于 90%。通常纤维素、半纤维素及木质素总是同时存在于植物细胞壁中。

植物纤维素不是均一的一种物质，粗纤维可以分为 α-纤维素、β-纤维素和 γ-纤维素三种。α-纤维素不溶于 17.5% NaOH，它不是纯粹的纤维素，因为在其中含有其他聚糖（如甘露聚糖）；β-纤维素溶于 17.5% NaOH，加酸中和后沉淀出来；γ-纤维素溶于碱而加酸不沉淀。这种差别大概是由于纤维素结构单位的结合程度和形状不同。

实验证明，纤维素不溶于水，相对分子质量在 50 000～400 000，每分子纤维素含有 300～2 500 个葡萄糖残基。葡萄糖分子以 β-1，4-糖苷键连接而成，在酸的作用下完全水解纤维素的产物是 β-葡萄糖，部分水解时产生纤维二糖，说明纤维二糖是构成纤维素的基本单位。水解充分甲基化的纤维素则产生大量的 2，3，6-三甲氧基葡萄糖，表明纤维素的分子没有分支。其分子结构如下：

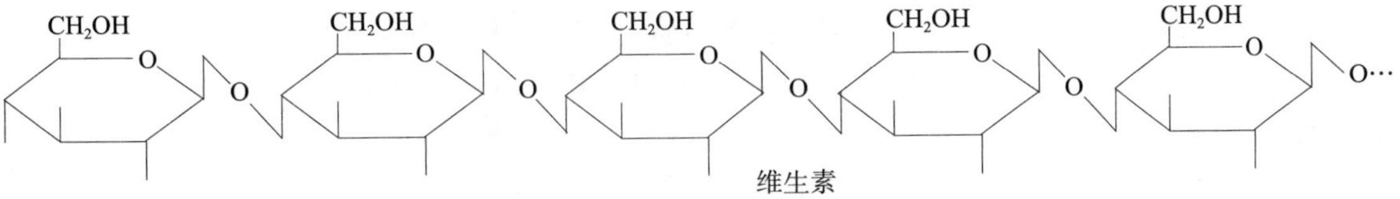

维生素

纤维素是以 β-1，4-糖苷键连接的不分支的同多糖，除反刍动物外，其他动物的口腔、胃、肠都不含纤维素酶，不能把纤维素水解，所以纤维素对人及动物都无营养价值，但有利于刺激肠胃蠕动，吸附食物或饲料，帮助消化。某些微生物、菌类、藻类及各种昆虫，特别是反刍动物（牛、羊等）以草食为主，饲料中的糖主要是纤维素，它们瘤胃中的细菌含有纤维素酶，能把纤维素和淀粉分解变为乙酸、丙酸、丁酸等低级脂肪酸，然后经瘤胃胃壁吸收，乙酸和丁酸可以用于乳脂的形成，其丙酸则可通过糖异生作用转变为葡萄糖而进入血液维持血糖的稳定。近年来已筛选出富含纤维素酶的微生物，它们能将纤维素水解成纤维二糖和葡萄糖等。

淀粉、糖原、纤维素是动物机体补充能量的重要多糖，常通过饲料进入动物体内经过消化道降解补充血糖稳定。

4. 半纤维素

半纤维素大量存在于植物木质化部分，包括很多高分子的多糖中。可以用稀碱溶液提取，用稀酸水解，则产生己糖和戊糖，因此它们是多缩己糖（如多缩半乳糖和多缩甘露糖）和多缩戊糖（如多缩木糖和多缩阿拉伯糖）的混合物。

多缩戊糖及多缩己糖都是以 β-1，4-糖苷键相连接的。多缩木糖的分子结构如下：

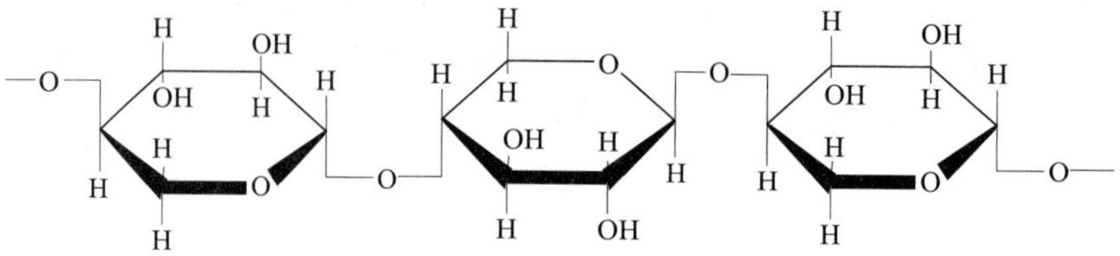

多缩木糖

5. 菊糖

菊糖是多聚果糖，菊糖中的果糖一律以 *D*-呋喃糖的形式存在。菊科植物如菊芋、大丽花的根部，蒲公英、橡胶草等都含有菊糖，代替了一般植物的淀粉，因而也称为菊粉。菊糖分子中含有约 30 个 1,2-糖苷键连接的果糖残基。菊糖分子中除含果糖外，还含有葡萄糖。葡萄糖可出现在链端，也可以出现在链中。

菊糖不溶于冷水而溶于热水，因此可以用热水提取，然后在低温（如 0 ℃）下沉淀出来，菊糖具有还原性。淀粉酶不能水解菊糖，因此人和动物不能消化它；蔗糖酶可以以极慢的速度水解菊糖。真菌如青霉菌、酵母及蜗牛中含有菊糖酶，可以使菊糖水解。

6. 果胶物质

果胶物质一般存在于初生细胞壁中。在水果中如苹果、桔皮、柚皮及胡萝卜等含量较多。果胶物质可分为三类，即果胶酸、果胶酯酸和原果胶。

(1)果胶酸。果胶酸的主要成分为多缩半乳糖醛酸，水解后产生半乳糖醛酸。植物细胞胶层中含有果胶酸的钙盐和镁盐的混合物，它是细胞与细胞之间的黏合物，某些微生物（如白菜软腐病菌）能分泌分解果胶酸盐的酶，使细胞与细胞松开。植物器官的脱落也是由于中胶层中果胶酸的分解。

(2)果胶酯酸。果胶酯酸常呈不同程度的甲酯化，酯化范围在 0～85%。一般把酯化程度很低（5%以下）的称为果胶酸，酯化程度高的则称为果胶酯酸。果胶酯酸是水溶性的溶胶，酯化程度在 45%以下的果胶酯酸在饱和糖溶液中（65%～70%）及在酸性条件下（pH 为 3.1～3.5）形成凝胶（胶冻），为制糖果、果酱等的重要物质，称为果胶。果胶酯酸的分子结构如下：

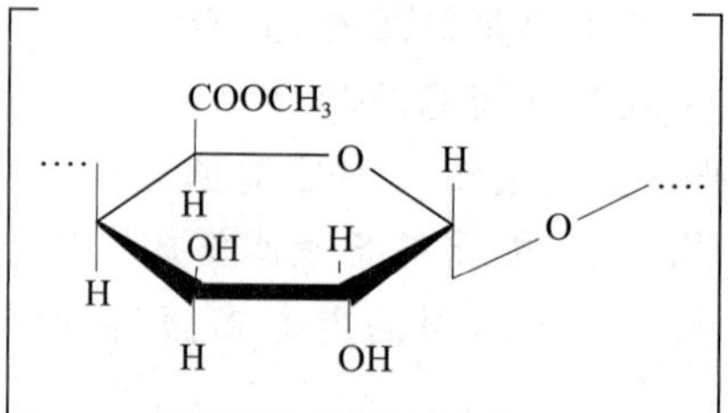

果胶酯酸（部分酯化）

(3)原果胶。原果胶不溶于水，主要存在于初生细胞壁中，特别是薄壁细胞及分生细胞的胞壁。苹果和桔皮最富含原果胶，后者可达干重的 40%。在水果成熟过程中，原果胶和果胶酸盐在酶的作用下使两者由不溶解状变成溶解状的果胶，因而使水果由硬质的状态变成柔软的成熟状态。

果胶物质除含多缩半乳糖醛酸外，还含少量糖类，如 *L*-阿拉伯糖、*D*-半乳糖、*L*-鼠李糖、*D*-木糖、*D*-葡萄糖等。

7. 肽聚糖

肽聚糖是细胞壁中的一种结合多糖，是由多糖与氨基酸连结而成的复杂聚合物，因其肽链不太长，故把这些聚合物称为聚糖。肽聚糖的糖链是由 N-乙酰葡萄糖胺(简称 NAG)及N-乙酰胞壁酸(简称 NAMA)以 β-1，4 糖苷键组合而成的二糖。N-乙酰胞壁酸与 N-乙酰葡萄糖胺以其 C_3位的羟基与乳酸的 α-羟基以醚键连接而成。在肽聚糖中，每个乳酸部分的羧基又与四肽相连，该四肽是由 *L*-丙氨酸、*D*-异谷氨酰胺、*L*-赖氨酸、*D*-丙氨酸所组成，分子结构如图 5-6 所示。

肽聚糖为一线性的多糖链，每隔一个己糖胺有一个四肽侧链。在二个相邻的平行多糖链之间还有交叉链连接。在交叉链中，末端 *D*-丙氨酸的羧基与一个五肽(五甘氨酸)残基连接，这个五甘氨酸转而再与相邻肽聚糖的四肽侧链的赖氨酸的 α-氨基相连接，如图 5-6 所示。

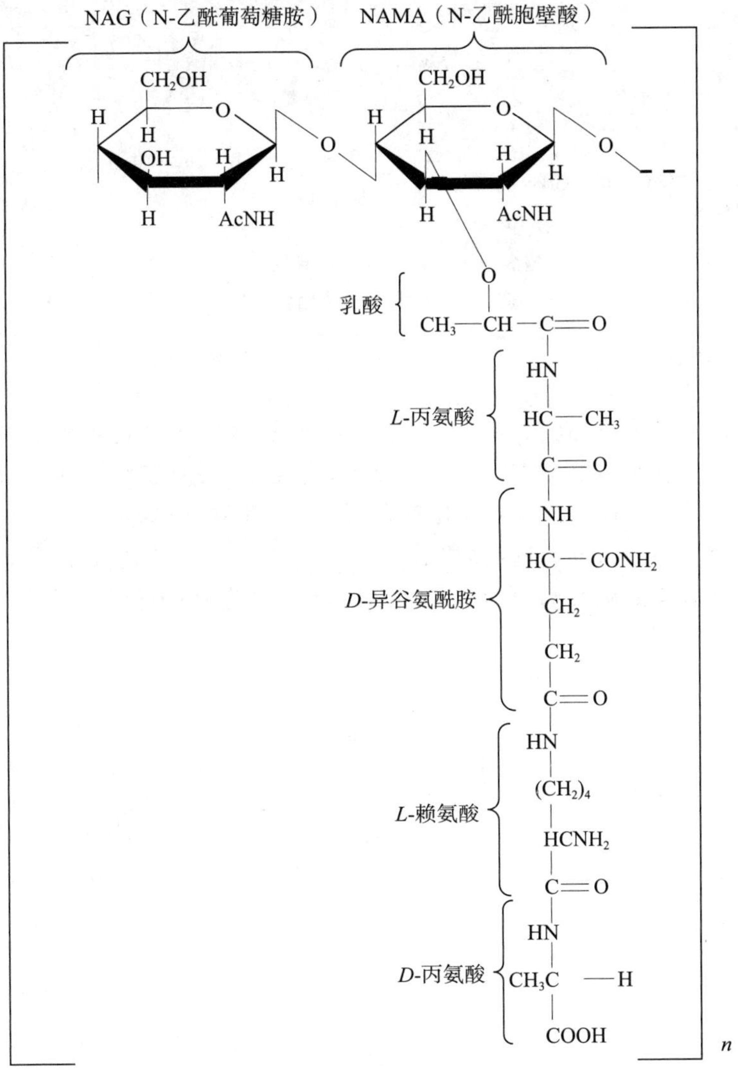

图 5-6　肽聚糖的重复单位

肽聚糖在免疫化学、植物病理学以及细胞的生长与分化等方面有很重要的研究价值。

8. 甲壳质

甲壳质又称几丁质，是一种 N-乙酰葡萄糖胺的同聚物，为组成甲壳类的介壳(如虾、蟹)及昆虫类外骨骼的结构成分。N-乙酰葡萄糖胺以 β-1,4-糖苷键相连接(图 5-7)。

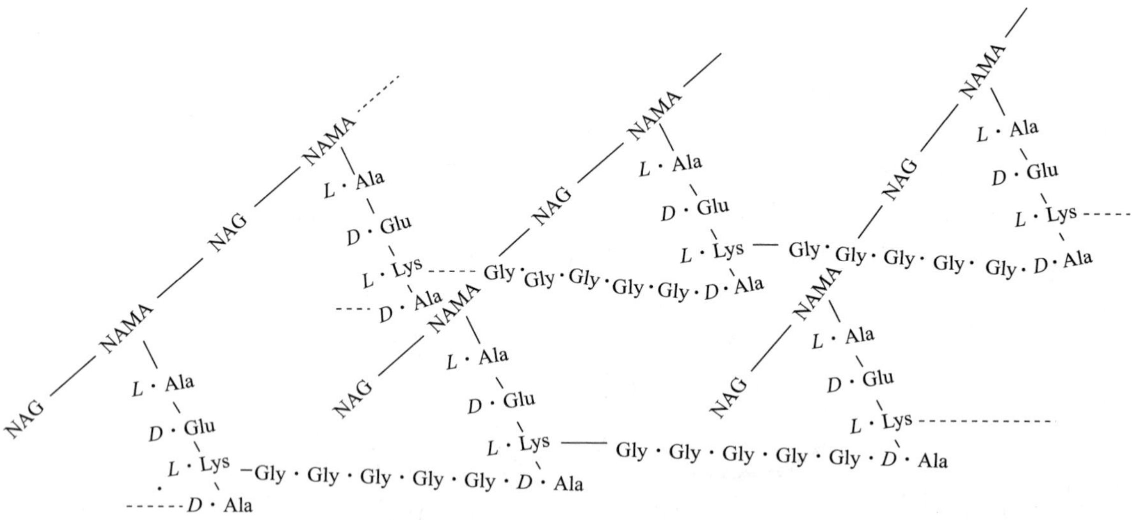

Ala:丙氨酸； Glu:谷氨酸； Gly:甘氨酸； Lys:赖氨酸

图 5-7　肽聚糖结构的一部分

9. 黏多糖类

黏多糖类为高分子质量(高至 5×10^6)的胶性物质，存在于动物细胞的细胞衣中，起着润滑和黏合的作用。一种常见的黏多糖为透明质酸，是由 D-葡糖醛酸与 N-乙酰-D-葡萄糖胺单位交替组成的杂多糖。透明质酸存在于眼睛的玻璃体、角膜、细胞间质、关节液中，可溶于水，呈黏稠溶液。软骨素在结构上与透明质酸相似，只有氨基糖为 N-乙酰-D-半乳糖胺，也是细胞衣的一种成分。软骨素的硫酸酯(在氨基糖的 C_4 及 C_6 位置上)为软骨、腱及骨胳的主要成分。透明质酸的化学结构如下：

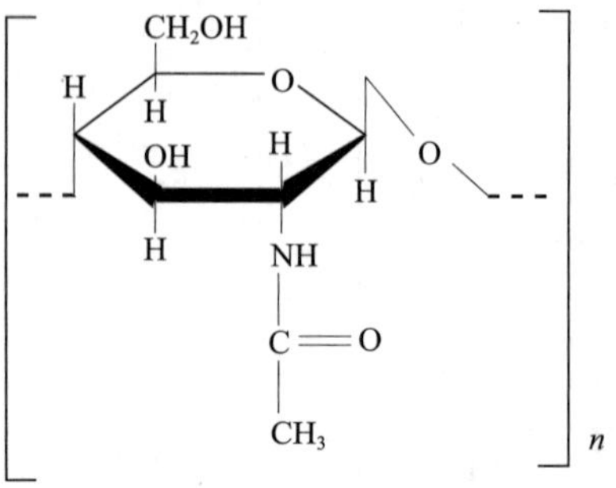

几丁质

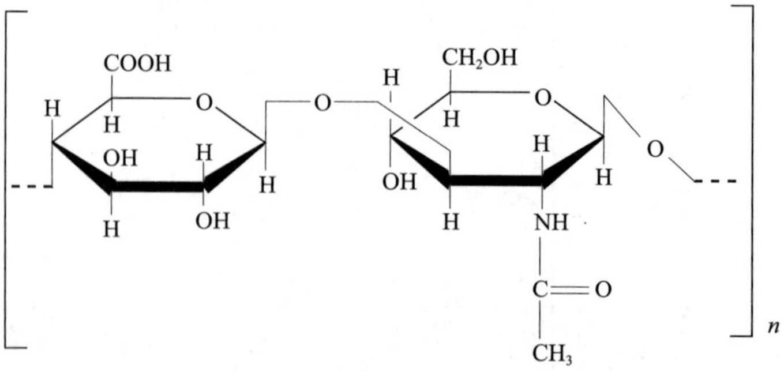

透明质酸

四、糖的生理功能

糖类广泛存在于动物体内，动物体从自然界摄取的物质中，除水以外，糖是最多的物质。

糖具有多种重要的生理功能。

1. 氧化分解，供应能量

生命活动需要能量，动物体获得能量的方式是物质的氧化分解。糖类化合物是动物体最主要的供能物质，动物体所需要的能量 60%～80%来自糖的氧化分解，每克糖在体内彻底氧化分解可释放 16.7 kJ 的能量，虽然供能不多，但是饲料中糖的含量最丰富，这些能量的一部分以热的形式用于维持体温或散发到体外，一部分转变为高能化合物（如 ATP）用于维持动物体正常的生命活动。

2. 构成组织细胞的成分

葡萄糖可存在于一切组织中，是构成细胞的成分。肝糖原和肌糖原是动物体内葡萄糖的贮存形式；核糖和脱氧核糖是细胞内遗传物质（核酸）的组成成分；糖与脂类结合成糖脂，糖脂是构成细胞膜和神经组织的基本成分；糖与蛋白质形成糖蛋白，糖蛋白是构成细胞膜和结缔组织的基本成分；黏多糖是结缔组织基质的组成成分；杂多糖和结合糖是构建细胞膜、神经组织、结缔组织、细胞间质的主要成分。

3. 其他功能

（1）糖可以参与生物体内一些具有生理功能的物质，如免疫球蛋白、血型物质、部分激素及构成凝血因子的糖蛋白，这些糖蛋白的生物学功能与其分子中的寡糖基密切相关。

（2）糖在生物体可以转变为脂肪而贮存，可转变为某些氨基酸供动物体合成蛋白质，葡萄糖还可以转变为葡糖醛酸，参与生物转化反应（是肝脏内的解毒物质）。

五、血糖及其调节

血液中所含的糖，除微量的半乳糖、果糖及其磷酸酯外，大部分是葡萄糖。血糖主要是指存在于血液中的葡萄糖。每种动物的血糖含量各不相同，但对每种动物而言血糖浓度是恒定的。血糖浓度的相对恒定，是通过神经、激素调节血糖的来源和去路而达到。

1. 血糖的来源和去路

血糖的来源有四个途径：一是从饲料中摄取，通过消化道对糖类物质的消化吸收，这是血糖的主要来源；二是体内肝糖原的分解，动物在空腹状态下维持血糖恒定的重要途径；三是当动物体长期饥饿时，由非糖物质经糖异生作用转化为葡萄糖进入血液形成血糖；四是其他单糖，如果糖、半乳糖等，也可以转变为葡萄糖以补充血糖。

首先，血糖的去路最主要的是进入组织细胞氧化供给能量；其次，当能量供给充足，血糖含量仍较高时，血糖可穿出血管进入肝脏或肌肉，合成相应的肝糖原和肌糖原贮存起来；再次，血糖还可以在一定的组织中转化为脂肪、非必需氨基酸或糖蛋白等构成身体的结构物质；然后，转变为其他糖及其糖衍生物，如葡萄糖可转变为核糖、脱氧核糖、氨基糖等，以作为机体内一些重要物质合成的原料；最后，血液中的葡萄糖有时从尿中排出，则出现尿糖，这是非正常去路。正常生理情况下，葡萄糖虽然通过肾小球滤过，但在肾小管中又几乎全部被吸收进入血液中。只要在某些生理或病理情况下，血糖含量过高，超过了肾小管再吸收的能力时，一部分糖才会从尿中排出，称为尿糖。

正常时各种不同动物的血糖浓度是恒定的（表 5-2），只有在某种异常情况下才会出现血糖升高或降低。

表 5-2 正常时各种不同动物的血糖浓度

动物名称	血糖浓度/(mg/100 mL)	平均值/(mg/100 mL)
哺乳仔猪(20～40 日龄)	100～139	122
后备种猪(65～112 日龄)	70～111	91
育肥猪	39～100	70
公马	71～113	92
母马	74～89	82
驴(妊娠期)	95～111	
水牛	42～46	44
奶牛	35～55	
牦牛	48～90	
绵羊	35～60	
山羊	45～60	

2. 血糖浓度的调节

血糖浓度受神经、激素、器官、代谢物等多种因素的调节。神经调节是通过对激素分泌的控制,间接地控制血糖浓度。血糖浓度过高或过低,可反射性地刺激延脑的糖感觉中枢,引发神经冲动,进而影响肝糖原的分解与合成,使血糖浓度维持恒定。调节血糖浓度的激素有降糖和升糖两类。胰岛素是降糖激素,作用是促进糖原的合成和抑制糖原的分解,同时使糖的分解与转化加强,抑制糖的异生;而肾上腺素、胰高血糖素,肾上腺糖皮质激素、生长素等都是升糖激素,作用与胰岛素作用相反,有促进糖原分解,抑制糖原合成和促进糖异生作用。升糖和降糖激素在生物体内相互制约,共同调节糖的分解与合成,以维持血糖浓度的稳定。

血糖浓度相对恒定具有重要的生理意义。生物体内各组织细胞生命活动所需能量大部分来自葡萄糖,血糖必需保持一定水平才能维持体内各器官和组织的需要。如果血糖含量过低,各组织得不到足够的葡萄糖供给能量,就会发生功能障碍,这一点对脑组织特别重要,这是由于脑组织不含糖原,而脑组织活动所需的能量除来自酮体外,必须有一部分来自血糖,以维持其正常的功能活动。可见,细胞内缺乏糖的供应,细胞功能就会发生紊乱。相反,血糖浓度如果超过正常水平,不能被组织利用,则由尿排出。

任务二　单糖的分解代谢

任务解析

通过对糖主要代谢途径的学习,进一步加深对糖主要功能的了解。本任务的学习重点是糖的有氧分解。通过结合实例学习糖的各代谢途径。

进入血液中的葡萄糖,经血液循环运送到全身各个组织细胞通过不同的方式供给机体能量的需求。葡萄糖在组织细胞内的分解代谢主要有 3 条途径,分别是无氧分解、有氧分解和磷酸戊糖途径(磷酸己糖途径)。

一、糖的无氧分解

(一)无氧分解(又称糖酵解)概念

糖的无氧分解是指细胞内的葡萄糖或糖原的葡萄糖单位在无氧或缺氧条件下,分解生成乳酸并释放少量能量的过程。由于此过程与葡萄糖生醇发酵的过程相似,故又称糖酵解。其不同点是生醇发酵是在微生物或植物体中进行,降解生成的丙酮酸先脱羧成乙醛后,再被还原成乙醇;而糖在动物体内无氧分解时,丙酮酸可直接被还原生成乳酸。阐明糖酵解途径过程的是在1940年由G. Embden,O. Meyerhof,J. K. Parnas等完成,所以也称EMP途径。糖无氧分解的酶存在于胞液,故糖酵解过程在胞液中进行。糖酵解和生醇发酵过程对比如下:

$C_6H_{12}O_6$(葡萄糖) ⟶ 2 $CH_3COCOOH$(丙酮酸) ⟶

- 2 CH_3—CH—OH—COOH(乳酸)　(糖酵解)
- 2 CH_3CHO(乙醛) ⟶ 2 CH_3—CH_2—OH(乙醇)(生醇发酵)

(二)无氧分解的反应过程

糖的无氧分解过程从葡萄糖或糖原开始,分为四个阶段,包括12步或13个反应步骤。

1. 由葡萄糖形成1,6-二磷酸果糖(FDP)阶段

(1)葡萄糖在己糖激酶或葡萄糖激酶的催化下,被ATP磷酸化,生成6-磷酸葡萄糖。磷酸基团的转移在生物化学中是一个基本反应。催化磷酸基团从ATP转移到受体上的酶称为激酶。己糖激酶是催化从ATP转移磷酸基团至各种六碳糖(葡萄糖、果糖)上去的酶。激酶都需要Mg^{2+}作为辅助因子。

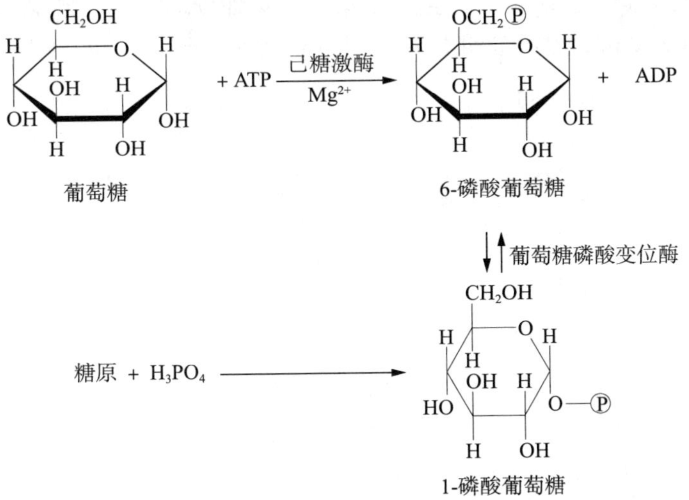

由葡萄糖转化为6-磷酸葡萄糖的过程是不可逆的反应过程,己糖激酶的特异性不高,其不仅可以催化葡萄糖磷酸化,还可催化果糖、甘露糖磷酸化,并可被6-磷酸葡萄糖抑制。葡萄

糖激酶对葡萄糖有专一性，不被6-磷酸葡萄糖反馈抑制，此酶主要存在于肝脏中。

糖原降解生成的1-磷酸葡萄糖，可在磷酸葡萄糖变位酶的催化下，生成6-磷酸葡萄糖，这个过程不需要消耗ATP。变位反应中磷酸基团的转移，并非由1号碳位简单地转移到6号碳位，而是要通过磷酸葡萄糖变位酶的磷酸化型和非磷酸化型的转变而实现。

(2)6-磷酸葡萄糖在磷酸己糖异构酶的催化下，转化为6-磷酸果糖。

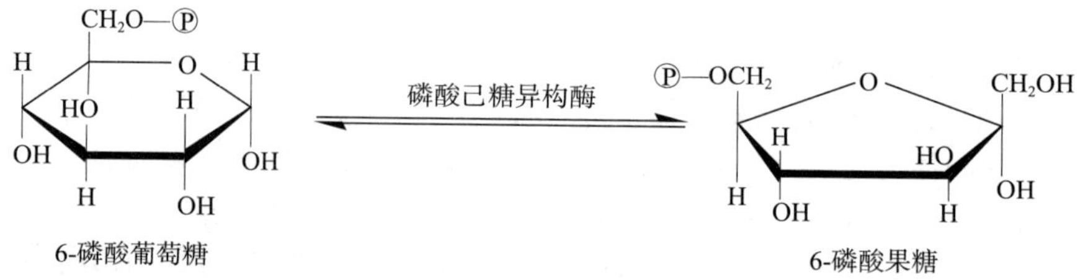

(3)6-磷酸果糖在磷酸果糖激酶的催化下，被ATP磷酸化，生成1,6-二磷酸果糖。磷酸果糖激酶是一种变构酶，EMP途径受这个酶活性水平的调控。

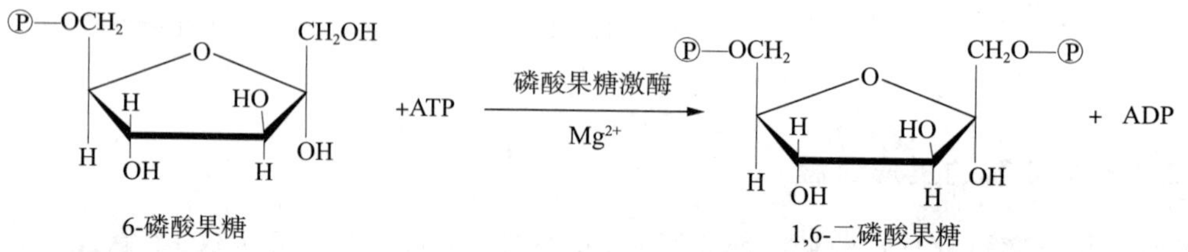

此阶段中，己糖激酶和磷酸果糖激酶催化的反应均是不可逆反应，两种酶都属于别构酶类，Mg^{2+}存在时，激酶才表现出活性。可以通过调节酶的活性来控制EMP途径的反应速率，因此又称为限速酶。

2. 由1,6-二磷酸果糖(FDP)转变为2个三碳糖阶段

此阶段是糖真正的裂解阶段，有两步反应。

(1)1,6-二磷酸果糖在醛缩酶的催化下在第三与第四碳原子之间断裂为两个三碳化合物，即磷酸二羟丙酮与3-磷酸甘油醛。此反应的逆反应为醇醛缩合反应，故此酶称为醛缩酶。

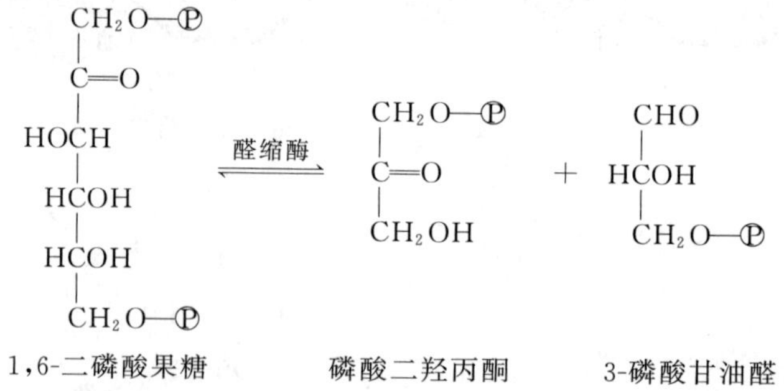

此反应，平衡更倾向于向1,6-二磷酸果糖方向进行，但由于在细胞内3-磷酸甘油醛不断地被后续反应所消耗，所以，反应向生成三碳糖方向进行。

(2)磷酸二羟丙酮转变为3-磷酸甘油醛。

磷酸二羟丙酮　　　　　　3-磷酸甘油醛

在磷酸丙糖异构酶的催化下，两个互为同分异构体的磷酸三碳糖之间有同分异构的互变，这个反应进行的极快并且是可逆的。当平衡时，96%为磷酸二羟丙酮。但在正常进行着的酶解系统里，由于下一步反应的影响，平衡易向生成3-磷酸甘油醛的方向移动。

3.3-磷酸甘油醛向丙酮酸的转化阶段

在此阶段有两步产生能量的反应，释放的能量可由ADP转变成ATP贮存，此阶段共有6步反应。

(1)3-磷酸甘油醛脱氢氧化生成1,3-二磷酸甘油酸。

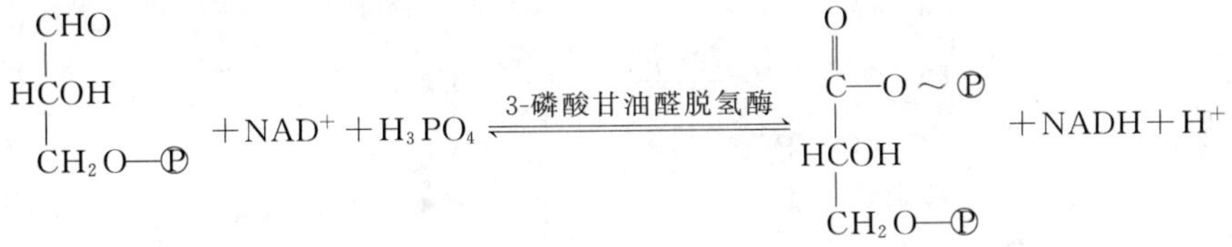

3-磷酸甘油醛　　　　　　1,3-二磷酸甘油酸

此反应是糖酵解过程中唯一脱氢氧化反应过程。在进行脱氢和磷酸化过程中，使分子内部的能量重新分配和集中，生成高能磷酸化合物。催化反应的酶是3-磷酸甘油醛脱氢酶，此酶有4个亚基，每个亚基结合1分子NAD^+。亚基的149位半胱氨酸残基上的—SH基是酶的活性基团，并且与NAD^+部位很近，有利于反应的进行。反应过程中脱下的氢在酵解过程中用于乳酸的生成。3-磷酸甘油醛脱氢酶的作用机理见图5-8。

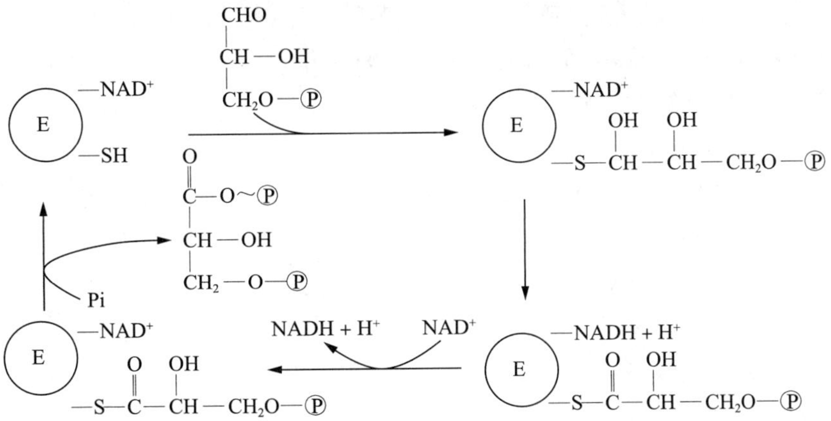

图5-8　3-磷酸甘油醛脱氢酶的作用机理

(2)1,3-二磷酸甘油酸转变为3-磷酸甘油酸，此反应是底物磷酸化生成ATP的过程。

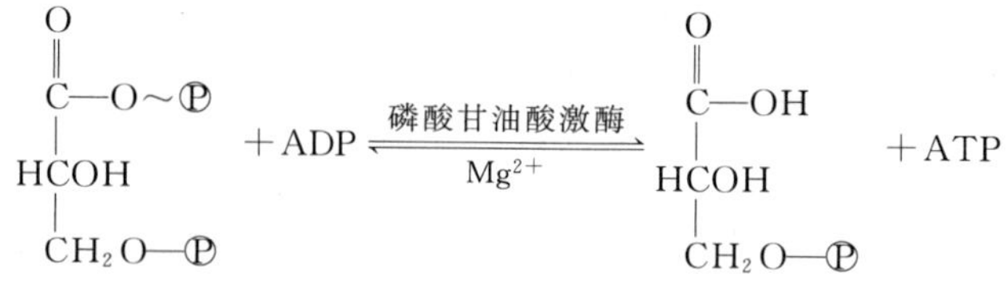

1,3-二磷酸甘油酸　　3-磷酸甘油酸

1,3-二磷酸甘油酸中的高能磷酸键经磷酸甘油酸激酶(一种可逆性的磷酸激酶)作用后转变为ATP,生成了3-磷酸甘油酸。因为1 mol的己糖代谢后生成2 mol的丙糖,所以在此反应及随后的放能反应中有2倍高能磷酸键产生。这种直接利用代谢中间物氧化释放的能量产生ATP的磷酸化类型是底物磷酸化反应类型。在底物磷酸化中,ATP的形成直接与一个代谢中间物(如1,3-二磷酸甘油酸、磷酸烯醇式丙酮酸等)上的磷酸基团的转移相偶联。

(3)3-磷酸甘油酸转变为2-磷酸甘油酸,催化此反应的酶是磷酸甘油酸变位酶。

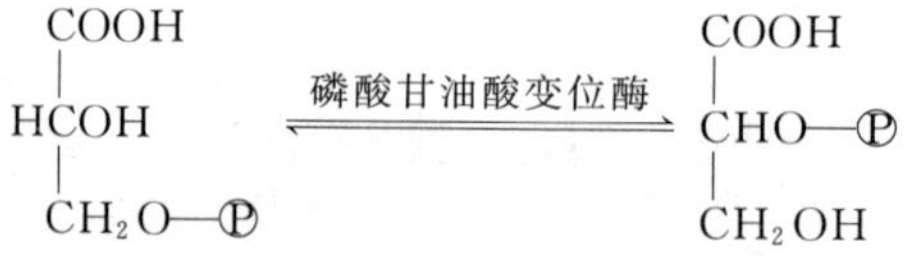

3-磷酸甘油酸　　2-磷酸甘油酸

此变位反应过程与磷酸葡萄糖变位酶催化的反应机理相似,要经过2,3-二磷酸甘油酸中间体转化过程。

(4)2-磷酸甘油酸烯醇化生成磷酸烯醇式丙酮酸(PEP)。

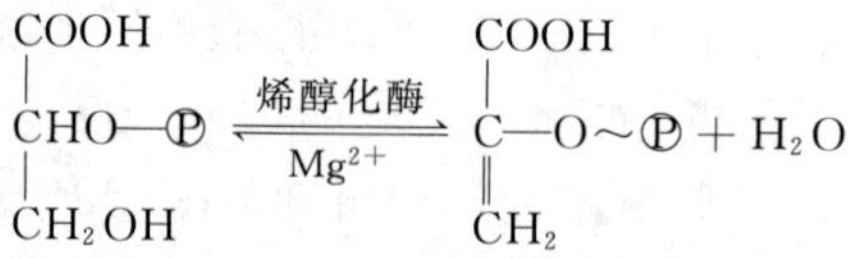

2-磷酸甘油酸　　磷酸烯醇式丙酮酸

2-磷酸甘油酸在烯醇化酶作用下脱水,在脱水过程中分子内部能量重新排布,使一部分能量集中在磷酸键上,从而形成一个高能磷酸键,为下一步底物磷酸化生成ATP做准备。该反应被Mg^{2+}所激活,被氟离子所抑制。

(5)烯醇式丙酮酸的产生和ATP的再次生成。

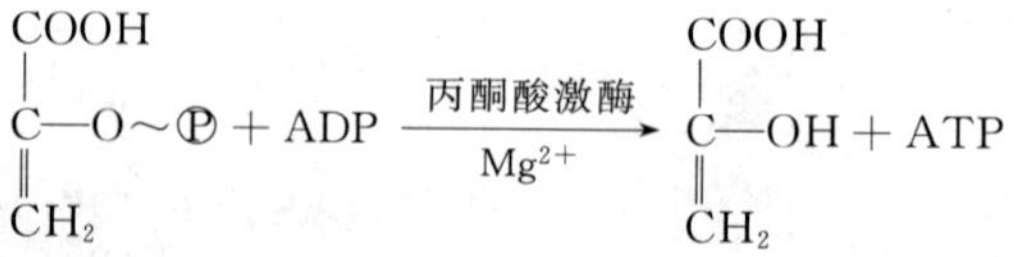

磷酸烯醇式丙酮酸　　烯醇式丙酮酸

这是一个偶联生成ATP的反应。反应是在丙酮酸激酶的催化下,把磷酸烯醇式丙酮酸分子上的高能磷酸基转移给ADP,在糖酵解中第二次使ADP磷酸化生成ATP,属于底物磷酸化作用,为不可逆反应。

(6)丙酮酸的生成。

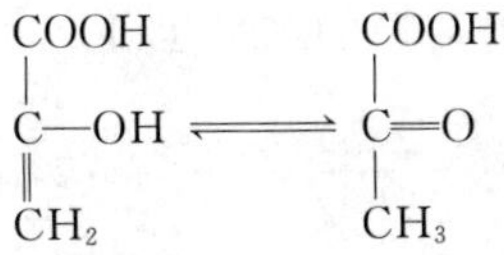

烯醇式丙酮酸　　丙酮酸

烯醇式丙酮酸极不稳定，很容易自动变为比较稳定的丙酮酸。这一步不需要酶的催化反应。

4. 丙酮酸被还原生成乳酸

此阶段丙酮酸被还原生成乳酸。

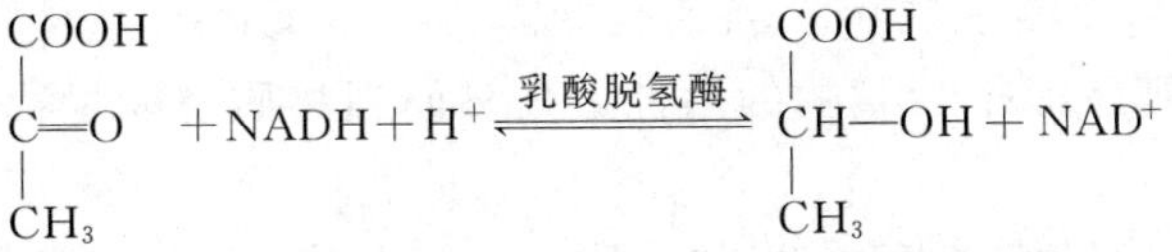

丙酮酸　　乳酸

在无氧条件下，丙酮酸在乳酸脱氢酶的催化下进行还原，生成乳酸，供氢体 NADH＋H^+ 来自 3-磷酸甘油醛脱氢酶催化的第 6 步反应。生成的乳酸是动物体内葡萄糖（糖原）无氧分解的最终产物。此步反应是可逆的，当氧气充足时，乳酸又可脱氢氧化成丙酮酸。

糖酵解的总反应式为：

$$葡萄糖+2Pi+2NAD^+ \longrightarrow 2\,丙酮酸+2ATP+2NADH+2H^+ +2H_2O$$

由葡萄糖生成丙酮酸的全部反应、糖酵解中所消耗的 ADP 及生成的 ATP 数目见表 5-3。

表 5-3　糖酵解的反应及酶类

序号		反应	酶
（一）	(1)	葡萄糖＋ATP ⟶ 6-磷酸葡萄糖＋ADP	己糖激酶
	(2)	6-磷酸葡萄糖 ⇌ 6-磷酸果糖	磷酸己糖异构酶
	(3)	6-磷酸果糖＋ATP ⟶ 1,6-二磷酸果糖＋ADP	磷酸果糖激酶
（二）	(4)	1,6-二磷酸果糖 ⇌ 磷酸二羟丙酮＋3-磷酸甘油醛	醛缩酶
	(5)	磷酸二羟丙酮 ⇌ 3-磷酸甘油醛	磷酸丙糖异构酶
（三）	(6)	3-磷酸甘油醛＋NAD^+ ＋H_3PO_4 ⇌ 1,3-二磷酸甘油酸＋NADH＋H^+	3-磷酸甘油醛脱氢酶
	(7)	1,3-二磷酸甘油酸＋ADP ⇌ 3-磷酸甘油酸＋ATP	磷酸甘油酸激酶
	(8)	3-磷酸甘油酸 ⇌ 2-磷酸甘油酸	磷酸甘油酸变位酶
	(9)	2-磷酸甘油酸 ⇌ 磷酸烯醇式丙酮酸＋H_2O	烯醇化酶
	(10)	磷酸烯醇式丙酮酸＋ADP ⟶ 丙酮酸＋ATP	丙酮酸激酶
（四）	(11)	丙酮酸＋NADH＋H^+ ⇌ 乳酸＋NAD^+	乳酸脱氢酶

（三）糖酵解特点

糖酵解过程中，由葡萄糖降解为丙酮酸有 3 步是不可逆的限速反应，催化这 3 步反应的酶分别是己糖激酶、磷酸果糖激酶和丙酮酸激酶，均是限速酶，起着调控糖酵解过程的反应速度，其中的磷酸果糖激酶是最关键的限速酶。

己糖激酶是变构酶，其反应速度受其产物 6-磷酸葡萄糖的反馈抑制。当磷酸果糖激酶被抑制时，6-磷酸果糖的水平升高，6-磷酸葡萄糖的水平也随之相应升高，从而导致己糖激酶被抑制。

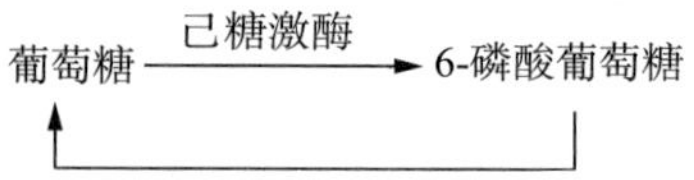

磷酸果糖激酶是糖酵解中最重要的限速酶。磷酸果糖激酶也是变构酶，受细胞内能量水平的调节，它被 ADP 和 AMP 促进，即在能荷低时活性最强。但受高水平 ATP 的抑制，因为 ATP 是此酶的变构抑制剂，可引发变构效应而降低对其底物的亲合力。磷酸果糖激酶受高水平柠檬酸的抑制，柠檬酸是三羧酸循环的早期中间产物，柠檬酸水平高就意味着生物合成的前体很丰富，糖酵解就应当减慢或暂停。当细胞既需要能量又需要原材料时，如 ATP/AMP 值低及柠檬酸水平低时，则磷酸果糖激酶的活性最高。而当物质与能量都丰富时，磷酸果糖激酶的活性几乎等于零。

丙酮酸激酶也参与糖酵解速度的调节。丙酮酸激酶受 ATP 的抑制，当 ATP/AMP 值高时，磷酸烯醇式丙酮酸转变成丙酮酸的过程即受到阻碍。糖酵解调节控制过程如图 5-9 所示。

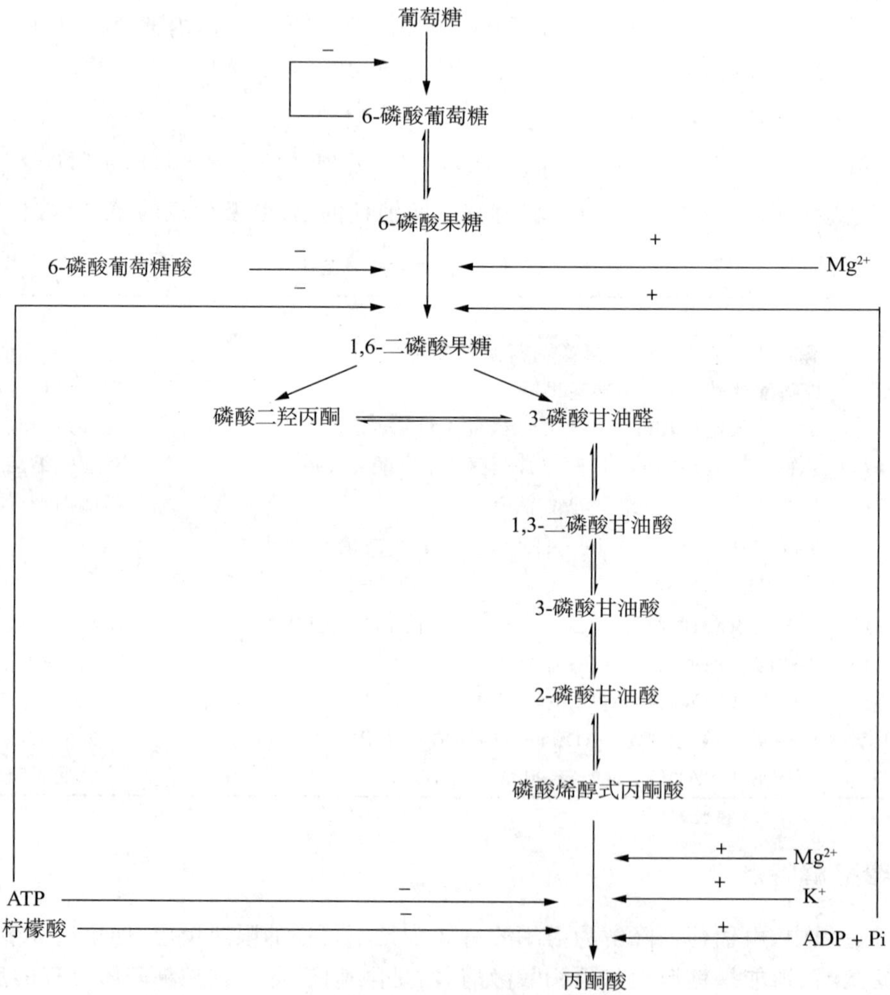

图 5-9 糖酵解调节控制过程

糖或糖原的一个葡萄糖单位，在糖酵解过程中可以生成 2 mol 的乳酸。因此，当动物剧烈活动（包括重度使役）时，肌肉和血液中的乳酸浓度会增高。

糖酵解过程中的中间产物大部分是磷酸化合物，其中的 1，3-二磷酸甘油酸和磷酸烯醇式丙酮酸是高能磷酸化合物。糖酵解过程中能量的生成较少，1 mol 葡萄糖降解成 2 mol 乳酸的过程中，共释放能量 196.74 kJ/mol；每产生 1 mol 乳酸有二次底物水平磷酸化过程，生成 2 mol ATP，1 分子葡萄糖酵解成乳酸可产生 4 mol ATP，扣除第一阶段消耗的 2 mol ATP，糖酵解过程可净生成 2 mol ATP，即以 ATP 形式回收 61.12 kJ/mol 能量，而大部分能量以热的形式散发。糖原的一个葡萄糖单位，在转变为 1，6-二磷酸果糖中只消耗 1 mol ATP，因此，糖原的葡萄糖单位酵解生成乳酸，可净生成 3 mol ATP。糖酵解能量的生成过程见表 5-4。

表 5-4　1 分子葡萄糖酵解产生的 ATP 分子数

反应	形成 ATP 分子数
葡萄糖──→6-磷酸葡萄糖	−1
6-磷酸果糖──→1，6-二磷酸果糖	−1
1，3-二磷酸甘油酸──→3-磷酸甘油酸	+1×2
磷酸烯醇式丙酮酸──→丙酮酸	+1×2
1 分子葡萄糖──→2 分子丙酮酸	+2（净产生）

糖酵解的中间产物是许多重要物质合成的原料，如丙酮酸是糖代谢中的重要物质，可根据生物体的需要而进一步向许多方面转化。3-磷酸甘油酸可转变为甘油而用于脂肪的合成。糖酵解在非糖物质转化成糖的过程中也起重要作用，因为糖酵解的大部分反应是可逆的，非糖物质可以逆着糖酵解的途径异生成糖，但必须绕过不可逆反应。

糖酵解全过程见图 5-10。

（四）糖酵解的生理意义

1. 糖酵解可在无氧、缺氧条件下为机体迅速提供能量

在剧烈运动、肌肉局部血缺氧、缺血性疾病时，机体供氧不足，需由糖酵解迅速供能；过度使役、心血管系统和呼吸系统发生病变时，使得细胞内缺氧，物质有氧分解受阻，此时细胞可通过物质的无氧分解来供给能量。但缺氧时间不能过长，时间太长，会使乳酸大量堆积，而出现代谢性酸中毒。

2. 糖酵解是某些组织细胞正常生理活动中的供能方式

（1）成熟红细胞没有线粒体，不能进行有氧氧化，完全依赖糖酵解供应能量；在红细胞中，大约有 90％的能量来自糖酵解，10％的来自磷酸戊糖途径，一般不进行有氧氧化。

（2）糖酵解作用是普遍存在于生物界的一种新陈代谢的方式。哺乳动物消化道内的微生物、原虫、扁虫等各种寄生虫，都依赖于糖酵解获得所需的能量；神经、白细胞、骨髓等代谢活跃组织，即使不缺氧也由糖酵解提供部分能量。

二、糖的有氧分解

进入动物体内的葡萄糖或体内贮存的糖原，在有氧条件下，彻底氧化分解生成二氧化碳和

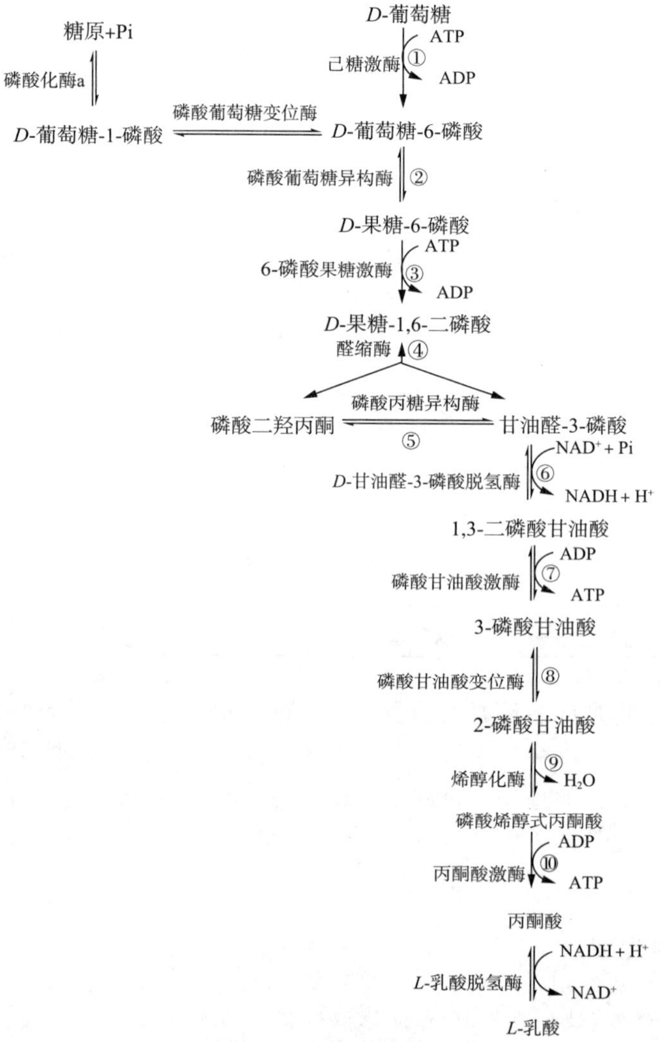

图 5-10 糖酵解全过程

水并放出大量能量的过程，称为糖的有氧分解或有氧氧化。糖的有氧分解是体内糖分解代谢的主要方式，也是机体获得能量的主要方式。

（一）糖的有氧分解过程

糖的有氧分解过程是一个连续的分解变化过程，可以分为三个阶段：葡萄糖或糖原转变为丙酮酸阶段；丙酮酸转变为乙酰 CoA 阶段；三羧酸循环阶段。

1. 葡萄糖或糖原转变为丙酮酸阶段

这一阶段的反应过程和场所与糖酵解途径基本相同，只是 3-磷酸甘油醛脱氢产生的 $NADH+H^+$ 不能用于还原丙酮酸为乳酸，而是经穿梭作用进入线粒体，经呼吸链氧化生成水，并产生 ATP。

2. 丙酮酸转变为乙酰 CoA 阶段

胞液中葡萄糖降解生成的丙酮酸，在有氧条件下进入线粒体，经线粒体内丙酮酸脱氢酶系

(丙酮酸脱氢酶复合体)的催化,进行不可逆的氧化脱羧,生成乙酰 CoA。

$$CH_3-\overset{\overset{\displaystyle O}{\|}}{C}-COOH + CoA-SH + NAD^+ \xrightarrow{\text{丙酮酸脱氢酶系}}$$

$$CH_3-\overset{\overset{\displaystyle O}{\|}}{C}\sim S-CoA + CO_2 + NADH + H^+$$

丙酮酸不能直接进入三羧酸循环,而是先氧化脱羧形成乙酰辅酶 A 再进入三羧酸循环。丙酮酸氧化脱羧反应是由丙酮酸脱氢酶系催化的。丙酮酸脱氢酶系是由 3 种酶和 5 种辅酶或辅基组成的,它们是丙酮酸脱氢酶(辅酶是 TPP^+),硫辛酸乙酰基转移酶(辅酶是硫辛酸和 CoA),二氢硫辛酸脱氢酶(辅酶是 NAD^+,辅基是 FAD)。丙酮酸脱氢酶系在线粒体内膜上,多酶复合体的形成使得其催化反应效率及调控能力显著提高。丙酮酸脱氢酶系作用模式如图 5-11 所示。

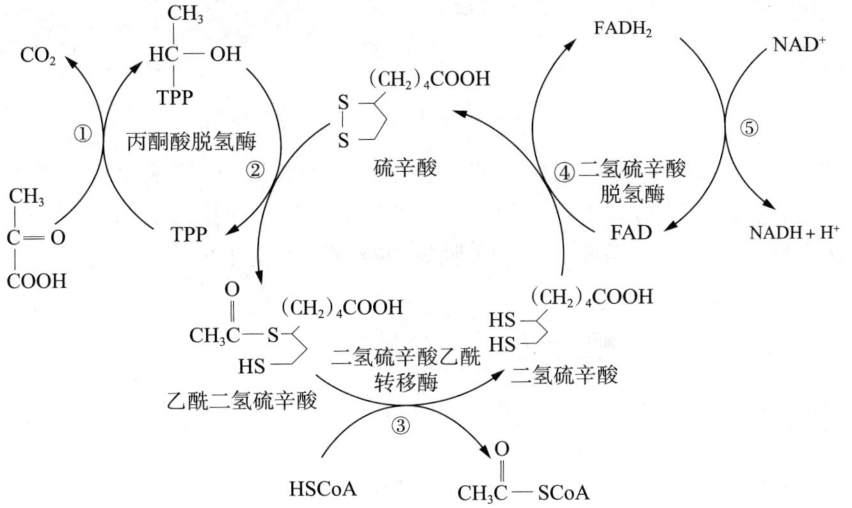

图 5-11　丙酮酸脱氢酶系作用模式

这是一个不可逆反应,分五步进行:①丙酮酸与 TPP 形成复合物,然后脱羧生成活化乙醛;②活化乙醛与二氢硫辛酸结合,形成乙酰二氢硫辛酸,同时释放出 TPP;③硫辛酸将乙酰基转给 CoA,形成乙酰 CoA;④硫辛酸在细胞内含量很少,要使上述反应不断进行,硫辛酸必须氧化再生,即将氢递交给 FAD;⑤ $FADH_2$ 再将氢转给 NAD^+。

3. 三羧酸循环阶段(有氧条件下乙酰 CoA 氧化为 CO_2 和 H_2O)

三羧酸循环又称 TCA 循环,它是由 Krebs 提出的,所以也称为 Krebs 循环。三羧酸循环是在线粒体中进行的,是由乙酰 CoA 与草酰乙酸缩合生成含有 3 个羧基的柠檬酸开始,再经 4 次脱氢和 2 次脱羧过程,最后又回到草酰乙酸。每循环一次就有一个乙酰基被氧化分解,同时脱下的氢经呼吸链传递与氧结合生成 H_2O,放出大量的能量。三羧酸循环是糖代谢重要的反应过程,也是联系脂肪和蛋白质等代谢的枢纽,也是机体内一切有机物碳素骨架氧化成 CO_2 的必经之路。其反应过程如下:

(1)乙酰 CoA 与草酰乙酸缩合生成柠檬酸。催化此步反应的酶是柠檬酸合成酶。底物除乙酰 CoA 和草酰乙酸外，还要有水参加，反应所需能量由乙酰 CoA 中的高能硫酯键的水解提供，此反应为不可逆的限速反应。

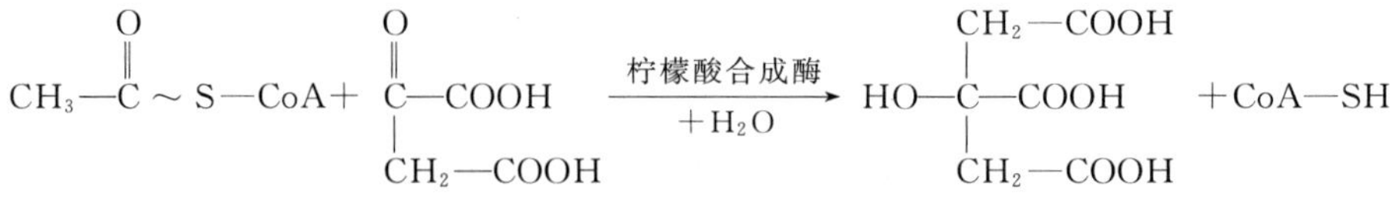

乙酰 CoA　　草酰乙酸　　柠檬酸

(2)异柠檬酸的生成。柠檬酸在顺乌头酸酶的催化下，经脱水和加水 2 步反应过程，使柠檬酸异构化，β 碳位上的羟基转移到 α 碳位上生成异柠檬酸。

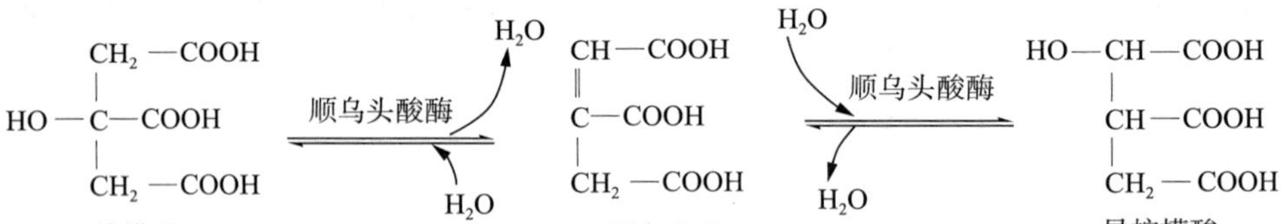

柠檬酸　　顺乌头酸　　异柠檬酸

$$\text{柠檬酸} \underset{}{\overset{-H_2O}{\rightleftharpoons}} \text{顺乌头酸} \underset{}{\overset{+H_2O}{\rightleftharpoons}} \text{异柠檬酸}$$

(3)异柠檬酸氧化脱羧生成 α-酮戊二酸。催化异柠檬酸脱氢、脱羧反应的酶是异柠檬酸脱氢酶，此酶具有别构酶的特点，属于限速酶，ADP 和 NAD^+ 是其变构激活剂；ATP 和 NADH 是变构抑制剂。此步反应是三羧酸循环的第一次脱氢、脱羧反应，是不可逆的限速反应。

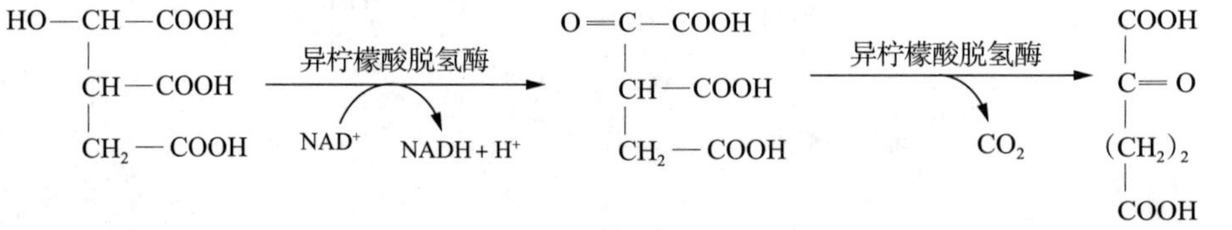

异柠檬酸　　草酰琥珀酸　　α-酮戊二酸

两步反应均为异柠檬酸脱氢酶所催化，目前认为这种酶具有脱氢和脱羧两种催化能力。此反应是一分界点，在此之前都是三羧酸的转化，在此之后则是二羧酸的转化。

(4)α-酮戊二酸氧化脱羧生成琥珀酰 CoA。

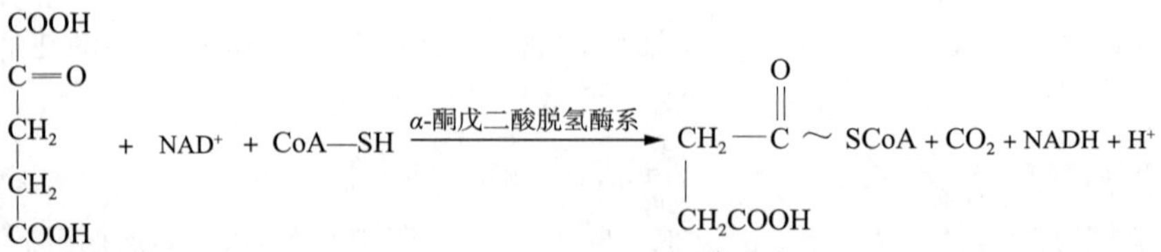

α-酮戊二酸　　琥珀酰CoA

α-酮戊二酸在 α-酮戊二酸脱氢酶系的催化下，生成含有高能硫酯键的琥珀酰 CoA。这是三羧酸循环中的第二次脱氢、脱羧反应。反应过程、机理与丙酮酸氧化相似，也是不可逆的限速反应。至此，进入三羧酸循环的 2 个有机碳原子(乙酰基)已被氧化生成 CO_2 离开了循环。

α-酮戊二酸脱氢酶系：包括 3 种酶和 5 种辅酶或辅基组成的，它们是丙酮酸脱氢酶(辅酶是 TPP^+)，硫辛酸乙酰基转移酶(辅酶是硫辛酸和 CoA)，二氢硫辛酸脱氢酶(辅酶是 NAD^+，辅基是 FAD)。

(5)琥珀酰 CoA 生成琥珀酸。

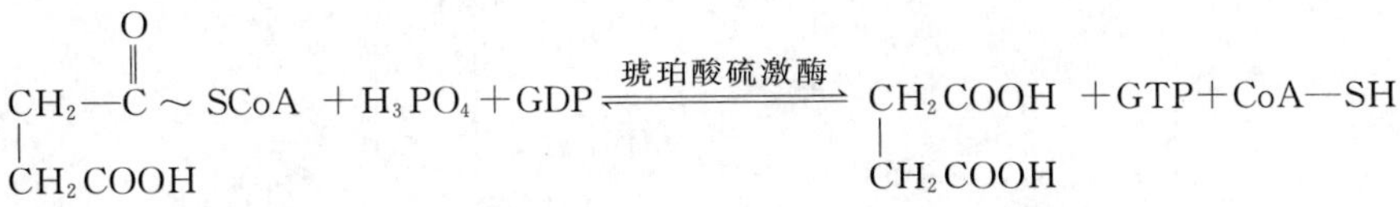

琥珀酰 CoA　　　　琥珀酸

琥珀酰 CoA 在琥珀酰 CoA 合成酶的催化下,分子上的高能硫酯键断开,放出的能量使 GDP 磷酸化生成 GTP,同时生成琥珀酸。GTP 中的能量可以直接被利用,也可以把能量转移给 ADP 生成 ATP。此反应是三羧酸循环中唯一的底物水平磷酸化反应。

$$GTP+ADP \rightleftharpoons ATP+GDP$$

(6)琥珀酸氧化生成延胡索酸。催化此步反应的酶是琥珀酸脱氢酶,其辅基是 FAD。此酶具有立体专一性。生成的产物是反丁烯二酸(延胡索酸)。这是三羧酸循环中的第三次脱氢过程。

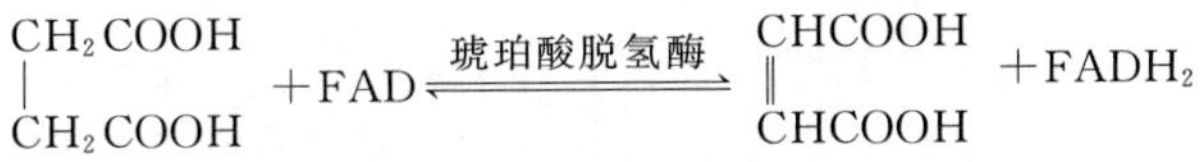

琥珀酸　　　　延胡索酸

(7)延胡索酸加水生成苹果酸。催化此反应的酶是延胡索酸酶。

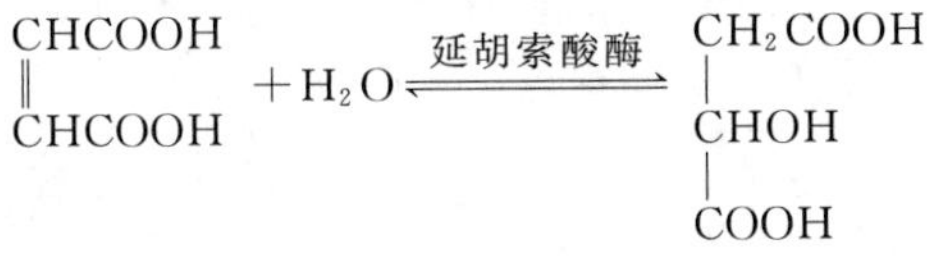

延胡索酸　　　　苹果酸

(8)苹果酸脱氢生成草酰乙酸。

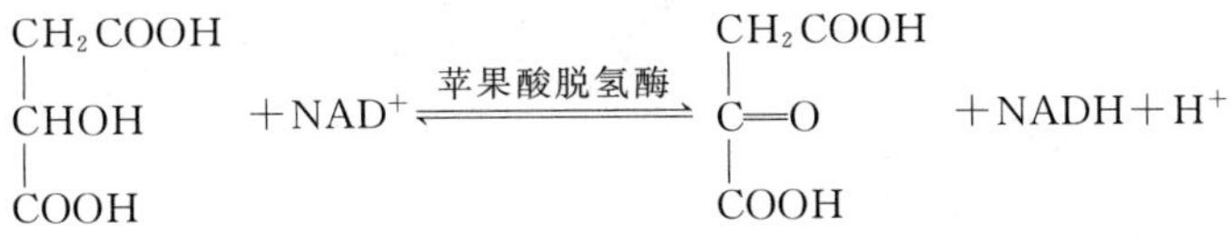

苹果酸　　　　草酰乙酸

苹果酸在苹果酸脱氢酶的催化下,脱氢氧化生成草酰乙酸。这是三羧酸循环第四次脱氢,辅酶为 NAD^+。至此草酰乙酸又重新形成,又可和另 1 分子乙酰 CoA 缩合成柠檬酸进入下一轮三羧酸循环。三羧酸每循环一轮,消耗 1 分子乙酰 CoA(二碳化合物)。循环中的三羧酸、二羧酸并不因参加此循环而有所增减。三羧酸循环的多个反应是可逆的,但由于柠檬酸的合成及 α-酮戊二酸的氧化脱羧是不可逆的,故此循环是单向进行的。

三羧酸循环的总反应方程式如下:

$$2CH_3COCoA+6NAD^+ +2FAD+2GDP+2Pi+4H_2O \longrightarrow 6NADH+6H^+ +2FADH_2+2GTP+2CoA—SH+2CO_2$$

三羧酸循环反应及其过程见图 5-12。

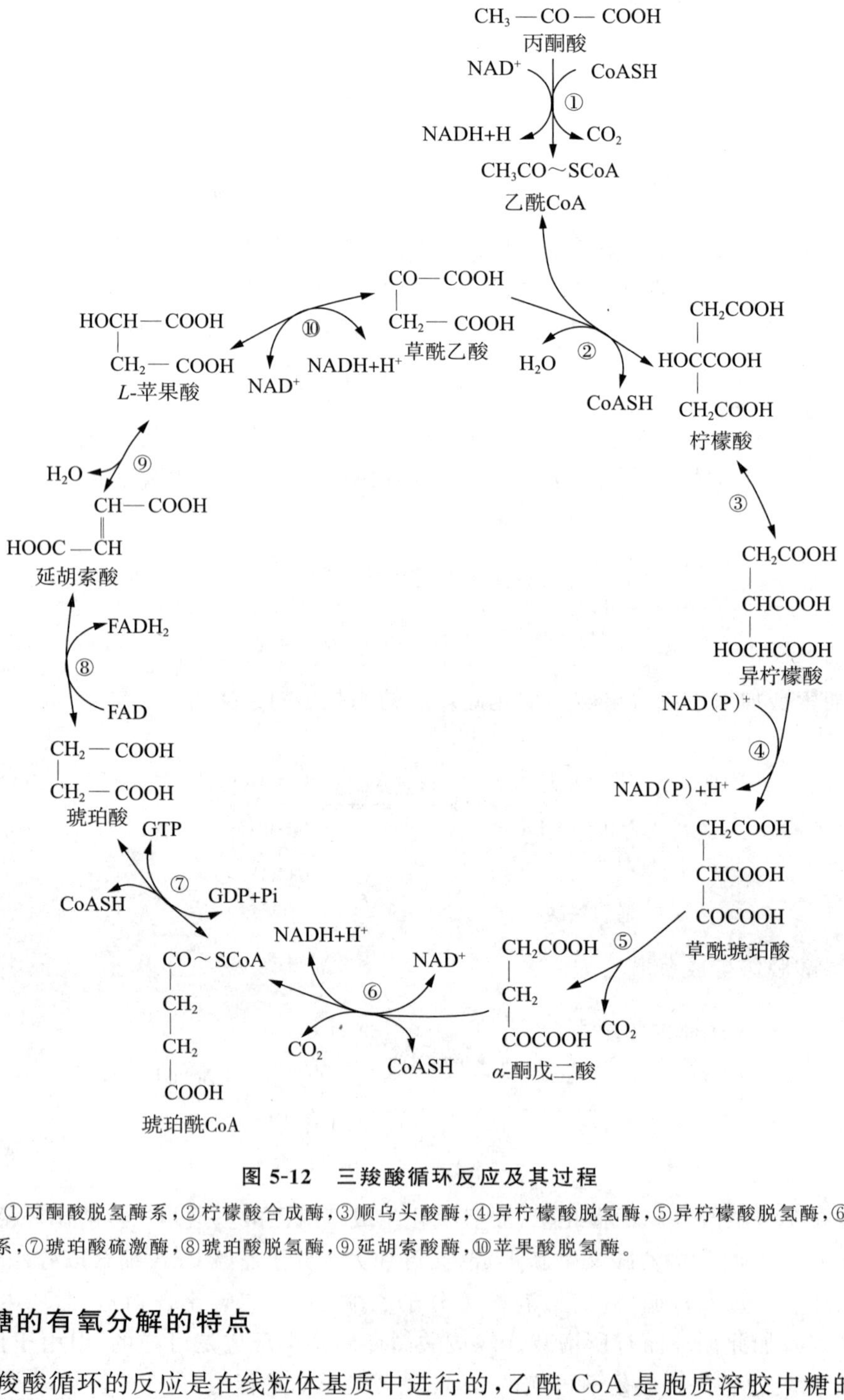

图 5-12　三羧酸循环反应及其过程

说明：①丙酮酸脱氢酶系，②柠檬酸合成酶，③顺乌头酸酶，④异柠檬酸脱氢酶，⑤异柠檬酸脱氢酶，⑥α-酮戊二酸脱氢酶系，⑦琥珀酸硫激酶，⑧琥珀酸脱氢酶，⑨延胡索酸酶，⑩苹果酸脱氢酶。

(二)糖的有氧分解的特点

(1)三羧酸循环的反应是在线粒体基质中进行的，乙酰 CoA 是胞质溶胶中糖的酵解与三羧酸循环之间的纽带。

(2)循环中消耗了 2 分子 H_2O，一个用于柠檬酰 CoA 水解生成柠檬酸，另一个用于延胡索酸的水合作用。

(3)循环中共有4对H^+离开。其中3对H^+经NADH呼吸链传递,1对H^+经$FADH_2$呼吸链传递。每对H^+经NADH呼吸链传递产生3分子ATP,经$FADH_2$呼吸链传递产生2分子ATP。所以每1分子乙酰CoA经三羧酸循环脱氢氧化共生成11分子ATP,再加上琥珀酰CoA经底物磷酸化直接生成1分子ATP(GTP),整个循环共生成12分子ATP。

(4)三羧酸循环不仅是葡萄糖生成ATP的主要途径,也是脂肪、氨基酸等最终氧化分解产生能量的共同途径。

(5)循环中的许多成分可以转变成其他物质。如琥珀酰CoA是卟啉分子中碳原子的主要来源;α-酮戊二酸和草酰乙酸可以氨基化为谷氨酸和天冬氨酸。反过来这些氨基酸脱氨后也生成循环中的成分,草酰乙酸还可以通过糖异生作用生成糖。丙酸等低级脂肪酸可经琥珀酰CoA、草酰乙酸等途径异生成糖。

(6)三羧酸循环虽然许多反应是可逆的,但少数反应不可逆,故三羧酸循环只能按单方向进行。

(7)在糖的有氧分解反应过程中,葡萄糖被彻底氧化为CO_2和H_2O共有7处是不可逆反应过程,催化这7处反应的酶均是限速酶,包括:糖酵解的3个限速酶,丙酮酸脱氢酶复合体的调节,三羧酸循环关键酶(柠檬酸合成酶、异柠檬酸脱氢酶、α-酮戊二酸脱氢酶复合体)的调节,氧化磷酸化速率对三羧酸循环的调节。有氧氧化全过程多种酶活性受细胞内ATP/ADP、AMP和$NADH/NAD^+$值的影响,适应机体对能量的需要。

(8)1分子的葡萄糖彻底氧化生成CO_2和H_2O可生成38 mol或36 mol ATP。如果糖原的1个葡萄糖单位彻底氧化为CO_2和H_2O净生成39 mol或37 mol ATP。这与葡萄糖无氧分解净生成2 mol ATP相比,有氧分解生成的ATP是无氧分解的18～19倍,显然有氧分解是动物体各组织细胞除红细胞外获得能量的主要方式。具体能量计算见表5-5。

表5-5　1 mol葡萄糖在有氧分解时所放出的ATP摩尔数

反应阶段	反应	ATP的生成与消耗/mol			
		消耗	合成		净得
			底物磷酸化	氧化磷酸化	
酵解	葡萄糖→6-磷酸葡萄糖	1			−1
	6-磷酸果糖→1,6-二磷酸果糖	1			−1
	3-磷酸甘油醛→1,3-二磷酸甘油酸			3×2或2×2	6或4
	1,3-二磷酸甘油酸→3-磷酸甘油酸		1×2		2
	2-烯醇式丙酮酸→烯醇式丙酮酸		1×2		2
丙酮酸氧化脱羧	丙酮酸→乙酰CoA			3×2	6
三羧酸循环	异柠檬酸→草酰琥珀酸			3×2	6
	α-酮戊二酸→琥珀酰CoA			3×2	6
	琥珀酰CoA→琥珀酸		1×2		2
	琥珀酸→延胡索酸			2×2	4
	苹果酸→草酰乙酸			3×2	6
总计		2	6	34或32	38(36)

(三)糖的有氧分解的生理意义

(1)糖的有氧分解是动物正常生理活动所需能量的主要来源。

(2)三羧酸循环是联系糖、脂和蛋白质三大物质代谢的枢纽。三羧酸循环的起始物乙酰CoA,不但是糖的氧化分解的产物,而且脂肪水解产物甘油和脂肪酸、蛋白质水解产物氨基酸经各种代谢渠道,均可变成乙酰 CoA,进入三羧酸循环。因此,三羧酸循环是三大物质氧化分解供能的共同途径,且释放能量最多,它在营养物质的供能代谢上起着重要的作用。

(3)糖的有氧分解产生的许多中间产物可以为其他物质的生物合成提供碳骨架。如丙酮酸可以氨基化生成丙氨酸用于蛋白质的合成等。

三、磷酸戊糖途径

糖的无氧分解和有氧分解是糖在动物体内的重要分解代谢途径,但非唯一途径。实验证明当用碘乙酸与 3-磷酸甘油醛脱氢酶的—SH 作用,使此酶受到抑制后,糖的无氧分解和有氧分解均不能正常进行。但此时动物许多组织中,如肝、脂肪、哺乳期乳腺性腺、红细胞等仍有一定的葡萄糖被分解生成 CO_2 和 H_2O。后来研究表明,糖的分解代谢除无氧分解和有氧分解途径外,还有一条磷酸戊糖途径。由于此途径是葡萄糖被磷酸化为 6-磷酸葡萄糖之后,经过氧化脱羧为磷酸戊糖,再经系列变化,重新变为磷酸葡萄糖,生成 CO_2 和 H_2O,并产生能量的过程,故又称为磷酸已糖支路。由于此途径的中间产物有磷酸戊糖,故称为磷酸戊糖途径,简称 PPP 途径。这个途径是 1931 年瓦特(Otto Warburg)发现 6-磷酸葡萄糖脱氢酶后开始研究的。

(一)磷酸戊糖途径的反应过程

磷酸戊糖途径是在胞液中进行的,可以分为氧化阶段和非氧化阶段。为了叙述方便,以 6 个分子的 6-磷酸葡萄糖同时参加反应过程来讨论葡萄糖分解。

1. 氧化阶段

此阶段是从 6-磷酸葡萄糖开始,在 6-磷酸葡萄糖脱氢酶和 6-磷酸葡萄糖酸脱氢酶的催化下,经先后 2 次脱氢氧化,生成磷酸戊糖、$NADPH+H^+$ 和 CO_2,具体过程如下:

(1)6-磷酸葡萄糖脱氢氧化。催化此反应的酶是 6-磷酸葡萄糖脱氢酶,辅酶是 $NADP^+$,产物是 6-磷酸葡萄糖内酯和 $NADPH+H^+$。

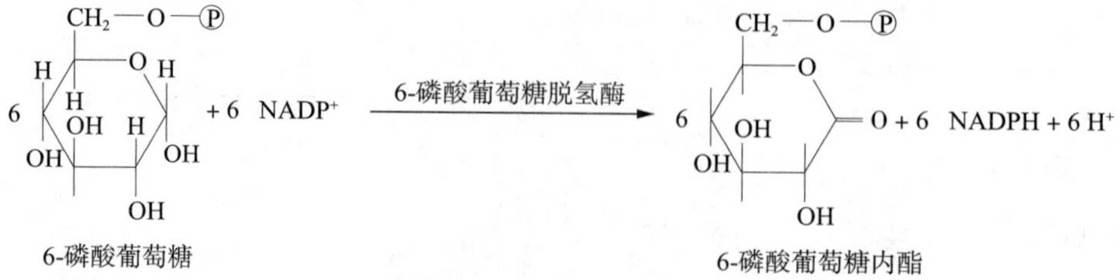

(2)6-磷酸葡萄糖内酯水解。催化此反应的酶是内酯酶,产物是 6-磷酸葡萄糖酸。

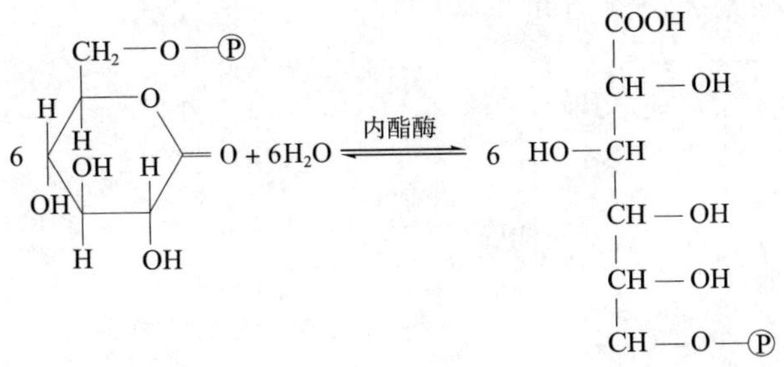

6-磷酸葡萄糖内酯　　　　6-磷酸葡萄糖酸

(3)6-磷酸葡萄糖酸氧化脱羧。6-磷酸葡萄糖酸在6-磷酸葡萄糖酸脱氢酶催化下，脱氢脱羧生成5-磷酸核酮糖、NADPH＋H^+和CO_2。

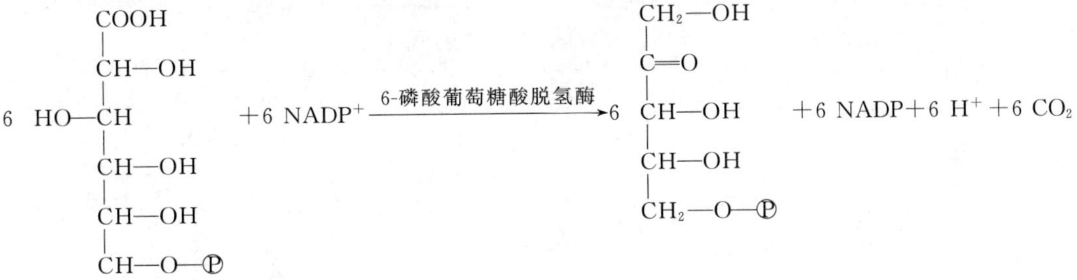

6-磷酸葡萄糖酸　　　　5-磷酸核酮糖

(4)磷酸戊糖之间的异构化。5-磷酸核酮糖异构化生成2种异构体，即5-磷酸木酮糖和5-磷酸核糖。

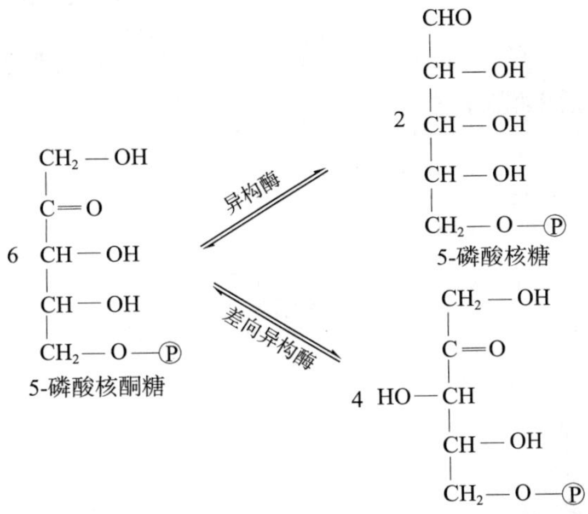

5-磷酸核酮糖　　5-磷酸核糖　　5-磷酸木酮糖

由5-磷酸核酮糖生成的5-磷酸木酮糖和5-磷酸核糖将是下一阶段反应的初始物。

2. 非氧化阶段

此阶段反应的实质是基团的转移。反应由五碳糖开始，先后经过二碳酮醇基、三碳醛醇基、二碳酮醇基转移(简称二三二转移)使磷酸戊糖重排，最后重新生成6-磷酸果糖。

(1)二碳基团的转移。5-磷酸木酮糖在转酮醇酶的催化下，将分子中的二碳基团转移给

5-磷酸核糖，生成 7-磷酸景天庚酮糖和 3-磷酸甘油醛。

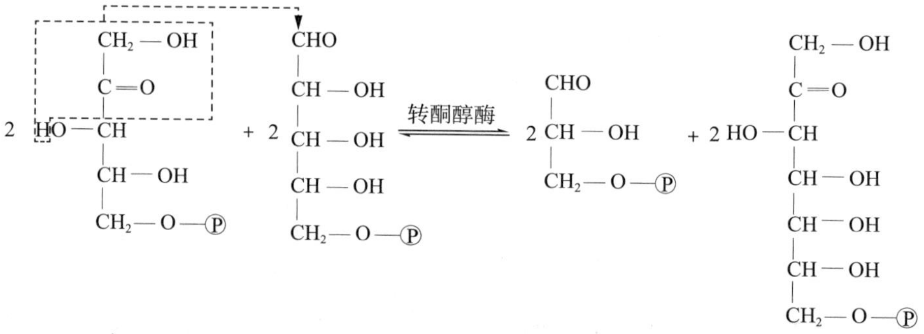

5-磷酸木酮糖　5-磷酸核糖　3-磷酸甘油醛　7-磷酸景天庚酮糖

(2)三碳基团的转移。生成的 7-磷酸景天庚酮糖在转醛醇酶催化下，将其分子中的三碳基团转移给 3-磷酸甘油醛，生成 4-磷酸赤藓糖和 6-磷酸果糖。

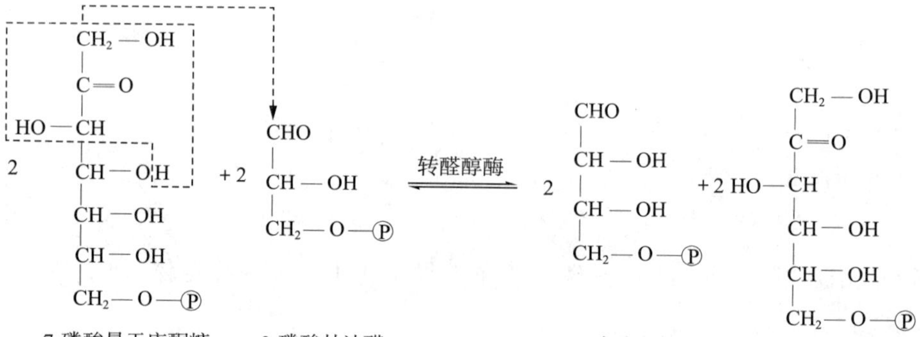

7-磷酸景天庚酮糖　3-磷酸甘油醛　4-磷酸赤藓糖　6-磷酸果糖

(3)二碳基团的转移。4-磷酸赤藓糖并不积存在体内，而是与另外未参与反应的 5-磷酸木酮糖进行作用，由转酮醇酶催化将木酮糖的羟乙醛基团交给赤藓糖，则又生成 6-磷酸果糖和 3-磷酸甘油醛。

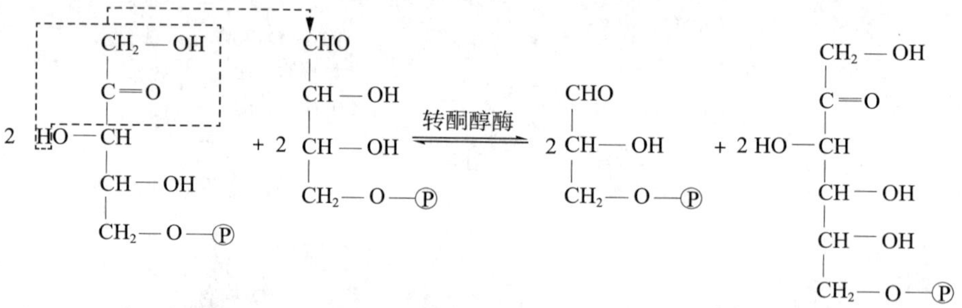

5-磷酸木酮糖　4-磷酸赤藓糖　3-磷酸甘油醛　6-磷酸果糖

(4)2 个三碳糖的缩合。以上各反应过程除生成的 6-磷酸果糖外，还有 3-磷酸甘油醛。1 分子的 3-磷酸甘油醛可以转变成磷酸二羟丙酮，再与另 1 分子的 3-磷酸甘油醛在醛缩酶作用下缩合生成 1,6-二磷酸果糖，进而再转变为 6-磷酸果糖。

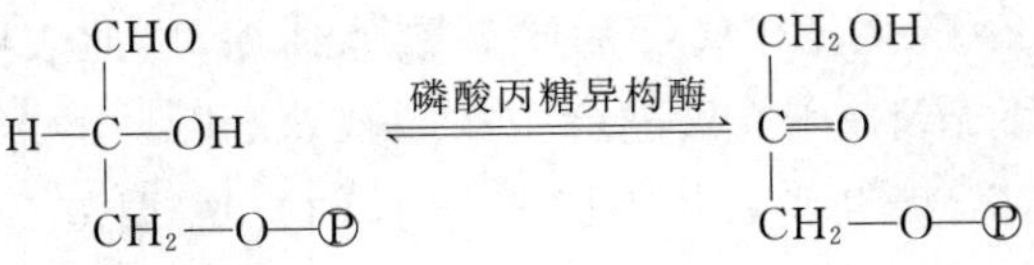

3-磷酸甘油醛　　　　　　磷酸二羟丙酮

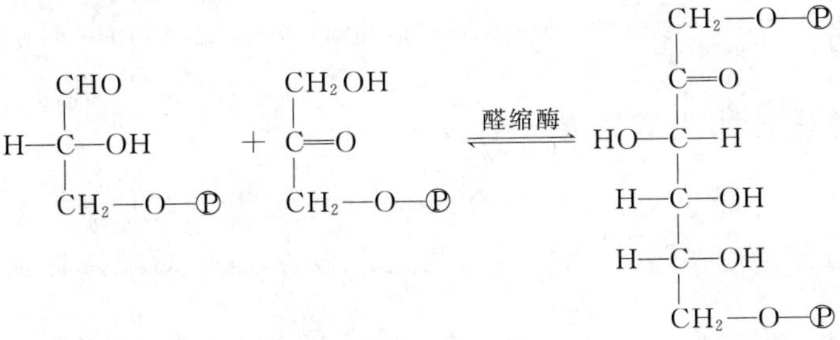

3-磷酸甘油醛　　磷酸二羟丙酮　　　1,6-二磷酸果糖

$$\text{1,6-二磷酸果糖} + H_2O \xrightarrow{\text{1,6-二磷酸果糖酶}} \text{6-磷酸果糖} + H_3PO_4$$

总反应过程见图 5-13。

综上所述,6 分子的 6-磷酸葡萄糖经磷酸戊糖途径氧化,生成 6 分子的 CO_2、1 分子磷酸、12 分子 NADPH+H^+ 和 5 分子的 6-磷酸果糖;消耗了 7 分子的水和 1 分子的 6-磷酸葡萄糖,完成糖的磷酸戊糖途径的氧化过程。

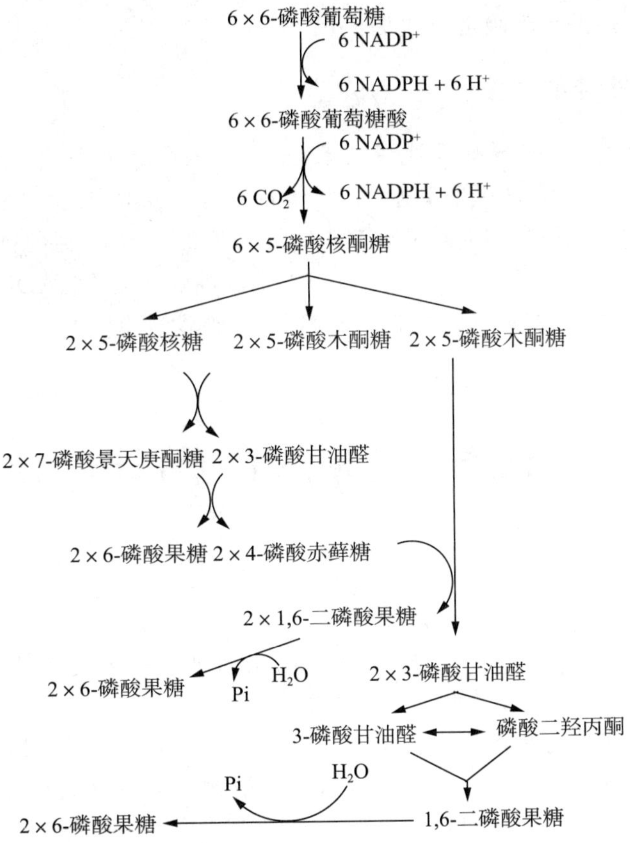

图 5-13　磷酸戊糖途径

上述反应中生成的6-磷酸果糖可转变为6-磷酸葡萄糖，由此表明这个代谢途径具有循环的性质，即1分子葡萄糖每循环一次，只进行1次脱羧（放出1分子CO_2）和2次脱氢，形成2分子NADPH，即1分子葡萄糖彻底氧化生成6分子CO_2，需要6分子葡萄糖同时参加反应，经过一次循环生成5分子6-磷酸葡萄糖，其反应可概括如下：

$$6(\text{6-磷酸葡萄糖}) + 12\ NADP^+ \longrightarrow 5\ (\text{6-磷酸葡萄糖}) + 12\ NADPH + 12\ H^+ + 6\ CO_2$$

（二）磷酸戊糖途径的生理意义

（1）磷酸戊糖途径生成的NADPH可参加体内的许多生化反应。例如，可用于脂肪酸、胆固醇、性激素等生物合成；也可以作为谷胱甘肽还原酶的辅酶，对维持谷胱甘肽的还原状态起着非常重要的作用。

（2）磷酸戊糖途径生成的5-磷酸核糖是核苷酸（核酸）的合成所必需的，反之，核酸分解产生的戊糖也要经此途径进行代谢。

（3）沟通了戊糖和己糖代谢联系。当糖的无氧分解与有氧分解代谢受阻时，可通过磷酸戊糖途径进行葡萄糖分解代谢。例如，其中的中间产物3-磷酸甘油醛可进入糖酵解和有氧分解途径，是三条途径的交叉点，如果某一途径因受某种因素的影响不能进行，则可通过其进入另一条途径分解，从而保证糖的分解继续进行。

（4）磷酸戊糖途径对于某些组织来说也是供能的一种方式。例如，产生的$NADPH+H^+$可转化为$NADH+H^+$进入呼吸链氧化提供ATP。

（三）磷酸戊糖途径的调控

6-磷酸葡萄糖脱氢酶是磷酸戊糖途径的第一个酶，因而其活性决定6-磷酸葡萄糖进入此途径的量。人们早就发现大量摄取碳水化合物，特别是在机体饥饿时，肝内此酶含量明显增加，以适应脂肪酸合成的需要。但是NADPH能强烈抑制6-磷酸葡萄糖脱氢酶的活性，所以磷酸戊糖途径的调节主要是受$NADPH/NADP^+$比例的影响，当$NADPH/NADP^+$比例升高时磷酸戊糖途径被抑制，比例降低时被激活。因此，6-磷酸葡萄糖进入磷酸戊糖途径的量取决于对NADPH的需求。

任务三　糖的合成代谢

任务解析

通过对糖异生作用概念和过程的学习，以及糖原的合成利用，了解糖合成代谢是保证血糖稳定和机体稳定获取能量的手段。特别强调糖异生作用对反刍动物的重要性。

动物体内糖的合成代谢是保证血糖稳定和机体稳定获取能量的手段。糖的合成代谢包括两个方面，一是动物体内的糖异生和糖原合成，二是植物体内的光合作用和淀粉形成，下面主要论述糖异生途径和糖原合成的过程。

当机体饥饿或剧烈运动时，除糖原降解补充血糖外，还可由糖异生作用合成葡萄糖，补充血糖，保证血糖维持正常水平。

一、糖异生作用

（一）糖异生作用的概念、场所

糖异生作用是指由非糖物质转变为葡萄糖或糖原的过程。在生理条件下，肝脏是糖异生作用的主要场所，肾脏也能进行糖异生作用，机体在酸中毒和饥饿时，肾脏的糖异生作用会加强。非糖物质有丙酮酸、乳酸、甘油及某些生糖氨基酸等。特别是反刍动物，瘤胃中多糖降解产生的低级脂肪酸，其中低级脂肪酸中的丙酸可以通过糖异生作用转变为葡萄糖。反刍动物体内的血糖，主要来源于丙酸的糖异生作用。虽然它们异生成糖的途径有差异，但都必须转变成糖酵解过程中的某一中间产物，然后再转变成糖。

（二）糖异生作用的主要反应过程

各种生糖物质在合成葡萄糖的过程中，一般需要先转化为糖代谢的中间产物，糖异生作用的过程基本是沿糖酵解途径的逆过程进行，糖酵解途径中大多数反应虽然是可逆的，但是有三个激酶（丙酮酸激酶、磷酸果糖激酶和己糖激酶）催化的反应是不可逆的，要完成其逆行反应，必须要绕过这三个不可逆反应，才能实现糖异生作用。

1. 由丙酮酸向磷酸烯醇式丙酮酸（PEP）的转变

这个过程是通过丙酮酸的羧化支路完成。所谓丙酮酸羧化支路是指丙酮酸主要在丙酮酸羧化酶和磷酸烯醇式丙酮酸羧激酶的催化下转变为 PEP 的逆向过程。因为丙酮酸羧化酶在线粒体内，而 PEP 羧激酶在胞液中，所以胞液中的丙酮酸必须先进入线粒体，消耗 ATP 被羧化成草酰乙酸，生成的草酰乙酸不能直接通过线粒体膜，需要转化成苹果酸后才能穿出线粒体。苹果酸穿出线粒体后又重新转变为草酰乙酸，草酰乙酸在胞液中的磷酸烯醇式丙酮酸羧激酶的催化下消耗 GTP 生成 PEP（图 5-14）。

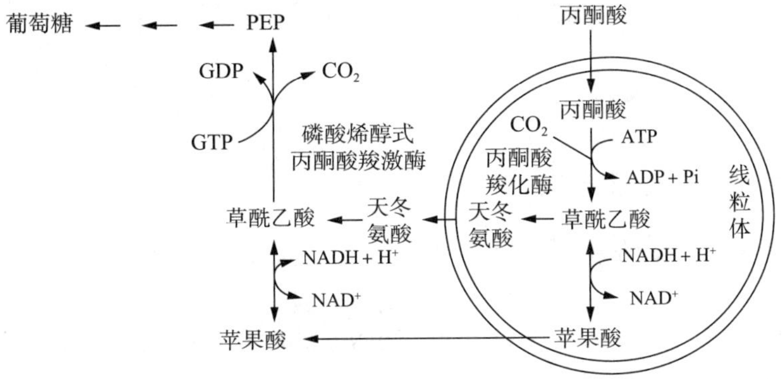

图 5-14　丙酮酸羧化支路

丙酮酸羧化酶分布在线粒体中，是一种大的变构蛋白，分子量为 660 000，是四聚体，需要乙酰 CoA 作为活化剂，以生物素为辅酶。在胞浆中由乳酸或磷酸烯醇式丙酮酸形成的丙酮酸必须先进入线粒体中。

2. 由1,6-二磷酸果糖向6-磷酸果糖转变

磷酸果糖激酶所催化的反应也是不可逆的，由1,6-二磷酸果糖酶催化，将1,6-二磷酸果糖水解脱去一个磷酸基，生成6-磷酸果糖。

$$1,6\text{-二磷酸果糖} + H_2O \xrightarrow{1,6\text{-二磷酸果糖酶}} 6\text{-磷酸果糖} + H_3PO_4$$

3. 6-磷酸葡萄糖水解成葡萄糖

己糖激酶所催化的反应也是不可逆的，由6-磷酸葡萄糖酶催化，将6-磷酸葡萄糖转变为葡萄糖。

$$6\text{-磷酸葡萄糖} + H_2O \xrightarrow{6\text{-磷酸葡萄糖酶}} \text{葡萄糖} + H_3PO_4$$

4. 几种非糖物质的糖异生过程

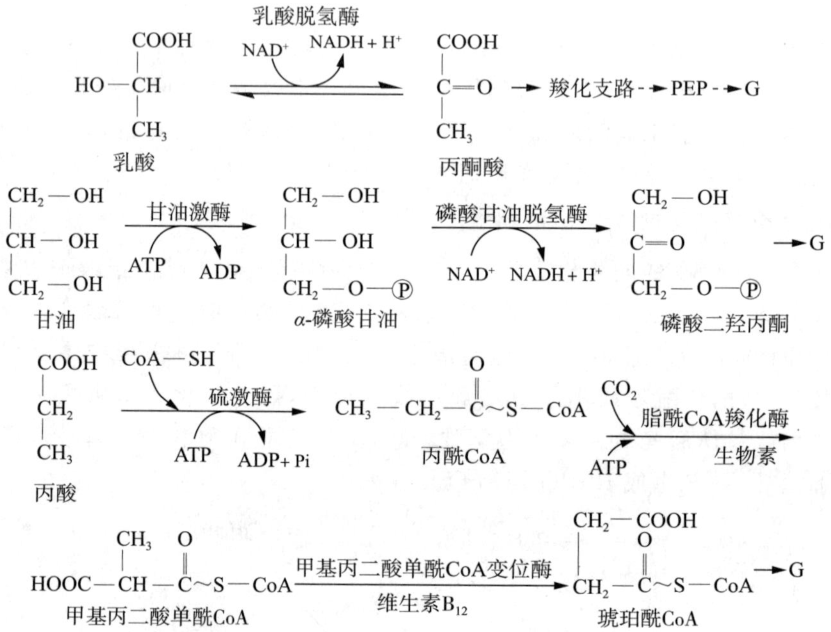

(三)糖异生作用的生理意义

(1)在体内糖来源不足的情况下，可利用非糖物质转化为葡萄糖，以便维持动物体内血糖浓度的稳定。

(2)在无氧条件下，糖分解供能产生乳酸，为防止乳酸在体内大量积累产生代谢性酸中毒，糖异生作用可以把乳酸又重新合成葡萄糖。

(3)反刍动物瘤胃中产生的丙酸可通过糖异生作用转变为葡萄糖，这对维持其血糖浓度的稳定有特别重要的意义。

(四)糖异生作用的调控

在细胞生理浓度下，糖异生和糖酵解两条途径的各种酶并非同时具有高活性，它们之间的

作用是相互配合的，有许多别构酶的效应物，在保持相反途径的协调作用中起着重要作用。

（1）高浓度的6-磷酸葡萄糖活化6-磷酸葡萄糖磷酸酯酶，抑制己糖激酶，促进了糖的异生。

（2）糖异生和糖酵解的调控点是6-磷酸果糖与1，6-二磷酸果糖的转化。糖异生的关键调控酶是1，6-二磷酸酯酶，而糖酵解的关键酶是磷酸果糖激酶。ATP刺激激酶的活性，抑制酯酶；柠檬酸则相反，提高酯酶的活性，所以当柠檬酸积累时，促进糖异生过程。

（3）丙酮酸到磷酸烯醇式丙酮酸的转化在糖异生途径中由丙酮酸羧化酶调节，在糖酵解中被丙酮酸激酶催化。乙酰CoA促进丙酮酸羧化酶的活性，抑制丙酮酸脱羧酶的活性。因此当线粒体中乙酰CoA的浓度超过燃料要求时，促进糖的异生，合成葡萄糖。丙酮酸是糖异生合成葡萄糖的原料，但对丙酮酸激酶有抑制作用，所以也促进糖异生过程的发生。

二、糖原的合成

在细胞内由葡萄糖合成糖原的过程称为糖原的合成作用。体内的葡萄糖浓度较高时，可以把葡萄糖转化为肌糖原和肝糖原贮存起来，以备需要时释放出来供机体利用。糖原合成的场所，主要在肝脏和肌肉细胞的胞液中进行。哺乳动物体内，糖原主要存在于骨骼肌（约占整个身体糖原的2/3）和肝（约占1/3）中，其他大部分组织，（如心肌、肾、脑等）中也含有少量糖原。低等动物和某些微生物（如真菌、酵母）中也含有糖原或糖原类似物。

糖原合成的过程需要一个多聚葡萄糖引物（含有6～7个葡萄糖残基）参加，同时合成时需要消耗ATP和UTP。反应过程包括以下几个步骤：

1. 生成G-6-P

葡萄糖在己糖激酶的催化下，Mg^{2+}存在下磷酸化生成G-6-P（6-磷酸葡萄糖），在肝内是由葡萄糖激酶催化。

$$\text{葡萄糖}+\text{ATP}\xrightarrow[Mg^{2+}]{\text{己糖激酶}}\text{G-6-P}+\text{ADP}$$

2. 生成G-1-P

G-6-P在磷酸葡萄糖变位酶催化下生成G-1-P（1-磷酸葡萄糖）。

$$\text{G-6-P}\xrightleftharpoons{\text{磷酸葡萄糖变位酶}}\text{G-1-P}$$

3. 生成尿苷二磷酸葡萄糖（UDPG）

在UDPG焦磷酸化酶催化下，G-1-P和UTP反应，生成尿苷二磷酸葡萄糖。

$$\text{G-1-P}+\text{UTP}\xrightleftharpoons{\text{UDPG 焦磷化酶}}\text{UDPG}+\text{PPi}$$

4. UDPG将葡萄糖基转移到糖原引物上

UDPG在糖原引物存在的情况下，由糖原合成酶催化，将UDPG分子中的葡萄糖基以α-1，4-糖苷键连接到引物G_n分子上。此连接可以同时在糖原引物的多个分支的非还原末端进行。

$$G_n+\text{UDPG}\longrightarrow\text{UDP}+G_{n+1}$$

5. 糖原的形成

当糖原合成酶催化以 α-1,4-糖苷键相连的葡萄糖直链达到一定长度时(至少是 11 个葡萄糖基),分支酶从其非还原端截下一小段,以 α-1,6-糖苷键连接到直链内形成支链(图 5-15)。

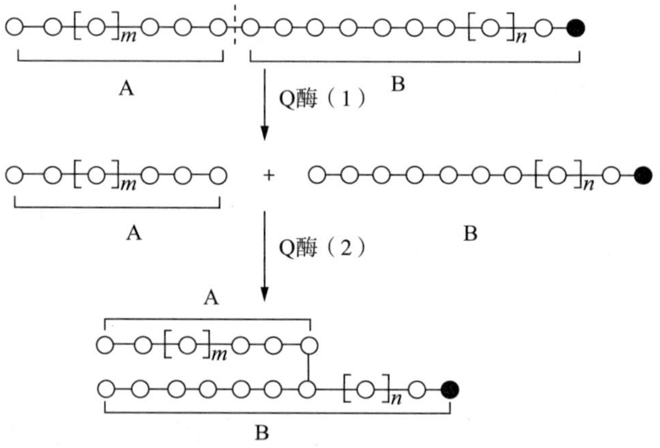

图 5-15 糖原支链的形成

糖原是多分支的多聚糖,多分支的特点加快了糖原的降解或合成速率。当体内葡萄糖浓度较高时,能够很快合成糖原贮存起来;当葡萄糖浓度下降时糖原很快被磷酸分解,生成葡萄糖,维持血糖稳定(关于糖原的分解,前面糖的概述中已做说明)。

知识拓展

糖代谢与畜牧兽医的关系

一、犬猫的糖类代谢性疾病

(一)母犬低血糖

低血糖是指空腹血糖水平低于正常范围。针对犬而言,低血糖主要发生在妊娠母犬分娩前后,是血糖降低到一定程度而发生的综合征,临床上主要表现为神经症状。引起母犬血糖降低的主要发病原因是胎仔数过多,胎儿迅速发育或分娩后初生仔犬大量哺乳造成营养消耗过高,同时机体对糖代谢的调节功能下降导致发病。临床上的症状一般表现为,体温升高达 41～42 ℃,呼吸加快,脉搏增速。全身呈强直性或间歇性抽搐,四肢肌肉痉挛,造成不能运动或运动共济失调,反射功能亢进。尿液有酮臭味,酮体反应呈强阳性。通过检测诊断,血糖值在 40 mg/100 mL 以下,血液酮体在 30 mg/100 mL 以上,结合症状即可确诊。

本病与母犬产后癫痫(产后子痫、产后抽搐症)的症状相似。但后者血钙明显低于正常值而血糖和尿酮体正常,且本病多见于分娩前后 1 周左右的母犬,产后癫痫多发生于产后 1～3 周内。治疗的方法通常进行补糖:20% 葡萄糖溶液按 1.5 mL/kg 体重,静脉滴注,或 5% 葡萄糖氯化钠液 250～500 mL、地塞米松 2～4 mL,静脉注射,注射 3～4 h 后,再按 250 mg/kg 体重口服葡萄糖粉,按此方法每日处置 1 次至病症消失。除了治疗还要注意预防,主要方法是升糖:投给胰高血糖素 0.3～1 mg/次,皮下注射。分娩前后要注意增强营养,喂饲以碳水化合物为主的食物。

（二）幼犬一过性低血糖症

本病多见于3月龄左右的小型玩赏犬。主要是寒冷或饥饿诱发幼犬的低血糖，有时也见于消化器官功能障碍影响糖的吸收而导致低血糖。主要临床症状表现：病初精神沉郁，反应迟钝，步态不稳，可视黏膜苍白，颜面肌肉抽搐，全身出现阵发性痉挛，很快陷入昏迷状态。诊断的关键是测定血糖，血糖值低于50 mg/100mL即可确诊。临床治疗可静脉注射较高浓度的葡萄糖溶液。常用20%葡萄糖溶液加等量复方氯化钠油10 mL/kg体重，缓慢静脉滴注；或用10%～15%葡萄糖溶液5～10 mL/kg体重，缓慢静脉滴注血糖正常范围。上述方法仍不能维持正常血糖水平时，可用氢化泼尼松0.5 mg/kg体重，皮下注射，或用氢化可的松1～2 mg/kg体重，肌内注射，1～2次/d，直至症状消失24～48 h停药。预防一过性低血糖症应加强饲养管理，每天少食多餐，每日给予2～3 g白糖，可有效防止发生低血糖。

除母犬和幼犬特殊群体容易患低血糖症外，其他动物体在以下情况时也易患低血糖。

（1）饥饿或不能进食。此时外源性血糖的来源断绝，内源性的肝糖原已经枯竭，糖异生作用也相应减弱，糖类供不应求，因而造成低血糖。

（2）胰岛素β-细胞增生，胰岛素分泌过多，引起低血糖。

（3）严重肝疾患，肝功能低下，糖原的合成、分解及糖异生等糖代谢过程均受损，肝不能及时有效地调节血糖浓度，故易产生低血糖。

（4）内分泌功能异常（垂体功能或肾上腺功能低下），使对抗胰岛素的升糖激素分泌减少，也会引起低血糖。

（三）不耐乳糖症

不耐乳糖症多发于成年犬，发病率随年龄的增长而增高，是一种消化吸收不良的综合征。

发病是因为有的犬肠黏膜中的乳糖分解酶先天性不足或缺乏，有的犬断乳后，肠黏膜中乳糖酶活性迅速降低，特别是长期不吃乳品的犬，也可使乳糖酶渐渐减少以致缺乏。在以上情况下，食物中的乳糖不能被消化分解而进入下部肠道，形成高渗状态或异常发酵而导致腹泻。在食入牛奶或其他乳制品后，数小时之内即出现腹泻，肠音高朗或肠鸣以及腹痛不安等症状。这类疾病的防治只要停喂含有乳糖的食物，症状即会很快消失。对于长期不喂牛奶的犬，不应突然喂食大量的牛奶，而要先少量喂给，逐渐加量。对于先天性不耐乳糖的仔犬必须用不含乳糖的特制奶粉进行人工哺乳。

（四）高血糖与糖尿病

高血糖是指空腹血糖水平高于正常范围。如果血糖值高于肾糖阈值，超过了肾小管对糖的最大重吸收能力，则尿中就会出现糖，此现象称为糖尿。高血糖发病原因及表现有：第一，生理性高血糖，在生理情况下由于糖的来源增加可引起生理性高血糖。如一次性进食大量糖时，血糖浓度急剧升高，可引起饮食性高血糖。但这种血糖的升高是暂时的，随着糖的分解代谢与能量大量被利用或形成糖原贮存，血糖会很快降至正常水平。第二，病理性高血糖，在病理情况下，如胰高血糖素分泌亢进或胰岛素分泌障碍均可导致高血糖，以至于出现尿糖。由胰岛素分泌障碍所引起的高血糖和尿糖，称为糖尿病。糖尿病是由各种原因造成胰岛素相对或绝对缺乏以及不同程度的胰岛素抵抗，使体内碳水化合物、脂肪及蛋白质代谢紊乱的内分泌疾病。如血糖不易进入组织细胞；糖原合成减少，肝糖原分解增强；组织细胞氧化利用葡萄糖的能力减弱；糖异生作用增强。总之血糖的来源增加而去路减少，出现持续性高血糖和糖尿。

中老年犬、猫最易发病，所有犬都可发病，多见于腊肠犬、狮子犬、苏格兰梗等犬种。引起胰岛素的β-细胞分泌胰岛素相对或绝对缺乏的常见原因有慢性胰腺炎、胰腺萎缩、胰腺肿瘤、胰腺损伤等。另外，内分泌系统异常及神经系统损伤，如促肾上腺皮质激素、生长激素等过多，以及脑震荡、脑出血、脑肿瘤等也可引起糖尿病。饲料单一，长期饲喂过多的碳水化合物饲料，造成动物过肥，肝脏脂肪堆积，阻碍糖原贮存，易使β-细胞负担过重、疲惫及衰竭而发病，此外遗传因素对本病发生也有影响。

临床症状：发病缓慢，早期不易被发现。其典型症状是多饮多尿和体重减少，食欲大增。病情严重时，尿量增加3～5倍，尿比重增高达1.060～1.068，尿和呼出气带有特殊的芳香甜味(类似烂苹果味)。进一步发展则可见顽固性呕吐和黏液带血性下痢，尿呈酸性反应，发生酸中毒，最后陷入糖尿病性昏迷。约有半数患犬早期即开始出现白内障，逐渐失明，猫很少发生白内障。有的患犬尾尖发生坏死。

根据临床症状并结合检验血糖、尿糖，不难做出诊断：患犬空腹血糖值达140 mg/100 mL以上，患犬餐后血糖值达200 mg/100 mL。尿糖呈强阳性，并伴有酮尿。应注意与遗传性肾性尿糖、尿崩症和肾上腺皮质功能亢进相鉴别。遗传性肾性尿糖虽也有多食、多尿及尿糖高等症，但血糖正常；尿崩症尿比重降低且无糖尿；肾上腺皮质功能亢进症可肌内注射20 U促肾上腺皮质激素，根据皮质醇的消长情况来判定。治疗方法主要是采取改善饲养管理。日常中限制碳水化合物饲料，多给肉、蛋、乳等蛋白质多的食物。饮水不限，在水中加入碳酸氢钠。对珍贵的患病犬猫，可应用胰岛素，按1～5 U/kg体重，皮下注射，1次/d，直到晨尿不含糖为止。当发生下痢时，立即停药，口服降糖药物，如苯乙双胍片，每次25 mg，2～3次/d，也可内服优降糖、降糖灵等。

(五)糖原蓄积症

糖原蓄积病是糖原过多蓄积在肝、肾、心脏、肌肉、网状内皮系统和中枢神经系统内引发的代谢病。多见于小型品种的犬。主要病因是肝脏内的葡萄糖-6-磷酸酶先天性不足，而肝脏合成糖原的功能正常，致使糖原在肝脏等器官内异常蓄积。此外，成年犬的胰岛β-细胞瘤时，由于大量分泌胰岛素，血糖大量进入细胞，也可造成糖原蓄积。长途运输、高热、寒冷等应激因素以及体内外寄生虫感染、腹泻、呕吐等是本病发生的诱因。

临床上发病迅速，患犬突然精神沉郁、呆滞，间或不安、呻吟、嚎叫，运动共计失调，四肢呈蛙泳状。有时出现呕吐、流涎、稀便呈煤焦油样。有时癫痫样发作、大小便失禁。抽搐缓解后又能正常饮水。体温降低或正常，食欲稍减或正常。根据临床症状和血糖变化可做出诊断，如血糖值严重降低，可达20～40 mg/100 mL可进行诊断。其血糖持续长期升高可与一般的低血糖症相鉴别。

糖原蓄积病的治疗，要多饲喂高碳水化合物食物，并增进饲喂次数。对出现症状的犬，按5～10 mL/kg体重静脉注射5%～20%葡萄糖溶液，连用3～5 d。同时投予皮质类固醇制剂及维生素类药物。必要时给予解痉或镇静药物，以缓解抽搐等神经症状。在护理上要注意保暖，同时避免患犬受到刺激。另外，也可进行手术疗法，做门腔静脉吻合术，目的是使血糖向全身转移，可明显改善其代谢和生长发育。

给予大剂量高渗葡萄糖之后血糖仍处在较低水平者，此种多为先天性葡萄糖-6-磷酸酶缺乏所致。

犬猫及其他动物体糖类代谢疾病多与其日粮有关。宠物犬猫的食物一般要求丰富、切忌单一。犬猫最好饲喂市场上出售的商品性犬猫食品，自己制作食物时，配制全价平衡的食物，肉和肝脏中含的钙少磷多，长期饲喂肉和肝脏时，一定要向肉和肝脏食物中添加钙制剂。犬猫不同生存阶段对营养物质的需求各不相同，供给各类营养成分，也可适量加些补充营养。因为如果不是全价平衡，也就是某种营养成分过多或过少，饲喂时间长，均可引发生病，尤其是老年或幼年犬猫更容易发病。

二、青贮饲料的生化原理

青贮是调制和贮藏青饲料的有效方法之一，是畜牧业生产中切实可行的有力措施，我国的青贮饲料资源十分丰富，年产10亿t左右，加之青贮的规模可大可小，方法可土可洋，既实用于大中小型农牧场、养殖场，也适用于畜禽饲养专业户和一般的农户，因此青贮在我国广大农村和农林牧区迅速推广普及，现在青贮饲料已经广泛地用作家畜的常规饲料，对发展畜牧业起着巨大的作用。

（一）青贮饲料的特点

青贮饲料是用新鲜的天然植物性饲料为原料，以青贮的方式调制成的饲料。青贮的方式多样，主要是将各种青绿饲料原料切碎，贮藏在特定的设施中，充分压实密封，在隔绝空气的情况下进行微生物自然发酵，因此，青贮饲料又称乳酸菌饲料。乳酸菌是发酵菌的主角，在厌氧条件下大量繁殖，产生大量的乳酸，抑制不利的有害菌生长，从而制成优良的青贮饲料。在贮藏设施密封完好的情况下。可以实现较长期的贮藏，这种加工和贮藏饲料的方法称为青贮。

（二）青贮饲料的微生物发酵原理

青贮可分为一般性青贮和特殊性青贮。分别介绍如下：

1. 一般性青贮

一般性青贮主要是利用青贮原料上附着的乳酸菌等微生物的生命活动，通过发酵的作用，将青贮原料中的糖类等碳水化合物变为乳酸等有机酸，增加青贮料的酸度，从而抑制了有害细菌的生长，加之厌氧的环境又抑制了霉菌等的生长活动，使青贮料得以长期保存下来。在青贮饲料中微生物发酵产生有用的代谢物，使青贮饲料带有芳香、酸、甜等的味道，能大大提高畜禽的适口性。

青贮能将青绿饲料原料的营养成分保存下来，是因为原料在贮藏过程中进行了由微生物引起的发酵，这一过程完成得好，才能得到优质饲料产品。为此，有必要了解青贮饲料发酵的基本原理。青贮饲料的发酵过程，可以大体上分为三个时期，了解这三个时期，有利于青贮饲料的调制。

(1)预备发酵期。新制作的青贮饲料虽然已压实封严，铡断的青绿饲料内可溶性的营养成分外渗，以及青贮饲料间或多或少的空气，植物细胞呼吸作用仍在进行，各种需氧菌和兼性厌氧菌都旺盛地繁殖起来，包括腐败菌、酵母菌、肠道细菌和霉菌等，而以大肠埃希菌的产气杆菌群占优势，植株被切碎造成组织损伤释放出的液体可使呼吸作用增强，在植物细胞中呼吸酶的作用下将组织中糖分进行氧化，并产生一定热量，此时温度升高，随着呼吸作用的进行，青贮窖中不多的一些空气逐渐被消耗形成厌氧条件，这就是厌氧形成阶段，可称为呼吸期，也是预备发酵时期，正常情况下2～3 d完成。

预备发酵期的长短，随着原料的化学成分和填窖的紧密程度而有不同，含蛋白质多而糖分少的豆科作物和豆科牧草，比富含糖分和淀粉的玉米秸、高粱秸和根茎叶类饲料为长，填装得疏松比紧密要长。预备发酵期通常是在青贮后2 d左右结束。

随着氧气被消耗，氧化作用逐渐减弱，窖内温度逐渐下降，此时如果封窖不严密或原料填压不实，会残存过多氧气，延长植物细胞的呼吸作用，同时积累热量，致使温度过高，不仅养分损失加大，还抑制乳酸菌等有益微生物的活动，降低青贮饲料的口味和质量。因此，尽可能排除原料间隙的空气，严密封盖，防止空气渗入，是尽早形成窖内厌氧条件的关键。

(2)酸化成熟期。随着青贮窖内厌氧环境的形成，好氧菌逐渐停止活动，厌氧菌则继续繁殖，其中由于各种微生物的代谢活动，乳酸菌是厌氧微生物，当原料中有足够的糖分存在时，能迅速增殖，进行乳酸发酵，产生乳酸等。据测定青贮料入窖 4 d 后，每克牧草中乳酸菌数量达到 10^9 个，即 10 亿个。乳酸菌发酵使 pH 迅速下降，这就逐渐形成了有利于乳酸菌繁殖的环境，乳酸菌旺盛地繁殖起来，首先乳酸链球菌占优势，其次是更耐酸的乳酸杆菌占优势，当青贮料中的有机酸积累到湿重的 0.65%～1.3%，在青贮后 10～12 d，pH 下降到 4，使青贮料变为酸性。这种酸度条件抑制了其他微生物的发育(pH 在 5 以下时)，绝大多数的微生物的活动便被抑制，霉菌也因厌氧环境而不能活动，使青贮饲料的营养少受损失。同时，由于微生物活动逐渐减弱，pH 保持相对稳定。乳酸菌分许多类型，不同类型其发酵途径有所不同，但其终产物都生成乳酸，此外还有乙酸、乙醇和二氧化碳等。在厌氧条件下可能产生的另一类发酵是丁酸发酵，主要微生物是梭菌，来自土壤和粪便，青饲料受泥土污染往往将梭菌带入青贮窖中，在密封缺氧的环境下，梭菌依靠初期的温度和养分条件得以迅速增重，如果任其发展，梭菌发酵的代谢产物为丁酸、乙酸和氨，发出难闻刺鼻的气味，同时使温度和 pH 升高，降低青贮料的品质。因此，在厌氧条件下，梭菌是乳酸菌发酵的主要竞争对手。由于梭菌最适宜生长的环境是 pH 7.0～7.4、37 ℃以上和潮湿条件。为防止梭菌发酵，首先，要创造适合乳酸菌发酵的条件，最关键的是青贮原料中的含糖量应在 2%以上，一定数量的可溶性糖即水溶性碳水化合物将促进乳酸菌迅速增殖；其次，应尽快使入窖的青贮料 pH 下降，因为梭菌不能耐受酸的环境；最后，提高青贮原料的干物质水平，要求含水量在 70%以下，以抑制喜欢潮湿条件下的梭菌的生长。

当乳酸菌产生的乳酸积累到一定程度时，乳酸菌本身也受到了抑制，并开始逐渐地死亡，当乳酸积累到青贮饲料湿重的 1.5%～2.0%，pH 为 4～4.2 时，青贮料在厌氧和酸性的环境中成熟，并长时间地保存下来。制作青贮饲料的关键就是要创造有利于乳酸菌大量繁殖的环境条件，包括以下要点：

第一，青贮饲料需要有一定的含糖量较多、易于青贮的原料，有玉米秸、高粱秸、禾本科青草等；含糖不足而含粗蛋白较多的如豆科作物、豆科牧草、马铃薯等，它们单独青贮有一定困难；而西瓜蔓、南瓜蔓、黄瓜蔓之类含糖量更少，单独青贮更不易，需要添加一定量的淀粉质原料如玉米等，5‰就合适。

第二，原料的含水量适度，禾本科牧草及其他禾本科植物以含水量 65%～75%为宜。如果是青草，则不宜另加水。

第三，温度要适宜，一般在 19～37 ℃为宜，温度过高，产品容易腐败变质，温度过低，也会影响乳酸菌的繁殖和产酸率。

第四，要求缺氧环境，要尽量将原料铡断，密封，并压紧以排出空气。

(3)稳定期。青贮发酵的第三个时期是稳定期。经过厌氧发酵期，青贮料 pH 为 4 左右，在这种酸性和厌氧条件下，乳酸菌自身和其他厌氧微生物都停止活动，生物化学变化相对稳定，青贮饲料在窖中可以长期贮藏。

2. 特殊性青贮

(1)低水分青贮或半干青贮。低水分青贮或半干青贮的基本原理是：原料的含水量少，造成对微生物的生理干燥，青饲料刈草后，经风干使水分含量达到40%～55%时，植物细胞质的渗透压达到5～6 MPa大气压，这样的风干植物对腐生菌、丁酸菌及乳酸菌均会造成生理干燥状态，使生长繁殖受到抑制。在青贮过程中微生物的发酵活动非常弱，蛋白质不被分解，有机酸的形成量也少，虽然在这种风干的植物内霉菌也可以大量繁殖，但霉菌是好氧菌，在切短压实的厌氧条件下，其活动也很快停止。因此这种方式的青贮，必须在高度厌氧的条件下进行，最好是用真空泵把空气抽尽，而对原料中的糖分的多少及乳酸积累则无关紧要。低水分青贮可以扩大青贮原料的范畴，用一般方法不易青贮的原料，如豆科草，可以用此法进行青贮。

(2)外加青贮添加剂的青贮。对于不易青贮和难以青贮的原料，或者需要提高青贮饲料营养价值的原料，可以进行外加青贮添加剂的青贮，如活力99生酵剂。外加青贮添加剂的作用如下：

第一，促进乳酸的发酵，如添加废糖蜜、蔗糖等可溶性碳水化合物或添加酶制剂，从原料中的淀粉、纤维素水解出一部分糖类来，必要时添加乳酸菌接种，迅速产生大量的乳酸使pH很快得以降到3.8～4.2。

第二，抑制不良发酵，如加入各种酸类物质、抑制剂、阻止腐败菌等的生长繁殖。近年来，采用添加青贮剂的方法可以显著提高青贮质量，并可制成苜蓿青贮饲料。

第三，提高青贮饲料的营养价值，如添加尿素、氨化物，不但反刍动物可以利用，而且微生物也可以利用这些非蛋白氮合成菌体蛋白质。

外加添加剂青贮扩大了青贮原料的范围，把一般青贮法中认为不易青贮的原料加以利用，如含糖分太少的植物，或经过加工的副产物，或青贮前原料曾发热。在我国北方地区或南方冬季气温下降时，人工接种乳酸菌良种，有利于窖温的升高，有助于快速产酸等。

(三)青贮饲料原料

1. 原料的选择

适宜制作青贮的原料应具有以下条件：①含有一定糖分，即水溶液碳水化合物，要求新鲜饲料中含糖量在2%以上；②较低的缓冲能力，即容易调制成酸性或碱性；③青饲料的干物质含量在20%以上，即原料的含水量要低于80%；④具有理想的物理结构，即容易切碎和压实。

以上这些条件是相互联系的，如某种原料的糖分含量达到要求，但若原料的水分含量太高，调制的青贮料酸度就过高，水溶液养分损失多，青贮料质量不高。为此，在原料不具备某些条件时，可采取措施创造适宜条件。例如，原料含水量太高，则在田间晾晒蒸发一部分水分或添加一定量的干饲料；向日葵的茎中含有髓质，不容易压紧，就要切细切断，以有利于压紧压实。

2. 原料的种类

适于调制青贮饲料的原料很多，大致可分为3类：①专门种植的植物，如玉米、高粱、大麦、青燕麦、小麦、黑麦、苏丹草和杂交高粱以及饲用甘蓝、向日葵等；②农作物副产品和食品加工业废弃物，如收获后的玉米秸秆、甘薯和马铃薯的藤蔓、菠萝皮渣、甘蔗梢和笋壳等；③野生植物，如青茅草、芦苇等。

青割玉米是最常用的青贮饲料原料，其特点是含糖分较高，特别适合乳酸菌的发酵。玉米的干物质含量和单位面积产量较高，缓冲力较低。通常禾本科牧草随着生长和接近成熟，产量增加，有机物消化率下降，而玉米的产量和消化率能同时提高到最大并稳定一段时间。某农业技术推广站经过大量试验，提出青贮饲料原料的临界含糖量应占鲜重的3%，含糖分较高是玉米等禾本科作物易于青贮的主要原因。玉米作为青贮饲料原料的主要缺点是粗蛋白质含量较低，通过现代育种技术及制作青贮时添加尿素等可以得到改善。

（四）青贮饲料原料的优劣

青贮饲料具有营养丰富、原料广泛等优点，同时青贮饲料经微生物发酵后可产生乳酸、醋酸、琥珀酸及醇类等具有芳香气味的物质，可提高饲料的适口性，且易于牛羊消化吸收，进而可提高牛羊的繁殖力、饲料转化率、泌乳率等生产性能，而且在青贮饲料制作过程中还可添加各种精料和补充料如丙酸、尿素等，混合后的青贮饲料可成为牛羊生长需要的“完全日粮”，充分满足营养需要，进而促进牛羊健康生长，因此在畜牧业生产中应用越来越普遍。调研发现在众多养牛场中青贮饲料是奶牛日粮中采食量最大的，因此青贮饲料品质的优劣及营养价值的高低直接影响着其生产性能、牛奶品质及饲养成本等；在肉牛生产中饲喂青贮饲料则可以充分利用低廉优质的饲料资源，降低养殖成本，获得较好的经济效益。由此可见，发展规模化牛羊养殖业离不开青贮饲料和青贮技术。

当前青贮饲料在世界范围内的畜牧生产中普遍作为饲喂牛羊的优质饲料。青贮饲料在缓解饲草饲料缺乏难题的同时，也提高了牛羊养殖业的经济效益，促进了广大农民的增产增收，但也带来了一些问题，如酸度过高的青贮饲料不仅不利于牛羊的生长发育，甚至还会危害动物的健康。研究发现青贮饲料的酸度过高时可降低饲料的适口性，对于牛羊牙齿具有腐蚀性，对肠胃的刺激性和腐蚀性也较大，而且如果青贮饲料饲喂不科学，也会引起牛羊瘤胃酸中毒或其他副作用，不利于畜牧生产的顺利开展。

青贮饲料的推广使用，可以确保供给牛羊营养均衡、青绿多汁的饲料，目前青贮饲料原料生产不断壮大，青贮原料来源已由最初的农作物秸秆发展到专门种植青贮原料饲料地，尤其是青贮玉米的大范围种植，甚至将工农业副产品等均用于青贮饲料的制作，使得青贮饲料来源无论在数量方面还是在质量方面都显著提高，不仅能够节约粮食，缓解人畜争粮的矛盾，也可使原料中的营养物质获得最大限度地利用，避免资源浪费，同时也可为牛羊饲养提供优质饲料，缓解寒冷冬季饲料短缺的难题，科学合理开发和利用青贮饲料是保证节粮健康型畜牧生产的重要手段。

思考与练习

一、填空题

1. 无氧分解又称为__________，和__________的过程是相似的，反应在__________中进行。

2. 1分子葡萄糖转化为2分子乳酸净生成__________分子ATP。

3. 1分子葡萄糖氧化生成CO_2和H_2O净生成__________分子ATP。

4. 糖的分解代谢途径主要包括__________、__________和__________。

5. 糖异生的主要原料为__________、__________和__________。

6. 在有氧条件下，乙酰CoA与__________缩合生成柠檬酸开始，经______脱氢和________脱羧反应，彻底氧化生成二氧化碳和水。

7. 糖异生作用主要在________________进行。

二、名词解释

1. 糖酵解 2. 糖的有氧氧化 3. 糖异生作用 4. 血糖 5. 三羧酸循环 6. 糖原 7. 羧化支路

三、简答题

1. 糖无氧分解有何生理意义？举例说明。

2. 葡萄糖分解为丙酮酸的各反应过程中，有氧和无氧条件有何区别？调控部位、氧化部位及底物磷酸化部位又有何区别？

3. 什么是糖异生作用？生理意义是什么？

4. 什么是三羧酸循环？反应过程如何？4 次脱氢反应的酶及辅酶是什么？

5. 写出乳酸生成葡萄糖的糖异生作用的过程。

6. 有氧分解的生理意义是什么？

7. 作图说明丙酮酸转化为 PEP 的过程。

8. 1 mol 葡萄糖有氧分解和无氧分解净生成 ATP 的比是多少？

9. 淀粉的结构分别有哪两种形式？水解淀粉的酶有哪些？

10. 什么是磷酸戊糖途径？

模块五 思考与练习参考答案

模块六
脂类化学与脂类代谢

【学习目标】

(1)了解脂类的化学分类、结构、理化性质及生理功能。

(2)了解血浆脂蛋白的组成及含量。

(3)掌握脂肪酸的β-氧化分解过程以及酮体的概念、代谢、生理意义。

(4)结合软脂酸的合成途径了解脂肪的合成过程及磷脂、胆固醇的合成原料、代谢过程。

(5)掌握酮体的测定、动物血脂的测定原理和方法等技能知识。

【素质目标】

(1)培养分析问题和解决问题的能力。

(2)培养具有良好的职业素养、社会公德和职业道德。

任务一　脂类化合物

任务解析

了解脂肪和类脂的化学组成、结构、分布;了解脂肪酸的种类,三酰甘油的类型、理化性质及磷脂类化合物,为脂类代谢的学习打下基础。

脂类是脂肪和类脂的总称。由脂肪酸与醇作用生成的酯及其衍生物,统称为脂质或脂类。脂类是广泛存在于自然界的一大类物质,是生物体内重要的组成成分,这些物质的化学组成、化学结构、理化性质以及生理功能上存在着很大的差异,但是它们都有一个共同的特性,即不溶于水而易溶于乙醚、氯仿、苯等非极性溶剂,用这类溶剂可将脂类物质从细胞和组织中萃取出来。脂类的这种特性主要由构成它的碳氢结构成分所决定。

脂肪又称真脂或中性脂肪,是指由甘油的 3 个羟基和 3 个脂肪酸缩合而成的三酰甘油,也称甘油三酯;类脂是指与脂肪性质类似的一些物质,包括磷脂、糖脂、胆固醇及固醇酯类、脂肪酸等,这些物质在动物体内广泛存在。根据脂类在动物体内的分布,又可将其分为贮存脂和组织脂。贮存脂主要是中性脂肪(甘油三酯),以皮下结缔组织、大网膜、肠系膜、肾脏周围等处贮存最多,称为脂库。贮存脂的含量随着机体的营养状况变动。而组织脂主要是类脂,分布于动物体内所有的细胞中,是构成细胞膜系统的成分,其含量一般不受营养等条件的影响,而且相当稳定。

一、脂酰甘油类

脂酰甘油，又称为脂酰甘油酯，即脂肪酸和甘油所形成的酯。根据参与产生甘油酯的脂肪酸的分子数，脂酰甘油分为单脂酰甘油、二脂酰甘油和三脂酰甘油三类。三脂酰甘油又称为甘油三酯，是脂类中含量最丰富的一大类，其结构如下：

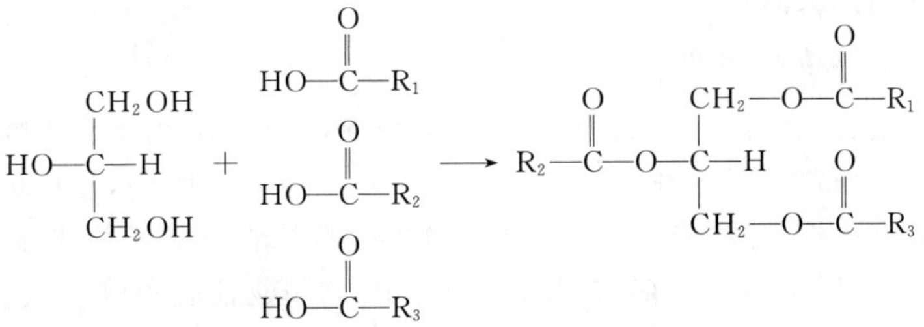

甘油　　　　脂肪酸　　　　甘油三酯

（R_1、R_2和R_3可以相同，也可不全相同，甚至完全不同）

单脂酰甘油和二脂酰甘油在自然界中少见。三脂酰甘油是植物和动物细胞贮存脂的主要组分，一般在室温下为液态的称为油，在室温下为固态的称为脂肪。这种区别是由于甘油三酯中饱和脂肪酸及不饱和脂肪酸的比例不同。

(一)脂肪酸的分类

脂肪酸是由碳、氢、氧三种元素组成的一类化合物，是中性脂肪、磷脂和糖脂的主要成分。所有的脂肪酸都有一个碳氢链，其一端有一个羧基（R—COOH）。碳氢链以线性为主，分支或环状的为数甚少。脂肪酸分子内不带碳碳双键，称为饱和脂肪酸，如硬脂酸、软脂酸等；分子内带有一个或几个碳碳双键的脂肪酸，称为不饱和脂肪酸，最常见的有油酸；根据双键的个数，不饱和脂肪酸又分为单不饱和脂肪酸和多不饱和脂肪酸。长链高级脂肪酸碳链长度一般在18～36个碳原子，最少的是含有12个碳原子，如月桂酸。不管饱和的或不饱和的，生物体内脂肪酸的碳原子数大多是偶数，极少数含有奇数碳原子，尤其是在高等动植物体内主要存在12碳以上的高级脂肪酸，一般含有14～24个碳原子，以16碳脂肪酸和18碳脂肪酸最为常见。奇数碳原子脂肪酸仅在一些植物、反刍动物、海洋生物、石油酵母等体内部分存在。

脂肪酸根据其碳链的长短，习惯上将脂肪酸分为低级脂肪酸与高级脂肪酸。分子中含碳原子数不足十个的为低级脂肪酸，碳原子数在十个以上的为高级脂肪酸。脂肪酸根据其含碳量的高低分为硬脂酸和软脂酸，“硬”和“软”属于高级脂肪酸的习惯命名法，它们都是饱和脂肪酸。

(二)脂肪酸的特性

1. 高等动植物脂肪酸的共性

(1)脂肪酸最常见的是C_{16}或C_{18}的脂肪酸。C_{12}以下的饱和脂肪酸大量存在于哺乳动物的乳脂中。

(2)在高等植物和低温下生活的动物中不饱和脂肪酸的含量高于饱和脂肪酸含量。

(3)不饱和脂肪酸的熔点比同等链长的饱和脂肪酸的熔点低。

(4)高等动植物的单不饱和脂肪酸的双键位置一般在C_9～C_{10}，不饱和脂肪酸中的一个双

键一般也位于 $C_9 \sim C_{10}$，其他双键渐次远离羧基。

(5)高等动植物的不饱和脂肪酸几乎都具有相同的几何构型，而且大多数属于顺式，只有极少数的不饱和脂肪酸属于反式。

(6)细菌中所含脂肪酸种类比高等动植物的少得多，而且绝大多数为饱和脂肪酸，碳原子数目和高等动植物脂肪酸的碳原子数目相似，也在 $C_{12} \sim C_{18}$，而且细菌中绝大多数的脂肪酸为饱和脂肪酸，有的脂肪酸还带有分支的甲基。

2. 植物油脂中的饱和脂肪酸

植物油脂中的脂肪酸可以分为饱和的和不饱和的两类。在饱和脂肪酸中，棕榈酸、月桂酸、豆蔻酸和硬脂酸分布最广泛，并且数量最多。在几乎所有脂肪中，棕榈酸都是其中的组分之一。棕榈油中最富于棕榈酸(35%～45%)；棕榈油、椰子油中富于月桂酸；从豆蔻籽的脂肪中易分离得到豆蔻酸；硬脂酸大量存在于动物脂肪中，在植物油脂中仅有微量(表 6-1)。

表 6-1 植物油脂中的饱和脂肪酸

名称	碳原子数	分子式	来源	熔点/℃
月桂酸	12	$CH_3(CH_2)_{10}COOH$	月桂	44
豆蔻酸	14	$CH_3(CH_2)_{12}COOH$	豆蔻	54
棕榈酸(软脂酸)	16	$CH_3(CH_2)_{14}COOH$	一般动植物	63
硬脂酸	18	$CH_3(CH_2)_{16}COOH$	一般动植物	70

3. 植物中重要的不饱和脂肪酸

大部分植物脂肪酸都属于不饱和脂肪酸，它们含有 1～2 个或多个双键，故又称为脂肪烯酸。有些植物还含有少数的带羟基及带环状的脂肪酸。在不饱和脂肪酸中，油酸和亚油酸分布最广，含量也最丰富。根据世界植物油产量计算，油酸占农业生产中脂肪总产量的 34%左右，亚油酸占 29%，而棕榈酸只占 11%。根据不饱和程度，将不饱和脂肪酸分为一烯酸、二烯酸、三烯酸、四烯酸等。

(1)一烯酸($C_nH_{2n-1}COOH$)。油酸、棕榈油酸及芥子酸等都属于一烯酸，油酸和棕榈油酸是动植物脂类中两种最丰富的不饱和一烯脂肪酸。

$$CH_3(CH_2)_7CH{=}CH(CH_2)_7COOH$$
油酸

$$CH_3(CH_2)_5CH{=}CH(CH_2)_7COOH$$
棕榈油酸

植物油含油酸丰富，如花生油含 58%，芝麻油含 46%，棉籽油含 30%，大豆油含 32%。芥子酸存在于十字花科植物种子中，如菜籽油含 46%，芥菜籽油含 28%～32%。

(2)二烯酸($C_nH_{2n-3}COOH$)。植物中存在重要的二烯酸为亚油酸，如亚麻油含 41%，棉籽油含 41%，菜籽油含 18%，芝麻油含 35%，大豆油中含量达 49%。

$$CH_3(CH_2)_4CH{=}CHCH_2CH{=}CH(CH_2)_7COOH$$
亚油酸

(3)三烯酸($C_nH_{2n-5}COOH$)。重要的三烯酸为亚麻酸，在亚麻油中含量达 20%；桐酸也是三烯酸，在桐油中含量达 72%。桐油是我国特产，在国际市场上占有重要的地位。

$$CH_3CH_2CH{=}CHCH_2CH{=}CHCH_2CH{=}CH(CH_2)_7COOH$$
α-亚麻酸

$$CH_3(CH_2)_3CH{=}CH{-}CH{=}CH{-}CH{=}CH(CH_2)_7COOH$$

桐酸

(4)四烯酸($C_nH_{2n-7}COOH$)。花生四烯酸是含 20 个碳的四烯酸。植物中含 C_{20} 以上的不饱和脂肪酸较少,只有在种子的卵磷脂、脑磷脂中含有少量的 $C_{20}\sim C_{22}$ 的不饱和酸。

$$CH_3(CH_2)_4CH{=}CHCH_2CH{=}CHCH_2CH{=}CHCH_2CH{=}CH(CH_2)_3COOH$$

花生四烯酸

(5)羟基脂肪酸。蓖麻酸是含有 1 个羟基的不饱和脂肪酸,在蓖麻油中含量达 80%～86%。

$$CH_3(CH_2)_5\underset{\displaystyle OH}{\underset{|}{C}}HCH_2CH{=}CH(CH_2)_7COOH$$

蓖麻酸

高等植物中存在的不饱和脂肪酸可总结如表 6-2 所示。

表 6-2　植物中重要的不饱和脂肪酸

名称	碳原子数	分子式
油酸	18	$CH_3(CH_2)_7CH{=}CH(CH_2)_7COOH$
蓖麻酸	18	$CH_3(CH_2)_5CHOHCH_2CH{=}CH(CH_2)_7COOH$
亚油酸	18	$CH_3(CH_2)_4CH{=}CHCH_2CH{=}CH(CH_2)_7COOH$
亚麻酸	18	$CH_3\ CH_2\ CH{=}CHCH_2CH{=}CHCH_2CH{=}CH(CH_2)_7COOH$
桐酸	18	$CH_3(CH_2)_3CH{=}CH{-}CH{=}CH{-}CH{=}CH(CH_2)_7COOH$
花生四烯酸	20	$CH_3(CH_2)_4(CH{=}CHCH_2)_4(CH_2)_2COOH$
芥子酸	22	$CH_3(CH_2)_7CH{=}CH(CH_2)_{11}COOH$

二、三酰甘油的类型

三酰甘油有许多不同的类型,主要是由它们所含脂肪酸的情况决定的。三酰甘油的通式为:

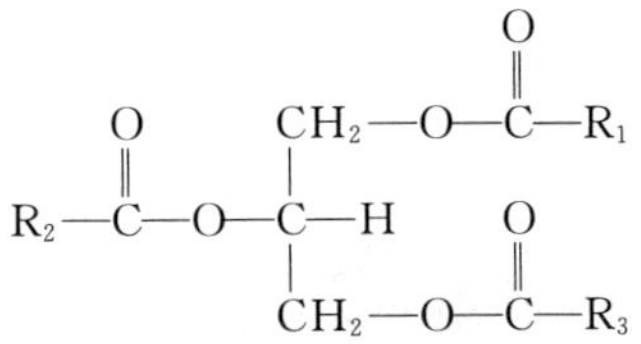

如果 3 个脂肪酸是相同的(即 R_1、R_2、R_3 是相同的),称为简单三酰甘油,具体命名时称为某某脂酰甘油,如三硬脂酰甘油、三软脂酰甘油、三油脂酰甘油等。如果含有 2 个或 3 个不同脂肪酸(即 R_1、R_2、R_3 不同时)的三酰甘油称为混合三酰甘油,如一软脂酰二硬脂酰甘油。在混合三酰甘油中各脂酰基由于位置不同,又有不同的异构体。

多数天然油脂都是简单三酰甘油和混合三酰甘油的极其复杂的混合物。到目前为止,还没有发现在天然油脂中脂肪酸分布的规律。

三、三酰甘油的理化性质

(一)溶解度

三酰甘油不溶于水,也没有形成高度分散的倾向。二酰甘油和单脂酰甘油则不同,由于它们有游离羟基,故有形成高度分散态的倾向,其形成的小微粒称为微团,它们常用于食品工业,使食物更易均匀,便于加工,且两者都可以被机体利用。

(二)熔点

三酰甘油的熔点是由其脂肪酸的组成决定的,一般随饱和脂肪酸的数目和链长的增加而升高。如三软脂酰甘油和三硬脂酰甘油在常温下为固态,三油酰甘油和三亚油酰甘油在常温下为液态。猪的脂肪中油酸占 50%,猪油固化点为 30.5 ℃。人脂肪中油酸占 70%,人脂肪固化点为 15 ℃。植物油中含大量的不饱和脂肪酸,因此呈液态。

(三)皂化和皂化值

当将脂酰甘油与酸或碱共煮或经脂酶作用时,都可发生水解。酸水解可逆;碱水解,由于脂肪酸羧基全部处于解离状态,即成为负离子,而没有和甘油作用的可能性,故碱水解不可逆。当用碱水解三酰甘油时,生成物之一为脂肪酸的盐类,这就是日常所用的肥皂,所以脂类的碱水解反应一般称为皂化反应。完全皂化 1 g 油或脂所消耗的氢氧化钾毫克数称为皂化值,用以评估油脂质量,并计算该油脂相对分子质量。

(四)酸败和酸值

油脂在空气中暴露过久即产生难闻的臭味,这种现象称为“酸败”。其化学本质是油脂水解放出游离的脂肪酸,后者再氧化成醛或酮,低分子的脂肪酸(如丁酸)的氧化产物都具有臭味。脂肪分解酶或称脂酶可加速此反应,油脂暴露在日光下可加速此反应。中和 1 g 油脂中的游离脂肪酸所消耗的氢氧化钾毫克数称为酸值。酸败的程度一般用酸值来表示。不饱和脂肪酸氧化后所形成的醛或酮可聚合成胶状的化合物,桐油等可用作油漆即是根据此原理。

(五)氢化和卤化

油脂中的不饱和键可以在催化剂的作用下发生氢化反应。工业上常用 Ni(镍)粉等催化氢化使液状的植物油适当氢化成固态三酰甘油酯,这称为人造奶油,便于运输。氢化可防止酸败作用。

油脂中的不饱和键可与卤素发生加成作用,生成卤代脂肪酸,这一作用称为卤化作用。

100 g 油脂所能吸收的碘的克数称为碘值,在实际碘值测定中,多用溴化碘或氯化碘为卤化试剂。

(六)乙酰化值

含羟基的脂酰化合物,羟基含量可通过与乙酸酐或其他酰化剂反应生成乙酰化酯或相应的酰化酯而测得。乙酰化值指 1 g 乙酰化的油脂所分解出的乙酸用氢氧化钾中和时所需氢氧化钾的毫克数。

四、其他酰基甘油类

(一)烷基醚脂酰甘油

它含有 2 个脂肪酸分子和 1 个长的烷基或烯基链分别与甘油分子以酯键相连。如烷基醚键二脂酰甘油和 α、β-烯基醚二脂酰甘油，其化学结构式如下：

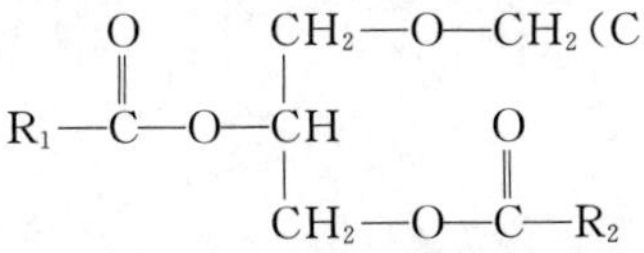

烷基醚键二脂酰甘油

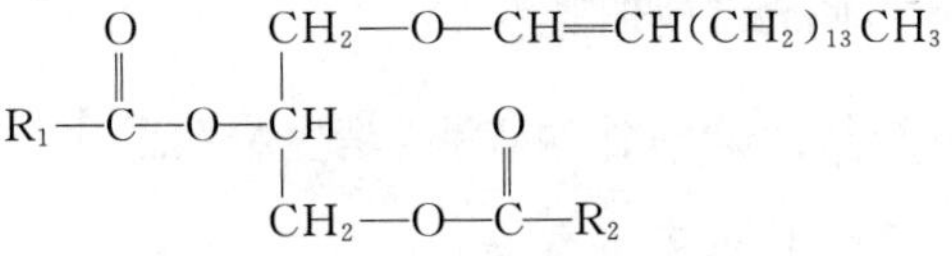

α、β-烯基醚二脂酰甘油

这种脂类不易与甘油三酯分开，因此发现较晚。用弱碱或酶促水解，它们则形成甘油醚。如鲛肝醇和鲨肝醇实际上都是甘油醚，其化学结构式如下：

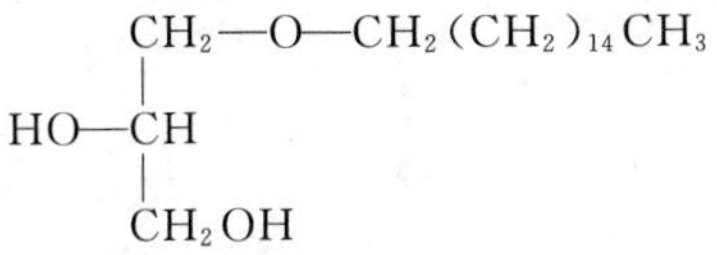

鲛肝醇

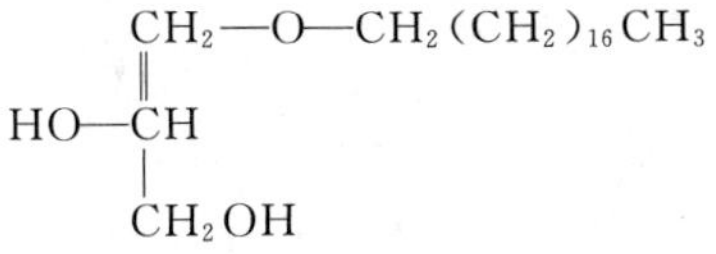

鲨肝醇

(二)糖基脂酰甘油

糖基与甘油分子第 3 个羟基以糖果苷键相连，甘油另外 2 个羟基与脂肪酸以酯键相连。最普通的例子是在高等植物和脊椎动物神经组织中发现的单半乳糖二脂酰甘油，其化学结构式如下：

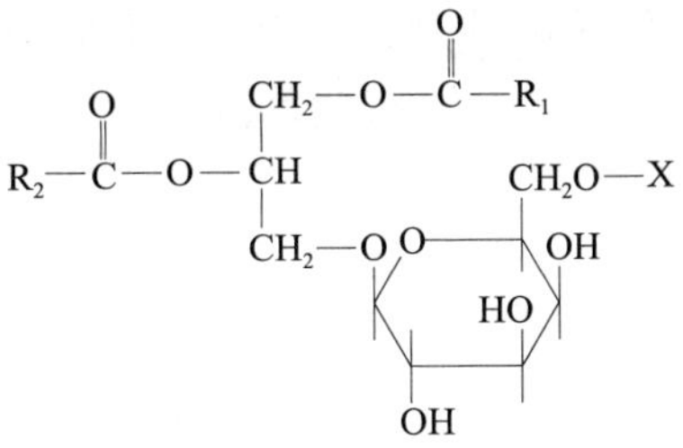

当 X＝ 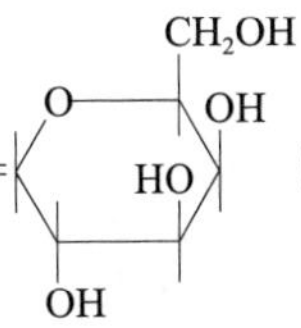 时，为双半乳糖二脂酰甘油酯(DGDG)。

当 X＝H 时，为单半乳糖二脂酰甘油(MGDG)。从细菌中可分离到二甘露糖基二脂酰甘油。

五、磷脂类

磷脂是分子中含有磷酸的复合脂。由于所含醇的不同，可分为甘油磷脂类和鞘氨醇磷脂类，它们的醇物质分别是甘油和鞘氨醇。两类磷脂分子的组成对比如表 6-3 所示。

表 6-3 两类磷脂分子的组成对比(分子数)

磷脂	组成相同		组成不同或不尽相同	
	脂肪酸	磷酸	醇类	其他
甘油磷脂类	2	1	甘油	胆碱、乙醇胺、丝氨酸和肌醇等
鞘氨醇磷脂类	1	1	鞘氨醇	胆碱

(一)磷酸甘油酯

磷酸甘油酯即甘油磷脂,是生物膜的主要组分。

1. 磷酸甘油酯的组成

磷酸甘油酯是甘油中的 2 个醇羟基为脂肪酸酯化,而第 3 个醇羟基被磷酸酯化,磷酸再与含羟基的氮碱或其他含羟基的小分子化合物脱水形成磷酸二酯键,通式如下:

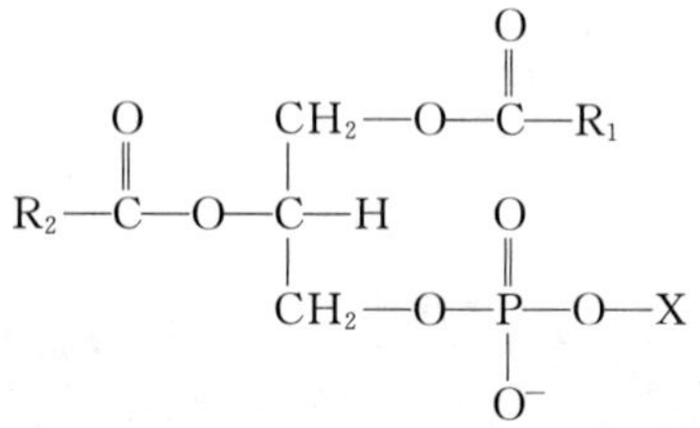

甘油磷脂 2 条长的碳氢链构成它的非极性尾部,其余部分构成它的极性头部。

不同类型的甘油磷脂的分子大小、形状、极性头部的电荷等都不相同。甘油磷脂分子中一般含有饱和脂肪酸和不饱和脂肪酸各 1 分子,不饱和脂肪酸常与甘油的第 2 个碳原子缩合。

2. 磷酸甘油酯的命名

如果将甘油 C_1 或 C_3 分别用脂肪酸或磷酸酯化,C_2 则成为一个不对称 C 原子,于是形成 2 个互为对映体的异构物。天然存在的甘油磷脂都属 *L*-构型。化学结构式如下:

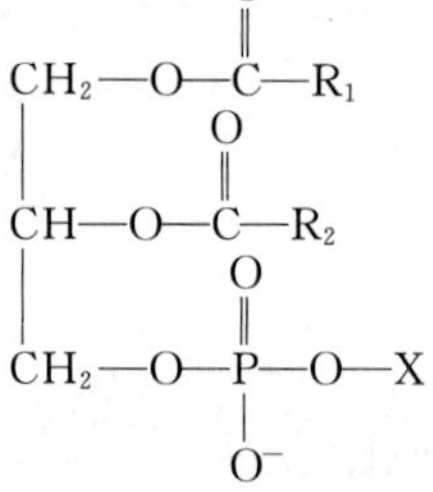

D-构型

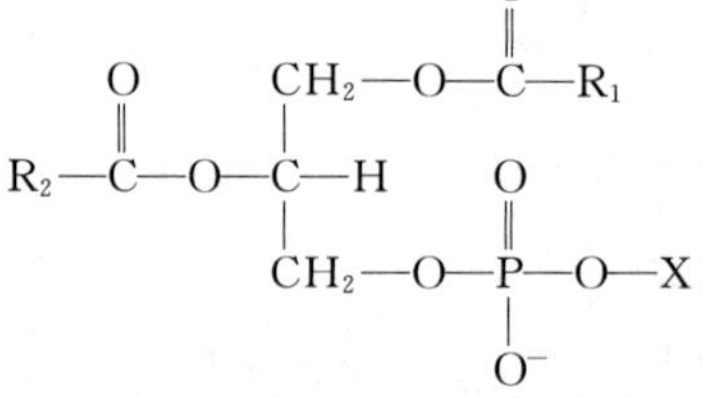

L-构型

1967 年国际理论和应用化学联合会及国际生物化学联合会的生物化学命名委员会建议采用下列命名原则:将甘油的 3 个碳原子分别标号为 1,2,3(三者顺序不能随便颠倒)。

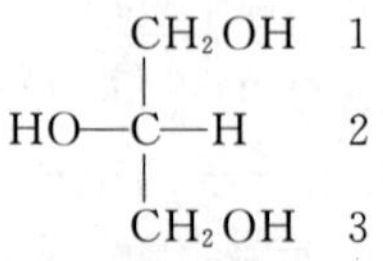

立体专一编号

用投影式表示，C_2上羟基一定要放在C_2的左边。这种编号称为立体专一编号，用 sn 表示，写在化合物名称前面。根据这一命名原则，磷酸甘油和磷脂酸命名如下：

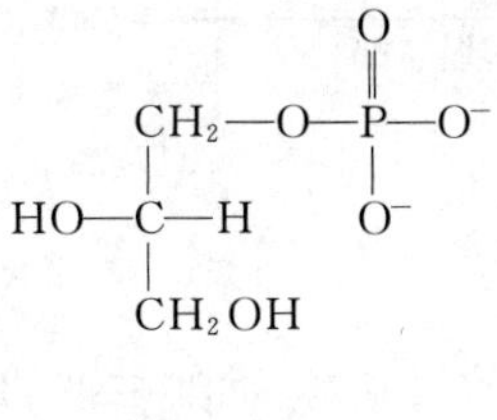

sn-甘油-1-磷酸

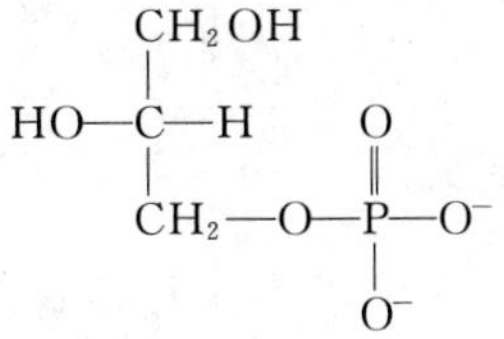

sn-甘油-3-磷酸

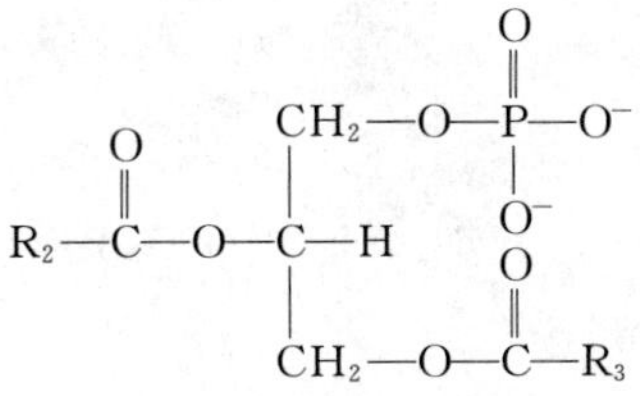

sn-二脂酰甘油-1-磷酸

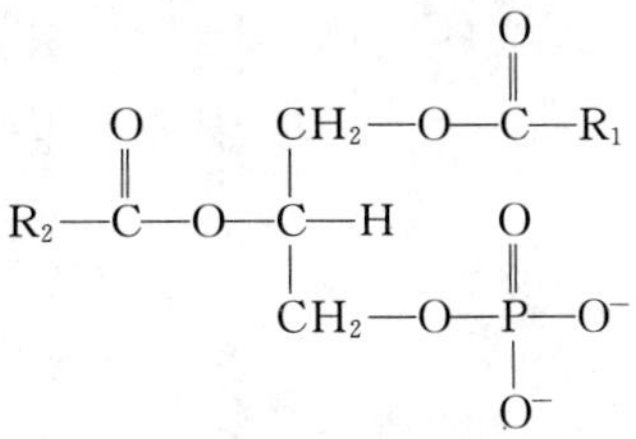

sn-二脂酰甘油-3-磷酸

3. 主要的磷酸甘油酯

(1)磷脂酰胆碱(卵磷脂)。它是白色蜡状物质，极易吸水，其不饱和脂肪酸能很快被氧化。各种动物组织、脏器中含量都相当高。其化学结构式如下：

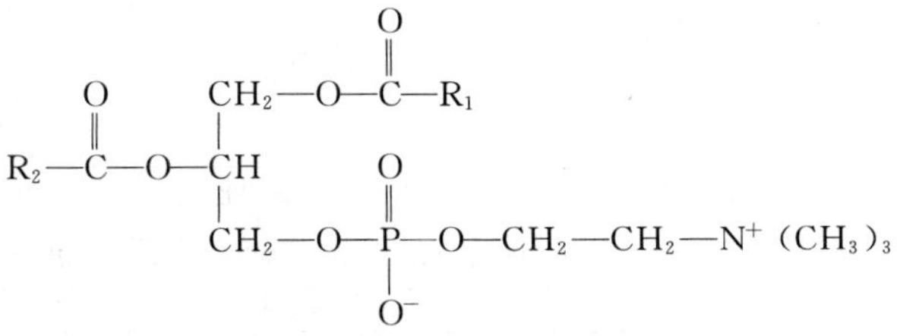

磷脂酰胆碱(卵磷脂)

胆碱的碱性甚强，可与氢氧化钠相比。它在生物界分布很广，且有重要的生物功能，它在甲基转移中起提供甲基的作用。乙酰胆碱是一种神经递质，与神经兴奋的传导有关。磷脂酰胆碱有控制动物体代谢，防止脂肪肝形成的作用。

(2)磷脂酰乙醇胺(脑磷脂)。它也是动植物中含量最丰富的磷脂，它与血液凝结有关。其化学结构式如下：

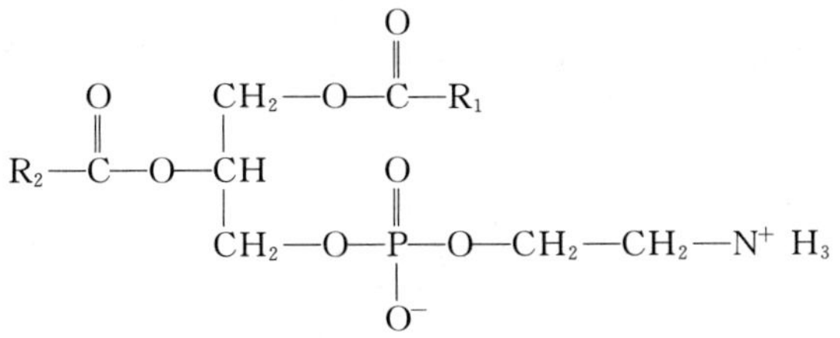

磷脂酰乙醇胺(脑磷脂)

(3)负电荷的磷脂酰丝氨酸能引起损伤表面凝血酶原的活化。它与磷脂酰胆碱、磷脂酰乙醇胺间可互相转化。其依据是：

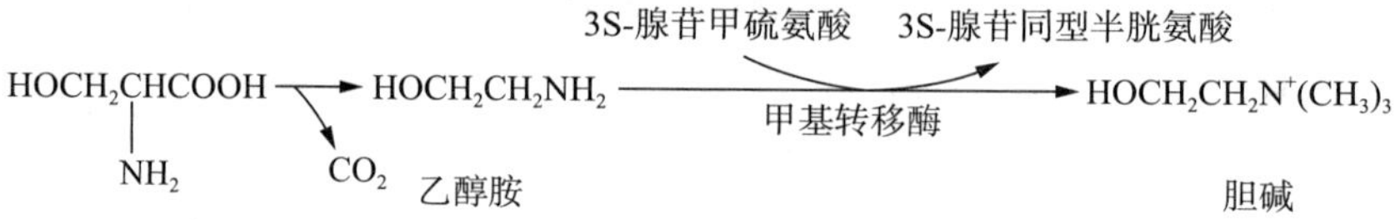

(二)鞘氨醇磷脂类

鞘氨醇磷脂类简称鞘磷脂类。它是长的、不饱和的氨基醇，而非甘油的衍生物。在鞘磷脂中，鞘氨醇的氨基以酰胺键连接到一脂肪酸上，其羟基以酯键与磷酸胆碱相连。其化学结构式如下：

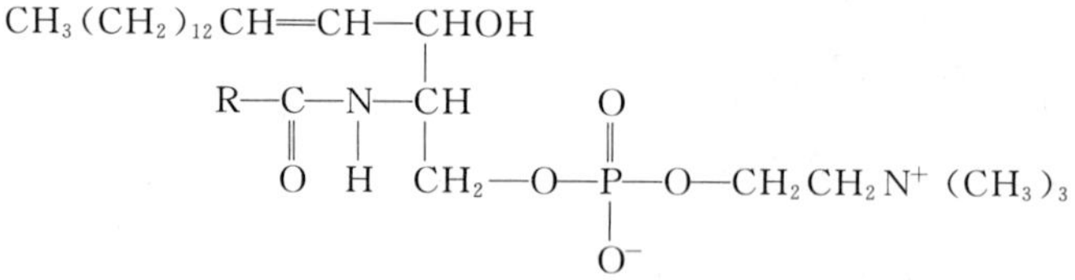

鞘磷脂是鞘磷脂类的典型代表，它是高等动物组织中含量最丰富的鞘磷脂类。

非皂化脂质的特点是它们都不含脂肪酸，因此不能为碱所皂化。它们在组织和细胞内含量虽少，但却包括许多有重要生物功能的物质，如维生素和激素等。

1. 萜类

萜类是异戊二烯的衍生物。通式如下：

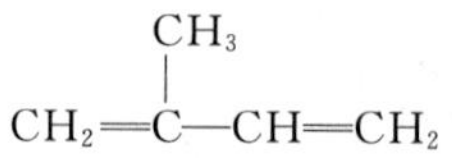

萜的分类主要是根据异戊二烯的数目。由 2 个异戊二烯构成的萜称为单萜，由 3 个异戊二烯构成的萜称为倍半萜，由 4 个异戊二烯构成的萜称为二萜，同理还有三萜、四萜等(表 6-4)。

表 6-4 萜类化合物

碳原子数	异戊二烯单位数	类名	重要代表
10	2	单萜	柠檬苦素
15	3	倍半萜	法尼醇
20	4	二萜	叶绿醇
30	6	三萜	鲨烯
40	8	四萜	胡萝卜素
	几千	多萜	天然橡胶

萜类有的是直链，有的是环状分子，可以是单环、双环和多环化合物。相连的异戊二烯有的是头尾连接，也有的是尾尾连接。

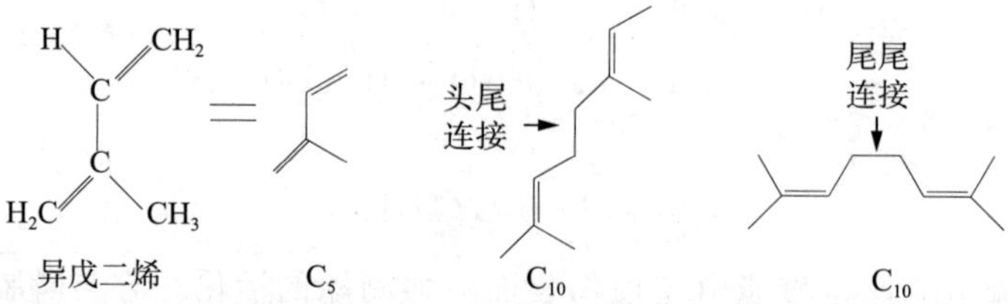

几种萜类化合物的结构如下：

柠檬苦素：

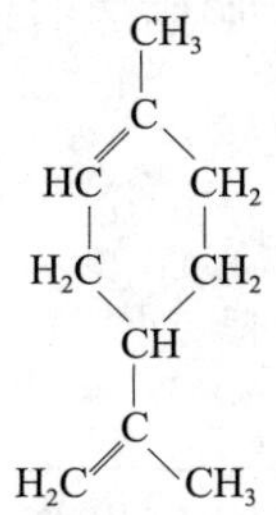

法尼醇：

$$CH_3-\underset{|}{\overset{CH_3}{C}}=CH-CH_2-CH_2-\overset{CH_3}{C}=CH-CH_2-CH_2-\overset{CH_3}{C}=CH-CH_2OH$$

叶绿醇：

$$H_3C-\overset{CH_3}{CH}-(CH_2)_3-\overset{CH_3}{CH}-(CH_2)_3-\overset{CH_3}{CH}-(CH_2)_3-\overset{CH_3}{C}=CH-CH_2OH$$

鲨烯：

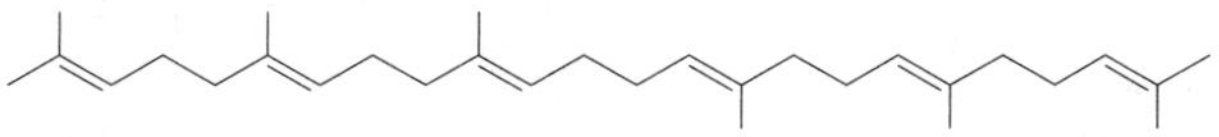

β-胡萝卜素：

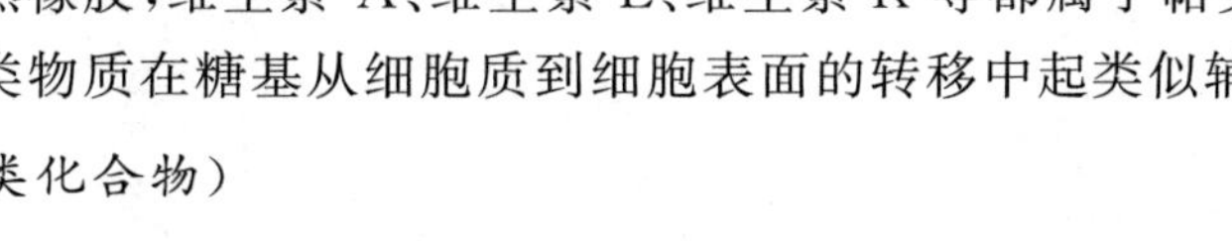

在植物中，多数萜类都具有特殊臭味，而且是各类植物特有油类的主要成分，如柠檬苦素、薄荷醇、樟脑等依次是柠檬油、薄荷油、樟脑油的主要成分。

多聚萜类，如天然橡胶，维生素 A、维生素 E、维生素 K 等都属于萜类。多聚萜醇常以磷酸酯的形式存在，这类物质在糖基从细胞质到细胞表面的转移中起类似辅酶的作用。

2. 类固醇类（甾类化合物）

类固醇类以环戊烷多氢菲为基本结构，广泛分布于生物界，它们的功能多种多样。作为激素，起某种代谢调节作用；作为乳化剂，有助于脂类的消化与吸收，也有抗炎症作用。能用脂肪溶剂从动物组织中将之提取出来。其中一大类称为固醇类（甾醇类）化合物，其特点是在甾核的第 3 位上有一个羟基，在第 17 位上有一个分支的碳氢链。自然界中主要的固醇有胆固醇、7-脱氢胆固醇和麦角固醇等。

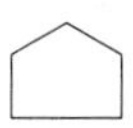

环戊烷

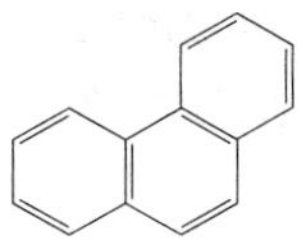

菲

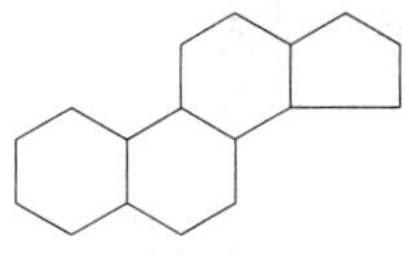

环戊烷多氢菲

在动物组织中最丰富的是胆固醇(胆甾醇)。它是脊椎动物细胞的重要成分,在神经组织和肾上腺中含量特别丰富,它约占脑固体物质的 17%。人体内发现的胆结石几乎全都由胆固醇构成,肝、肾和表皮组织含量也相当多。胆固醇的化学结构式如下:

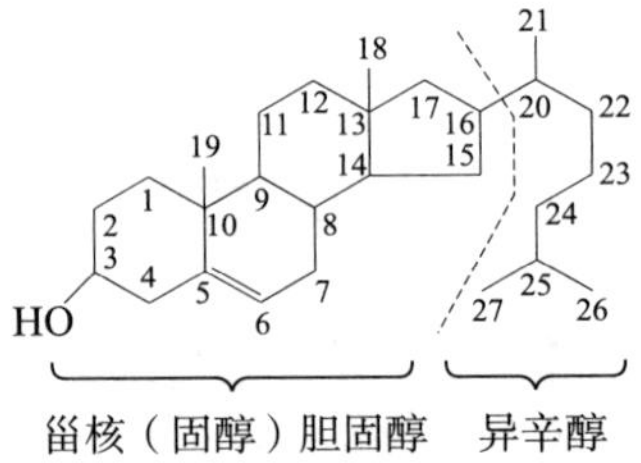

胆固醇

胆固醇易溶于乙醚、氯仿、苯及热乙醇中,不能皂化。胆固醇 C_3 上的羟基易与高级脂肪酸形成胆固醇酯。

动物能吸收利用饲料中的胆固醇,也能自行合成。其生理功能与生物膜的透性、神经髓鞘的绝缘物质以及动物细胞对某种毒素的保护作用有一定的关系。

7-脱氢胆固醇存在于动物皮下,它可能是由胆固醇转化来的。它在紫外线作用下形成维生素 D_3,有助于佝偻病的预防和治疗。

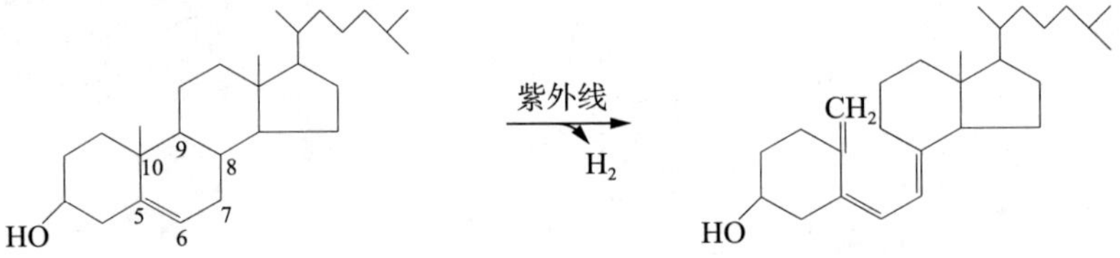

7-脱氢胆固醇　　　　维生素D_3

麦角固醇广泛存在于酵母菌、真菌中,它经日光和紫外线照射可以转化为维生素 D_2。

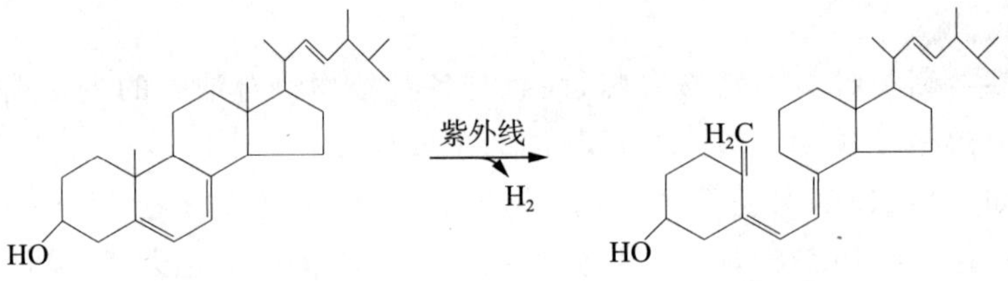

麦角固醇　　　　维生素D_2

任务二　脂类概述

任务解析

掌握脂类的主要生理功能、血浆脂类的组成及含量等相关知识;了解脂类的贮存、动员和运输过程;理解血浆脂蛋白的分类方法和生理功能。通过实验掌握血清总脂的测定方法。

一、脂类的生理功能

1. 脂肪是动物体氧化供能和贮存能量的最好形式

脂肪也是三大能源物质之一，1 g 脂肪彻底氧化可释放出 38 kJ 能量，而氧化 1 g 葡萄糖只释放 17 kJ 能量。同等质量的脂肪所能产生的能量是糖的 2 倍多，而且脂肪是疏水性物质，贮存时不伴有水的贮存，1 g 脂肪只占 1.2 mL 的体积；而糖是亲水性物质，贮存糖的同时也贮存了水，故占体积约为脂肪的 4 倍，即贮存脂肪的效率约为糖原的 9 倍多。因此，脂肪是动物体用来贮存能量的主要物质，同时也是体内能量的贮存库。当动物摄入糖和脂类等能源物质超过机体所需消耗量时，则转变为脂肪贮存起来。而当摄入的能源物质不能满足生理活动需要时，则需要动用贮存的脂肪氧化供能。故动物体贮存脂肪的含量随营养状况的不同而经常改变。冬眠动物在冬眠前必须积蓄大量脂肪作为越冬的能量贮备。海洋浮游生物主要以蜡作为能量的贮备形式。

2. 类脂是构成组织细胞的必要成分

类脂是细胞膜系统结构的基本成分。细胞的膜系统包括细胞膜和细胞器膜，主要是由磷脂、糖脂、胆固醇与蛋白质结合而成的脂蛋白构成，参与构成细胞膜、核膜、线粒体膜和内质网膜等，与细胞的正常代谢和生理活动密切相关，而且它们在体内含量是相对固定的，细胞膜系统的完整性是细胞进行正常生理活动的重要保证。类脂和胆固醇还是神经髓鞘的重要成分，有绝缘作用，对神经兴奋的定向传导有重要意义。此外，胆固醇还可以转化为性激素、肾上腺皮质激素、维生素 D_3 和促进脂类消化吸收的胆汁酸；磷脂中的磷脂酰肌醇磷酸在细胞信息传递过程中起重要作用。

3. 供给不饱和（必需）脂肪酸

由于动物体缺乏以上的脱饱和酶，不能合成对其生理活动十分重要的多不饱和脂肪酸，主要有亚油酸（十八碳二烯酸）、亚麻油酸（十八碳三烯酸）和花生四烯酸（二十碳四烯酸）。这类不饱和脂肪酸机体不能合成，必须由饲料供给，称为必需脂肪酸。必需脂肪酸不仅是构成磷脂、胆固醇酯和血浆脂蛋白的重要成分，还可以衍生成前列腺素、血栓素和白三烯等生物活性物质，从而参与细胞的代谢调节，并与炎症、过敏反应、免疫系统疾病、心血管疾病等病理过程有关。反刍动物瘤胃中的微生物能合成必需脂肪酸，不必由饲料专门供给。

4. 保护机体组织

脂肪导热性差，所以皮下脂肪有助于防寒，从而具有御寒保持体温的作用。在畜牧生产中，家畜要保膘过冬就是这个道理。此外，内脏周围的脂肪组织有固定内脏器官、减少摩擦和缓冲外部冲击的作用，如肾脏周围的脂肪太少，就容易发生下垂。此外，脂肪对肌肉、关节也具有一定的保护作用。

5. 协助脂溶性维生素的吸收

脂溶性维生素 A、维生素 D、维生素 E、维生素 K 和胡萝卜素可溶于饲料的脂肪中，并随同脂肪一起吸收。因此，饲料中脂类缺乏或吸收障碍时，往往发生脂溶性维生素不足或缺乏。

6. 增加饱腹感

一方面，脂肪富含能量，可作为一种浓缩饲料；另一方面，脂类在胃中停留时间或从胃到小肠的排空时间较长，因此可增加饱腹感，使动物不易饥饿。

由此看来，脂类具有多方面的生理功能，是动物体内不可缺乏的物质。

二、脂类的贮存、动员和运输

（一）脂类在体内的贮存

动物体所有组织都能贮存脂肪，但主要贮存在脂肪组织中，因此称脂肪组织为脂库。不同种类的动物，由于饲料来源、环境条件、生活习惯等不同，贮存的脂肪性质也不同。但是长期喂饲同样类型饲料时，也能改变贮脂的性质。

（二）脂肪的动员

在病理或饥饿条件下，贮存在脂肪细胞中的脂肪，被脂肪酶逐步水解为游离脂肪酸及甘油并释放入血液以供其他组织氧化利用，该过程称为脂肪动员。在脂肪动员中，脂肪细胞内激素敏感性脂肪酶起决定作用，它是脂肪分解的限速酶。脂肪动员的产物乙酰 CoA，在肝中乙酰 CoA 与乙酰 CoA 两两缩合生成乙酰乙酰 CoA，再转化成乙酰乙酸，乙酰乙酸可以还原成 β-羟丁酸或者脱羧形成丙酮。

脂肪动员的强度可以按照机体的生理需要进行调整。例如，动物饱饲后，贮脂都有所增加；饥饿或患慢性消耗性疾病时，贮脂则减少。正常情况，机体在胰岛素和胰高血糖素等的作用下，脂肪动员的速率由脂解和酯化两个相反的过程调节，所以脂肪的贮存与动员是动态平衡的，并且贮存和动员是处于不断地更新状态中。

（三）脂类的运输

1. 血脂

血脂是指血浆中所含脂类的统称，包括脂肪、磷脂、胆固醇及其酯和游离脂肪酸。血脂的来源有外源性的，即从饲料中摄取并经过消化道吸收进入血浆；还有内源性的，即由肝、脂肪组织和其他组织合成后释放入血浆。血脂的种类及含量随生理状态不同而改变，动物品种、年龄、性别、饲养状况等都可以影响血脂的组成和水平。正常情况下血脂不会超过一定范围，血脂测定可作为高脂血症和心脑血管疾病的辅助诊断指标。

2. 血浆脂蛋白

脂类不溶于水，要与血浆中的蛋白质结合才能被运输。除游离脂肪酸与血浆清蛋白结合成复合物运输外，其他的脂类都以血浆脂蛋白的形式运输。因此，虽然不溶于水的脂类在水中是成乳浊液状，但由于血中脂质与蛋白质结合，故血浆在正常情况下仍然是清澈透明的。

（1）血浆脂蛋白的结构。血浆脂蛋白主要有载脂蛋白、甘油三酯、磷脂、胆固醇及其酯等成分。不同种类的血浆脂蛋白具有大致类似的球状结构。核心由疏水的甘油三酯和胆固醇酯构成；外层由兼有极性和非极性基团的载脂蛋白、磷脂和胆固醇包裹，其非极性基团朝向疏水的内核，极性基团朝外，形成可溶性的颗粒而在血液中运输。血浆脂蛋白中的蛋白质统称为载脂蛋白（图 6-1）。

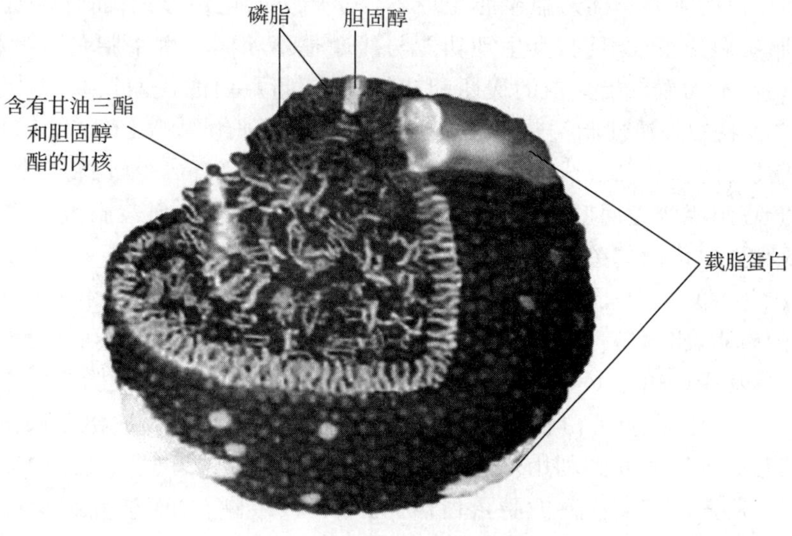

图 6-1　血浆脂蛋白的结构模型

(2)血浆脂蛋白的分类。因血浆脂蛋白的种类数量以及载脂蛋白的相对分子质量不同，不同的血浆脂蛋白表现出的密度、颗粒大小、电荷、电泳行为和免疫原性不同。各种血浆脂蛋白都同时含有胆固醇、脂肪、磷脂和载脂蛋白，但因种类和含量不同，颗粒大小也不同。如乳糜微粒直径为 80～500 nm，脂质和载脂蛋白的含量分别是 98%、2%，脂质中脂肪占 80%以上，载脂蛋白中载脂蛋白 A_1 占 7%；高密度脂蛋白直径仅为 6.9～9.5 nm，脂质和载脂蛋白大约各占 50%，脂质中脂肪占 4%～10%，载脂蛋白中载脂蛋白 A_1 高达 65%及以上。由于各种血浆脂蛋白所含脂质和载脂蛋白的比例以及种类的不同，它们的密度和表面电荷数量各异，所以可用电泳分离法和密度分离法 2 种方法进行分类。

①电泳分类法。由于各类血浆脂蛋白中的载脂蛋白不同，表面电荷不同，故在电场中迁移速率不同，从而可互相分开。利用醋酸纤维素薄膜、琼脂糖或聚丙烯酰胺凝胶作为电泳支持物，血浆脂蛋白在电场中可按其表面所带电荷的不同，以不同的速率游动。图 6-2 为血浆脂蛋白在琼脂糖凝胶上的电泳图谱，依次为乳糜微粒(CM)、β-脂蛋白、前 β-脂蛋白、α-脂蛋白。

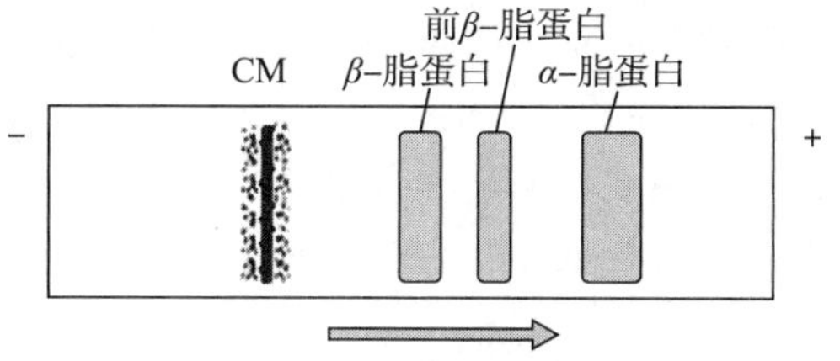

图 6-2　血清脂蛋白在琼脂糖凝胶上的电泳图谱

②密度分类法。根据各类血浆脂蛋白中脂类与蛋白质所占比例、密度不同，利用密度梯度超速离心技术将血浆脂蛋白依其密度由小到大分为乳糜微粒(CM)、极低密度脂蛋白(VLDL)、低密度脂蛋白(LDL)和高密度脂蛋白(HDL)四类，分别相当于电泳分离得到的 CM、β-脂蛋白、前 β-脂蛋白、α-脂蛋白。四种血浆脂蛋白中，CM 颗粒最大，脂质含量最高，密度最小(<0.96 g/mL)；HDL 颗粒最小，载脂蛋白含量最高，密度最大(1.063～1.210 g/mL)。

(3)血浆脂蛋白的主要功能。血浆脂蛋白不仅是脂类的运输形式，而且在血浆中能进行代谢。由于各类脂蛋白的组成不同，其生理功能与代谢也不相同。血浆脂蛋白的代谢与心脑血管疾病关系密切。不同血浆脂蛋白的代谢和功能各异，脂蛋白的代谢反映了脂类在体内运转的概况。CM 将吸收的外源性脂类从小肠黏膜细胞运往其他组织；VLDL 和 LDL 将肝合成的内源性脂类运至肝外组织；肝合成的 HDL(小肠黏膜细胞也可合成少量)将各组织中衰老及死亡细胞膜上的游离胆固醇运回肝进行代谢转变。各种载脂蛋白在血浆脂蛋白代谢中有稳定脂蛋白结构、激活脂蛋白代谢的关键酶、识别脂蛋白受体等重要作用。

①乳糜微粒(CM)。CM 是由小肠黏膜上皮细胞将饲料中的脂类消化吸收再合成脂肪，并同吸收和合成的磷脂、胆固醇一起由载脂蛋白包裹形成。CM 含有大量的脂肪，而磷脂、胆固醇、载脂蛋白含量甚少。由于 CM 中的脂肪来自饲料，故 CM 是外源性脂肪的主要运输形式。

CM 在血中运输时，在脂蛋白脂肪酶的催化下，脂肪不断水解释放出脂肪酸和甘油，并进入肌肉、肝脏和脂肪组织贮存和利用。随着绝大部分 CM 的水解和载脂蛋白的脱离，CM 则不断变小，成为富含胆固醇密度极高的脂蛋白(称为 CM 残余颗粒)而被肝细胞摄入。由于 CM 颗粒大，反光性强，摄入脂类饲料后，CM 的增加使本来清亮的血浆变得浑浊，但随着 CM 中脂肪的分解，稍隔数小时血浆就会变澄清。

②极低密度脂蛋白(VLDL)。VLDL 主要由肝细胞合成，合成过程和 CM 合成过程基本相似，小肠黏膜细胞也可合成少量的 VLDL。VLDL 主要成分也是甘油三酯，但磷脂和胆固醇含量比 CM 多，VLDL 中内源性甘油三酯占 60%，颗粒比乳糜微粒小，密度比乳糜微粒略高。VLDL 的主要功能是将脂肪从肝脏运到其他组织，特别是脂肪组织。肝脏是动物尤其是家禽合成脂肪的主要器官。无论是血液运输到肝细胞的脂肪酸，还是糖代谢转变而形成的脂肪酸，在肝细胞中均可合成甘油三酯。所以 VLDL 是转运内源性脂肪的主要形式。

VLDL 在运输时，脂肪在脂蛋白脂肪酶的作用下而不断水解，产物脂肪酸等被组织摄取利用使其密度增加，最后颗粒中的脂类主要为胆固醇，而 VLDL 的密度不断增加，转变为低密度脂蛋白。VLDL 合成障碍使脂肪堆积在肝中，形成脂肪肝。磷脂是血浆脂蛋白的重要成分，磷脂的合成需要必需脂肪酸和胆碱，因此营养不合理会影响磷脂及 VLDL 的合成。

③低密度脂蛋白(LDL)。LDL 是由血浆中 VLDL 转变而来，含有丰富的胆固醇和胆固醇酯，胆固醇总量可达 50%，其功能是向全身各组织细胞转运肝脏合成的内源胆固醇的主要形式。各种组织包括肝脏本身都能摄取和代谢 LDL，这些组织的细胞膜表面有 LDL 受体，能够识别并结合 LDL，结合后通过内吞进入细胞并与溶酶体融合。在溶酶体中，胆固醇酯水解为游离胆固醇和脂肪酸被细胞利用或贮存。胆固醇在这些组织中可抑制羟甲基戊二酸单酰 CoA 还原酶以调节细胞内胆固醇的合成，也可加入细胞的膜系统促进其更新或转化为类固醇激素等生理活性物质。

参与 LDL 代谢的关键酶、载脂蛋白或 LDL 受体缺陷可导致 LDL 代谢障碍，使血浆 LDL 和胆固醇含量升高，已经证明 LDL 受体缺陷是造成家族性高胆固醇血症的重要原因。LDL 受体缺陷是常染色体显性遗传，纯合子细胞膜 LDL 受体完全缺乏，杂合子数目减少一半，人在 20 岁前就会发生典型的冠心病症状。

④高密度脂蛋白(HDL)。HDL 主要在肝脏合成，也可在小肠细胞合成后释放到血液中，也可来自乳糜微粒(CM)和极低密度脂蛋白(VLDL)的分解产物，其颗粒最小但密度最高。HDL 主要含蛋白质，蛋白质含量约为 45%；其次为胆固醇和磷脂，约占 25%。HDL 的主要功

能是将肝外组织中衰老及死亡细胞膜上的游离胆固醇通过血液循环运回肝脏进行代谢转变。新生 HDL 在血浆中与 CM、VLDL 交换载脂蛋白后转变为成熟的有功能的 HDL，它能够结合并酯化全身各组织中衰老及死亡细胞膜上的游离胆固醇，将其转移至自身颗粒内部。HDL 上有特殊的载脂蛋白能被肝细胞膜上相应的受体识别结合，故回收了肝外组织和血浆中多余胆固醇的 HDL 最终被肝摄取，转变为胆汁酸盐等排泄。因 HDL 能减少血浆胆固醇含量，血浆 HDL 水平较高的人不易患高脂血症，能从周围组织转运胆固醇到肝进行降解为胆汁酸而排泄。

血浆脂蛋白的分类、性质、组成及主要功能见表 6-5。

表 6-5　血浆脂蛋白的分类、性质、组成及主要功能

密度分类法	电泳分类法	密度/(g/cm^3)	颗粒直径/nm	化学组成/%				脂类/蛋白质(约为)	合成部位	主要生理功能
				蛋白质	脂肪	胆固醇	磷脂			
乳糜微粒(CM)	乳糜微粒(原点)	<0.95	80～500	0.5～2	80～95	1～4	5～7	98/2	小肠黏膜细胞	转运外源性脂肪
极低密度脂蛋白(VLDL)	前 β-脂蛋白	0.95～1.006	25～80	5～10	50～70	10～15	10～15	90/10	肝细胞	转运内源性脂肪
低密度脂蛋白(LDL)	β-脂蛋白	1.006～1.063	20～25	20～25	10	45～50	20	79/21	血浆	转运内源性胆固醇
高密度脂蛋白(HDL)	α-脂蛋白	1.063～1.210	7.5～10	45～50	5	20	25	50/50	肝、肠、血浆	将胆固醇运至肝脏

任务三　脂肪的分解代谢

任务解析

掌握脂肪的水解和甘油的代谢途径、脂肪酸氧化过程；酮体的概念、酮体代谢。结合动物营养与饲料的相关内容，理解脂肪水解、甘油代谢、脂肪酸氧化和酮体代谢的生理意义及实践意义，为后续课程的学习奠定基础，通过多媒体等手段了解脂肪酸和酮体的代谢过程，掌握酮体提取的实验操作技术。

一、脂肪的水解

脂肪的水解是指脂肪在脂肪酶的催化作用下生成脂肪酸和甘油。脂肪首先在三酰甘油脂肪酶作用下水解为二酰甘油，然后在二酰甘油脂肪酶作用下水解生成一酰甘油，再在单酰甘油脂肪酶作用下水解生成甘油和脂肪酸，最后释放入血液。血浆中的清蛋白具有结合游离脂肪酸的能力，每分子清蛋白可结合 10 分子游离脂肪酸。游离脂肪酸不溶于水，与清蛋白结合后由血液运送至全身各组织，主要由心、肝、骨骼肌等摄取利用。甘油溶于水，直接由血液运送至肝、肾、肠等组织。脂肪的水解过程如图 6-3 所示。

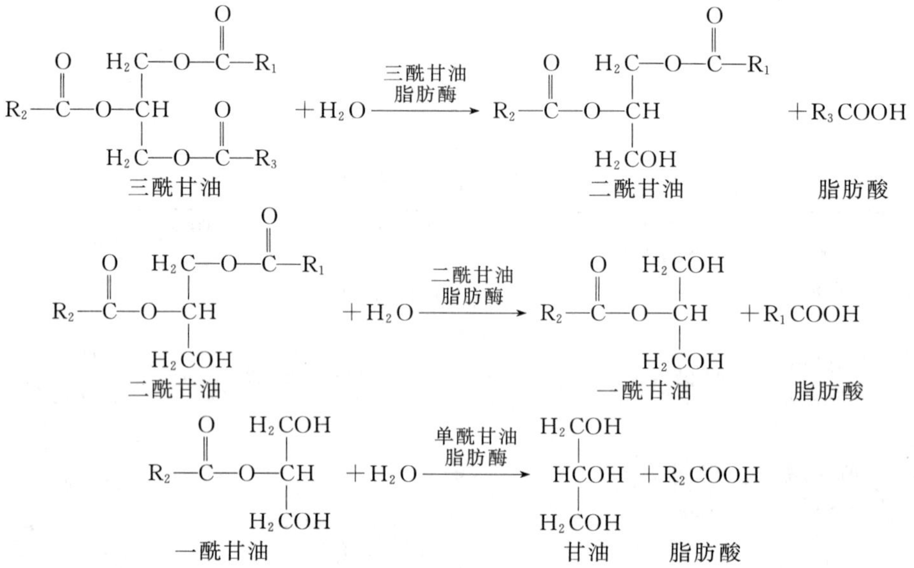

图 6-3　脂肪的水解过程

总反应式如下：

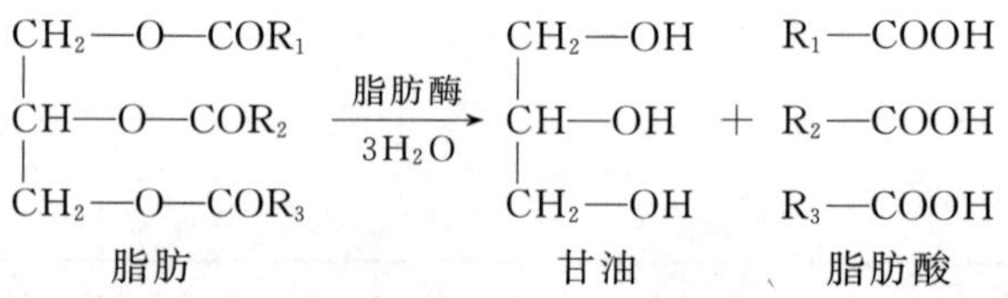

动物消化道内有脂肪酶，可水解饲料中的脂肪。脂肪组织中脂肪酶催化贮脂水解，产生的甘油和脂肪酸被释放到血液中以供其他组织利用，这个过程称为脂肪动员。

脂肪动员中甘油三酯脂肪酶(简称脂肪酶)是关键酶，因其活性受激素调节，又称为激素敏感性脂肪酶(HSL)。在某些生理或病理条件下(如饥饿、兴奋、应激、糖尿病)，肾上腺素和胰高血糖素分泌增加，它们与脂肪细胞膜上的受体结合，通过依赖 cAMP 的蛋白激酶途径使激素敏感性脂肪酶磷酸化而被激活，促进脂肪水解。

肾上腺素、胰高血糖素、肾上腺皮质激素等可加速脂解作用，称为脂解激素；胰岛素、前列腺素 E_1 作用相反，具有抗脂解作用，称为抗脂解激素。正常情况下，通过两类激素的综合作用调控脂解速度，使之达到动态平衡。饥饿时，血糖含量降低使胰高血糖分泌增加，脂解加速，动员贮脂分解供能，糖尿病患者体重减轻的情况较为普遍，原因之一就是病人体内胰岛素水平下降使抗脂解作用减弱，脂解加快，导致贮脂减少。

脂肪动员产生的甘油是水溶性的，可直接在血液中运输；脂肪酸穿过脂肪细胞膜和毛细血管内皮细胞进入血液后，需与血浆中的清蛋白结合，形成可溶性脂肪酸-清蛋白复合体在血液中运输。脂肪酸-清蛋白复合体随血液到达其他组织后，脂溶性的脂肪酸能通过扩散进入细胞内，扩散速度随其在血液中浓度的升高而加快。

二、甘油的分解代谢

由于脂肪组织中甘油激酶活性很低，不能使甘油分解，所以溶于水的甘油须经血液运送到肝、肾、肠等组织利用。首先甘油在甘油磷酸激酶的催化下，消耗 ATP，生成 α-磷酸甘油，然后再经磷酸甘油脱氢酶(辅酶为 NAD^+)催化，脱氢生成磷酸二羟丙酮，进一步沿糖的分解途径进入三羧酸循环彻底氧化生成 CO_2 和 H_2O 或沿糖异生途径转变为葡萄糖(糖原)(图 6-4)。值得注意的是，动物脂肪细胞中缺乏甘油激酶，脂肪水解产生的甘油不能被脂肪细胞本身利用。

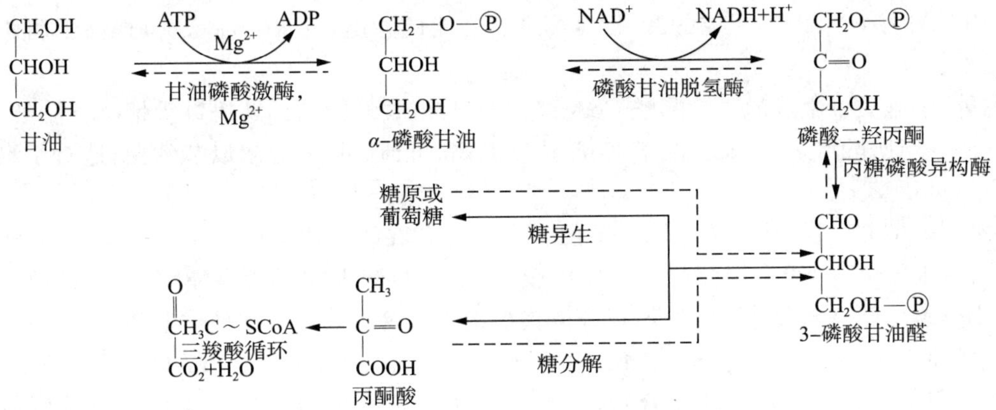

图 6-4　甘油的代谢途径

(实线为甘油的分解，虚线为甘油的合成)

三、脂肪酸的分解代谢

脂肪酸是动物的能源物质之一。在氧气供给充足的条件下，脂肪酸氧化分解生成二氧化碳和水，并提供能量，以 ATP 的形式供机体利用。除脑组织外，脂肪酸可以在机体的许多组织细胞内氧化分解，但以肌肉组织和肝脏最为活跃。脂肪酸的氧化有 β-氧化、α-氧化、ω-氧化等多种途径，其中以 β-氧化最为重要和普遍。β-氧化的主要产物是乙酰 CoA、$NADH+H^+$ 和 $FADH_2$。乙酰 CoA 可进入三羧酸循环彻底氧化生成二氧化碳和水；在动物肝中乙酰 CoA 可转化为酮体。

(一)脂肪酸 β-氧化作用

脂肪酸在酶的催化下，碳链上的 α-碳原子和 β-碳原子之间的键断裂，并使 β-碳原子氧化成羧基，生成乙酰 CoA 和比原来少 2 个碳原子的脂酰 CoA 的过程，称为 β-氧化。脂肪酸 β-氧化的酶系称为脂肪酸氧化酶系，其在线粒体中，所以脂肪酸 β-氧化的过程在线粒体中进行。

1. 脂肪酸 β-氧化的准备

脂肪酸必须先活化，生成脂酰 CoA 后才能被酶催化分解。同时长链脂肪酸和活化的脂酰 CoA 都存在于胞液中，他们都不能直接穿过线粒体的内膜，而必须由肉碱(肉毒碱)携带才能进入线粒体。因此，脂肪酸必须先活化再进入线粒体，然后才能进行 β-氧化。

脂肪酸经过活化、转运进入线粒体，然后经脱氢、加水、再脱氢、硫解等步骤，最后生成乙酰

CoA，进入三羧酸循环，被彻底分解。

（1）脂肪酸的活化——脂酰 CoA 的生成。长链脂肪酸氧化前必须进行活化，活化在线粒体外进行。在内质网和线粒体外膜上的酯酰 CoA 合成酶的催化下，在 ATP、HS—CoA、Mg^{2+} 存在的条件下，催化脂肪酸活化生成脂酰 CoA。

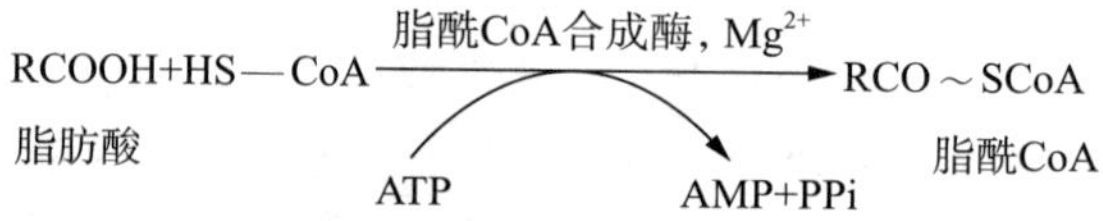

反应生成的焦磷酸（PPi）立即被焦磷酸酶水解，阻止反应逆向进行。整个反应消耗了 1 个分子 ATP 的两个高能键，生成的酯酰 CoA 带有高能硫酯键，且水溶性增加，提高了脂肪酸的代谢活性。

另外，细胞质中生成的长链酯酰 CoA 能抑制己糖激酶活性，因此饥饿等情况下脂解加快，进入细胞的脂肪酸增多，使长链酯酰 CoA 浓度升高，可抑制糖的分解以节约糖，这对于维持血糖恒定有重要意义。

（2）脂酰 CoA 进入线粒体。脂肪酸的 β-氧化通常在线粒体基质中进行。中、短碳链脂肪酸（10 个碳原子以下）可直接穿过线粒体内膜；长链脂肪酸则需活化为酯酰 CoA 借助于肉碱（一种小分子的脂酰基载体）的携带，以酯酰肉碱的形式跨内膜进入线粒体基质。

肉碱即 *L*-β-羟基-γ-三甲基氨丁酸，其分子式为 $(CH_3)_3N^+ + CH_2CH(OH)CH_2COO^-$，是由赖氨酸衍生而来的一种兼性化合物，广泛分布于动植物体内。它在线粒体膜外侧与脂酰 CoA 结合生成脂酰肉碱，催化该反应的酶为肉碱脂酰转移酶Ⅰ。脂酰肉碱通过内膜上的肉碱载体蛋白进入线粒体基质，再在内膜上的肉碱脂酰转移酶Ⅱ催化下使脂酰肉碱的脂酰基与线粒体基质中的 CoA 结合，重新产生脂酰 CoA，释放肉碱。肉碱则经移位酶协助回到细胞质中进行下一轮转运（图 6-5）。

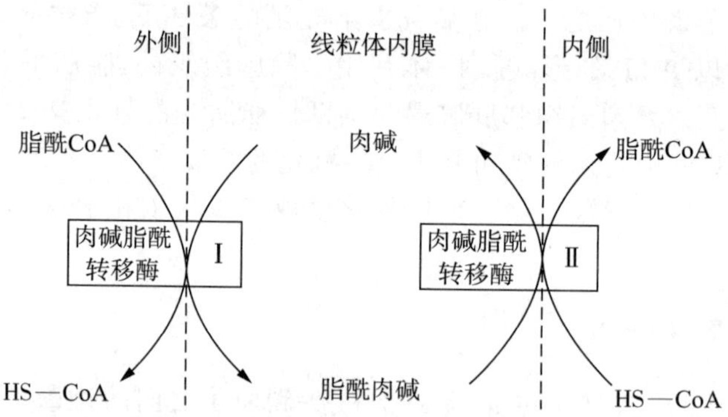

图 6-5　脂酰 CoA 进入线粒体的过程

脂酰 CoA 从线粒体外到线粒体内的转运过程是脂肪酸 β-氧化的限速步骤，肉碱脂酰转移酶Ⅰ是限速酶，并且决定脂肪酸是进入脂质合成途径还是走向氧化分解。动物饱食后糖供应充足，脂肪酸合成的关键酶——乙酰 CoA 羧化酶活性增强，使丙二酸单酰 CoA 增加，它抑制肉碱脂酰转移酶Ⅰ的活性，脂肪酸的氧化分解减慢。糖分解代谢障碍时（如动物处于饥饿、高脂低糖膳食、糖尿病状态），乙酰 CoA 羧化酶活性减弱，丙二酸单酰 CoA 减少，肉碱脂酰转移酶Ⅰ的抑制解除，使脂肪酸的分解供能加快。两种肉碱脂酰转移酶为抗原性不同的同工酶。

这种调节方式的意义有两个方面：一是在脂肪酸合成加快时抑制其分解，避免了因两个过程同时发生导致的耗能性无效循环；二是在糖供应充足时抑制脂肪酸分解，促使细胞脂肪酸合成，进而加快脂肪合成，把糖转变为脂肪贮存能量。

至此，活化后的脂酰 CoA 进入线粒体中，完成了β-氧化的准备阶段。

2. 脂肪酸β-氧化过程

这一过程包括 4 步连续的酶促反应。

脂酰 CoA 进入线粒体基质后，在线粒体基质中结合的脂肪酸β-氧化多酶复合体的催化下，从脂酰基的β-碳原子开始，进行脱氢、加水、再脱氢及硫解四步连续反应，脂酰基断裂生成 1 分子比原来少 2 个碳原子的脂酰 CoA 及 1 分子乙酰 CoA。

(1)脱氢。脂酰 CoA 在脂酰 CoA 脱氢酶的催化下，在α-碳原子和β-碳原子上各脱去 1 个氢原子，生成α,β-烯脂酰 CoA。脱下的 2 个氢原子由该酶的辅酶 FAD 接受，生成 $FADH_2$。

$$\underset{\text{脂酰 CoA}}{R{-}CH_2{-}CH_2CO\sim SCoA} + FAD \xrightleftharpoons{\text{脂酰 CoA 脱氢酶}} \underset{\alpha,\beta\text{-烯脂酰 CoA}}{R{-}CH{=}CH{-}CO\sim SCoA} + FADH_2$$

(2)加水。α,β-烯脂酰 CoA 在α,β-烯脂酰 CoA 水合酶催化下，消耗 1 分子水，生成β-羟脂酰 CoA。

$$\underset{\alpha,\beta\text{-烯脂酰 CoA}}{R{-}CH{=}CH{-}CO\sim SCoA} + H_2O \xrightleftharpoons{\alpha,\beta\text{-烯脂酰 CoA 水合酶}} \underset{\beta\text{-羟脂酰 CoA}}{R{-}\underset{\substack{|\\ OH}}{CH}{-}CH_2{-}CO\sim SCoA}$$

(3)再脱氢。β-羟脂酰 CoA 在β-羟脂酰 CoA 脱氢酶的催化下，脱去 2 个氢原子而生成β-酮脂酰 CoA。脱下的氢由该酶的辅酶 NAD^+ 接受，生成 $NADH+H^+$。

$$\underset{\beta\text{-羟脂酰 CoA}}{R{-}\overset{\substack{H\\ |}}{\underset{\substack{|\\ OH}}{C}}{-}CH_2{-}\underset{\substack{\|\\ O}}{C}\sim SCoA} + NAD^+ \xrightleftharpoons{\beta\text{-羟脂酰 CoA 脱氢酶}} \underset{\beta\text{-酮脂酰 CoA}}{R{-}\underset{\substack{\|\\ O}}{C}{-}CH_2CO\sim SCoA} + NADH + H^+$$

(4)硫解。β-酮脂酰 CoA 经β-酮脂酰 CoA 硫解酶催化，与 1 mol HS—CoA 作用，生成比原来少 2 个碳原子的脂酰 CoA 和 1 mol 乙酰 CoA。

$$\underset{\beta\text{-酮脂酰 CoA}}{R{-}\underset{\substack{\|\\ O}}{C}{-}CH_2CO\sim SCoA} + HS{-}CoA \xrightleftharpoons{\beta\text{-酮脂酰 CoA 硫解酶}} \underset{\text{乙酰 CoA}}{CH_3CO\sim SCoA} + \underset{\text{脂酰 CoA}}{RCO\sim SCoA}$$

软脂酸(十六碳脂肪酸)的β-氧化需经活化、转运和 7 轮循环反应，其总反应式为：

$$C_{15}H_{31}COOH + 8CoASH + ATP + 7FAD + 7NAD^+ + 7H_2O \rightarrow 8CH_3CO\sim SCoA + AMP + PPi + 7FADH_2 + 7NADH + 7H^+$$

脂酰 CoA 经过脱氢、加水、再脱氢、硫解 4 步反应，生成比原来少 2 个碳原子的脂酰 CoA

和 1 mol 乙酰 CoA 的过程，称为一次 β-氧化过程。新生成的脂酰 CoA 可再经过脱氢、加水、再脱氢和硫解反应，继续循环氧化，如此反复进行，每次氧化掉 2 个碳原子，对偶数碳的饱和脂肪酸来说，最终将全部分解为乙酰 CoA(图 6-6)。

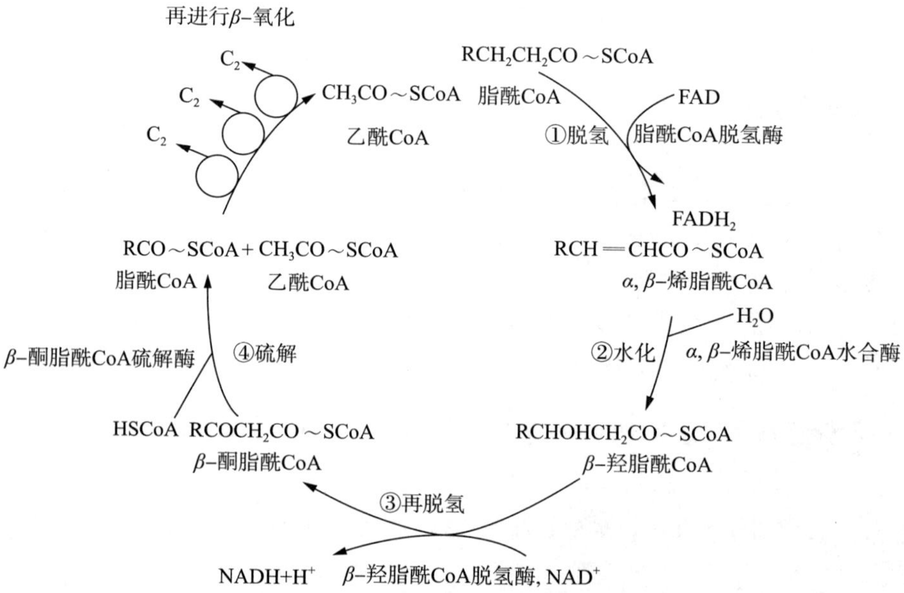

图 6-6 脂肪酸 β-氧化的过程

脂肪酸 β-氧化各步反应是可逆的，但是在生物体内都是向分解方向进行的，几乎都不向合成方向进行。所以，脂肪酸的合成不是脂肪酸 β-氧化的逆过程。

3. 乙酰 CoA 的去路

脂酰 CoA 经过 β-氧化生成的乙酰 CoA 大部分进入三羧酸循环，彻底氧化分解生成二氧化碳和水，并释放出能量。另外，乙酰 CoA 也可以参与合成代谢，如生成酮体、长链脂肪酸、胆固醇等。

4. 脂肪酸氧化的能量转换

以棕榈酸(软脂酸)为例，计算经过 β-氧化后完全分解成二氧化碳和水可产生 ATP 的物质的量。假如碳原子数为 n 的脂肪酸进行 β-氧化，则需要($n/2-1$)次循环才能完全分解为 $n/2$ 个乙酰 CoA，产生 $n/2$ 个 $NADH+H^+$ 和 $n/2$ 个 $FADH_2$；生成的乙酰 CoA 通过三羧酸循环彻底氧化生成二氧化碳和水并释放能量，而 $NADH+H^+$ 和 $FADH_2$ 则通过呼吸链传递电子生成 ATP。至此可以生成的 ATP 的数量为：

$$(n/2-1)\times(2+3)+n/2\times12-2$$

以软脂酸为例计算其完全氧化所生成的 ATP 分子数：

$$(16/2-1)\times(2+3)+16/2\times12-2=129(个)$$

棕榈酸为十六碳的饱和脂肪酸，需要经过 7 次 β-氧化过程，生成 7 mol 的 $FADH_2$、7 mol 的 $NADH+H^+$ 和 8 mol 的乙酰 CoA。乙酰 CoA 经过三羧酸循环彻底氧化。7 mol $FADH_2$ 产生 2×7 mol 的 ATP，7 mol 的 $NADH+H^+$ 产生 3×7 mol 的 ATP，8 mol 的乙酰 CoA 产生

8×12 mol 的 ATP，总共产生的 ATP 为 2×7 mol＋3×7 mol＋8×12 mol＝131 mol。但在脂肪酸活化时要消耗 2 mol 高能键，相当于呼吸链中产生 2 mol 的 ATP 所需的能量。因此，1 mol 棕榈酸彻底氧化净产生 129 mol 的 ATP。

(二)酮体的生成与利用

1. 酮体的生成

在正常情况下，脂肪酸在心肌、肾脏、骨骼肌等组织中能彻底氧化成 CO_2 和 H_2O。但在肝脏细胞中氧化则不完全，经常生成一些中间产物，即乙酰乙酸、β-羟丁酸和丙酮，三者统称为酮体。

酮体主要在肝细胞线粒体中由乙酰 CoA 缩合而成。在动物体内，当糖供应缺乏时，便动用脂肪在肝脏中进行氧化分解供能。在正常生理状态下，血液中酮体的含量很低这是因为脂肪酸的氧化和糖的降解处于动态平衡，脂肪酸氧化产生的乙酰 CoA 在草酰乙酸的带动下，进入三羧酸循环而被彻底氧化分解。但在饥饿或糖供应不足时，使草酰乙酸的来源显著减少，而脂肪酸降解所产生的大量乙酰 CoA，因草酰乙酸的不足而不能进入三羧酸循环彻底氧化而发生积累。因此，乙酰 CoA 在肝细胞线粒体内活性较强的酮体合成酶系的催化下合成酮体，使血酮升高。由图 6-7 可知，酮体形成的第一步反应是 2 分子乙酰 CoA 在硫解酶作用下缩合形成乙酰乙酰 CoA，而这是 β-氧化最后一步的逆反应，这种逆反应在乙酰 CoA 水平升高时加快，反应过程如下：

(1)2 mol 乙酰 CoA 在乙酰乙酰 CoA 硫解酶的催化下，缩合成乙酰乙酰 CoA，并释放出 1 mol HSCoA。

(2)乙酰乙酰 CoA 再与 1 mol 乙酰 CoA 在 β-羟基-β-甲基戊二酸单酰 CoA（HMG CoA)合成酶的催化下缩合成 β-羟基-β-甲基戊二酸单酰 CoA，并释放出 1 mol 的 HSCoA。

(3)HMG CoA 在 β-羟基 β-甲基戊二酸单酰 CoA 裂解酶的催化下裂解生成乙酰乙酸和乙酰 CoA。乙酰乙酸在肝脏线粒体内膜 β-羟丁酸脱氢酶的催化下被还原生成 β-羟丁酸；部分乙酰乙酸脱去羧基生成丙酮。其中 HMG CoA 合成酶是酮体生成的限速酶。除肝脏外，反刍动物的瘤胃也是生成酮体的重要场所，且肾脏也能生成少量酮体。

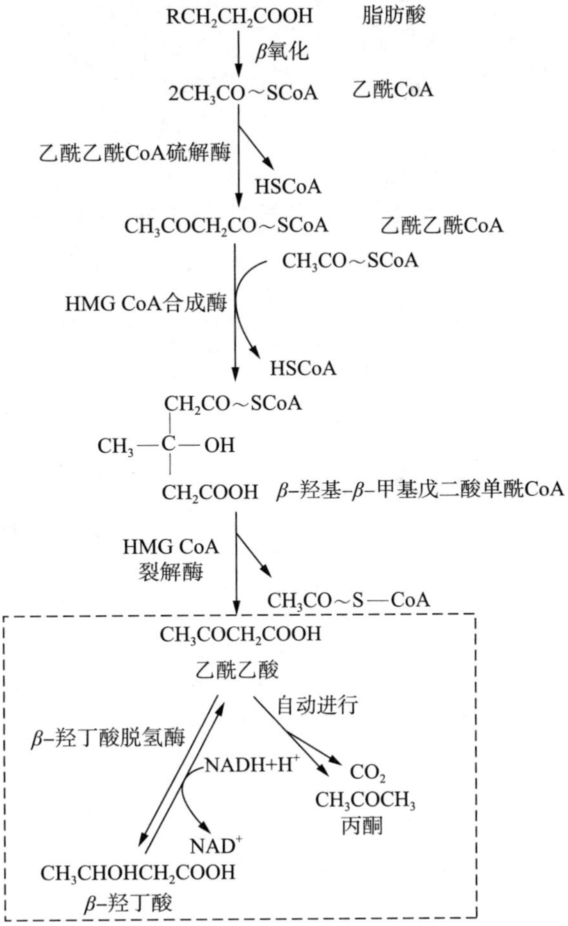

图 6-7　酮体的生成

酮体合成中先生成乙酰乙酸，它在β-羟丁酸脱氢酶催化下还原为β-羟丁酸，所需的H^+由NADH提供，还原速度取决于NADH与NAD^+的比值。乙酰乙酸可自发脱羧生成丙酮。

2. 酮体的利用

肝脏中虽有活性较强的酮体合成酶系，但是肝脏氧化酮体的酶活性却很低。肝脏产生的酮体透过细胞膜随血液送到肝外组织进行氧化分解，最终转变为乙酰CoA进入三羧酸循环途径氧化供能。氧化酮体的酶及其反应过程如下：

（1）乙酰乙酸-琥珀酰CoA转硫酶。心、肾、脑及骨骼肌的线粒体具有较高的酶活性。在有琥珀酰CoA存在时，此酶能使乙酰乙酸活化生成乙酰乙酰CoA。

（2）乙酰乙酰CoA硫解酶。乙酰乙酰CoA在乙酰乙酰CoA硫解酶的催化下生成2 mol乙酰CoA，然后进入三羧酸循环，彻底氧化成CO_2和H_2O，并释放能量（图6-8）。

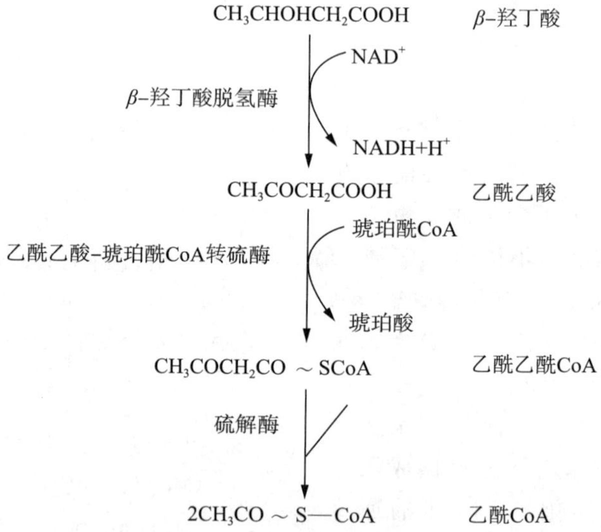

图6-8 酮体的氧化分解

（3）乙酰乙酰硫激酶。在肾、心肌、骨骼肌及大脑等组织活性很高，可以直接活化乙酰乙酸生成乙酰乙酰CoA，乙酰乙酰CoA在硫解酶的催化下硫解为2 mol乙酰CoA。β-羟丁酸在β-羟丁酸脱氢酶催化下，脱氢生成乙酰乙酸，然后转化成乙酰CoA而被氧化分解。少量的丙酮可转变为丙酮酸或乳酸，进而异生成糖。同时丙酮又是挥发性物质，还可通过肺部直接呼出体外。

3. 酮体生成的意义

酮体是脂肪酸在肝脏氧化分解不完全时产生的正常中间产物，是肝脏输出能源的一种形式。当机体缺少葡萄糖时，需要动员脂肪供应能量。肌肉组织对脂肪酸的利用能力有限，大脑不能氧化利用脂肪酸，正常情况下，主要以葡萄糖为能源，但是在长期饥饿或糖尿病状态下，人的大脑可利用酮体提供75%的能源。酮体为可溶于水的小分子，容易通过血脑屏障和肌肉毛细血管壁。

当饥饿或糖供应不足时，酮体可代替葡萄糖成为脑和肌肉组织的主要能源。由此可见，与脂肪酸相比，酮体能更有效地代替葡萄糖，机体通过肝脏将脂肪酸集中“转化”成酮体，以利于其他组织利用。

4. 酮病

正常情况下，肝脏产生酮体的速率与肝外组织分解酮体的速率是动态平衡的，血液中酮体含量很少，为 0.03～0.5 mmol/L(0.3～5 mg/dL)。但在某些情况下，如长期饥饿、高产乳牛开始泌乳后及绵羊妊娠后期，可见到酮体生成量多于肝外组织的消耗量，在体内积存引起酮病。患酮病时不仅血中酮体含量升高，酮体还可以随乳、尿排出体外，分别称为酮血症、酮乳症、酮尿症，其中酮尿症最先出现。由于酮体的主要成分为酸性物质，所以大量积存的结果会导致机体发生代谢性酸中毒。未控制的糖尿病患者因糖代谢障碍和脂肪酸分解加快，酮体在体内积存可导致酮症酸中毒，酮体生成量升高数 10 倍，这时丙酮约占酮体总量的一半，血、尿中丙酮含量很高，呼出气体中可嗅到丙酮的气味。高产乳牛泌乳初期由于乳糖合成消耗大量葡萄糖而使血糖下降，引发一系列代谢改变：胰岛素减少，胰高血糖素增加，脂解加强，脂肪酸 β-氧化加快，酮体生成增多。双胎绵羊妊娠后期发生的酮病也是体内糖缺乏所致。由此导致的酮病采用静脉注射葡萄糖可加快缓解。

(三)丙酸的代谢

动物体内的脂肪酸绝大多数为偶数碳原子，但也含有奇数碳原子的脂肪酸，如反刍动物瘤胃中发酵产生的挥发性低级脂肪酸中的丙酸就是奇数碳原子脂肪酸。此外，许多氨基酸脱氨基后也生成奇数碳原子脂肪酸。长链奇数碳原子的脂肪酸在开始分解时和偶数碳原子脂肪酸一样，每经过一次 β-氧化过程去掉 2 个碳原子。当分解到末端只剩下 3 个碳原子时，即丙酰 CoA 时，就不再进行 β-氧化，而是在含有生物素辅基的丙酰 CoA 羧化酶的作用下被羧化成甲基丙二酸单酰 CoA，继续在甲基丙二酸单酰 CoA 变位酶的作用下生成琥珀酰 CoA，琥珀酰 CoA 可进入三羧酸循环被氧化分解或进行糖异生作用。丙酸代谢过程如下：

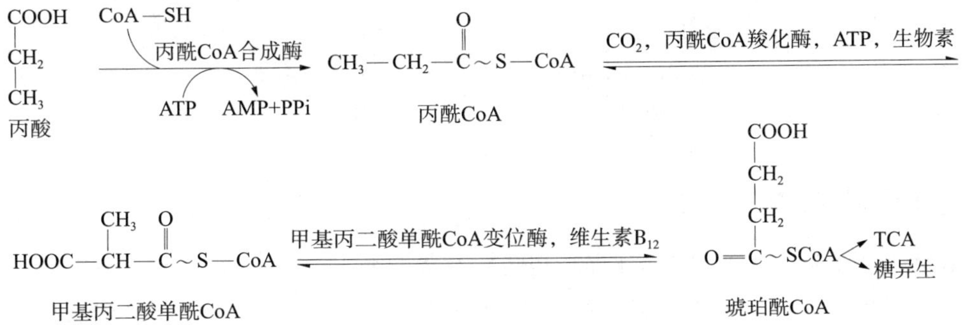

生物体内其他一些代谢途径也生成丙酰 CoA，如某些支链氨基酸(异亮氨酸、缬氨酸等)分解产生丙酰 CoA 或丙酸，反刍动物瘤胃微生物发酵产生大量丙酸被吸收进入体内，丙酸在硫激酶作用下转变为丙酰 CoA。丙酰 CoA 转变成琥珀酰 CoA 的过程中，丙酰 CoA 的羧化以生物素为辅基，甲基丙二酸单酰 CoA 生成琥珀酰 CoA 需要维生素 B_{12} 作为辅基。生成的琥珀酰 CoA 通过三羧酸循环的一些反应生成草酰乙酸，然后沿糖异生途径生成葡萄糖。丙酸的糖异生对反刍动物非常重要，反刍动物体内的葡萄糖有 60％来源于糖异生作用。

任务四　脂肪的合成代谢

任务解析

结合软脂酸的合成途径，了解脂肪的合成过程，结合营养与饲料等其他专业课程相关知识内容，理解脂肪合成的意义，通过多媒体等教学手段了解脂肪合成的过程。

生物体内的脂肪在不断分解释放能量的同时，也在不断地进行合成，特别是动物育肥阶段。哺乳动物的肝脏和脂肪组织是合成脂肪（三酰甘油）最活跃的组织，其次还有哺乳期的乳腺。脂肪合成的原料（甘油和脂肪酸）主要由糖代谢提供，他们主要由糖分解的中间产物乙酰CoA和磷酸二羟丙酮转化而来，所以糖可以转化为脂肪。在哺乳动物体内，糖能很容易转化为脂肪，饲料中的脂肪消化吸收后运至肝和脂肪组织也可用于合成脂肪。同时蛋白质中的大多数氨基酸也可以转化为脂肪。

一、α-磷酸甘油的合成

α-磷酸甘油可以来自以下两个途径：一为糖分解途径的中间产物磷酸二羟丙酮还原生成（详见糖酵解分解过程）；二为饲料消化吸收的甘油，以及脂肪分解产生的甘油，在甘油激酶（肝脏）的催化下，有3-磷酸甘油和ATP生成。

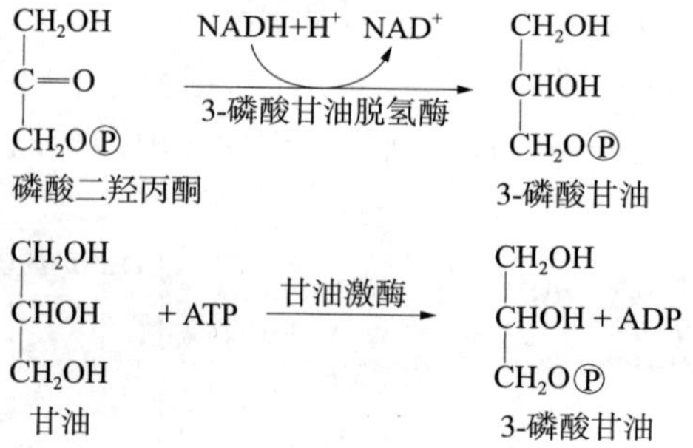

二、饱和脂肪酸的合成

动物体内脂类的合成是十分活跃的，脂肪酸合成步骤与氧化降解步骤完全不同。脂肪酸的生物合成需要的原料主要来自糖酵解产生的乙酰CoA，需要CO_2和柠檬酸参加，而氧化降解是在线粒体中进行。

（一）合成的场所

脂肪酸合成酶系存在于肝、肾、脑、肺、乳腺和脂肪组织中。肝细胞和脂肪细胞的胞液是动物合成脂肪酸的主要场所。脂肪组织除自己能够以葡萄糖为原料合成脂肪酸和脂肪外，还摄取来自小肠和肝合成的脂肪酸，然后再合成脂肪，成为贮存脂肪的仓库。

(二)原料的准备

1. 乙酰 CoA 的转运

虽然所有的高等动物都以乙酰 CoA 为原料合成长链脂肪酸,但乙酰 CoA 的来源并不相同。除反刍动物吸收的乙酸可以直接进入胞液转变为乙酰 CoA 外,其他动物的乙酰 CoA 必须通过线粒体膜从线粒体内转移到线粒体外的胞液中利用,而线粒体膜不允许 CoA 的衍生物自由通过,所以乙酰 CoA 穿出线粒体是借助柠檬酸-丙酮酸循环(图 6-9)的转运途径实现的。

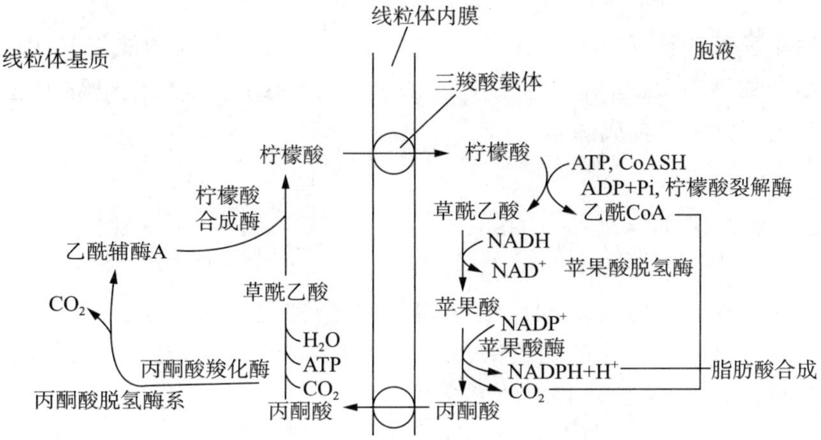

图 6-9　乙酰 CoA 的转运过程

因此,凡是能生成乙酰 CoA 的物质都是合成脂肪酸的碳源。乙酰 CoA 羧化生成丙二酸单酰 CoA(在胞质溶胶中进行),由乙酰 CoA 羧化酶催化,辅基为生物素,是一个不可逆反应。

2. 丙二酸单酰 CoA 的合成

以乙酰 CoA 为原料合成脂肪酸时,并不是这些二碳单位的简单缩合。以合成 1 分子软脂酸为例,合成中所需的 8 个二碳单位中,除起始反应需要 1 mol 乙酰 CoA 外,其他 7 个乙酰 CoA 必须先羧化成丙二酸单酰 CoA 参与合成反应。

丙二酸单酰 CoA 是由乙酰 CoA 和 CO_2 在乙酰 CoA 羧化酶的催化下形成的,该酶的辅基为生物素,反应中消耗 ATP。反应式如下:

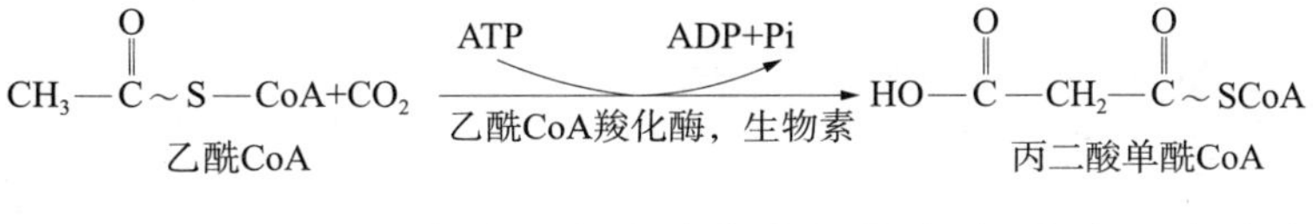

此步反应不可逆,乙酰 CoA 羧化酶是脂肪酸合成的限速酶,存在于胞液中。

3. 脂肪酸生物合成的过程

动物体内许多组织的胞液中有合成脂肪酸的酶系,它们是一组多酶复合体,含有 7 种酶和 1 个酰基载体蛋白 (ACP),从乙酰 CoA 和丙二酸单酰 CoA 开始的脂肪酸合成反应由脂肪酸合成酶系催化。ACP 牢固地结合了脂肪酸合成酶系,成为合成脂肪酸装配线的主要组成部分。不同来源的 ACP 组成基本相同,如大肠埃希菌 ACP 由 77 个氨基酸组成,其中丝氨酸残基上的羟基与辅基 4′-磷酸泛酰巯基乙胺相连。磷酸泛酰巯基乙胺上的巯基是酰基载体蛋白上的活性基团,作用和 CoA 类似,为酰基的载体,携带着脂肪酸合成过程中的各个中间产物,从一个酶的活性位置转到另一个酶的活性位置。

(1)起始反应。乙酰 CoA 在 ACP 酰基转移酶作用下，其乙酰基与 ACP 巯基相连，生成乙酰载体蛋白。但乙酰基并不停留在 ACP 巯基上，而是转到另一个酶——β-酮脂酰 ACP 合成酶活性中心的半胱氨酸巯基上，成为乙酰～S-缩合酶，ACP 的巯基则空出来。

$$\underset{\text{乙酰 CoA}}{CH_3CO\sim SCoA}+HSACP\longrightarrow \underset{\text{乙酰 ACP}}{CH_3CO\sim SACP}+HSCoA$$

$$\underset{\text{乙酰 ACP}}{CH_3CO\sim SACP}+\text{缩合酶}—SH\longrightarrow \underset{\text{乙酰～S-缩合酶}}{CH_3CO\sim S—\text{缩合酶}}+HSACP$$

(2)丙二酸单酰基转移反应。在 ACP-丙二酸单酰 CoA 转移酶的催化下，丙二酸单酰基脱离 CoA 与空出来的 ACP 巯基结合，生成丙二酸单酰～SACP。该反应也称为进位，即底物丙二酸单酰 CoA 进入脂肪酸合成酶系。

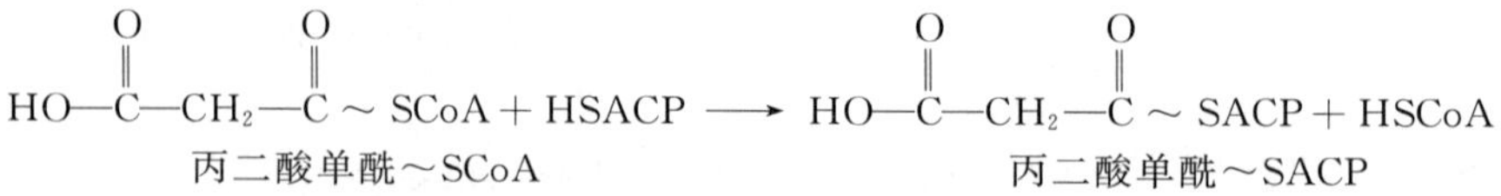

(3)缩合反应。这步反应由 β-酮脂酰 ACP 缩合酶催化。其酶分子的半胱氨酸上结合的乙酰基转移到与 ACP 巯基相连的丙二酸单酰基的第二个碳原子上，形成乙酰乙酰～SACP，同时使丙二酸单酰基上的羧基以 CO_2 的形式脱去。

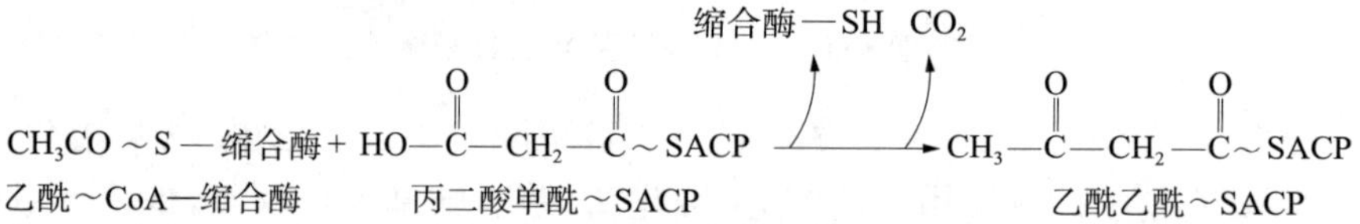

反应中所释放出的 CO_2 来自乙酰 CoA 羧化形成的丙二酸单酰 CoA 时所利用的 CO_2，其碳原子并未掺入正在合成的脂肪酸中去。脂肪酸合成过程中之所以采用先羧化又脱羧的方式，是因为羧化反应利用 ATP 供给的能量贮存在丙二酸单酰 ACP 分子中，当缩合反应发生时，丙二酸单酰 ACP 的脱羧又可释放出能量来利用，使反应容易进行。

(4)还原反应。乙酰乙酰～SACP 由 β-酮脂酰 ACP 还原酶催 NADPH 还原形成 β-羟脂酰～SACP。

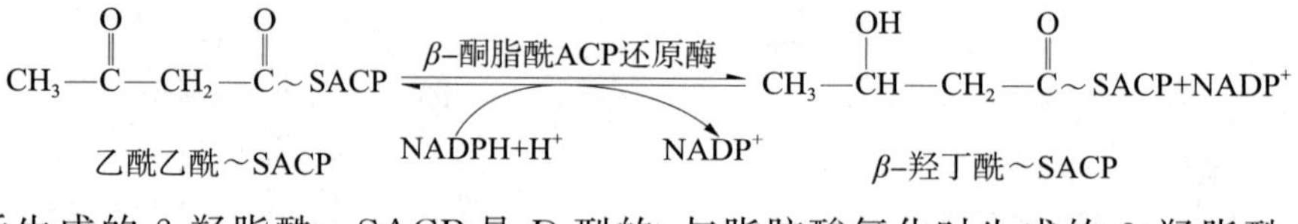

加氢后生成的 β-羟脂酰～SACP 是 D 型的，与脂肪酸氧化时生成的 β-羟脂酰 CoA 不同，它是 L 型的。

(5)脱水反应。D 型的 β-羟脂酰～SACP 在其 α，β 碳原子之间脱水生成 α，β-反烯丁酰～SACP，催化这一反应的酶是 β-羟脂酰 ACP 脱水酶。

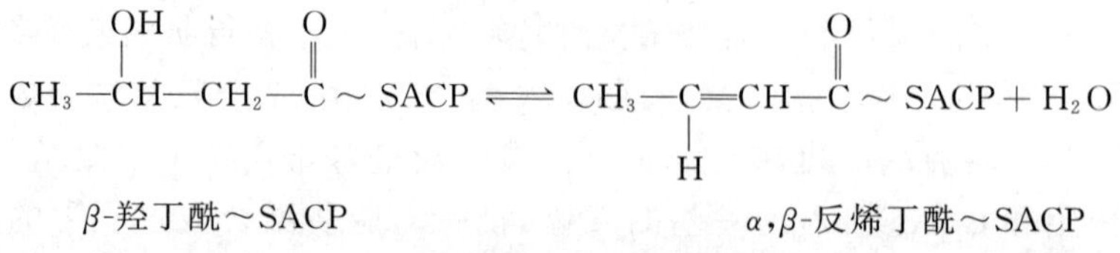

(6)第二次还原反应。在 α,β-反烯丁酰 ACP 还原酶的催化下，α,β-反烯丁酰～SACP 被 NADPH 再一次还原为丁酰～SACP。

$$\underset{\alpha,\beta\text{-反烯丁酰～SACP}}{CH_3-\overset{H}{\overset{|}{C}}=CH-\overset{O}{\overset{\|}{C}}\sim SACP}+NADPH+H^+ \rightleftharpoons \underset{\text{丁酰～SACP}}{CH_3CH_2CH_2\overset{O}{\overset{\|}{C}}\sim SACP}+NADP^+$$

至此，脂肪酸的合成在乙酰基的基础上实现了 2 个碳的延长，完成了脂肪酸合成的第一轮反应。生成的丁酰～SACP 从 ACP 的巯基上转移到缩合酶的半胱氨酸的巯基上，为下一轮反应的丙二酰基的进入做好准备。再经过转移、缩合、还原、脱水、再还原的反应，又使丁酰载体蛋白多了 2 个碳原子。如此反复，碳链不断延长，经 7 轮循环以后，直至形成十六碳脂酰基～SACP，即棕榈酰(软脂酰～SACP)载体蛋白。

(7)水解或硫解反应。生成的棕榈酰～SACP 可以在硫酯酶作用下，水解释放出棕榈酸(软脂酸)，或由硫解酶催化将棕榈酰基从 ACP 上转移到 CoA 上，生成棕榈酰 CoA。绝大多数生物体脂肪酸合成酶系终止于产生棕榈酸。棕榈酸合成过程如图 6-10 所示。

$$\text{棕榈酰～SACP}+H_2O \rightleftharpoons \text{棕榈酸}+HSACP$$

$$\text{棕榈酰～SACP}+HSCoA \rightleftharpoons \text{棕榈酰～SCoA}+HSACP$$

棕榈酸合成的总反应式：

$$\underset{\text{乙酰 CoA}}{8CH_3CO\sim SCoA}+14NADPH+14H^++7ATP+7H_2O \xrightarrow{\text{脂肪酸合成酶系}} \underset{\text{棕榈酸}}{CH_3(CH_2)_{14}COOH}+8HSCoA+14NADP^++7ADP+7Pi$$

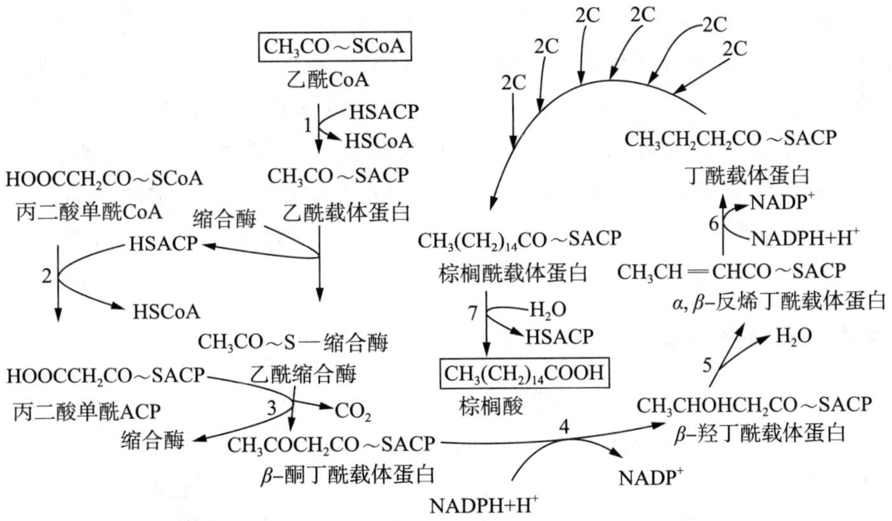

1. 乙酰 CoA-ACP 酰基转移酶　2. ACP-丙二酸单酰 CoA 转移酶　3. β-酮脂酰 ACP 合成酶　4. β-酮脂酰 ACP 还原酶　5. β-羟脂酰 ACP 脱水酶　6. 烯脂酰 ACP 还原酶　7. 脂酰 ACP 水解酶

图 6-10　棕榈酸合成的过程

脂肪酸合成和分解的比较如表 6-6 所示。

表 6-6 脂肪酸合成和分解的比较

名称	合成	分解
反应最活跃时期	高糖膳食后	饥饿
刺激激素	胰岛素/胰高血糖素的值高	胰岛素/胰高血糖素的值低
主要组织定位	肝脏为主	肌肉、肝脏
亚细胞定位	胞浆	线粒体为主
酰基载体	柠檬酸(线粒体到胞浆)	肉碱(胞浆到线粒体)
含磷酸酰巯基乙胺的活性载体	酰基载体蛋白区,CoA	CoA
氧化还原辅助因子	NADPH	NAD^+,FAD
二碳供体/产物	丙二酰 CoA;酰基供体	乙酰 CoA;产物
抑制剂	柠檬酸脂 CoA(抑制乙酰 CoA 羧化酶)	丙二酰 CoA(抑制肉碱酰基转移酶)
反应产物	软脂酸	乙酰 CoA

(三)脂肪酸合成的特点

软脂酸合成所需要的氢原子必须由还原型辅酶Ⅱ($NADPH+H^+$)供给。在上述的乙酰 CoA 的转运中,可产生 $NADPH+H^+$,不足的部分由磷酸戊糖途径提供;脂肪酸的从头合成是在细胞质的可溶性部分进行的,碳链的延长只能到生成 16 个碳的软脂酸为止。若碳链要进一步延长和双键的添加(只能合成带一个双键的脂肪酸),则需另外的延长系统途径,则由存在于线粒体和微粒体的酶系催化完成,即线粒体(或微粒体)系统合成途径。

乙酰 CoA 羧化酶催化的反应为脂肪酸合成过程中的限速步骤。此酶为一别构酶,在变构效应剂的作用下,其无活性的单体与有活性的多聚体之间可以互变。柠檬酸与异柠檬酸可促进单体聚合成多聚体,增强酶活性,而长链脂肪酸可加速解聚,从而抑制该酶活性。乙酰 CoA 羧化酶还可通过依赖于 cAMP 的磷酸化及去磷酸化修饰来调节酶活性。此酶经磷酸化后活性丧失,如胰高血糖素及肾上腺素等能促进这种磷酸化作用,从而抑制脂肪酸合成;而胰岛素则能促进酶的去磷酸化作用,故可增强乙酰 CoA 羧化酶活性,加速脂肪酸合成。同时乙酰 CoA 羧化酶也是诱导酶,长期高糖低脂饮食能诱导此酶生成,促进脂肪酸合成;反之,高脂低糖饮食能抑制此酶合成,降低脂肪酸的生成。

(四)其他脂肪酸的合成

动物体内不仅有软脂酸,还有碳链长短不等的其他脂肪酸,也有各种不饱和脂肪酸,除营养必需脂肪酸依赖饲料供应外,其他脂肪酸均可由软脂酸在细胞内加工改造而成。

以软脂酸为前提,在其他酶系催化下,通过碳链延长与脱饱和可合成更长碳链的脂肪酸以及各种不饱和脂肪酸。在低温环境下,大多数生物可促进体内饱和脂肪酸转变为不饱和脂肪酸。不饱和脂肪酸的熔点较低,增加不饱和脂肪酸可增强细胞膜的流动性,这是生物对低温环境的一种适应。

1. 脂肪酸碳链的延长和缩短

脂肪酸碳链的缩短在线粒体中经 β-氧化完成,经过一次 β-氧化循环就可以减少 2 个碳原子。

脂肪酸碳链的延长可在滑面内质网和线粒体中经脂肪酸延长酶体系催化完成。

在内质网，软脂酸延长是以丙二酰 CoA 为二碳单位的供体，由 $NADPH+H^+$ 供氢，经过缩合脱羧、还原等过程延长碳链，与胞液中脂肪酸合成过程基本相同。但催化反应的酶体系不同，其脂肪酰基不是以 ACP 为载体，而是与 CoA 相连参加反应。除脑组织外一般以合成硬脂酸(18 碳)为主，脑组织因含其他酶，故可延长至 24 碳的脂肪酸，供脑中脂类代谢需要。

在线粒体中，软脂酸经线粒体脂肪酸延长酶体系作用，与乙酰 CoA 缩合逐步延长碳链，其过程与脂肪酸 β-氧化逆行反应相似，仅烯脂酰 CoA 还原酶的辅酶为 $NADPH+H^+$ 与 β-氧化过程不同。通过此种方式一般可延长脂肪酸碳链至 24 碳或 26 碳，但以硬脂酸最多(表 6-7)。

表 6-7　动物与植物脂肪酸延长方式的比较

方式	动物		植物		
细胞内进行部位	线粒体	内质网	叶绿体	前质体	内质网
加入的一碳单位	乙酰 CoA	丙二酸单酰 CoA	丙二酸单酰 CoA	丙二酸单酰 CoA	不明确
酯酰基载体	CoA	CoA	ACP	ACP	不明确
电子供体	NAD(P)H	NADPH	NADPH	NADPH	不明确

2. 脂肪酸脱饱和

由于去饱和作用首先发生在饱和脂肪酸的第九、第十碳原子上，生成单不饱和脂肪酸，如油酸和棕榈酸。然后动物(尤其是哺乳动物)从该双键向脂肪酸的羧基端继续脱饱和，形成多不饱和脂肪酸。人和动物组织内所需的不饱和脂肪酸主要为软油酸(16∶1$\triangle^{9}$)、油酸(18∶1$\triangle^{9}$)、亚油酸(18∶2$\triangle^{9,12}$)、亚麻酸(18∶3$\triangle^{9,12,15}$)、花生四烯酸(20∶4$\triangle^{5,8,11,14}$)等。其中最普通的单不饱和脂肪酸软油酸和油酸可由相应的脂肪酸活化后经去饱和酶催化脱氢生成，这类酶存在于滑面内质网，属混合功能氧化酶，因该酶只催化在$\triangle^{9}$形成双键，而不能在 C_{10} 与末端甲基之间形成双键，故亚油酸、亚麻酸及花生四烯酸在体内不能合成或合成不足。但它们又是机体不可缺少的，必须由饲料供给，故称为必需脂肪酸。单不饱和脂肪酸的合成需要 O_2、$NADPH+H^+$ 和电子传递体等参加，由于饱和酶催化长链饱和脂酰 ACP 脱去 C_9 和 C_{10} 上的氢原子，形成相应的不饱和脂肪酸。反应中 1 个 O_2 接受来自去饱和酶的 2 对电子而生成 2 分子水，其中 1 对电子由饱和脂酰 ACP 提供，另 1 对由 NADPH 或 NADH 提供。

动物和植物体内单烯酸的合成途径类似，但脱饱和酶系略有不同。前者结合在内质网膜上，以脂酰 CoA 为底物；后者游离在胞液中，以脂酰 ACP 为底物。此外，两者的电子传递体系也略有差别，动物体内细胞色素 b_5 的功能在植物体内由铁硫蛋白行使。当摄入亚油酸后，在动物体内经碳链加长及去饱和后，可生成花生四烯酸(表 6-8)。

细菌的不饱和脂肪酸都是单烯酸，目前尚未发现有二烯酸和多烯酸。细菌和许多原核生物中不饱和脂肪酸的合成通过厌氧途径进行，是先由脂肪酸合成酶系合成十碳的 β-羟葵酰-ACP，再经脱水酶催化生成含一个双键的顺-β,γ-葵烯脂酰-ACP，再由丙二酸单酰-ACP 在碳链的羧基端逐步延长碳链，生成不同长度的单烯脂肪酸。

表 6-8 动物与植物不饱和脂肪酸合成的比较

项目	动物	植物
合成部位	内质网	细胞质
底物	硬脂酰 CoA	硬脂酰 ACP
电子供体	NADPH	NADPH
电子传递体	Cyt b_5	Fe—S
酶	脱饱和酶	脱饱和酶
酶的抑制剂	氰化物	氰化物
产物	油脂酰 CoA	油脂酰 ACP

三、脂肪的合成途径

动物、植物和微生物体内脂肪的生物合成途径相似，可利用甘油、糖、脂肪酸等为原料，经过甘油一酯和甘油磷酸二酯途径合成甘油三酯。脂肪合成的主要途径是甘油磷酸二酯途径。在磷酸甘油脂酰转移酶催化下，2 分子脂酰 CoA 与 3-磷酸甘油结合生成磷脂酸，再由磷酸酶催化磷脂酸脱磷酸，生成甘油二酯，最后由甘油二酯酰基转移酶催化另一分子脂酰 CoA 的脂酰基转给甘油二酯合成脂肪。

1. 甘油磷酸二酯途径

此途径是肝细胞和脂肪细胞合成脂肪的主要途径，其过程如图 6-11 所示。

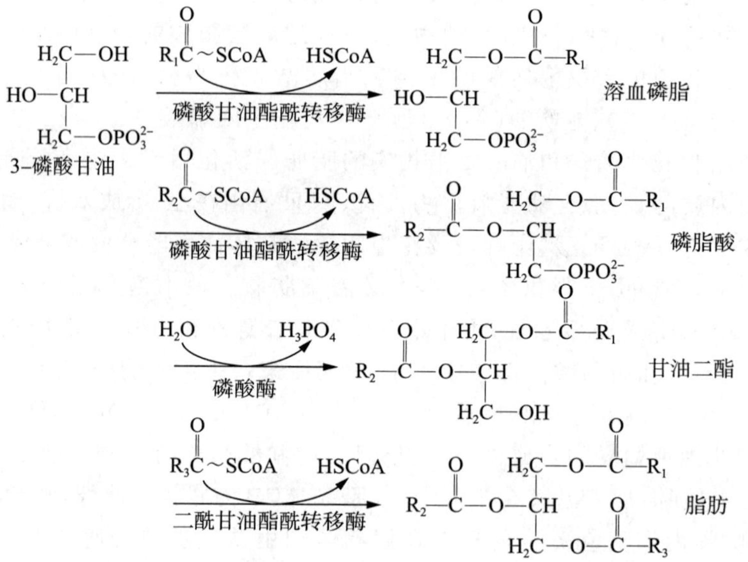

图 6-11 甘油磷酸二酯途径

此外，动物体的转酰基酶对十六碳和十八碳的脂酰 CoA 的催化能力最强，所以脂肪中十六碳和十八碳脂肪酸的含量最多。

2. 甘油一酯途径

在小肠黏膜上皮内，消化吸收的甘油一酯可作为合成脂肪的前体合成脂肪（图 6-12）。

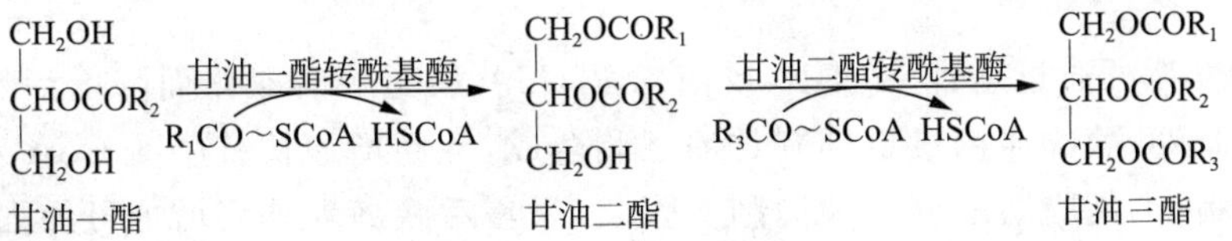

图 6-12　甘油一酯途径

3.不同组织甘油三酯合成的特点

不同组织细胞中甘油三酯的合成各有特点，下面主要讨论肝脏、脂肪组织和小肠黏膜上皮细胞合成甘油三酯的特点。

(1)肝脏。肝脏可利用糖、甘油和脂肪酸作原料，通过磷脂酸途径合成甘油三酯。脂肪酸的来源有脂肪动员而来的脂肪酸，由糖和氨基酸转变生成的脂肪酸和饲料中来的外源性脂肪酸(饲料中脂肪消化吸收后经血入肝的中短链脂肪酸，乳糜微粒残余颗粒中脂肪分解生成的脂肪酸)。

肝细胞含脂类物质 4%～7%，其中甘油三酯约占 1/2，甘油三酯含量过高会引起脂肪肝。正常情况下，肝脏合成的甘油三酯和磷脂、胆固醇、载脂蛋白一起形成极低密度脂蛋白，分泌入血。若磷脂合成障碍或载脂蛋白合成障碍就会影响甘油三酯转运出肝，引起脂肪肝。另外，若进入肝脏的脂肪酸过多，合成甘油三酯的量超过了合成载脂蛋白的能力，也可引起脂肪肝。

(2)脂肪组织。脂肪组织甘油三酯的合成与肝脏基本相同，两者的区别是脂肪组织不能利用甘油，只能利用糖分解提供的 α-磷酸甘油；脂肪组织能大量贮存甘油三酯。

(3)小肠黏膜上皮细胞。小肠黏膜上皮细胞合成甘油三酯有 2 条途径。在采食后，饲料中的甘油三酯水解生成游离脂肪酸和甘油一酯，吸收后经甘油一酯途径合成甘油三酯。这些甘油三酯参与乳糜微粒的组成。这一途径是小肠黏膜甘油三酯合成的主要特点。而在饥饿情况下，小肠黏膜也能利用糖、甘油和脂肪酸作原料，经磷脂酸途径合成甘油三酯，这一部分甘油三酯参与极低密度脂蛋白组成。此时的合成原料和过程又类似于肝脏。

4.脂肪酸合成的调节

乙酰 CoA 羧化酶是脂肪酸合成的限速酶，很多因素都可影响此酶活性，从而使脂肪酸合成速度改变。脂肪酸合成过程中其他酶，如脂肪酸合成酶、柠檬酸裂解酶等也可被调节。

(1)代谢物的调节。在高脂膳食后或因饥饿导致脂肪动员加强时，细胞内软脂酰 CoA 增多，可反馈抑制乙酰 CoA 羧化酶，从而抑制体内脂肪酸合成。而进食糖类，糖代谢加强时，由糖氧化及磷酸戊糖循环提供的乙酰 CoA 及 NADPH 增多，这些合成脂肪酸的原料增多有利于脂肪酸的合成。此外，糖氧化加强的结果，使细胞内 ATP 增多，进而抑制异柠檬酸脱氢酶，造成异柠檬酸及柠檬酸堆积，在线粒体内膜的相应载体协助下，由线粒体转入胞液，可以别构激活乙酰 CoA 羧化酶。同时本身也可裂解释放乙酰 CoA，增加脂肪酸合成的原料，使脂肪酸合成增加。

(2)激素的调节。胰岛素、胰高血糖素、肾上腺素及生长素等均参与对脂肪酸合成的调节。激素敏感性脂肪酶的活性受激素调节，这是脂肪动员的关键。

胰岛素能诱导乙酰 CoA 羧化酶、脂肪酸合成酶及柠檬酸裂解酶的合成，从而促进脂肪酸的合成。此外，还可通过促进乙酰 CoA 羧化酶的去磷酸化而使酶活性增强，也使脂肪酸合成加速。

胰高血糖素等可通过增加 cAMP,致使乙酰 CoA 羧化酶磷酸化而降低活性,因此抑制脂肪酸的合成。此外,胰高血糖素也抑制甘油三酯合成,从而增加长链脂酰 CoA 对乙酰 CoA 羧化酶的反馈抑制,也使脂肪酸合成被抑制。因此,采食后胰岛素分泌增加可加强脂肪酸的合成与贮存;空腹时胰高血糖素分泌增加则抑制脂肪合成,加速脂肪动员,分解脂肪供能。肾上腺素、生长素也有类似作用。

5. 前列腺素、血栓素及白三烯

前列腺素(PG)、血栓素(TX)和白三烯(LT)均由花生四烯酸衍生而来。它们在细胞内生成后,可作为调节物对几乎所有的细胞代谢发挥调节作用,而且与炎症、过敏反应和心血管疾病等病理过程有关。

生物膜上的膜磷脂含有花生四烯酸,它可被磷脂酶 A_2 水解,释放花生四烯酸。花生四烯酸可在前列腺素内过氧化物合成酶催化下,消耗 O_2 和还原型谷胱甘肽,发生氧化和环化反应,生成前列腺素 H_2,前列腺素 H_2 可进一步衍生成其他前列腺素及血栓素。可的松抑制磷酸酶 A_2 活性,减少花生四烯酸的生成,从而抑制前列腺素的合成,阿司匹林和保泰松抑制前列腺素内过氧化物合成酶活性使前列腺素和血栓素生成减少。

任务五 类脂代谢

任务解析

类脂包括磷脂、糖脂和固醇类等,其代谢过程较为复杂,本节主要介绍磷脂和胆固醇的代谢及生理意义,通过类脂代谢的学习为畜牧兽医专业课的学习打下基础。通过多媒体等教学手段了解磷脂和胆固醇代谢过程。

一、磷脂的代谢

含有磷酸的脂类称为磷脂。磷脂分为甘油磷脂和鞘磷脂两类,并以甘油磷脂含量最多,分布也最广泛。由甘油构成的磷脂统称为甘油磷脂;由鞘氨醇构成的磷脂称为鞘磷脂。动物体内含量最多的磷脂是甘油磷脂,特别是卵磷脂和脑磷脂。它们是细胞结构的重要成分,也是血浆脂蛋白的组成部分。下面以卵磷脂和脑磷脂为例讨论甘油磷脂的代谢。

(一)甘油磷脂的合成代谢

哺乳动物体内各组织都能合成甘油磷脂,但在肝脏、小肠及肾组织磷脂合成最为活跃。甘油磷脂的合成在内质网上进行,通过高尔基体加工,最后可被组织生物膜利用或成为脂蛋白分泌出细胞。甘油磷脂合成全过程可分为三个阶段,即原料来源、活化和合成。

1. 原料来源

合成卵磷脂和脑磷脂的原料是甘油、脂肪酸、磷酸、胆碱和胆胺,而且还需要 ATP 和 GTP。其中所需的胆碱和胆胺可从饲料中直接摄取,或者由丝氨酸脱羧生成胆胺,胆胺由甲硫氨酸提供甲基转变为胆碱。

2. 活化与合成过程

卵磷脂及脑磷脂的活化与合成过程如图 6-13 所示。

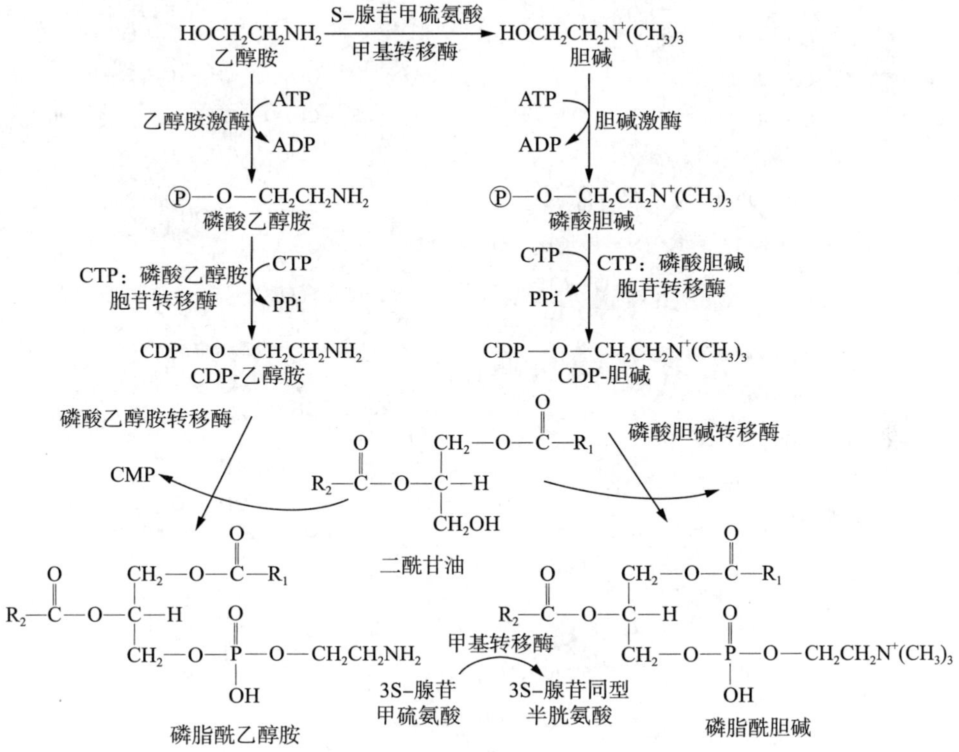

图 6-13　卵磷脂及脑磷脂的活化与合成过程

卵磷脂是血浆脂蛋白的重要原料，卵磷脂合成受阻，会导致血浆脂蛋白的合成障碍，影响肝内脂肪的运出，使脂肪在肝中堆积，出现脂肪肝。在卵磷脂合成中所需要的必需氨基酸（甲硫氨酸提供甲基）及必需脂肪酸需由饲料供给；同时还需要有叶酸和维生素 B_{12} 等参与才可以促进胆碱的合成。因此，临床上常用必需脂肪酸、胆碱、甲硫氨酸、叶酸、维生素 B_{12} 等作为治疗和预防此类脂肪肝的药物。

（二）甘油磷脂的分解代谢

水解甘油磷脂的酶类称为磷脂酶，主要有磷脂酶 A_1、磷脂酶 A_2、磷脂酶 B、磷脂酶 C 和磷脂酶 D，它们分别作用于磷脂分子中不同的酯键。

磷脂酶 A_1、磷脂酶 A_2 分别作用于甘油磷脂的 1、2 位酯键，产生溶血磷脂 2 和溶血磷脂 1。溶血磷脂是一类具有较强表面活性的物质，能使红细胞膜和其他细胞膜被破坏，引起溶血和细胞坏死。蛇毒中，磷脂酶 A_2 的活性相当高，故被蛇咬后会发生溶血作用。溶血磷脂 2 和溶血磷脂 1 又可分别在磷脂酶 B_2（即溶血磷脂酶 2）和磷脂酶 B_1（即溶血磷脂酶 1）的催化下，水解脱去脂酰基生成不具有溶血性的甘油磷酸胆碱和脂肪酸，从而失去溶血作用。生成的甘油磷酸胆碱通过胆碱磷酸酶作用，水解生成磷酸甘油和胆碱，磷酸甘油经甘油磷酸酶水解生成甘油和磷酸。某些组织中的磷脂酶 C 可以特异地水解甘油磷酸胆碱中甘油的 3 位磷酸酯键，产物是甘油二酯和磷酸胆碱（或磷酸胆胺）。而磷脂酶 D 可以水解磷酸与胆碱之间的酯键，生成磷脂酸及胆碱。甘油磷脂的分解代谢过程如图 6-14 所示。

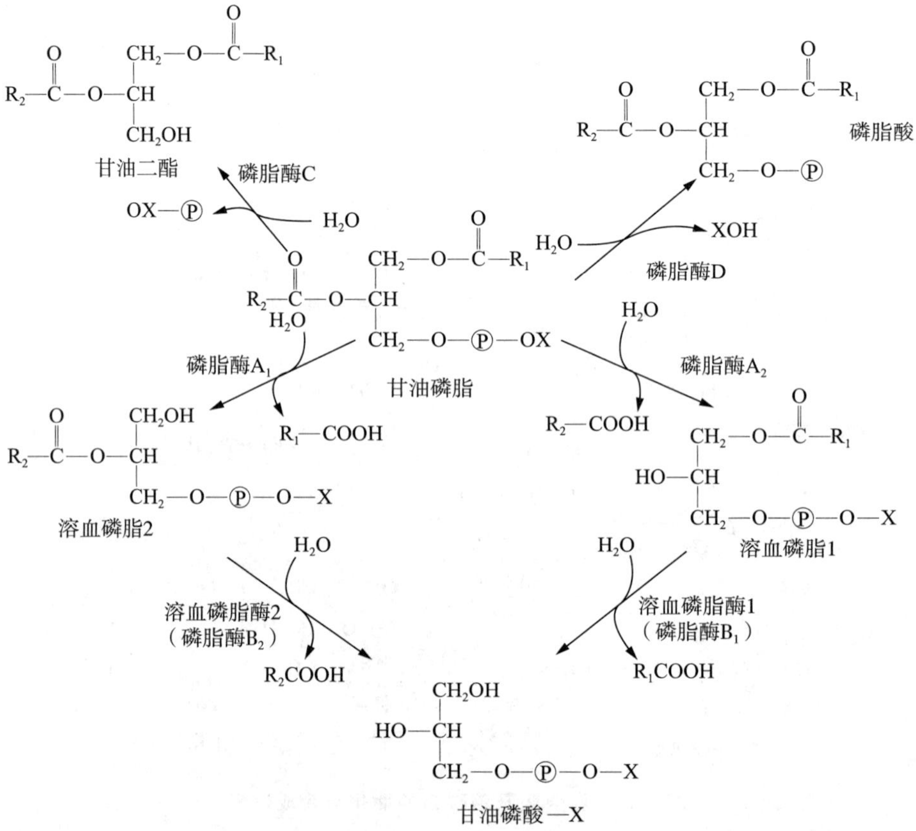

图 6-14　甘油磷脂的分解代谢过程

甘油磷脂的水解产物磷酸可参加糖代谢，也可以参加有机磷酸化合物的合成或生成无机磷酸盐。分解产生的脂肪酸和甘油，可氧化分解为二氧化碳和水，或再参与新的物质合成；产生的胆碱可转变为胆胺、氨基酸等有机物质进行代谢。

有些组织细胞的溶酶体中存在神经鞘磷脂酶，它属于磷脂酶 C，能使鞘磷脂 3 位磷酸酯键水解，产物为磷酸胆碱和 N-脂酰鞘氨醇。先天性缺乏此酶的病人，鞘磷脂不能降解而在细胞中积累，因此出现肝、脾肿大和痴呆等鞘磷脂沉积症状。

磷脂酶使磷脂分解，促使细胞膜不断更新，并且清除由磷脂中不饱和脂肪酸氧化产生的毒性磷脂。磷脂酶起作用后细胞膜中产生溶血磷脂高集区，使细胞膜磷脂双层局部松弛和破损，有利于生物大分子跨膜翻转或穿过膜屏障。

二、胆固醇的代谢

胆固醇是动物体内最重要的一种以环戊烷多氢菲为母核的固醇类化合物，最早从动物胆石中分离得到，故得此名。它既是细胞膜的重要成分之一，又是动物合成胆汁酸、类固醇激素和维生素 D 等生物活性物质的前体。

(一)胆固醇的合成

动物体内的胆固醇可来自饲料,也可由组织合成。除成年动物脑组织和成熟的红细胞外,机体几乎所有的组织都可以合成胆固醇,但肝脏是胆固醇合成的主要场所,体内 70%～80% 的胆固醇由肝合成。肝合成的胆固醇可经血液循环运到大脑和其他组织中利用。分别采用 C^{14} 和 C^{13} 同位素标记乙酸的甲基和羧基,证明内源胆固醇的所有碳原子都来自乙酰 CoA,胆固醇 27 个碳原子中 15 个来自乙酸的甲基,12 个来自羧基。胆固醇合成的酶系存在于细胞质和内质网中,机体合成胆固醇的原料是乙酰 CoA,此外还需有 NADPH 供氢和 ATP 供能。

胆固醇合成过程比较复杂,可概括为以下 3 个阶段,第一阶段由 2 分子乙酰 CoA 缩合生成乙酰乙酰 CoA,然后再与 1 分子乙酰 CoA 缩合生成 *β*-羟基-*β*-甲基戊二酸单酰 CoA(HMG-CoA),这两步反应与酮体合成完全相同。HMG-CoA 在线粒体中裂解为酮体,而在内质网膜上则由 HMG-CoA 还原酶催化还原为甲羟戊酸,反应需要 NADPH＋H^+ 提供氢,HMG-CoA 还原酶是胆固醇合成的限速酶;第二阶段甲羟戊酸消耗 3 分子 ATP 再脱羧生成异戊烯醇焦磷酸(IPP),异戊烯醇焦磷酸不仅是合成胆固醇的前提,也是植物合成萜类及昆虫合成保幼激素、蜕皮素等的前提。1 分子异戊烯醇焦磷酸异构为二甲基丙烯焦磷酸酯(DPP),二甲基丙烯焦磷酸酯先后与 2 分子异戊烯醇焦磷酸逐一头尾缩合,形成焦磷酸法尼酯(FPP)。2 分子焦磷酸法尼酯由鲨烯合成酶催化缩合为鲨烯,需 NADPH＋H^+ 供氢,鲨烯的形成阶段是在细胞质中进行;第三阶段鲨烯经鲨烯加单氧酶作用环化为 2,3-环氧鲨烯,在动物体内 2,3-环氧鲨烯进一步环化为 30 个碳原子的羊毛固醇,后者经过转甲基、双键移位、还原等反应合成胆固醇。环氧鲨烯在植物体内可转化为豆固醇,在真菌中可转化为麦角固醇。胆固醇的合成过程如图 6-15 所示。

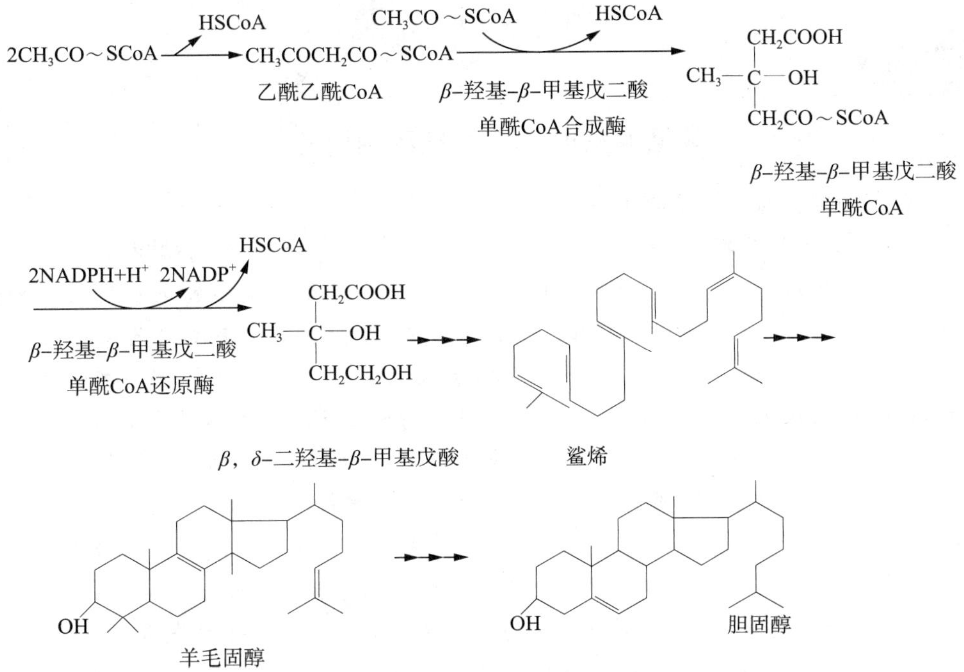

图 6-15　胆固醇的合成过程

(二)胆固醇的转变与排泄

血浆中的胆固醇大部分来自肝脏,少部分来自饲料,并有两种存在形式,即游离型和酯型,其中以酯型为主。胆固醇的羟基可酯化形成胆固醇酯,胆固醇的环戊烷多氢菲环在动物体内不能被降解生成二氧化碳和水,但其侧链可经氧化、还原、降解等反应转变为多种固醇类生理活性物质。因此,胆固醇主要的代谢去路是转变成具有重要生理功能的类固醇物质,如胆汁酸、肾上腺皮质激素、性激素及维生素 D_3 等。

(1)转变为胆汁酸及其衍生物。在肝中转化为胆汁酸是胆固醇的主要代谢去路。胆固醇在肝脏可被氧化成胆酸,胆酸再与甘氨酸、牛磺酸结合,生成甘氨胆酸或牛磺胆酸等胆汁酸。内源性胆固醇约 40%转化为胆汁酸。胆汁贮存在胆囊中,胆汁中的胆汁酸以胆汁酸盐(胆盐)的形式存在,使难溶于水的胆固醇分散成可溶性微团,防止胆囊中的胆汁浓缩时胆固醇沉淀析出形成结石。胆汁酸的钠盐或钾盐随胆汁经胆道排入小肠,可以促进脂类及脂溶性维生素的消化和吸收。慢性胆囊炎患者脂类消化吸收不良,高脂饮食后可引起脂肪腹泻。在小肠中完成脂类的乳化作用后,大部分胆汁酸被重吸收,其余的被排泄。部分胆固醇作为胆汁的成分与胆汁酸盐一起进入肠道,经肠道细菌作用还原为类固醇随粪便排出体外。

(2)血中的胆固醇一部分运送到组织,构成细胞膜的组成成分。

(3)胆固醇可脱氢生成 7-脱氢胆固醇,贮存于皮下,经紫外线照射可进一步转化成维生素 D_3。酵母和植物油中含有不能被人吸收的麦角固醇,在紫外线照射下可转变为能被吸收的维生素 D_2。

(4)胆固醇在肾上腺皮质细胞中可转变成肾上腺皮质激素;在睾丸中可转变成睾酮等雄性激素;在卵巢中可转变成孕酮等雌性激素。

知识拓展

常见酮病的发生机理及预防治疗

一、羊酮病的发生原因及预防治疗

羊的醋酮血病又称为酮病(酮血症、酮尿症)。本病是由于蛋白质、脂肪和糖的代谢发生紊乱,在血液、乳、尿及组织内酮的化合物蓄积引发的疾病。多见于冬季舍饲的奶山羊和高产母羊泌乳的第 1 个月,主要是由于饲料管理上的不合理,其营养不能满足大量泌乳的需要而发病。本病和羊的妊娠毒血症,即产羔病、双羔病,虽然生化紊乱基本相同,且在相似的饲养管理条件下发病,但在临床上是不同病种,并发生在妊娠——泌乳周期的不同阶段。

1. 发病原因

(1)原发性酮病常由于大量饲喂含蛋白质、脂肪高的饲料(如豆类、油饼),而碳水化合物饲料(如粗纤维丰富的干草、青草、禾本科谷类、多汁的块根饲料等)不足,或突然给予多量蛋白质和脂肪的饲料,特别是在缺乏糖和粗纤维的情况下供给多量精料,更易致病。在泌乳峰值期,高产奶羊需要大量的能量,当所给饲料不能满足需要时,就动员体内贮备的脂肪酸供能,因而产生大量酮体,酮体蓄积在血液中而发生酮血症。

(2)酮病还可继发于前胃弛缓、真胃炎、子宫炎和饲料中毒等过程中。主要是由于瘤胃代谢扰乱而影响维生素 B_{12} 的合成，肝脏利用丙酸盐的能力下降。另外，瘤胃微生物异常活动所产生的短链脂肪酸，也与酮病的发生有着密切关系。

(3)妊娠期肥胖，运动不足，饲料中缺乏维生素A、维生素B以及矿物质不足等，都可促进本病发生。

2. 临床症状

病初表现反复无常的消化扰乱，食欲降低，常有异食癖，喜食甘草及污染的饲料，拒食精料。反刍减少，瘤胃及肠蠕动减弱。粪球干小，并附有黏液，恶臭，有时便秘与腹泻交替发生。排尿减少，尿呈浅黄色水样，初呈中性，以后变为酸性，易形成泡沫，有特异的醋酮气味，泌乳量减少，乳汁有特异的醋酮气味。肝脏叩诊区扩大并有痛感。

3. 剖检

主要表现是肝脏的脂肪变性，严重病例的肝比正常的大2～3倍，其他实质器官也出现不同程度的脂肪变性。

4. 预防和治疗

(1)改善饲养条件，应保证供应充足的全价饲料，建立定期检查制度，发现病羊后，应立即采取防治措施。

(2)药物治疗，提高血糖含量，静脉注射高渗葡萄糖50～100 mL，2次/d，连续3～5 d。

(3)发病后可立即肌内注射可的松0.2～0.3 g，1次/d，连用4～6次。丙酸钠25 g/d，混入饲料中喂给，连用10 d。还可内服丙二醇100～120 mL，2次/d，连用7～10 d。

(4)内服甘油30 mL，2次/d，连用7 d。

(5)为了恢复氧化-还原过程及新陈代谢，可口服柠檬酸钠或醋酸钠剂量按300 mg/kg体重计算，连用4～5 d。还可用硫代硫酸钠2 g，20%葡萄糖注射液100 mL，每次静脉注射30～80 mL。

(6)供给维生素A、维生素B、维生素D及矿物质(钙、磷、食盐等)。

二、奶牛酮病的发生机理及预防治疗

1. 酮病与代谢的关系

反刍动物体内的葡萄糖，主要由瘤胃微生物酵解大量纤维素生成的挥发性脂肪酸(主要是丙酸)经糖异生途径转化而成，凡是引起瘤胃内丙酸生成减少的因素，都可诱发乳牛酮病的生成。母牛产后的早期泌乳阶段，泌乳高峰出现最快(约在产犊后40 d达到高峰)，对能量葡萄糖的需求增加。但产前、产后因各种原因引起产后消化功能下降，采食量减少，同时饲料中碳水化合物供给不足，或精料过多、粗纤维不足而导致的酮病称为原发性酮病。创伤性网胃炎、前胃弛缓、真胃溃疡、子宫内膜炎、胎衣滞留、产后瘫痪及饲料中毒等均可导致消化功能减退，是酮病的诱发因素。另外，因丙酸经糖异生合成葡萄糖必须有维生素 B_{12} 参与，当动物缺盐时直接影响瘤胃微生物的生长繁殖，不仅影响维生素 B_{12} 的合成，也可影响前胃消化功能，导致酮病产生。肝是反刍动物糖异生的主要场所。肝原发性或继发性疾病，也可能影响糖异生作用而诱发酮病。

反刍动物摄入各种类型的碳水化合物饲料，作为葡萄糖而被吸收的很少，能量来源主要为瘤胃微生物发酵所产生的乙酸、丙酸和丁酸。其中丙酸用于糖异生生糖，具有抗酮性质，而乙酸和丁酸在转变为乙酰CoA后进入三羧酸循环供能，少部分转变为乙酰乙酸和β-羟丁酸。在乙酸和丁酸被利用为能量时，需消耗葡萄糖的先质——草酰乙酸，而丙酸又是草酰乙酸的先质。正常情况下，体内生成少量酮体，可被肝外组织如骨骼肌、心肌所利用，也可在皮下合成脂肪酸或在乳腺内生成乳脂。当体内糖消耗过多，消耗速度过快，引起糖供给和糖消耗间不平衡时，一方面，瘤胃微生物发酵所产生的丙酸用于生糖增多，使乙酸和丁酸被利用为能量受阻，转入生酮途径；另一方面，血糖浓度下降，于是迅速动员脂肪和蛋白质加速糖原异生，同时也加速了酮体的生成。而组织利用酮体时需消耗草酰乙酸，在草酰乙酸的先质——丙酸缺乏的情况下，酮体利用率降低。最终出现血糖症和高酮血症。

激素调节在这一过程中起着重要作用。血糖浓度下降，引起胰高血糖素分泌增多，胰岛素分泌减少，垂体内葡萄糖受体兴奋，促使肾上腺髓质分泌肾上腺素。在三种激素的共同作用下，肝糖原分解增多，脂肪水解为甘油和游离脂肪酸的速度加快，酮体生成增多。激素还可刺激肌肉蛋白分解，其中生酮氨基酸在酮病发生中起一定作用。此外，肾上腺皮质激素分泌不足、甲状腺功能低下等与酮病发生也有密切关系。病初因采食减少，而泌乳仍增加，使病畜在一定程度上体重减轻。若病程延长，瘤胃微生群落的变化难以恢复，可引发严重消瘦和持久性消化不良。酮病本身毒性作用较小，有利尿作用，因失水而常常粪便干燥，但高浓度的酮病对中枢神经有抑制作用，同时低血糖使脑组织缺糖可使牛嗜睡。当丙酮还原成β-羟丁酸并脱羧生成异丙醇时，可使病牛兴奋不安。

2. 奶牛酮病的发病原因

奶牛酮病是由动物体内碳水化合物及挥发性脂肪酸代谢紊乱导致的酮血症、酮尿症、酮乳症和低血糖病。酮病是泌乳奶牛常见的一种严重的营养代谢病，多发于产犊后 10～60 d。本病多发于饲养管理良好的高产奶牛，且以 3～6 胎次的高产母牛发病率较高。临床上以昏睡或兴奋、产乳量下降、机体失水、偶尔发生运动失调为特征。

(1)过度营养。奶牛在繁殖期需要大量能量、蛋白质、维生素和矿物质等营养物质，以产生足够的乳量。如果奶牛摄入过多的营养物质，就会发生能量代谢紊乱，导致体内的葡萄糖代谢和产能方面出现问题。

(2)脂肪堆积。过度摄入的营养物质包含大量的脂肪和糖，催生了奶牛体内脂肪堆积的现象，形成了脂肪肝。过重的脂肪堆积会对肝脏造成负担，肝细胞失去了正常的代谢功能，对血浆中的葡萄糖转化为乳糖的能力降低，导致奶牛不能在葡萄糖缺乏时得到足够的营养，从而发生酮病。

(3)产后负担。还未恢复体力的奶牛在分娩后存在更多的处于应激状态的因素，因此更容易发生代谢紊乱。奶牛在产后 2～4 周(10～60 d)内处于转化期，这段时间需要消耗大量的能量和营养物质，如果无法得到足够的补充，就容易发生酮病。

(4)环境因素。奶牛繁殖过程中的环境因素也会影响酮病的发生。如酥脆的干草会对奶牛的摄食量产生影响；过硬的地面会影响奶牛的步态，从而影响奶牛食欲。

另外，运动不足，前胃功能减退，大量泌乳消耗乳糖等其他原因都会容易促进本病的发生。

3. 临床症状

以消化紊乱和精神症状为主。患畜食欲减退，不愿吃精料，只采食少量粗饲料，或喜食垫草和污物，反刍停止，最终拒食。乳汁易形成气泡，类似初乳症。尿呈浅黄色，易形成泡沫。叩诊肝脏浊音区扩大。

临床症状表现为进行性消瘦；母牛泌乳量下降，发情迟缓，尿酮检查阳性即可确诊。例如，通过对某牛场发病奶牛采食饲料进行调查，其基本配方大致相同，粗饲料几乎全喂的是干玉米秸秆。精饲料的配方为：玉米 50%、豆饼 20%、胡麻饼（或葵花饼）15%、麸皮 12.5%、食盐 1%、石粉 1.5%。根据临床症状和饲喂饲料情况调查，病牛是饲喂富含蛋白质和脂肪的饲料过多引起的奶牛酮病。

4. 预防

应加强对病牛的护理，调整饲料，减少饲喂油饼类等富含脂肪类饲料，如豆饼、胡麻饼、葵花饼等，增加饲喂甜菜、胡萝卜、优质干草等富含糖和维生素的饲料，限制高能量的浓厚饲料的进食量，增加干草喂量。通常按干物质计，精粗料比例以 30∶70 为宜；按混合料计，以 3～4 kg/d，青贮 15～20 kg/d，干草量不限。

适当运动，对妊娠后期和产犊以后的母牛，应增加能量供给，但又不能使母牛过肥，适当减少精料喂量。在催乳期间或产前 28～35 d 应逐步增加能量供给，并维持到产犊和泌乳高峰期，这期间不能轻易更换配方。当饲喂大量青贮时，利用干草代替部分青贮较好。

5. 治疗

给病牛补糖和含糖物质，促进糖原异生，解除酸中毒；调整胃肠功能。25%～50%葡萄糖注射液 500～1 000 mL，地塞米松磷酸钠 40 mL，5%碳酸氢钠注射液 500～1 000 mL，辅酶 A 500 IU，混合一次静脉注射，必要时可重复或少量多次，注射使用，以维持血糖的稳定。丙二醇或甘油 500 g，灌服 2 次/d，连用 5～7 d；也可用乳酸钠或乳酸钙 450 g 内服，1 次/d，连用 5 d；还可用乳酸铵 200 g，灌服连用 5 d；或丙酸钠 120～200 g，混饲喂给或内服，1～2 次/d，连用 7～10 d；代替疗法可以静脉注射 50%葡萄糖溶液 500 mL，对大多数母牛有明显效果，但须重复注射，否则可能复发。

另外，对于体质较好的病牛，促肾上腺皮质激素的效果明显，肌内注射，方便易行，也不需要同时给予葡萄糖先质。虽然应用促肾上腺皮质激素（剂量相当于 1 g 可的松，肌内注射或静脉注射）治疗酮病效果好，但往往伴随发生一定的泌乳量抑制。

水合氯醛早期应用于牛的醋酮血病和绵羊的妊娠毒血症，首次剂量牛为 30 g，加水口服，继而再给予 70 g，2 次/d，连用几天。

6. 鉴别诊断

酮病主要与前胃弛缓和生产瘫痪相鉴别。前胃弛缓呼出气体无酮味，尿、乳检查无大量酮体。生产瘫痪多发于产后 13 d，体温下降，病初多呈抑制状态，呼出气体、乳及尿中无酮体，通过补钙治疗有效，而酮病通过补钙疗效不显著。

7. 治疗失误

补充葡萄糖和生糖物质是治疗奶牛酮病的根本措施，使用方法不当就达不到理想的疗效，还会造成不必要的浪费。口服应用葡萄糖无效或效果差，因为瘤胃中的微生物使糖发酵而成为挥发性脂肪酸，其中丙酸只是少量，治疗意义不大。还有人提出皮下注射葡萄糖缺乏理论上的依据，大剂量葡萄糖注射到皮下也是难事，并且吸收速度慢，补糖效果难以保障。静脉注射葡萄糖是最佳途径。其他生糖物质可以口服，与静脉注射葡萄糖有相同的效果。除补糖外，使用促进糖代谢的药物及纠正酸中毒也是十分必要的，在临床上务必采取综合治疗的措施。

思考与练习

一、填空题

1. 酮体包括______、______和______三种物质组成。

2. 一分子软脂肪酸彻底氧化分解为二氧化碳和水，净生成______分子 ATP。

3. 脂肪酸合成的主要碳源来自糖分解产生的______，是在______中进行。

4. 血浆脂蛋白通过密度分类法分为______、______、______、______四种形式。

5. 脂酰 CoA 依靠______作为载体携带进入线粒体。

6. 甘油磷脂主要以______和______为主。

7. 胆固醇主要的代谢去路是在______中转化为______。

8. ______是肝脏向大脑和肌肉组织输出能源的一种形式。

9. VLDL 合成障碍使脂肪在肝中堆积，会导致______。

10. ______、______和______等激素可加速脂解作用，称为脂解激素。

二、名词解释

1. 脂类　2. 血脂　3. 脂肪动员　4. 必需脂肪酸　5. 磷脂　6. 类脂

三、简答题

1. 简述脂类在动物体内的动员和运输过程。

2. 何谓脂肪酸的 β-氧化？简述脂肪酸的 β-氧化过程。

3. 1 分子三酰甘油彻底氧化分解生成二氧化碳和水产生多少分子的 ATP？

4. 简述酮症的发生机理和预防方法。

5. 试述丙酸通过糖异生如何转化为糖。

6. 试述棕榈酸的合成过程以及与 β-氧化的区别。

模块六　思考与练习参考答案

模块七
核酸与蛋白质的分解代谢

【学习目标】

（1）了解核酸与蛋白质的降解过程，核苷酸的分解与合成过程；了解蛋白质的生理功能、营养价值。

（2）掌握氨基酸脱氨基作用的三种方式及代谢产物的去路；了解氨基酸的脱羧基作用。

（3）熟记必需氨基酸、联合脱氨基作用、生糖氨基酸、生酮氨基酸、生糖兼生酮氨基酸等概念；了解含硫氨基酸的代谢。

（4）掌握层析技术并能用于生化物质的分离、鉴定、纯化、制备等。

【素质目标】

（1）培养关注最新的科学研究成果，保持对生物化学的学习和探索精神。

（2）将中国传统文化与生物化学课堂教学有效融合。

任务一　核酸的代谢

任务解析

本任务重点学习核酸降解为核苷酸的过程，嘌呤、嘧啶核苷酸的分解过程，及嘌呤、嘧啶核苷酸的合成过程。通过核酸代谢的学习为 DNA 和 RNA 的生物合成学习打下理论基础。

一、核酸的降解

在动物体内，核酸的降解是在酶的作用下先分解为核苷酸，然后再进一步分解代谢。

核酸常与蛋白质结合为核蛋白，在胃中受胃酸的作用或在小肠中受蛋白酶作用，分解为核酸和蛋白质。核酸主要在十二指肠中由胰核酸酶和小肠磷酸二酯酶催化降解为单核苷酸。核苷酸在不同的碱基特异性核苷酸酶和非特异性磷酸酶的催化作用下，水解为核苷和磷酸。核苷可直接被小肠黏膜吸收，或在核苷酶和核苷磷酸化酶的作用下水解为碱基、戊糖或 1-磷酸戊糖。饲料中核酸的降解过程如图 7-1 所示。

细胞内核酸的分解代谢与饲料中核苷酸的消化过程类似，可降解生成相应的碱基、戊糖或

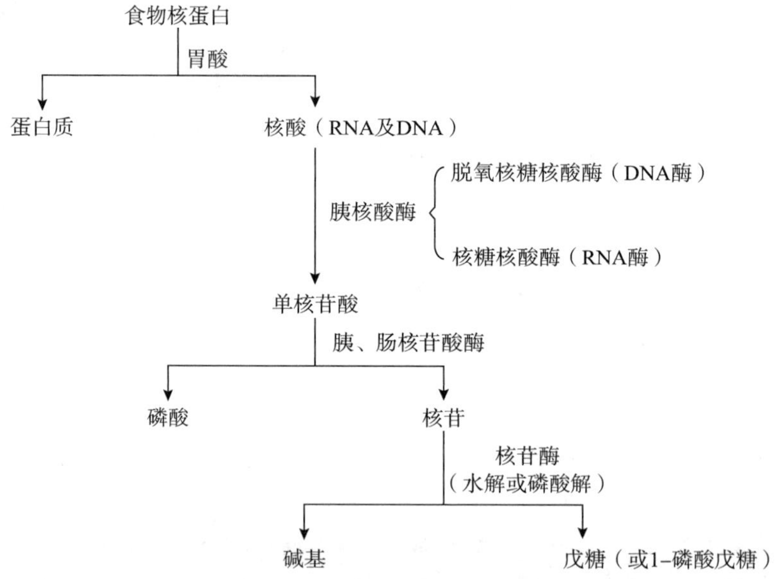

图 7-1 饲料中核酸的降解过程

1-磷酸核糖。但是降解的酶有所不同，细胞中核酸降解的酶是核酸酶，又称磷酸二酯酶。根据核酸酶底物的不同，可将其分为 DNA 酶与 RNA 酶；按其作用的位置不同，又可将核酸酶分为核酸外切酶和核酸内切酶。核酸外切酶作用于多核苷酸链的一端，逐个水解多核苷酸，属非特异性的磷酸二酯酶，如蛇毒磷酸二酯酶。核酸内切酶是特异性较强的磷酸二酯酶，能特异性的水解多核苷酸链内部的磷酸二酯键，如牛胰核糖核酸酶，产物为寡核苷酸。

降解产生的 1-磷酸戊糖在磷酸核糖变位酶催化下转变为 5-磷酸核糖，成为合成 5-磷酸核糖焦磷酸(PRPP)的原料。碱基可参加补救合成途径，也可进一步分解代谢。

二、核苷酸的分解代谢

(一)嘌呤核苷酸的分解代谢

嘌呤核苷酸可以在核苷酸酶的催化下，脱去磷酸成为嘌呤核苷；嘌呤核苷在嘌呤核苷磷酸化酶(PNP)的催化下转变为嘌呤；嘌呤核苷及嘌呤经水解、脱氨、氧化作用后生成尿酸(图 7-2)。

在哺乳动物中，腺苷和脱氧腺苷不能由 PNP 分解，而是在核苷和核苷酸水平上分别由腺苷脱氨酶(ADA)和脱氧腺苷酸脱氨酶催化脱氨生成次黄嘌呤核苷或次黄嘌呤核苷酸，它们再水解成次黄嘌呤，并在黄嘌呤氧化酶的催化下逐步氧化为黄嘌呤和尿酸。ADA 的遗传性缺乏，可选择性清除淋巴细胞，导致重症联合免疫缺陷病(简称 SCID)。SCID 是一种十分罕见且致命的原发性免疫缺陷疾病，一般在婴儿时期已经形成，通常不能自己合成免疫球蛋白，易导致细胞免疫功能完全丧失。患者对外界因素无抵抗力，自身免疫比较弱，容易感染细菌、真菌、病毒等，致病菌反复刺激人的消化系统组织，可能引起腹泻、腹痛、大便稀、排便次数多。部分患者可能因重症联合免疫缺陷病导致皮肤起疱疹、风疹，或者有水痘形成，且皮损持续时间较长。该疾病发病早、预后差，如果没有得到及时的诊断和治疗，大多数患者会在 1～2 岁以内死亡。

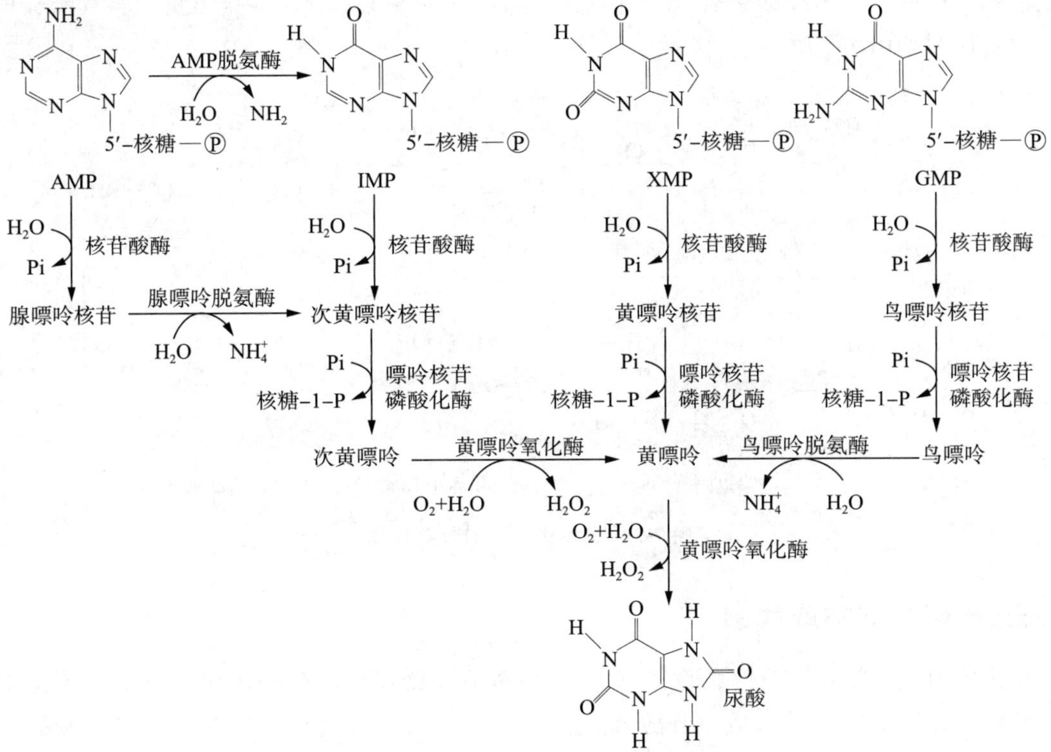

图 7-2　嘌呤核苷酸的分解代谢

体内嘌呤核苷酸的分解代谢主要在肝脏、小肠及肾脏中进行。正常生理情况下，嘌呤合成与分解处于相对平衡状态，所以尿酸的生成与排泄也较恒定。正常人血浆中尿酸含量为0.12～0.36 mmol/L(2～6 mg/dL)。男性平均为0.27 mmol/L(4.5 mg/dL)，女性平均为0.21 mmol/L(3.5 mg/dL)左右。在一定的病理或生理条件下(如白血病、恶性肿瘤等，或摄入高嘌呤食物)，体内核酸大量分解，血中尿酸水平升高。当超过一定量时，如超过0.48 mmol/L(8 mg/dL)，尿酸盐将过饱和而形成结晶，沉积于关节、软组织、软骨、肾等处，而导致关节炎、尿路结石及肾疾患，称为痛风症。痛风症多见于成年男性，其发病机理尚未阐明。临床上常用别嘌呤醇治疗痛风症。别嘌呤醇与次黄嘌呤结构类似，只是分子中 N^8 与 C^2 互换了位置，故可抑制黄嘌呤氧化酶，从而抑制尿酸的生成。同时，别嘌呤在体内经代谢转变，与5′-磷酸核糖焦磷酸(PRPP)生成别嘌呤核苷酸，不仅消耗了 PRPP，使其含量下降，而且还能反馈抑制 PRPP 酰胺转移酶，阻断嘌呤核苷酸的从头合成。

(二)嘧啶核苷酸的分解代谢

嘧啶核苷酸的分解代谢途径与嘌呤核苷酸相似。通过核苷酸酶及核苷磷酸化酶的作用，分别除去磷酸和核糖，产生的嘧啶碱再进一步分解。嘧啶的分解代谢主要在肝脏中进行。分解代谢过程中有脱氨基、氧化、还原、脱羧基等反应。胞嘧啶脱氨基转变为尿嘧啶。尿嘧啶和胸腺嘧啶先在二氢嘧啶脱氢酶的催化下，由 $NADPH+H^+$ 供氢，分别还原为二氢尿嘧啶和二氢胸腺嘧啶。二氢嘧啶酶催化嘧啶环水解，分别生成 β-丙氨酸和 β-氨基异丁酸；β-丙氨酸和 β-氨基异丁酸可继续分解代谢，β-氨基异丁酸也可随尿排出体外。摄入含 DNA 丰富的食物、经放射线治疗或化学治疗的患者，以及白血病患者，尿中 β-氨基异丁酸排出量增多。嘧啶核苷酸的分解代谢如图 7-3 所示。

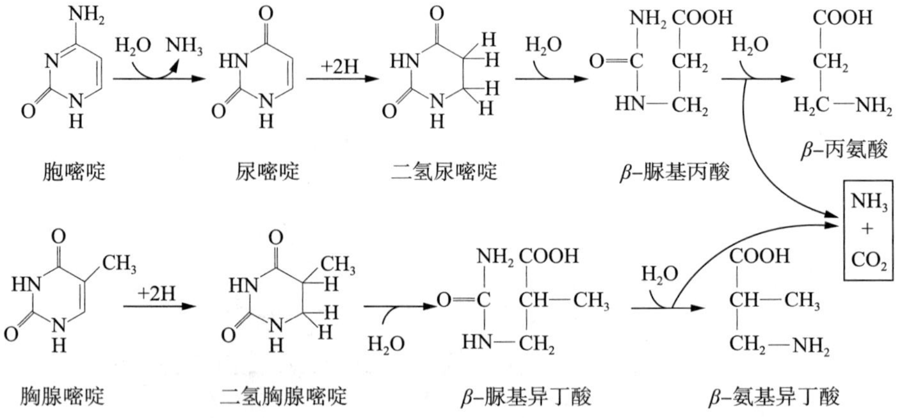

图 7-3 嘧啶核苷酸的分解代谢

三、核苷酸的合成代谢

动物体内合成核苷酸有两条途径：一是利用磷酸核糖、氨基酸、一碳单位及 CO_2 等简单物质为原料，消耗 ATP 直接合成核苷酸，此过程称为从头合成途径，是体内合成核苷酸的主要途径；二是利用体内游离（现成）的嘌呤、嘧啶或嘌呤核苷与嘧啶核苷，经简单反应过程合成核苷酸的过程，称为补救合成（或重新利用）途径。在某些组织如脑、骨髓中只能通过补救途径合成核苷酸。

（一）嘌呤核苷酸的合成

1. 嘌呤核苷酸的从头合成途径

嘌呤核苷酸的从头合成途径是指由甘氨酸、天冬氨酸、谷氨酰胺、CO_2 和一碳单位等简单物质为原料，由 ATP 和 GTP 供能，经复杂的酶促反应直接合成嘌呤核苷酸的过程。嘌呤环合成的原料来源如图 7-4 所示。

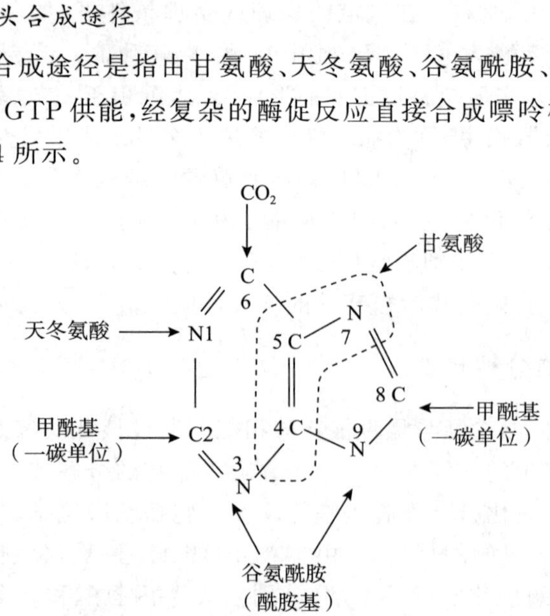

图 7-4 嘌呤环合成的原料来源

与嘌呤合成相比，嘧啶核苷酸的从头合成较简单，同位素示踪证明，构成嘧啶环的 N^1、C_4、C_5 及 C_6 均由天冬氨酸提供，C_3 来源于 CO_2，N^3 来源于谷氨酰胺。

体内嘌呤核苷酸的合成并非先合成嘌呤碱基，然后再与核糖及磷酸结合，而是在磷酸核糖的基础上逐步合成嘌呤核苷酸。嘌呤核苷酸的从头合成主要在胞液中进行，可分为两个阶段：首先合成次黄嘌呤核苷酸（IMP）；然后通过不同途径分别生成 AMP 和 GMP。下面分阶段分步骤介绍嘌呤核苷酸的合成过程。

(1)次黄嘌呤核苷酸（IMP）的合成（共 11 步反应）。

第一步，由磷酸核糖合成 5-磷酸核糖焦磷酸（PRPP）：5-磷酸核糖在磷酸核糖焦磷酸激酶的催化下，由 ATP 供能，合成 PRPP，反应如下：

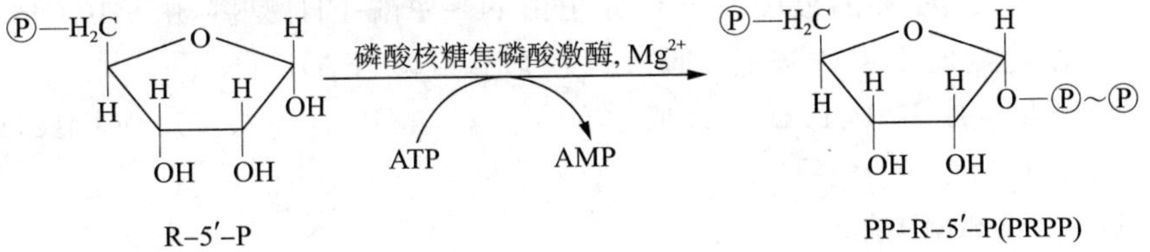

PRPP 生成的反应是核苷酸合成代谢的关键步骤。PRPP 再经过多步反应，在多种酶的催化作用下，由 ATP 供能，先后与谷氨酰胺、甘氨酸、一碳基团、CO_2、天冬氨酸等反应，最终合成 IMP。IMP 虽不是核酸分子的主要成分，但它是嘌呤核苷酸合成的重要中间产物。磷酸戊糖焦磷酸激酶是多种生物合成过程的重要酶，此酶为一变构酶，受多种代谢产物的变构调节，如 PPi 和 2,3-DPG 为其变构激活剂；ADP 和 GDP 为变构抑制剂。

由 PRPP 生成 IMP 化学反应具体如下：

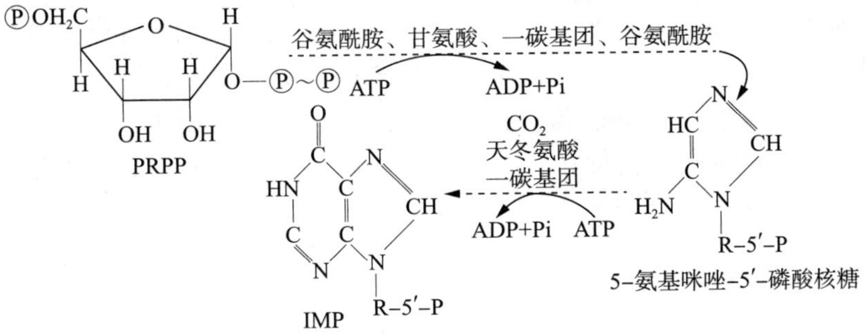

第二步，获得嘌呤的 N^9 原子：由磷酸核糖酰胺转移酶催化，谷氨酰胺提供酰胺基取代 PRPP 的焦磷酸基团，形成 β-5-磷酸核糖胺（PRA）。此步反应由焦磷酸的水解供能，是嘌呤合成的限速步骤。酰胺转移酶为限速酶，受嘌呤核苷酸的反馈抑制。

第三步，获得嘌呤 C_4、C_5 和 N^7 原子：由甘氨酰胺核苷酸合成酶催化甘氨酸与 PRA 缩合，生成甘氨酰胺核苷酸（GAR），由 ATP 水解供能。此步反应为可逆反应，是合成过程中唯一可同时获得多个原子的反应。

第四步，获得嘌呤 C_8 原子：GAR 的自由 α-氨基甲酰化生成甲酰甘氨酰胺核苷酸（FGAR）。由 N^{10}-甲酰-FH_4 提供甲酰基，催化此反应的酶为 GAR 甲酰转移酶。

第五步，获得嘌呤的 N^3 原子：第二个谷氨酰胺的酰胺基转移到正在生成的嘌呤环上，生成甲酰甘氨脒核苷酸（FGAM）。此反应为耗能反应，由 ATP 水解生成 ADP＋Pi 供能。

第六步，嘌呤咪唑环的形成：FGAM 经过耗能的分子内重排，环化生成 5-氨基咪唑核苷酸（AIR）。

第七步，获得嘌呤 C_6 原子：C_6 原子由 CO_2 提供，由 AIR 羧化酶催化生成羧基氨基咪唑核苷酸（CAIR）。

第八步，获得 N^1 原子：由天冬氨酸与 AIR 缩合反应，生成 5-氨基咪唑-4-N-琥珀酰胺核苷酸（SACAIR）。此反应与第三步相似，由 ATP 水解供能。

第九步，去除延胡索酸：SACAIR 在 SACAIR 甲酰转移酶催化下脱去延胡索酸生成 5-氨基咪唑-4-甲酰胺核苷酸（AICAR）。第八、第九步反应与尿素循环中精氨酸生成鸟氨酸的反应相似。

第十步，获得 C_2：嘌呤环的最后一个 C 原子由 N^{10}-甲酰-FH_4 提供，由 AICAR 甲酰转移酶催化 AICAR 甲酰化生成 5-甲酰胺基咪唑-4-甲酰胺核苷酸（FAICAR）。

第十一步，环化生成 IMP：FAICAR 脱水环化生成 IMP，与第六步反应相反，此环化反应无须 ATP 供能。

（2）由 IMP 生成 AMP 和 GMP。

生成的 IMP 并不堆积在细胞内，而是迅速转变为 AMP 和 GMP。

AMP 的生成由两步反应完成：①天冬氨酸的氨基与 IMP 相连生成腺苷酸代琥珀酸，由腺苷酸代琥珀酸合成酶催化，GTP 水解供能。②在腺苷酸代琥珀酸裂解酶作用下脱去延胡索酸生成 AMP。

GMP 的生成也由两步反应完成：①IMP 由 IMP 脱氢酶催化，以 NAD^+ 为受氢体，氧化生成黄嘌呤核苷酸（XMP）。②谷氨酰胺提供酰胺基取代 XMP 中 C_2 上的氧生成 GMP，此反应由 GMP 合成酶催化，由 ATP 水解供能。

在一磷酸腺苷（AMP）与一磷酸鸟苷（GMP）的合成过程中，IMP 可由天冬氨酸提供氨基，脱去延胡索酸生成 AMP；IMP 也可先氧化成黄嘌呤核苷酸（XMP），再由谷氨酰胺提供氨基生成 GMP；一磷酸核苷再进一步磷酸化生成二磷酸核苷（ADP 与 GDP）和三磷酸核苷（ATP 与 GTP）；二磷酸核苷还可进一步在核苷酸还原酶的催化下被还原成二磷酸脱氧核苷，进而再转化为三磷酸脱氧核苷（图 7-5）。

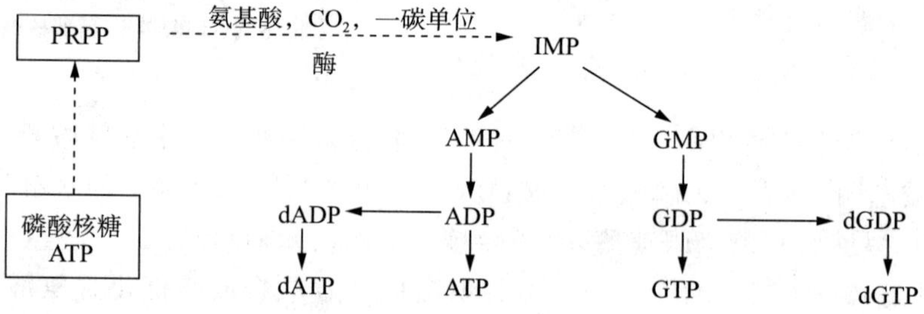

图 7-5 嘌呤核苷酸的合成

从头合成是体内合成嘌呤核苷酸的主要途径。但此过程要消耗氨基酸及 ATP。机体对合成速度有着精细的调节。在大多数细胞中，分别调节 IMP、ATP 和 GTP 的合成，不仅调节嘌呤核苷酸的总量，而且使 ATP 和 GTP 的水平保持相对平衡。

（3）嘌呤核苷酸从头合成的调节。

IMP途径的调节主要在合成的前2步反应，即催化PRPP和PRA的生成。核糖磷酸焦磷酸激酶受ADP和GDP的反馈抑制。磷酸核糖酰胺转移酶受到ATP、ADP、AMP及GTP、GDP、GMP的反馈抑制。ATP、ADP和AMP结合酶的一个抑制位点，而GTP、GDP和GMP结合另一个抑制位点。因此，IMP的生成速率受腺嘌呤和鸟嘌呤核苷酸的独立和协同调节。此外，PRPP可变构激活磷酸核糖酰胺转移酶。

第二水平的调节作用于IMP向AMP和GMP转变过程。GMP反馈抑制IMP向XMP转变，AMP则反馈抑制IMP转变为腺苷酸代琥珀酸，从而防止生成过多AMP和GMP。此外，腺嘌呤和鸟嘌呤的合成是平衡的。GTP加速IMP向AMP转变，而ATP则可促进GMP的生成，这样使腺嘌呤和鸟嘌呤核苷酸的水平保持相对平衡，以满足核酸合成的需要。

2. 嘌呤核苷酸的补救合成途径

大多数细胞更新其核酸（尤其是RNA）过程中，要分解核酸产生核苷和游离碱基。细胞利用游离碱基或核苷重新合成相应核苷酸的过程称为补救合成。与从头合成不同，补救合成过程较简单，消耗能量也较少。由二种特异性不同的酶参与嘌呤核苷酸的补救合成，一种是腺嘌呤磷酸核糖转移酶（APRT）催化PRPP与腺嘌呤合成AMP；另一种是次黄嘌呤-鸟嘌呤磷酸核糖转移酶（HGPRT）催化PRPP与鸟嘌呤合成GMP。

$$\text{腺嘌呤}+\text{PRPP}\xrightarrow{\text{腺嘌呤磷酸核糖转移酶}}\text{AMP}+\text{PPi}$$

$$\text{次黄嘌呤}+\text{PRPP}\xrightarrow{\text{次黄嘌呤-鸟嘌呤磷酸核糖转移酶}}\text{IMP}+\text{PPi}$$

$$\text{鸟嘌呤}+\text{PRPP}\xrightarrow{\text{次黄嘌呤-鸟嘌呤磷酸核糖转移酶}}\text{GMP}+\text{PPi}$$

嘌呤核苷酸补救合成是一种次要途径，但是具有重要的生理意义：一方面，可以节省能量及减少氨基酸的消耗；另一方面，对某些缺乏主要合成途径的组织，如动物的白细胞、血小板、脑、骨髓和脾等合成嘌呤核苷酸具有重要的生理意义。例如Seseh-Nyhan综合征，是一类罕见代谢病，是由于HGPRT（次黄嘌呤-鸟嘌呤磷酸核糖转移酶）严重遗传缺陷而造成的嘌呤核苷酸补救合成障碍，此种疾病是一种性连锁遗传缺陷，见于男性。患者表现为尿酸增高及神经异常，如脑发育不全、智力低下、攻击和破坏性行为、常咬伤自己的嘴唇、手和足趾，故又称自毁容貌症。其尿酸增高较易解释，由于HGPRT缺乏，使分解产生的PRPP不能被利用而堆积，PRPP促进嘌呤的从头合成，从而使嘌呤分解产物——尿酸增高，而神经系统症状的机制尚不清楚。

（二）嘧啶核苷酸的合成代谢

嘧啶核苷酸的合成也有两条途径：从头合成和补救合成。本节主要论述其从头合成途径。

1. 嘧啶核苷酸的从头合成

嘧啶核苷酸从头合成的原料是CO_2、氨基酸等简单的化合物。与嘌呤合成相比，嘧啶核苷酸的从头合成较简单，同位素示踪证明，构成嘧啶环的N^1、C_4、C_5及C_6均由天冬氨酸提供，C_3来源于CO_2，N^3来源于谷氨酰胺。嘧啶环各原子的来源如图7-6、图7-7所示。

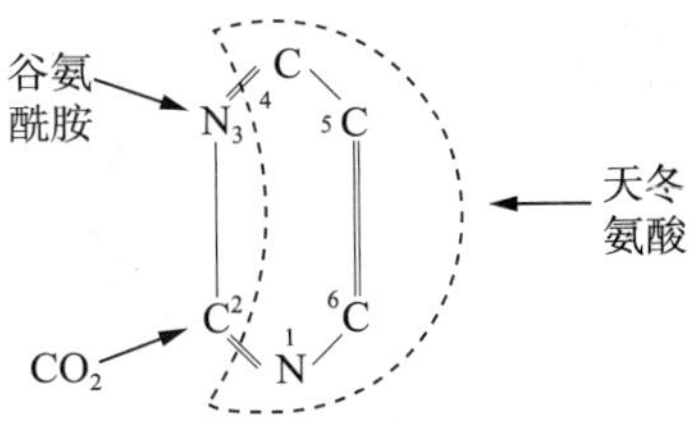

图7-6　嘧啶环合成的原料来源

首先是利用 NH_3 和 CO_2 生成氨甲酰磷酸，氨甲酰磷酸再与天冬氨酸结合生成甲酰天冬氨酸，然后闭环氧化成乳清酸（形成嘧啶环）；乳清酸再接受 PRPP 中的 R-5-P 生成乳清酸核苷酸（OMP），OMP 脱羧生成尿嘧啶核苷酸（UMP）；一磷酸嘧啶核苷酸再进一步转化为二磷酸嘧啶核苷酸与三磷酸嘧啶核苷酸（UDP、UTP、CDP、CTP 和 dTTP）（图 7-7）。具体过程如下：

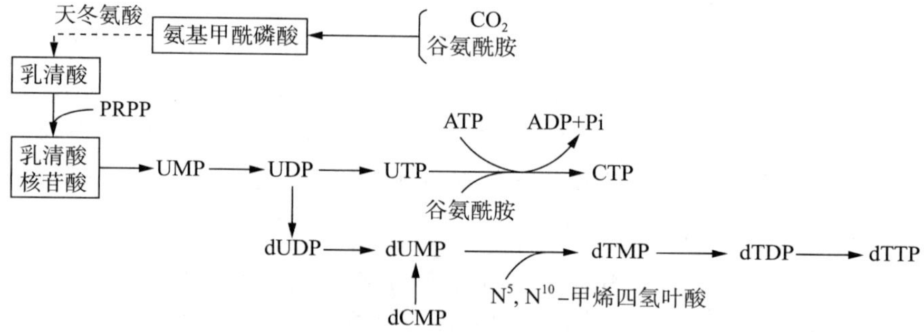

图 7-7 嘧啶核苷酸的合成

（1）尿嘧啶核苷酸（UMP）的合成（共 6 步反应）。

①合成氨基甲酰磷酸。嘧啶合成的第一步是生成氨基甲酰磷酸，由氨基甲酰磷酸合成酶Ⅱ（CPS-Ⅱ）催化 CO_2 与谷氨酰胺缩合生成。正如氨基酸代谢中所讨论的，氨基甲酰磷酸也是尿素合成的起始原料。但尿素合成中所需氨基甲酰磷酸是在肝线粒体中由 CPS-I催化合成，以 NH_3 为氮源；而嘧啶合成中的氨基甲酰磷酸在胞液中由 CPS-Ⅱ催化生成，利用谷氨酰胺提供氮源。

②合成甲酰天冬氨酸。由天冬氨酸氨基甲酰转移酶（ATCase）催化天冬氨酸与氨基甲酰磷酸缩合，生成氨基甲酰天冬氨酸。此反应为嘧啶合成的限速步骤，ATCase 是限速酶，受产物的反馈抑制。不消耗 ATP，由氨基甲酰磷酸水解供能。

③闭环生成二氢乳清酸。由二氢乳清酸酶催化氨基甲酰天冬氨酸脱水、分子内重排形成具有嘧啶环的二氢乳清酸。

④二氢乳清酸的氧化。由二氢乳清酸还原酶催化，二氢乳清酸氧化生成乳清酸。此酶需 FMN 和非血红素 Fe^{2+}，位于线粒体内膜的外侧面，由醌类提供氧化能力，嘧啶合成中的其余 5 种酶均存在于胞液中。

⑤获得磷酸核糖。由乳清酸磷酸核糖转移酶催化乳清酸与 PRPP 反应，生成 OMP，由 PRPP 水解供能。

⑥脱羧生成 UMP。由 OMP 脱羧酶催化 OMP 脱羧生成 UMP。

Jones 等研究表明，在动物体内催化上述嘧啶合成的前 3 个酶，即 CPS-Ⅱ，天冬氨酸氨基甲酰转移酶和二氢乳清酸酶，位于分子质量约 210 kDa（千道尔顿，是一种质量单位）的同一多肽链上，是一个多功能酶；因此更有利于以均匀的速度参与嘧啶核苷酸的合成。与此相类似，反应⑤和⑥的酶（乳清酸磷酸核糖转移酶和 OMP 脱羧酶）也位于同一条多肽链上。嘌呤核苷酸合成的反应第三、第四、第六步，反应第七、第八步及反应第十、第十一步也均为多功能酶。这些多功能酶的中间产物并不释放到介质中，而在连续的酶间移动，这种机制能加速多步反应的总速度，同时防止细胞中其他酶的破坏。

（2）UTP 和 CTP 的合成。

$$\text{UMP}+\text{ATP} \xrightleftharpoons{\text{尿苷酸激酶}} \text{UDP}+\text{ADP}$$

$$UDP + ATP \xrightleftharpoons{\text{核苷二磷酸激酶}} UTP + ADP$$

三磷酸胞苷(CTP)由CTP合成酶催化UTP加氨生成。动物体内氨基由谷氨酰胺提供，在细菌中则直接由NH_3提供。此反应消耗1分子ATP。

(3)脱氧核糖核苷酸的生成。脱氧核糖核苷酸是通过相应核糖核苷酸还原，以H取代其核糖分子中C_2上的羟基而生成，而非从脱氧核糖从头合成。此还原作用是在二磷酸核苷酸(NDP)水平上进行的(此处N代表A、G、U、C等碱基)。

催化脱氧核糖核苷酸生成的酶是核糖核苷酸还原酶。已发现有3种不同的核糖核苷酸还原酶，此反应过程较复杂。核糖核苷酸还原酶催化循环反应的最后一步是酶分子中的二硫键还原为具有还原活性的巯基的酶再生过程。硫氧化还原蛋白是此酶的一种生理还原剂，由108个氨基酸组成，分子质量约12 kDa，含有一对邻近的半胱氨酸残基。所含巯基在核糖核苷酸还原酶作用下氧化为二硫键，后者再在硫氧化还原蛋白还原酶催化下，由NADPH供氢重新还原为还原型的硫氧化还原蛋白。因此，NADPH是NDP还原为dNDP的最终还原剂。

核糖核苷酸还原酶是一种变构酶，包括B_1、B_2两个亚基，只有B_1与B_2结合时，才具有酶活性。在DNA合成旺盛、分裂速度快的细胞中，核糖核苷酸还原酶系活性较强。

(4)脱氧胸腺嘧啶核苷酸的生成。脱氧胸腺嘧啶核苷酸(dTMP)是由脱氧尿嘧啶核苷酸(dUMP)甲基化生成；而dUMP由dUTP水解生成。

$$dUTP + H_2O \rightleftharpoons dUMP + PPi$$

体内进行此种“浪费”能量的反应过程的意义：细胞必须减少细胞内dUTP浓度以防止脱氧尿嘧啶掺入DNA中，因为合成DNA的酶系不能有效识别dUTP和dTTP。dUMP甲基化生成dTMP由胸腺嘧啶合成酶(TS)催化，N^5，N^{10}-甲烯四氢叶酸提供甲基，N^5，N^{10}-甲烯四氢叶酸提供甲基后生成的FH_2又可以再经二氢叶酸还原酶的作用，重新生成四氢叶酸。

(5)乳清酸尿症。乳清酸尿症是一种遗传性疾病，主要表现为尿中排出大量乳清酸、生长迟缓和重度贫血，是由催化嘧啶核苷酸从头合成反应⑤和⑥的双功能酶的缺陷所致。临床用尿嘧啶或胞嘧啶治疗，尿嘧啶经磷酸化可生成UMP，抑制CPS-Ⅱ活性，从而抑制嘧啶核苷酸的从头合成。

(6)嘧啶核苷酸从头合成的调节。在细菌中，天冬氨酸氨基甲酰转移酶(ATCase)是嘧啶核苷酸从头合成的主要调节酶。在大肠埃希菌中，ATCase受ATP的变构激活，而CTP为其变构抑制剂。而在许多细菌中UTP是ATCase的主要变构抑制剂。在动物细胞中，ATCase不是调节酶，嘧啶核苷酸合成主要由CPS-Ⅱ调控。UDP和UTP抑制其活性，而ATP和PRPP为其激活剂。第二水平的调节是OMP脱羧酶，UMP和CMP为其竞争抑制剂。此外，OMP的生成受PRPP的影响。

2. 嘧啶核苷酸的补救合成

嘧啶核苷酸的补救合成是利用细胞中现成的嘧啶和PRPP在嘧啶磷酸核糖转移酶的催化下合成嘧啶核苷酸的过程。嘧啶包括尿嘧啶、胸腺嘧啶和乳清酸，不包括胞嘧啶。

$$\text{嘧啶} + PRPP \xrightarrow{\text{嘧啶磷酸核糖转移酶}} \text{嘧啶核苷酸} + PPi$$

(嘧啶包括尿嘧啶、胸腺嘧啶和乳清酸，不包括胞嘧啶)

$$\text{尿嘧啶核苷} + ATP \xrightarrow{\text{尿苷激酶}} UMP + ADP$$

任务二 蛋白质代谢概述

任务解析

本任务知识点包括：蛋白质的生理功能、蛋白质的营养价值。重点掌握必需氨基酸及蛋白质在动物体内代谢出现的3种氮平衡情况，为氨基酸分解代谢的学习打下理论基础。通过对蛋白质营养价值的介绍，为动物营养饲料的合理配制提供理论依据。

蛋白质是生命活动的物质基础，没有蛋白质就没生命。在自然界中，蛋白质的种类很多，动物体内约有十万余种蛋白质。蛋白质是生物体内含量丰富、功能复杂、种类繁多的生物大分子，在动物体内发挥重要的生理功能。

一、蛋白质的生理功能

（一）维持机体生长、发育、组织更新、修补以及生产的需要

蛋白质是组织细胞最重要的组成部分。幼龄动物的生长发育，成年动物的繁殖、组织细胞更新及组织细胞损伤的修补，都需要有足够量的蛋白质供给。蛋白质维持组织细胞的生长、更新和修补作用，是不能由糖和脂类所代替的。动物体内的蛋白质不断进行新陈代谢，旧的蛋白质不断分解，新的蛋白质不断合成，这是蛋白质的自我更新过程，必须要由饲料进行补充。因此，提供足够蛋白质对各种生命活动是十分重要的，对于生长发育的幼龄动物和康复期的患病动物更为重要。

（二）蛋白质参与催化、运输、代谢及调控等，执行各种生物学功能

蛋白质参与体内物质代谢及生理功能的调节和控制，这是蛋白质重要的功能之一。例如，大部分酶是具有催化活性的蛋白质；某些激素、细胞受体，以及与细胞生长、分化、基因表达密切相关的调控蛋白质具有调节控制机体代谢的作用；血红蛋白、脂蛋白、运铁蛋白等运输蛋白质执行着各种运输功能；肌球蛋白、肌动蛋白等运动蛋白质是机体各种机械运动的物质基础。此外，蛋白质还有许多其他生物学功能，血浆清蛋白除具有物质运输、营养作用外，还是维持血浆胶体渗透压的重要物质；免疫球蛋白执行免疫防御功能。

（三）氧化供能

当摄入的蛋白质超过维持组织细胞生长、更新和修补的需要或蛋白质品质不佳时，多余的部分就被氧化分解。每克蛋白质在体内彻底氧化可产生 17.2 kJ 的能量（蛋白质的供能作用可由糖或脂肪代替），蛋白质作为能源物质是属于不经济的次要功能。

（四）转变为糖和脂肪

蛋白质水解产物氨基酸在动物体内可转变糖和脂肪，发挥重要的作用。没有被细胞利用的氨基酸，在肝脏中脱氨，脱掉的氨基又转变为尿素等，由肾脏以尿的形式排出体外。酮酸部

分在动物体内可转变为糖和脂肪，作为能源贮备发挥重要的作用。

二、氮平衡与蛋白质的营养价值

（一）氮平衡

机体必须经常从外界环境摄取蛋白质，作为体内新生蛋白质的原料，以维持体内蛋白质的平衡。机体内蛋白质代谢的概况可根据氮平衡实验来确定。氮平衡是反映体内蛋白质代谢情况的一种表示方法，实际上是蛋白质摄入量与排泄量的比例关系。蛋白质的含氮量平均约为16％，饲料中的含氮物质绝大部分是蛋白质，因此测定饲料的含氮量可以估算出所含蛋白质的量。蛋白质在体内分解代谢所产生的含氮物质主要由尿、粪排出，因此测定尿、粪中的含氮量（排出氮）及摄入饲料的含氮量（摄入氮）可以反映动物体蛋白质的代谢概况。测定并分析每天摄入氮与排出氮的实验即为氮平衡试验。氮平衡的结果有以下 3 种情况：

1. 氮的总平衡

摄入氮＝排出氮，反映正常动物的蛋白质代谢情况，即氮的“收支”平衡。通常成年动物处于此平衡状态。

2. 氮的正平衡

摄入氮＞排出氮，部分摄入的氮用于合成体内蛋白质。幼龄动物、怀孕动物和恢复期的患病动物属于此种情况。

3. 氮的负平衡

摄入氮＜排出氮，可见其蛋白质需要量不足。通常饥饿动物、患慢性消耗性疾病动物及衰老期动物属于此种情况。

正常成年动物，在糖和脂肪完全满足供应的前提下，氮平衡处于总平衡状态下的蛋白质需要量为蛋白质的最低生理需要量。但饲料中的蛋白质与动物体内的蛋白质有质的差异，其利用率不可能达到 100％，因此必须增量才能满足要求。另外，妊娠动物、幼龄动物及泌乳期动物，为了维持胎儿发育、动物生长及产乳量，必须相应增加蛋白质给予量。

（二）必需氨基酸

组成蛋白质基本结构单位的氨基酸有 20 种。成年的人和动物机体不能合成，必须由食物或饲料供给的氨基酸，称为必需氨基酸。分别是缬氨酸、异亮氨酸、亮氨酸、苏氨酸、甲硫氨酸、赖氨酸、苯丙氨酸和色氨酸。一般的生长动物，除 8 种必需氨基酸外，还需要精氨酸和组氨酸 2 种，对雏鸡有 13 种，在上述 10 种氨基酸的基础上还需要甘氨酸、胱氨酸和酪氨酸。除必需氨基酸外的其余氨基酸机体能够自身合成或可由其他氨基酸转化而来，不是必须由饲料直接提供的氨基酸，称为非必需氨基酸。反刍动物具有利用微生物合成各种氨基酸的能力，因而氨基酸对反刍动物来说，没有必需与非必需之分。

（三）蛋白质的营养价值

各种饲料蛋白质所含的必需氨基酸在种类和含量上是不同的。一般来说，蛋白质的营养价值是指饲料蛋白质被机体吸收后体内的利用率。

在营养方面，不仅要注意摄入蛋白质的分量，还必须注意蛋白质的质量。由于各种蛋白质所含氨基酸的种类和数量不同，它们的质量也不同。有的蛋白质含有体内所需要的各种必需氨基酸，并且含量充足，则此种蛋白质的营养价值高；相反，则其营养价值较低。若长期摄入营养价值低的蛋白质，会使机体缺少必需氨基酸而造成负氮平衡。动物性蛋白质所含必需氨基酸的种类和比例与机体需要相近，故营养价值相对较高；植物性蛋白质含必需氨基酸不全面、量也较少，故营养价值相对较低。如果将营养价值较低的蛋白质混合应用，则必需氨基酸可以相互补充从而提高营养价值，称为蛋白质的互补作用。例如，谷类蛋白质含赖氨酸较少而含色氨酸较多，豆类蛋白质含赖氨酸较多而含色氨酸较少，两者按比例混合搭配饲喂动物，即可提高营养价值。在动物体患有某些疾病的情况下，为保证氨基酸的需要，可进行混合氨基酸输液。为了提高饲料营养价值，常添加某种必需氨基酸，如蛋氨酸等。

任务三　蛋白质的分解代谢

任务解析

本任务的主要知识点：蛋白质降解的过程及主要的消化场所；动物体内氨基酸的来源；氨基酸分解代谢的2条途径及代谢产物的去路。重点内容是脱氨基作用的3种方式及所需要的酶，掌握转氨酶在血液中含量变化的重要生理学意义。本节内容为后续蛋白质合成代谢的学习及畜牧兽医专业课的学习打下基础。

一、蛋白质的降解

氨基酸是构成蛋白质分子的基本单位。蛋白质是生命活动的基础，体内的大多数蛋白质均不断地进行分解与合成代谢，细胞中不停地利用氨基酸合成蛋白质和分解蛋白质成为氨基酸。体内的这种转换过程一方面可清除异常蛋白质，这些异常蛋白质的积聚会损伤细胞；另一方面使酶或调节蛋白的活性由合成和分解得到调节，进而调节细胞代谢。所以，对细胞来说，蛋白质的分解与合成同样重要。

蛋白质分解代谢首先在酶的催化下水解为氨基酸，然后各氨基酸进行分解代谢或转变为其他物质或参与新的蛋白质的合成。因此，氨基酸代谢是蛋白质分解代谢的中心内容。

饲料蛋白质的消化、吸收是动物体氨基酸的主要来源，蛋白质未经消化不易吸收。有时某些抗原、毒素蛋白可少量通过黏膜细胞进入体内，会产生过敏、毒性反应。一般来说，饲料蛋白质水解为氨基酸及小肽后才能被机体吸收、利用。蛋白质的消化主要在小肠中进行。

(一)胃中的消化

胃中消化蛋白质的酶是胃蛋白酶，它由胃蛋白酶原经胃酸或有活性的胃蛋白酶激活而生成。胃蛋白酶的最适 pH 为 1.5～2.5，而且对蛋白质肽键作用的特异性较差。蛋白质经胃蛋白酶作用后，主要分解成多肽及少量氨基酸。胃蛋白酶对乳中的酪蛋白有凝乳作用，这对幼龄动物较为重要，因为乳液凝成乳块后在胃中停留时间延长，有利于充分消化。

(二)小肠中的消化

饲料在胃中停留时间较短,因此蛋白质在胃中消化很不完全。在小肠中,蛋白质的消化产物及未被消化的蛋白质再受胰液及肠黏膜细胞分泌的多种蛋白酶及肽酶的共同作用,进一步水解为氨基酸。因此,小肠是蛋白质消化的主要部位。

小肠中蛋白质的消化主要依靠胰酶来完成,这些酶的最适 pH 为 7.0 左右。胰液中的蛋白酶基本上分为 2 类,即内肽酶与外肽酶。内肽酶可以水解蛋白质肽链内部的一些肽键,将蛋白质水解成小分子肽化合物,如胰蛋白酶、糜蛋白酶、弹性蛋白酶等。这些酶对不同氨基酸组成的肽键有一定的专一性。外肽酶主要有羧基肽酶 A 和羧基肽酶 B,它们自肽链的羧基末端开始,每次水解掉一个氨基酸残基,对不同氨基酸组成的肽键也有一定的专一性。蛋白质在胰酶的作用下,最终产物为氨基酸和一些寡肽。胰腺细胞最初分泌出来的各种蛋白酶和肽酶均以无活性的酶原形式存在,分泌到十二指肠后迅速被肠激酶激活。

蛋白质经胃液和胰液中各种酶的水解,所得到的产物中仅有 1/3 为氨基酸,其余 2/3 为寡肽。小肠黏膜细胞的刷状缘及胞液中存在着一些寡肽酶,如氨基肽酶、二肽酶等,氨基肽酶从肽链的氨基末端逐个水解出氨基酸,最后生成二肽,二肽再经二肽酶水解,最终生成氨基酸。可见,寡肽的水解主要在小肠黏膜细胞内进行。

由于各种蛋白水解酶对肽键作用的专一性不同,通过它们的协同作用,蛋白质消化的效率很高。一般正常成年动物,95%的蛋白质可被完全水解。但是,一些纤维状蛋白质只能部分被水解。

(三)氨基酸的吸收

蛋白质降解的产物氨基酸可直接透过小肠黏膜细胞而被吸收,这是主动转运的过程,由 ATP 供能,属于逆浓度梯度转运,需要氨基酸载体和钠泵参与。吸收后的氨基酸经门静脉进入肝脏,再通过血液循环运送到全身组织进行代谢。

另外,还会有一小部分蛋白质和多肽未被消化。这两部分物质在大肠内被腐败菌分解产生胺、酚、吲哚和硫化氢等有毒物质及一些低级脂肪酸、维生素等物质。一般情况下,所产生的有毒物质大部分随粪便排出,少量被肠黏膜吸收后经肝脏解毒。当动物患有胃肠疾病时,如肠梗阻,由于肠腔阻塞使肠内容物在肠道停留时间过长导致腐败产物增多又被肠道重新吸收,如果肝脏进行解毒不完全,则引起机体中毒。

二、氨基酸的一般分解代谢

饲料蛋白质经过消化吸收后,以氨基酸的形式通过血液循环运到全身的各组织,这种来源的氨基酸称为外源性氨基酸。机体各组织的蛋白质在组织酶的作用下,也不断地分解成为氨基酸;机体还能合成部分氨基酸(非必需氨基酸),这两种来源的氨基酸称为内源性氨基酸。外源性氨基酸和内源性氨基酸彼此之间没有区别,共同构成了机体的氨基酸代谢库。氨基酸代谢库通常以游离氨基酸总量计算,机体没有专一的组织器官贮存氨基酸,氨基酸代谢库实际上包括细胞内液、细胞间液和血液中的氨基酸。

氨基酸的主要功能是合成蛋白质,也合成多肽及其他含氮的生理活性物质。除维生素外(维生素 PP 是个例外),体内的各种含氮物质几乎都可由氨基酸转变而成,包括蛋白质、肽类激素、氨基酸衍生物、黑色素、嘌呤碱、嘧啶碱、肌酸、胺类、辅酶或辅基等。

氨基酸在体内的分解代谢实际上是氨基酸分子中的氨基、羧基和 R 基团的代谢。氨基酸分解代谢的主要途径是脱氨基生成氨和相应的 α-酮酸；氨基酸的另一条分解途径是脱羧基生成 CO_2 和胺。胺在体内可经胺氧化酶作用，进一步分解生成氨和相应的醛和酸，最后氧化生成 CO_2 和 H_2O。氨对动物来说是有毒物质，氨在体内主要合成尿素排出体外，还可以合成其他的含氮物质（包括非必需氨基酸、谷氨酰胺等），少量的氨可直接经尿排出。α-酮酸可再合成氨基酸，也可进一步氧化分解生成 CO_2 和 H_2O，并提供能量，也可经一定的代谢反应转变生成糖或脂在体内贮存。由于各种氨基酸的结构不同，它们的代谢也各有特点。氨基酸代谢过程见图 7-8。

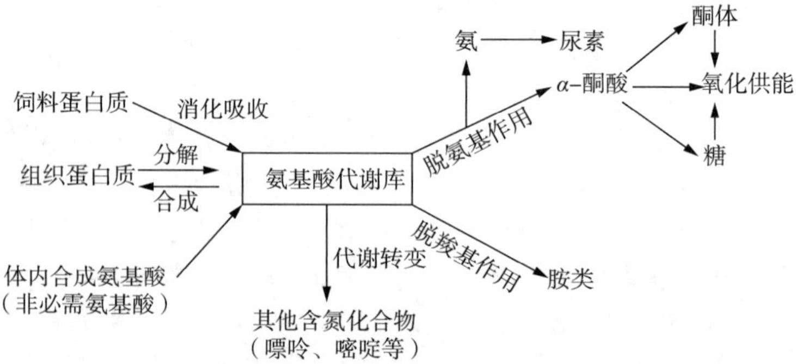

图 7-8　氨基酸代谢过程

各组织器官在氨基酸代谢中的作用有所不同，其中以肝脏最为重要。肝脏蛋白质的更新速率比较快，氨基酸代谢活跃，大部分氨基酸在肝脏进行分解代谢，同时氨的解毒过程也主要在肝脏进行。

饲料中蛋白质的含量也影响氨基酸的代谢速率。高蛋白饮食可诱导合成与氨基酸代谢有关的酶系，从而使代谢加快。

（一）氨基酸的脱氨基作用

脱氨基作用是指氨基酸在酶的催化下脱去氨基生成氨和 α-酮酸的过程，这是氨基酸在体内分解的主要方式。参与动物体蛋白质合成的氨基酸种类不同、结构不同，脱氨基的方式也不同，主要有氧化脱氨基作用、转氨基作用、联合脱氨基作用，其中以联合脱氨基作用最为重要。

1. 氧化脱氨基作用

氧化脱氨基作用是指在酶的催化下，氨基酸在氧化脱氢的同时脱去氨基的过程。催化氨基酸氧化脱氨基的酶主要有 *L*-氨基酸氧化酶、*D*-氨基酸氧化酶（辅酶是 FMN 或 FAD）、*L*-谷氨酸脱氢酶（辅酶是 NAD^+ 或 $NADP^+$）等。*L*-氨基酸氧化酶在体内较少，活性不高；*D*-氨基酸氧化酶虽在体内普遍存在，但机体内极少有 *D*-氨基酸。因此，这两种酶在氨基酸分解代谢中的作用不大。*L*- 谷氨酸脱氢酶在肝、肾、脑等组织中普遍存在，活性也较强，但只能催化 *L*-谷氨酸氧化脱氨基作用，生成 α-酮戊二酸和氨。谷氨酸在线粒体中由谷氨酸脱氢酶催化氧化脱氨。反应过程如下：

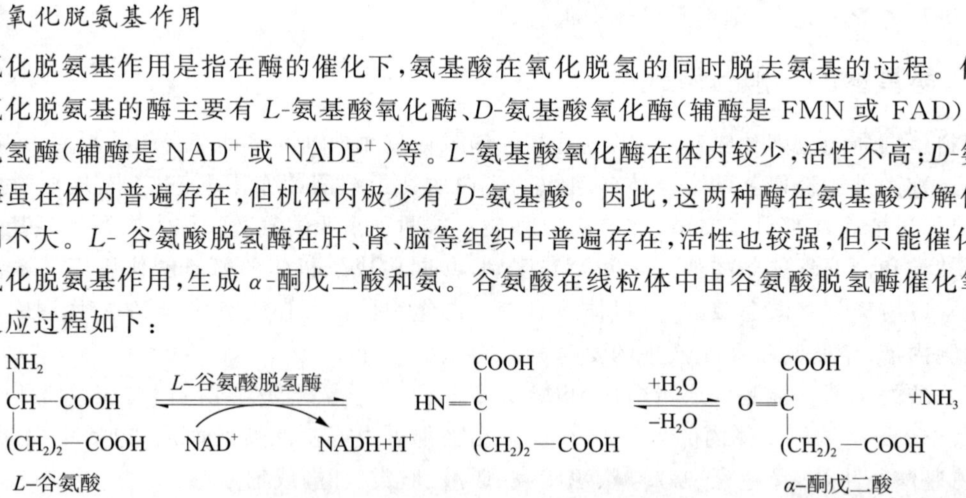

在体内谷氨酸脱氢酶催化可逆反应。一般情况下,反应偏向于谷氨酸的合成,因为高浓度的氨对机体有害,此反应平衡点有助于保持较低的氨浓度。但当谷氨酸浓度高而 NH_3 浓度低时,则有利于脱氨和 α-酮戊二酸的生成。

2. 转氨基作用

在转氨酶的催化下,氨基酸的氨基转移至 α-酮酸的酮基上,氨基酸失去氨基变成相应的 α-酮酸,α-酮酸接受转移来的氨基变成相应的氨基酸的过程,称为转氨基作用,又称氨基转移作用。催化转氨基反应的酶称为转氨酶,其辅酶为磷酸吡哆醛或磷酸吡哆胺。转氨基作用的通式如下:

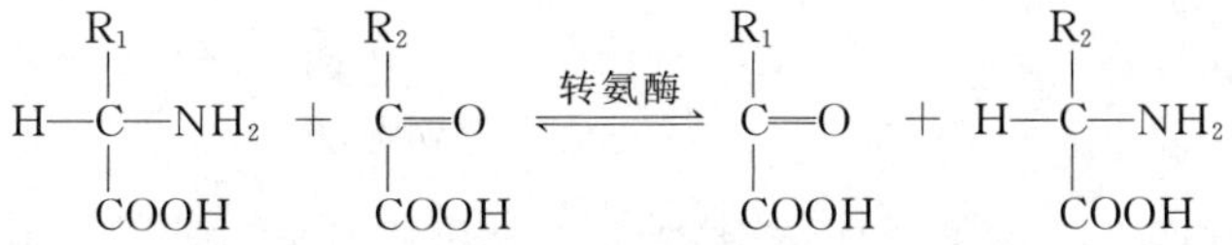

转氨酶的辅酶为磷酸吡哆醛或磷酸吡哆胺,它们起氨基传递体的作用,反应过程如下:

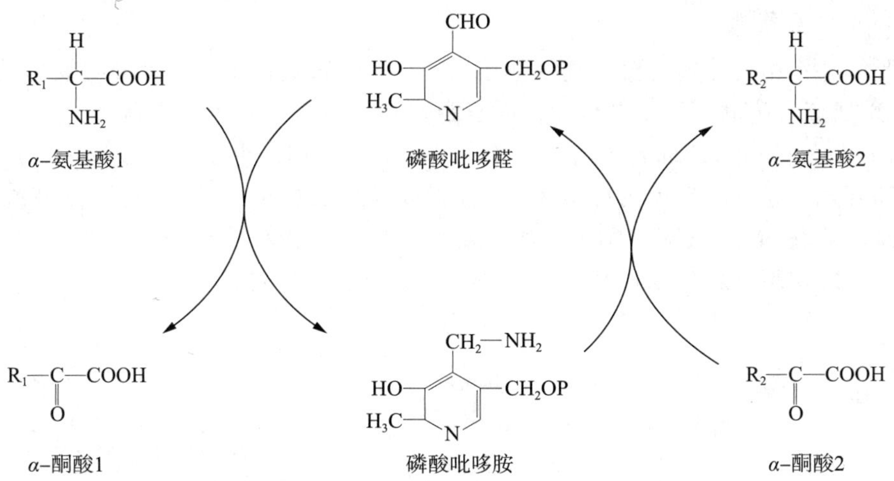

体内绝大多数氨基酸通过转氨基作用脱氨。参与蛋白质合成的 20 种氨基酸,除甘氨酸、赖氨酸、苏氨酸和脯氨酸不参与转氨基作用,其余均可由特异的转氨酶催化参与转氨基作用。参与转氨基作用的 α-酮酸主要有 α-酮戊二酸、草酰乙酸和丙酮酸,其中最重要的氨基受体是 α-酮戊二酸。

动物体内参与转氨基作用的转氨酶有多种,但以催化 *L*-谷氨酸与 α-酮酸的转氨酶最为重要。例如,GPT 是存在于肝细胞中的谷丙转氨酶;GOT 是存在于心肌细胞中谷草转氨酶。它们可分别催化谷氨酸与 α-酮戊二酸之间的氨基转移和谷氨酸与草酰乙酸之间的氨基转移。反应如下:

转氨基作用是可逆的,反应取决于 4 种反应物的相对浓度。所以,转氨基作用也是体内非必需氨基酸合成的重要途径。正常情况下,转氨酶主要分布在细胞内,其在血清中的活性很低,在各组织中又以心脏和肝脏的活性最高。如果组织细胞膜因某种原因造成通透性增高或由于组织坏死,细胞破裂后可有大量转氨酶释放入血引起血中转氨酶活性增高。

转氨基作用发挥重要的生理意义。首先,转氨基作用是联合脱氨基作用的重要组成部分,加速了体内有毒氨的转变和运输,加强了动物体内糖代谢、脂代谢和氨基酸代谢的相互联系;

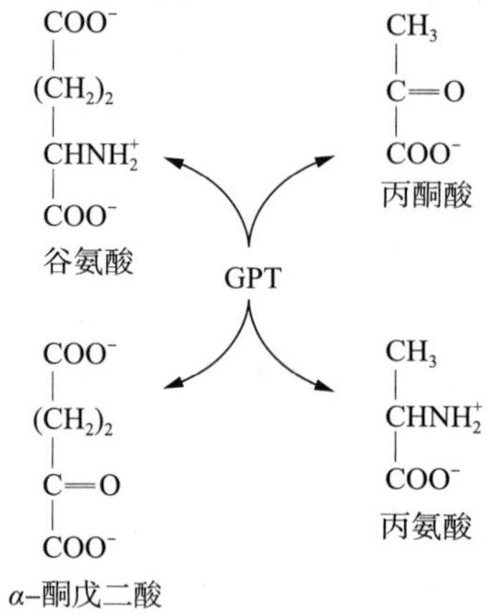

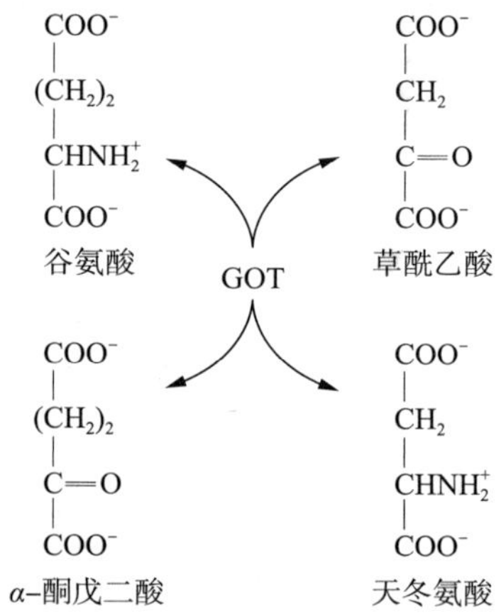

其次,转氨基作用能够调节体内非必需氨基酸的种类和数量,以满足体内蛋白质合成时对非必需氨基酸的需要。

3. 联合脱氨基作用

联合脱氨基作用是体内主要的脱氨基方式。它是转氨基作用与谷氨酸的氧化脱氨作用联合起来进行,所以称为联合脱氨基作用。联合脱氨基作用主要有两大反应途径。

(1)由 *L*-谷氨酸脱氢酶和转氨酶联合催化的脱氨基作用。由于氨基酸与 α-酮戊二酸的转氨酶体系和谷氨酸脱氢酶在体内分布较广,而且酶活性也较高,一般认为 *L*-氨基酸往往不是直接氧化脱去氨基,而是先与 α-酮戊二酸经转氨基作用变为相应的酮酸与谷氨酸,谷氨酸再经谷氨酸脱氢酶作用重新变成 α-酮戊二酸,同时放出氨。反应如下:

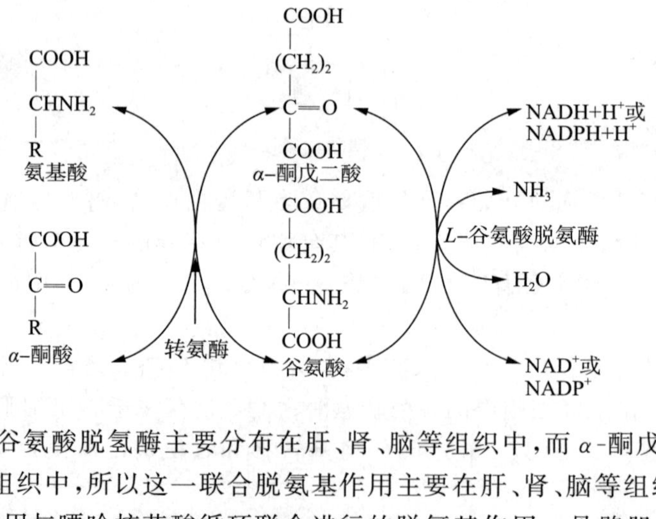

此反应中的 *L*-谷氨酸脱氢酶主要分布在肝、肾、脑等组织中,而 α-酮戊二酸参与的转氨基作用普遍存在于各组织中,所以这一联合脱氨基作用主要在肝、肾、脑等组织中进行。

(2)由转氨基作用与嘌呤核苷酸循环联合进行的脱氨基作用。骨骼肌和心肌组织中 *L*-谷氨酸脱氢酶的活性很低,因而不能通过上述形式的联合脱氨反应脱氨,而是通过嘌呤核苷酸循环过程脱去氨基。骨骼肌和心肌中含丰富的腺苷酸脱氨酶,能催化腺苷酸加水、脱氨生成次黄嘌呤核苷酸。

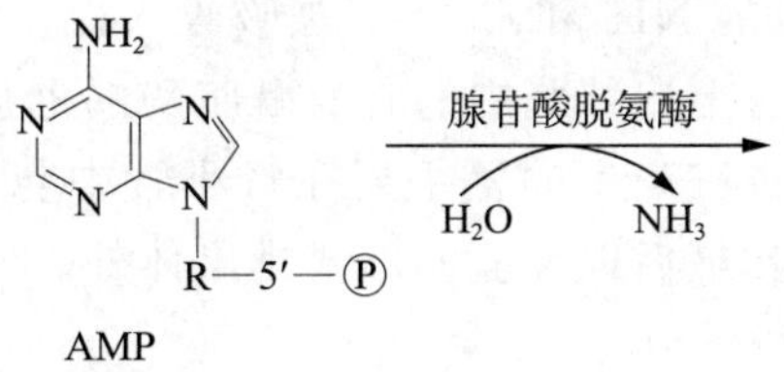

氨基酸经过 2 次转氨作用可将 α-氨基转移至草酰乙酸生成天冬氨酸。天冬氨酸在腺苷酸代琥珀酸合成酶的催化下，与次黄嘌呤核苷酸缩合成腺苷酸代琥珀酸。腺苷酸代琥珀酸在腺苷酸代琥珀酸裂解酶催化下裂解为延胡索酸和 AMP。

AMP 经腺苷酸脱氨酶催化水解生成 IMP 和氨，其中的 IMP 参与下一个腺苷酸代琥珀酸反应，这一循环称为嘌呤核苷酸循环。在此次循环过程中生成的延胡索酸则经三羧酸循环途径转变为草酰乙酸。嘌呤核苷酸循环过程如图 7-9 所示。

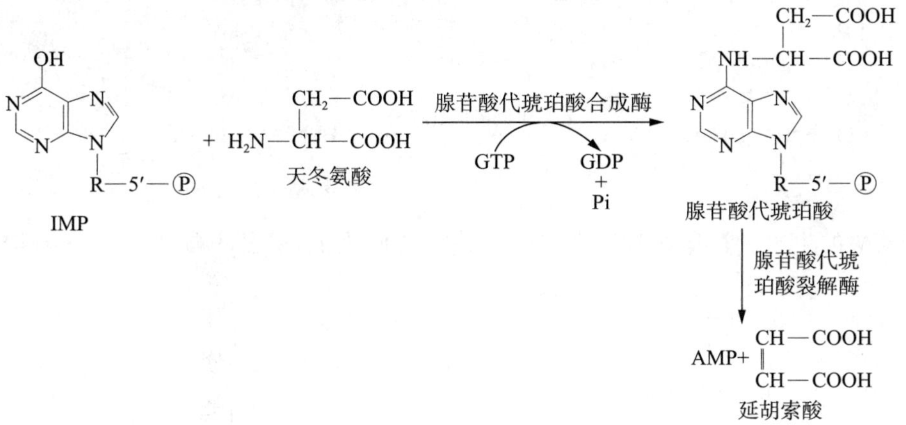

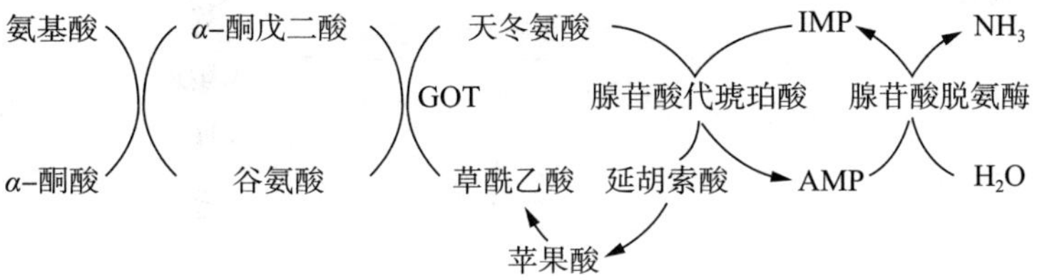

图 7-9　嘌呤核苷酸循环过程

嘌呤核苷酸循环是骨骼肌和心肌中氨基酸脱氨基的主要方式。这种形式的联合脱氨基是不可逆的，因而不能通过其逆过程合成非必需氨基酸。这一代谢途径不仅把氨基酸代谢与糖代谢、脂代谢联系起来，而且把氨基酸代谢与核苷酸代谢联系起来。

(二)氨基酸分解产物的去路

1. 氨的代谢去路

无论是体内氨基酸分解代谢产生的氨或从体外进入体内的氨，对机体都是有毒害的。正常情况下，机体不会发生氨的堆积，因为血氨有它的来源和去路，并且两者能保持动态平衡。

氨的来源：①体内氨的来源主要通过氨基酸的脱氨基作用产生；②由肠道吸收的氨（包括：未被消化的蛋白质和未被吸收的氨基酸在大肠细菌作用下脱氨基作用产生的氨；血中尿素渗

入肠道，在肠道细菌尿酶作用下分解生成的 NH_3 和 CO_2，氨被吸收入血。肠道产氨数量较大，是血氨的重要来源)；③谷氨酰胺在肾小管上皮细胞中的谷氨酰胺酶的催化下生成的氨；此外，肾脏也有氨基酸脱氨基作用产生的氨。肾脏产生的氨主要在肾小管中与 H^+ 结合生成 NH_4^+ 并与钠离子进行交换，调节体内酸碱平衡，最后以铵盐的形式排出体外。

氨的去路：

(1)在肝脏内合成尿素，随尿排出(氨的主要代谢去路)。

肝脏是尿素合成的主要器官，肾脏是尿素排泄的主要器官。在肝脏中 NH_3 和 CO_2 通过鸟氨酸循环合成尿素，NH_3 和 CO_2 加上鸟氨酸缩合生成瓜氨酸，瓜氨酸再与另一分子氨生成精氨酸，精氨酸在肝脏精氨酸酶的催化下水解生成尿素和鸟氨酸，鸟氨酸可再重复上述反应，形成了一个循环反应，所以称这一过程为鸟氨酸循环(图 7-10)。具体过程如下：

①氨基甲酰磷酸的合成。在 Mg^{2+}、ATP 及 N-乙酰谷氨酸(AGA)存在的情况下，由氨基甲酰磷酸合成酶Ⅰ(简称 CPS-Ⅰ)催化 NH_3 和 CO_2 在肝细胞线粒体中合成氨基甲酰磷酸，消耗 2 分子 ATP。

$$CO_2+NH_3+H_2O+2ATP \xrightarrow[\text{N-乙酰谷氨酸},Mg^{2+}]{\text{氨基甲酰磷酸合成酶Ⅰ}} H_2N-\overset{\overset{\displaystyle O}{\|}}{C}-O\sim Ⓟ+2ADP+Pi$$

氨基甲酰磷酸

②瓜氨酸的生成。在鸟氨酸氨基甲酰转移酶的催化下，氨基甲酰磷酸与鸟氨酸反应生成瓜氨酸。

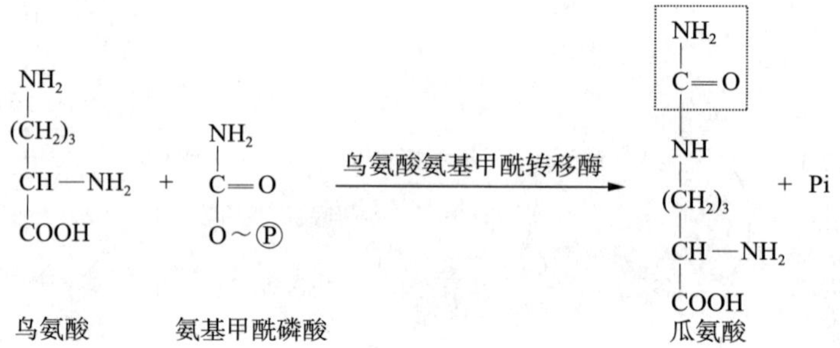

鸟氨酸　　氨基甲酰磷酸　　瓜氨酸

鸟氨酸氨基甲酰转移酶存在于线粒体中，通常与氨基甲酰磷酸合成酶Ⅰ形成酶的复合物，催化氨基甲酰磷酸，将其甲酰基转给鸟氨酸生成瓜氨酸。此反应在线粒体内进行，而鸟氨酸在胞液中生成，所以必须通过特异的鸟氨酸转运体进入线粒体内。

③瓜氨酸由线粒体运至胞浆，精氨酸代琥珀酸合成酶催化瓜氨酸和天冬氨酸缩合成精氨酸代琥珀酸。

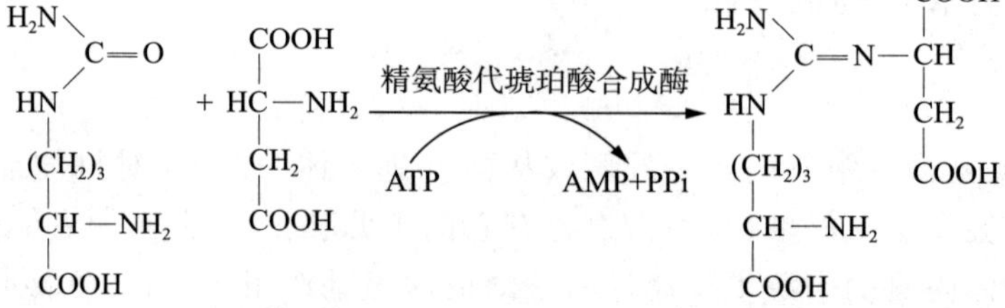

瓜氨酸　　天冬氨酸　　精氨酸代琥珀酸

反应在细胞质中进行，消耗 1 分子 ATP 中的 2 个高能磷酸键，生成 AMP。

④精氨酸代琥珀酸在精氨酸代琥珀酸裂解酶的催化下，裂解生成精氨酸和延胡索酸，反应在细胞质内进行。

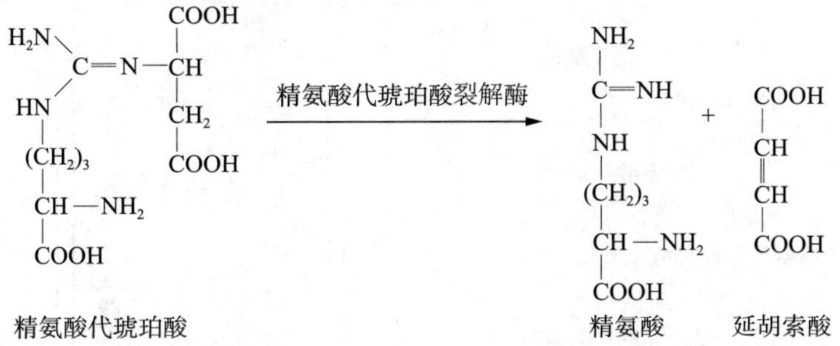

精氨酸代琥珀酸通过精氨酸代琥珀酸裂解酶的催化形成精氨酸和延胡索酸，延胡索酸经三羧酸循环变为草酰乙酸，草酰乙酸与谷氨酸进行转氨基作用又可变回天冬氨酸。由此，通过延胡索酸和天冬氨酸，使三羧酸循环与尿素循环联系起来。

⑤尿素的生成。鸟氨酸循环的最后一步反应是由精氨酸酶催化，精氨酸水解生成尿素和鸟氨酸，鸟氨酸再经特异的转运系统进入线粒体，可再次与氨基甲酰磷酸合成瓜氨酸，从而参与另一轮循环。

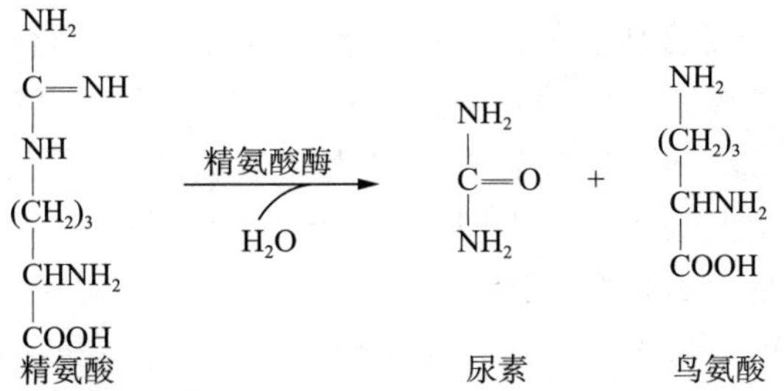

尿素合成是一个耗能的过程，合成一分子尿素需要消耗 4 个高能磷酸键，即 3 个 ATP 水解生成 2 个 ADP、2 个 Pi、1 个 AMP 和 PPi。尿素的总反应方程式如下：

$$NH_3 + CO_2 + 3ATP + \text{天冬氨酸} + 2H_2O \longrightarrow NH_2{-}CO{-}NH_2 + 2ADP + 2Pi + AMP + PPi + \text{延胡索酸}$$

实验证明，当肝细胞再生时，线粒体中鸟氨酸氨基甲酰转移酶活性降低，而胞液中天冬氨酸氨基甲酰转移酶活性增高，即尿素合成减少，嘧啶合成增加。当细胞再生完成时，鸟氨酸氨基甲酰转移酶活性重新增高，而天冬氨酸氨基甲酰转移酶活性降低。由此可见上述两种氨基甲酰转移酶的活性对调节尿素合成与核酸合成起着重要作用。

尿素循环的调节：氨基甲酰磷酸合成酶Ⅰ（简称 CPS-Ⅰ）是线粒体内变构酶，其变构激活剂 N-乙酰谷氨酸（简称 AGA）由 N-乙酰谷氨酸合成酶催化生成，并由特异水解酶水解。肝脏生成尿素的速度与 N-乙酰谷氨酸浓度相关。当氨基酸分解旺盛时，由转氨作用引起谷氨酸浓度升高，增加 N-乙酰谷氨酸的合成，从而激活 CPS-Ⅰ，加速氨基甲酰磷酸合成，推动尿素循环。精氨酸是 AGA 合成酶的激活剂。因此，临床上利用精氨酸治疗高氨血症。

高血氨和氨中毒：正常生理情况下，血氨处于较低水平。尿素循环是维持血氨低浓度的关键。当肝功能严重损伤时，尿素循环发生障碍，血氨浓度升高，称为高氨血症。一般认为，氨进

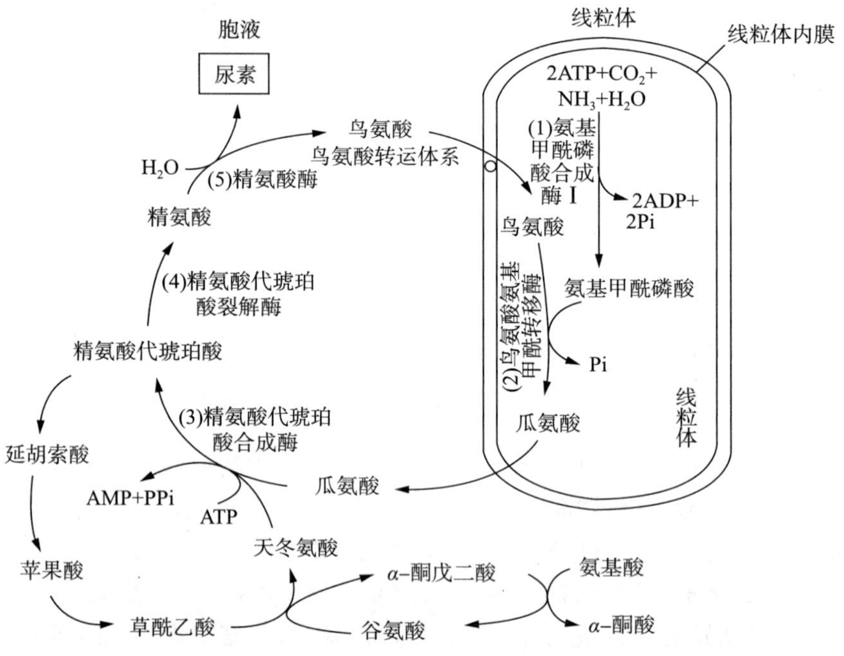

图 7-10 鸟氨酸循环合成尿素示意图

入脑组织，可与 α-酮戊二酸结合成谷氨酸，谷氨酸又与氨进一步结合生成谷氨酰胺，从而使 α-酮戊二酸和谷氨酸减少，导致三羧酸循环减弱，从而使脑组织中 ATP 生成减少，致使脑组织能量供应不足而引起氨中毒。同时，谷氨酸本身为神经递质，且是另一种神经递质 γ-氨基丁酸的前体，其减少也会影响大脑的正常生理功能，严重时可出现昏迷。

（2）禽类与昆虫类动物主要是合成尿酸排出。

家禽不能合成尿素，而是将大部分氨合成尿酸排出体外。尿酸的生成途径较复杂，首先是利用氨基酸提供的氨基合成嘌呤，然后嘌呤分解代谢的过程中转变为尿酸。

嘌呤在不同类型的生物体内的分解途径是不同的，许多动物体内含有腺嘌呤脱氨酶和鸟嘌呤脱氨酶，可分别催化腺嘌呤和鸟嘌呤水解脱氨生成次黄嘌呤和黄嘌呤。在人类、其他动物如灵长类、鸟类、爬行类以及大多数昆虫体内的嘌呤，经代谢后转变为尿酸，其他动物则转变为尿囊素，某些硬骨鱼中尿囊素再分解为尿囊酸。大多数鱼类、两栖类动物体内的尿囊酸再分解为尿素和乙醛酸，还有某些低等动物能将尿素分解为氨和 CO_2。

（3）体内的氨还可以合成谷氨酰胺和天冬酰胺。

动物体内产生的氨除通过上述途径代谢转变外，也有一部分可在肝、肌肉、肾、脑等组织中与谷氨酸合成谷氨酰胺。此过程由谷氨酰胺合成酶催化，并需要 ATP 供应能量。反应如下：

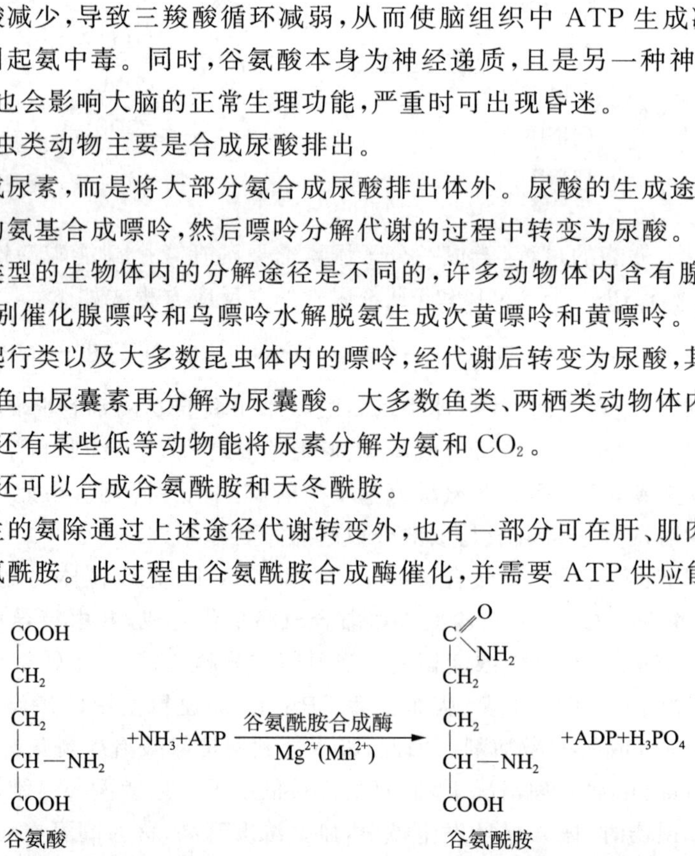

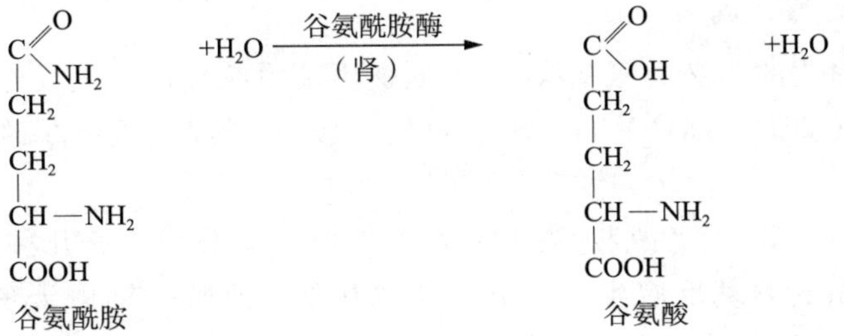

(4)少量的氨还可直接经尿排出体外。

2. α-酮酸的代谢去路

氨基酸脱氨基后生成的α-酮酸主要有3条代谢途径。

(1)生成非必需氨基酸。α-酮酸经联合加氨反应可生成相应的氨基酸，但不能转化为必需氨基酸，因为与必需氨基酸相对应的α-酮酸不能在体内合成，所以必需氨基酸依赖于饲料供应。

(2)氧化生成CO_2和H_2O。这是α-酮酸的重要去路之一。α-酮酸通过一定的反应途径先转变成丙酮酸、乙酰CoA或三羧酸循环的中间产物，再经过三羧酸循环彻底氧化分解，为机体提供能量。三羧酸循环将氨基酸代谢与糖代谢、脂肪代谢紧密联系起来。

(3)转变生成糖和酮体(脂肪)。在动物体内，α-酮酸可以转变为糖和脂肪，这是通过利用氨基酸饲喂人工糖尿病犬而证实的。待糖尿病犬体内糖原和脂肪耗尽后，用某种氨基酸饲养，并检查犬尿中糖与酮体的含量。若喂食某种氨基酸后尿中排出葡萄糖增多，此氨基酸称为生糖氨基酸；若尿中酮体含量增多，则称为生酮氨基酸；尿中两者都增多者称为生糖兼生酮氨基酸。实验证明，凡能生成乙酰CoA和乙酰乙酰CoA的氨基酸均能通过乙酰CoA转变成脂肪，如亮氨酸在动物体内仅能转变为酮体，而不能生成糖，所以亮氨酸是生酮氨基酸；除亮氨酸外，其他可以生成糖的氨基酸为生糖氨基酸，包括甘氨酸、缬氨酸、丙氨酸、丝氨酸、谷氨酸、苏氨酸、精氨酸、半胱氨酸、组氨酸、脯氨酸、甲硫氨酸、天冬氨酸和谷氨酰胺等；而异亮氨酸、苯丙氨酸、酪氨酸和色氨酸为生糖兼生酮氨基酸。

在动物体内，糖可以转变为脂肪；酮体只能转变为乙酰CoA，进而生成脂酰CoA，参与脂肪的合成，但不能转变为糖。可见无论是生糖氨基酸，还是生酮氨基酸，都可以转变为脂肪(表7-1)。

表7-1　氨基酸代谢的终产物

氨基酸	终产物
丙氨酸、丝氨酸、半胱氨酸、胱氨酸、甘氨酸、苏氨酸	丙酮酸
亮氨酸	乙酰CoA
苯丙氨酸、酪氨酸、亮氨酸、赖氨酸、色氨酸	乙酰乙酸(或乙酰乙酰CoA)
甲硫氨酸、异亮氨酸、缬氨酸	琥珀酰CoA
苯丙氨酸、酪氨酸	延胡索酸
精氨酸、脯氨酸、组氨酸、谷氨酰胺、谷氨酸	α-酮戊二酸
天冬氨酸、天冬酰胺	草酰乙酸

3. 非必需氨基酸的合成

组成动物体蛋白质的非必需氨基酸，除酪氨酸由苯丙氨酸羟化生成外，其他的非必需氨基酸主要由 4 种共同代谢的中间产物（丙酮酸、草酰乙酸、α-酮戊二酸及 3-磷酸甘油）之一及其前体物质简单合成。

（1）丙氨酸、天冬氨酸、天冬酰胺、谷氨酸及谷氨酰胺的合成。这几种氨基酸由丙酮酸、草酰乙酸和 α-酮戊二酸转氨基反应生成。天冬酰胺和谷氨酰胺分别由天冬氨酸和谷氨酸经氨基化反应合成；谷氨酰胺合成酶催化谷氨酰胺合成，NH_3 为氨基供体，反应中消耗 ATP 生成 ADP 和 Pi；天冬酰胺由天冬酰胺合成酶催化合成，利用谷氨酰胺提供氨基，消耗 ATP 生成 AMP。合成过程见图 7-11。

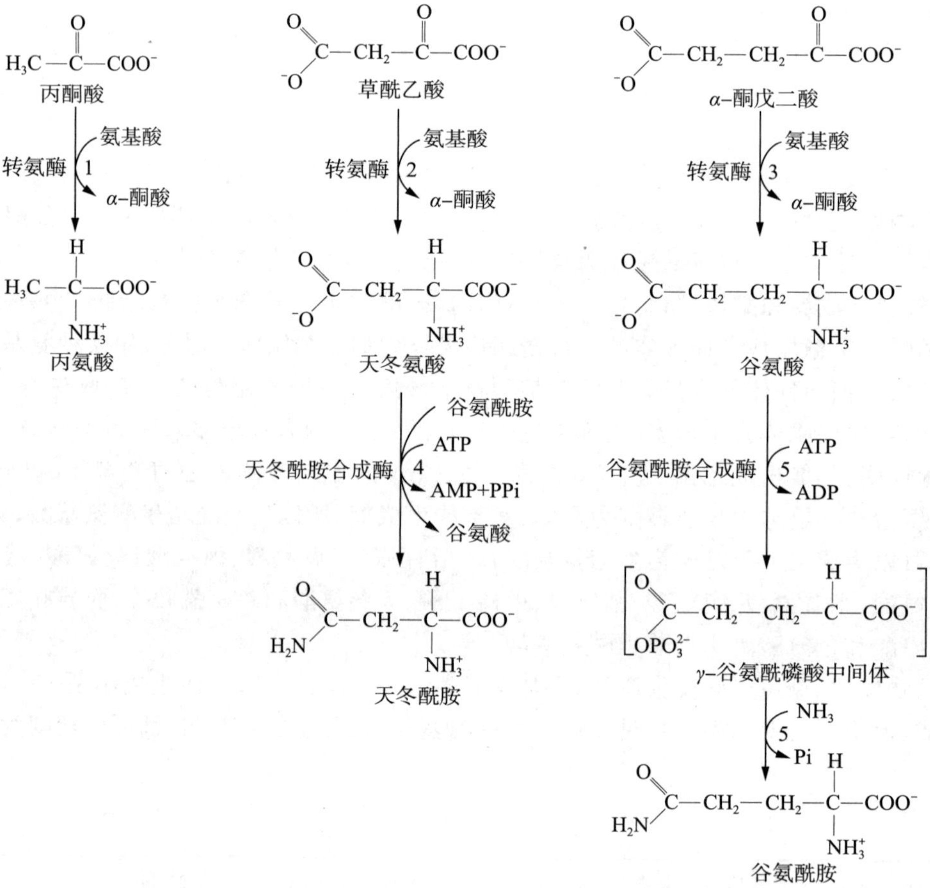

图 7-11 丙氨酸、天冬氨酸、谷氨酸、天冬酰胺和谷氨酰胺的合成

（2）脯氨酸、鸟氨酸和精氨酸的合成。谷氨酸是脯氨酸、鸟氨酸、精氨酸合成的前提。谷氨酸 γ-羧基还原生成醛，继而进一步还原可生成脯氨酸。此过程的中间产物 5-谷氨酸半醛在鸟氨酸-δ-氨基转移酶催化下直接转氨基生成鸟氨酸。

（3）丝氨酸、半胱氨酸和甘氨酸由 3-磷酸甘油生成。丝氨酸由糖代谢中间产物 3-磷酸甘油经 3 步反应生成：①3-磷酸甘油酸在 3-磷酸甘油酸脱氢酶的催化作用下，生成 1-磷酸羟基丙酮酸；②由谷氨酸提供氨基，经转氨基作用生成 3-磷酸丝氨酸；③3-磷酸丝氨酸水解生成丝氨酸。

丝氨酸以 2 种途径参与甘氨酸的合成：①由丝氨酸羟甲酰转移酶催化，直接生成甘氨酸，同时生成 N^5, N^{10}-CHO-FH_4；②由 N^5, N^{10}-CHO-FH_4、CO_2 和 NH_4^+ 在甘氨酸合成酶的催化下缩合生成。

(三)氨基酸的脱羧基作用

部分氨基酸可在氨基酸脱羧酶的催化下进行脱羧基作用，生成相应的胺和 CO_2。催化脱羧反应的酶称为氨基酸脱羧酶，脱羧酶以磷酸吡哆醛为辅酶。脱羧基作用不是体内氨基酸分解的主要方式，但产生的胺一部分可生成一些具有重要生理活性的胺类物质，下面列举几种氨基酸脱羧产生的重要胺类物质及胺类物质的进一步代谢。

1. *γ*-氨基丁酸(GABA)

GABA 由谷氨酸脱羧基生成，催化此反应的酶是 *L*-谷氨酸脱羧酶。此酶在脑、肾组织中活性很高，所以脑中 GABA 含量较高。

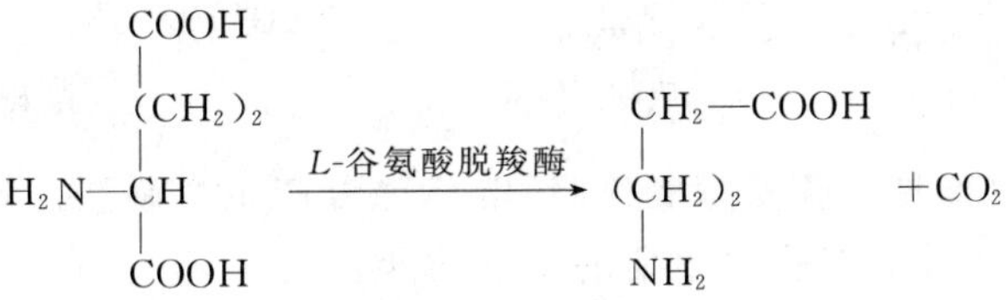

L-谷氨酸　　　　*γ*-氨基丁酸

GABA 是一种仅见于中枢神经系统的抑制性神经递质，对中枢神经元有普遍性抑制作用。在脊髓，作用于突触前神经末梢，减少兴奋性递质的释放，从而引起突触前抑制，在脑则引起突触后抑制。

2. 组胺

由组氨酸脱羧生成。组胺主要由肥大细胞产生并贮存，在乳腺、肺、肝、肌肉及胃黏膜中含量较高。

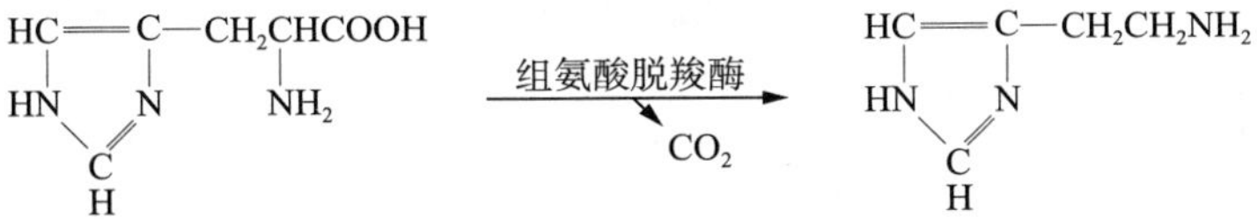

L-组氨酸　　　　组胺

组胺是一种强烈的血管舒张剂，并能增加毛细血管的通透性，可引起血压下降和局部水肿，组胺的释放与过敏反应症状密切相关。组胺还具有刺激胃蛋白酶和胃酸分泌的功能，所以常用它作为胃分泌功能的研究。

3. 5-羟色胺

色氨酸在脑中首先由色氨酸羟化酶催化生成 5-羟色氨酸，再经 5-羟色氨酸脱羧酶作用生成 5-羟色胺。

5-羟色胺在神经组织中具有重要的功能，目前已肯定中枢神经系统有 5-羟色胺神经元。5-羟色胺可使大部分交感神经的节前神经元兴奋，而使副交感节前神经元抑制。其他组织，如小肠、血小板、乳腺细胞中也有 5-羟色胺，具有强烈的血管收缩作用。

4. 牛磺酸

体内牛磺酸主要由半胱氨酸脱羧生成。半胱氨酸先氧化生成磺酸丙氨酸，再由磺酸丙氨酸脱羧酶催化脱去羧基，生成牛磺酸。牛磺酸是结合胆汁酸的重要组成成分。

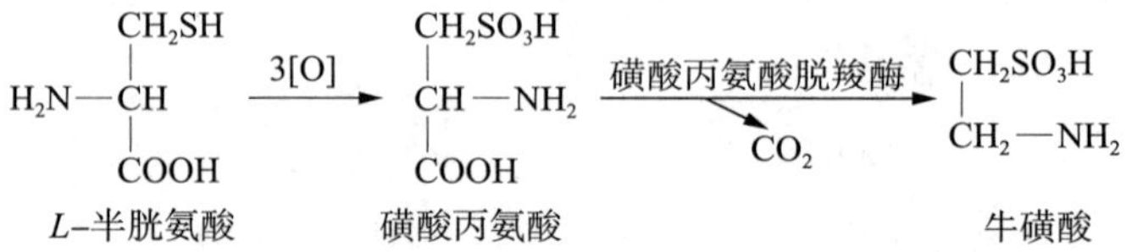

此外，活性硫酸根（详见含硫氨基酸代谢）转移也可产生牛磺酸。现已发现脑组织中含有较多的牛磺酸，表明它可能具有更为重要的生理功能。

5. 多胺

鸟氨酸在鸟氨酸脱羧酶催化下可生成腐胺，S-腺苷蛋氨酸（SAM）在 SAM 脱羧酶催化下脱羧生成 S-腺苷-3-甲硫基丙胺。在精脒合成酶催化下将 S-腺苷-3-甲硫基丙胺的丙基转移到腐胺分子上合成精脒；再在精胺合成酶催化下，将另一分子 S-腺苷-3-甲硫基丙胺的丙胺基转移到精脒分子上，最终合成了精胺。腐胺、精脒和精胺总称为多胺（图 7-12）。

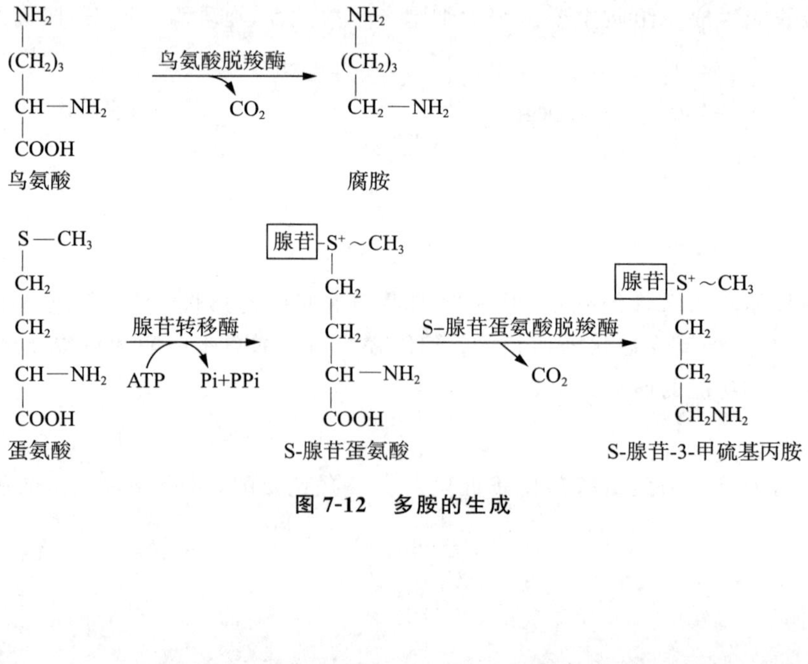

图 7-12 多胺的生成

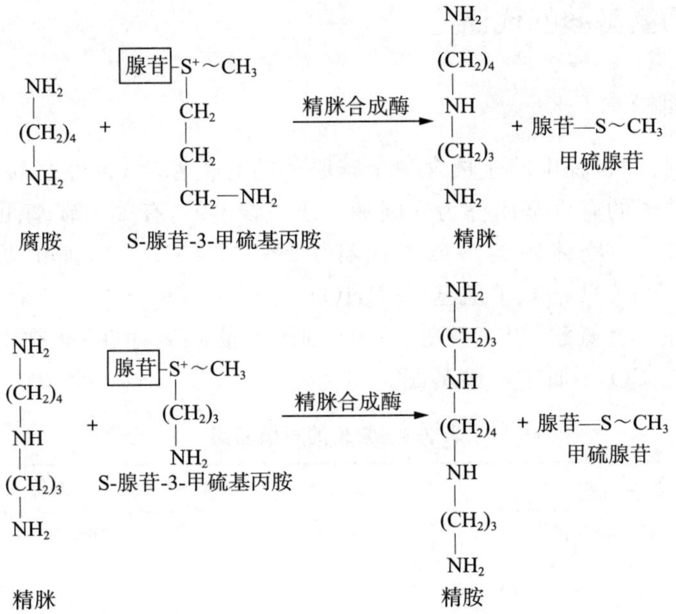

续图 7-12

多胺存在于精液及细胞核糖体中，是调节细胞生长的重要物质，多胺分子带有较多正电荷，能与带负电荷的 DNA 及 RNA 结合，稳定其结构，促进核酸及蛋白质合成的某些环节。在生长旺盛的组织中，如胚胎、再生肝及癌组织，多胺含量升高，所以可利用血或尿中多胺含量作为肿瘤诊断的辅助指标。

多胺的生物作用比较复杂，它与细胞的增殖和分化有密切关系，如多胺可部分地维持核糖体的二级结构，促进核糖体与 RNA 以及蛋白质合成中一些必需因子的结合，因此多胺对 DNA 复制、RNA 转录及蛋白质的翻译等多个环节均有促进作用。

任务四　个别氨基酸的代谢

任务解析

本任务包括的主要知识点：一碳基团氨基酸的代谢，含硫氨基酸的代谢，芳香族氨基酸的代谢。重点阐述了甲硫氨酸、半胱氨酸、谷胱甘肽三种含硫氨基酸的代谢，为临床兽医及其他专业课程的学习打下基础。通过多媒体等教学手段学习个别氨基酸代谢过程。

除前面所述的氨基酸一般代谢途径外，某些氨基酸在体内有其特殊的代谢途径，转变成为一些活性物质，发挥着重要的生理作用。

一、一碳基团氨基酸的代谢

(一)一碳基团概念

某些氨基酸在代谢过程中能生成含一个碳原子的有机基团,再经过转移参与生物合成过程,这些含一个碳原子的有机基团称为一碳基团或一碳单位,有关一碳基团生成和转移的代谢称为一碳基团代谢。动物体内的一碳基团有多种形式(表 7-2),如甲基($—CH_3$)、亚甲基($—CH_2—$),次甲基($—CH=$)、甲酰基($—CHO$)、亚氨甲基($—CH=NH$)等,它们可来自甘氨酸、组氨酸、丝氨酸、色氨酸、蛋氨酸等。一碳基团不能游离存在,必须由特殊的载体携带,但$—COOH$、HCO_3^-、CO_2不属于一碳基团。

表 7-2 常见的一碳基团

一碳单位	名称
$—CH=NH$	亚氨甲基
$—C(=O)—H$	甲酰基
$—CH_2OH$	羟甲基
$—CH_2—$	亚甲基或甲叉基或甲烯基
$—CH=$	次甲基或甲川基或甲炔基
$—CH_3$	甲基

在物质代谢过程中常遇到一碳基团(一碳单位)从一个化合物转移到另一个化合物的分子上去,这种反应需要一碳基团转移酶参加,这类转移酶的辅酶为四氢叶酸(FH_4),一碳基团通常与FH_4结合而转运或参与生物代谢,FH_4是一碳基团代谢的载体。四氢叶酸由叶酸衍生而来,起着携带一碳基团的作用。

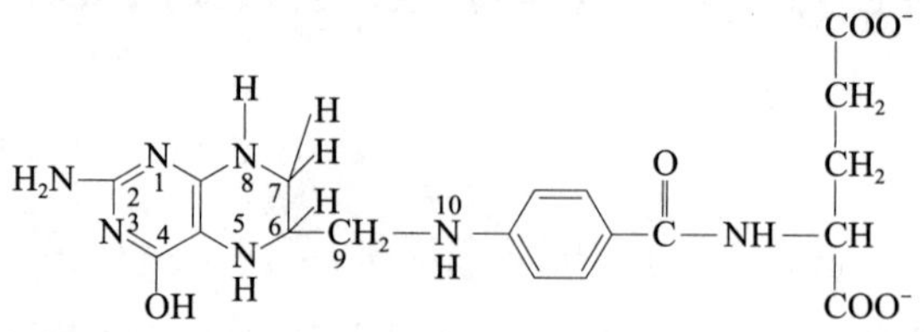

四氢叶酸(FH_4)

常见的一碳单位的四氢叶酸衍生物有:①N^5-甲酰四氢叶酸($N^5—CHO—FH_4$);②N^{10}-甲酰四氢叶酸($N^{10}—CHO—FH_4$);③N^5-亚氨甲基四氢叶酸($N^5—CH=NH—FH_4$);④N^5-甲基四氢叶酸($N^5—CH_3—FH_4$);⑤N^5,N^{10}-亚甲基四氢叶酸(N^5,$N^{10}—CH_2—FH_4$);⑥N^5,N^{10}-次甲基四氢叶酸(N^5,$N^{10}=CH—FH_4$)。它们的分子结构式分别如下:

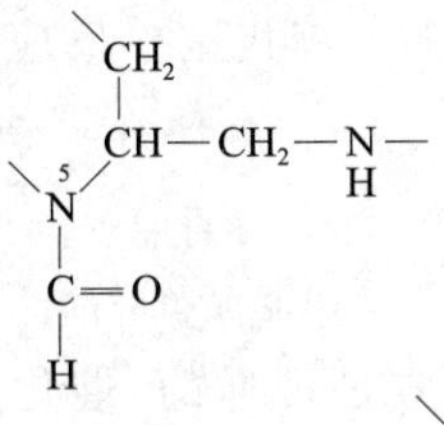

N^5-甲酰四氢叶酸（N^5—CHO—FH_4）

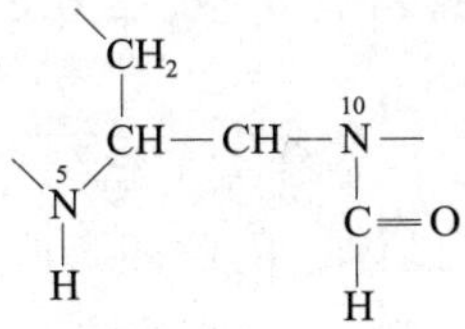

N^{10}-甲酰四氢叶酸（N^{10}—CHO—FH_4）

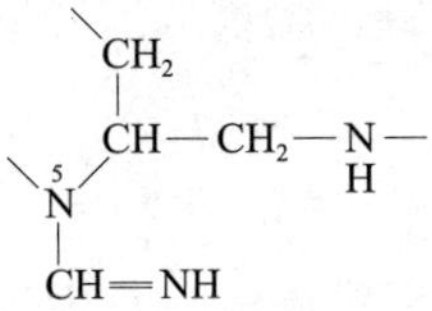

N^5-亚氨甲基四氢叶酸（N^5—CH═NH—FH_4）

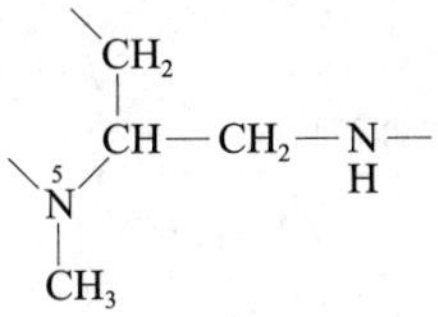

N^5-甲基四氢叶酸（N^5—CH_3—FH_4）

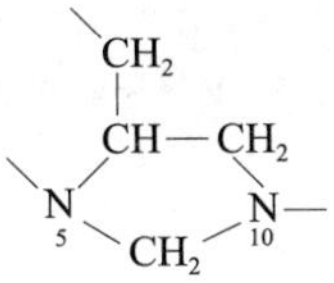

N^5, N^{10}-亚甲基四氢叶酸（N^5, N^{10}—CH_2—FH_4）

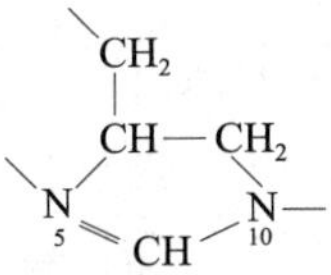

N^5, N^{10}-次甲基四氢叶酸（N^5, N^{10}═CH—FH_4）

苏氨酸、丝氨酸、甘氨酸和色氨酸代谢降解后可生成 N^{10}-甲酰四氢叶酸，后者可用于嘌呤 C_2 原子的合成；苏氨酸、丝氨酸、甘氨酸和组氨酸代谢降解后可生成 N^5，N^{10}-次甲基四氢叶酸，后者可用于嘌呤 C_8 原子的合成；丝氨酸代谢降解后可生成 N^5，N^{10}-亚甲基四氢叶酸，后者可用于胸腺嘧啶甲基的合成。

（二）一碳基团的产生

动物体内的一碳基团可以从氨基酸代谢中产生。一碳基团的来源如图 7-13 所示。

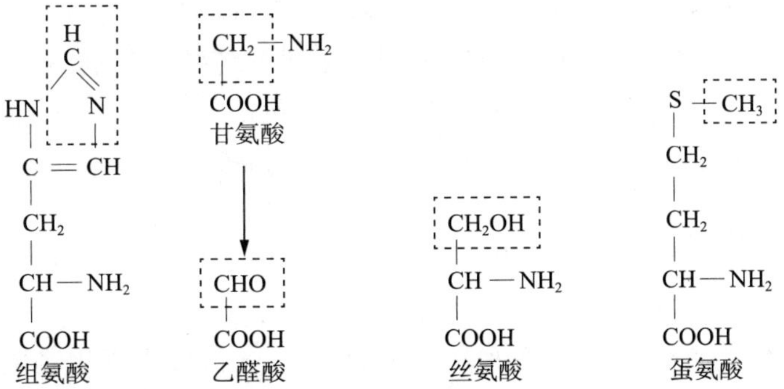

图 7-13 一碳基团的来源

甘氨酸的分解反应产生 N^5,N^{10}-亚甲基四氢叶酸、CO_2和 NH_3，催化这一反应的是甘氨酸合成酶。

$$\underset{\text{甘氨酸}}{NH_2—CH_2—COOH}+NAD^+ +FH_4 \longrightarrow NH_3+CO_2+\underset{N^5,N^{10}\text{—亚甲基四氢叶酸}}{N^5,N^{10}—CH_2—FH_4}+NADH$$

丝氨酸降解为甘氨酸，也产生 N^5,N^{10}-亚甲基四氢叶酸，反应是可逆的，催化反应的酶为丝氨酸羟甲基转移酶。

蛋氨酸分子中的甲基也是一碳单位。在 ATP 的参与下蛋氨酸转变生成 S-腺苷蛋氨酸（又称活性蛋氨酸）。S-腺苷蛋氨酸是活泼的甲基供体。因此四氢叶酸并不是一碳单位的唯一载体。

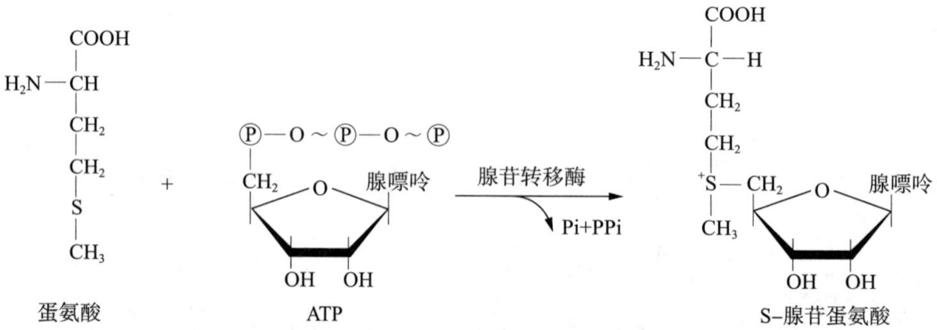

（三）一碳基团的功能

一碳基团具有重要的生理功能，尤其一碳基团是合成嘌呤和嘧啶的原料，在核酸生物合成中具有重要作用。如 $N^5,N^{10}═CH—FH_4$ 直接提供甲基用于脱氧核苷酸 dUMP 向 dTMP 的转化；$N^{10}—CHO—FH_4$ 和 $N^5,N^{10}═CH—FH_4$ 分别参与嘌呤碱中 C_2 和 C_3 原子的生成；S-腺苷蛋氨酸（SAM）提供甲基可参与体内多种物质合成，如肾上腺素、胆碱、胆酸等。

一碳基团代谢将氨基酸代谢与核苷酸及一些重要物质的生物合成联系起来。一碳基团代谢的障碍可造成某些病理变化产生疾病，如巨幼红细胞贫血等。磺胺药及某些抗癌药（氨甲蝶呤等）正是分别通过干扰细菌及瘤细胞的叶酸、四氢叶酸合成，进而影响核酸合成而发挥药理作用。

二、含硫氨基酸的代谢

体内的含硫氨基酸有三种，即甲硫氨酸（蛋氨酸）、半胱氨酸和胱氨酸。这三种氨基酸的代谢是相互联系的，甲硫氨酸（蛋氨酸）可以转变为半胱氨酸和胱氨酸，半胱氨酸和胱氨酸也可以互变，但胱氨酸不能变为甲硫氨酸，所以甲硫氨酸是必需氨基酸。

（一）甲硫氨酸代谢

甲硫氨酸代谢的作用是转甲基作用与甲硫氨酸循环。

1. 甲硫氨酸与转甲基作用

甲硫氨酸中含有硫甲基，可参与多种转甲基的反应，生成多种含甲基的生理活性物质。此反应是甲硫氨酸在腺苷转移酶催化下可与 ATP 反应生成 S-腺苷甲硫氨酸（SAM）。SAM 中的甲基是高度活化的，可称活性甲基，SAM 称为活性甲硫氨酸。

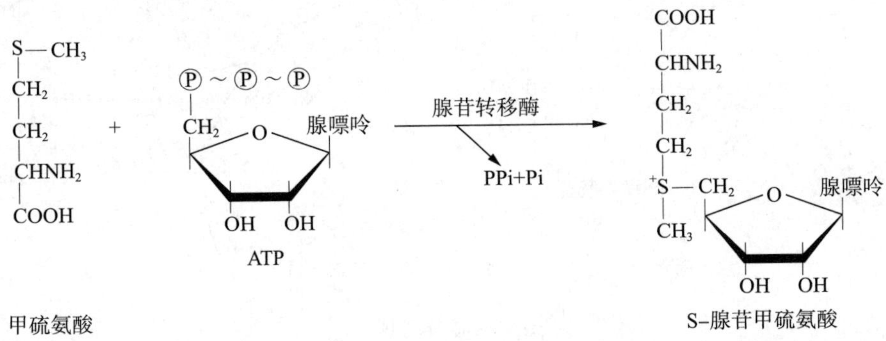

S-腺苷甲硫氨酸可在不同甲基转移酶的催化下，将甲基转移给各种甲基接受体而形成许多甲基化合物，如肾上腺素、胆碱、甜菜碱、肉碱、肌酸等都是从 S-腺苷甲硫氨酸中获得甲基。S-腺苷甲硫氨酸是体内最主要的甲基供体，S-腺苷甲硫氨酸转出甲基后形成 S-腺苷同型半胱氨酸，S-腺苷同型半胱氨酸水解后释放出腺苷变为同型半胱氨酸。

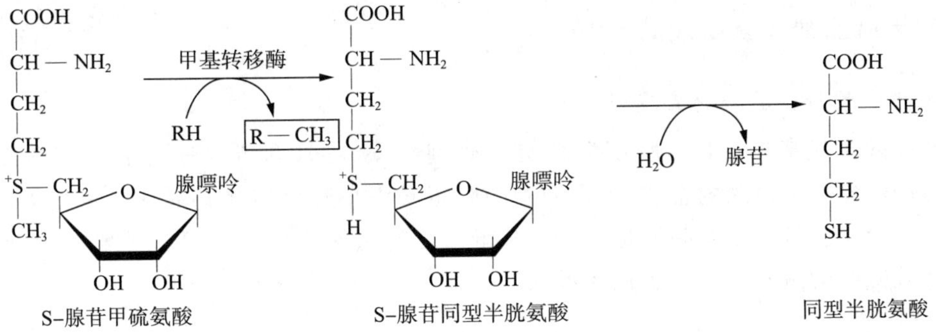

据统计，动物体内约有 50 多种物质需要 SAM 提供甲基，生成甲基化合物。甲基化作用是重要的代谢反应，具有广泛的生理意义（包括 DNA 与 RNA 的甲基化），而 SAM 则是体内最重要的甲基直接供给体。

2. 甲硫氨酸（蛋氨酸）循环

同型半胱氨酸可以接受 $N^5—CH_3—FH_4$ 提供的甲基再生成蛋氨酸，形成一个循环过程，称为蛋氨酸循环。此循环的生理意义在于蛋氨酸分子中的甲基可间接通过 $N^5—CH_3—FH_4$ 由其他非必需氨基酸提供，以进行体内广泛存在的甲基化反应，同时防止蛋氨酸的大量消耗（图 7-14）。

尽管上述循环可以生成甲硫氨酸，但动物体内不能合成同型半胱氨酸，它只能由甲硫氨酸转变而来，所以实际上体内仍然不能合成甲硫氨酸，必须由饲料供给。

值得注意的是，由 $N^5—CH_3—FH_4$ 提供甲基使同型半胱氨酸转变成甲硫氨酸的反应是目前已知体内能利用由 $N^5—CH_3—FH_4$ 的唯一反应。催化此反应的酶是 N^5-甲基四氢叶酸甲基转移酶，又称甲硫氨酸合成酶，其辅酶是维生素 B_{12}，它参与甲基的转移。维生素 B_{12} 缺乏会引起蛋氨酸循环受阻。临床上可以见到维生素 B_{12} 缺乏引起的巨幼细胞贫血。维生素 B_{12} 缺乏，导致甲基转移酶活性低下，甲基转移反应受阻导致叶酸以 N^5，N^{10}-四氢叶酸的形式在体内堆积。其他形式的叶酸大量消耗，导致这些叶酸作为辅酶的酶活力降低，影响嘌呤碱和胸腺嘧啶

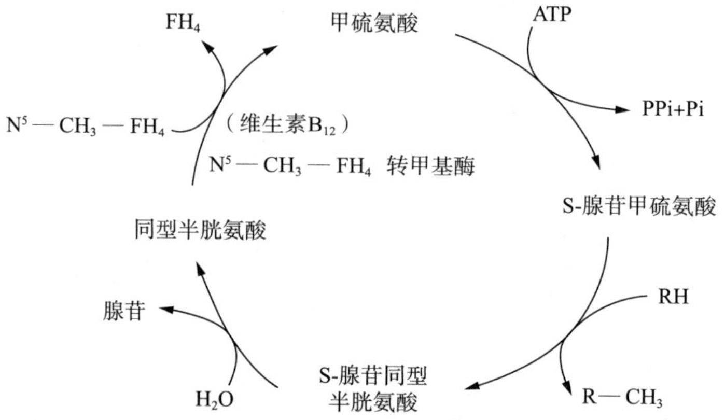

图 7-14 甲硫氨酸(蛋氨酸)循环

的合成,从而影响核酸的合成,引起巨幼细胞贫血。也就是说,维生素 B_{12} 对核酸合成的影响是间接地通过影响叶酸代谢而实现的。

(二)半胱氨酸和胱氨酸的代谢

1. 半胱氨酸与胱氨酸的互变

半胱氨酸含巯基(—SH),胱氨酸含有二硫键(—S—S),两者可通过氧化还原而发生互变。胱氨酸不参与蛋白质的合成,蛋白质中的胱氨酸由半胱氨酸残基氧化脱氢而来。在蛋白质分子中 2 个半胱氨酸残基间所形成的二硫键对维持蛋白质分子构象起重要作用;而蛋白质分子中半胱氨酸的巯基是许多蛋白质或酶的活性基团。

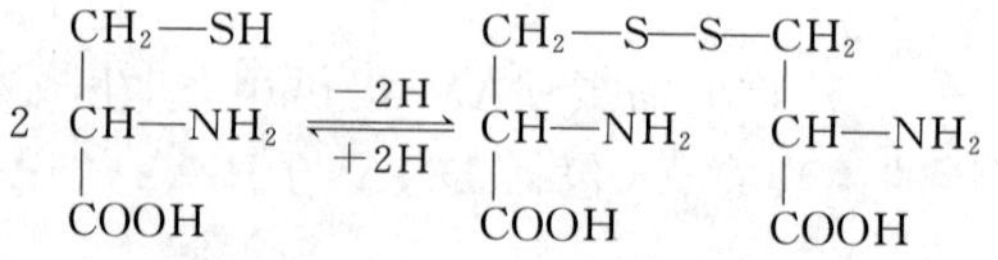

半胱氨酸　　　　胱氨酸

半胱氨酸在体内的分解代谢主要通过 2 条途径降解为丙酮酸:一是在双氧酶的催化作用下直接氧化途径,或称为半胱亚磺酸途径;另一条是通过转氨的 3-巯基丙酮酸途径。

蛋白质中 2 个半胱氨酸残基之间形成的二硫键对维持蛋白质的结构具有重要作用。体内许多重要酶的活性均与其分子中半胱氨酸残基上巯基的存在有直接关系,故有巯基酶之称。有些毒物,如芥子气、重金属盐等,能与酶分子的巯基结合而抑制酶活性,从而发挥其毒性作用。二巯丙醇可以使结合的巯基恢复原来状态,所以有解毒作用。体内存在的还原型谷胱甘肽能保护酶分子上的巯基,因而有重要的生理功能。

2. 硫酸根的代谢

含硫氨基酸氧化分解均可以产生硫酸根,半胱氨酸是体内硫酸根的主要来源。例如,半胱氨酸直接脱去巯基和氨基,生成丙酮酸、NH_3 和 H_2S,后者再进一步氧化而生成 H_2SO_4。体内的硫酸根一部分以无机盐形式随尿排出,另一部分则经 ATP 活化成活性硫酸根,即 3′-磷酸腺苷-5′-磷酸硫酸(PAPS),反应过程如下:

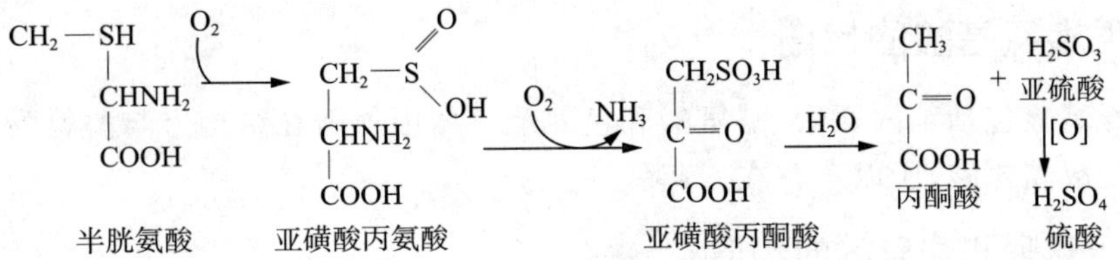

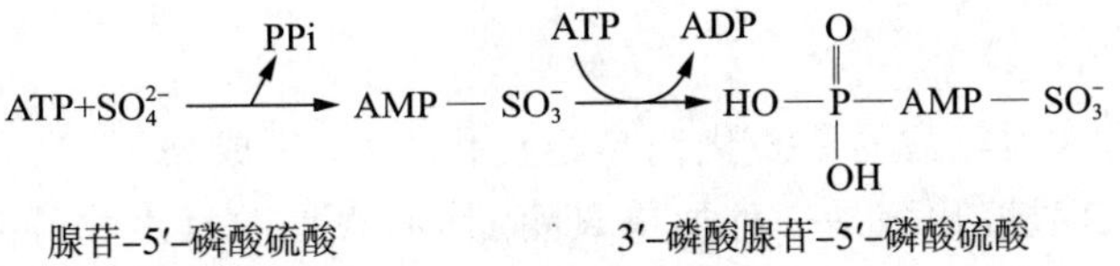

PAPS的性质比较活泼，可使某些物质形成硫酸酯。例如，类固醇激素可形成硫酸酯而被灭活，一些外源性酚类化合物也可以形成硫酸酯而排出体外，这些反应在肝生物转化作用中有重要意义。此外，PAPS还可参与硫酸角质素及硫酸软骨素等分子中硫酸化氨基糖的合成。上述反应总称为转硫酸基作用，由硫酸转移酶催化。

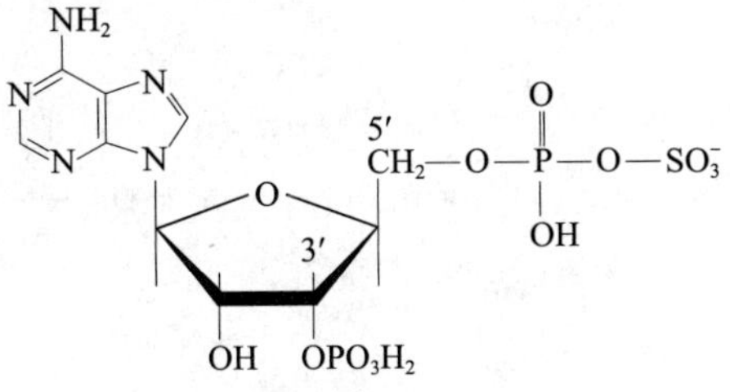
PAPS的结构式

(三)谷胱甘肽的合成

谷胱甘肽(GSH)的合成不需要核苷酸编码，直接由γ-谷氨酰半胱氨酸合成酶和GSH合成酶通过γ-谷氨酰基循环合成(图7-15)。

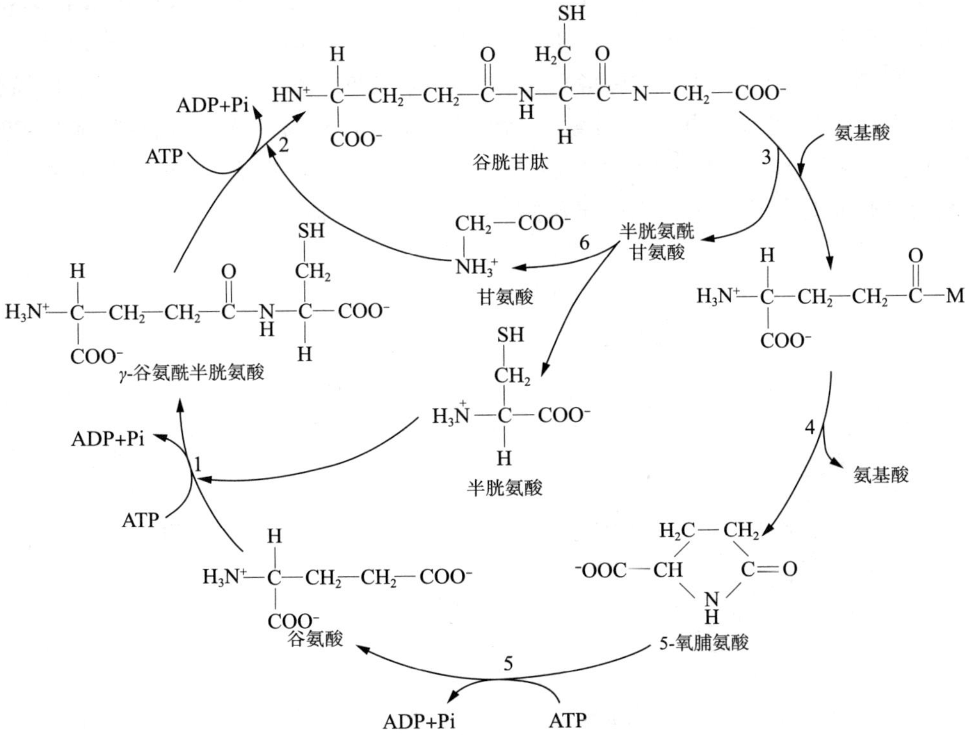

图7-15　γ-谷氨酰基循环

三、芳香族氨基酸的代谢

芳香族氨基酸包括苯丙氨酸、酪氨酸和色氨酸。苯丙氨酸在结构上与酪氨酸相似，在体内苯丙氨酸可变成酪氨酸，所以合并在一起叙述。

(一)苯丙氨酸和酪氨酸的代谢

1. 苯丙氨酸

正常情况下，苯丙氨酸的主要代谢是经羟化作用，生成酪氨酸。催化此反应的酶是苯丙氨酸羟化酶。苯丙氨酸羟化酶是一种加单氧酶，其辅酶是四氢生物蝶呤，催化的反应不可逆，因而酪氨酸不能变为苯丙氨酸。

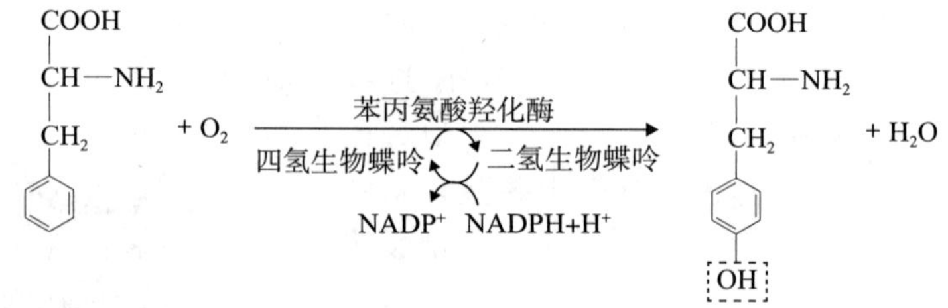

2. 酪氨酸

酪氨酸可进一步分解与合成许多重要的生理活性物质。如多巴胺、去甲肾上腺素、肾上腺素、甲状腺素、神经递质及黑色素等。

酪氨酸经酪氨酸羟化酶作用，生成 3,4-二羟苯丙氨酸。与苯丙氨酸羟化酶相似，此酶也是以四氢生物蝶呤为辅酶的加单氧酶。通过多巴脱羧酶的作用，多巴转变成多巴胺。多巴胺是脑中的一种神经递质，帕金森病患者的多巴胺生成减少。在肾上腺髓质中，多巴胺侧链的 β-碳原子可再被羟化，生成去甲肾上腺素，后者经 N-甲基转移酶催化，由活性甲硫氨酸提供甲基，转变成肾上腺素。多巴胺、去甲肾上腺素、肾上腺素统称为儿茶酚胺，即含邻苯二酚的胺类。酪氨酸羟化酶是儿茶酚胺合成的限速酶，受终产物的反馈调节。

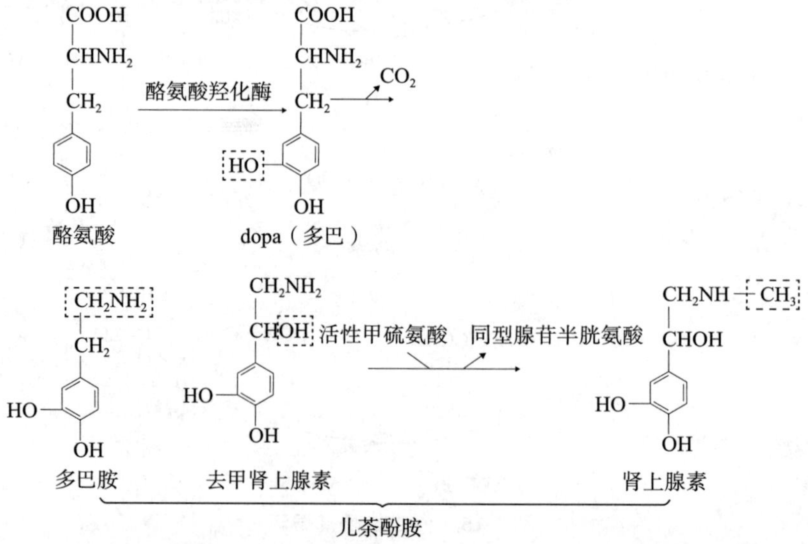

酪氨酸代谢的另一条途径是合成黑色素。在黑色素细胞中酪氨酸酶的催化下，酪氨酸羟化生成多巴，后者经氧化、脱羧等反应转变成吲哚-5,6-醌。黑色素即是吲哚醌的聚合物。人体缺乏酪氨酸酶，黑色素合成障碍，皮肤、毛发等发白，称为白化病。

除上述代谢途径外，酪氨酸还可在酪氨酸转氨酶的催化下，生成对羟苯丙酮酸，后者经尿黑酸等中间产物进一步转变成延胡索酸和乙酰乙酸，两者分别参与糖和脂肪酸代谢。因此，苯丙氨酸和酪氨酸是生糖兼生酮氨基酸。

3. 苯酮酸尿症

如上所述，正常情况下苯丙氨酸代谢的主要途径是转变成酪氨酸。当苯丙氨酸羟化酶先天性缺乏时，苯丙氨酸不能正常地转变成酪氨酸，体内的苯丙氨酸蓄积，并可经转氨基作用生成苯丙酮酸，后者进一步转变成苯乙酸等衍生物。此时，尿中出现大量苯丙酮酸等代谢产物，称为苯酮酸尿症。苯丙酮酸的堆积到中枢神经系统有毒性，故患儿的智力发育障碍，对此种患儿的治疗原则是早期发现，并适当控制膳食中的苯丙氨酸含量。

(二)色氨酸的代谢

色氨酸除生成5-羟色胺外，本身还可以进一步分解代谢。在肝中，色氨酸通过色氨酸加氧酶的作用，生成一碳单位。色氨酸分解可产生丙酮酸与乙酰乙酰 CoA，所以色氨酸是一种生糖兼生酮氨基酸。此外，色氨酸分解还可产生烟酸，这是体内合成维生素的特例，但其合成甚少，不能满足机体的需要。

四、支链氨基酸的代谢

支链氨基酸包括亮氨酸、异亮氨酸和缬氨酸，它们都是必需氨基酸。这三种氨基酸分解代谢的开始阶段基本相同，即首先经转氨基作用，生成各自相应的α-酮酸，其后分别进行代谢，经过若干步骤，缬氨酸分解产生琥珀酸单酰 CoA；亮氨酸产生乙酰 CoA 及乙酰乙酰 CoA；异亮氨酸产生乙酰 CoA 及琥珀酸单酰 CoA。所以，这三种氨基酸分别是生糖氨基酸、生酮氨基酸及生糖兼生酮氨基酸。支链氨基酸的分解代谢主要在骨骼肌中进行。

综上可见，各种氨基酸除作为合成蛋白质的原料外，还可以转变成其他多种含氮的生理活性物质。

知识拓展

畜禽日粮中限制性氨基酸的重要应用

限制性氨基酸是指一定饲料或饲粮所含必需氨基酸的量与动物所需的蛋白质必需氨基酸的量相比，比值偏低的氨基酸。对于猪，赖氨酸常为第一限制性氨基酸；对于产蛋家禽，蛋氨酸一般为第一限制性氨基酸。因此，猪饲料通常要添加赖氨酸添加剂，而产蛋家禽饲料要补充蛋氨酸添加剂。

一、缬氨酸的生物学功能

与赖氨酸、苏氨酸、蛋氨酸和色氨酸一样，缬氨酸也是猪和家禽一种必需的和不可或缺的营养物质。由于动物不能合成缬氨酸，必须从日粮中摄取才能满足动物的需要，所以属于必需氨基酸。缬氨酸是排在色氨酸后猪的第 5 种限制性氨基酸，是排在色氨酸后肉鸡的第 4 种限制性氨基酸，并且对于这些动物的最低需要量来说，缬氨酸似乎都是一种缺乏的营养物质。现在，通过在日粮中添加饲料级缬氨酸，可以在技术上配置含有限制动物生产性能的 6 种氨基酸的日粮。缬氨酸作为必需氨基酸，除用于合成蛋白质外，对于动物生长和繁殖也是不可缺少的。缬氨酸在特殊生理时期可氧化供能，调节骨骼肌的蛋白质周转，改善母猪的泌乳性能，影响猪的免疫反应。最新的研究表明，在妊娠期和泌乳期增加母猪的缬氨酸摄入量可以明显改善仔猪生长性能，提高母猪泌乳量，降低母猪体重损失等。

二、仔猪的缬氨酸需要量

各国研究机构对缬氨酸都给出了合理的建议需要量。建议需要量使用了 70%标准回肠消化率(SID)缬氨酸：赖氨酸的平均值。为了进一步研究仔猪对缬氨酸的需要量，法国味之素公司进行了增加剂量的反应试验。一个先决条件是表达相对赖氨酸的缬氨酸的需要量，以确保在试验日粮中赖氨酸是缬氨酸后对性能的第二个限制因素，并且没有任何其他必需氨基酸缺乏。试验研究了赖氨酸与缬氨酸比例对选定试验平均日增重的影响。在大多数的试验中，当 SID 赖氨酸：缬氨酸的比例为 70%～75%时，仔猪可以达到最好的性能。对于每一个试验，根据统计学模型确定仔猪的 SID 赖氨酸：缬氨酸的需要量。在平均日增重(ADG)、平均日采食量(ADFI)以及饲料转化率(FCR)方面，试验结果都较为类似，SID 赖氨酸：缬氨酸的比例分别为 71%、73%和 71%。据此可以得出结论，70% SID 赖氨酸：缬氨酸的比例为仔猪最低需要量的估计值。

一种限制性氨基酸由于饲料的氨基酸组成不同和动物对氨基酸的需要量不同，可以产生氨基酸对动物生产性能的限制。对于每种动物，限制性氨基酸的排名和粗蛋白降低的可能性取决于在配置日粮和可利用饲料原料时设定的理想氨基酸模式。了解仔猪的缬氨酸需要量，就可以评估缬氨酸对仔猪生长限制的程度。缬氨酸增加(25%)可以显著提高平均日增重(ADG)但是增加异亮氨酸并没有发现这种影响。因此，缬氨酸的限制性排在异亮氨酸之前，并且异亮氨酸的需要量可能要低于实际的建议量。实际上，支链氨基酸部分都有一个共同的代谢途径，从而导致这些氨基酸之间可能发生相互作用。

三、缬氨酸对仔猪的实际影响

70%SID 缬氨酸：赖氨酸的需要量比较，在当前实际饲喂的仔猪饲料中，缬氨酸一般都不足，需要在饲料中另外给仔猪提供缬氨酸。因此，添加饲料用 *L*-缬氨酸可以提高仔猪的生产性能。剂量反应试验的数据说明，*L*-缬氨酸可以提高仔猪的平均日增重和饲料转化率。研究添加或不添加 *L*-缬氨酸对 7～23 kg 仔猪减少粗蛋白(CP)的影响时，在对照日粮中含有高日粮 CP 水平(20.5%)，添加 *L*-缬氨酸可以使日粮 CP 减少 3.5 个百分点而对生产性能没有不良影响。此外，减少日粮 CP 还可以使腹泻发生率和氮排泄量显著降低。

四、缬氨酸对肉鸡的剂量反应研究

研究表明，在以小麦或大麦为基础的肉鸡日粮中以及在以玉米为基础的肉鸡日粮中，缬氨酸也是一种限制性氨基酸。添加缬氨酸使肉鸡生产性能获得了最佳提高。在同一研究中，研究了对缬氨酸：赖氨酸的剂量反应。用 curvilinear-plateau 模型来描述增重反应，确定了吸引力为 81% SID 缬氨酸：赖氨酸。对 FCR 以及胸肉(重量和产量)显示同样的反应。近几年来，缬氨酸对畜禽性能的影响与重要性引起了广泛的关注，并进行了深入的研究。研究表明，日粮中缺乏缬氨酸可以严重影响猪和肉鸡的生产性能，因此在饲料工业中必须对这种必需氨基酸进行仔细监测，以避免饲料中缬氨酸含量不足影响猪和鸡的生产性能。

研究表明，缬氨酸对哺乳母猪十分重要。提高饲料缬氨酸含量水平可以增加产奶量，提高仔猪窝增重，对断奶仔猪数在10头以上的母猪效果尤为明显。缬氨酸需要量比饲料标准的推荐量高得多，并与赖氨酸的水平有关。当饲料中的赖氨酸水平超过0.8%，缬氨酸将成为哺乳母猪饲料的第一限制性氨基酸。根据研究估算，仔猪对缬氨酸的需要量最低为70%SID缬氨酸：赖氨酸；肉鸡为80%。如今，饲料用*L*-缬氨酸的实用性可以满足对缬氨酸的需要，而不用增加日粮中的粗蛋白水平，有利于降低对健康和环境的不利影响。此外，*L*-缬氨酸给增加饲料赖氨酸水平提供了机会，而理想氨基酸模式可以保证生产性能得到强有力的提高。

思考与练习

一、填空题

1. 氨基酸由______和______组成，它们共同构成了______。
2. 蛋白质主要在______进行消化分解。
3. 嘌呤核苷酸合成的两条途径分别是______和______。
4. 体内核酸大量分解，血中尿酸水平升高，当超过一定水平时会得______。
5. 转氨基作用是______重要组成部分。
6. 氨的最主要去路是在______中合成______。
7. 氨基酸可以使尿中葡萄糖含量升高称为______。
8. 尿素的形成过程称为______。

二、名词解释

1.脱氨基作用　2.脱羧基作用　3.联合脱氨基作用　4.必需氨基酸　5.一碳基团　6.从头合成途径　7.生酮氨基酸

三、简答题

1. 体内脱氨基作用有哪几种方式？其中哪种方式最重要？
2. 嘌呤和嘧啶分解代谢的终产物是什么？
3. 什么是转氨基作用？常见的转氨酶及辅酶分别是什么？
4. 什么是鸟氨酸循环？鸟氨酸循环的生理意义是什么？
5. 简述氨的来源和去路。
6. 转氨基作用的生理意义是什么？

模块七　思考与练习参考答案

模块八
核酸与蛋白质的生物合成

【学习目标】

(1)掌握中心法则、半保留复制、转录、RNA在蛋白质合成中的作用和功能。

(2)掌握遗传密码的概念、特性及基因表达的调控。

(3)掌握核酸和蛋白质合成后的加工、修饰;DNA复制的方式,反转录。

(4)了解参与DNA复制、RNA转录、蛋白质生物合成的酶;了解现代生物学技术。

(5)了解PCR技术的原理并能用以进行体外DNA的扩增。

【素质目标】

(1)培养良好的行为准则,有强烈的民族自尊心和责任感。

(2)培养具备独立获取知识、处理信息的能力。

DNA是绝大多数生物体遗传信息的载体,继1953年Watson和Crick提出DNA双螺旋结构模型后,1958年Crick提出“中心法则”揭示了遗传信息的传递规律。

DNA是遗传信息的物质基础。生物体的全部遗传信息都编码在DNA的核苷酸序列中。在细胞分裂前,以DNA为模板合成新的子代DNA分子,将遗传信息由亲代准确地传给子代,这一过程称为复制。DNA的生物合成主要以半保留复制方式进行。在后代的个体发育过程中,遗传信息自DNA转录给RNA,并指导蛋白质合成,以执行各种生物学功能,使后代表现出与亲代相似的遗传性状。RNA中的mRNA也可作为模板,按照其核苷酸顺序所组成的密码指导蛋白质的合成,这一过程称为翻译。遗传信息从DNA到RNA再到蛋白质的传递规律,即称为生物遗传信息传递的“中心法则”。后来在某些致癌RNA病毒中发现遗传信息也可存在于RNA分子中,由RNA通过逆转录的方式将遗传信息传递给DNA。生物遗传信息传递的中心法则如图8-1所示。

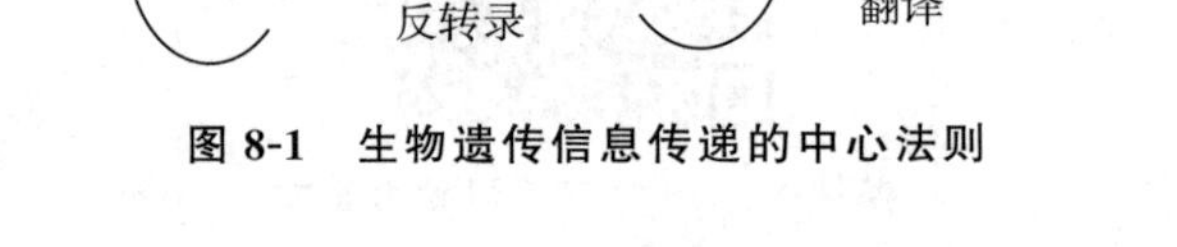

图8-1　生物遗传信息传递的中心法则

任务一　DNA 的生物合成

任务解析

本任务重点阐述 DNA 复制过程；以 DNA 聚合酶的特点为线索，认知 DNA 复制的高保真性、引物的作用、连续与不连续复制、冈崎片段等。结合多媒体教学手段达到教学目的。

一、DNA 的复制

（一）DNA 复制的方式

DNA 的复制是指以亲代 DNA 为模板合成子代 DNA 的过程。DNA 分子是由 2 条互补的脱氧核苷酸链构成，在复制的过程中，首先 DNA 双螺旋的两条多核苷酸链之间的氢键断裂，双链解开为 2 条单链，然后以每条 DNA 单链为模板，以三磷酸脱氧核苷（dNTP，N 代表 A、T、G、C 四种碱基）为原料，按照碱基配对原则（A 与 T 配对，G 与 C 配对）合成互补链。这样形成的两个子代 DNA 分子与原来亲代 DNA 分子的核苷酸顺序完全相同。在此过程中，每个子代 DNA 分子的双链中一条来自亲代 DNA 分子，另一条为新合成的。这种复制方式称为半保留复制（图 8-2）。1957 年 Meselson 及 Stahl，通过实验证明了 DNA 半保留复制的模式。

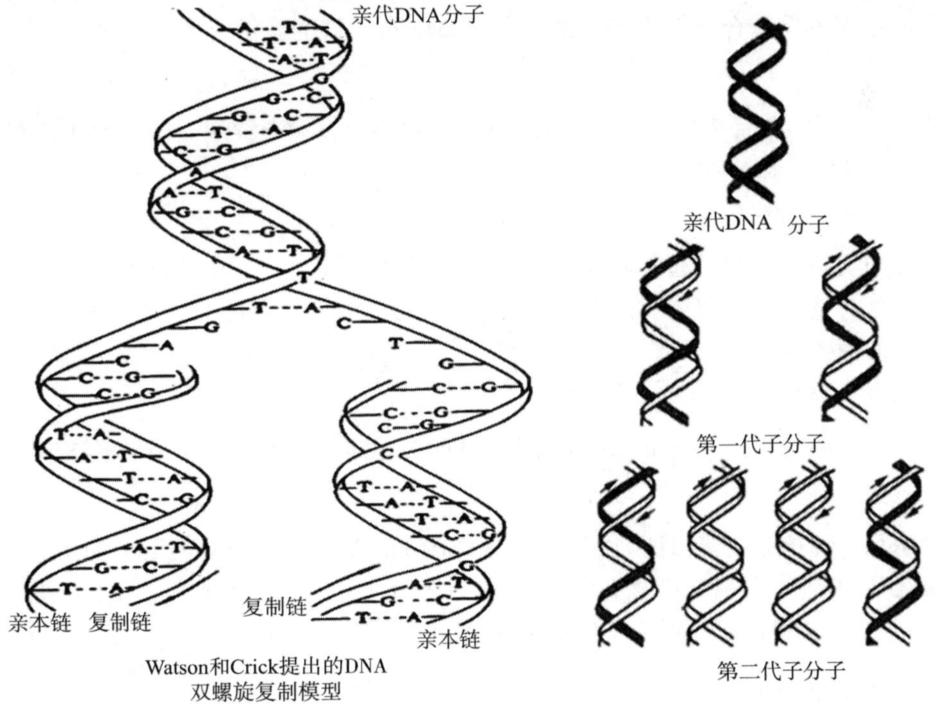

图 8-2　DNA 半保留复制

DNA 半保留复制保证了生物遗传信息由亲代向子代传递的准确性和稳定性，这和它的遗传功能是相吻合的，说明半保留复制具有重要的生物学意义。

（二）参与 DNA 复制的酶类

DNA 复制的过程极其复杂和快速，它的高效性和准确性源于许多酶与各种蛋白质因子的参与。简要介绍如下：

1. DNA 聚合酶

DNA 聚合酶是以 DNA 单链为模板，催化四种脱氧核糖核苷酸与模板链的碱基互补配对，形成新的对应的 DNA 链的主要酶类，又称 DNA 指导的 DNA 聚合酶。

原核生物的 DNA 聚合酶主要包括 DNA 聚合酶Ⅰ、DNA 聚合酶Ⅱ、DNA 聚合酶Ⅲ。大肠埃希菌中 DNA 复制主要过程靠 DNA 聚合酶Ⅲ起作用，而 DNA 聚合酶Ⅰ和 DNA 聚合酶Ⅱ主要在 DNA 复制时校正和修复配错对的碱基。这类酶的共同特点：①需要 DNA 模板；②需要 RNA 作为引物，即 DNA 聚合酶不能从头催化 DNA 的起始；③催化 dNTP 在引物的 3′末端形成 3′,5′-磷酸二酯键，使新链按 5′→3′的方向延长；④三种 DNA 聚合酶都属于多功能酶（聚合、校对、外切等），在 DNA 复制和修复过程的不同阶段发挥作用。

2. 引物酶

由于 DNA 聚合酶不能自己从头合成 DNA 链，在 DNA 复制过程中需要先合成一小段 RNA 片段作为引物，这种短 RNA 引物片段一般由十几个至数十个核苷酸构成。RNA 引物的 3′末端提供了由 DNA 聚合酶催化形成 DNA 分子第一个磷酸二酯键的位置，并引导 DNA 新链的合成。催化 RNA 引物合成的酶称为引物酶，它是一种特殊的 RNA 聚合酶。有人认为引物酶的作用不仅是合成引物，还与复制部位 DNA 双链的解链有关。

3. DNA 连接酶

连接酶是在 DNA 合成中催化相邻的 DNA 片段形成 3′,5′-磷酸二酯键而相连接的酶，此酶催化需要 ATP 供能。

4. 拓扑异构酶、解链酶

拓扑异构酶是在复制时起着松弛 DNA 分子超螺旋结构的作用，暴露起始点处碱基，促进复制起始与延长链的酶。解链酶是在复制过程中促使 DNA 双螺旋的氢键断裂，使 DNA 双链解链为单链的酶。

5. 单链结合酶

单链结合蛋白的作用是在 DNA 复制中使 DNA 稳定，保持单链状态（简称 SSB）。

6. 端粒酶

端粒酶是一种核糖核蛋白酶，也是一种特殊的 DNA 聚合酶，属于反转录酶。它由 RNA 和蛋白质组分构成，以脱氧核糖核苷酸为底物，以酶分子中的 RNA 亚单位中的一段序列为模板，延伸染色体的 3′-端，解决通常 DNA 复制时引起的末端短缩。

（三）DNA 复制的过程

DNA 复制的过程十分复杂，有些机理尚不完全清楚。通常把 DNA 复制的全部过程分为三个阶段：第一阶段为 DNA 复制的起始阶段，这个阶段包括起始与引物的形成；第二阶段为 DNA 链的延长，包括前导链及随从链（或后随链）的形成和切除 RNA 引物后填补其留下的空缺；第三阶段为 DNA 复制的终止阶段，主要是连接 DNA 片段形成完整的 DNA 分子。

1. 复制的起始

DNA 的复制有固定的起始位点，称为复制原点。原核细胞 DNA 复制只有一个起始位点，多数已被克隆并测定了核苷酸序列；真核细胞 DNA 复制有多个复制起始位点，目前还没有准确鉴定出来。

在起始部位，首先起作用的是 DNA 拓扑异构酶和解链酶，它们松弛 DNA 超螺旋结构，解开一小段双链，并由 DNA 单链结合蛋白保护和稳定 DNA 的单链状态，形成复制点。这个复制点的形状像一个叉子，故称为复制叉。

当两股单链暴露出足够数量的碱基对时，在引物酶的作用下，以单链 DNA 为模板，以四种核糖核苷酸为原料，按碱基配对规律，按 5′→3′方向合成 RNA 引物。形成的 RNA 引物，为 DNA 链的合成提供了连接脱氧核苷酸的 3′-OH 末端。现有充分的证据表明，RNA 作为引物参与了 DNA 合成的起始。人们很早就发现 RNA 聚合酶利用 DNA 的模板，不需要特殊的引物直接合成 RNA。因此 DNA 合成前，以 DNA 为模板，根据碱基配对原则，在一种特殊的 RNA 聚合酶即引物酶的催化下，先合成一段长 5～60 个核苷酸的 RNA 引物，提供 3′-端自由—OH，然后在 DNA 聚合酶Ⅲ的作用下进行 DNA 的合成。

2. DNA 链的延长

在细胞内，DNA 的 2 条链都可以作为模板，分别合成 2 对新的 DNA 子链。由于 DNA 的 2 条链是反向平行的，即一条链是 5′→3′方向，而另一条链则是 3′→5′方向，DNA 聚合酶催化 DNA 链的合成只能沿着 5′→3′方向进行。因此，解开双链以后在 3′→5′方向的模板上可以顺利地按 5′→3′方向合成新的 DNA 链，这条连续合成的 DNA 新链称为前导链；另一条以 5′→3′方向亲代链为模板的合成则是不连续的，不连续合成的 DNA 新链称为后随链（或称随从链）。在后随链的合成过程中，先形成较短的 DNA 片段（冈崎片段），然后在连接酶的作用下，将这些片段连接起来，形成完整的 DNA 链。这种不连续合成是由冈崎等首次发现的，所以现在将后随链上合成的 DNA 不连续单链小片段称为冈崎片段。冈崎片段的合成方向仍然是 5′→3′方向，反应直至下一个引物 RNA 的 5′-末端为止，DNA 复制的过程如图 8-3 所示。在原核细胞中，每

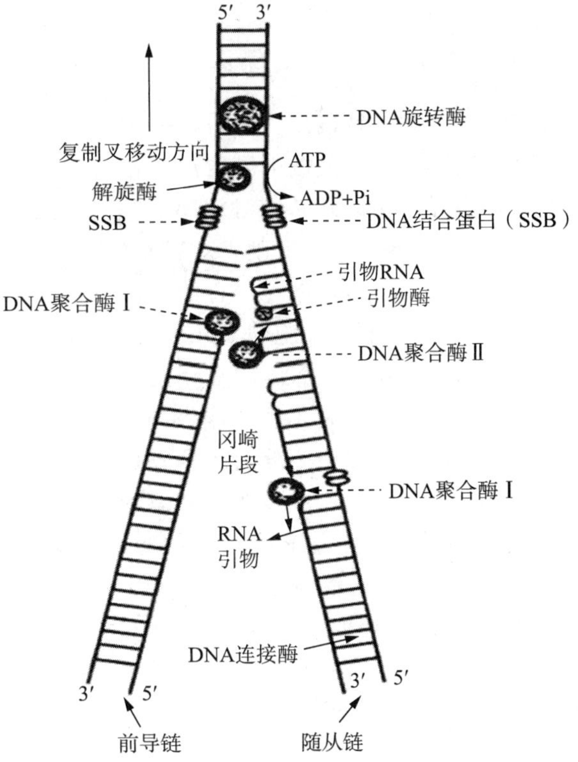

图 8-3　DAN 复制的过程

个冈崎片段含 1 000～2 000 个核苷酸，真核细胞中含 100～200 个核苷酸。

DNA 片段合成至一定长度后，链中的 RNA 引物即被核酸酶水解而切掉。此时出现的缺口由 DNA 片段的继续延长而填补。

3. 完整 DNA 复制的终止

后随链中相邻的 2 个 DNA 片段在 DNA 连接酶的作用下以 3′,5′-磷酸二酯键连接起来形成长链。然后修复掺入 DNA 链的错配碱基。这样以 2 条亲代 DNA 链为模板，各自形成一条新的 DNA 互补链，结果形成了 2 个 DNA 双股螺旋，即完整的 DNA 分子。一般来说，链的终止不需要特定的信号，也不需要特殊的蛋白质来参与。目前对链的终止机制、终止点的部位和结构所知甚少，有待进一步研究。真核和原核 DNA 细胞复制的比较见表 8-1。

表 8-1　真核和原核 DNA 细胞复制的比较

细胞	真核细胞	原核细胞
复制子	1 000 个以上	1 个
起始位点	多个	1 个
DNA 聚合酶	α、β、γ(均不具外切酶活性) δ(具 3′→5′外切酶活性)	Ⅰ、Ⅱ、Ⅲ
速度	较快	较慢
方向	双向为主，也有单向	双向

(四)DNA 复制的高保真性

DNA 复制的精确度极高，误差率很低，以保证物种在维持遗传稳定性的同时，还要通过变异不断进化。DNA 复制的高度忠实性至少要依赖三种机制：

(1)遵守严格的碱基配对规律。

(2)DNA 聚合酶在复制中对碱基的选择功能。

(3)复制出错时，DNA 聚合酶的即时校读功能。

真核细胞与原核细胞的 DNA 复制方式基本相似，但有关的酶和某些复制细节有所区别。研究发现，真核细胞 DNA 的复制几乎是与染色质蛋白质(包括组蛋白和非组蛋白)的合成同步进行。DNA 复制完成后，即配装成核内的核蛋白，组成染色质。

DNA 复制过程十分准确而具有稳定性。研究表明，在 DNA 合成中估计大约每 10^9 个碱基对发生一次突变。当然，如果考虑到生物繁殖速率很快，所含 DNA 分子又很大，这种低频率的自发突变也会产生相当可观的变异现象。由此可见，变异和遗传的保守性是对立而又统一的自然规律，没有变异也就没有进化。

以上讨论的是细胞中线状 DNA 分子的复制过程。有些细菌、病毒以及线粒体中的 DNA 分子闭合成环状结构，它们虽然也进行半保留复制，但复制过程与线状 DNA 分子不完全相同，通常是滚环式复制。

二、DNA 的损伤与修复

(一)DNA 的损伤

DNA 的复制产生错配,引起生物体的变异。除此之外,某些理化因素(如紫外线、电离辐射和化学诱变剂等)或者病毒基因整合也常能引起 DNA 分子的突变,破坏 DNA 的双螺旋结构,从而影响 DNA 的复制,并使 DNA 的转录和翻译也跟着变化。若 DNA 的损伤得不到修复,会导致 DNA 突变,因而表现出异常的特征。根据 DNA 分子的变化,突变常可分为以下 4 种类型:

(1)点突变。DNA 分子中某一个碱基发生变化。

(2)缺失。某一个碱基或一段核苷酸链从 DNA 大分子中丢失。

(3)插入。一个原来不存在的碱基或一段原来不存在的核苷酸链插入 DNA 分子中。

(4)DNA 多核苷酸链的断裂或两条链之间形成交联。缺失或插入突变都可能引起"移码"突变,即改变三联体密码的"阅读"方式,使合成蛋白质的结构发生改变。一方面,人类可以利用 DNA 的突变而人工诱变 DNA,利于改造物种的性状。如人工诱变植物种子或细菌 DNA,改良品种,促进生产。另一方面,DNA 的损伤可能导致生物体某些功能异常造成疾病,甚至死亡。然而在通常条件下,机体能使损伤的 DNA 得到修复。这种修复作用是生物体在长期进化过程中获得的一种保护功能。

(二)DNA 的修复

细胞修复 DNA 的损伤是通过一系列酶系统来完成的,这些酶可以除去 DNA 分子上的损伤,恢复 DNA 的正常结构。修复有多种方式,目前常见的有 4 种修复系统:光复活、切除修复、重组修复、应急反应。后 3 种机制不需要光照,因此又称为暗修复。

1. 光复活

早在 1949 年就已发现光复活现象。光复活的机制是可见光(最有效波长为 400 nm 左右)激活了光复活酶,它能分解由紫外线照射而形成的嘧啶二聚体。

光复活作用是一种高度专一的修复方式。它只作用于紫外线引起的 DNA 嘧啶二聚体,光复活酶在生物界分布很广,从低等单细胞生物到鸟类都有,而高等哺乳类动物却没有。这说明在生物进化过程中该作用逐渐被暗修复系统所取代,并丢失了这个酶。

2. 切除修复

所谓切除修复,即是在一系列酶的作用下,将 DNA 分子中受损伤部位切除掉,并以完整的那一条链为模板,合成切去的部分,然后使 DNA 恢复正常结构的过程。切除修复是动物体细胞修复 DNA 损伤的重要方式,可分为 4 个步骤:

(1)由特异的核酸内切酶识别损伤部位,并将该处损伤的 DNA 单链切断。

(2)切口处在 DNA 聚合酶的作用下,以另一条正常的 DNA 链为模板,进行修复合成。

(3)在酶的作用下,将损伤的片段切除。

(4)用 DNA 连接酶将新合成的 DNA 链与原来的链连接而成正常的 DNA 大分子(图 8-4)。

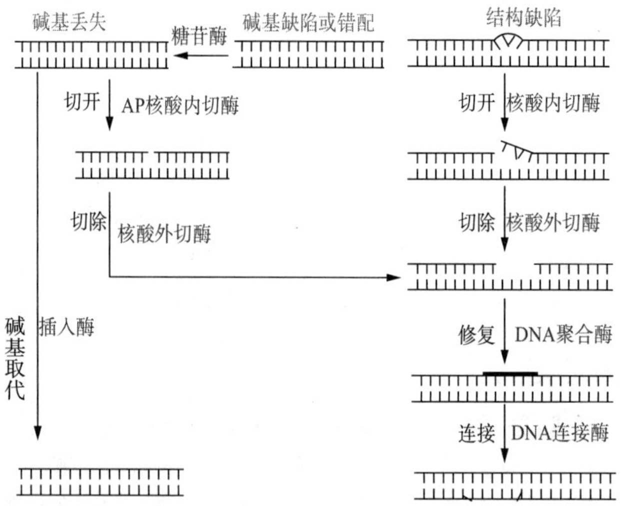

图 8-4　DNA 的损伤和切除修复

大肠埃希菌 DNA 聚合酶Ⅰ兼有 5′核酸外切酶活性，因此修复合成和切除两步可由同一酶来完成。真菌细胞的 DNA 聚合酶不具有外切酶活性，切除必须由另外的外切酶来进行。现在已能利用有关的酶在离体情况下实现 DNA 损伤的切除修复。

3. 重组修复

切除修复过程发生在 DNA 复制之前，因此又称为复制前修复。然而，当 DNA 开始复制时尚未修复的损伤部位也可以先复制再修复。例如，含有嘧啶二聚体、烷基化引起的交联和其他结构损伤的 DNA 仍然可以进行复制，但是复制酶系在损伤部位无法通过碱基配对合成子代 DNA 链，它就跳过损伤部位，在下一个冈崎片段的起始位置或前导链的相应位置上重新合成引物和 DNA 链，结果子代 DNA 链在损伤相对应处留下缺口。这种遗传信息有缺损的子代 DNA 分子可通过遗传重组而加以弥补，即从完整的母链上将相应核苷酸序列片段移至子链缺口处，然后用再合成的序列来补上母链的空缺。此过程称为重组修复，因为发生在复制之后，又称为复制后修复。

在重组修复过程中，DNA 链的损伤并未除去。当进行第二轮复制时，留在母链上的损伤仍会给复制带来困难，复制经过损伤部位时所产生的缺口还需要通过同样的重组过程来弥补，直至损伤被切除修复所消除。但是，随着复制的不断进行，若干代后，即使损伤始终未从亲代链中除去，在后代细胞群中也已被稀释，实际上清除了损伤的影响。

4. 应急反应

DNA 损伤修复功能可以不经诱导而发生。然而许多能造成 DNA 损伤或抑制复制的因素均能引起一系列复杂的诱导效应，称为应急反应（简称 SOS 反应）。SOS 反应包括 DNA 损伤修复效应、诱变效应。细胞分裂的抑制以及溶原性细菌释放噬菌体等。细胞的癌变也可能与 SOS 反应有关。

SOS 反应是细胞 DNA 受到损伤或复制系统受到抑制的紧急情况下，为求得生存而出现的紧急效应。SOS 反应诱导的修复系统包括避免差错的修复和倾向差错的修复两类。光复活、切除修复和重组修复能够识别 DNA 的损伤或错配碱基而加以消除，在它们的修复过程中并不引起错配碱基，因此属于避免差错的修复。SOS反应能诱导切除修复和重组修复中某些关键酶和蛋白质的产生，使这些酶和蛋白质在细胞内的含量升高，从而加强切除修复和重组修复的能力。此外，SOS反应还能诱导产生缺乏校对功能的DNA聚合酶，它能在DNA损伤部位进行复制而避免细胞的死亡，可是却带来了高的变异率。

SOS反应使细菌的细胞分裂受到抑制，结果长成丝状体。其生理意义可能是在DNA复制受到阻碍的情况下避免因细胞分裂而产生不含DNA的细胞，或者使细胞中有更多进行重组修复的机会。

细胞DNA修复能力的异常可能与衰老过程和某些疾病的发生有关。例如，老年动物的DNA修复能力较差，这可能是发生衰老的分子机理之一。另外，细胞修复DNA能力的降低还与某些遗传性疾病和癌瘤的发生有一定的关系。例如，着色性干皮症的患者对日光或紫外线特别敏感，易发生皮肤癌，其原因是这类患者皮肤细胞中DNA修复酶体系缺陷，所以对紫外线引起的皮肤细胞DNA损伤不能修复，从而导致细胞癌变。某些化学试剂，如烷化剂，可造成DNA分子损伤(DNA交联)，当它破坏正常DNA时，可引起细胞突变及癌变，故有致癌性。相反，当它破坏癌瘤细胞DNA时，则可导致癌瘤细胞死亡，故又可以当作抗癌药物。

三、逆转录

遗传信息除由DNA复制进行传递外，在某些情况下，如某些病毒核酸以RNA为模板，根据碱基配对原则，按照RNA的核苷酸顺序(其中U与A配对)合成DNA，这一过程称为逆(反)转录，催化此过程的DNA聚合酶称为反转录酶。反转录酶不仅普遍存在于RNA病毒中，哺乳动物的胚胎细胞和正在分裂的淋巴细胞中也有反转录酶。在20世纪60年代Temin根据有关的实验结果提出“由RNA肿瘤病毒逆向转录为DNA前病毒，然后由DNA前病毒再转录为RNA肿瘤病毒”的设想，但当时未得到重视。直到1970年，Temin和Baltimore各自在鸟类劳氏肉瘤病毒和小鼠白血病病毒等RNA肿瘤病毒中找到了反转录酶，才证明了逆向转录过程。现在人们已发现各种高等真核生物的RNA肿瘤病毒中都有反转录酶，反转录酶是一种多功能酶，除具有以RNA为模板的DNA聚合酶和以DNA为模板的DNA聚合酶活性外，还兼有RNase H(核糖核酸酶H)、DNA内切酶、DNA拓扑异构酶、DNA解链酶和tRNA结合的活性。反转录酶的发现，表明遗传信息也可以从RNA传递到DNA。

反转录酶的作用是以dNTP为底物，以RNA为模板，tRNA(主要是色氨酸tRNA)为引物，在tRNA 3′—OH末端上，按5′→3′方向，合成一条与RNA模板互补的DNA单链，这条DNA单链称为互补DNA(cDNA)。随后又在反转录酶的作用下，水解掉RNA链，再以cDNA为模板合成第二条DNA链。至此，完成由RNA指导的DNA合成过程。携带反转录酶的病毒又称为反转录病毒，它侵入宿主细胞后先以病毒RNA为模板靠反转录酶催化合成DNA，随后这种DNA环化并整合到宿主细胞的染色体DNA中去，以原病毒的形式在宿主细胞中一代代传递下去。以后又发现许多反转录病毒基因组中都含有癌基因，如果由于某种因素激活了癌基因就可使宿主细胞转化为癌细胞。

这种方法已成为生物技术和分子生物学研究中最常见的方法之一，使反转录酶得到广泛的应用。

任务二　RNA 的生物合成

任务解析

掌握 RNA 的转录过程；了解复制与转录的区别；熟悉转录过程与基因表达的关系，从而为蛋白质合成的学习打下基础。

一、转录作用

以 DNA 为模板合成 RNA 的过程称为转录。转录是生物界 RNA 合成的主要方式，是遗传信息由 DNA 向 RNA 传递的过程。在 DNA 的复制过程中，所有碱基都被复制，但转录时仅有部分碱基转录生成 RNA，这些 DNA 分子中可转录生成 RNA 的碱基序列称为基因。催化转录过程的酶是 DNA 指导的 RNA 聚合酶（DDRP)。转录产生的产物是 RNA 前体，它们必须经过转录后的加工才能转变为成熟的 RNA，表现其生物活性。

从化学角度来讲，转录合成 RNA 类似于 DNA 的复制。多核苷酸链的合成都是以 $5'\rightarrow3'$ 的方向，在 $3'$—OH 末端与加入的核苷酸形成磷酸二酯键。但是，转录又具有其特点：对于一个基因组来说，转录只发生在一部分基因，而且每个基因的转录都受到相对独立的控制；转录是不对称的，只在 DNA 分子的一条链上进行；转录时不需要引物，而且 RNA 链的合成是连续的。

（一）DNA 指导的 RNA 聚合酶（DDRP）

真核和原核细胞内都存在有 DNA 指导的 RNA 聚合酶。

1. RNA 聚合酶的特点

（1）以 DNA 为模板。在 DNA 的两条多核苷酸链中，只有其中一条链的一个片段作为模板，这条链称为模板链；不作为模板的另一条链称为编码链。新转录出的 RNA 碱基序列与编码链的碱基序列相同，只是 RNA 序列中的尿嘧啶(U)代替了编码链上的胸腺嘧啶(T)。由于转录合成是以 DNA 的一条链为模板进行的，所以这种转录方式称为不对称转录。

（2）都以四种三磷酸核苷(NTP)为底物原料，遵循 DNA 与 RNA 之间的碱基配对原则，A—U，T—A，C—G，合成与模板 DNA 序列互补的 RNA 链；RNA 链的延长方向是 $5'\rightarrow3'$ 的连续合成；需要 Mg^{2+} 或 Mn^{2+}，不需要引物。

（3）RNA 聚合酶催化下列反应。

$$\begin{matrix} n_1\,\mathrm{ATP} \\ n_2\,\mathrm{GTP} \\ n_3\,\mathrm{UTP} \\ n_4\,\mathrm{CTP} \end{matrix} \xrightarrow[\text{DNA 模板}\ Mg^{2+}\text{或}Mn^{2+}]{\text{DNA 指导的 RNA 聚合酶}} \underbrace{\begin{bmatrix} n_1\,\mathrm{AMP} \\ n_2\,\mathrm{GMP} \\ n_3\,\mathrm{UMP} \\ n_4\,\mathrm{CMP} \end{bmatrix}}_{\text{RNA 产物}} + \underbrace{(n_1+n_2+n_3+n_4)\,\mathrm{PPi}}_{\text{焦磷酸}}$$

（n_1、n_2、n_3、n_4 分别代表各种核苷酸的数目）

2. 原核生物 RNA 聚合酶

对大肠埃希菌 RNA 聚合酶的研究较为清楚。DDRP 是一个结构复杂的酶，全酶由五个亚基构成，分别是 2 个 α、β、β'、σ，去掉 σ 亚基的部分（2 个 α、β、β'）称为核心酶，核心酶不具有起始合成 RNA 的能力，而只能使已经开始合成的 RNA 链延长。σ 亚基的功能是识别启动子序列，引发 RNA 转录起始的作用。

3. 真核生物 RNA 聚合酶

真核生物中已发现有三种 RNA 聚合酶，分别称为 RNA 聚合酶Ⅰ、RNA 聚合酶Ⅱ、RNA 聚合酶Ⅲ，它们专一性地转录不同的基因，转录产物也各不相同。三种真核生物 RNA 聚合酶催化合成的 RNA 种类和在细胞核中定位见表 8-2。

表 8-2　真核生物的 RNA 聚合酶

RNA 聚合酶种类	产生的 RNA 种类	细胞核中定位
RNA 聚合酶Ⅰ	rRNA	核仁
RNA 聚合酶Ⅱ	mRNA	核质
RNA 聚合酶Ⅲ	tRNA 和 5S RNA	核质

（二）RNA 的转录过程

RNA 转录的主要过程可分为识别和起始、延长、终止三个阶段。

1. 转录的识别和起始

转录是从 DNA 分子的特定部位开始的。这个部位即是 RNA 聚合酶全酶识别和结合的部位，称为启动子，又称启动基因。当 RNA 聚合酶的 σ 亚基识别到此位点时，全酶即与启动子结合形成启动复合物，启动复合物的形成使 DNA 分子局部构象改变，结构松弛，解开一段 DNA 双链（约 10 多个碱基对），暴露出 DNA 模板。在 RNA 聚合酶 β 亚基催化下形成 RNA 的第一个磷酸二酯键。RNA 合成的第一个核苷酸总是 GTP 或 ATP，以 GTP 常见。当第一个碱基进入后，σ 亚基从全酶解离下来，脱落的 σ 亚基与另一个核心酶结合成全酶反复利用。真核生物转录起始十分复杂，往往需要多种蛋白因子的协助。已经知道，在所有的细胞中有一类称为转录因子的蛋白质分子，它们与 RNA 聚合酶Ⅱ形成转录起始复合物，共同参与转录起始的过程。

2. 转录的延长

RNA 的延长反应是由核心酶催化的。核心酶沿模板 DNA 链向下游滑动，每滑动一个核苷酸的距离，则有一个核苷酸按 DNA 模板链的碱基互补关系进入模板，并与先前的核苷酸形成磷酸二酯键，如此一个接一个地延长下去，形成 RNA 链。RNA 链的合成方向也是按 $5' \rightarrow 3'$ 进行，随着核心酶的连续滑动，RNA 链继续延长，一旦转录酶经过以后，DNA 链即恢复双螺旋结构，延长过程如图 8-5 所示。

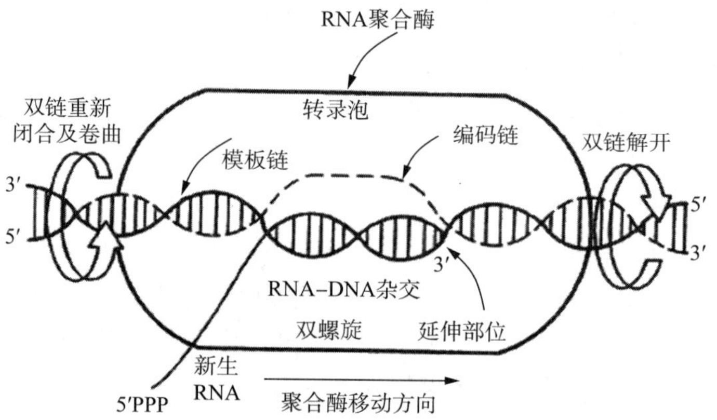

图 8-5 RNA 链的延长

3. 转录的终止

转录是在 DNA 模板某一位置上停止的，当核心酶滑到 DNA 模板的转录终止部位时，转录终止。原核生物 RNA 转录终止位点附近有一段特殊的 DNA 终止序列。提供转录终止信号有两种情况：一类是不依赖于蛋白质因子而实现的终止作用；另一类是依赖蛋白质辅因子才能实现终止作用，这种蛋白质辅因子称为释放因子，通常又称 ρ 因子。ρ 因子能识别 DNA 分子上的终止部位，使核心酶不能继续向前滑动，RNA 链则不能再延长。两类终止信号有共同的序列特征，在转录终止之前合成的 RNA 链有一段回文结构(茎环结构)，回文序列是一段方向相反，碱基互补的序列，这样的二级结构可能与 RNA 聚合酶某种特定的空间结构相嵌合，阻碍了 RNA 聚合酶进一步发挥作用有关。不依赖 ρ 因子的终止序列中富含 G—C 碱基对，而依赖 ρ 因子的终止序列中 G—C 碱基对含量较少。当进入转录终止时，新合成的 RNA 链、核心酶以及 ρ 因子等从 DNA 模板上释放出来，完成了 RNA 的转录过程。

(三)转录后的加工和修饰

转录的 RNA 通常是不成熟的无功能的 RNA 前体分子，因此，转录后常需要进行加工修饰，使之成为成熟的有活性的 RNA 分子，这一过程称为 RNA 的成熟过程。各种 RNA 转录后加工修饰过程各有特点。

1. mRNA 的加工修饰

原核生物细胞中没有核膜，转录与翻译是连续进行的，往往转录还未完成，翻译已经开始了，因此原核生物中转录生成的 mRNA 没有特殊加工修饰过程。而真核生物细胞转录后生成的 RNA 是一类相对分子质量大，而且不均一的 RNA，这类 RNA 称核内不均一 RNA(hnRNA)。hnRNA 经加工修饰后成为有活性的 mRNA。mRNA 加工修饰过程主要包括剪接修饰、"首尾"修饰和碱基修饰几个过程。

(1)剪接修饰。hnRNA 在加工成为 mRNA 的过程中有 50%～70% 的核苷酸链片段被切去。因真核细胞基因是一种断裂基因，有几个编码区和非编码区组成。在结构基因中，具有编码活性的序列称为外显子；无表达活性、不能编码相应氨基酸的序列称为内含子。在转录过程中，外显子和内含子均转录到 hnRNA 中。在细胞核中切掉内含子部分再将各个外显子拼接起来称为剪接。在剪接过程中需要有多种酶参与。由于剪接作用不同，相同的 hnRNA 在不同组织的不同细胞中可以产生不同的 mRNA，可翻译生成不同的蛋白质，剪接过程如图 8-6 所示。

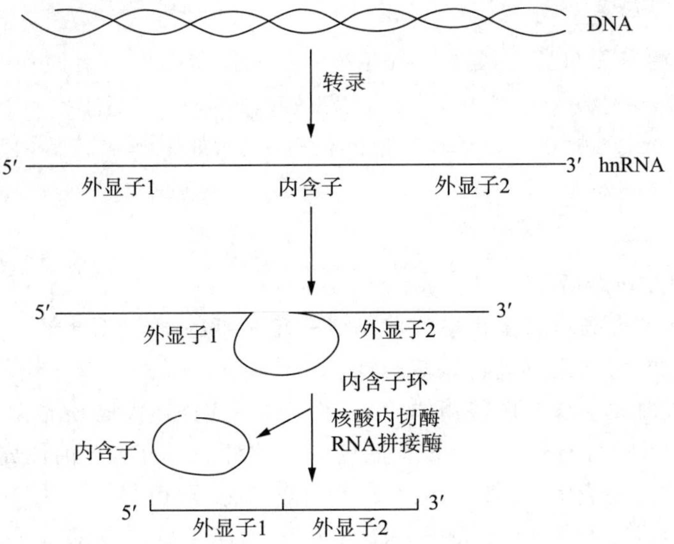

图 8-6　RNA 剪接示意图

(2)“首尾”修饰。“首尾”修饰是真核细胞 mRNA 的 5′末端加“帽”和 3′末端加上多聚腺苷酸“尾”的修饰。真核细胞 mRNA 的 5′末端均有一个特殊结构，即 7-甲基鸟嘌呤核苷三磷酸，称为“帽”状结构。这个结构在初级转录产物 hnRNA 中不存在，需要在转录后的加工中加入，其修饰过程如图 8-7 所示。

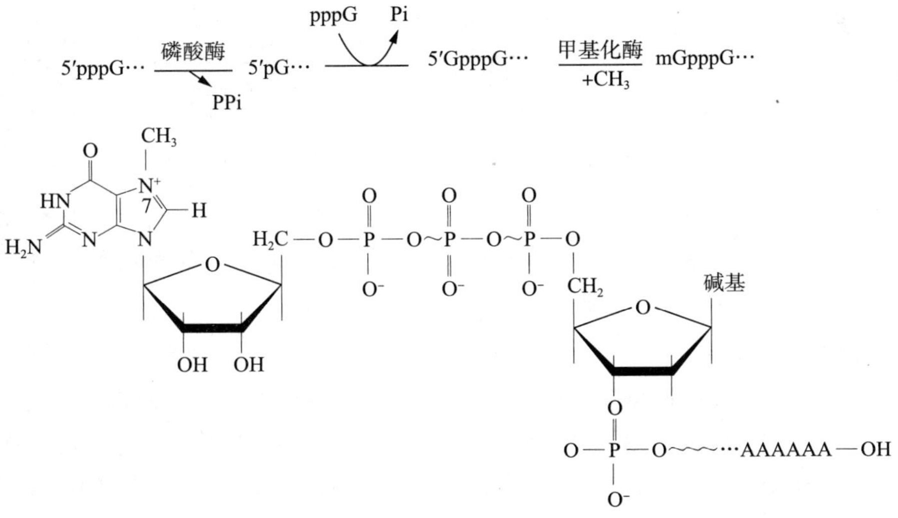

图 8-7　mRNA 帽子形成

大多数真核 mRNA 都有 3′端的多聚腺苷酸(poly A)的尾巴，多聚腺苷酸尾巴大约为 200 bp。多聚腺苷酸尾巴不是由 DNA 编码的，而是转录后在核内加工上去的。其加工过程受核酸外切酶和 poly A 聚合酶催化，核酸外切酶切去 3′末端一些过剩的核苷酸，然后由 poly A 聚合酶识别 mRNA 的游离 3′—OH 端，并加上约 200 个多聚腺苷酸残基，形成多聚腺苷酸尾。

$$RNA+nATP \xrightarrow[Mg^{2+}]{\text{多聚腺苷酸聚合酶}} RNA-(A)_n+nPPi$$

多聚腺苷酸尾的有无与长短，是维持 mRNA 作为翻译模板的活性和增加 mRNA 稳定性的重要因素。

(3)碱基修饰。mRNA 分子中含有少量的稀有碱基，如甲基化碱基，它们也是转录后经过修饰而形成的。

2. rRNA 的加工修饰

原核生物 rRNA 转录后加工，包括以下几方面：

(1)rRNA 前体被大肠埃希菌核酸酶剪切成一定长度的 rRNA 分子。

(2)rRNA 在修饰酶催化下进行碱基修饰。

(3)rRNA 与蛋白质结合形成核糖体的大、小亚基。例如，大肠埃希菌的 rRNA 前体分子的沉降系数为 30S，大约含有 6 300 个核苷酸残基。这种 30S rRNA 前体先在特定碱基上甲基化，然后被专一的核酸酶裂解，形成 17S、25S 等中间产物，再由另一些专一的核酸酶切除不必要的核苷酸残基，生成特有 16S、23S、5S rRNA 和几个 tRNA(图 8-8)。

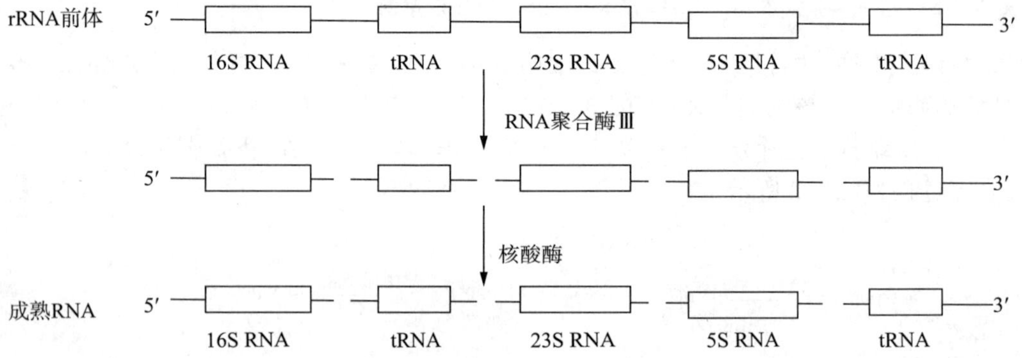

图 8-8 大肠埃希菌 rRNA 的加工修饰示意图

在真核细胞中除 5S rRNA，其他 rRNA 的转录以及前体的转录后加工和核糖体组装均在核仁中进行。真核细胞 45S rRNA 前体约含 14 000 个核苷酸残基，转录后加工包括核糖上的甲基化和一系列酶促裂解，最后生成 28S、5.8S 和 18S rRNA (图 8-9)。

3. tRNA 的加工修饰

tRNA 的加工成熟过程较为复杂，包括剪接修饰、核苷酸修饰与 3′末端连接-CCA 结构修饰等。剪接修饰是在核酸内切酶和外切酶的作用下，切除 5′末端、3′末端的多余核苷酸和内含子进行拼接。3′末端-CCA 结构的形成是在核苷酸转移酶的作用下，以 CTP 和 ATP 为原料，在 3′末端除去个别碱基后，逐个接上 CCA 顺序的核苷酸，完成 CCA—OH 结构。核苷酸的修饰主要是形成一些稀有碱基，如生成甲基嘌呤、二氢尿嘧啶(DHU)、次黄嘌呤核苷酸、假尿嘧啶核苷等。tRNA 加工修饰如图 8-10 所示。

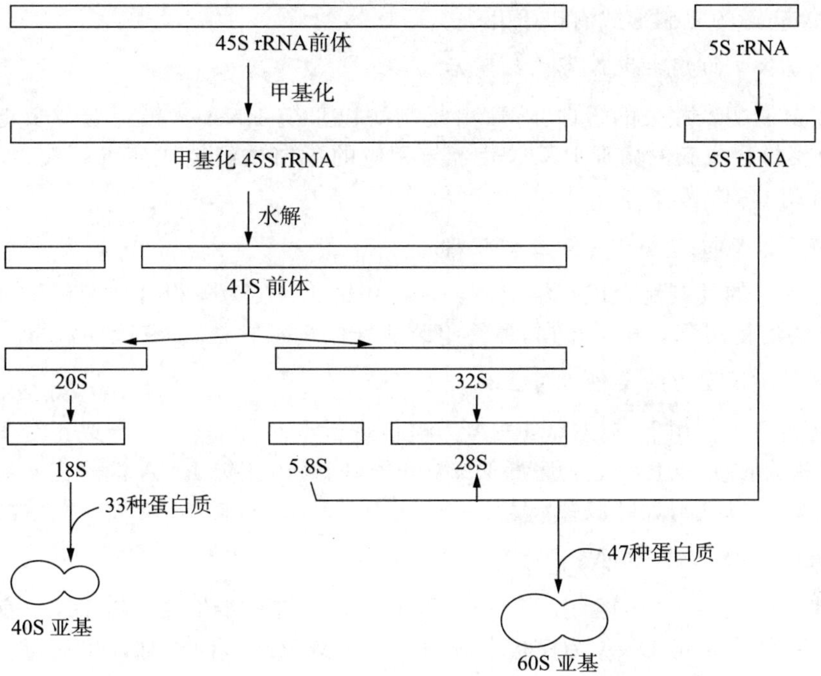

图 8-9　真核生物 rRNA 的加工修饰示意图

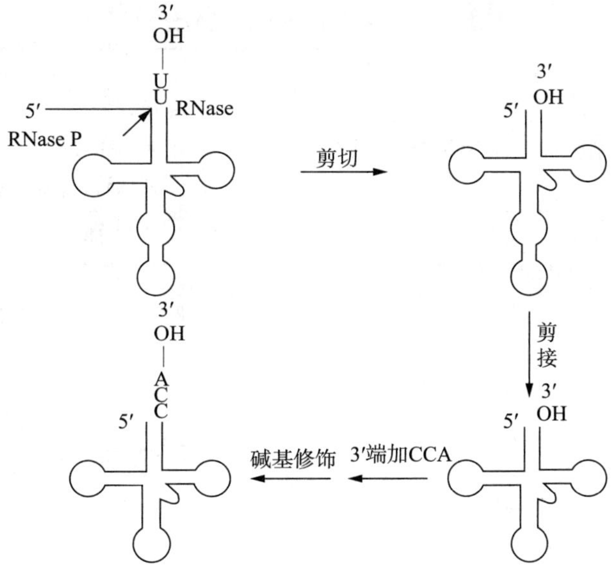

图 8-10　tRNA 前体的加工

二、RNA 的复制

以 DNA 为模板合成 RNA 是生物界 RNA 合成的主要方式，但某些病毒、噬菌体的遗传信息贮存在 RNA 分子中，当它们进入宿主细胞后，会产生一种特殊的 RNA 复制酶，这种酶称为 RNA 指导的 RNA 聚合酶。在病毒 RNA 指导下合成新的 RNA，称为 RNA 的复制。RNA 复制酶具有很高的模板专一性，只识别病毒自身的 RNA，对寄主细胞或其他病毒的 RNA 均无反应。RNA 病毒的复制形式有以下几类。

1. 含正链 RNA 的病毒进入寄主细胞后

首先合成复制酶及相关的蛋白，然后由复制酶以正链 RNA 为模板合成负链 RNA，再以负链 RNA 为模板合成新的病毒 RNA，后者与相应的蛋白质组装成病毒颗粒，如脊髓灰质病毒和大肠埃希菌 Qβ 噬菌体等。

2. 含负链 RNA 的病毒侵入寄主细胞后

借助病毒带入的复制酶合成正链 RNA，再以正链 RNA 为模板合成负链 RNA，同时由正链 RNA 合成病毒复制酶及相关蛋白，最终组装成新的病毒颗粒，如狂犬病病毒。

3. 含有双链 RNA 的病毒侵入寄主细胞后

在病毒复制酶的作用下，以双链 RNA 为模板进行不对称的转录，合成正链 RNA，再以正链 RNA 为模板合成负链 RNA，成病毒 RNA 分子，同时由正链 RNA 翻译出复制酶及相关蛋白，组装成新的病毒颗粒，如呼肠孤病毒。

4. 逆转录病毒含正链 RNA

在病毒特有的逆转录酶的催化下合成负链 DNA，再进一步生成双链 DNA（前病毒），然后由寄主细胞酶系统以负链 DNA 为模板合成病毒的正链 RNA，同时翻译出病毒蛋白和逆转录酶，组装成新的病毒颗粒。

DNA 和 RNA 合成的比较见表 8-3。

表 8-3　DNA 和 RNA 合成的比较

项目	DNA 的合成（复制）	RNA 的合成（转录）
合成部位	主要在细胞核中，也在叶绿体、线粒体中	核仁：rRNA 核质：mRNA、tRNA 线粒体、叶绿体也进行
底物	dNTP（4 种）： dATP、dGTP、dCTP、dTTP	NTP（4 种）： ATP、GTP、CTP、UTP
模板	DNA 的两条链	DNA 中的任一条链
酶	RNA 聚合酶 DNA 聚合酶 Ⅰ、Ⅱ、Ⅲ（原核） DNA 聚合酶 α、β、γ、δ（真核） 连接酶、拓扑异构酶 解链酶、单链结合蛋白 dnaB	DNA 指导下的 RNA 聚合酶（$\alpha_2\beta\beta'\sigma$）
引物	要 RNA 作引物	不要引物
作用机理	引物或正延长的 DNA 的 3′-OH 向新加入的 dNTP 的 5′-磷酸进行亲核进攻	正延长的 RNA 的 3′-OH 向新加入的 NTP 的 5′-磷酸进行亲核进攻
链的延长方向	5′→3′合成，3′-OH 端延长	5′→3′合成，3′-OH 端延长
合成方向	半保留复制	全保留转录
产物	双链 DNA	单链 RNA

任务三　蛋白质的生物合成

任务解析

本任务主要讲述遗传密码的特性、蛋白质生物合成过程的四个阶段；了解翻译后的几种加工方式。

蛋白质是生命活动的物质基础。蛋白质分子是由20种氨基酸组成的，在不同的蛋白质分子中，氨基酸有着特定的排列顺序，这种特定的排列顺序是由蛋白质编码基因中的碱基排列顺序决定的。基因的遗传信息在转录过程中从DNA转移到mRNA，再由mRNA将这种遗传信息表达为蛋白质中氨基酸的顺序。mRNA是蛋白质合成的直接模板，mRNA是由四种核苷酸构成的多核苷酸，而蛋白质是由20种氨基酸构成的多肽，它们之间的信息传递就好像从一种语言翻译成另一种语言时的情形，所以把以mRNA为模板合成蛋白质的过程称为翻译或转译。翻译的过程也就是蛋白质分子生物合成的过程，在此过程中需要200多种生物大分子参加，其中包括核糖体、mRNA、tRNA及多种蛋白质因子。翻译过程的基本原理见图8-11。

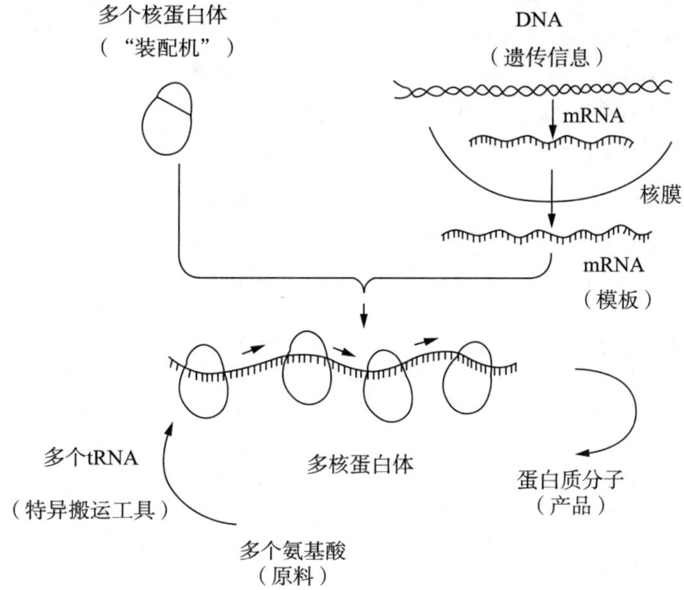

图8-11　翻译过程的基本原理

一、参与蛋白质生物合成的物质

（一）mRNA是合成蛋白质的直接模板

mRNA以它分子中的核苷酸排列顺序携带从DNA传递来的遗传信息，作为蛋白质生物合成的直接模板，决定蛋白质分子中的氨基酸排列顺序。不同的蛋白质有各自不同的

mRNA，在mRNA上除含有编码区外，两端还有非编码区。非编码区对于mRNA模板活性是必需的，特别是5′端非编码区在蛋白质合成中被认为是与核糖体结合的部位。

mRNA以5′→3′方向，从AUG开始每3个连续的核苷酸编成一组，在蛋白质合成时，代表一个氨基酸，称为密码子。在mRNA中，A、U、G、C四种碱基每三个排列组合，可组成64种密码子。这些密码不仅代表了20种氨基酸，还决定了翻译过程的起始与终止位置。每种氨基酸至少有一种密码子，最多的有6种密码子。科学家们设计了十分出色的遗传学和生物化学实验，于1966年编排出了遗传密码表（表8-4）。

表8-4 遗传密码表

5′末端（第一位碱基）	中间碱基（第二位碱基）				3′末端（第三位碱基）
	U	C	A	G	
U	UUU 苯丙	UCU 丝	UAU 酪	UGU 半胱	U
	UUC 苯丙	UCC 丝	UAC 酪	UGC 半胱	C
	UUA 亮	UCA 丝	UAA（终止密码）	UGA（终止密码）	A
	UUG 亮	UCG 丝	UAG（终止密码）	UGG 色	G
C	CUU 亮	CCU 脯	CAU 组	CGU 精	U
	CUC 亮	CCC 脯	CAC 组	CGC 精	C
	CUA 亮	CCA 脯	CAA 谷氨酰	CGA 精	A
	CUG 亮	CCG 脯	CAG 谷氨酰	CGG 精	G
A	AUU 异亮	ACU 苏	AAU 天冬酰	AGU 丝	U
	AUC 异亮	ACC 苏	AAC 天冬酰	AGC 丝	C
	AUA 异亮	ACA 苏	AAA 赖	AGA 精	A
	* AUG 蛋（起始密码）	ACG 苏	AAG 赖	AGG 精	G
G	GUU 缬	GCU 丙	GAU 天冬	GGU 甘	U
	GUC 缬	GCC 丙	GAC 天冬	GGC 甘	C
	GUA 缬	GCA 丙	GAA 谷	GGA 甘	A
	GUG 缬	GCG 丙	GAG 谷	GGC 甘	G

注：* 位于mRNA起动部位的AUG为氨基酸合成肽链的起始密码。以哺乳动物为代表的真核生物，此密码子代表蛋氨酸；以细菌为代表的原核生物，此密码子代表甲酰蛋氨酸。

遗传密码的特性可归纳为以下几点。

1. 起始码与终止码

密码子AUG是起始密码，代表合成肽链的第一个氨基酸的位置，它们位于mRNA 5′末端，同时它也是蛋氨酸的密码子，因此原核生物和真核生物多肽链合成的第一个氨基酸都是蛋氨酸。但也有少数细菌中用GUG作为起始码；而在真核生物中，CUG偶尔也用作起始蛋氨酸的密码。密码子UAA、UAG、UGA是肽链合成的终止密码，不代表任何氨基酸，它们单独或共同存在于mRNA 3′末端。因此翻译是沿着mRNA分子5′→3′方向进行的。

2. 密码子不间隔性

2个密码子之间没有任何核苷酸隔开，因此从起始码AUG开始，3个碱基代表1个氨基酸，密码子连续排列，直至终止密码子。如果在mRNA中插入或缺失一个碱基就会造成这以后的密码子发生错误，合成的肽链中所代表的氨基酸也发生错误，这种现象称为移码。由于移码发生的突变称为移码突变。

3. 密码的简并性

一种氨基酸有几组密码子，或者几组密码子代表一种氨基酸的现象称为密码子的简并性。简并性主要是由于密码子的第三个碱基发生摆动现象形成的，也就是说密码子的专一性主要由前两个碱基决定，即使第三个碱基发生突变也能翻译出正确的氨基酸，这对于保证物种的稳定性具有一定意义。如GCU、GCC、GCA、GCG都代表丙氨酸。

4. 密码的通用性

大量的事实证明生命世界从低等到高等，都使用一套密码，也就是说遗传密码在很长的进化时期中保持不变，因此这张密码表是生物界通用的。但密码子的通用性也不是绝对的，真核生物线粒体的密码子有许多不同于通用密码。例如，哺乳类动物线粒体中，UGA不是终止码，而是色氨酸的密码子；AGA、AGG不是精氨酸的密码子，而是终止密码子，加上通用密码中的UAA和UAG，线粒体中共有4组终止码。

（二）tRNA是运载氨基酸和解读密码的工具

tRNA在蛋白质生物合成过程中起关键作用。mRNA携带的遗传信息被翻译成蛋白质一级结构，但是mRNA分子与氨基酸分子之间并无直接的对应关系。这就需要tRNA分子作为运载工具。每种氨基酸都有2～6种各自特异的tRNA转运，但每种tRNA只能转运一种特异的氨基酸。各种tRNA分子上有相应的氨基酸臂可与特异氨基酸结合，它们之间的特异性靠氨基酰tRNA合成酶来识别，每种氨基酸只有一种氨基酰tRNA合成酶。tRNA分子中反密码环上的反密码子与mRNA分子中的密码子按碱基配对原则而形成氢键的过程称为反密码。反密码过程实际上是tRNA与mRNA形成互补链的过程，即密码子第一、第二、第三碱基分别与反密码子的第三、第二、第一碱基相配对。在配对时密码子的头两个碱基是严格按碱基配对的原则为tRNA所识别的，但第三个碱基则不这样严格，而有一定的自由度，即密码子的第三位碱基与反密码子的第一位碱基配对时并不严格（即摇摆性）如图8-12所示。例如，酵母丙氨酸tRNA的反密码子是IGC，此tRNA能阅读GCU、GCC和GCA 3个密码子；苯丙氨酸tRNA的反密码子为GAA，它能阅读UUU和UUC，但不能阅读UUA和UUG。

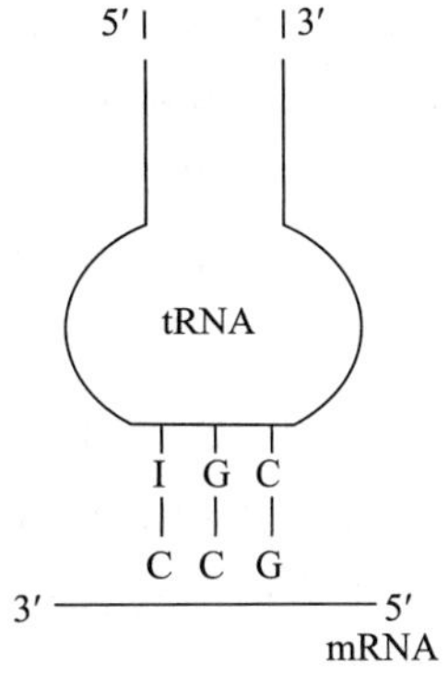

图8-12　密码子和反密码子的相互作用

（三）核糖体构成蛋白质合成场所

rRNA与蛋白质构成的核糖体是蛋白质合成的场所。核糖体可分为两类：一类附着于粗面内质网，主要参与清蛋白、胰岛素等分泌性蛋白质的合成；另一类游离于胞浆，主要参与细胞固有蛋白质的合成。任何生物的核糖体都是由大、小两个亚基组成。核糖体可看成是合成蛋白质的细胞器，它具有高度特异和复杂的结构，直径约为 20 nm。目前，研究最详细的是大肠杆菌的核糖体。大肠埃希菌核糖体为 70S，它可解离为一个大亚基（50S）和一个小亚基（30S）；30S 亚基含有一个 16S rRNA 分子和 21 种蛋白质，50S 亚基含有一个 23S rRNA 分子和一个 5S rRNA 分子以及约 34 种蛋白质。一个大肠埃希菌核糖体的质量的 2/3 左右为 RNA，其余为蛋白质。

真核细胞胞浆中的核糖体比细菌中的大一些，其沉降系数为 80S。它也解离为一个大亚基（60S）和一个小亚基（40S）：小亚基含有 1 个 18S rRNA，大亚基则含有 3 个 rRNA 分子（28S、5.8S 和 5S）。真核细胞线粒体中的核糖体与胞浆中的不同，其沉降系数为 70S。核糖体的结构如图 8-13 所示。

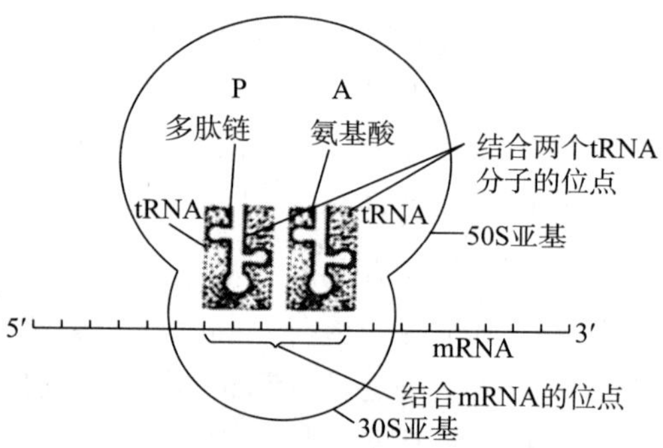

图 8-13 核糖体结构图

在蛋白质合成的过程中，首先是小亚基与 mRNA 结合，然后大亚基再与小亚基结合。大亚基上有两个位点：一个称为 P 位点，供肽酰基占据；另一个称为 A 位点，供氨酰基占据。当 mRNA 结合在核糖体上时，P 位点与 A 位点正好与 mRNA 上两个相邻的密码相对应。转肽酶位于两个位点之间，催化肽链的形成。肽链合成终止时，核糖体分离为大小亚基，多肽链释出。

（四）蛋白质生物合成的酶及其他因子

1. 蛋白质合成的酶

在蛋白质合成中起主要作用的酶有两种：一是氨基酰-tRNA 合成酶，二是转肽酶。氨基酰-tRNA 合成酶存在于胞液中，主要催化氨基酸的活化反应。此酶的特异性很强，一种酶只能催化一种特定的氨基酸与一种特定的 tRNA 结合。目前，从大肠埃希菌中已分离出 20 多种氨基酰-tRNA 合成酶，对每个氨基酸来说至少有一种氨基酰-tRNA 合成酶。

转肽酶存在于核糖体大亚基上，其主要作用是催化“P”位点上肽酰-tRNA 的肽酰基转移至“A”位点上的氨基酰-tRNA 的 α-氨基处，使酰基与 α-氨基结合形成肽键。

2. 合成原料与能量

自然界由 mRNA 编码的氨基酸共有 20 种，它们都是 α-氨基酸，只有 α-氨基酸能够作为蛋白质生物合成的直接原料。某些蛋白质分子还含有羟脯氨酸、羟赖氨酸、γ-羧基谷氨酸等，这些特殊氨基酸是在肽链合成后的加工修饰过程中形成的。在氨基酸活化与肽链形成过程中需要的能量由 ATP 与 GTP 提供。

3. 其他因子

在蛋白质合成过程中还需要许多重要的因子参与反应，如起始因子、延长因子、终止因子或释放因子、核糖体释放因子等。此外，在蛋白质合成的各个阶段还需要某些无机离子，如 Mg^{2+} 等参与反应。

二、蛋白质生物合成的过程

蛋白质生物合成过程十分复杂，涉及细胞内所有种类的 RNA 和几十种蛋白质因子。简单地说，蛋白质的生物合成过程是由肽链的氨基端到羧基端依次加上氨基酸的肽链延长过程，每次在已有肽链的羧基端加上一个氨基酸。蛋白质的生物合成过程主要包括氨基酸的活化、肽链合成的起始、肽链的延长和合成的终止四个阶段。

(一)氨基酸的活化

氨基酸化学性质比较稳定，必须活化以后才能参加蛋白质的生物合成过程。活化的过程是在氨基酰-tRNA 合成酶催化下，由 ATP 提供能量进行。反应可分为两步：第一步是氨基酸与 ATP 反应生成中间复合物——氨基酰腺苷酸；第二步是氨基酰腺苷酸将氨基酰基转给 tRNA 形成氨基酰-tRNA。

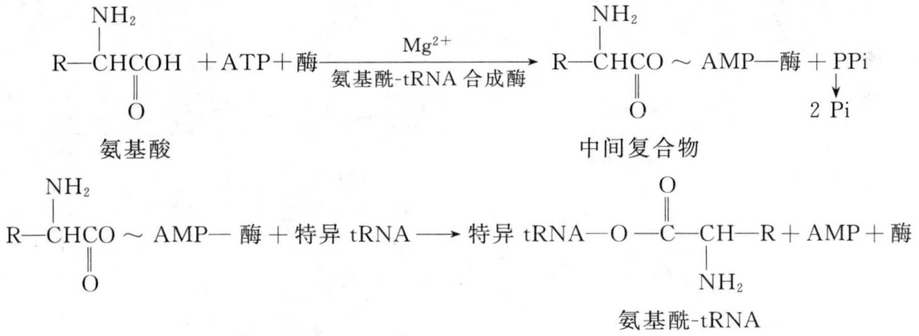

氨基酰-tRNA 合成酶在细胞质中存在，具有高度的专一性。氨基酰-tRNA 合成酶对氨基酸的高度专一性保证了翻译的准确性。它们既能识别特异的氨基酸，又能辨认该氨基酸的专一 tRNA 分子。氨基酰-tRNA 合成酶分子中有两个位点：一个位点能从多种氨基酸中选出与其对应的一种，与专一氨基酸结合；另一位点为水解位点，在酶与专一 tRNA 分子结合后，起校对作用，将错误结合的氨基酸水解释放。tRNA 所携带的氨基酸，是通过“核糖体循环”在核糖体上缩合成肽从而完成翻译过程。

(二)肽链合成的起始

原核生物蛋白质合成的起始是由 mRNA、核糖体的 30S 亚基和甲酰甲硫氨酰-tRNA 结合，从形成 30S 起始复合体开始，到形成 70S 起始复合体结束。细菌合成蛋白质的起始氨基酸为甲酰甲硫氨酸(fMet)，即甲硫氨基酸活化后，再由特异的甲酰化酶催化，N^{10}-甲酰基四氢叶酸供给甲酰基形成。真核细胞中的起始氨基酸是甲硫氨酸。起始阶段分两步进行，先形成 30S 起始复合体，再形成 70S 起始复合体。

1. 30S 起始复合体的形成

30S 起始复合体的形成过程需要 GTP 和三种起始因子(即 IF-1、IF-2 和 IF-3)。IF-3 有两种作用：一是促使 mRNA 与 30S 亚基的结合；二是防止 50S 亚基与 30S 亚基在没有 mRNA 的情况下结合成不起作用的 70S 复合体。IF-1 和 IF-2 的作用是促使 fMet-$tRNA_f$与 mRNA 30S 亚基复合体的结合。在 fMet-$tRNA_f$和 30S 亚基与 mRNA 结合时，除 $tRNA_f$用其反密码子识别 mRNA 上的起始密码子外，30S 亚基中的 16S rRNA 也有识别起始部位的作用，因为已发现在细菌 mRNA 起始密码子前面有一段核苷酸顺序是与 16S rRNA 的一段顺序配对，这样保证了翻译由正确起始信号开始。

2. 70S 起始复合体的形成

在 30S 起始复合体形成后便与 50S 亚基结合而形成 70S 起始复合体，完成翻译的起始。此过程需要 GTP 水解供能，使 IF-1 与 IF-2 也都脱落。70S 起始复合体的形成，表明蛋白质生物合成的起始阶段已经完成，已可进入碳链延长阶段。在 70S 起始复合体中 fMet-tRNA 结合在核糖体的 P 位(肽酰-tRNA 部位)，而核糖体的 A 位(氨基酰-tRNA 部位)空着。肽链合成的起始如图 8-14 所示。

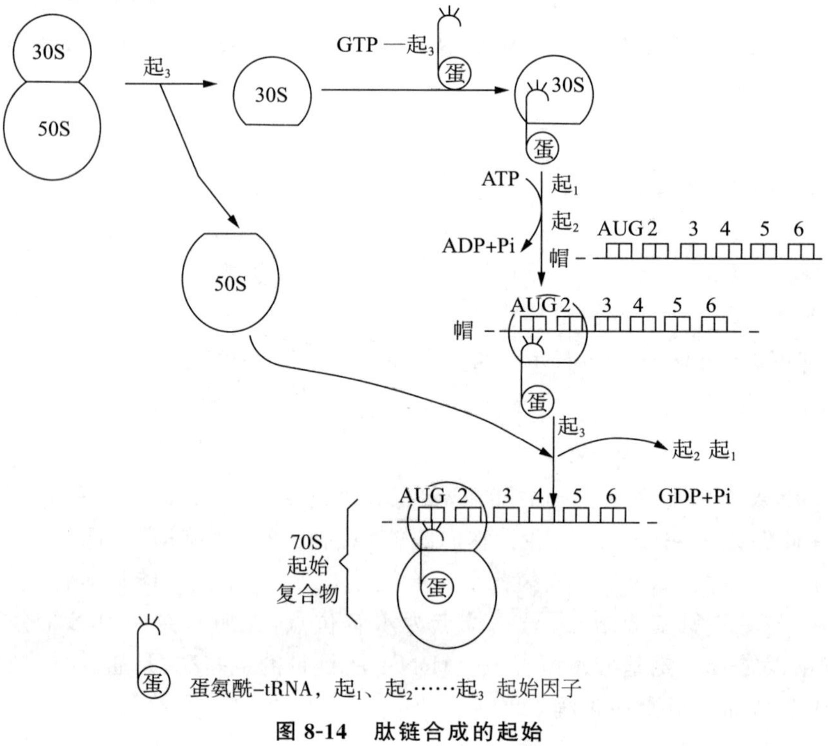

图 8-14 肽链合成的起始

(三)肽链的延长

从 70S 起始复合体形成到终止反应之前的过程，称为延长反应。它包括氨基酰-tRNA 进入 A 位、肽键的形成和移位三个过程。

1. 氨基酰-tRNA 进入“A 位”

延长阶段的第一步是氨基酰-tRNA 进入 A 位，即 tRNA 携带氨基酸进入核糖体大亚基 A 位。进入 A 位的氨基酰-tRNA 种类是由 A 位 mRNA 的密码子决定。氨基酰-tRNA 进入 A 位需要延长因子 EF-Tu 转运，EF-Tu 能识别 tRNA 是否氨酰化，在细胞内只有氨酰化的 tRNA 才能与 EF-Tu 以及 GTP 形成三元复合物。未经氨酰化的 tRNA 不能与 EF-Tu 和 GTP 形成三元复合物。因此，它们也就不能进入 A 位，从而保证了延长反应的顺利进行。

当氨基酰-tRNA-EF-Tu-GTP 复合物将氨基酰-tRNA 准确地置于 A 位并与 mRNA 结合

时，伴随有 GTP 的水解，产生 EF-Tu-GDP，并从核糖上解离下来。在另一个延长因子 EF-Ts 存在下，EF-Ts 与 EF-Tu-GDP 中的 GDP 交换而形成 Ts-Tu 并释出 GDP。然后 GTP 再与 Ts-Tu 中的 Ts 交换，形成 EF-Tu-GTP，即可进入下一轮反应。值得注意的是 EF-Tu 不与 fMet-$tRNA_f$反应，因而此起始 tRNA 不能进入 A 位，保证了内部 AUG 密码子不会被起始 tRNA 所阅读。

2. 肽键的形成

当氨基酰-tRNA 占据 A 位后，原来结合在 P 位的 fMet-tRNA 便将其活化的甲酰甲硫氨酸部分转移到 A 位的氨基酰- tRNA 的氨基上，以酰胺键（即肽键）连结起来形成二肽酰基-tRNA。催化此反应的酶是肽酰转移酶，它是 50S 亚基的一个组成部分。转肽反应如图 8-15 所示。

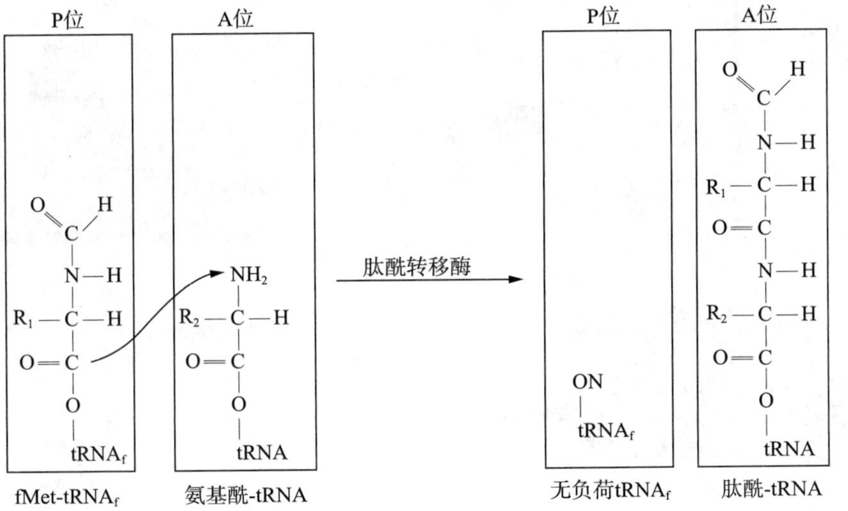

图 8-15　转肽反应

经转肽反应后，原来结合在 P 位的 tRNA 成为无负荷的 tRNA，而结合在 A 位的则是二肽酰基 tRNA，于是进入移位阶段。

3. 移位

在移位时发生 3 个移动：即无负荷的 tRNA 由 P 位释出；肽酰基-tRNA 从 A 位移到 P 位；mRNA 移动一个密码子的距离，即下一个密码子进入核糖体，以便被下一个进入的氨基酰-tRNA 所阅读。移位过程需要延长因子 EF-G（又称移位酶）的推动，在移位过程中结合在 EF-G 上的 GTP 被水解为 GDP 和 Pi。GTP 的水解不是移位所必需的，GTP 的水解是促使 EF-G 从核糖体上解离下来，并推动下一次的移位。移位后 A 位被空出，于是再进入一个氨基酰-tRNA，并重复以上过程，使肽链不断延长。整个延长过程如图 8-16 所示。

总的来说，肽链的延长过程是通过进位，即氨基酰-tRNA 按照碱基配对的原则，通过反密码子识别密码配对结合，进入 A 位点，参与因子是延长因子 EF-Tu（Tu）、EF-Ts（Ts）、GTP、氨基酰-tRNA；转肽，即肽酰基从 P 位点转移到 A 位点，形成新的肽链，此过程需要 Mg^{2+} 和 K^+ 参与。移位，即在移位因子（移位酶）EF-G 的作用下，核糖体沿 mRNA（$5'\rightarrow3'$）做相对移动，使原来在 A 位点的肽酰-tRNA 回到 P 位点。

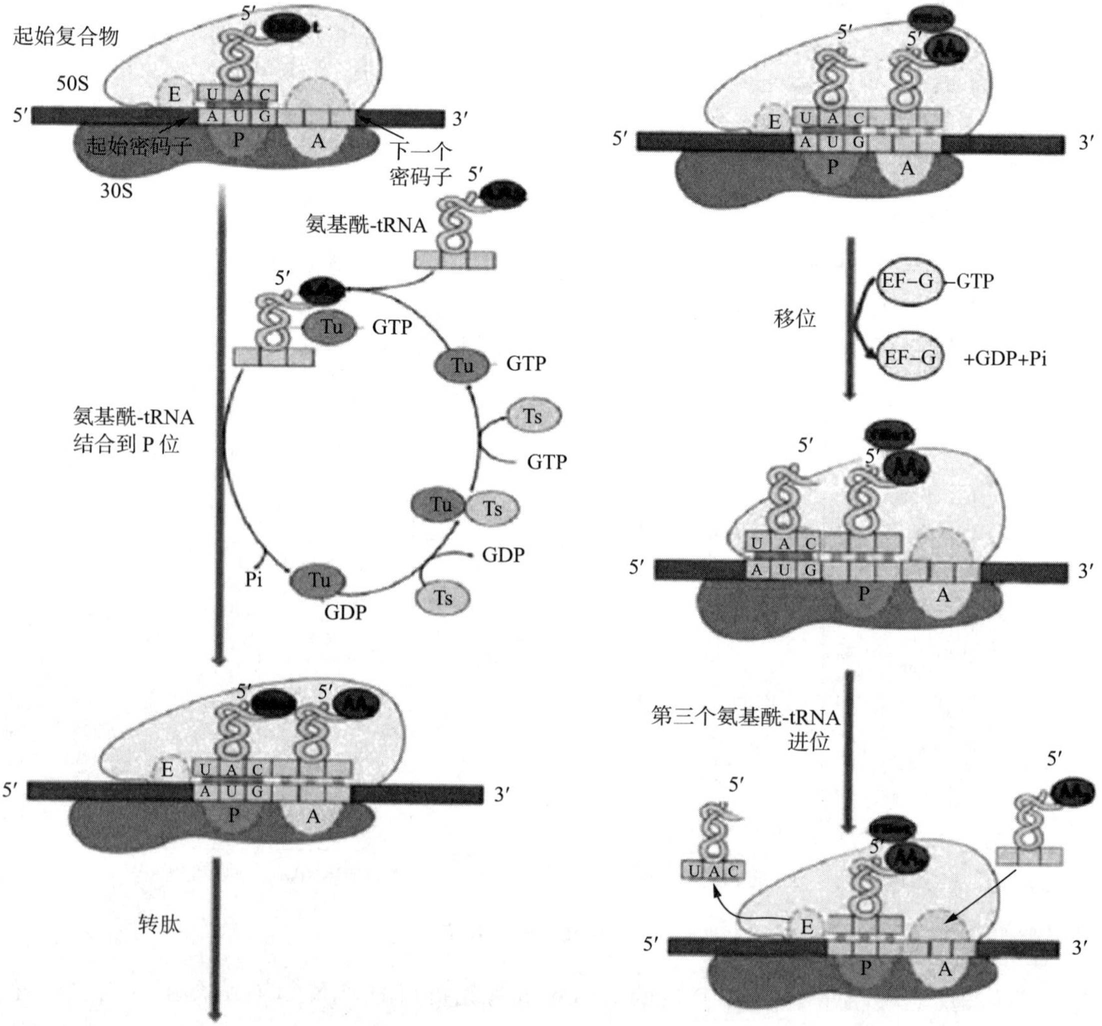

图 8-16 肽链的延长

(四)合成的终止

当 mRNA 的终止密码子 (UAA、UGA 或 UAG)进入核糖体的 A 位时,由于它们不为任何氨基酸编码,也不为任何氨基酰-tRNA 所识别,所以没有氨基酰-tRNA 进入 A 位与之结合。但释放因子(RF)能够识别这些终止密码子,其中 RF-1 识别 UAG 和 UAA,RF-2 识别 UGA 和 UAA,因而释放因子结合到核糖体 A 位的终止密码子上。这种结合使核糖体肽酰转移酶的构象发生改变,使肽酰转移酶活性转变为水解酶活性,即肽酰转移酶不再催化肽键的形成,而是催化 P 位上 tRNA 与肽链之间的键水解,于是肽链由核糖体上释放出来。随后mRNA和 tRNA 也由核糖体上释放出来,70S 核糖体也解离为 30S 亚基和 50S 亚基,并可进行另一个蛋白质分子的合成。肽键合成的终止如图 8-17 所示。

以上介绍的蛋白质生物合成过程,主要是以原核生物,尤其是大肠埃希菌为材料的研究结果。在高等动物中蛋白质生物合成的过程与细菌基本相似,参加的成分也基本相同。

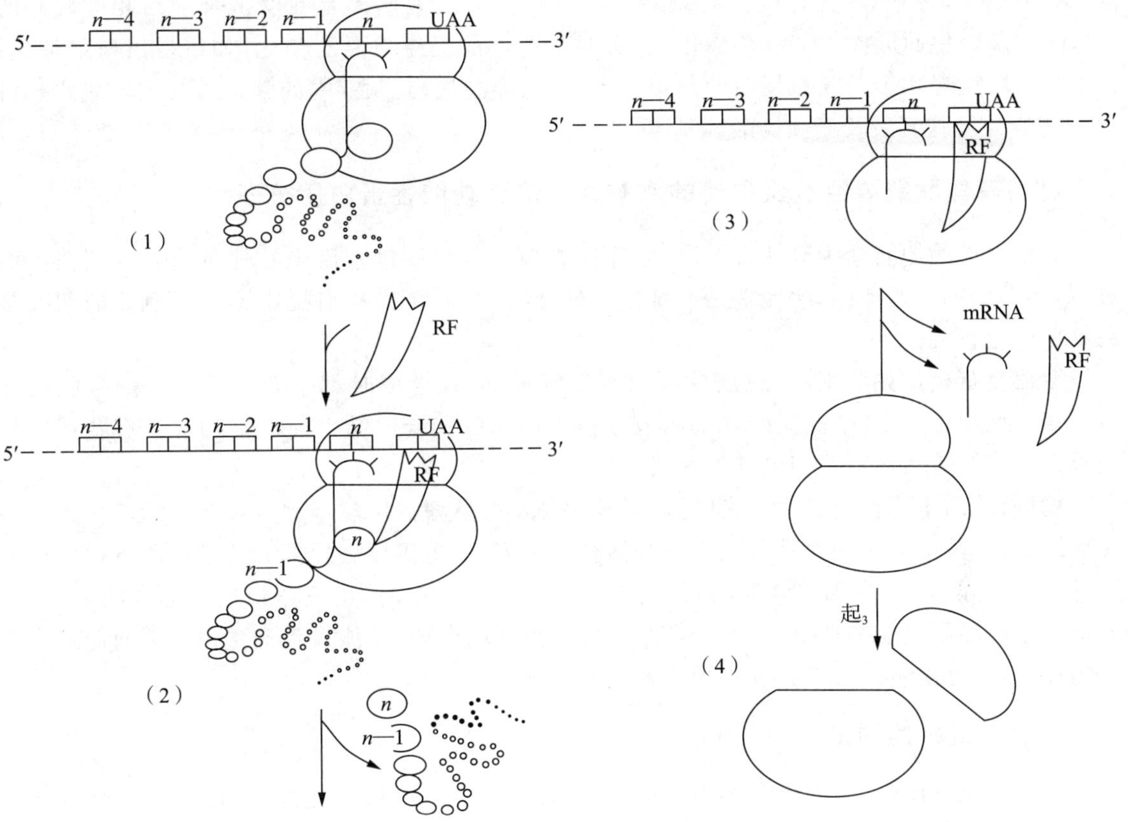

图 8-17 肽键合成的终止

三、翻译后的加工

肽链合成结束，并不意味着具有正常生理功能的蛋白质分子已经生成。新合成的肽链多数是没有生物活性的，必须经过加工过程，才能成为有生物活性的蛋白质分子。加工的方式有以下几种：

(一)甲酰基的水解

在细菌蛋白质中的起始氨基酸上的甲酰基由脱甲酰酶催化水解掉。有时还要由氨肽酶从N端切去一个或几个氨基酸。

(二)二硫键的形成

通过2个半胱氨酸上的—SH基脱氢而形成二硫键，二硫键对维持蛋白质立体结构起着重要作用。例如，核糖核酸酶合成后，肽链中8个半胱氨酸残基构成了4对二硫键，此4对二硫键对它的酶活性是必要的。二硫键也可以在链间形成，使蛋白质分子的亚单位聚合。

(三)个别氨基酸残基的化学修饰

某些氨基侧链需要修饰才能成为成熟的蛋白质而参与正常的生理活性。糖蛋白中的丝氨酸、天冬氨酸和苏氨酸的侧链上连接多糖等，这些氨基酸残基都是在肽链合成后相应残基的—OH 被磷酸化而形成的。除磷酸化外，有时蛋白质前提还需要乙酰化（如组蛋白）、甲基化、ADP-核糖化、羟化等。胶原蛋白的前提在合成后，经羟化，其肽链中的脯氨酸及赖氨酸残基可分别转变为羟脯氨酸及羟赖氨酸残基。

（四）有些肽链要经过蛋白酶的水解才能成为功能性蛋白质分子

无活性的酶原转变为有活性的酶，常需要去掉一部分肽链。已知其他蛋白质也存在类似过程，但转变的场所不同；酶原多是在细胞外转变为酶，而蛋白质前提中不必要肽段的切除是在细胞内进行的。

分泌型蛋白质如清蛋白、免疫球蛋白与催乳素等，在合成时都带有一段称为信号肽的肽段。信号肽由 15～30 个氨基酸残基构成。信号肽在肽链合成结束前已被切除。有些蛋白质前提在合成结束后还需要切除其他肽段。

例如，胰岛素原在变成胰岛素时，还需要去掉部分肽段。甲状旁腺素及生长素等多种蛋白质类激素，由其前体转变为具有正常生理活性的激素时，也需要去掉部分肽段。除蛋白质类激素外，血浆蛋白质的主要成分为清蛋白，在细胞中合成结束时，也只是形成其前体清蛋白原。清蛋白原需在氨基端去掉由 5～6 个氨基酸残基组成的肽段，才能成为清蛋白。因而此种合成后的加工，是分泌蛋白质生成过程的一种普遍规律。

（五）多蛋白的加工

真核生物 mRNA 的翻译产物为单一的多肽链，有时这一肽链经加工，可产生一个以上功能不同的蛋白质或多肽。此类原始肽链称为多蛋白，如垂体促肾上腺皮质激素，β、γ 促脂素，β 内啡肽，α、β 黑色细胞刺激素均从一条由 265 个氨基酸残基组成的多蛋白（称为阿片促黑皮质激素原）裂解而来。

此外，肽链还要形成一定的空间构象。单纯蛋白质由一条多肽链或数条多肽链构成；结合蛋白质除多肽链外，还含有辅基等。目前认为，蛋白质的高级结构是由一级结构中各个氨基酸的侧链共同决定的，有了一定的一级结构便能自然形成一定的高级结构。一级结构形成后，多肽链卷曲折叠形成 α-螺旋、β-折叠等二级结构，并借此级键（盐键、氢键、疏水键等）维持一定空间构象。由一条以上肽链构成的蛋白质和带有辅基的结合蛋白质，肽链之间或多肽链与辅基之间需要聚合。结合蛋白质如糖蛋白、脂蛋白和色素蛋白分别需要加糖、加脂、加辅基等才能成为活性蛋白质。

四、基因表达的调控

从 DNA 到蛋白质的过程称为基因表达，对这个过程的调节即为基因表达调控。基因表达的调控是现代生物化学研究的中心课题之一。因为要了解动植物生长发育规律、形态结构特征及生物学功能，就必须搞清楚基因表达调控的时间和空间概念。掌握了基因调控机制，就等于掌握了一把揭示生物学奥秘的钥匙。基因表达的调控主要表现在转录水平上的调控和翻译水平上的调控。大多数生物多采用转录水平上的调控，翻译水平上调控较少。

基因表达调控十分复杂，尤其是真核生物的基因表达调控，至今尚有许多问题没有研究清楚。这里仅就原核生物的基因表达调控做简要介绍。

原核生物的基因表达调控虽然比真核生物简单，但也存在着复杂的调控系统，如在转录调控中就存在着许多问题：如何在复杂的基因组内确定正确的转录起始点？如何将 DNA 的核苷酸按照遗传密码的顺序转录到新生的 RNA 链中？如何保证合成一条完整的 RNA 链？如何确定转录的终止？

上述过程决定于 DNA 的结构、RNA 聚合酶的功能、蛋白因子及其他小分子配基的互相作用。在转录调控中，现已研究清楚了细菌的几个操纵子模型，在此以乳糖操纵子和色氨酸操纵子为例予以说明。

(一)乳糖操纵子

法国巴斯德研究所著名的科学家 Jacob 和 Monod 在实验的基础上于 1961 年创立了乳糖操纵子学说，现在已成为原核生物基因调控的主要学说之一。大肠埃希菌乳糖操纵子包括以下四类基因：

1. 结构基因

能通过转录、翻译使细胞产生一定的酶系统和结构蛋白，这是与生物的性状发育和表型直接相关的基因。乳糖操纵子包含 3 个结构基因：*lacZ*、*lacY*、*lacA*。*lacZ* 合成 β-半乳糖苷酶，*lacY* 合成透过酶，*lacA* 合成乙酰基转移酶。

2. 操纵基因 *O*

控制结构基因的转录速度，位于结构基因的附近，本身不能转录成 mRNA。

3. 启动基因 *P*

位于操纵基因的附近，它的作用是发出信号，使 mRNA 合成开始，该基因也不能转录成 mRNA。

4. 调节基因 *I*

可调节操纵基因的活动，调节基因能转录出 mRNA，并合成一种蛋白质，称为阻遏蛋白。操纵基因、启动基因和结构基因共同组成一个单位——操纵子(operon)。

调节乳糖催化酶生物合成的操纵子就称为乳糖操纵子。其调控机制简述如下：

(1)控制作用。调节基因转录出 mRNA，合成阻遏蛋白，因缺少乳糖，阻遏蛋白因其构象能够识别操纵基因并结合到操纵基因上，因此 RNA 聚合酶就不能与启动基因结合，结构基因也被抑制，结果结构基因不能转录出 mRNA，不能翻译酶蛋白。

(2)诱导作用。乳糖存在的情况下，乳糖代谢产生别乳糖，别乳糖能和调节基因产生的阻遏蛋白结合，使阻遏蛋白改变构象，不能再和操纵基因结合，失去阻遏作用，结果 RNA 聚合酶便与启动基因结合，并使结构基因活化，转录出 mRNA，翻译出酶蛋白。

(3)负反馈。细胞质中有了 β-半乳糖苷酶后，便催化分解乳糖为半乳糖和葡萄糖。乳糖被分解后，又造成了阻遏蛋白与操纵基因结合，使结构基因关闭。

(二)色氨酸操纵子

色氨酸操纵子负责调控色氨酸的生物合成，它的激活与否完全根据培养基中有无色氨酸而定。当培养基中有足够的色氨酸时，该操纵子自动关闭；培养基中缺乏色氨酸时，操纵子被打开。色氨酸在这里不是起诱导作用，而是阻遏作用，因而被称为辅阻遏分子，即指能帮助阻遏蛋白发生作用。色氨酸操纵子正好和乳糖操纵子相反。

任务四 现代生物技术简介

任务解析

现代生物技术又称为生物工程，是以重组 DNA 技术和细胞融合技术为基础，利用生物体（或者生物组织、细胞及其组分）的特性和功能，设计构建具有预期性状的新物种或新品系，以及与工程原理相结合进行加工生产，为社会提供商品和服务的一个综合性技术体系，通过本节内容的学习，为日后工作和学习打下基础。

现代生物技术包含的内容十分广泛，主要包括基因工程、细胞工程、酶工程和蛋白质工程，其中基因工程是整个生物工程的核心。基因工程是指遗传工程或 DNA 重组技术，是对基因进行重组、克隆和表达的一系列技术的总称。基因工程主要有 2 个特点：一是在体外 DNA 分子水平上操作；二是目的基因在宿主体内的细胞水平上表达。

一、基因工程

基因工程是在分子水平上对基因进行操作的复杂技术，是将外源基因通过体外重组后导入受体细胞内，使这个基因能在受体细胞内复制、转录、翻译表达的操作。它是用人为的方法将所需要的某一供体生物的遗传物质——DNA 大分子提取出来，在离体条件下用适当的工具酶进行切割后，把它与作为载体的 DNA 分子连接起来，然后与载体一起导入某一个更易生长、繁殖的受体细胞中，以让外源物质在其中“安家落户”，并进行正常的复制和表达，从而获得新物种的一种新技术。主要技术有 DNA 重组技术、分子杂交技术、聚合酶链反应（PCR）、转基因技术，其应用前景无法估量。

（一）DNA 重组技术

DNA 重组技术是运用多种限制性的内切酶和 DNA 连接酶等，把 DNA 作为组件，在细胞外将一种外源基因 DNA（来自原核或真核生物）和载体 DNA 重组连接，形成杂交 DNA。将杂交 DNA 转入宿主生物（如大肠埃希菌），使外源基因 DNA 在宿主生物细胞中，随着生物细胞的繁殖而增殖，或最后表达，最终获得基因表达产物或改变生物原有的性状。DNA 重组技术的本质是基因的体外重组，又称为“基因工程”或“分子克隆”等（图 8-18）。

DNA 重组技术的基础是需要制备核酸，获取限制性内切酶，进行分子杂交，寻求合适的载体和宿主细胞。

1. DNA 重组技术的基本过程（包括 4 个阶段）

（1）选择人们所期望的外源基因，又称为目的基因。

（2）将目的基因与适合的载体 DNA（如质粒）在体外进行重组以获得重组体（杂交 DNA）。

（3）将重组体转入合适的生物活细胞，使目的基因复制扩增或转录，翻译表达出目的基因编码的蛋白质。

（4）从细胞中分离出基因表达产物或获得一个具有新遗传性状的个体。

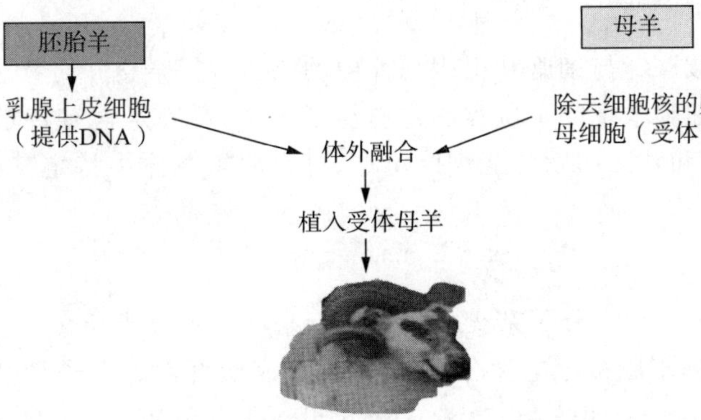

图 8-18　克隆羊多利的诞生

2. 基因工程的操作技术

(1)体外基因重组、目的基因的制备、载体的构建、质粒或噬菌体目的基因与载体重组。

(2)重组体 DNA 的转化、筛选、增殖和基因表达。

3. 基因工程的应用和前景

(1)建立基因文库。基因文库的建立有利于研究基因结构、基因表达调控机制、个体发育和繁殖的机理、疾病发病机制等，最终将导致遗传育种、疾病基因治疗发生革命性进步。

(2)生产某些珍贵的生化药物，如干扰素、胰岛素、生长激素等。

(3)改造生物原有性状，培育出人类需要的新物种。

(二)分子杂交技术

分子杂交是基因工程和分子生物学的重要技术之一，也是基因诊断中最常用的技术。分子杂交是指不同来源的单链核酸通过碱基互补形成杂合双链的过程，其中的一条单链杂交前要进行标记，称为探针。分子杂交以 DNA 的变性和复性为理论基础。核酸探针是分子杂交的技术基础，它是一段与被检测的核酸序列互补的带有标记的核苷酸片段，长度一般为十几到几千个碱基不等。探针标记的方法可分为放射性同位素标记、光敏生物素标记、地高辛标记、分子信标等。

分子杂交的方法分为固相杂交、液相杂交和固相-液相杂交。固相-液相杂交是把待检测的核酸样本或探针先结合到固相载体上，再与液体中的探针或核酸样品进行杂交反应，漂洗去除未反应的探针或核酸样品，检测杂交信号，判断杂交结果。其具体方法如下：

1. 斑点杂交

斑点杂交是将 RNA 或 DNA 变性后直接点样在硝酸纤维素膜上，探针放在杂交液内进行杂交。方法简便、快速、灵敏，用于特定基因的定性分析。DNA 点阵是将相关的探针按顺序点在硝酸纤维素膜上，待检样品放在杂交液内，检查样品中的核酸能和哪一个探针杂交。基因芯片是将探针点在硅片上，待检样品放在杂交液内进行杂交，借助计算机判断样品中的核酸能和哪一个探针杂交。DNA 点阵和基因芯片点在固相上的是探针的序列，没有进行标记。待检样品在杂交前进行标记。斑点杂交、DNA 点阵、基因芯片主要是确定待检样品中有没有所需要的核酸。

2. 原位杂交

原位杂交是用核酸探针与细胞和组织切片中的核酸进行杂交并对其进行检测的方法。原位杂交为核酸序列在细胞水平的定位和测定提供了方法，可确定含有特定核酸序列的细胞类型和数目；可检出基因和基因产物的亚细胞定位；可查明染色体中特定基因的位置，为染色体病的诊断提供方法。

3. 转移印迹技术

转移印迹技术是将电泳和分子杂交技术结合起来的一种分子杂交方法。先将经酶切后的 DNA 或 RNA 在琼脂糖凝胶板上电泳分离，再转移到硝酸纤素膜上进行杂交。根据检测样品种类的不同又分为 Southern 印迹杂交、Northern 印迹杂交和 Western 印迹杂交三类。Southern 印迹杂交是经典的 DNA 分析方法，Northern 印迹杂交是经典的 RNA 分析方法，Western 印迹杂交是将蛋白质经聚丙烯酰胺凝胶电泳分离后转移到硝酸纤维素膜上，检测哪一种蛋白质能和抗体反应，也称为免疫印迹技术。

(三)聚合酶链反应

聚合酶链反应(PCR)是一种在体外由引物引导的 DNA 酶促合成反应，又称为基因扩增技术，类似体内的 DNA 复制过程。PCR 主要是利用 DNA 聚合酶依赖 DNA 模板的特性，在引物引导下特异性地引导 DNA 的合成，其过程包括模板变性、模板与引物退火和适宜温度下的引物延伸三个步骤循环反复。每一轮循环中新合成的子链及其模板链，均作为下一轮循环中的模板，特定 DNA 序列的产量将随着循环次数呈指数增长。PCR 具有特异性强、灵敏度高、操作简便、对待检材料质量要求低等特点，能够快速扩增任何目的基因。

PCR 可以在 DNA 自动化扩增仪上方便地进行。这种扩增仪可以根据输入的正确程序，自动、快速地改变温度，调控各个循环周期中模板变性、模板和引物退火及引物延伸的温度转换，实现反应的自动化操作。各种 PCR 反应的操作基本相同，反应体系中包括模板 DNA、两种引物、四种 dNTP、耐热 DNA 聚合酶和缓冲液。每个循环周期包括 3 个反应步骤。

1. DNA 模板变性

变性条件一般为 95 ℃时 15 s，待扩增的 DNA 模板于高温下变性，双链解开，变成单链，作为聚合反应的模板。

2. 模板与引物的退火

退火条件一般为 55 ℃时 30 s。在退火的过程中，引物分别与待扩增的 DNA 片段的两条链 3′端互补配对。

3. 引物的延伸

耐热酶的最适温度为 72 ℃，在此温度下酶以单链 DNA 为模板将单核苷酸逐个加入引物的 3′端，使引物不断延长，从而合成新的 DNA 链。新合成的引物延伸链在下一轮循环时便可以作为扩增的模板。引物延伸的时间一般为 1.5 min 以上，反应步骤的温度和时间可以依据自己的实验要求自行设定，一般要经过 25～30 个循环。扩增产物需经琼脂糖凝胶电泳进行鉴定。

PCR 的主要用途：①扩增微量的 DNA，理论上只要有一条双链 DNA 作为模板，即可通过

PCR 扩增到足够下一步试验所需要的 DNA 量;②可以在基因工程中获得目的基因;③可以通过检测 mRNA 含量测定基因的表达水平;④可以进行定点突变,将待诱变的碱基设计在引物中,当下一轮 PCR 以引物延伸的链为模板扩增时,DNA 的碱基就产生了定点突变,用这种方法可以使蛋白质的氨基酸产生定向改变。

(四)转基因技术

转基因技术是一种特定的外源基因转移表达的基因工程技术。1982 年 Palmiter 等首次将大鼠的生长激素基因放在质粒中,然后用注射的方法注入小鼠受精卵核中而被表达,使成熟的小鼠体重显著地增大而成为转基因的“硕鼠”或“超级鼠”。此后,国内外出现了各种各样的转基因动物、转基因植物以及由转基因动物产生的转基因药物、转基因饲料等。

二、酶工程

酶工程就是利用酶的催化作用,在一定的生物反应器中,将相应的原料转化成所需要的产品。它是酶学理论与化工技术相结合而形成的一种新技术。

酶工程的应用主要集中在食品工业、轻工业以及医药工业中。例如,固定化青霉酰胺酶可以连续裂解青霉素生产 α-淀粉酶、葡萄糖淀粉酶和葡糖异构酶,这三个酶连续作用于淀粉,就可以代替蔗糖生产出高果糖浆;蛋白酶用于皮革脱毛以及洗涤剂工业;固定酶还可以治疗先天性缺酶病或是器官缺损引起的某些功能的衰竭等。日常生活中所见到的加酶洗衣粉、嫩肉粉等,便是酶工程最直接的体现。目前酶工程的主要任务在于:

第一,分解天然大分子(如纤维素、木质素)、低分子有机物聚合、检测与分解有毒物质、废物综合利用等的新酶开发。

第二,利用基因工程技术开发新酶种和高酶产量。

第三,固定化酶和细胞、固定化多酶体系及辅因子再生,特定生物反应器的研究和应用。

第四,利用生物细胞(或组织)研究酶传感器。

第五,酶的非水相催化技术、酶分子修饰与改造以及酶型高效催化剂的人工合成的研究与应用。

三、细胞工程

细胞工程是指应用现代细胞生物学、发育生物学、遗传学和分子生物学的理论与方法,按照人们的需要和设计,在细胞水平上进行遗传操作,重组细胞的结构和内含物,以改变生物的结构和功能,即通过细胞融合、核质移植、染色体或基因移植以及组织和细胞培养等方法,快速繁殖和培养出人们所需要的新物种的生物工程技术。细胞工程的优势在于避免了分离、提纯、剪切、拼接等基因操作,只需将细胞的遗传物质直接转移到受体细胞中就能够形成杂交细胞,因而能够提高基因的转移效率。通俗地讲,细胞工程是在细胞水平上“动手术”,也称细胞操作技术,包括细胞融合技术、细胞器移植、染色体工程和组织培养技术等。通过细胞融合技术,可以培育出新物种,打破了传统的只有同种生物才能杂交的限制,实现种间的杂交。这项技术不仅可以把不同种类或者不同来源的植物细胞或者动物细胞进行融合,还可以把动物细胞与植物细胞融合在一起。这对创造新的动物、植物和微生物品种具有重大意义。

四、蛋白质工程

蛋白质工程是在基因工程的基础上，结合蛋白质结晶学、计算机辅助设计和蛋白质化学等多学科的基础知识，通过对基因的人工定向改造等手段，从而达到对蛋白质进行修饰、改造、拼接以生产能满足人类需要的新型蛋白质。

蛋白质工程实际上是用寡聚核苷酸定点突变法产生一个氨基酸被替换的突变蛋白质。例如，一个蛋白质中特定的丝氨酸要突变成半胱氨酸，如果知道含有这个蛋白质的基因是 cDNA 基因，还知道要改造的部位及其邻近的碱基顺序，就能实现这种突变。已知丝氨酸的密码是 TCT，半胱氨酸的密码是 TGT，只要将 C 改为 G，再引入质粒使具有 TGT 的基因顺序表达，就可以产生出在特定部位上使半胱氨酸替代丝氨酸的蛋白质。

蛋白质工程在食品工业、日用品工业方面、医学方面具有广泛的应用前景。对动植物体内参与重要生命活动的酶加以修饰和改造，是蛋白质工程未来发展的一个重要目标。

五、发酵工程

发酵工程是指在最适发酵条件下，发酵罐中大量培养细菌和生产代谢产物的工艺技术。发酵工程在生物制药等领域有着广泛的应用，包括上游工程、发酵工程、下游工程。发酵工程的工艺特点有：

(1)有严格的无菌生长环境：包括发酵开始前采用高温高压对发酵原料和发酵罐以及各种连接管道进行灭菌的技术；在发酵过程中不断向发酵罐中通入干燥无菌空气的空气过滤技术。

(2)发酵过程中根据细胞生长要求控制加料速度的计算机控制技术。

(3)种子培养和生产培养的不同的工艺技术。

(4)在进行任何大规模工业发酵前，必须在实验室规模的小发酵罐进行大量的实验，得到产物形成的动力学模型，并根据这个模型设计中试的发酵要求，最后根据中试数据再设计更大规模生产的动力学模型。

(5)由于生物反应的复杂性，从实验室到中试、从中试到大规模生产过程中会出现许多问题，这就是发酵工程工艺放大问题。

知识拓展

常见的家畜遗传病

一、单基因病

(一)常染色体显性遗传病

一种遗传性状或遗传病的有关基因位于常染色体上，且该种基因为显性，称为常染色体显性遗传，简称显性遗传。这种基因控制的遗传疾病类型称为常染色体显性遗传病，致病基因可以是生殖细胞发生突变而新产生，也可以是由双亲任何一方遗传而来的。该种遗传病遗传表现有以下特点：

(1)患者的双亲往往有一方是患者，通常杂合子发病，如双亲无病，子女一般不发病，除非发生新的突变。

(2)患者的同胞(半同胞)中,约有1/2的个体发病,在小家系中有时反映不出这样的比例,但如果将许多小家系的群体统计起来分析,就会看到近似的比例。

(3)由于是显性基因决定发病,所以连续数代,每代都可以发现患者。

(4)致病基因在常染色体上,与性别无关,所以公畜和母畜发病机会均等。常染色体显性遗传病常见者有先天性软骨发育不全、多趾、肢蹄畸形、多囊肾、鸡的卷羽等。

(二)常染色体隐性遗传病

常染色体隐性遗传病致病基因在常染色体上,基因性状是隐性的,即只有隐性纯合子时才显示病症。该种遗传病的主要特征是患畜父母双方均为致病基因携带者,故多见于近交的后代。后代有1/4的概率患病,公畜和母畜患病概率均等,呈散发性,如父母是患者,则后代全部都患病。许多遗传代谢异常的疾病也都属于常染色体隐性遗传病。这些遗传代谢病的酶或蛋白分子的异常,来自各自编码基因的异常。常见的常染色体隐性遗传病有溶酶体贮积症、糖原贮积症、隐睾症、前肢肥大、关节弯曲、先天性肢外展综合征、疝、小眼球畸形、猪的应激综合征等。

(三)性连锁遗传病

性连锁遗传病以隐性遗传病为多见。该类遗传病的致病基因在X染色体上,性状是隐性的,雌性大多只是携带者,该类雌性携带者与正常雄性交配,后代中的雄性有1/2的概率患病,雌性不发病,但有1/2的概率是携带者。雄性患者与正常雌性交配,子代中雄性正常,雌性都是携带者。因此,X连锁隐性遗传在患病系中常表现为雌性携带,雄性患病。雄性的致病基因只能随着X染色体传给雌性后代,不能传给雄性后代,这种现象称为交叉遗传。该类常见的疾病有血友病、睾丸雌性化综合征、假肥大性肌营养不良症、眼白化病等。

二、多基因病

多基因病涉及多个基因和多种环境因素起作用,且病因和遗传方式比较复杂。与单基因病不同的是这些基因没有显性和隐性的关系,每个基因都有微效累加的作用。因此,同样的病,不同的动物个体由于可能涉及的致病基因数目上的不同,其病情严重程度、复发风险均可有明显的不同。此外,环境因素对该类病的影响也相当大,故又称多因子病。很多常见病如家畜中的卵巢囊肿、妊娠期延长、肢蹄病、哮喘、唇裂等,均为多基因病。

三、染色体病

染色体病指遗传物质的改变在染色体水平上可见,表现为染色体数目的异常或染色体结构的改变。由于染色体病涉及的基因数目较多,所以症状通常较严重,且涉及多器官、多系统的畸变和功能改变。这种遗传病在人类中的发生率约占新生儿的1%。家畜中染色体病的发生率无从统计,但家畜中大多数动物染色体数目较多,因此家畜的染色体病发生率不会低于人类。诸如单体综合征、三体综合征、猫叫综合征、两性畸形等,均为染色体缺失。

四、基因遗传病的检出

(一)系统分析

在遗传病诊断时进行系谱分析不仅有助于区分某些表型相似的遗传病以及由于遗传异质性而出现的不同遗传方式,还有助于区分单基因病和多基因病,以及属于哪一种遗传方式,进行系谱分析应注意以下几个方面:

(1)系谱的系统性、可靠性和完整性。

(2)显性与隐性概念的相对性。

(3)在分析显性遗传病时,对已知有延迟显性的患者,由于外显不全而呈现隔代遗传现象时,不可误认为是隐性遗传。

(4)新的基因突变。

(5)细胞遗传学检查。

①染色体检查。作为确诊染色体病的主要方法,染色体检查又称核型分析。随着高分辨染色体显带技术的出现、应用和改进,该法不仅能发现新的微畸变综合征,还能更准确地发现和判断更多的染色体数目和结构异常综合征。染色体检查标本的来源,主要取自绒毛、外周血、皮肤细胞等各种组织等。染色体检查主要用于有明显先天畸形的个体,公母畜之一有染色体异常(如平衡结构重排、嵌合体),家系中已有染色体异常或先天畸形的个体;两性畸形个体等情况下的检测。

②性染色体检查。主要用于疑为两性畸形或性染色体数目异常的疾病诊断,但确诊仍需依靠染色体检查。检查材料来自发根鞘细胞,皮肤或口腔上皮细胞。母畜的阴道上皮细胞,也可取自绒毛和羊水中的胎儿脱落细胞涂片等。

(二)基因及基因产物分析

基因突变引起的单基因病往往表现在酶和蛋白质的质和量的改变或缺少。因此,酶和蛋白质的定性定量分析是诊断单基因病或分子代谢病的主要方法。根据分子代谢病的临床特点可以从 3 个层次进行检测和分析。

1. 代谢产物的检测

酶缺陷导致一系列生化代谢紊乱,从而使代谢中间产物、底物、终产物或旁路代谢产物发生变化。因此,检测某些代谢产物的质和量的改变,可间接反映酶的变化而作出诊断。

2. 酶和蛋白质的分析

基因突变引起的单基因病主要是特定的酶和蛋白质的质和量改变的结果。因此,对酶活性的改变和蛋白质含量测定是确诊某些单基因病的主要方法。随着生化检测技术的不断进步,还可对酶和蛋白质的结构变异型做出鉴定。检测酶和蛋白质的材料主要来源于血液和特定的组织、细胞,如干细胞、皮肤成纤维细胞、肾和肠的黏膜细胞等。

3. 基因诊断

基因诊断是利用 DNA 分析技术直接从基因水平(DNA 或 RNA)检测遗传病的基因缺陷。基因诊断方法与传统的诊断方法不同,其主要差别在于直接从基因型推断表型,即可以越过基因产物(酶和蛋白质)直接检测基因结构而做出诊断,故基因诊断又称为逆向诊断。

五、遗传病的遗传控制

(一)实行严格的淘汰制度

对患有遗传病的家畜实行严格淘汰是控制家畜遗传病的最根本有效的措施。对于严重的遗传病,可以直接处理患畜,对于不严重的遗传缺陷,如疝、隐睾个体,可以作为肉畜饲养,也可在去势后作为役用。

(二)避免盲目的近交

单一的遗传病发生的概率并不大,因此患者之间,尤其是严重的遗传病患者之间交配的可能性还是比较小。近交会使遗传病杂合子交配的机会大增,因为群体中虽然外表正常,但是异常基因携带者数量相对较多。因此,宜尽量避免近交,实行有计划的选配和杂交利用。

（三）抗病育种

抗病育种是指选择对某种疾病抗病力强的个体，育成对该疾病有抗性的新品系或新品种的育种方法，抗病育种遗传的选择途径较多。一般可分为两大类：一类是直接选择，主要可实行表型选择和基因选择；另一类是间接选择，间接选择的关键是要找到与疾病或抗病力性状关联的标记基因或标记性状，实行标记辅助选择。

（四）遗传病的环境控制

做好工业"三废"的妥善处理，避免超剂量接触致畸剂、电离辐射和诱变剂，对各种新化学产品在出厂前进行严格的诱变作用检测，这些综合的环境保护措施，对防止可能造成的遗传损伤十分重要。

思考与练习

一、名词解释

1.转录　2.基因　3.半保留复制　4.逆转录　5.冈崎片段　6.不对称转录　7.翻译

二、简答题

1.简述DNA的合成过程。

2.简述蛋白质生物合成的基本过程。

3.中心法则指的是什么？

4.简要说明DNA聚合酶的特点。

5.何谓遗传密码？有何特点？

6.基因工程技术包括哪些？

模块八　思考与练习参考答案

模块九

物质代谢的相互关系与代谢的调节

【学习目标】

(1)熟悉糖、脂、蛋白质和核酸代谢的相互关系。

(2)掌握物质代谢在细胞水平上的调控机制。

(3)了解激素调节、机体整体水平调节。

【素质目标】

(1)培养理论联系实际的能力以及遵守职业规范的意识。

(2)培养耐心、细致、积极主动的职业态度。

任务一　糖、脂、蛋白质和核酸代谢的相互关系

任务解析

通过了解糖、脂、蛋白质及核酸代谢过程,总结几类物质代谢的共同代谢产物,掌握它们在代谢中的相互关系和相互作用,从而了解动物体的生命本质。

动物体内的新陈代谢是一个完整统一的过程,这些代谢过程是相互促进和相互制约的。糖、脂、蛋白质与核酸代谢的密切联系,主要表现在各个代谢的中间产物可以相互转变。蛋白质和脂类代谢进行的程度取决于糖代谢进行的程度,当糖和脂类不足时,蛋白质的分解就增强,当糖多时又可减少脂类的消耗。机体内还存在一系列的代谢调控机制,使各个代谢反应成为完整而统一的过程。

在一定条件下,可以通过共同的中间产物,如丙酮酸、乙酰 CoA、草酰乙酸及 α-酮戊二酸等相互转变;可以通过三羧酸循环被彻底氧化分解生成 CO_2、H_2O 和能量,但是,由于它们各自的生理功能不同,在氧化供能上是以糖和脂为主,尤其是糖氧化分解产生的能量是机体获能的主要来源。

一、糖代谢与脂类代谢的相互联系

糖和脂都是以碳氢元素为主的化合物,代谢关系十分密切。当人和动物体摄入糖增多而超过体内能量的消耗时,除合成糖原贮存在肝和肌肉组织外,可大量转变为脂肪贮存起来。

乙酰 CoA 是糖分解代谢的重要中间产物，也是合成脂肪酸与胆固醇的主要原料，糖分解的另一中间产物磷酸二羟丙酮又是生成甘油的原料，所以在人与动物体内糖可以合成脂肪及胆固醇。但是必需脂肪酸是不能在体内合成的，即人和动物体内不能由糖转变合成必需脂肪酸，所以食物或饲料中不可绝对缺少脂类的供给，尤其是含必需脂肪酸的脂类。

人和动物体内要使脂肪转变为糖较为困难。脂肪中的大部分成分是脂肪酸，当脂肪酸分解的时候，经 β-氧化产生乙酰 CoA。乙酰 CoA 不能逆向转变为丙酮酸，通常是进入三羧酸循环，被完全分解成 CO_2 和 H_2O；或在肝脏中转变为酮体被输出利用；或重新被利用于脂肪的合成。脂肪中的甘油部分可经磷酸化和脱氢氧化产生磷酸二羟丙酮，再沿糖的异生途径转变为糖，但甘油仅占脂肪分子中很少一部分。

糖与脂是人与动物的主要能源物质，它们的氧化供能都依赖于三羧酸循环，而且可以相互替代，互相制约。脂肪的氧化分解必须同时伴随糖的氧化分解，以补充三羧酸循环中的中间代谢物。脂肪酸分解代谢旺盛，可抑制葡萄糖氧化分解；葡萄糖利用的增高，又可抑制脂肪动员。若脂肪酸氧化消耗不足，可激活加速糖的分解；葡萄糖的缺乏，可加速脂肪动员。总之，在一般生理情况下依靠脂肪大量合成糖是困难的，但是糖转变成脂肪则可大量进行。

二、糖代谢与蛋白质代谢相互联系

糖是生物体内的重要碳源和能源。糖经酵解途径产生的丙酮酸可羧化生成草酰乙酸，草酰乙酸及其脱羧后经三羧酸循环形成的 α-酮戊二酸都可作为氨基酸的碳架，通过氨基化或转氨基作用形成相应的氨基酸。

另外，许多氨基酸是生糖氨基酸，即这些氨基酸脱氨后生成的 α-酮酸在体内可转变为糖。因此，蛋白质在体内又能转变成糖。

组成蛋白质的 20 种氨基酸，有些是非必需氨基酸，这些氨基酸中有的可以互相转变，其碳链部分可依靠糖来合成。糖代谢过程中，产生许多 α-酮酸，如丙酮酸、α-酮戊二酸、草酰乙酸等可作为氨基酸合成的碳架，它们通过氨基化作用或转氨基作用可以生成与其相对应的氨基酸。但是必需氨基酸在体内无法合成，这是因为机体不能合成与它们相对应的 α-酮酸。因此，不能完全用糖来代替饲料中蛋白质的供应。相反，蛋白质在一定程度上可以代替糖，但这对动物本身而言是极不经济的。

三、脂类代谢与蛋白质代谢的相互联系

脂肪分解产生的甘油和脂肪酸，甘油可转变为丙酮酸、草酰乙酸及 α-酮戊二酸，分别接受氨基而转变为丙酮酸、天冬氨酸及谷氨酸。脂肪酸可以通过 β-氧化生成乙酰 CoA，经三羧酸循环产生 α-酮戊二酸和草酰乙酸，进而通过转氨基作用生成谷氨酸和天冬氨酸，但必须消耗三羧酸循环的中间物质而受限制，如无其他来源补充，反应将不能进行下去，因此脂肪酸不易转变为氨基酸。

生糖氨基酸可通过丙酮酸转变为 3-磷酸甘油；生糖氨基酸、生酮氨基酸及生糖兼生酮氨基酸均可转变为乙酰 CoA，后者可作为脂肪酸合成的原料，最后合成脂肪，因而蛋白质可转变为脂肪。此外，乙酰 CoA 还是合成胆固醇的原料。丝氨酸脱羧生成乙醇胺，经甲基化形成胆碱，而丝氨酸、乙醇胺和胆碱分别是合成磷脂酰丝氨酸、脑磷脂及卵磷脂的原料。

四、核酸与糖、脂类和蛋白质代谢的相互联系

核酸是机体的遗传物质，在遗传、变异及蛋白质合成过程中具有决定性作用，核酸直接或间接地参与生物体的一切代谢过程。此外，体内许多游离核苷酸在代谢中也起着重要的作用，如ATP是能量和磷酸基团转移的重要物质，GTP参与蛋白质的生物合成，UTP参与多糖的生物合成，CTP参与磷脂的生物合成，cAMP、cGMP是生物体代谢过程中的调节物质。体内许多辅酶或辅基含有核苷酸组分，如辅酶A（维生素B_3）、辅酶Ⅰ、辅酶Ⅱ、FAD、FMN等。核苷酸的嘌呤和嘧啶环是由几种氨基酸合成的。在核苷酸的生物合成过程中，其糖基部分来源于磷酸戊糖，碱基中的碳源和氮源部分则来源于蛋白质中氨基酸以及由它转变而来的一碳基团和物质代谢过程中产生的CO_2。在核酸合成代谢过程中，同样需要各种酶的催化，并且需要许多蛋白因子参与；在核酸的分解过程中，其中间产物也参与三羧酸循环。

总之，动物体存在物质代谢、能量代谢与代谢调节三大要素，机体都是由糖、脂类、蛋白质、核酸四大类基本物质和一些小分子物质构成的。糖、脂类、蛋白质和核酸等代谢彼此相互影响、相互联系和相互转化，而这些代谢又以三羧酸循环为枢纽，其成员又是各种代谢的重要共同中间产物。机体还存在着复杂完善的代谢调节网络，以保证各种代谢有条不紊地进行。糖、脂类、蛋白质和核酸代谢的相互联系如图9-1所示。

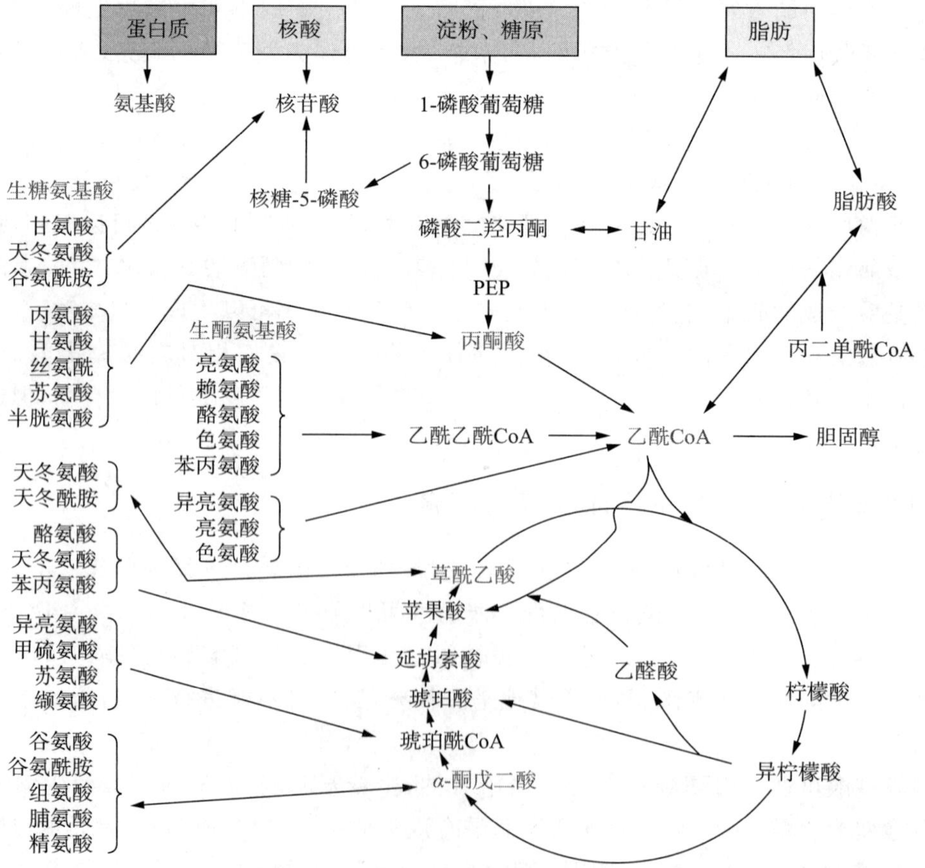

图9-1 糖、脂类、蛋白质和核酸代谢的相互关系

任务二 物质代谢调节

任务解析

了解细胞水平、激素水平和神经水平对物质代谢的调控；掌握激素分为细胞膜受体激素和细胞内受体激素；熟悉细胞水平调节是通过调节酶的定位、酶的活性和酶的含量来实现；神经水平调节通过神经-体液途径进行整体调节以使机体适应外界环境变化并维持机体内环境的相对稳定。

各种物质代谢能够密切联系、相互作用、相互制约又相互协调统一地维持机体的正常生命活动，这主要是由于体内存在着一套精确的代谢调节机制，不断地调节各种物质代谢的强度、方向和速率。如果代谢调节机制失灵，就会造成代谢紊乱，引发动物疾病甚至死亡。因此，代谢调节能使生物体很好地适应生长发育的内部环境及其外部环境的变化；同时，代谢调节也是按照最经济的原则进行，各种物质代谢速率可根据机体的需要随时改变，使各种代谢产物不至于过剩或不足，也不会造成某些原料的积累或缺乏。

代谢调节是生物体普遍存在的对环境的一种适应能力。不同的生物代谢调节的方式是不同的，越高级的生物代谢调节越复杂，越低级的生物代谢调节越简单。生物的代谢调节可概括归纳为在细胞水平（酶水平）、激素水平、神经水平（整体水平）三种不同水平上进行的调节。细胞水平调节是最基本、最原始的调节方式，是通过调节某些酶的活性和酶的含量达到调节物质代谢的速率，以满足机体的需要。激素水平调节和神经水平调节都是较高级的调节方式，但仍以细胞水平调节作为基础。

一、细胞水平调节

细胞水平调节也称为酶水平调节或分子水平调节，主要是通过细胞内代谢物质浓度的改变来调节某些酶促反应的速率，以满足机体的需要。细胞水平调节主要包括酶的定位调节、酶的含量调节和酶的活性调节三种方式，其中以酶的活性调节最为重要。

（一）酶的定位调节

在动物体内，各种代谢途径都是由一系列酶催化的连续反应，每种酶在细胞内都有一定的位置。真核生物细胞内由于细胞被膜系统分隔成不同的细胞器，使酶形成区域化分布，如细胞核、线粒体、溶酶体、高尔基体等，保证了不同代谢过程在细胞内的不同部位有条不紊地进行。此外，酶的这种分隔分布使酶、辅助因子和底物在细胞器内高度浓缩，从而加快代谢反应的速率。一些代谢途径的酶往往集中分布，形成多酶复合体，如糖酵解、糖原合成与分解、磷酸戊糖途径和脂肪酸合成的酶系存在于细胞质中；三羧酸循环、脂肪酸 β-氧化和氧化磷酸化的酶系存在于线粒体中；核酸合成的酶系大部分分布在细胞核中；水解酶系分布在溶酶体中。即使在同一细胞器内，酶系分布也有一定的区域化。如在线粒体内，在外膜、内膜、膜间隙以及内部基质的酶系是不同的：细胞色素和氧化磷酸化的酶分布在内膜上，而三羧酸循环的酶则主要是在基质中。

还有些酶系在进化过程中由于基因的融合，形成了具有多种不同功能却只含有一条多肽链的酶，称为多功能酶或串联酶，如脂肪酸合成酶系是一条多肽链包括7种催化活性的酶和1种酰基载体蛋白。多酶复合体系和多功能酶的出现，不但有助于代谢的顺利进行，还有助于代谢调控。生物体内存在的同工酶也在不同的组织、不同的细胞类型或同一细胞的不同细胞器中具有不同的质和量、不同的活性，在代谢途径中发挥着作用，调节代谢进行的方向。主要酶及代谢途径在细胞内的分布如表9-1所示。

表9-1　主要酶及代谢途径在细胞内的分布

细胞器	主要酶及代谢途径
胞浆	糖酵解途径、磷酸戊糖途径、糖原分解、脂肪酸合成、肽酶、转氨酶、氨酰合成酶、嘌呤和嘧啶的降解
线粒体	三羧酸循环、氧化磷酸化作用、脂肪酸 β-氧化、脂肪酸链的延长、尿素生成、氨基酸氧化
溶酶体	溶菌酶、酸性磷酸酶、水解酶(包括蛋白酶、核酸酶、葡萄糖苷酶、磷酸酯酶、磷脂酶与磷酸酶)
内质网	NADH和NADPH、细胞色素C还原酶、多功能氧化酶、6-磷酸葡萄糖磷酸酶、脂肪酶、蛋白质合成途径、磷酸甘油酯及三酰甘油合成、类固醇合成与还原
高尔基体	NADH细胞色素C还原酶、转半乳糖苷基及转葡萄糖糖苷基酶、6-磷酸葡萄糖磷酸酶、5-核苷酸酶
过氧化体	*D*-氨基酸氧化酶、过氧化氢酶、尿酸氧化酶、长链脂肪酸氧化
细胞核	DNA与RNA的合成途径

酶定值调节的意义：

(1)使在同一代谢途径中的酶互相联系、密切配合，同时将酶、辅酶和底物高度浓缩，使同一代谢途径的一系列酶促反应连续进行，提高反应速率。

(2)使不同代谢途径隔离分布，各自行使不同功能，互不干扰，使整个细胞的代谢得以顺利进行。

(3)使某一代谢途径产生的代谢产物在不同细胞器呈区域化分布，从而形成局部高代谢物浓度，有利于其对相关代谢途径的特异调节。此外，一些代谢中间产物在亚细胞结构之间还存在着穿梭，从而组成生物体内复杂的代谢与调节网络。所以，酶在细胞内的区域化分布是物质代谢调节的一种重要方式。

(二)酶的活性调节

酶的活性调节是细胞中最快速、最经济的调节方式，通常在数秒钟或数分钟内即可实现。

1. 关键酶、限速酶

物质代谢途径由一系列的酶促反应所组成，代谢速率的改变并不是由于代谢途径中全部酶活性的改变，而常常只取决于某些甚至某一个关键酶活性的变化。此酶通常是整条代谢途径中催化反应速率最慢、催化单向反应，其活性受底物、产物和多种代谢物或效应剂的调节，故又称调节酶、关键酶或限速酶(表9-2)，由此酶催化的反应称为限速反应。

表 9-2　主要代谢途径的限速酶

代谢途径	限速酶
糖酵解途径	己糖激酶、1-磷酸果糖激酶、丙酮酸激酶
磷酸戊糖途径	葡萄糖-6-磷酸脱氢酶
三羧酸循环	柠檬酸合成酶、异柠檬酸脱氢酶、α-酮戊二酸脱氢酶复合体
糖异生	丙酮酸羧化酶、磷酸烯醇式丙酮酸羧激酶、果糖-1,6-二磷酸酶、葡萄糖-6-磷酸酶
糖原合成	糖原合成酶
糖原分解	糖原磷酸化酶
脂肪酸合成	乙酰 CoA 羧化酶
脂肪分解	三酰甘油脂肪酶
胆固醇合成	HMG 辅酶 A 还原酶
尿素合成	精氨酸代琥珀酸合成酶
血红素合成	ALA 合成酶

限速酶的特点：①常催化不可逆的非平衡反应，能决定整个代谢反应的方向；②酶的活性较低，其催化的化学反应速率慢，因此它的活性能决定整个代谢途径的总速率；③酶活性受底物、多种代谢产物及效应剂的调节，因此它是细胞水平代谢调节的作用点。例如己糖激酶、磷酸果糖激酶和丙酮酸激酶均为糖酵解途径的关键酶，他们分别调控着糖酵解的速率。

2.限速酶活性的调节途径

限速酶活性的改变不但可以影响整个酶体系催化反应的总速率，甚至还可以改变代谢反应的方向。其调节途径有以下三种。

(1)反馈调节。代谢途径的底物或终产物常影响催化该途径起始反应的酶活性，此调节方式称为反馈调节，它存在于所有的生物体中，是调节酶活性最精巧的方式之一。反馈调节具有两种情况：一种反馈是终产物的积累抑制初始步骤的酶活性，使反应减慢或停止，此种反馈称为负反馈或反馈抑制。负反馈既可使代谢产物的生成不至于过多，又可使能量得以有效利用，不至于浪费。例如，葡萄糖-6-磷酸抑制糖原磷酸化酶以阻断糖酵解及糖的氧化，使 ATP 不至于产生过多，同时葡萄糖-6-磷酸又激活糖原合成酶，使多余的磷酸葡萄糖合成糖原，能量得以有效贮存。又如，ATP 可变构抑制磷酸果糖激酶-1、丙酮酸激酶及柠檬酸合成酶，阻断糖酵解、有氧氧化及三羧酸循环，使 ATP 的生成不致过多，避免浪费，还避免了产物过量生成对肌体造成危害。另一种反馈是代谢过程中某些中间产物可使本途径的前行酶活化，加速反应的进行，这种反馈称为正反馈或反馈激活。例如，乙酰 CoA 对丙酮酸羧化酶的反馈激活作用，在糖分解代谢中，当丙酮酸不能顺利通过乙酰 CoA 转变成柠檬酸进入三羧酸循环时，丙酮酸即可在丙酮酸羧化酶的催化下直接转变为草酰乙酸。

(2)底物循环。代谢途径中某些可逆反应的正反方向是由不同酶催化的，由此构成的循环为底物循环。例如，糖代谢的 F-6-P 与 F-1,6-二磷酸之间的底物循环，磷酸果糖激酶催化 F-6-P 磷酸化生成 F-1,6-二磷酸，同时 F-1,6-二磷酸酶催化 F-1,6-二磷酸去磷酸而生成 F-6-P，磷酸化与去磷酸化之间构成了一个底物循环，且受代谢底物、产物以及激素的调控。维持底物循环虽然要损失一些 ATP，但却使代谢调节更为灵敏。

(3)级联系统。在一个连锁反应中，当一个酶被激活后，其他酶依次被激活，引起原始信号的放大，这种连锁反应系统被称为级联系统，所催化的反应被称为级联反应。例如，肝糖原的合成与分解是通过细胞内的级联系统调节其关键酶——糖原合成酶和糖原磷酸化酶的活性来实现的。级联反应的主要作用是放大效应以及使级联中各级都可得到调节。假如 1 分子胰高血糖素可诱导生成 10 分子活性腺苷酸环化酶；1 分子腺苷酸环化酶可催化生成 10 分子 cAMP，1 分子 cAMP 诱导活化 10 分子蛋白激酶，以此类推，1 分子胰高血糖素通过此级联放大作用，可诱导糖原分解生成 10 分子葡萄糖。

3. 变构调节

(1)变构酶。变构酶是指具有变构效应的酶。其酶分子都是多亚基的寡聚酶，分子中除有催化部位（活性中心）外还有调节部位（调节中心、别构中心）。催化部位负责对底物分子的结合和催化；调节中心负责结合调节物，对催化部位的活性起调节作用。催化部位与调节中心一般不在同一亚基上，这种催化部位与调节中心不在同一部位的变构酶称为异促变构酶。例如，蛋白激酶 A 分子含有 2 个催化亚基和 2 个调节亚基（图 9-2）。有些变构酶的每一个亚基都含有一个催化中心和调节中心，且两个中心都在同一部位，这种变构酶称为同促变构酶。

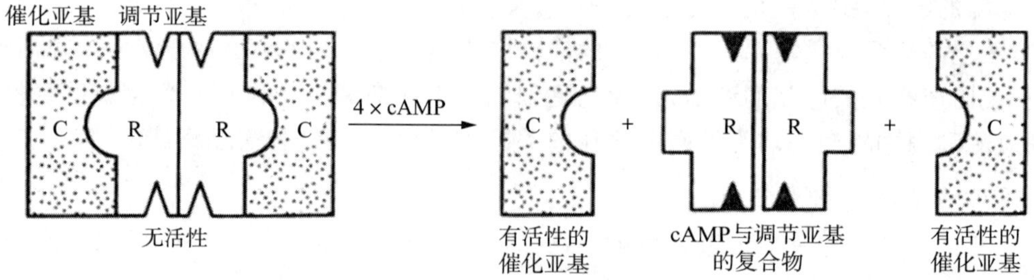

蛋白激酶 A(R_2C_2)中 R_2 与 4 个 cAMP(▲)结合后，使 R 亚基对 C 亚基的抑制作用消失，C 亚基恢复催化活性。

图 9-2 蛋白激酶 A 的变构作用

(2)变构效应。变构效应是指变构酶通过构象变化而产生活性变化的效应，也称为协同效应。凡是提高酶活性的变构效应称为变构激活或正协同效应；凡是降低酶活性的变构效应称为变构抑制或负协同效应。变构效应是由效应物（调节物）与酶分子的调节部位或一个亚基的活性部位结合之后产生的。凡是与调节部位或活性部位结合后能提高酶活性的效应物称为变构激活剂或正效应物；反之称为变构抑制剂或负效应物。变构效应物一般是小分子的有机化合物，主要包括酶的底物、产物或其他小分子中间代谢物。它们在细胞内浓度的改变能灵敏地表现代谢途径的强度及能量供求关系，并通过变构效应改变某些酶的活性，进而调节代谢的强度、方向以及细胞内能量的供需平衡。如 ATP 是糖酵解途径关键酶——磷酸果糖激酶的变构抑制剂，可抑制糖氧化途径；而 ADP、AMP 是该酶的变构激活剂，它们的量增多可以促进糖氧化分解，从而使 ATP 产生量增加。在细胞内，变构酶的底物通常是它的变构激活剂，代谢途径的终产物通常是它的变构抑制剂。变构调节效应如图 9-3 所示。

在变构抑制中，当终产物过多，将导致细胞中毒时，变构抑制剂(D)与变构酶 (E_1) 的调节部位结合，快速抑制该酶催化部位的活性，从而降低代谢途径的总反应速率，可有效地减少原始底物的消耗，避免终产物的过多产生，这对维持生物体内代谢的恒定起着重要作用。

在变构激活时有些异促别构酶，以底物(A)或其前体作为别构激活剂，结合到酶分子上，

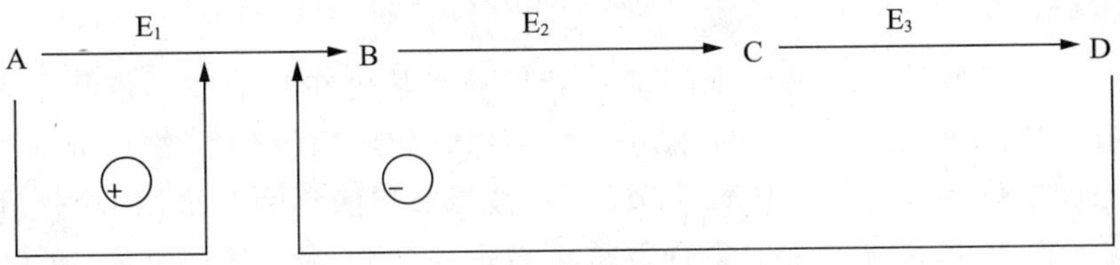

A 是原始底物，B、C 是中间产物，D 是终产物，E_1、E_2、E_3分别是催化 A、B、C 的不同酶，其中 E_1是异促变构酶，D 是 E_1的变构抑制剂，A 是 E_1的变构激活剂。

图 9-3　变构调节效应

通过变构而提高酶的催化活性，从而避免底物过多积累，使相关代谢达到平衡协调。

(3)变构调节过程。酶的变构调节不需要能量，只是通过酶分子构象变化来调节酶的活性。例如，果糖-1，6-二磷酸酶，由 4 个相同的亚基组成，每个亚基的相对分子质量约为 310 000，既含催化部位又有调节部位；催化部位能结合 1 分子 FBP(1，6-二磷酸果糖)，调节部位可结合 1 分子效应物(AMP)；存在高活性的紧密型(T 型)与低活性的松弛型(R 型)两种构象。当酶处于“T”型时，其调节部位在聚合体内部难以与其变构抑制剂 AMP 结合而表现出较高的活性。而当第一个 AMP 分子与调节部位结合后，构象发生变化，从“T”型转变成“R”型，引起其他亚基构象相继发生改变，调节部位依次暴露，与 AMP 的亲和力逐步增加，酶的活性逐渐减弱(图 9-4)，这一变构过程是可逆的。变构抑制剂促进高活性型向低活性型的转变，而变构激活剂则促进低活性型向高活性型的转变。当酶处于低活性的“R”型时，其结构相对松散，调节部位暴露在聚合体的表面，易与其变构激活剂 3-磷酸甘油醛结合而导致酶蛋白空间构象改变，转变成高活性的“T”型。

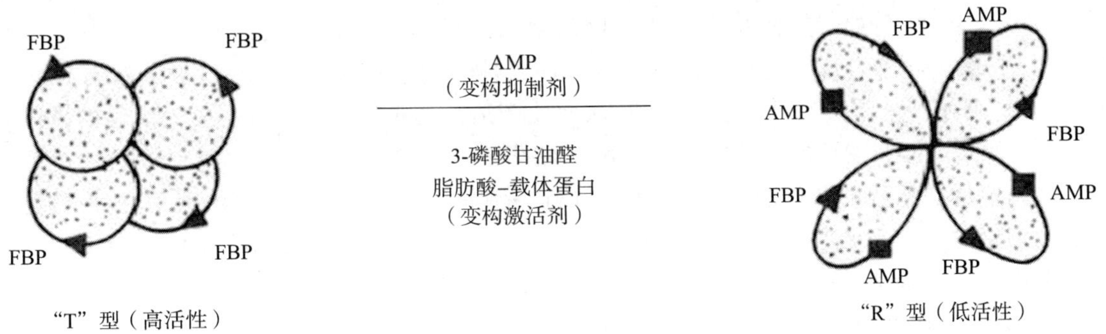

▲表示酶亚基上的催化部位　■表示酶亚基上的调节部位　FBP 表示果糖-1，6-二磷酸

图 9-4　果糖-1，6-二磷酸酶的变构效应

有些酶的变构作用还表现为酶分子的聚合或解聚，如脂肪酸合成过程中的关键酶——乙酰 CoA 羧化酶。乙酰 CoA 羧化酶有原聚体和多聚体之分，只有当原聚体聚合成多聚体时酶才有催化活性。柠檬酸可促进原聚体的聚合，而长链脂酰 CoA 可拮抗柠檬酸的促聚合作用。因此，柠檬酸是该酶的变构激活剂，而 ATP、Mg^{2+} 和长链脂酰 CoA 都是该酶的变构抑制剂。

变构调节与代谢系统、生理系统相统一，在不同的代谢系统中，变构调节有所不同。有的代谢系统有多个变构环节；有的变构酶受多种效应物的调节；有的变构酶还具有多种同工酶，分别受不同效应物的调节，由此对整个细胞的代谢平衡进行协调。

4. 共价修饰调节

(1)共价修饰。有些酶分子肽链上的某些氨基酸残基可在其他酶的催化下发生可逆的共价修饰,或通过可逆的氧化还原互变使酶分子的局部结构或构象产生改变,从而引起酶活性的变化,这种修饰调节作用称为共价修饰调节作用,被修饰的酶称为共价调节酶。目前已知的共价调节酶有 100 多种,其调节方式主要有磷酸化与去磷酸化、腺苷酰化与去腺苷酰化、乙酰化与去乙酰化、尿苷酰化与去尿苷酰化、甲基化与去甲基化、—SH 基和—S—S—基互变等,其中最常见的是磷酸化与去磷酸化,这也是真核生物酶共价修饰调节的主要形式。如动物细胞中的糖原磷酸化酶的调节(图 9-5)。

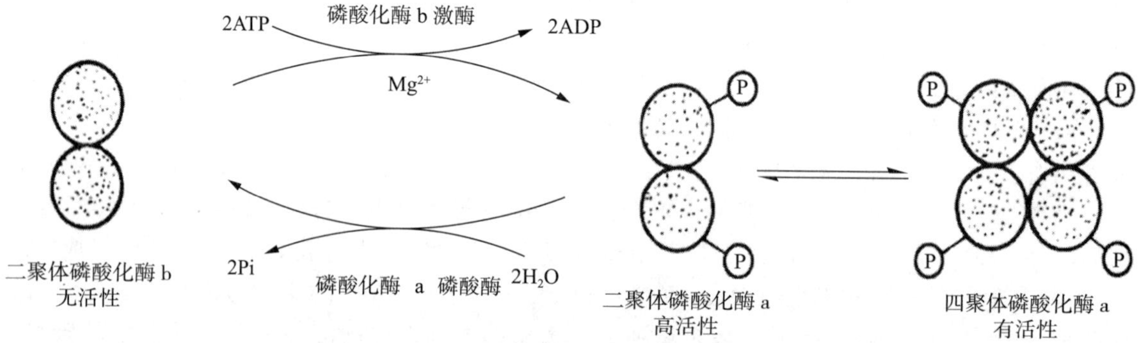

图 9-5 磷酸化酶的共价修饰作用

(2)共价修饰酶的类型。共价修饰酶有磷酸化与去磷酸化两种形式,前者为活化形式,后者为非活性形式。在磷酸化酶激酶催化下,磷酸化酶 b(二聚体)中每个亚基的 *Ser* 残基与 ATP 给出的磷酸基共价结合,从而使低活性的磷酸化酶 b 转变成高活性的磷酸化酶 a(二聚体),2 个二聚体再结合成有活性的磷酸化酶 a 四聚体。磷酸化酶 a 在磷酸化酶 a 磷酸酶催化下,其中每个亚基的磷酸基可被水解除掉,从而使高活性的磷酸化酶 a 转变成无活性的磷酸化酶 b。这种共价修饰的可逆反应需要其他酶的催化。

在糖原磷酸化酶的共价调节中,可按需进行。例如,在进食后,因血糖浓度增高,肝细胞无须通过糖原的分解来调节血糖浓度,则磷酸化酶 a 在磷酸化酶 a 磷酸酶的催化下即水解脱去磷酸基而转变成无活性的磷酸化酶 b,从而减弱或停止糖原的分解。

(3)共价修饰调节特点。

①大多数化学修饰的酶都存在有活性(或高活性)与无活性(或低活性)两种形式,且两种形式之间通过两种不同的酶催化可以互相转变。对于磷酸化与脱磷酸化而言,有些酶脱磷酸化状态有活性,而另一些酶磷酸化状态有活性。

②由于化学修饰调节本身是酶促反应,且参与化学修饰的酶又常常受其他酶或激素的影响,故化学修饰具有级联放大效应。即少量的调节因素就可使大量的酶分子发生共价修饰,因此,催化效率较高。

③磷酸化和脱磷酸化是最常见的酶促化学修饰反应,其消耗的能量由 ATP 提供,这与合成酶蛋白所消耗的 ATP 相比要少得多,因此,共价修饰调节耗能少,是一种较经济有效的调节方式。

(4)酶的共价修饰与变构调节的双重作用。酶的共价修饰与变构调节是体内调节代谢速率和方向的两种方式。对某一种酶来说，它可以同时接受这两种方式的调节。例如，二聚体糖原磷酸化酶存在磷酸化位点，且每个亚基都有催化部位和调节部位，因此，在受共价修饰的同时也可由 AMP 变构激活，并受 ATP 变构抑制。细胞中同一种酶受共价修饰和变构双重调节的意义在于变构调节是细胞的一种基本调节机制，它对于维持代谢物和能量平衡具有重要作用，但当效应剂浓度过低，不足以与全部酶分子的调节部位结合时，就不能动员所有的酶发挥作用，难以发挥应激效应。当在应激状态下，随着肾上腺素的释放，通过 cAMP 启动一系列的级联酶促共价修饰反应，就可以迅速有效地满足机体的急需。

(三)酶的含量调节

生物体除通过改变酶分子的结构来调节细胞内原有酶的活性外，还可通过改变酶的合成或降解速率以控制酶的绝对含量来调节代谢。但酶蛋白的合成与降解调节需要消耗能量，所需时间和持续时间都较长，故酶含量的调节属迟缓调节。

1. 酶蛋白合成的诱导与阻遏

绝大多数酶的化学本质是蛋白质，酶的合成也就是蛋白质的合成。酶的底物或产物、药物以及激素等都可以影响酶蛋白的合成。一般将增加酶蛋白合成的化合物称为诱导剂，减少酶蛋白合成的化合物称为阻遏剂。诱导剂和阻遏剂影响酶蛋白合成可发生在转录水平或翻译水平，以转录水平较常见。这种调节作用需通过蛋白质生物合成的各个环节，故需一定的时间才出现相应效应。但一旦酶蛋白被诱导合成，即使除去诱导剂，酶仍能保持活性，直至酶蛋白被完全降解。

(1)底物对酶合成的诱导作用。生物界普遍存在着酶的底物可诱导该酶合成的现象。例如，饲料被消化吸收后，血中多种氨基酸浓度的增加，可诱导氨基酸分解酶体系中关键酶(如苏氨酸脱水酶、酪氨酸转氨酶)的合成而降解和转化氨基酸。又如，在鼠的饲料中酪蛋白含量从 8%增至 70%，其体内的精氨酸酶的活性可增加 2～3 倍。这种诱导作用对于维持体内代谢的平衡具有一定的生理意义。在高等动物体内，因存在激素的调节作用，底物诱导作用不如微生物体内重要。

(2)产物对酶合成的阻遏作用。在肝和骨髓中，胆固醇合成代谢的中间产物的 7-β-羟胆固醇可强烈抑制胆固醇合成途径的关键酶 HMG-CoA 还原酶的活性，而其终产物胆固醇则主要抑制 HMG-CoA 还原酶的生物合成。这表明一条代谢通路的产物不但可通过变构调节直接抑制酶系中的关键酶，有时还可阻遏这些酶的合成。

(3)激素对酶合成的诱导作用。胰岛素除可增强肝 HMG-CoA 还原酶的活性外，还可诱导肝 HMG-CoA 还原酶的合成而促进肝合成胆固醇；胰高血糖素和糖皮质激素可降低 HMG-CoA 还原酶活性以减少胆固醇合成，这表明激素是高等动物体内影响酶合成的最重要的调节因素。

(4)药物对酶合成的诱导作用。肝细胞微粒体中单加氧酶等药物代谢酶是催化许多药物和毒物在肝内进行生物转化的酶，可被其底物诱导合成，从而促进药物本身或其他药物的氧化失活，这对防止药物或毒物的中毒和累积有着重要的意义。

2. 酶蛋白降解的调控

改变酶蛋白的降解速率也能调节胞内酶的含量，从而达到调节酶活性的作用。溶酶体的蛋白水解酶可催化酶蛋白的降解。因此，凡能改变蛋白水解酶活性或蛋白水解酶在溶酶体内分布的因素，都可间接地影响酶蛋白的降解速率。除溶酶体外，细胞内还存在蛋白酶体，由多种蛋白水解酶组成，当待降解的酶蛋白与泛肽结合而被泛肽化即可使该酶蛋白迅速降解。目前，认为通过酶蛋白的降解来调节酶含量远不如酶蛋白合成的诱导和阻遏重要。

二、激素水平的代谢调节

激素是一类由特定的细胞合成并分泌的化学物质，它随血液循环至全身，作用于特定的靶组织或靶细胞，引起细胞物质代谢沿着一定的方向进行而产生特定生物学效应。激素能对特定的组织或细胞发挥作用，是由于该组织或细胞具有能特异识别和结合相应激素的受体，激素作为第一信使与受体结合后，使受体分子的构象发生改变而引起一系列生物学效应。按激素受体在细胞的不同部位，可将激素分为细胞膜受体激素和细胞内受体激素两类。

（一）细胞膜受体激素的代谢调节

激素通过细胞膜受体的调节作用通常通过靶细胞膜上的特异性 G 蛋白受体起作用，即激素到达靶细胞后，先与细胞膜上的特异性受体结合，激活 G 蛋白，G 蛋白再激活细胞内膜上的腺苷酸环化酶，活化后的腺苷酸环化酶可催化 ATP 转化为 cAMP，cAMP 作为激素的第二信使，再激活胞内的蛋白激酶 A(PKA)，产生一系列的生理效应。这样，激素的信号通过一个酶促的酶活性的级联放大系统逐级放大，使细胞在短时间内做出快速应答反应。例如，肾上腺素作用于肌细胞受体导致肌糖原分解的过程，肾上腺素的信息经 cAMP 传达到细胞内，由 PKA 继续向下传递，使大量的磷酸化酶 b 转化为磷酸化酶 a 而活化，同时抑制糖原合酶 b(无活性)脱磷酸化转变为糖原合酶 a(有活性)。从而在瞬间内使糖原分解，以适应动物在应激状态下能量的要求(图 9-6)。

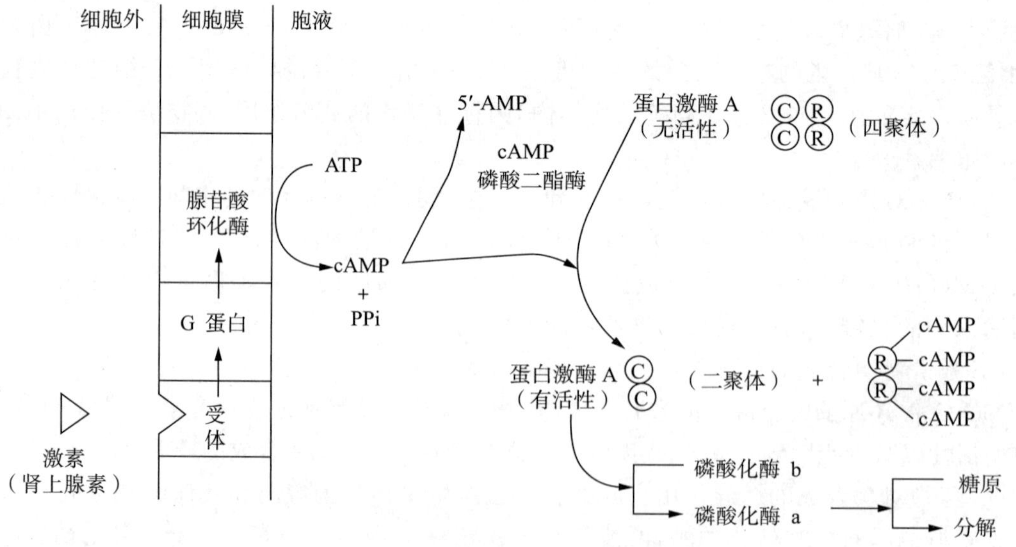

图 9-6 细胞膜受体激素——肾上腺素作用

此外，胰高血糖素、促肾上腺皮质激素、甲状旁腺素、促甲状腺素、促促卵泡素和黄体素等都属于胞外激素，都是以 cAMP 为第二信使产生生理效应。

(二)细胞内受体激素的代谢调节

有一些脂溶性的激素,如固醇类激素、甲状腺素、前列腺素等,易于透过细胞膜进入细胞内,直接与胞质内或核内的特异性受体以非共价键进行可逆结合,形成激素-受体复合物使受体活化,活化后的受体型再结合于 DNA 片段中特定的核苷酸序列,促进或阻止基因的表达,调节蛋白质(酶)的生物合成,产生一系列的生物学效应(图 9-7)。

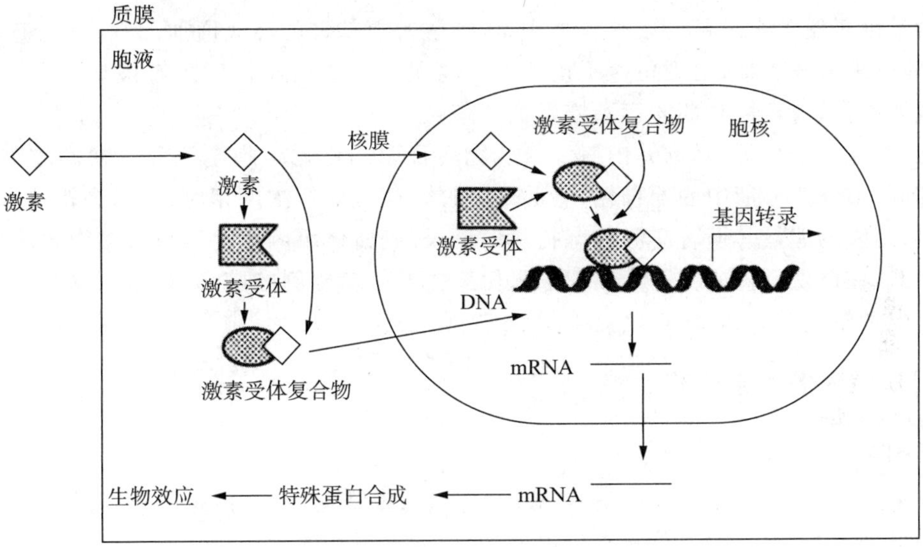

图 9-7　细胞内受体激素的代谢调节途径

三、整体水平的代谢调节

动物体主要通过神经体液途径对各组织的物质代谢进行调节,以适应不断变化的内外环境,使不同组织、器官中物质代谢途径相互协调和配合,力求在动态中维持相对的稳定,以维持正常生命活动。现以应激为例简要说明整体水平的代谢调节。

(一)应激状态下的代谢调节

应激是动物体受到一些诸如创伤、剧痛、冻伤、缺氧、中毒、感染,以及剧烈情绪激动等刺激所做出的一系列应答反应。应激伴有一系列神经——体液的改变,包括交感神经兴奋、肾上腺髓质和皮质激素分泌增加,血浆胰高血糖素和生长激素水平升高,胰岛素水平降低等,引起糖、脂肪和蛋白质等物质代谢发生相应变化,总的特点是分解增加、合成减少。

1. 应激时糖代谢的变化

主要表现为高血糖。例如,人空腹时血糖常为 6.72～7.84 mmol/L(120～140 mg/dL),应激时由于儿茶酚胺、胰高血糖素、生长激素、肾上腺糖皮质激素分泌增加和胰岛素的相对不足导致糖原分解和糖异生增强,使血糖浓度升高,甚至可超过葡萄糖的肾阈 8.96 mmol/L(160 mg/dL)而出现糖尿,这种现象称为应激性高血糖或应激性糖尿。血糖升高有利于保证脑和红细胞的能源供应。

2. 应激时脂肪代谢的变化

主要表现为脂肪动员增强。由于肾上腺素、去甲肾上腺素、胰高血糖素等脂解激素增多，通过提高甘油三酯脂肪酶的活性而促进脂肪的动员与分解加强，所以血中游离脂肪酸和酮体有不同程度的增加；同时组织对脂肪酸的利用增加。从而减少对血液中葡萄糖的消耗，保证了对机体能量的供应。例如，严重创伤后，机体所消耗的能量有75%～95%来自脂肪的氧化。

3. 应激时蛋白质代谢的变化

应激时由于肌肉组织蛋白质分解加强，丙氨酸等氨基酸的释放增加，为肝细胞糖异生提供原料，同时尿素合成增加，出现负氮平衡。应激情况下的蛋白质代谢既有破坏和分解的加强，也有合成的减弱，直至恢复期才逐渐恢复氮平衡。

总之，在应激情况下，动物体内三大营养物质代谢的变化均趋向于分解代谢增强，合成代谢受到抑制，最终使血液中的葡萄糖、脂肪酸、酮体、氨基酸等浓度相应升高，为机体应付"紧急情况"提供足够的能量。但若应激状态持续时间长，则机体可因消耗能量过多而致消瘦和体重减轻。因此，在严重创伤或大手术后，给予患者输入一定比例的胰岛素-葡萄糖-氯化钾溶液，可减少体内蛋白质的分解，防止负氮平衡。

（二）饥饿时的代谢调节

1. 短期饥饿

机体未进食1～3 d后，肝糖原显著减少，血糖浓度降低，引起胰岛素分泌减少和胰高血糖素分泌增加，同时也引起糖皮质激素分泌增加，引起一系列的代谢变化。

（1）肌蛋白分解增加。肌肉蛋白质分解释放出的氨基酸大部分可转变为丙氨酸和谷氨酰胺，经血液转运到肝成为糖异生的原料，蛋白质的降解增多可导致氮的负平衡。

（2）糖异生作用增强。机体饥饿2 d后，肝糖异生作用明显增强（约占80%），此外肾也有糖异生作用（约占20%），氨基酸为糖异生的主要原料，通过糖异生作用维持血糖浓度的相对恒定，以维持某些依赖葡萄糖供能的组织（如脑和红细胞）的正常功能。

（3）脂肪动员加强，酮体生成增多。由于脂解激素分泌增加，脂肪动员增强，血液中甘油和游离脂肪酸含量增高，许多组织以摄取利用脂肪酸为主，此外脂肪酸β-氧化为肝的酮体生成提供了大量的原料。而肝合成的酮体既为肝外其他组织提供了能量的来源，也成为脑组织的重要能源物质，这使许多组织减少对葡萄糖的摄取和利用。饥饿时脑组织对葡萄糖的利用也有所减少，但饥饿初期的大脑仍主要由葡萄糖供能。

2. 长期饥饿

在较长时间的饥饿状态下（1周以上），体内的能量代谢将发生进一步变化，脂肪动员进一步加速，酮体在肝及肾细胞中大量生成，脑组织利用酮体增加，甚至超过葡萄糖，从而减少糖的利用，维持血糖稳定，减少组织蛋白质的消耗。肌肉优先利用脂肪酸作为能源，以保证脑组织的酮体供应。血液中酮体含量增高，减少肌肉蛋白质的分解，此时肌肉释放氨基酸减少，而乳酸和丙酮酸成为肝中异生的主要原料。肌肉蛋白质分解减少，负氮平衡有所改善，此时尿液中排出尿素减少而氨增加。其原因在于肾小管上皮细胞中谷氨酰胺脱下的酰胺氮，可以以氨的形式排入管腔，有利于促进体内H^+的排出，从而改善酮症引起的酸中毒。

知识拓展

关于细胞代谢与疾病的关系

代谢是生物体内一切用于维持生物体各项正常生命活动而进行的各种化学反应的总称。正是由于这些化学反应，生物体或者细胞才能够进行正常的繁殖和生存。代谢被认为是生物体不断进行物质和能量交换的过程，生物体的正常生命活动离不开细胞代谢，细胞代谢停止了，生物体内不能进行物质和能量的交换，有用的物质吸收不了，有害的物质排不出去，需要能量的地方没法传送能量，那么生物体的生命迹象就会停止，各种生命活动也会消失，就是我们说的死亡。婴幼儿、青少年正处在长身体的过程中，所以在建造自身机体的时候就需要更多的物质来维持，也就是说年轻的生物体和细胞的新陈代谢旺盛，有用的物质能很快吸收，有害的物质很快排除，减少了疾病的发生，另外同化作用也占主导位置。这就是为什么年轻人不容易生病身体健康的原因。然而到了老年和晚年，人体功能渐渐开始退化，同化作用和异化作用都有所下降，细胞新陈代谢也就逐渐缓慢，就和年轻人不一样了，免疫力下降各种疾病就会随之而来。只要是正常的生命活动细胞新陈代谢就不会停止。例如动物的冬眠，虽然它们不进水不进食，但是细胞新陈代谢并未停止，只不过变得比平常的时候缓慢。新陈代谢是生命体不断进行自我更新的过程，如果细胞新陈代谢受到抑制，各种危害我们身体的不利因素也就随之而来。而其中最常见的就是代谢性疾病。

代谢性疾病即因代谢问题引起的疾病，包括代谢障碍和代谢旺盛等原因，如糖尿病、糖尿病酮症酸中毒、高血糖高渗综合征、低血糖症、通风、蛋白质-能量营养不良症、维生素 A 缺乏症、坏血病、维生素 D 缺乏症、骨质疏松症。

细胞代谢受到抑制通常也会引起退化性疾病，按照现在的说法，我们所知道的癌症和不育只是所有退化性疾病中的两种。其他的退化性疾病还包括老年痴呆症、糖尿病、心脏病、肥胖症、高血压、关节炎等。人类只有一种疾病，那就是细胞代谢障碍或故障。细胞故障可以不同形式和不同程度出现，分布在不同部位，表现为不同症状。当所有细胞代谢正常时，人体处于健康状态。细胞出现代谢障碍有两个根本原因：细胞得不到它所需要的东西(营养不良)，或者被它所不需要的东西伤害(毒素超载)。

除了环境突变或发生事故，疾病不会突然出现。生病是一个过程，只有当大量机体细胞(组织)出现故障时，才会在机体组织层面出现明显的病症，或有明显的感觉(不舒服)。例如，肥胖是机体细胞的脂肪代谢障碍，又称脂肪重新分布，由于细胞代谢受到障碍，身体生产、利用和贮存脂肪就会紊乱，而癌症则是机体细胞的氧代谢障碍。

——引自《关于细胞代谢与疾病关系的研究》

思考与练习

一、名词解释

1. 酶水平调节　2. 反馈调节　3. 变构调节　4. 共价修饰调节　5. 诱导剂　6. 阻遏剂

二、简答题

1. 简述生物体内糖、脂、蛋白质和核酸代谢的相互关系。

2. 生物体内的代谢调节可概括为哪几个水平上进行？
3. 细胞水平调节有哪几种方式？有何特点？
4. 应激指的是什么？
5. 激素对物质代谢的调节方式有哪几种？
6. 简述机体在应激情况下，体内三大营养物质代谢的变化。

模块九　思考与练习参考答案

模块十
生物化学实验技能

【学习目标】

(1)掌握几种常见的生物化学实验基本技术。

(2)熟悉层析分离的类型。

(3)掌握生物化学技能。

【素质目标】

(1)培养实验安全意识,学会数据分析、结果应用的能力。

(2)培养交流合作、查阅文献、撰写报告的能力。

任务一　生物化学实验基本技术

一、层析分离技术

层析分离技术是20世纪发展起来的物质分离技术,最初是对颜色物质的分离,故又称色层分离法、色谱法,也称色谱技术。层析法是近代生物化学最常用的分离方法之一,运用这种方法可以分离性质极为相似,而用一般化学方法难以分离的各种化合物,如各种氨基酸、核苷酸、糖、蛋白质等。

层析分离是利用混合物中各种组分的物理、化学性质的差异(如吸附能力、分子形状和大小、分子极性、分子的亲和力、分配系数等),在固定相与流动相中分布不同、移动速率不同而达到各组分的分离。

(一)层析分离的基本原理

层析分离的基本原理可以用一个装有5 cm高固体颗粒的固定相柱来描述,固相的周围是移动的液相,每厘米的柱中有14 mL的液相(图10-1)。

经过5次平衡后,化合物被分配到整个柱中,而最高浓度是在柱的中部。如果说化合物在固相与液相中的分配相等,那么50%的化合物在每次平衡后仍留在固相中,50%的化合物随液相进入下一级柱,这样经多次的移动、分配、平衡后,化合物浓度的高峰在柱的中部;如果化合物在两相中不均等分配(固相＞液相＞固相),当经过多次分配平衡后,化合物在柱内的移动

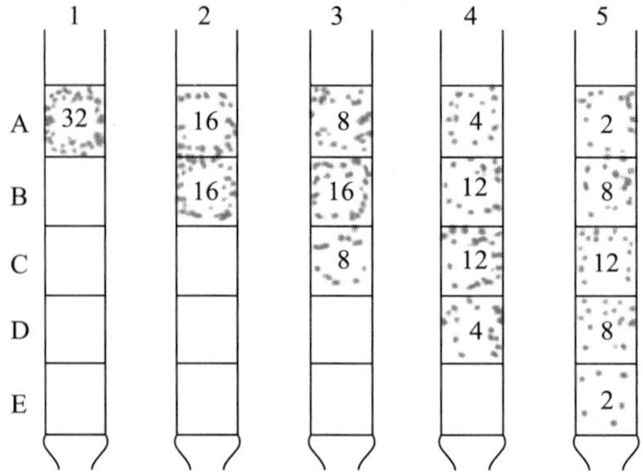

图 10-1　层析分离的原理

速率相对加快或减慢，浓度的高峰则集中在柱的中部以上或中部以下。柱上发生的平衡次数越多，在柱的某一位置上的化合物的浓度就越高，实际上在一个柱上平衡是连续发生的，因为溶剂连续不断地加入，在一根正常工作的柱中发生着数千次的平衡，平衡次数越多，柱的分离效率越高。

(二)层析分离的类型

按分离的原理可层析分离分为 5 类。

(1)吸附层析：固定相是固体吸附剂，利用各组分在吸附剂表面吸附能力的差别而分离。

(2)分配层析：固定相为液体，利用各组分在两液相中分配系数的差别或溶解度不同使物质分离。

(3)离子交换层析：固定相为离子交换剂，利用各组分对离子交换剂的亲和力不同而进行分离。

(4)凝胶层析：固定相为多孔凝胶，利用各组分在凝胶上受阻滞程度不同而进行分离。

(5)亲和层析：根据生物特异性吸附进行分离，固定相只能和一种待分离组分有高度特异性的亲和能力者结合，而与无结合能力的其他组分分离。按操作方式不同分为 3 类：①纸层析。以滤纸作为液体的载体，点样后，用流动相展开，以达到组分分离目的。②薄层层析。以一定颗粒度的不溶性物质，均匀涂铺在薄板上。点样后，用流动相展开，使组分达到分离。③柱层析。将固定相装柱后，使样品沿一个方向移动，以达到分离目的。

1. 吸附层析

(1)原理。吸附作用是指某些物质(称为吸附剂)能够从溶液中将溶质浓集在其表面的现象。吸附剂吸附能力的强弱除决定于吸附剂和被吸附物质本身的性质外，还和周围溶液的组成有密切关系。当改变吸附剂周围溶液的成分时，吸附剂的吸附能力即可发生变化，往往可使能吸附物质从吸附剂上解吸下来，这种解吸过程称为洗脱或展层。当样品中的物质被吸附剂吸附后，用适当的洗脱液冲洗，就能改变吸附剂的吸附能力，使被吸附的物质解吸下来，随着洗脱液向前移动，该物质又遇到前面新的吸附剂而再次被吸附，在后来的洗脱液的冲洗下又重新解吸下来，继续向前移动。经过这样反复的吸附—解吸附—再吸附—再解吸的过程，物质就可以不断地向前移动。由于吸附剂对样品中各组分的吸附能力不同，它们在洗脱剂的冲洗下移动的速度也就不同，故能逐渐分离开来。

(2)吸附剂的选择。吸附剂的选择是否合适是吸附层析的关键。常用的吸附剂有硅胶、氧化铝、硅藻土、纤维素等。硅胶为微酸性吸附剂，适合分离酸性和中性物质；氧化铝是微碱性吸附剂，适合分离碱性和中性物质；硅藻土和纤维素为中性吸附剂，适合分离中性物质。吸附剂的颗粒应有一定细度，并且粒度要均匀。一般无机类颗粒直径为 0.07～0.1 mm(150～200 目)；有机类为 0.1～0.2 mm(70～140 目)。颗粒太粗，层析时溶剂推进快，但分离效果差，而颗粒太细，展开太慢，易产生斑点不集中并有拖尾现象。

(3)吸附能力。一般用活度来表示吸附剂的吸附能力，吸附能力主要受吸附剂含水量的影响，其由强到弱的程度以Ⅰ、Ⅱ、Ⅲ、Ⅳ、Ⅴ表示。吸附剂活度强时，能吸附极性较小的基团；吸附剂活度弱时，对非极性基团吸附能力也较强。一般利用加热烘干的方法，减少吸附剂的水分，从而增加其活度。通常，分离水溶性物质时，因其本身具有较强极性，故吸附剂活度要弱一些；相反，分离脂溶性物质时，吸附剂活度要强一些。

吸附层析根据吸附剂的装填方式可分为柱层析法和薄层层析法 2 种。

①柱层析法。选择一根适当尺寸的玻璃管，在管的底部垫以尼龙网、玻璃棉或烧结玻璃板等，再填装一定量的吸附剂，然后在顶部加入样品溶液，待样品全部流入吸附剂内后，再加入洗脱液进行洗脱，不同组分即以不同的速度向下流动而逐渐分离开来。最后从下端出口处流出，分步收集洗脱液，即可得到各组分的溶液，供进一步处理和测定(图 10-2)。

将层析材料装入层析柱内时，应先关闭出口，用溶剂灌注至 1/3 体积，并使支持板下的“死体积”不存有气泡，再慢慢地向溶剂中加浆状物，要小心地沿着玻璃倾注，以防止气泡存留在柱内。让悬浮液自然沉淀，并放出过多的溶剂，为了避免分层，最好一次装完，如需分几次填装，则在二次填装前应先在已经沉淀的表面用玻棒搅拌后再倾注，重复这个过程，直至装到需要的高度。用溶剂彻底洗涤层析柱，使液面降到比层析床表面略高一点(图 10-3)。

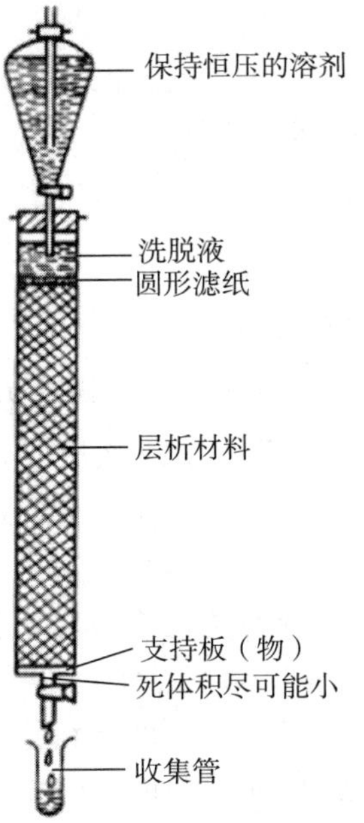

图 10-2　柱层析装置

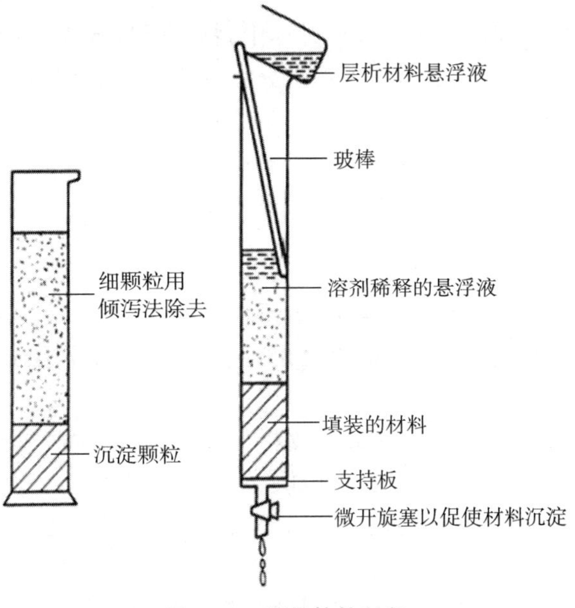

图 10-3　层析柱的制备

②薄层层析法。薄层层析法是利用玻璃板作为固定相的载体，把吸附剂均匀地在玻璃板上铺成薄层，把要分析的样品加在薄层的一端，在密闭的容器中，用适当的溶剂展层后达到分离、鉴定的目的，进而可进行鉴定和定量测定。因为层析是薄层上进行的，故称为薄层层析法或薄板层析法。

薄层层析法的原理视作为固定相的涂布物质而异。若涂布物质是吸附剂，如氧化铝、硅胶等，则属于吸附薄层层析；若涂布的是离子交换剂如离子交换纤维素，则属于离子交换薄层层析。其中主要的是吸附薄层层析，通常提到的壁层层析就是指这一类层析。

吸附薄层层析中最常用的吸附剂是硅胶和氧化铝。硅胶略带酸性，适用于中性和酸性物质(如氨基酸、核苷酸、糖类、磷脂、类固醇和萜烯等物质)的分离和鉴定，但不适用碱性物质，因为后者可能与之起反应。氧化铝略带碱性，适用于中性及碱性物质分离，如生物碱、食物染料、酚类、类固醇、维生素、胡萝卜素及氨基酸等。

市售的层析吸附剂有硅胶 G、硅胶 H、氧化铝及氧化铝 G。符号 G 表示在吸附剂中加入了 5%～20%煅石膏作为黏合剂。硅胶在制板前一般常须加入黏合剂，如石膏、羟甲基纤维素和淀粉作黏合剂，则不耐腐蚀，但机械性能好。层析用的吸附剂要求粒度在一定范围内，而且常常需要活化，以提高吸附活性。

薄层层析板可分为软板和硬板。软板是用吸附剂干粉均匀铺在玻璃板上直接压制而成。这种板易剥落，使用受限。硬板是利用蒸馏水将吸附剂调成糊状以后再进行铺板而成。无论软板还是硬板，为取得满意的分离效果，板一定要薄，板面要平整，厚薄要均匀。制好的薄板阴干后，于 110 ℃烘箱烘 12～24 h 以活化，冷却后贮于干燥器即能随时使用。

薄层层析的优点是：设备简单、操作容易、分离效率高，是发展较快的一种快速层析方法，一般只需几十分钟即可获得结果；既适用于小量样品的分离，又适用于大量样品的分离；可采用腐蚀性的显色剂，而且可以在高温下显色。

2. 分配层析

(1)原理。在层析分离过程中，物质既进入固定相，又进入流动相，此过程称为分配过程。分配层析是利用混合物中各组分在两个互不相溶的溶剂中的分配系数不同而达到分离目的的层析技术。分配系数是指在一定的温度、压力和一定的溶剂系统中，一种物质分配达到平衡时在两个互不相溶的溶剂中的浓度比值，常用 K 来表示：

$$K=\text{溶质在固定相的浓度}(c_s)/\text{溶质在流动相的浓度}(c_m)$$

不同的层析机理，其 K 值涵义不同。吸附层析中，K 值表示吸附平衡常数；分配层析中，表示分配系数；离子交换层析中，表示交换常数；亲和层析中，表示亲和常数。K 值大表示溶质在固定相中浓度大，洗脱时溶质出现较晚。K 值小表示溶质在流动相中浓度大，在洗脱时出现较早。

分配层析中常用滤纸为支持物称为纸上分配层析。纸层析以滤纸为惰性支持物。滤纸纤维与水有较强的亲和力，能吸收 20%～22%的水，其中部分水与纤维素羟基以氢键形式存在，而滤纸纤维与有机溶剂的亲和力很小，所以滤纸的结合水为固定相，以水饱和的有机溶剂为流动相(展开剂)。当流动相沿滤纸经过样品点时，样品点上的溶质在水和有机相之间不断进行溶液分配，由于混合物中各组分在相同条件下具有不同的分配系数，所以随流动相移动的快慢就有差异，于是就能将这些组分分离开来，形成距原点不等的层析点，溶质在纸上的移动速度

可用迁移率 R_f 值表示：

$$R_f = \text{原点到层析斑点中心的距离}/\text{原点到溶剂前沿的距离}$$

R_f 值是物质定性的基础，一般分配系数大的组分，因移动速度慢，所以 R_f 值较小；而分配系数较小的组分，则 R_f 值较大。可以根据测出的 R_f 值来判断层析分离的各种物质，当与标准在同一条件下测得的 R_f 值进行对照时，即可确定该层析物质。

(2)操作要点。纸析法的操作分为点样、展层、显色、测定等。展层方式有单向(上行法、下行法)，双向和经向(环形)之分。为了提高分辨率，纸层析可用两种不同的展开剂进行双向展层。双向纸层析是把滤纸剪成长方形或方形，一角点样，先用一种溶剂系统展开，吹干后，转90°，再用第二种溶剂系统进行第二次展开。这样，单向纸层析难以分离清楚的物质，通过双向纸层析往往可以获得比较理想的分离效果。

纸层析法既可定性又可定量。定量方法一般采用剪洗法和直接比色法 2 种。剪洗法是将组分在滤纸上显色后，剪下斑点，用适当溶剂洗脱后，用分光光度法定量测定。直接比色法是用层析扫描仪直接在滤纸上测定斑点大小和颜色深度，绘出曲线并可自动积分，计算结果。

3. 离子交换层析

(1)原理。离子交换就是指液相中的离子与固相上的活性基团离子的可逆交换反应。利用这个反应将要分离的混合物先在一定 pH 的溶液中全部解离，而后流过固定相使之与固相上的离子进行交换，吸附于固相上，再根据混合物中解离度的差别，用不同 pH 的溶液分别洗脱下来，达到分离混合物中组分的目的(图 10-4)。

离子交换层析技术除大量应用于分离生物化学代谢物质的工业生产外，还广泛应用于生物化学和分子生物学的理论研究。近年来，该技术与其他技术相结合，制成了固相肽自动合成装置、氨基酸自动分析仪、核苷酸自动分析仪、气相色谱仪、蛋白质合成仪等。离子交换层析技术已经成为生化领域各个方面的基本技术之一。

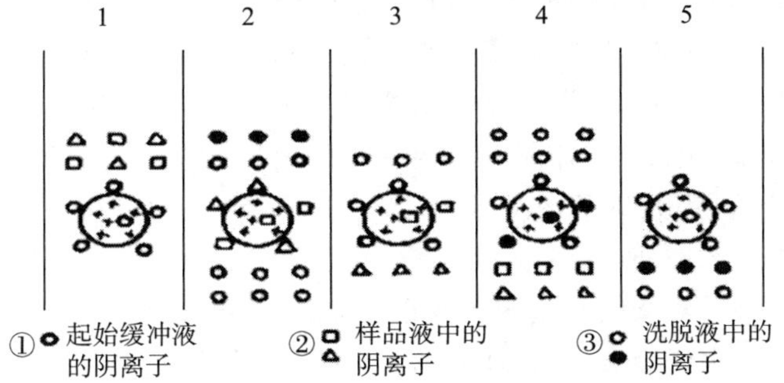

1. 开始状态　2. 样品吸附　3. 开始洗脱　4. 洗脱结束　5. 再生

图 10-4　离子交换层析

(2)离子交换剂的类型。离子交换层析中固相称为交换剂。它是一种高分子不溶物质。目前常用的有人工合成的树脂、纤维素、葡聚糖、琼脂糖等。在这些不溶性母体上引入不同的活性基团，即具有离子交换作用，成为各种类型的离子交换剂。引入母体上的活性基团主要分酸性和碱性两类，酸性基团能解离出 H^+ 可与溶液中阳离子交换，所以这类离子交换剂称为阳离子交换剂；碱性基团因能解离出 OH^- 与溶液中的阴离子交换，所以这类离子交换剂称为阴离子交换剂。由于引入的酸性和碱性基团的强弱不同，这两类离子交换剂又分为强酸型和弱酸型以及强碱型和弱碱型。如酸性树脂中含磺酸基（—SO_3H）的称为强酸型，含磷酸基（—PO_3H_2）的称为中强酸型，含有羧基（—COOH）、羟基（—OH）的称为弱酸型。碱性树脂中含季胺基[—$N^+(CH_3)_3$]的称为强碱型，含叔胺基[—$N(CH_3)_2$]、仲胺基（—$NHCH_3$）、伯胺基（—NH_2）的称为弱碱型。

离子交换剂的作用原理如下：

阳离子交换剂分子中具有酸性基团，能和流动相中的阳离子交换。

$$R-SO_3^-H^+ + M^+ \rightarrow R-SO_3M + H^+$$

阴离子交换剂分子中具有碱性基团，能和流动相中的阴离子进行交换。

$$R_4^-N+OH^- + W \rightarrow R_4^-N + W^- + OH^-$$
$$OH^- + H^+ \rightarrow H_2O$$

反应式中，M^+代表溶液中阳离子，W^-代表溶液中阴离子。

由于不同生物大分子的电荷密度分布不同，电荷量不等，等电点的差异及分子大小有区别，所以与离子交换剂的结合强弱也不同，当它们被结合到固定相交换基团上以后，主要依靠增加缓冲溶液的离子强度或改变酸碱度来进行洗脱。当缓冲液离子强度增加时，即增加了它与生物大分子对交换基团竞争吸附的能力，把生物大分子置换下来，改变酸碱度，使缓冲溶液的 pH 接近生物大分子的等电点，其净电荷为零，从而可被洗脱。

(3)离子交换层析基本操作。

①交换剂的选择。交换剂的选择必须考虑到被分离物质及交换剂的性质，如被分离的物质是阳离子就应选用阳离子交换剂，反之则选用阴离子交换剂。溶液中的离子在交换剂中交换吸附不仅受自身电荷数的影响，也受到它与离子交换剂的非极性亲和力及交换剂空间结构大小等因素影响。因此在分离某物质时，必须根据物质的解离性能、分子大小，选择适当类型的离子交换剂。再如像分离蛋白质，核酸时，为了不改变其生物活性，要选用条件温和的交换剂，如纤维素交换剂，而不能选用交换条件强烈的交换剂，如磺酸型树脂等。

②交换剂的处理、转型与再生。离子交换剂在使用前必须进行处理，即将离子交换剂先用蒸馏水浸透使之充分吸水膨胀，并用无离子水洗至澄清，以去除漂浮物及杂质等。然后用酸和碱分别处理，以除去某些不溶物。如离子交换树脂的处理方法是：先用 4 倍量 2 mol/L 的 HCl 浸泡 4 h 以上，除去酸液，用无离子水洗至中性，再加 4 倍量 2 mol/L 的 NaOH 浸泡 4 h 以上，除去碱液，再用无离子水洗至中性备用。离子交换纤维素则用 0.5 mol/L 的 NaOH 和 0.5 mol/L 的 HCl 处理。离子交换葡聚糖凝胶一般不用酸碱处理，使用前需在中性溶液中完全膨胀（室温 1～2 d，沸水浴 2 h）。处理过程中不需去除细小颗粒。避免强烈的搅拌，清洗时，最好用布氏漏斗除滤液，代替倾注法以减少损失。

用过的交换剂，经处理后还可继续使用，处理过程称为“再生”。一般是用酸和碱分别浸泡，再用水洗至中性。但离子交换树脂不一定要用酸和碱处理，即只要“转型”就可以了。所谓转型就是使用时希望树脂带上何种离子。如希望树脂带 Na^+，则用 NaOH 处理；如希望树脂带 H^+，则用 HCl 处理；希望树脂带 NH_4^+，则用 $NH_3 \cdot H_2O$ 或 NH_4Cl 处理。阴树脂转型也是同样道理，若希望带 Cl^- 则用 HCl，希望带 OH^- 则用 NaOH。总之，树脂处理，再生和转型的结果是希望带上我们需要的离子，因此最后的处理即是转型处理，不论转为何型，前后都要用无离子水洗至中性（若最后一步用碱处理，水洗至流出液 pH<8；用酸处理的，水洗的流出液

pH>6 即可)。

③装柱。离子交换层析多用柱层析法。首先应将柱放垂直,在柱内装入 1/3 的溶液,然后将处理好的交换剂用溶液稀释,一边搅拌一边加入柱内,使交换剂均匀沉降,至交换柱高 1 cm 左右,打开下口,使溶液慢慢流出,同时不断地加入搅匀的交换剂,直达到要求的柱高为止。装好的柱要求没有明显的分界线,不能有气泡,柱床面要平坦。装好的柱床面上要保持一层溶液,以防空气进入。

④样品上柱。装柱完毕后,用所需的缓冲液平衡,上样时应把柱面上的溶液放出,至液面与柱床面相同高度,用滴管加入样品,打开下口,使样品进入柱床,当样品液与柱床面相平时,用少量缓冲液洗管壁,这样使样品全部进入柱内,以防止出现拖尾现象。

⑤洗脱。一般是根据所用洗脱液比吸附物质具有更活泼的离子或基团,从而把吸附物质顶替出来,利用此原则选择各种洗脱液。洗脱液是由不同离子强度和不同 pH 的缓冲液组成,用以分离样品的不同组分。改变洗脱方式主要有分步洗脱(或分段洗脱)和连续梯度洗脱法。

a)分步洗脱法。预先配制不同离子强度的缓冲溶液,分段换用离子强度由低到高,pH 相同或不同的洗脱液以洗脱生物大分子的各种组分。

b)梯度洗脱法。早期采用 2 个直径相同底部相通的大型容器,将离子强度低的缓冲溶液放入一容器(混合瓶)中,其下端装有一个搅拌器,并连接到色谱柱的顶端,另一个容器存放离子强度较高的缓冲溶液。在洗脱过程中,因缓冲液由贮存瓶不断流入经搅拌器的混合瓶中,使流入色谱柱的洗脱液离子强度呈梯度增加,而 pH 也逐渐变化。这样可分管自动收集,使结构相近的生物大分子较易分离。

近期,人们已设计出了可以自动梯度洗脱的分离洗脱,具有非常好的重现性。

4.凝胶层析

(1)原理。凝胶层析是 20 世纪 60 年代发展起来的一种分离分析方法。其方法有许多同义词,如凝胶过滤、分子筛过滤、凝胶渗透层析等。

凝胶层析是利用具有一定孔径大小的多孔凝胶作固定相的层析技术。凝胶的孔隙犹如“筛眼”。当被分离的物质流过凝胶柱时,分子大于凝胶“筛眼”范围的物质完全被排阻,不能进入凝胶颗粒内部,只能随着溶剂在凝胶颗粒之间流动,因此受到的阻滞作用小,流程短,流速快而先流出层析柱;分子小于“筛眼”的物质则可完全渗入凝胶颗粒的“筛眼”中。因此,受到的阻滞作用大,而且从一个颗粒的“筛眼”又进入另一颗粒的“筛眼”,其流程长,流速也就慢,从层析柱中流出就较晚。若分子大小介于上述完全排阻或完全渗入凝胶的物质,则居两者之间从柱中流出。从流出先后次序的不同即可达到分离和纯化被分离物质的目的。

凝胶的这种特性又称分子筛效应。洗脱时峰的位置和该物质相对分子质量有直接的定量关系。在一根凝胶柱中,颗粒间自由空间所含溶液的体积称为外水体积 V_o,不能进入凝胶孔径的那些大分子,当洗脱体积为 V_o 时,出现洗脱峰。凝胶颗粒内部孔穴的总体积称为内水体积 V_i,能全部透入凝胶的那些小分子,当洗脱体积为 V_o+V_i 时出现洗脱峰,介于其间的分子将在洗脱体积为 V_o+V_e 时,出现洗脱峰。

我们将分子筛分配系数定义为:$K = V_e/V_i$

若生物大分子的分子为球形,其 K 与生物大分子的相对分子质量 M_r 存在如下关系:

$$K = -b \lg M_r + c$$

其中 b 和 c 为常数。实验已证实这一关系的存在。

(2)凝胶的种类。用作凝胶的载体物质有交联葡聚糖、聚丙烯酰胺和琼脂糖，凝胶按照载体物质可分为以下几类。

①交联葡聚糖凝胶。交联葡聚糖商品名为 Sephadex，它的原料是细菌分泌的链状葡聚糖。通过交联剂 1-氯代-2，3-环氧丙烷交联而成。交联剂添加越多，孔径越小，吸水量也就越小；反之越大。商品 Sephadex 以 G 值表示不同交联度，G 值越大，空穴也越大，G 后边的数字表示每克干胶膨胀时吸水量的 10 倍，G-25 表示每克干胶可吸附 2.5 g 水。

一般将 Sephadex G-10 至 G-50 的凝胶称为硬胶，因其吸水量比较小；而 Sephadex G-75 至 G-200 的凝胶由于吸水量大，膨胀度较大，称为软胶。

层析时选用何种凝胶，需根据被分离物质分子的大小及分离目的不同而决定。一般把用于小分子物质如无机盐从有机大分子中分离出来的层析，多使用“筛眼”小的凝胶如 Sephadex G-10 至 G-50；分离分子大于 10 000 以上的两种分子大小近似的物质时，使用“筛眼”大的 G-75 以上的凝胶。

凝胶基本上是一种不带电荷的球状物质。本身不会与被分离的物质相互作用，所以分离效果好。但葡聚糖凝胶分子上含有的羟基，能与某些蛋白质的碱性基团相互作用，吸附少量蛋白质。为此，在洗脱时可在洗脱液中加入氯化钠等中性盐，提高离子强度，当离子强度大于 0.05 时即可克服这种吸附。

②聚丙烯酰胺凝胶。聚丙烯酰胺凝胶是由丙烯酰胺和 N，N′-次甲基二丙烯酰胺聚合而成。其商品名为生物胶 P(Bio-GelP)。其孔穴大小也是随交联增多而减少，并用 P 值表示不同的交联度。P 值越大，孔径也越大。

③琼脂糖凝胶。琼脂糖是从海藻琼脂中分离除去琼脂胶后的中性组分。它是 D-半乳糖和 3，6-脱水 L-半乳糖相间重复结合而成的链状化合物。

这种糖链依靠糖基之间的氢键作用，形成稳定的网状结构，网状结构的疏密依靠改变琼脂糖浓度的方法来控制，因此商品也是以含水状态供应。因为琼脂糖凝胶靠的是氢键相交联，一般型号只能在 0～40 ℃以及 pH 4～9 范围内使用。近年来，应用交联剂制备得到的 cl 型和 FF 型琼脂糖则有比较好的稳定性，能用于浓脲、胍、有机溶剂及非离子型去污剂溶液，还能经受 110～120 ℃高压灭菌处理，对生物大分子的吸附能力也特别低。无论是哪种琼脂糖凝胶，其机械强度都比葡聚糖凝胶和聚丙烯酰胺凝胶好得多，同时它对生物大分子等高分子的吸附作用也小得多。另外，琼脂糖凝胶适用相对分子质量范围宽，最大可以到 108，这一点是另外两种凝胶所无法达到的。正由于以上这些优点，它的应用受到人们的重视。琼脂糖的商品名为 Sepharose 或 Bio-GelA。

(3)操作方法。

①凝胶的处理。为了获得合适的流速和良好的分离，凝胶粒子在使用前需经一定处理，主要是将凝胶的保存液更换到分离蛋白质的洗脱液中，对于 Sephadex 系列凝胶在使用前需充分的膨胀与浮选。

②装柱。取适当长度的色谱柱(G-200 选用 2.5 cm×100 cm)，底部铺上尼龙筛网或玻璃丝，以不漏粒子为准。用缓冲液(如 PBS)饱和凝胶粒子，置室温 1 h 后上柱。自顶端倾注凝胶悬浮液时，应沿直插到管底的玻棒缓缓流入，以免产生气泡与漏出粒子。为了防止分层，最好将凝胶悬液置于贮液瓶中，连续加入。

③柱填充的检查和V_o的测定。检查柱填充是否正确的最好方法是用此柱分离某些有色物质。蓝色葡聚糖-2000溶液是常用的一种物质，它是一种高分子葡聚糖，含有蓝色发色基团，因此可在一次操作中检查柱填充状况和测定出滞留容量V_o。方法是把0.2%的蓝色葡聚糖-2000溶液(1/50～1/100柱床体积)加到柱子上，洗脱液的离子强度应为0.02或更高。在色谱分离过程中，可能出现色带形状。柱子填充良好是获得好的分离结果所必需的。如果用蓝色葡聚糖进行实验后获得了一个不好的色谱带，那么就说明凝胶床没有填好。在这种情况下，柱子必须重新装填。

④加样。在加样时，为了不扰乱凝胶表面，可在顶部放上一层圆形滤纸或尼龙网，也可覆盖一层 Sephadex G-25(5 mm厚)的凝胶。样品要有一定的浓度和体积。通常为床柱体积的1%～10%，浓度不宜超过1%～4%。

⑤洗脱。洗脱剂多采用低离子强度的盐溶液。各种类型凝胶对流速要求不一。

⑥再生。样品洗脱完毕后，凝胶柱即已再生。一次装柱，可反复使用多次。因此操作简便，重复性高。

⑦保存。各型凝胶悬液加防腐剂或灭菌后，可置冰箱保存数月。防腐剂类型很多，最常用的有0.02%的叠氮化钠与0.05%的硫柳汞等，也可用高压蒸汽0.1 MPa 30 min灭菌。

(4)应用。凝胶层析是一种快速、简便的分离分析技术。由于设备简单，操作方便，不需有机溶剂，对高分子物质有很好的分离效果，广泛用于酶、蛋白质、氨基酸、核酸、核苷酸、多糖、激素、抗生素、生物碱等物质的分离和提纯，也可用于蛋白质溶液的脱盐、高分子溶液的浓缩、蛋白质相对分子质量的测定等。

5. 亲和层析

(1)原理。亲和层析是利用生物大分子与某些相对应的专一分子特异识别和可逆结合的特性而建立起来的一种分离生物大分子的层析方法，又称为生物亲和层析或生物特异性亲和层析。这种特异可逆结合的物质很多(表10-1)，如抗原与抗体、底物与酶、激素与受体等，生物分子间的这种特异亲和能力又称为亲和力。

表10-1 特异可逆结合的物质

常用配体	分离对象
酶	底物、抑制剂、辅酶
抗体	抗原、病毒细胞
核酸	互补碱基序列、组蛋白、核酸聚合酶、结合蛋白
激素	受体、载体蛋白
细胞	细胞表面特异蛋白

亲和层析中，一对互相识别的分子互称对方为配体，如激素可认为是受体的配体，受体也可认为是激素的配体。

亲和层析是将配体固定在固相载体上，并且将其装入层析柱中，当样品通过层析柱时，由于配体和相对应的生物大分子有专一性的亲和作用，将某种生物大分子吸附在柱中，样品中的其他组分不产生这种专一性的结合，而直接流出色谱柱。然后，便可以利用洗脱剂将吸附在柱中的生物大分子洗脱下来。

亲和层析法具有高度的专一性，而且层析过程简单、快速，是一种理想的有效分离纯化生物大分子的手段。

(2)操作方法。亲和层析的分离方法随分离的物质不同而不同，一般的程序如下：

选择配体→选择偶联的凝胶→偶联配体→装柱→平衡→上样→洗涤未结合的杂质→洗脱目标物质→样品。

①配体的选择。能与分离物质牢固、特异和可逆结合的物质都可以作为配体。选择配体有两个条件：第一，生物大分子与配体间具有合适的亲和力，亲和力太强，洗脱条件剧烈，易造成生物大分子失活，亲和力太小，解离容易，结合率不高；第二，配体要具有双重功能，既有可牢固与载体结合的基团，结合后又不影响生物大分子与配体间的亲和力。

②载体的选择及与配体的偶联。对于一个成功的亲和色谱分离来说，一个重要的因素就是选择合适的固体载体。实践证明，琼脂糖凝胶和聚丙烯酰胺凝胶是亲和色谱的优良载体。琼脂糖凝胶结构开放，通过性好，酸碱处理时相当稳定，物理性能也好。琼脂糖凝胶上的羟基在碱性条件下极易被溴化氰活化成亚氨基碳酸盐，并能在温和的条件下与氨基等基团作用而引入配体。亲和色谱中最为常用的琼脂糖凝胶的型号是 Sepharose-4B。在琼脂糖与溴化氰活化后，再与生物大分子结合形成亲和色谱填料是亲和色谱中最为常用的一种。

③装柱、上样。亲和色谱吸附剂制备好后，装入色谱柱中，色谱柱无特殊要求，常用短而粗的柱子。根据纯化物质的量、吸附能力来选择。吸附能力高的常用短柱，吸附能力弱的常用长一些的柱子。

样品为固体时，常用起始缓冲溶液溶解，若为液体，要通过透析等方法将溶液转换为起始缓冲溶液。上样量可根据柱子的吸附容量来推算，通常为吸附容量的 1/3 或更低，对于吸附力弱的物质，上样量按照 1/10 为佳。在样品上柱后，使用 10 倍柱体积的缓冲溶液将不结合的杂质清洗掉获得最尖锐的洗脱峰和最小洗脱体积的流速为最佳流速。

④洗脱。从柱中洗脱目标产物是亲和色谱是否成功的关键。通常采用降低目标产物与配体之间的亲和力的方式进行洗脱。可用一步法或连续改变洗脱剂浓度的方式将目标产品洗脱下来。当蛋白质与配体间的作用力过强时，可用一步法，甚至可先让洗脱剂在柱子中停留半小时的方法。

改变 pH 同样也能改变配体与蛋白质间的作用力，因此通过改变 pH 也是亲和色谱分离目标产物的一种方法。另一种方法是通过改变离子强度来洗脱目标产品，有时也用变性剂来洗脱目标产品。因此，亲和色谱分离目标产品的方法并不是一成不变的，可根据样品的性质和自己的条件进行选择。对于吸附得十分牢固的生物大分子，必须使用较强的酸或碱作为洗脱剂，或在洗脱液中加入破坏蛋白质的试剂，如脲、盐酸胍。这种洗脱方式往往造成不可逆的变化，使纯化的对象失去生物学活性。因此，对于洗脱得到的蛋白质溶液应立即进行中和、稀释或透析。

(三)高效液相色谱法

高效液相色谱(HPLC)又称高压、高速、近代液相柱色谱，是 20 世纪 60 年代中期才建立的一个高效快速分离化合物的方法，广泛应用于生物大分子的分离和纯化方面。在分离生物大分子时 HPLC 与经典的柱液相色谱比较具有以下几个优点：①分辨率高。一根长 10 cm 的柱子可以分离十几种以上的物质。②速度快。物质的分离与纯化一般在 1 h 内就可以完成，甚至只需要几分钟时间，其流速一般为 1～10 mL/min 或更高。③重复性好。HPLC 在分析生物大分子时结果误差小于 5%。④适用面广，灵活性强。几乎所有的生物大分子根据它们的性质差别(等电点、疏水性、相对分子质量、电荷分布等)都可以使用不同的 HPLC 方法进行分离提纯，在一定的条件下，还可以保持其高的生物学活性，且极易回收。⑤灵敏度高。HPLC 已广泛采用高灵敏的检测器，加上仪器本身集分离和富集于一身，使生物大分子的最小检测下限非常低。紫外一般可达 10^{-7} g/mL，荧光可达 10^{-9} g/mL。这些是 HPLC 特有的优点，使它在近年生物大分子的分离和纯化方面占据了极其重要的地位。

(1)原理。HPLC 法的分离原理与经典色谱(即层析法)相同，主要是各种溶质在色谱柱中，差速迁移的结果。这种差速迁移现象，是样品在固定相和流动相之间分配不同所引起的。

按照分离机制，可将其分为：高效离子交换色谱(HPIEC)、高效反相色谱(HPRPC)、高效疏水作用色谱(HPHIC)、高效排阻色谱(HPSEC)、高效亲和色谱(HPAC)。它们的主要特性见表 10-2。

表 10-2　生物大分子在不同 HPLC 上的分离机制及其操作条件间的关系

色谱类型	分离机制	操作条件	
		固定相上的基团	流动相
HPIEC	静电作用和电荷分布	带电荷的阴、阳离子	盐水溶液
HPHIC 盐水	疏水作用	极性非极性相间	有机溶剂(弱极性或非极性溶液)
HPRPC	疏水作用	非极性	有机溶剂、水
HPSEC	分子大小和形状	惰性	盐水或有机溶剂、水
HPAC	分子间特异的亲和力	亲和配体	盐水溶液

(2)高效液相色谱仪。高效液相色谱仪是 20 世纪 60 年代后期发展起来的一种分析仪器。设备中的基本部件有输液泵、色谱柱和检测器。但为了能得心应手地工作，仪器应当适应多功能的要求，同时配有梯度装置、部分收集器、恒温系统、数据处理系统以及控制系统等部件。

①贮液装置。贮液装置是用来贮存足够数量的洗脱液，供分离物质所用。商品型是用不锈钢制成，常附有脱气设备，如搅拌、加热、抽真空、吹氮气等。自制可用玻璃瓶代替。

②输液泵。泵是 HPLC 设备中重要的部件，是驱动溶剂和样品通过色谱分离柱和检测系统的高压源，其性能好坏直接影响整个仪器和分析结果的可靠性。

③梯度洗脱装置。梯度洗脱是利用两种或两种以上的溶剂，按照一定时间程序来改变配比浓度，以达到提高洗脱能力、改善分离效率的一种有效方法。梯度洗脱技术在高效液相色谱分离生物大分子中有着很重要的实用价值，特别在分离多组分的生物大分子样品时，各组分的 k' 值相差很大，很难用一种固定配比浓度的溶剂获得良好的分离，无法将各组分的 k' 都控制在有效的范围内。采用梯度洗脱可以按一定程序，改变溶剂的极性和洗脱强度，使各组分 k' 值均可控制在最佳条件，不但能提高分离效果和改善峰形，而且可缩短分析时间。梯度洗脱中，后被洗脱的组分比在相应的等浓度洗脱中的峰形更尖锐，因此检测的灵敏度更高。

④色谱柱。色谱柱是 HPLC 的核心部件，要求分离度高，柱容量大，分析速度快，而这些性能不仅与柱填料有关，也和它的结构、装填、使用技术有关。

理论上，色谱柱越长，柱的分离效果越好，但由于固定相的粒度对柱长产生了限制，在目前的条件下，只能保证 10～25 cm 长的柱子可获得好的重现性和结果。色谱柱的内径国外常采用

4.6 mm，国内常采用 5 mm。随着色谱技术的发展，内径 2 mm 的色谱柱已作为常用柱径，因为它可以获得与粗径色谱柱基本相同的分离效果，而其溶剂的消耗量仅为 5 mm 柱子的 1/6。

⑤进样器。待分析样品从柱前的进样器进样，可用注射器进样、阀进样和自动进样器进样三种。其中注射器进样和阀进样最为常用。

⑥检测器。被分析的组分从柱子流出以后该组分在流动相总的浓度的变化可通过检测器转化为电信号或光信号而被检出。检测器必须具有足够灵敏度，而且适应条件范围比较广泛。最常用的检测器如下：

a)紫外吸收检测器，凡是有紫外吸收的化合物都可以使用。

b)示差折光检测器，多用于脂质、糖类物质的测定，缺点是对温度特别敏感。

c)荧光检测器，是一种受干扰小，灵敏度很高的检测器，只要能在紫外光激发下发射荧光的溶质都可以使用，适用于各种氨基酸、胺类维生素、甾醇化合物的测定。

(3)色谱方法的选择。待分离样品对色谱法的选择主要基于样品的物理化学特性及溶解度。对于一个未知样品，首先要大概了解它的分子大小，然后进一步实验其溶解性能。根据分子大小和溶解性能便可粗略地选定一种色谱柱进行初分。

一般来说，吸附色谱法多适用于非极性样品，它的柱容量主要决定于吸附剂表面的大小。离子交换色谱法和液-液分配色谱法多用于水溶性样品。柱容量分别决定于离子交换量和固定相中固定液的体积。凝胶过滤色谱法可根据填料的性能不同分别用于亲水和亲脂性样品。但以上选择也不能绝对化，如吸附色谱的填料经过特殊处理后也可以吸附很强的不溶性化合物，液-液分配色谱的正相和反相就可以分别用于分离极性和非极性化合物。关于对色谱方法的选择，可结合有关色谱专业书籍参考选择。

(4)操作及注意事项。

①进样前准备工作。各种溶剂一般要求新鲜配制，使用前要脱气处理，样品进样前，必须用流动相充分清洗柱平衡系统。样品用与流动相相同或互溶的溶剂完全溶解。进样前样品要用微孔过滤器过滤。

②洗脱。进样后洗脱条件常按事先计划好的溶剂程序进行。

③柱的清洗及保存。色谱分离完毕后，要用溶剂彻底清洗色谱柱，或色谱柱用后存放时间过久也应定期清洗。

二、电泳技术

(一)基本原理

1. 原理

带电颗粒在电场的作用下，向着与其电性相反的电极移动，称为电泳(electrophore)。电泳现象是 1908 年发现的，到 1937 年以后，得到了迅速发展。近年来，由于采用了多种新型的支持物，仪器装置得到不断改进，所以出现了许多新型的电泳技术。

任何一种物质之所以能够用电泳方法得到分离，是由于其本身的解离作用或是由于其表面上吸附有其他带电质点，所以能向一定的电极移动。例如，蛋白质分子，由于它具有许多可解离的酸性基团或碱性基团，如$—COO^-$、$—NH_3^+$等，所以它是一种典型的两性电解质。在一定的 pH 条件下，它可解离而带电，带电的性质和多少决定于蛋白质分子的性质及溶液的 pH

和离子强度。在某一 pH 条件下，蛋白质分子所带的正电荷数恰好等于负电荷数，即静电荷等于 0，此时蛋白质质点在电场中不移动，溶液的这一 pH 称为该蛋白质的等电点(pI)。如果溶液的 pH 小于 pI，则蛋白质带正电荷，在电场中就会向负极移动。反之，溶液的 pH 大于 pI，则蛋白质分子带负电荷，在电场中向正极移动。

不同的带电颗粒在同一电场中泳动的速度不同，常用泳动度(或迁移率)表示。泳动度的定义为带电颗粒在单位电场强度下的泳动速度。其数学表达式如下：

$$\mu = vd/tdI$$
$$E = U/I = Ut$$

式中：μ 是迁移率，v 是颗粒迁移速度(cm/s 或 min)，E 是电场强度或电势梯度，d 是颗粒移动距离(cm)，I 是支持物的有效长度(cm)，U 是支持物两端实际电压(V)，t 是通电时间。颗粒的迁移率可通过测量 d、I、U、T 计算出。

2. 影响迁移率的主要因素

(1)带电颗粒的性质。即净电荷数量、颗粒大小及形状。一般来说，颗粒带净电荷多，直径小而近似于球形，则泳动速度快，反之则慢。迁移率与分子的形状、介质粘度、颗粒所带电荷有关。其与颗粒表面电荷成正比，与介质粘度及颗粒半径成反比。然而在实际电泳中，带电颗粒的迁移率总是比理想的稀溶液中要低些，因为电泳中使用的是具有一定浓度的缓冲溶液。带电荷的生物分子在电解质缓冲溶液中将带有相反电荷的离子吸引到其周围，形成一离子扩散层。在电场中，当颗粒向相反电极移动时，离子扩散层所带有的过剩电荷向粒泳动的反方向移动，结果，颗粒与离子扩散层之间的静电引力使颗粒的泳动速度减慢。另外，分子颗粒表面有一层水，在电场影响下，它与颗粒一起移动，可以认为是颗粒的一部分。

(2)电场强度。电场强度又称电位梯度，是指单位长度(每 1 cm)支持物体上的电位降，它对泳动度起着十分重要的作用，如纸电泳，测量 25 cm 长纸条两端电压为 250 V，则电场强度为 250 V/25 cm＝10 V/cm。

一般电场强度越高，带电颗粒移动速度越快。根据电场强度大小，可将电泳分为常压电泳和高压电泳。前者的电压在 100～500 V，电场强度一般是 2～10 V/cm，分离时间需数小时至数天；后者电压可高达 500～1 000 V，电场强度在 20～2 000 V/cm，电泳时间短，有时仅几分钟即可，主要用于分离氨基酸、肽、核苷酸。由于电压升高，电流也随之增大，故需冷却装置。

(3)溶液的 pH。溶液的 pH 决定了带电颗粒解离的程度，也决定了物质所带净电荷的多少。对于蛋白质、氨基酸等两性电解质而言，溶液 pH 距等电点越远，颗粒所带净电荷越多，电泳速度越快，反之则越慢。因此，当要分离一种蛋白质混合物时，应选择一种能使各种蛋白质所带电荷量差异明显的 pH，以利于各种蛋白质分子的解离。

(4)溶液的离子强度。溶液的离子强度是另一个重要条件。在保持足够缓冲能力前提下，离子强度要求最小。溶液的离子强度越高，带电颗粒泳动速度越慢，反之越快。通常缓冲液离子强度选择在 0.05～0.1 mol。在缓冲液中离子强度可用下式计算：

$$I = 0.5\sum C_i Z_i^2$$

式中：I 为溶液的离子强度，C_i 为离子的浓度，Z_i 为离子的电荷数。

(5)电渗作用。在有支持物的电泳中，影响电泳的另一个重要因素是电渗作用。所谓电渗就是指在电场中，液体对固体支持物的相对移动。例如，在 pH 8.6 时，血清蛋白质进行纸电泳，r 球蛋白与其他蛋白质一样带负电荷，应该向正极移动，然而它却向负极方向移动，这就是电渗作用的结果。

滤纸的纤维间具有大量孔隙带有负电荷，如一束毛细管，进行电泳时蛋白质通过这些孔隙向前移动。由于纸的孔隙带有负电荷，与带电颗粒一样可以吸引正离子，所以介质沿管壁相对地带有较多的正电荷。在电场中，带负电荷的蛋白质向正极移动，而介质却向负极移动，从而对蛋白质颗粒的泳动起阻碍作用。由于 γ 球蛋白分子颗粒大，净电荷较少，移动速度慢，电渗作用大于颗粒向前泳动的力，结果 γ 球蛋白向后退。其他血清蛋白质因分子较小，净电荷较多，电渗作用小于分子向前移动的力，因此，电泳后 γ 球蛋白反而在点样位置之后。

电渗作用与电泳速度关系密切，若电渗方向与样品电泳移动方向一致，则样品的表观迁移率就加快，反之则降低。根据支持介质的不同，可产生不同程度、不同方向的电渗流动。

3. 分类

电泳技术常以有无支持物来分类。电泳中不用支持物在溶液中进行的电泳称为自由电泳，反之，有支持物的电泳称为区带电泳。在区带电泳中所用支持物不同常有不同的名称，如纸电泳、醋酸纤维薄膜电泳、琼脂凝胶电泳、聚丙烯酰胺凝胶电泳等。另外，也有以所用电压分为：低电压电泳、高电压电泳；以支持物形状分为：薄层电泳、平板电泳（水平平板电泳、垂直平板电泳）、柱电泳、圆盘柱状电泳；以用途分为：分析电泳、制备电泳、定量免疫电泳；以区带形式分为：盘状电泳、火箭电泳。

各种电泳技术具有以下特点：①凡是带电物质均可应用某一电泳技术进行分离，并可进行定性或定量分析；②样品用量极少；③设备简单；④可在常温进行；⑤操作简便省时；⑥分辨率高。目前电泳技术已经广泛应用于基础理论研究、临床诊断及工业制造等方面。例如，用醋酸纤维薄膜电泳分析血清蛋白；用琼脂对流免疫电泳分析病人血清，为原发性肝癌的早期诊断提供依据；用高压电泳研究蛋白质核酸的一级结构；用具有高分辨率的凝胶电泳分离酶、蛋白质、核酸等大分子的研究工作，对生物化学与分子生物学的发展有重要作用。

(二)醋酸纤维薄膜电泳

醋酸纤维薄膜（CAM）是一种由醋酸纤维加工制成的一种细密且薄的微孔膜。根据其乙酰化程度、厚度、孔径和网状结构等方面不同而具有不同类型。现已广泛应用于各种生物分子的分离分析中，如血清蛋白、血红蛋白、球蛋白、脂蛋白、糖蛋白、甲胎蛋白、类固醇及同工酶等。它具有简单快速等优点：①电泳区带界线清晰；②通电时间较短（20 min 至 1 h）；③对各种蛋白质基本无吸附，因此无拖尾现象；④不吸附染料，因此薄膜上未与蛋白质结合的染料可完全洗掉，显示电泳区带背景干净。电泳须在密闭容器中使用较低电流进行，因薄膜吸水量较低，可避免过分蒸发。其电渗作用虽高但很均一，不影响样品分离效果。不足之处是分辨率比聚丙烯酰胺凝胶电泳低，由于薄膜厚度小（10～100 μm），样品用量很少，不适于制备。

影响电泳的因素：①膜的性质；②缓冲溶液的组成、pH 和浓度；③电流和有效电压；④电泳时间和温度；⑤电泳槽的密封性能。

操作步骤：点样→电泳→染色→漂洗→透明→测定吸光度。

选用一定长度和宽度的薄膜条，在其一端处点上样品，在一定电压、电泳条件下进行电泳。染色可根据不同物质使用不同的显色方法，如核苷酸等物质可在紫外分析灯下观察定位。染色漂洗后，可将电泳区带剪下，溶于一定溶液中进行吸光度测定，也可浸于折射率为 1.474 的油中或其他透明液中使之透明，然后直接用吸光度计测定。

电泳结果不满意或失败的可能原因有：①醋酸纤维素薄膜过分干燥出现白斑、膜弯曲、表面缓冲液过多；②缓冲溶液浓度过高或使用次数太多，时间过长而改变浓度；③样品量太多、加样不整齐、起始位置错误；④电泳时间过长或过短、电泳槽密闭性不好、电流太大、温度过高；⑤染色液连续使用次数过多，pH 改变。

(三)琼脂糖凝胶电泳

琼脂糖是从琼脂中提取出来的，是由 *D*-半乳糖和 3，6-脱水-*L*-半乳糖结合的链状多糖，含硫酸根比琼脂少，因而分离效果明显提高。

琼脂糖电泳的优点是：①琼脂糖含液体量大，可达 98%～99%，近似自由电泳，但样品的扩散度比自由电泳小，对蛋白质的吸附极微；②琼脂糖作为支持体有均匀、区带整齐、分辨率高、重复性好等优点；③电泳速度快；④透明而不吸收紫外线，可以直接用紫外检测仪作定量测定；⑤区带可染色，样品易回收，有利于制备。其缺点是：琼脂糖中有较多硫酸根，电渗作用大。

缓冲液的选用：琼脂糖电泳常用缓冲液的 pH 在 6～9，离子强度为 0.02～0.05。离子强度过高时，会有大量电流通过凝胶而产生热量，使凝胶水分蒸发，析出盐结晶。严重可使凝胶断裂，电流中断。常用缓冲液有硼酸盐缓冲液与巴比妥缓冲液。为防止电泳时两极缓冲液槽内 pH 和离子强度改变，可在每次电泳后合并两极槽内的缓冲液混匀后再使用。

琼脂糖电泳常用于抗原抗体反应的分析和抗体的分离。其种类较多，如高压琼脂糖免疫电泳、定量免疫电泳（火箭免疫电泳、双向免疫电泳）等。

(四)聚丙烯酰胺凝胶电泳

聚丙烯酰胺凝胶电泳是以聚丙烯酰胺凝胶作为载体的一种区带电泳，这种凝胶由丙烯酰胺（简称 Acr）和交联剂 N，N′-甲叉基（亚甲基）双丙烯酰胺（简称 Bis）聚合而成。

聚丙烯酰胺凝胶具有机械强度好，弹性大，透明，化学稳定性高，无电渗作用，设备简单，用样量少（1～100 μg）和分辨率高等优点。并可通过控制单体浓度或单体与交联剂的比例聚合成孔径大小不同的凝胶，可用于蛋白质、核酸等物质的分离、定性和定量分析。还可结合去垢剂十二烷基硫酸钠（SDS）以测定蛋白质亚基分子量。

根据凝胶形状可分为盘状电泳和板状电泳。盘状电泳是在直立的玻璃管内，利用不连续的缓冲液的 pH 进行电泳，同时，由于样品混合物被分开后形成的区带非常窄，呈圆盘状，故而得名。板状电泳（垂直或水平）是将丙烯酰胺聚合成方形或长方形平板状，平板大小和厚度视实验需要而定。垂直平板电泳的优点是：①表面积大，易于冷却，便于控制温度；②能在同一凝胶板上，相同操作条件下，同时点加多个样品，便于相互比较；③一个样品在第一次电泳后，可将平板转 90°进行第二次电泳即双向电泳；④便于用各种方法鉴定（如放射自显影等）。其缺点是：制备凝胶时操作较复杂，电压较高，电泳时间较长。

(五)SDS-聚丙烯酰胺凝胶电泳

SDS-聚丙烯酰胺凝胶电泳是根据蛋白质分子（或其他生物大分子）所带电荷的差异及分子大小的不同所产生的不同迁移率而分离成若干条区带。然而有时两个分子量不同的蛋白质，由于其分子大小的差异，被它们所带电荷的差别补偿而以相同的速度向阳极移动，所以不能达到分离的目的。1967 年 Shapiro 等发现阴离子去污剂十二烷基硫酸钠可消除电泳中蛋白质的电荷因素，这样蛋白质的电泳迁移率完全取决于分子的大小，因而可以用电泳技术测定蛋白质的相对分子质量。电泳时，将足够量的 SDS 和巯基乙醇加入蛋白质样品溶液中，可使蛋白质分子中的二硫键还原。十二烷基硫酸根带负电荷，可使所有蛋白质-SDS 复合物带上相同密度的负电荷，其量大大超过蛋白质分子原有的电荷量，因而掩盖了不同种蛋白质原有的电荷差别。另外，SDS 与蛋白质结合后还可引起构象改变。蛋白质-SDS 复合物近似“雪茄烟”形的长圆棒，不同蛋白质的 SDS 复合物的短轴长度都一样，约为 1.8 cm。因此在电泳中，蛋白质的迁移率不再受电荷和形状的影响，而取决于相对分子质量的大小。

SDS-聚丙烯酰胺凝胶电泳测定蛋白质分子量，必须先作一个以已知蛋白质分子量迁移率为横坐标，以已知蛋白质分子量对数为纵坐标的标准曲线。然后把未知分子量的蛋白质样品在同样的条件下电泳，测出其迁移率。再从图中求出未知蛋白质样品的分子量。由于用这种方法测蛋白质分子量简便、快速、精确度高（一般误差在±10%以内），近年来已得到非常广泛的应用。

(六)免疫电泳

免疫电泳是在凝胶电泳与凝胶扩散试验基础上发展起来的一项化学技术。它是一种特异性的沉淀反应，敏感性较高，每种抗原可以和相应抗体起反应，呈现一条乳白色的沉淀弧线。它不仅可以检定混合物中组分的数目，而且还可以利用各组分的电泳迁移率结合免疫特异性及化学性质和酶的活力等来确定混合物中各组分的性质。

将待检可溶性物质（抗原）在琼脂板上进行电泳分离，由于各种可溶性蛋白质分子的颗粒大小、质量与所带电荷的不同，在电场作用下，其带电分子的运动速度（迁移率）具有一定的规律，故通过电泳能把混合物中的各种不同成分分离开来。当电泳完毕后，在琼脂板一定的位置上挖一条长的槽，加入相应的抗血清，然后置湿盆内让其进行双向扩散。在琼脂板中抗原和抗体互相扩散，当两者相遇且比例适合时就形成了不溶性的抗原抗体复合物。出现乳白色的特异性沉淀弧线。可以根据出现的沉淀弧线数目来初步判定混合物中抗原的数量。一种好的抗血清应出现较清晰、特异性的沉淀弧线。沉淀弧线的位置取决于抗原和抗体两种反应物的分子量、比率和扩散速度。当抗原扩散速度慢时，沉淀弧线弯曲度大，其位置靠近移动轴；反之，当抗原扩散率较快时，弧度较平，其位置离开移动轴。

(七)等电聚焦电泳

等电聚焦电泳（isoelectric focusing，IEF）目前已广泛用于蛋白质分析和制备中，是 20 世纪 60 年代后才迅速发展起来的电泳技术。

1. IEF 的基本原理

在电泳槽中放入两性电解质，如脂肪族多氨基多羧酸（或磺酸型、羧酸磺酸混合型），pH 范围有 3～10、4～6、5～7、6～8、7～9 和 8～10 等。电泳时，两性电解质形成一个由阳极到阴极逐步增加的 pH 梯度，正极为酸性，负极为碱性。蛋白质分子是在含有载体两性电解质形成的一个连续而稳定的线性 pH 梯度中进行电泳。样品可置于正极或负极任何一端。当置于负极端时，因 pH＞pI，蛋白质带负电向正极移动。随着 pH 的下降，蛋白质负电荷量渐少，移动速度变慢。当蛋白质移动到与其等电点相应 pH 位置上时即停止，并聚集形成狭窄区带。可见，IEF 中蛋白质的分离取决于电泳 pH 梯度的分布和蛋白质的 pI，而与蛋白质分子大小和形状无关。

2. IEF 的优缺点

IEF 的优点是：①分辨率很高，可把 pI 相差 0.01 pH 的蛋白质分开；②样品可混入胶中或加在任何位置，在电场中随着电泳的进行区带越来越窄，克服了一般电泳的扩散作用；③电泳结束后，可直接测定蛋白质 pI；④分离速度快，蛋白质可保持原有生物活性。IEF 的缺点是：①电泳中应使用无盐样品溶液，否则高压中电流太大而发热。但无盐时有些蛋白质溶解性能差易发生沉淀，可在样品中多加些两性电解质；②许多蛋白质在 pI 附近易沉淀而影响分离效果，可加些脲或非离子去垢剂解决。

三、分光光度技术

(一)基本原理

分光光度分析技术又称为分子吸收光谱检测技术，是利用物质分子所特有的吸收光谱而对物质进行定性、定量测定的检测技术。根据物质吸收光谱的波长范围不同，分光光度分析可分为紫外光分光光度检测(200～400 nm)、可见光分光光度检测(400～760 nm) 和红外光分光光度检测(760～10 000 nm)。例如，核酸类物质、蛋白质等用紫外光分光光度检测；各种有色物质用可见光分光光度检测；饱和脂肪酸、脂肪胺、醇类等用红外光分光光度检测。

可见光区的电磁波，因波长不同而呈现不同的颜色，这些不同颜色的电磁波称为单色光，单色光并非纯粹是单一波长的光，还包括一定波长范围内的光，太阳及钨丝灯发出的白光，是各种单色光的混合光，利用棱镜可将白光分成按波长顺序排列的各种单色光，即红、橙、黄、绿、青、蓝、紫等，这就是光谱。

当光线通过透明溶液介质时，其辐射的波长有一部分被吸收，一部分透过，因此光线射出溶液之后，部分光波减少。例如，可见光通过有色溶液后或红外线通过多种气体后，部分光波被吸收。不同的物质由于其分子结构不同，对不同波长光线的吸收能力也不同，每种物质都具有其特异的吸收光谱，在一定条件下，其吸收程度与该物质浓度成正比，故可利用各种物质的不同的吸收光谱特征及其强度，对不同物质进行定性和定量的分析。

在可见光范围内，利用溶液的颜色深浅来测定溶液中物质含量的方法，称为比色法。采用适当的光源、棱镜和适当的光源接收器，可使溶质浓度的测定范围不仅局限于可见光，尚可扩大到紫外光和红外光。这就是分光光度法。

分光光度法是生物化学中最有价值的测定方法之一。通过测定紫外光、可见光或红外光的特征吸收光谱可以鉴定未知化合物；通过测量在某一波长下的吸光度可以测定溶液中未知化合物的浓度。

分光光度检测技术仪器简单、操作方便、检测快速，已被广泛地用于各种生化物质的检测。

分光光度计进行比色分析的基本原理是根据朗伯-比尔 (Lambert-Beer)定律，这个定律是讨论有色溶液对单色光的吸收程度与溶液的浓度及液层厚度间的定量关系，公式为：

$$E=kcL$$

式中：E 为消光度（即光密度 OD，吸光度 A）；k 为消光系数，仅与入射光波长有关；L 为液层厚度；c 为溶液浓度。

这是朗伯-比尔定律的实用形式，它表示吸光溶液厚度（L）一定时，消光度（E）与溶液浓度（c）成正比。当入射光波长确定，液层厚度不变时，k 和 L 均为常数。此时物质的消光度与物质的浓度成正比，通过测定消光度即可得出物质浓度。

当浓度 c 以 mol/L 表示，溶液厚度以 cm 表示时，E 为摩尔消光系数；若以其他浓度表示时，可以实际测得。

（二）基本方法

1. 样品溶液的配备

对紫外光、可见光或红外光有选择性吸收特性的物质，只需选择适当的溶剂配制成一定浓度范围的样品溶液，即可进行分光光度检测。本点没有颜色的物质，通过适当的试剂进行反应，转变为有色的物质溶液，也可进行可见光分光光度检测。如蛋白质与双缩脲试剂反应、氨基酸与茚三酮试剂反应、磷与钼酸铵试剂反应等。

2. 样品检测与定性、定量分析

根据待测物质的吸收光谱特性，选择好入射光线的波长，用蒸馏水或空白液调节好零点，即可进行样品的检测。欲确定待测物质是什么物质，有下列三种方法。

（1）将样品溶液在一定条件下（pH、温度、缓冲液等）测得的吸收光谱（吸光度-波长曲线）与物质的标准吸收光谱（有关手册可以查到）相对照，借以推断样品属于什么物质。

（2）根据吸收光谱中峰顶与峰谷吸光度的比值与相当条件下资料所载的比值相比较，推断样品是何种物质。如：

$$\text{ATP}: OD_{280}/OD_{260}=0.85, \quad OD_{250}/OD_{260}=0.90$$
$$\text{AMP}: OD_{250}/OD_{260}=0.85, \quad OD_{280}/OD_{260}=0.22$$

（3）将分光光度检测与层析或电泳分离技术相配合，综合判断样品是何种物质。使用分光光度计可直接测定出物质浓度。也可用标准物质配制成不同的浓度系列，在同一条件下测定光密度，绘制出 OD-浓度标准曲线。样品测定后，根据标准曲线就可查出物质含量（图 10-5）。

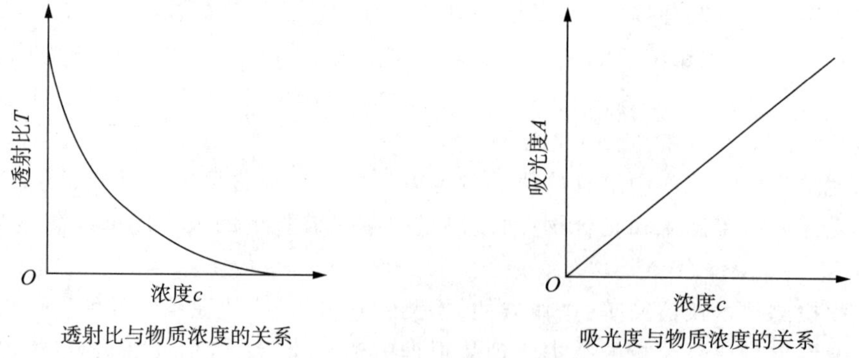

图 10-5 透光率、吸光度与物质浓度的关系曲线

(三)分光光度计结构简介

能从含有各种波长的混合光中将每一单色光分离出来,并测量其强度的仪器称为分光光度计。分光光度计因使用的波长范围不同而分为紫外光区、可见光区、红外光区以及万用(全波段)分光光度计等。无论哪一类分光光度计都由下列五部分组成,即光源、单色器、狭缝、样品池,检测系统。

1.光源

一个良好的光源要求具备发光强度高,光亮,稳定,光谱范围较宽和使用寿命长等特点。分光光度计上常用的光源有钨灯和氢灯(或氘灯),前者适用于340～900 nm范围的光源,后者适宜于200～360 nm的紫外光区,为了使发出的光线稳定,光源的供电需要由稳压电源供给。

2.单色器

单色器是将混合光波分解为单一波长光的装置,多用棱镜或光栅作为色散元件,它们能在较宽光谱范围内分离出相对纯波长的光线,通过此色散系统可根据需要选择一定波长范围的单色光,单色光的波长范围越狭,仪器的灵敏性越高,测量的结果越可靠。

3.狭缝

狭缝是由一对隔板在光通路上形成的缝隙,通过调节缝隙的大小调节入射光的强度,并使入射光形成平行光线,以适应检测器的需要。分光光度计的缝隙大小是可调的。

4.比色杯

比色杯又称样品池、吸收器或比色皿,用来盛测定溶液,各个杯子壁厚度等规格应尽可能完全相等,否则将产生测定误差。玻璃比色杯只适用于可见光区,在紫外光区测定时要用石英比色杯。

5.检测系统

有许多金属能在光的照射下产生电流,光越强电流越大,即光电效应。因光照射而产生的电流称为光电流。受光器有两种:一是光电池,二是光电管。光电池的种类繁多,最常见的是硒光电池。光电池受光照射产生的电流较强,可直接用微电流计量出。但是,当连续照射一段时间后会产生疲劳现象而使光电流下降,要在暗中放置一段时间才能恢复。因此使用时不宜长期照射,随用随关,以防止光电池因疲劳而产生误差。光电管装有一个阴极和一个阳极,阴极是用对光敏感的金属(多为碱土金属的氧化物)做成,当光射到阴极且达到一定能量时,金属原子中的电子发射出来。光越强,光波的振幅越大,电子放出越多。电子是带负电荷的,被吸引到阳极上而产生电流。光电管产生电流很小,所以需要放大。分光光度计中常用电子倍增光电管,在光照射下产生的电流比其他光电管要大得多,这就提高了测定的灵敏度。检测器产生的光电流以某种方式转变成模拟的或数字的结果,模拟输出装置包括电流表、电压表、记录器、示波器及与计算机联用等,数字输出则通过模拟数字转换装置,如数字式电压表等进行。

(四)分光光度技术的应用

1.测定溶液中物质的含量

利用分光光度法对物质进行定量测定的方法,主要有以下几种:

(1)直接比较法(标准管法)。可见光或紫外光分光光度法都可用于测定溶液中物质的含量。这需要测定标准溶液(浓度已知的溶液)和未知液(浓度待测定的溶液)的吸光度,将两者进行比较。由于所用的吸收池的厚度是一样的,可用下式进行计算。

$$c_{测} = A_{测} / A_{标} \times c_{标}$$

式中:$c_{测}$ 代表未知液的浓度,$c_{标}$ 代表标准液的浓度,$A_{测}$ 和 $A_{标}$ 分别代表未知液和标准液所测得的吸光度值,式中只有 $c_{测}$ 是未知的,可由上式计算得出。

含量测定时通常要选择被测物质的最大吸收波长,这样做有两个好处:①灵敏度大,物质在含量上的稍许变化将引起较大的吸光度差异;②可以避免其他物质的干扰。

(2)标准曲线法(适合成批试样分析)。用已知浓度的标准溶液,配制成一系列不同浓度的标准溶液,在最大吸收波长(λ_{max})处测得各个吸光度(A 值),以 A 为纵坐标,浓度为横坐标,作标准曲线,(绘制 A-C 曲线)取其直线部分作定量依据。在测定被测样品时,以相同条件在 λ_{max} 处测定 A 值,再从标准曲线上查得该样品的相应浓度(详见图 10-5)。

标准曲线制作与样品管的测定,应在同一仪器上进行,在配制样品时,一般选择其浓度相当于标准曲线中部的浓度较好。

在实验条件比较恒定,样品数量多的测定中,标准曲线法是十分方便且准确的。但绘制好的标准曲线仅供在同样条件下处理的被测溶液使用。因为测定值与标准曲线之间会因仪器性能、试剂的批号及温度、时间等不同而有所变化,为此,标准曲线要经常检查校正。其方法是配制的已知浓度的标准液,按原标准曲线的处理显色,测得吸光度值,然后比较由标准曲线查出的浓度与已知浓度差值,若差值在实验要求的允许范围内,标准曲线仍可使用,超出则需要重新绘制。为校正的方便,标准曲线绘制完毕后,应在坐标纸上注明测定内容、仪器型号、波长、绘制日期等。

2. 用紫外光谱鉴定化合物

使用分光光度计可以绘制吸收光谱曲线。方法是用各种波长不同的单色光分别通过某一浓度的溶液,测定此溶液对每一种单色光的吸光度,然后以波长为横坐标,以吸光度为纵坐标绘制吸光度——波长曲线,此曲线即吸收光谱曲线。

各种物质有它自己一定的吸收光谱曲线,因此用吸收光谱曲线图可以进行物质种类的鉴定。当一种未知物质的吸收光谱曲线和某一已知物质的吸收光谱曲线形状一样时,则很可能它们是同一物质。一定物质在不同浓度时,其吸收光谱曲线中峰值的大小不同,但形状相似,即吸收高峰和低谷的波长是一定不变的。

紫外光吸收是由不饱和的结构造成的,含有双键的化合物能表现出吸收峰。同一种物质的紫外光吸收光谱应完全一致,但具有相同吸收光谱的化合物其结构不一定相同。除特殊情况外,单独依靠紫外光吸收光谱不能决定一个未知物的结构,必须与其他方法配合。紫外光吸收光谱分析主要用于已知物质的定量分析和纯度分析。

3. 国产分光光度计的使用

(1)722 型分光光度计。722 型分光光度计是可见光分光光度计,其波长范围为 350～820 nm,如图 10-6 所示。

图 10-6　722 型分光光度计实物

①使用方法。

a)预热仪器。将选择开关置于“T”，打开电源开关，使仪器预热 20 min。为了防止光电管疲劳，不要连续光照，预热仪器时和不测定时应将试样室盖打开，使光路被切断。

b)选定波长。根据实验要求，转动波长手轮，调至所需要的单色光波长。

c)固定灵敏度挡。在能使空白溶液很好地调到“100%”的情况下，尽可能采用灵敏度较低的挡，使用时，首先调到“1”挡，灵敏度不够时再逐渐升高。但换挡改变灵敏度后，须重新校正“0%”和“100%”。选好的灵敏度，实验过程中不要再变动。

d)调节 T=0%。轻轻旋动“0%”旋钮，使数字显示为“0.000”(此时试样室是打开的)。

e)调节 T=100%。将盛蒸馏水(或空白溶液、或纯溶剂)的比色皿放入比色皿座架中的第 1 格内，并对准光路，把试样室盖子轻轻盖上，调节透过率“100%”旋钮，使数字显示正好为“100.0”。

f)吸光度的测定。将选择开关置于“A”，盖上试样室盖子，将空白液置于光路中，调节吸光度调节旋钮，使数字显示为“0.000”。将盛有待测溶液的比色皿放入比色皿座架中的其他格内，盖上试样室盖，轻轻拉动试样架拉手，使待测溶液进入光路，此时数字显示值即为该待测溶液的吸光度值。读数后，打开试样室盖，切断光路。

重复上述测定操作 1～2 次，读取相应的吸光度值，取平均值。

g)浓度的测定。选择开关由“A”旋转至“C”，将已标定浓度的样品放入光路、调节浓度旋钮，使数字显示为标定值，将被测样品放入光路，此时数字显示值即为该待测溶液的浓度值。

h)关机。实验完毕，切断电源，将比色皿取出洗净，并将比色皿座架用软纸擦净。

②注意事项。

a)测量完毕，应迅速将试样室盖打开，关闭电源开关，将灵敏度旋钮调至最低挡，取出比色皿，将装有硅胶的干燥剂袋放入试样室内，关上盖子，将比色皿中的溶液倒入烧杯中，用蒸馏水洗净后放回比色皿盒内。

b)每台仪器所配套的比色皿不可与其他仪器上的比色皿单个调换。

c)若大幅度改变测试波长，需稍等片刻，重新校正“0%”和“100%”点，然后再测量。

d)比色皿使用完毕后，立即用蒸馏水冲洗干净，并用干净柔软的纱布擦干以防止表面光洁度被破坏，影响比色皿的透光率。

(2)752 型分光光度计。752 型分光光度计为紫外光栅分光光度计，测定波长为 200～800 nm，如图 10-7 所示。

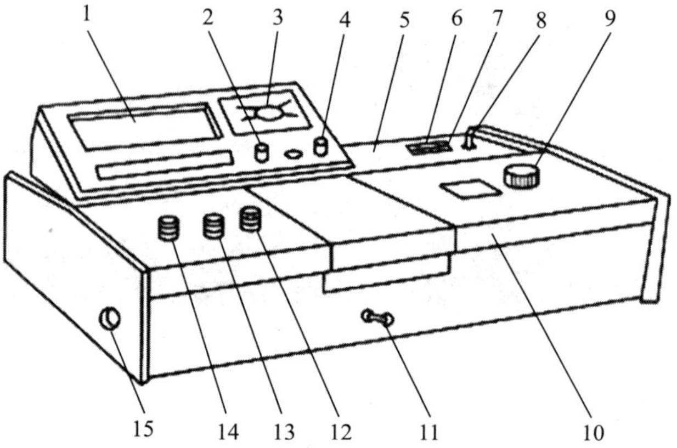

1. 数字显示器　2. 吸光度调零旋钮　3. 选择开关　4. 浓度旋钮　5. 光源室　6. 电源室　7. 氢灯电源开关　8. 氢灯触发按钮　9. 波长手轮　10. 波长刻度窗　11. 试样架拉手　12. "100%"T 旋钮　13. "0%"T 旋钮　14. 灵敏度旋钮　15. 干燥器

图 10-7　752 型分光光度计面板

①操作方法。

a)将灵敏度旋钮调到"1"挡(放大倍数最小)。

b)打开电源开关,钨灯点亮,预热 30 min 即可测定。若需用紫外光则打开"氢灯"开关,再按氢灯触发按钮,氢灯点亮,预热 30 min 后使用。

c)将选择开关置于"T"。

d)打开试样室盖,调节"0%"旋钮,使数字显示为"0.000"。

e)调节波长旋钮,选择所需的波长。

f)将装有参比溶液和待测溶液的比色皿放入比色皿架中。

g)盖上样品室盖,使光路通过参比溶液比色皿,调节透光率旋钮,使数字显示为"100.0%"(T)。如果显示不到"100.0%"(T),可适当增加灵敏度的挡数。然后将被测溶液置于光路中,数字显示值即为被测溶液的透光率。

h)若不需测透光率,仪器显示"100.0%"(T)后,将选择开关调至"A",调节吸光度旋钮,使数字显示为"0.000"。再将被测溶液置于光路中,数字显示值即为溶液的吸光度。

i)若将选择开关调至"C",将已知标定浓度的溶液置于光路,调节浓度旋钮使数字显示为标定值,再将被测溶液置于光路,则可显示出相应的浓度值。

②注意事项。

a)测定波长在 360 nm 以上时,可用玻璃比色皿;波长在 360 nm 以下时,要用石英比色皿。比色皿外部要用吸水纸吸干,不能用手触摸光面的表面。

b)仪器配套的比色皿不能与其他仪器的比色皿单个调换。如需增补,应经校正后方可使用。

c)开关样品室盖时,应小心操作,防止损坏光门开关。

d)不测量时,应使样品室盖处于开启状态,否则会使光电管疲劳,数字显示不稳定。

e)当光线波长调整幅度较大时,需等数分钟才能工作。因光电管受光后,需有一段响应时间。

f)仪器要保持干燥、清洁。

(五)分光光度法的误差

在分光光度法中,即使将各种因素都控制好,对于浓度过大或过小的样品,误差仍然很大。因为浓度过大的样品,其吸光度过高,影响检测器的灵敏度,且读数标尺刻度的精度差,误差也大。浓度过低的样品,其吸光度小,则因与仪器本身因素有关,也容易引起检测器标尺上的读数误差。

影响分光光度法精确度的主要原因还有光谱纯度。分光光度计应能正确选出光源光谱中所需部分波长作为入射光,一般应保持光谱带宽度在 10 nm 以下,如果测定样品有很狭窄的吸收峰,就必须有更小的光谱宽度,所以分光光度计大多均有可调的狭缝。

散射光也是引起误差的重要因素。这里所说的散射光是指一切未经过测定溶液吸收,而又落到检测器上引起干扰的光,如室内自然光,经过某些漏洞进入仪器而明显增大了透光度,故高灵敏度的分光光度计宜安装光线较暗的室内。散射光也包括能透过比色皿的非测定需要的其他波长的光,实际上是光谱不纯,但因效果与散射光一样,故也称为散射光干扰。散射光干扰对高浓度测定特别有害,能使吸光度降低,标准曲线的高浓度部分向下弯曲。

(六)使用分光光度计时的注意事项

(1)分光光度计必须放置在固定而且不受振动的仪器台上,不能随意搬动,严防振动,潮湿和强光直射。

(2)比色杯盛液量以达到杯容积 2/3 左右为宜。若不慎将溶液流到比色杯的外表面,则必须先用滤纸吸干,再用擦镜纸或绸布擦净,然后才能把比色杯放入比色杯槽内。移动比色杯槽要轻,以防溶液溅出,腐蚀机件。

(3)不可用手拿比色杯的光学面,禁止用毛刷等物摩擦比色杯的光滑面。

(4)用完比色杯后应立即用自来水冲洗,再用蒸馏水洗净。若用上法洗不净时,可用 5% 的中性皂溶液或洗衣粉稀释浸泡,也可用新配制的重铬酸钾-硫酸洗液短时间浸泡,之后立即用水冲洗干净。洗涤后应把比色杯倒置凉干或用滤纸条将水吸去,再用擦镜纸轻轻揩干。

(5)一般应把溶液浓度尽量控制在吸光度值 0.1～0.7 的范围内进行测定。这样所测得的读数误差较小。如吸光度不在此范围内,可调节比色液浓度,适当稀释或加浓,使其在仪器准确度较高的范围内进行测定。

(6)仪器连续使用时间不应超过 2 h,每次使用后需要间歇 0.5 h 以上才能再用。

(7)每套分光光度计上的比色杯及比色杯槽不得随意更换。

(8)分光光度计内放有硅胶干燥袋,需定期更换。

四、离心技术

离心技术是将含有微小颗粒的悬浮液置于转头中,利用转头绕轴旋转所产生的离心力,将悬浮的微小颗粒按密度或质量的差异将其分离的方法。随着离心技术的不断发展及离心装置的不断完善,离心机的最大额定转速不断提高,经历了低速、高速、超速等发展阶段。离心机的结构也更加复杂,加入了冷冻系统、真空系统及具有自动控制功能的操作系统等,分析用超速离心机还装有分析光学系统,可用于样品的定量分析。电子计算机自动控制程序的引入使样品相对分子质量、沉降系数及扩散系数等的测定自动化,为提高测定速度和测定结果的准确性提供了有利的条件。

(一)基本原理

1. 相对离心力

离心技术是根据微小颗粒物质在离心场中的行为建立并发展起来的。离心机的转头能够以稳定的角速度做圆周运动,从而产生一个强大的辐射向外的离心力场,它赋予处于其中的任何物体一个离心加速度,使之受到一个外向的离心力。离心机所产生的离心场(G),通常以如下方程式表示:

$$G=\omega^2 r$$

式中:ω 为转头的角速度,以 rad/s 表示;r 为旋转半径(物质质点所处位置与旋转中心的距离)。离心场通常用相对离心力(RCF)表示,符号 RCF,也就是离心力的大小相当于地心引力(即重力加速度 g)的倍数来表示,即:

$$\mathrm{FRC}=\omega^2 r/g$$

公式进一步推导:$\mathrm{FRC}=1.119\times10^{-5}\times n^2 r$

式中:n 为转头转速,以转/分(简写成 r/min)表示;g 为重力加速度,等于 980.6 cm/s,从式中可看出离心机的转头转速和相对离心力 g 或 $\times g$ 之间可以互相换算。一般在低速离心时(转速小于 5 000 r/min),相对离心力的大小常用 r/min 来表示,而超速离心时则用 $\times g$ 来表示。

2. 沉降系数

沉降系数是指单位离心场作用下颗粒沉降的速度,以 S 来表示,

$$S=v/(\omega^2 r)$$

当我们对某些生物高分子和亚细胞器组分的化学结构、相对分子质量还不了解时,可以用沉降系数对它们的物理特性进行初步描述,将它们区分开来。如大肠埃希菌核蛋白体是 70S,它由两个亚基组成,用超离心的方法测得其沉降系数分别为 30S 和 50S,当我们还不清楚它们的结构时就暂以 30S 和 50S 命名以示区别。

沉降系数 S 的值与颗粒的大小、形状和密度,以及离心所使用的介质的密度和黏度有关,而与转头的速度和类型无关。

3. 沉降速度

沉降速度是指在强大的离心力作用下,单位时间内物质颗粒沿半径方向运动的距离。颗粒沉降速度与下面三方面因素有关:

(1)颗粒本身的性质。沉降速度与颗粒直径和密度成正比。密度相同时大颗粒比小颗粒沉降快;大小相同时,密度大的颗粒比密度小的沉降快。

(2)介质的性质。沉降速度与介质的黏度、密度成反比,介质黏度、密度大,则颗粒沉降慢。

(3)离心条件。颗粒沉降速度与离心时转速和旋转半径成正比。如果其他的条件不变,沉降速度随着 r 的增大而增大,在进行速度区带离心时,r 对沉降速度的这种影响不利于达到满意的分离效果,所以需要在沿半径方向上相应地增加介质的密度和黏度以克服 r 的增加造成的影响。

4. 沉降时间

分离某物质所需的时间常用反复多次的实验来取得。如果已知该物质的一些物理特性，也能用沉降时间来计算分离该物质所需的分离时间。样品颗粒完全沉降到管底内壁的时间 t_m，以下列方程式表示：

$$t_m=(1/S)\times(\ln x_2-\ln x_1)/\omega^2$$

式中：x_2 表示旋转中心到离心管底内壁的距离；x_1 表示旋转中心到样品溶液弯月面之间的距离；S 表示样品沉降系数。

(二)离心机的性能及用途

离心机可按转速的大小(机头的额定最高转速)分为低速离心机、高速离心机和超速离心机三种类型。根据用途不同可分为分析型离心机和制备型离心机。

1. 低速离心机

低速离心机的最大额定转速一般为 4 000 r/min，且连续可调，相对离心力最大可达 5 000～6 000g。根据处理样品的容量大小，低速离心机可分为锥型台式低速离心机和方形台式电动离心机。此类离心机体积小，重量轻，容量较大，能自动控制工作时间，操作简单，使用方便。适用于医院化验室、生物化学与分子生物学实验室进行定性分析(如血浆、血清、尿素、疫苗制造等)。另外还有水平型桶式低速离心机、大容量立式低速离心机。也有部分厂家生产了带冷冻系统的大容量低速离心机。这类离心机往往用于样品的初级分离制备，并和高速及超速离心机配合使用而成为最后制备高纯度样品的主要研究和生产手段。对于生物制品的生产，大容量冷冻离心机可直接用于分离最后产品。这类离心设备有大容量的水平及角度转头，装有强大的可调控的制冷系统，使它对于生物样品如病毒、核酸、蛋白、激素及血液组分的分离特别有效和必不可少。大容量冷冻离心机还可直接用于瓶装、袋装样品的离心，为实验室大量样品的分离提供了条件。

2. 高速离心机

高速离心机的最大额定转速为 20 000 r/min 左右，最大相对离心力可达 45 000g，由于运转速度高，一般配备冷冻控温装置。高速离心机适用于各种生物细胞、病毒、血清蛋白等有机物、无机物溶液、悬浮液及胶体溶液等样品的分离、浓缩、提取等制备工作，是细胞和分子水平研究的基本工具。高速离心机主要由驱动和速度控制系统、冷冻系统、真空系统、操作系统组成。

高速离心机的速度控制系统和温度控制系统都优于低速离心机。如某些全自动高速冷冻离心机的速度控制系统采用 IC 电路，结构简单，性能稳定，且在 IC 速度自动控制电路内，专门设有超速保护电路，安全可靠；而温度控制系统则用 SCR 元件，通过两个热敏元件，检测离心室温度及环境温度，对离心室温度进行自动控制。

高速离心机转头种类很多，常有角度转头、甩平转头、水平插入式转头、连续离心转头、间歇转头等种类。由于高速离心机转速较高，离心力较大，对离心转头的强度要求也较高，多采用超硬铝、锻铝或不锈钢加工制成，且要经过满载超速爆炸试验，安全系数很高。高速离心机的离心管通常以塑料及聚丙烯、聚乙烯、聚碳酸酯或硼硅酸玻璃、硼硅酸塑料等制成。实际工作中可按照不同的要求选择使用各种离心管。

小容量台式高速离心机，机型轻小，操作方便，样品量小，离心力大，自动平衡，速度可调，性能稳定，安全可靠。可放在一般实验台、冷库、低温冰箱中使用，适用于实验室小量样品液沉淀浓缩，是分子生物学实验中使用的基本设备。

3. 超速离心机

超速离心机可分为分析用超速离心机和制备用超速离心机两种。制备用超速离心机最高额定转速在55 000～83 000 r/min，最大相对离心力在6×10^5g左右。利用超速离心转头高速旋转所产生的巨大离心力可对细胞器、病毒、生物大分子进行分离、浓缩、精制，并可用于测定蛋白质、核酸的相对分子质量等。超速离心机的运转速度高，产生的离心力场极强，对离心机的材料及各项质量要求极高。先进的制备用超速离心机，装有先进的光学系统附属设备，密度梯度形成收集器，用于区带操作的各种加样和聚样器、密度梯度泵、积分仪等。仪器的自动化程度高，功能齐全。

分析用超速离心机一般都装备有特殊设计的转头、控制系统和光学系统，可以直接观察了解和分析样品的沉降情况。利用特殊配备的数据处理机自动计算 S（沉降系数）、Mr（相对分子质量）。分析用超速离心机主要用于生物大分子的相对分子质量测定，估价样品纯度和检测生物大分子构象的变化等。

（三）离心方法

随着离心设备的迅速发展，离心方法也有了很大的提高。为分离分析不同要求的样品，建立不同的离心方法，一般分为制备离心方法和分析离心方法。根据待分离物质理化性能的不同，制备离心可分别采用差速离心、速度区带离心和等密度梯度离心等。要获得最佳分离效果，采用这些方法时，还要选择合适的离心转头。

1. 差速离心

差速离心系指低速与高速离心交替进行，用大小不同的离心力使具有不同沉降系数的分子分批分离的方法。它适用于沉降系数的差别在一个到几个数量级的混合样品的分离。S差别越大，分离效果越好。差速离心常用来分离各种亚细胞器及粗提核酸和蛋白质。如被分离的物质是一种组织匀浆，可以根据各种亚细胞器的沉降系数大小，选择不同的离心速度和适当的时间，每一组分即被彼此分离开。由于各种大小和密度不同的颗粒在离心开始时是均匀地分布的，所以很明显，不可能在一次离心后得到最重颗粒的纯的沉淀制剂，其中也含有一定量的原来就存在的各种成分。可是，将最初的沉淀反复地悬浮和离心（2～3次）就能得到一个相对纯的亚细胞组分。即使这样被分离的组分也不是绝对均一的，在下面叙述的分离方法中用一种连续的或不连续的液体密度梯度代替均匀的悬浮介质，从而得到更好的分离（图10-8）。

2. 速度区带离心

速度区带离心是将样品置于一个平缓的介质梯度中沉降，该梯度的最大密度低于样品混合物的最小密度，样品颗粒按照其不同的沉降速率沉降，从而互相分离。离心一定时间后不同大小的颗粒将沉降在不同的层次，产生所谓区带。由于这种方法是根据颗粒的沉降速率来完成分离，且离心过程中形成区带，所以称为速度区带离心。这种方法适用于分离密度相似而大小有别的样品。用这种方法可通过密度梯度来维持重力的稳定性，同时抑制对流。通常待分离颗粒的悬液比溶剂本身重，如要使这样的悬液比下面的溶剂轻时，则必须加入某种介质，使

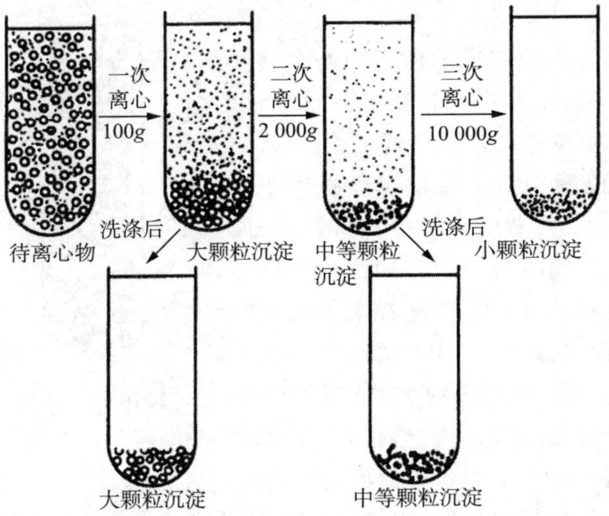

图 10-8　细胞组分差速离心的一般流程图

其密度连续或不连续地增高。在溶剂中加入的这种介质，必须考虑到其本身绝不能对分离颗粒有任何影响，如引起凝集等。同时，这种介质所形成的密度梯度要相对稳定。经常使用的成分为甘油、蔗糖及某些盐类，如氯化铯或氯化铷等。颗粒的沉降速度取决于其大小、形状、密度，也取决于离心力以及悬液介质的密度和黏度。蔗糖是对生物大分子及颗粒进行密度梯度分离时最常用的材料。它易溶于水，而且对核酸及蛋白质具有化学惰性。常用的梯度范围是从 5%～20%至 10%～60%(图 10-9)。

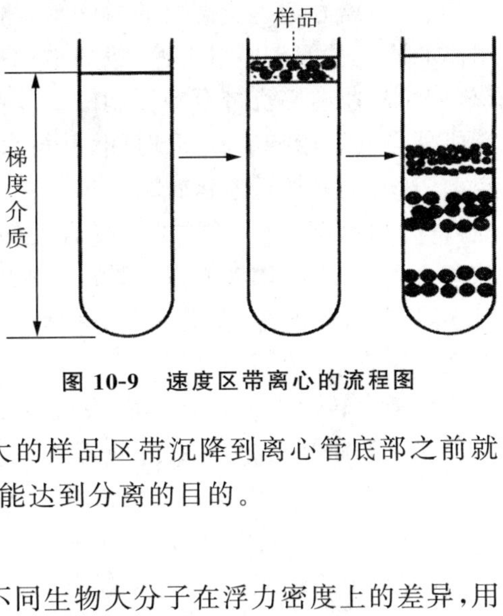

图 10-9　速度区带离心的流程图

速度区带离心时间不能过长，必须在沉降速率最大的样品区带沉降到离心管底部之前就停止离心。否则，样品中所有的组分都将共沉下来，不能达到分离的目的。

3.等密度梯度离心

等密度梯度离心又称平衡密度梯度离心，是依据不同生物大分子在浮力密度上的差异，用一种能在离心场内自行形成并保持稳定的密度平衡溶液，经过足够时间离心后，各分离物质可分别达到相当于自身浮力密度的平衡位置，从而达到分离的目的。其密度的调节，原则上是离心管底部的密度大于生物大分子的密度，而在表面则小于它。这样，生物大分子就分布在一个很窄的范围内。开始离心前，将含有生物大分子及氯化铯的均匀溶液注入离心管中。选择氯化铯浓度的原则是，使它处在待分离的生物大分子的密度范围内。在经过足够时间离心后，铯盐在离心场内沉降，从而形成自稳的梯度。同时生物大分子向着离心管内梯度中相当于其本身浮力密度的某个位置移动，每种生物大分子形成一条狭窄的带(图 10-10)。

综上所述，差速离心是一种动力学的方法，关键在于选择适合于各分离物的离心力。等密度梯度离心是一种测定颗粒的浮力密度的静力学方法，关键在选择氯化铯浓度使之处于待分离物的密度范围内。速度区带离心兼有以上两法特点，关键在于制备优质的密度梯度溶液。

4. 离心操作要领

（1）精密地平衡离心管和它们的内容物是十分重要的。超速离心机转头是镶置在一根很细的轴上，因此在2支离心管平衡时重量之差不得超过各个离心机说明书上所规定的范围。制备性超速离心机2支离心管平衡时重量之差不得超过0.1 g。有的普通离心机带有离心管套筒，平衡时应带上套筒。一台离心机的套筒只能在该离心机上使用，不能在离心机之间（特别是不同型号的离心机之间）混用套筒。

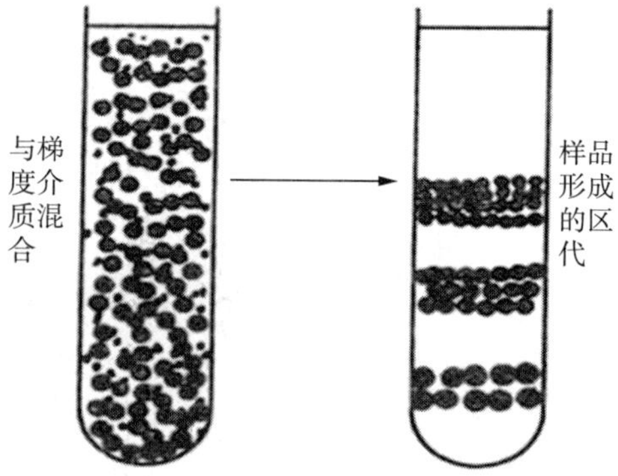

图 10-10 等密度梯度离心的流程图

（2）平衡后的一对离心管及其内容物（有时还可能包括离心管套筒）应对称放置，不能错位，不能装载单数的管子，以免因离心所产生的离心力不对称而损坏离心轴。

（3）当平衡的离心管及其内容物（或包括套筒）对称放置好后，盖好离心机盖子，打开电源，转动速度调节旋钮，逐步增加到所需要的离心速度，计算离心时间。

（4）当离心到达所需要的时间后，再转动速度调节旋钮减速。待离心机自然停止转动后取出离心管。关闭离心机电源，拔掉电源插头，清洁整理离心机、离心管、套筒、天平等。

（5）超速离心机带自动控制的操作系统，待选定离心速度、时间等参数后，按启动开关，离心机即自动开始转动、记录时间，并可自动停机（取决于输入的控制信号）。在离心室被抽成真空前，离心机只作低速运转。

（6）超速离心时，应注意选择合适的离心管和转头。根据待离心液体性质及体积选择合适的离心管，装载液体时要按各种离心机具体操作说明书进行。有的离心管无盖，液体不能装得过多，以防离心时甩出，造成转头生锈或被腐蚀。制备性超速离心机的离心管，常常要求必须将液体装满，以免离心时塑料离心管上部凹陷变形。根据转速选择合适的转头，当转速超过所用转头最大转速的2.5%时，转头就会爆炸。转头在使用前应放冰箱内预冷。离心完后，转头应用温水洗涤并干燥，如必须使用去污剂时应用中性去污剂，擦拭转头，用水除去全部去污剂再用蒸馏水冲净。切勿将转头浸泡在去污剂中。洗净的转头放在室温中干燥，更好的办法是将转头擦干，用吹风机吹干，转头长期不用应涂一层上光蜡保护。转头在使用中应防止与其他物品碰撞，避免造成伤痕，如果发现有被腐蚀迹象，转头不应再用，因为它已不安全。

五、生物大分子制备技术

生物大分子主要指蛋白质（包括酶）和核酸。以蛋白质和核酸的结构与功能为基础，从分子水平上认识生命现象，已经成为现代生物学发展的主要方向，研究生物大分子，常常需要一些高度纯化并具有生物学活性的目的物质。

生物大分子的制备工作涉及物理、化学和生物学等各方面的知识，但其主要原理不外乎两方面：一是利用混合物中几个组分分配率的差别，把它们分配到可用机械方法分离的两个或几个物相中，如盐析、有机溶剂抽提、层析和结晶等。二是将混合物置于单一物相中，通过物理力场的作用使各组分分配于不同区域而达到分离目的，如电泳、超离心、超滤等。

生物大分子制备整个过程一般可分为四个阶段：①材料的选择和预处理；②细胞的破碎（有时需进行细胞器的分离）；③提取和纯化（包括盐析、有机溶剂沉淀、有机溶剂抽提、吸附、层析、超离心、结晶等）；④浓缩、干燥及保存。

（一）材料的选择和预处理

动物、植物及微生物都是制备生物大分子的材料，选什么材料主要依据实验的目的而定。从工业生产角度上考虑，注意选择含量高、来源丰富、制备工艺简单、成本低的原材料。微生物具有种类多、繁殖快、培养简便、诱变容易和不受季节影响等优点，因此，它已成为制备生命大分子物质的主要材料之一。选材时，应注意它的生长期，微生物生长的对数期，酶和核酸含量较高，可获得高的产量。当选用的微生物菌种接入适当的培养液培养一段时间后，用离心法收集到的上清液，即可用于制备胞外酶和某些辅基等有效成分。而收集到的菌体，经破碎细胞处理后则可从中提取其他有效成分。前者可置低温下短时间贮存，后者可制成冻干粉，在 4 ℃保存，数月内不会变质。植物材料必须经过去壳、脱脂并注意植物品种和生长发育状况不同，其中所含生物大分子的量变化很大，另外与季节性关系密切。对动物组织，要选择有效成分含量丰富的脏器为原料，先进行绞碎、脱脂等处理。对于预处理好的材料，若不立即进行实验，应冷冻保存，对于易分解的生物大分子应选用新鲜材料制备。

（二）细胞的破碎及细胞器的分离

1. 细胞的破碎

细胞是生物体的结构和功能的基本单位。就真核生物而言，细胞除有细胞膜、细胞质和细胞核外，还有线粒体、质体等细胞器。通常人们所需的物质有些分泌于细胞外，用适当的溶剂可直接提取；有些则存在于细胞内，提取时必须使细胞破碎使生物大分子充分释放到溶液中。不同生物体或同一生物体不同的组织，其细胞破碎难易不一，使用方法也不完全相同。如动物胰脏、肝脏、脑组织一般比较柔软，用普通匀浆器研磨即可；肌肉及心脏组织较韧，需预先绞碎再做成匀浆。植物肉质组织可用一般研磨方法，含纤维较多的组织则必须在高速捣碎器内破碎或加砂研磨。许多微生物均具有坚韧的细胞壁，常用自溶、冷热交替、加砂研磨、超声波和加压处理等方法。现将生物大分子制备中组织细胞破碎的方法分别介绍如下。

(1)机械法。主要通过机械切力的作用使组织细胞破碎的方法，常用的器械有：

①高速组织捣碎机。适宜于动物内脏组织、植物肉质种子、叶和芽等材料的破碎。

②玻璃匀浆器。由一内壁经过磨砂的玻璃管和一根一端为球状（表面经过磨砂）的杆组成。操作时，先把绞碎的组织置于管内，再套入研杆用手工来回研磨，或把杆装在电动搅拌器上，用手握住玻璃管上下移动，即可将组织细胞研碎。匀浆器的内杆球体与管壁之间一般只有十分之几毫米，细胞破碎程度比高速组织捣碎机高，机械切力对生物大分子破坏较少。适用于量少的动物脏器组织。

③研磨。常用研钵研磨。细菌及植物材料应用较多，加入少量的玻璃砂效果较好。

(2)物理法。

①反复冻融法。把待破碎样品放至－20 ℃以下冰冻，室温融解，反复几次大部分动物性的细胞及细胞内的颗粒可被破碎。

②冷热交替法。在细菌或病毒中提取蛋白质和核酸时可使用此法。操作时，将材料投入沸水中，维持数分钟，立即置于冰浴中使之迅速冷却，绝大部分细胞被破坏。

③超声波处理法。此法多用于微生物材料，处理效果与样品浓度和使用频率有关。用大肠

杆菌制备各种酶，常选用质量浓度为50～100 mg/mL的浓度，在10～100 kHz频率下处理10～15 min。应用超声波处理时应注意避免溶液中气泡的存在，对超声波敏感的核酸及酶慎用。

④加压破碎法。加气压或水压达211～351 kg/cm^{2}的压力时，可使90%以上细胞被压碎，此法多用于工业上微生物酶制剂的制备。

(3)化学及生物化学法。

①自溶法。将待破碎新鲜生物材料存放在一定的pH和适当温度下，利用组织细胞中自身的酶系将细胞破坏，使细胞内含物释放出来。自溶的温度，动物材料常选在0～4 ℃，微生物材料则多在室温下进行。自溶时，需加少量防腐剂如甲苯、氯仿等以防止外界细菌的污染。因自溶的时间较长，不易控制，所以制备具有活性的核酸或蛋白质比较少用。

②溶菌酶处理。溶菌酶具有专一地破坏细菌细胞壁的功能，适用于多种微生物，另外，蜗牛酶、纤维素酶也常被选为破坏细菌及植物细胞之用。

③表面活性剂处理法。较常用的有十二烷基硫酸钠(SDS)、氯化十二烷基吡啶、去氧胆酸钠等。

无论用哪一种方法破碎组织细胞时，都在一定的稀盐溶液或缓冲溶液中进行，一般还需加入某些保护剂，以防止生物大分子的变性及降解。

2. 细胞器的分离

各类生物大分子在细胞内的分布是不同的，DNA几乎全部在细胞核内，RNA则主要在胞浆，各种酶在细胞内的分布也有特定的位置。因此应根据某一目的物质的位置来选取材料。

(三)提取和纯化

提取是将经过处理或破碎的细胞，置于一定的条件和溶液中，让被提取的生物大分子充分释放出来的过程。影响提取的因素主要是被提取物质在提取的溶液中溶解度的大小及由固相扩散到液相的难易程度。某一物质在溶剂中溶解度大小与该物质的分子结构及溶剂理化性质有关，一般遵守“相似相溶”的原则。扩散作用对生物大分子的提取有一定的影响。减小溶剂的粘度、搅拌和延长提取时间可提高其扩散速度，增加提取效果，提取的原则是“少量多次”，即对于等量的提取溶液，分多次提取比一次提取效果好得多。

1. 蛋白质(包括酶)的提取

大部分蛋白质都可溶于水、稀盐、稀酸或稀碱溶液，少数与脂类结合的蛋白质则溶于乙醇、丙酮、丁醇等有机溶剂中，因此，可采用不同溶剂提取分离和纯化蛋白质及酶。

(1)水溶液提取法。

稀盐和缓冲系统的水溶液对蛋白质稳定性好，溶解度大，是提取蛋白质最常用的溶剂，通常用量是原材料体积的1～5倍，提取时需要均匀地搅拌，以利于蛋白质的溶解。提取的温度一般采用低温(5 ℃以下)操作。为了避免蛋白质提取过程中的降解，可加入蛋白水解酶抑制剂(如二异丙基氟磷酸、碘乙酸等)。下面着重讨论提取液的pH和盐浓度的选择：

①pH。蛋白质和酶是具有等电点的两性电解质，提取液的pH应选择在偏离等电点两侧的pH范围内。用稀酸或稀碱提取时，应防止过酸或过碱而引起蛋白质可解离基团发生变化，从而导致蛋白质构象的不可逆变化。一般来说，碱性蛋白质用偏酸性的提取液提取，而酸性蛋白质用偏碱性的提取液提取。

②盐浓度。稀盐溶液可促进蛋白质的溶解，称为盐溶作用。同时稀盐溶液因盐离子与蛋白质部分结合，具有保护蛋白质不易变性的优点，因此在提取液中加入少量 NaCl 等中性盐，一般以 0.15 mol/L 浓度为宜。缓冲液常采用 0.02～0.05 mol/L 磷酸盐或碳酸盐的等渗盐溶液。

(2)有机溶剂提取法。

一些和脂质结合比较牢固或分子中非极性侧链较多的蛋白质和酶，可用乙醇、丙酮或丁醇等有机溶剂提取。它们具有一定的亲水性，还有较强的亲脂性，是理想的提取脂蛋白的提取液，但必须在低温下操作。

丁醇提取法对提取一些与脂质结合紧密的蛋白质和酶特别优越：一是丁醇亲脂性强，特别是溶解磷脂的能力强；二是丁醇兼具亲水性，在溶解度范围内不会引起酶的变性失活。另外，丁醇提取法的 pH 及温度选择范围较广，也适用于动植物及微生物材料。

2. 蛋白质的分离纯化

蛋白质的分离纯化方法很多，主要有以下几类。

(1)根据蛋白质溶解度不同的分离方法。

①蛋白质的盐析。中性盐对蛋白质的溶解度有显著影响，一般在低盐浓度下随着盐浓度升高，蛋白质的溶解度增加，称为盐溶；当盐浓度继续升高时，蛋白质的溶解度不同程度下降并先后析出，这种现象称为盐析。将大量盐加到蛋白质溶液中，高浓度的盐离子如硫酸铵有很强的水化作用，可夺取蛋白质分子的水化层，使之“失水”，于是蛋白质胶粒凝结并沉淀析出。盐析时若溶液 pH 在蛋白质等电点则效果更好。由于各种蛋白质分子颗粒大小、亲水程度不同，故盐析所需的盐浓度也不一样，调节混合蛋白质溶液中的中性盐浓度可使各种蛋白质分段沉淀。

蛋白质盐析常用的中性盐主要有硫酸铵、硫酸镁、硫酸钠、氯化钠、磷酸钠等。其中应用最多的是硫酸铵，它的优点是溶解度的温度系数小而溶解度大，25 ℃时饱和溶液为 4.1 mol/L（即 541.2 g/L），0 ℃时溶解度为 3.9 mol/L（即 514.8 g/L）。在这一溶解度范围内，许多蛋白质和酶都可以盐析出来，另外，硫酸铵分段盐析效果也比其他盐好，不易引起蛋白质变性。硫酸铵溶液的 pH 常在 4.5～5.5，当用其他 pH 进行盐析时，需要硫酸或氨水调节。

蛋白质在用盐析沉淀分离后，需要将蛋白质中的盐除去，常用的办法是透析，即把蛋白质溶液装入透析袋内（常用的是玻璃纸），用缓冲液进行透析，并不断地更换缓冲液，因透析所需时间较长，所以最好在低温中进行。此外也可用葡聚糖凝胶 G-25 或 G-50 过柱的办法除盐，所用的时间比较短。

②等电点沉淀法。蛋白质在静电状态时颗粒之间的静电斥力最小，因而溶解度也最小，各种蛋白质的等电点有差别，可利用调节溶液的 pH 达到某一蛋白质的等电点使之沉淀，但此法很少单独使用，可与盐析法结合使用。

③低温有机溶剂沉淀法。用与水可混溶的有机溶剂如甲醇、乙醇或丙酮，可使多数蛋白质溶解度降低并析出。此法分离效率比盐析高，但蛋白质较易变性，应在低温下进行。

(2)根据蛋白质分子大小差别的分离方法。

①透析法与超滤法。透析法是利用半透膜将分子大小不同的蛋白质分子分开。超滤法是利用高压力或离心力，强使水和其他小的溶质分子通过半透膜，而蛋白质留在膜上，可选择不同孔径的滤膜截留不同相对分子质量的蛋白质。

②凝胶过滤法，也称分子排阻层析或分子筛层析，这是根据分子大小分离蛋白质混合物最

有效的方法之一。柱中最常用的填充材料是葡聚糖凝胶和琼脂糖凝胶(详见层析技术)。

(3)根据蛋白质带电性质和电荷数量不同的分离方法。蛋白质在不同 pH 环境中带电性质和电荷数量不同,可将其分开。

①电泳法。各种蛋白质在同一 pH 条件下,因相对分子质量和电荷数量不同,在电场中的迁移率不同而得以分开(详见电泳技术)。值得重视的是等电聚焦电泳,这是利用一种两性电解质作为载体,电泳时两性电解质形成一个由正极到负极逐渐增加的 pH 梯度,当带一定电荷的蛋白质在其中泳动时,到达各自等电点的 pH 位置就停止,此法可用于分析和制备各种蛋白质。

②离子交换层析法。离子交换剂有阳离子交换剂(如羧甲基纤维素)和阴离子交换剂(如二乙基氨基乙基纤维素),当被分离的蛋白质溶液流经离子交换层析柱时,带有与离子交换剂相反电荷的蛋白质被吸附在离子交换剂上,随后用改变 pH 或离子强度的办法将吸附的蛋白质洗脱下来(详见层析技术)。

(4)根据配体特异性的分离方法——亲和层析法。

亲和层析法是分离蛋白质的一种极为有效的方法,它通常只需经过一步处理即可使某种待提纯的蛋白质从很复杂的蛋白质混合物中分离出来,而且纯度很高。这种方法是根据某些蛋白质与另一种称为配体的分子能特异而非共价地结合。如酶-辅酶,抗原-抗体,激素-受体等(亲和层析法的基本原理详见层析技术)。

蛋白质在组织或细胞中是以复杂的混合物形式存在,每种类型的细胞都含有上千种不同的蛋白质,因此蛋白质的分离、提纯和鉴定是生物化学中的重要部分,至今还没有一个单独或一套现成的方法能把任何一种蛋白质从复杂的混合蛋白质中提取出来,往往采取几种方法联合使用。

3. 核酸的提取

核酸都溶于水,而不溶于有机溶剂,利用此性质进行提取。在细胞内 DNA 与蛋白质结合成脱氧核糖核蛋白(DNP),RNA 与蛋白质结合成核糖核蛋白(RNP),在不同浓度的盐溶液中它们的溶解度差别很大,DNP 在纯水或 1 mol/L NaCl 溶液中溶解度较大,但在 0.14 mol/L NaCl 溶液中溶解度很低,相反 RNP 易溶解。因此,用 0.14 mol/L NaCl 溶液可简单地初步分开 DNP 和 RNP。

在分离核酸中最困难的是将核酸与紧密结合的蛋白质分开,而且还要避免核酸的降解。常用的解离剂是阴离子去垢剂,如脱氧胆酸钠、十二烷基硫酸钠(SDS)、4-氨基水杨酸钠和萘-1,5-二磺酸钠等。它们具有溶解病毒、细菌的作用,可使核酸从蛋白质上游离出来,还具有抑制核糖核酸酶的作用。另外,除去核酸中的蛋白质的一个有效办法是用酚-氯仿混合液,它们可使蛋白质变性,并对核糖核酸酶有抑制作用,另外,氯仿比重大可使有机相和水相完全分开,减少残留在水相中的酚。在用酚-氯仿抽提核酸提取液时,还须要剧烈振摇,为防止起泡和促使水相与有机相的分离,在酚-氯仿抽提液中再加上一定量的异戊醇。

4. 核酸的纯化

核酸的纯化最关键步骤是去除蛋白质,通常只要用酚-氯仿、氯仿抽提核酸的水溶液即可。每当需要把 DNA 克隆操作的某一步所用的酶灭活或去除以便进行下一步时,可进行这种抽提。然而,如果从细胞裂解液等复杂的分子混合物中纯化核酸,则要先用某些蛋白水解酶消化大部分蛋白质后,再用有机溶剂抽提。这些广谱的蛋白酶包括链霉蛋白酶及蛋白酶 K 等,它们对多数天然蛋白质均有活性。

用酚-氯仿抽提：这两种有机溶剂合用，比单独用酚抽提除蛋白效果更佳。继而用氯仿抽提则可除去核酸制品中的痕量酚。具体步骤如下：

(1)核酸样品置有盖小离心管中，加入等体积的酚-氯仿。

(2)旋涡混匀管内容物，使呈乳状。

(3)12 000*g* 室温离心 15 s。

(4)水相移入另一离心管，弃去两相界面和有机相。

(5)重复步骤(1)～(4)，直至两相界面上无蛋白质为止。

(6)加入等体积的氯仿并重复(2)～(4)步操作。

(7)按下述核酸浓缩法沉淀回收核酸。

应用最广的核酸浓缩法是乙醇沉淀法。在中等浓度单价阳离子存在下，加入一定量的乙醇后，所形成的核酸沉淀可经离心而回收。甚至对低至 pg(皮克)量的 DNA 或 RNA，也可定量回收。回收的核酸可按所需浓度，再溶于适当的缓冲液中。具体操作时，可向含样品的小离心管中加入单价阳离子盐贮存液。单价阳离子盐的选择，主要基于下述考虑：用醋酸铵可减少 dNTP 的共沉淀，但在以后要做核酸的磷酸化时应避免用醋酸铵，因铵离子是多核苷酸激酶的强烈抑制剂。当用较高浓度的乙醇沉淀 RNA 时，常用 LiCl，因 LiCl 在乙醇中溶解度很高，不随核酸共沉淀。含有 SDS 的核酸样品，应使用 NaCl，这时该去垢剂在 70%乙醇中仍保持可溶。

DNA 和 RNA 的沉淀，大多使用醋酸钠(pH 5.2)。

(四)浓缩、干燥及保存

1. 浓缩

一般抽提液的体积都比较大，应先进行浓缩处理。常用的浓缩方法有下面几种。

(1)沉淀法。在抽提液中加入适量的中性盐或有机溶剂，使有效成分变为沉淀。经离心或过滤收集的沉淀物，加少量缓冲液溶解后，再经离心除去不溶物，获得的上清液通过透析或凝胶过滤脱盐，即可供纯化使用。

(2)吸附法。通过吸收剂直接吸收除去溶液分子使之浓缩。所用的吸收剂必须与溶液不起化学反应，对生物大分子不吸附，易与溶液分开。常用的吸收剂有聚乙二醇、聚维酮、蔗糖和凝胶等。使用聚乙二醇吸收剂时，先将生物大分子溶液装入半透膜的袋里，外加聚乙二醇覆盖置于 4 ℃环境下，袋内溶剂渗出即被聚乙二醇迅速吸去，聚乙二醇被水饱和后可更换新的，直至达到所需要的体积。

(3)超过滤法。把抽提液装入超过滤装置，在空气或氮气压力下，使小分子物质(包括水分)通过半透膜(如硝酸纤维素膜)，大分子物质留在膜内。

(4)透析浓缩法。把装抽提液的透析袋埋在吸水力强的聚乙二醇(PEG)或甘油中，10 mL 抽提液可在 1 h 内浓缩到几乎无水的程度。这种方法的浓缩速度与透析袋的表面积以及 PEG 的数量有密切关系。

(5)减压蒸馏浓缩法。将抽提液装入减压蒸馏器的圆底烧瓶中，在减压真空状态下进行蒸馏。当真空度较高时，溶液的沸点可控制在 30 ℃以下。这种方法一般适用于常温下稳定性好的物质。

(6)冰冻干燥法。冰冻的抽提液在真空状态下，可以由固体直接变为气体。用此原理进行浓缩，有效成分几乎不会破坏。冻干机主要由低温干燥箱、真空泵和冷冻机构成。在冻干小体积样品时，可以将其置玻璃真空干燥器中进行。具体做法是：把分装至小瓶中的样品冰冻后放入装有五氧化二磷或硅胶吸水剂的真空干燥器中，连续抽真空使其达到浓缩、干燥状态。

2. 干燥

干燥是将潮湿的固体、半固体或浓缩液中的水分（或溶剂）蒸发除去的过程。生物大分子的制备得到所需的产品后，为了防止变质，易于保存和运输，常需要干燥处理，最常用的方法是冷冻干燥和真空干燥，某些无活性核酸、微生物酶制剂和酪蛋白等工业产品则较多地应用于喷雾干燥、气流干燥等直接干燥法。

（1）真空干燥。在相同温度下，被干燥物质所含水分或溶剂由于周围空气压力的减少而蒸发速度增加。真空度越高，溶液沸点越低，蒸发越快，其原理与真空浓缩（或称减压浓缩）相同。真空干燥适用于不耐高温、易氧化物质的干燥和保存，整个装置包括干燥器、冷凝器及真空泵三部分。干燥器顶部连接一带活塞的管道接通冷凝器，汽化后的蒸气由此管道通过冷凝管凝聚，冷凝器另一端连接真空泵，干燥器内常放一些干燥剂如五氧化二磷、无水氯化钙等，以便样品的干燥保存。

（2）冷冻真空干燥。冷冻真空干燥，除利用真空干燥原理外，同时增加了温度因素。在相同压力下，水蒸气压随温度的下降而下降，故在低温低压下，冰很容易升华为气体。操作时，一般先将待干燥液体冷冻到冰点以下使之变成固体，然后在低温低压下将溶剂变成气体而除去。此法干燥后的产品具有疏松、溶解度好、保持天然结构等优点，适用于各类生物大分子的干燥保存。

（3）喷雾干燥。喷雾干燥是将液体通过喷洒装置喷成雾滴后，与干燥介质（一般为热空气）直接接触干燥的方法。由于液体分散为雾滴时直径通常只有 1～200 μm 大小，与热空气接触面大，水分蒸发很快。在 100 ℃的热空气中，只需不到 1 s 的时间即可干燥。因干燥时间短和水分蒸发时吸收热量，使液滴及其附近的空气温度较低，故工业上常用于干燥微生物酶制剂和某些生化产品。

3. 保存

生物大分子的保存可分为干固态贮藏和液态贮藏两种。贮藏避免长期暴露于空气中被微生物的污染。并应注意低温保存。

（1）干态贮藏。干燥的制品一般比较稳定，如制品含水量很低，在低温情况下，生物大分子活性可在数个月甚至数年内没有显著变化。贮藏方法也很简单，只将干燥后的样品置于干燥器内（内装有干燥剂）密封，保存在 0～4 ℃冰箱中即可。有时为了取样方便和避免取样时样品吸水和污染，可先将样品分装到许多小瓶中，每次用时，只取出 1 小瓶。

（2）液态贮藏。液态贮藏的优点是减去干燥这一步骤，生物大分子的生理活性和结构破坏较少，缺点是需要较严格的防腐措施，贮藏时间不能太长，如样品量大时封装运输不方便。液态贮藏注意事项如下：

①样品不能太稀，必须浓缩至一定浓度后才能封装贮藏，否则，容易引起生物大分子变性。

②一般需加入防腐剂和稳定剂，常用防腐剂有甲苯、苯甲酸、氯仿、百里酚等。蛋白质和酶常用的稳定剂有硫酸铵糊、蔗糖、甘油等，如酶也可加入底物和辅酶以提高其稳定性，此外，钙、锌、硼酸等盐溶液对某些酶也具有一定保护作用。核酸大分子一般保存在氯化钠或柠檬酸与氯化钠的标准缓冲液中。

③贮藏温度要求较低，大多数在 0 ℃左右冰箱保存即可，有的则要求更低。

任务二　生物化学技能训练

技能训练一　蛋白质等电点的测定

一、目的

了解蛋白质等电点测定的基本原理，初步掌握蛋白质等电点的测定方法。

二、原理

蛋白质由许多氨基酸组成，虽然绝大多数的氨基与羧基成肽键结合，但总有一定数量的自由氨基与羧基，以及酚基、巯基、胍基、咪唑基等酸碱集团。因此蛋白质和氨基酸一样是两性电解质，调节溶液的酸碱度达到一定的 pH 时，蛋白质分子所带的正电荷和负电荷相等，以两性离子状态（$^{+}NH_3$—RCH—COO^{-}）存在，在电场内该蛋白质分子既不向阴极移动，也不向阳极移动，这时溶液的 pH 称为该蛋白质的等电点 pI。

三、仪器、试剂与材料

1. 仪器

试管及试管架；滴管；吸量管（1 mL×1、2 mL×1、5 mL×3）。

2. 试剂与材料

（1）醋酸溶液（1.00mol/L、0.10 mol/L、0.01 mol/L）。

（2）氢氧化钠溶液（1.00 mol/L）。

（3）酪蛋白醋酸钠溶液。称取纯酪蛋白 0.25 g，加蒸馏水 20 mL 及 1.00 mol/L 氢氧化钠溶液 5 mL（必须准确），摇荡使酪蛋白完全溶解，然后加 1.00mol/L 醋酸 5 mL（必须准确），倒入 50 mL 容量瓶内，用蒸馏水稀释至刻度，混匀，则酪蛋白溶入 0.10 mol/L 醋酸钠且浓度为 0.5%。

四、操作方法

（1）取同样规格的试管 9 支，按下表精确地加入试剂。

试剂	试管号								
	1	2	3	4	5	6	7	8	9
1.0 mol/L 乙酸/mL	1.6	0.8	—	—	—	—	—	—	—
0.1 mol/L 乙酸/mL	—	—	4.0	2.0	1.0	0.5	—	—	—
0.01 mol/L 乙酸/mL	—	—	—	—	—	—	2.5	1.25	0.62
H_2O/mL	2.4	3.2	—	2.0	3.0	3.5	1.5	2.75	3.38
溶液的 pH/mL	3.5	3.8	4.1	4.4	4.7	5.0	5.3	5.6	5.9

（2）充分摇匀，然后向以上各试管依次加入 0.5%酪蛋白 1 mL，边加边摇，摇匀后静置 5 min，观察各管的浑浊度。

五、结果处理

用一、+、++、+++等符号表示各试管的浑浊度。根据浑浊度判断酪蛋白的等电点，最浑浊管的 pH 即为酪蛋白的等电点。

六、注意事项

该实验要求各种试剂的浓度和加入量必须相当准确，除使用精心配制的试剂外，实验中应该严格按照定量分析的操作进行。

技能训练二　双缩脲法测定蛋白质的含量

一、目的

掌握双缩脲法测定蛋白质含量的原理和操作方法。

二、原理

在碱性溶液中双缩脲与硫酸铜反应生成紫红色络合物，此反应即为双缩脲反应。含有 2 个或 2 个以上肽键的化合物都具有双缩脲反应。蛋白质含有多个肽键，在碱性溶液中能与 Cu^{2+} 络合成紫色化合物；其颜色深浅与蛋白质的浓度成正比，可以用比色法进行测定。

三、仪器、试剂与材料

1. 仪器

容量瓶（100 mL、1 000 mL）；分光光度计；吸管（5.0 mL、2.0 mL、1.0 mL）；试管与试管架。

2. 试剂与材料

（1）双缩脲试剂。溶解 1.5 g 硫酸铜（$CuSO_4 \cdot 5H_2O$）和 6.0 g 酒石酸钾钠（$NaKC_4H_4O_6 \cdot 4H_2O$）于 500 mL 蒸馏水中，在搅拌下加入 300 mL 10%氢氧化钠溶液，用水稀释至 1 000 mL，贮存于内壁涂以石蜡的瓶内。此试剂可长期保存。

（2）蛋白溶液（5 mg/ mL）。准确称取一定量已定氮的酪蛋白（干酪素）或试剂级冻干牛血清蛋白，用 0.05 mol/L 氢氧化钠溶液溶解成浓度为 5 mg/ mL 的标准溶液。冰箱存放备用。

（3）样品血清。家畜血清用清水稀释 10 倍，置于冰箱备用。

四、操作步骤

取相同规格试管 3 支，按表操作。

试剂	空白管	标准管	测定管
血清/mL	—	—	1.0
标准蛋白溶液/mL	—	1.0	—
蒸馏水/mL	2.0	1.0	1.0
双缩脲试剂/mL	4.0	4.0	4.0

摇匀，37 ℃水浴，20 min后用分光光度计于540 nm波长处比色，以空白管调零点，测得各管光密度。

五、结果计算

$$样品蛋白质(g/100\ mL)=\frac{测定管光密度}{标准管光密度}\times 0.005\times \frac{100}{0.1}$$

六、注意事项

(1)所用酪蛋白需经凯氏定氮法确定蛋白质的含量。

(2)此法最常用于需要快速但不要求十分精确的测定。硫酸铵不干扰此呈色反应，但有Cu^{2+}存在时，有时会出现红色沉淀。

技能训练三　生化实验样品的制备

一、目的

了解生化样品制备的原理，掌握全血、血浆、血清、无蛋白血滤液的制备方法。

二、原理

生物化学实验中，无论是分析组织中各种物质的含量，或是探索组织中的物质代谢过程，皆需利用特定的生物样品。由于实验的特殊要求，往往需要将获得的样品预先做适当处理，掌握此种实验样品的正确处理与制备方法是做好生物化学实验的先决条件。

基础动物生化实验中，最常用的动物样品是全血、血清、血浆及无蛋白血滤液；有时也采用尿液做实验；组织样品则常用肝、肾、胰、胃黏膜、肌肉等组织制成组织糜、组织匀浆、组织切片、组织浸出液等，以用于各种生物化学实验。

三、仪器、试剂与材料

1. 仪器

离心机；注射器；针头；试管；试管架；烧杯；绞肉机；纱布；组织捣碎匀浆机；冰浴等。

2. 试剂与材料

(1)抗凝剂。草酸盐、柠檬酸盐、氟化钠、肝素等。

(2)硫酸溶液(0.1 mol/L)、硫酸溶液(2/3 mol/L)、氢氧化钠溶液(0.1 mol/L)、酚酞溶液(1%)等。

(3)钨酸钠(10%)。此溶液应为中性或弱酸性否则蛋白沉淀不完全。其校正方法是取此溶液10 mL，加入0.1 mol/L硫酸溶液0.4 mL，再加入1%酚酞溶液1滴，溶液应呈粉红色。若呈紫红色，可加入0.1 mol/L硫酸溶液，若呈黄色，需加入0.1 mol/L氢氧化钠溶液，直到出现不褪色的粉红色的中性反应为止。计算出加入的酸或碱的量。

(4)草酸钾粉末(A.R.)。

(5)羊、兔、鸡等血液。

四、操作方法

(一)血液样品

1. 全血的制备

测定用的血液多由静脉采集，一般在饲喂前空腹采取。采血所用针头、注射器、盛血容器要清洁干燥，接血时应让血液沿容器壁慢慢注入，以防溶血和产生泡沫。一般在血液取出后，迅速盛于含有抗凝剂的试管内，同时轻轻摇动，使血液与抗凝剂充分混合，以免形成凝血块。取得全血如不立即进行实验，应贮藏于冰箱中。

常用的抗凝剂有草酸盐、柠檬酸盐、氟化钠、肝素等，可视实验要求而定。一般情况下，用廉价草酸盐即可，但在测定血钙时不使用。氟化钠可作为测定血糖时的良好抗凝剂，因其兼有抑制糖酵解作用，以免血糖分解。但氟化钠也能抑制脲酶，故用脲酶测定尿素时不能用。肝素虽较好，但价格贵，尚不能普遍应用。

抗凝剂用量不应过多，以免影响实验结果。通常每毫升血液加 1～2 mg 草酸盐、5 mg 柠檬酸钠或 5～10 mg 氟化钠，肝素仅需要 0.01～0.2 mg，最好将抗凝剂制成适当浓度的水溶剂。然后取 0.5 mL 置于准备盛血试管中，再横放蒸干(肝素不宜超过 30 ℃)，抗凝剂在管壁上形成一层薄膜，使用时较为方便，效果也好。

2. 血浆的制备

抗凝后的全血静置或在离心机中离心(2 000 r/min，10 min)，血球下沉，上清液即为血浆。如需应用血浆分析，必须严格防止溶血。故要求采取血液时一切用具(注射器、针头、试管等)皆需清洁干燥，取出血液也不能剧烈振摇。

3. 血清的制备

收集不加抗凝剂的血液，在室温下 5～20 min 即自行凝固，通常经 3 h，血块收缩分出血清。为促使血清分出，必要时可离心分离，这样可缩短时间，并取得较多的血清。制备血清要防止溶血，一方面仪器要干燥；另一方面，血块收缩后及早分离出血清，因为放置过久，血块中血球也可能溶血。血浆与血清成分基本相似，只是血清不含纤维蛋白。

4. 无蛋白血滤液的制备

生化分析要避免蛋白质的干扰，常将其中的蛋白质沉淀而除去。分析血液成分时，也常除去蛋白质，制成无蛋白血滤液。如测定血液中的非蛋白氮、尿酸、肌酸等时，需先把血液制成无蛋白血滤液后，再进行分析测定。常用的血液蛋白质沉淀法有钨酸法、三氯醋酸法和氢氧化锌法，可根据不同的需要加以选择，现常用钨酸法。

钨酸法制备无蛋白血滤液的原理：钨酸钠与硫酸作用，生成钨酸，可使血红蛋白等凝固、沉淀，离心或过滤除去沉淀，即得无蛋白滤液。

$$Na_2WO_4 + H_2SO_4 \longrightarrow H_2WO_4 + Na_2SO_4$$

此种滤液还适用于测定非蛋白氮、肌酸、尿酸等。

(1)取 25 mL 锥形瓶 1 只，加入 7 mL 蒸馏水。

(2)用奥式吸量管吸取 1 mL 混匀的抗凝血，擦去管外血液，将管插到 25 mL 锥形瓶的瓶底，缓慢的放出血液，勿使血液黏附于吸量管管壁。充分混匀，使红细胞完全溶血。

(3)加入 2/3 mol/L 硫酸 1 mL，随加随摇，再加入 1 mL 10%钨酸钠溶液，随加随摇。加完后充分摇匀，放置 5～10 min，待沉淀，血液由鲜红色变为暗棕色。

(4)用优质不含氮的干滤纸(以奈氏试剂测试不显黄色或棕色)过滤或离心，除去沉淀。如滤液不清，需重滤。过滤时在漏斗上盖一表面皿，减少 Cu^{2+} 与空气的接触。

用此法制得的无蛋白血滤液为 10 倍稀释的血滤液。即每毫升相当于 1/10 mL 全血，本法适用于葡萄糖、非蛋白氮、尿素氮、肌酸酐、氯化物等的测定。

(二)尿液样品

一般定性实验只需收集 1 次尿液，但一天之中各次排出尿液的成分随饲料、饮水及生理变化等的影响而有很大差异，因此定量测量尿液中各种成分皆应收集 24 h 尿液混合后取样。通常将早晨一定时间排出的尿液弃去，以后每次皆收集于清洁大玻璃瓶中，到第 2 天早晨同一时间收集最后一次即可，随即混合并用量筒量准其体积。

收集的尿液如不能立即进行实验，则应置于冷处保存。必要时可在收集的尿液中加入防腐剂，如甲苯、盐酸等，通常每升尿液约加入 5 mL 甲苯或 5 mL 盐酸即可。

如需收集动物尿液，可将动物置于代谢笼中，其排出之尿液经笼下漏斗流入瓶中而收集。

(三)组织样品

离体不久的组织，在适宜的温度及 pH 等条件下，可以进行一定程度的物质代谢。因此，在生物化学实验中，常利用离体组织研究各种物质代谢的途径与酶系的作用，也可以从组织中提取各种代谢物质或酶进行研究。但是各种组织器官离体过久后，都要发生变化。例如，组织中的某些酶在久置后会发生变性而失活，有些组织成分如糖原、ATP 等，甚至在动物死亡数分钟至十几分钟内，其含量即有明显的降低。因此，利用离体组织作代谢研究或作为提取材料时，都必须迅速将它取出，并尽快地进行提取或测定。一般采用断头法处死动物，放出血液，立即取出实验所需的脏器或组织，去除外层的脂肪及结缔组织后，用冰冷的生理盐水洗去血液；必要时，也可用冰冷的生理盐水灌注脏器以洗去血液，再用滤纸吸干，即可作实验用。取出的脏器或组织，可根据不同的目的，用以下方法制成不同的组织样品。

1. 组织糜

将组织用剪刀迅速剪碎或用绞肉机绞成糜状即可。

2. 组织匀浆

新鲜组织称取质量后剪碎，加入适当的匀浆制备液，用高速电动匀浆器或用玻璃匀浆管打碎组织。常用的匀浆制备液有生理盐水、缓冲液、Krebs-ringer 溶液、0.25 mol/L 蔗糖等，可根据实验的不同要求，加以选择。

3. 组织浸出液

将上法制成的组织匀浆加以离心，其上清液即为组织浸出液。

五、注意事项

(1)做无蛋白血滤液时，各液加妥后，摇匀不应有泡沫，否则表明蛋白质沉淀不完全。

(2)所得无蛋白血滤液均应是无色透明的液体,如呈粉红色则说明蛋白质沉淀不完全。

技能训练四　唾液淀粉酶的特性试验

一、目的

验证酶的专一性,并观察激活剂、抑制剂、温度、pH 对酶促反应的影响。

二、原理

本试验借助唾液淀粉酶对淀粉的水解作用,观察并说明酶作用的专一性及激活剂、抑制剂、温度、pH 对酶活性的影响。根据淀粉及其水解产物与碘反应呈现颜色不同作为酶活性大小的反应标准。唾液淀粉酶对淀粉的水解过程如下:

淀粉 →	蓝色糊精 →	红色糊精 →	无色糊精 →	麦芽糖
遇碘蓝色	蓝色	红色	无色	无色

中间可能出现过渡色,如蓝紫色、棕红色等。

唾液淀粉酶催化淀粉水解的终产物(麦芽糖)具有还原性,可使班氏试剂中二价铜离子还原成一价亚铜,生成砖红色的氧化亚铜,淀粉酶不能催化其他糖,如蔗糖、纤维素等,故不能使蔗糖水解生成具有还原性的葡萄糖或果糖,而蔗糖本身又无还原性,因此不与班氏试剂出现颜色反应。

三、仪器、试剂与材料

1. 仪器

恒温水浴箱;试管;试管架;烧杯;冰浴;玻璃漏斗;纱布;比色板;研钵;沸水浴。

2. 试剂与材料

(1)淀粉溶液(1%)。取可溶性淀粉 1 g,加 5 mL 蒸馏水,调成糊状,再加蒸馏水 80 mL,加热使其溶解,最后用蒸馏水定容至 100 mL。

(2)1∶10 稀释新鲜唾液。漱口后(除去饲料残渣、洗涤口腔)做咀嚼运动,促进唾液分泌,收集并以棉花过滤于试管约 2 mL,用蒸馏水稀释至 20 mL,混匀,备用。

(3)煮沸唾液的制备。取出 1~2 mL 稀释唾液,放入沸水中煮沸 2 min,使唾液淀粉酶变性失活。

(4)蔗糖溶液(1%)。

(5)缓冲液。①A 液:称取 35.62 g $Na_2HPO_4 \cdot 2H_2O$ 溶于 1 000 mL 水中。②B 液:称取 19.21 g 无水柠檬酸溶于 1 000 mL 水中。

pH 5.0 缓冲液=A 液(10.30 mL)+B 液(9.70 mL)

pH 6.8 缓冲液=A 液(15.44 mL)+B 液(4.56 mL)

pH 8.0 缓冲液=A 液(19.44 mL)+B 液(0.56 mL)

(6)碘化钾-碘溶液。称取碘化钾 2 g 及碘 1.27 g(碘应事先研细),溶解于 200 mL 水中,使用前用水稀释 5 倍。

(7)班氏试剂。取结晶硫酸铜($CuSO_4 \cdot 5H_2O$)17.3 g溶于100 mL蒸馏水中,加热溶解,冷却备用。另取柠檬酸钠173 g和无水Na_2CO_3 100 g,加蒸馏水600 mL,加热溶解,冷却备用,然后把硫酸铜溶液慢慢倒入柠檬酸钠、Na_2CO_3溶液中,混合后定容至1 000 mL。可长期贮存使用。

(8)NaCl溶液(1%)、$CuSO_4$溶液(1%)、Na_2SO_4溶液(1%)。

四、操作方法

1.酶作用的专一性

(1)取试管3支编号,按下表操作。

试管号	pH 6.8淀粉溶液/滴	1%淀粉溶液/滴	1%蔗糖溶液/滴	稀释唾液/滴	稀释新鲜唾液/滴
1	20	10	—	5	—
2	20	10	—	—	5
3	20	—	10	5	—

(2)混匀,置37 ℃水浴箱保温10 min,然后向各管加班氏试剂20滴,放入沸水浴中煮沸,观察并分析结果。

2.激活剂、抑制剂对酶活性的影响

(1)取试管4支编号,按下表操作。

试管号	1%淀粉溶液/滴	1%NaCl溶液/滴	1%$CuSO_4$溶液/滴	1%Na_2SO_4溶液/滴	蒸馏水/滴	稀释唾液/滴
1	20	2	—	—	—	10
2	20	—	2	—	—	10
3	20	—	—	2	—	10
4	20	—	—	—	2	10

(2)各管混匀,置37 ℃水浴箱中保温。

(3)5～10 min后,从1号试管取出1滴液体加入瓷反应板,加碘液1滴,当出现淡黄色或无色,将4支试管一并取出,各加稀碘液1滴,摇匀后观察颜色的改变,说明激活剂和抑制剂对淀粉酶的影响。

3.温度对酶活性的影响

(1)取试管4支编号,按下表操作。

试管号	1%淀粉溶液/mL	稀释唾液/ mL	水温/ ℃	颜色
1	3	1	0	
2	3	1	0	
3	3	1	37～40	
4	3	1	90左右	

(2)在比色板各孔中加入碘液 1 滴,每隔 1～2 min 用滴管从 3 号试管中取出反应液 1 滴,滴入比色板一孔中,观察碘液颜色变化。每次取反应液之前,都应将滴管洗净后才能取反应液。待观察到反应液颜色不变时,取出 4 号试管冷却后,再取出 1 号试管,2 个试管同时各加入碘液 1 滴,观察颜色变化。

(3)取出 2 号试管置于 37～40 ℃水浴箱中,10 min 后,加入 2 滴碘液,将其颜色与 1 号试管比较,观察颜色变化。

4. pH 对酶活性的影响

取试管 3 支编号,按下表操作。

试管号	淀粉液/mL	pH 5 缓冲液/mL	pH 6.8 缓冲液/mL	pH 8 缓冲液/mL	酶液/mL	颜色变化
1	3	1	0	0	1	
2	3	0	1	0	1	
3	3	0	0	1	1	

混匀,置 37～40 ℃水浴箱中。每隔 1 min,从 2 号试管中取 1 滴反应液与碘液混合观察,待呈橙黄色时,向各管中加入 1～2 滴碘液,充分混匀,观察并记录各管内颜色变化。

技能训练五　蛋白质含量的测定(凯氏定氮法)

一、目的

了解蛋白质含量的测定原理,掌握样品中蛋白质含量的测定方法。

二、原理

根据蛋白质的含氮量比较恒定,平均约为 16%,通过测定样品的含氮量进而推算蛋白质的含量。

大豆中的氮化物可分为蛋白氮和非蛋白氮。用三氯乙酸溶出大豆粉中的非蛋白氮化物(氨基酰胺和无机氮),沉淀样品中的蛋白质并使两者分离。

分离得到的蛋白质与浓硫酸共热,使蛋白氮转化为氨态氮,并与硫酸结合生成硫酸铵。反应进行很慢,因此需加入催化剂,这一步称为消化,所得硫酸铵溶液为消化液。消化完毕,加入 30%～40% NaOH 使硫酸铵分解放出氨,释放出来的氨借水蒸气蒸馏法吸收于一定量的硼酸溶液中,用标准盐酸溶液滴定,根据所消耗的标准盐酸的量可换算放出氨的量,即可求出蛋白质样品中总氮的量,再乘以蛋白质系数(6.25)即可换算成蛋白质含量。

三、仪器、试剂与材料

1. 仪器

凯氏烧瓶(50 mL);分析天平;三角瓶(50 mL);微量滴定管(5 mL);容量瓶(100 mL);玻璃漏斗;微量凯氏定氮仪;酒精灯;三角瓶(100 mL)。

2. 试剂与材料

大豆粉;5%三氯乙酸;浓 H_2SO_4(密度为 1.8419 g/L);2%硼酸;30%NaOH;0.01 mol/L

标准 HCl 溶液；混合催化剂（$CuSO_4 \cdot 5H_2O$∶K_2SO_4＝1∶5）；混合指示剂（50 mL 0.1%甲稀蓝乙醇溶液与 200 mL 0.1%甲基红乙醇溶液混合配成，贮于棕色瓶中）。

四、操作步骤

1. 除去非蛋白氮化物

用分析天平称取 200～300 mg 大豆全粉，放入 100 mL 具塞三角瓶中，再加入 5%三氯乙酸 20 mL，置康氏振荡机上振荡提取（非蛋白氮化物）1 h，过滤，弃滤液。用 5%三氯乙酸洗涤滤纸上的沉淀，最后将漏斗里的沉淀连同滤纸一起放入 1 号凯氏烧瓶内，在 2 号凯氏烧瓶内加 1 张相同滤纸，作为空白对照。

2. 样品的消化

在 1、2 号凯氏烧瓶内分别加入 0.5 g 混合催化剂，再慢慢加入 5 mL 浓硫酸。在每个瓶口放 1 个小漏斗，置通风橱内，在电炉上加热消化。

瓶内溶液的颜色由棕黑色变为浅蓝色后，继续消化 1 h。冷却到室温，将消化液分别转移到 100 mL 容量瓶内，用蒸馏水定容至刻度。

3. 氨的蒸馏、吸收和滴定

(1)洗涤仪器。

①如图 10-11 所示，将凯氏定氮仪安装好，打开水龙头及夹子 7，使水流入蒸汽发生器 2 内（液面高度达球体的 2/3），关闭水龙头及夹子 7。

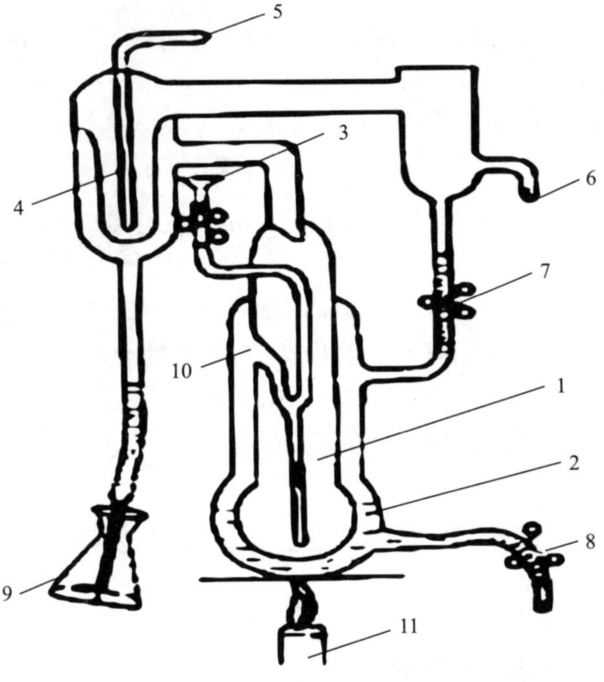

1. 反应室　2. 蒸汽发生器　3. 加样口（小漏斗）并附夹子　4. 冷凝器　5. 冷凝水入口
6. 冷凝水出口　7. 夹子　8. 夹子（废液排出口）　9. 锥形瓶　10. 出样口　11. 酒精灯

图 10-11　凯氏定氮仪（引自黄熙泰、于自然、李翠凤，2012）

②取一个 50 mL 三角瓶，加入 5 mL 2%的硼酸和 2～3 滴混合催化剂（溶液为紫红色），将接受管插入三角瓶内液面下。

③打开夹子 3，从漏斗加入 10 mL 蒸馏水进入反应室，然后关闭夹子。用酒精灯加热蒸汽发生器 2 内的水，煮沸 10～15 min，直到接受瓶内的液体不变色为止。停止加热，蒸汽发生器冷却，反应室内的水自动吸出进入 2。打开夹子 7 和夹子 8，使流动着的水将蒸汽发生器冲洗干净，关闭夹子 7 和夹子 8。

（2）样品的蒸馏和滴定。

①同上述①。

②同上述②。

③打开夹子 3，从漏斗加入 3 mL 消化液，再加入 6 mL 30% NaOH 进入反应室，然后向漏斗 3 中加入 2～3 mL 水做水封。

④用酒精灯微焰加热蒸汽发生器 2，几分钟后，接受瓶 9 中的液体由紫红色变为绿色，继续加热 5 min。降低接受瓶的高度，使管口离开液面，将小漏斗 3 中的水放入 1 室，用水冲洗出气管口，拿开三角瓶，用微量滴定管，以 0.01 mol/L 标准 HCl 溶液滴定，直到硼酸溶液由绿色重新变为原来的红色为止。

⑤停止加热，反应室内废液即可被吸出。打开夹子 3，再加入少量蒸馏水，关闭夹子 3，加入的水又将吸入蒸汽发生器 2，这样连续洗 3～4 次。

⑥关闭夹子 3，打开夹子 7 使冷水流入蒸汽发生器 2，不超过出样口 10，关闭夹子 7，打开夹子 8，使冷水排出。重复该步操作，直到流出的水不显碱性为止。

（3）注意事项。

①先蒸馏空白样品 3 次，如果 3 次滴定的值接近，便可进行样品的蒸馏，含氮样品的蒸馏也应重复 3 次，每次滴定的值应基本相同。

②要正确使用 3 个夹子，防止样品发生倒吸现象。

4. 计算

$$\text{总氮量} = \frac{c(V_1 - V_2) \times 0.014}{W} \times \frac{\text{消化液总量(mL)}}{\text{蒸馏时消化液用量(mL)}} \times 100$$

式中：c 表示标准盐酸溶液摩尔浓度（mol/L）；V_1 表示滴定样品消化液用去的盐酸溶液平均毫升数；V_2 表示滴定空白液用去的盐酸溶液毫升数；W 表示样品重量（g）；0.014 表示氮的毫摩尔质量（g/mmol）。

$$\text{样品蛋白质含量(\%)} = \text{总氮量} \times 6.25$$

技能训练六　血糖含量的测定

一、目的

学会血糖的定量测定方法，理解葡萄糖的还原性。

二、原理

蒽酮试剂与葡萄糖（或糖原）溶液反应呈现蓝绿色，颜色深浅与血糖含量有关，在 620 nm

波长下有最大的光吸收峰。此法迅速，但不适宜含有大量色氨酸的蛋白质试样的测定。

三、仪器、试剂与材料

1. 仪器

分光光度计；试管及试管架；锥形瓶；奥氏吸量管；吸量管。

2. 试剂与材料

(1)蒽酮试剂。称取蒽酮 0.2 g，溶于 100 mL 浓 H_2SO_4(相对密度 1.84)中，当日配制。

(2)葡萄糖标准液。①葡萄糖贮存标准液(10 mg/mL)：准确称取无水葡萄糖 1 g，以 0.25%苯甲酸溶液溶解后转移到 100 mL 容量瓶内定容至刻度，置冰箱中可长期保存。②葡萄糖应用标准液(0.1 mg/mL)：准确量取葡萄糖贮存标准液 1 mL 置 100 mL 容量瓶中，以 0.25%苯甲酸溶液定容至刻度。

(3)钨酸钠溶液(10%)。称取钨酸钠 10 g，蒸馏水溶解并稀释至 100 mL。

(4)硫酸溶液(0.333 mol/L)。取 1 份 1 mol/L H_2SO_4加蒸馏水 2 份。

四、操作方法

1. 无蛋白血滤液制备

取 20 mL 锥形瓶一个，加蒸馏水 7 mL，用奥氏吸量管吸取抗凝全血 1 mL，缓缓加入锥形瓶水中，用吸量管吸取上清液反复洗 2～3 次，混匀溶血(血液变为红色透明时)后加 10%钨酸钠 1 mL，再加 0.333 mol/L H_2SO_4溶液 1 mL，随加随摇，摇匀后放置 5～15 min 至沉淀由鲜红色变为暗棕色，过滤或离心除去沉淀，即得无蛋白血滤液(每毫升相当于 1/10 mL 全血)。

2. 样品血糖的测定

取试管 3 支按下表进行。

试剂	空白管	标准管	样品管
蒸馏水/mL	1	—	—
葡萄糖应用标准液/mL	—	1	—
无蛋白血滤液/mL	—	—	1
蒽酮试剂/mL	4	4	4
OD_{620}			

各管加完试剂及样品液后，迅速浸于冰溶液中冷却，然后在沸水浴上加热 10 min (加盖)，然后冷却，在 620 nm 波长处以空白管调零测定 A 值。

3. 计算

$$样品血糖含量=\frac{标准血糖含量}{标准液 A 值}\times 样品液 A 值$$

测得结果再换算为 100 mL 全血葡萄糖的毫克数。

技能训练七　肝糖原的提取与鉴定

一、目的

掌握糖原的提取与鉴定的方法。

二、原理

肝糖原是葡萄糖聚合后在肝脏中的贮存形式，无还原性，与碘作用生成红色。肝组织匀浆中的蛋白质可被三氯醋酸沉淀，过滤后糖原仍留在滤液中，加入乙醇可使糖原沉淀下来。糖原可被酸水解生成葡萄糖，葡萄糖具有还原性，与班氏试剂作用生成砖红色沉淀。

三、仪器、试剂与材料

1. 仪器

离心机；研钵；试管和试管架；托盘天平；电炉；量筒；玻棒；烧杯；pH 试纸。

2. 试剂与材料

(1)三氯醋酸溶液(10%)。称取三氯醋酸 10 g 于烧杯中，用蒸馏水溶解，分次转移到 100 mL 容量瓶中定容。

(2)三氯醋酸溶液(5%)。称取三氯醋酸 5 g，用蒸馏水溶解后，定容至 100 mL 容量瓶中。

(3)乙醇(95%)。量取无水乙醇 95 mL，蒸馏水定容至 100 mL 容量瓶中。

(4)浓盐酸(HCl 相对密度为 1.19)。

(5)NaOH 溶液(20%)。称取 NaOH 溶液 20 g，蒸馏水溶解后稀释到 100 mL。

(6)碘液。称取碘 1 g、碘化钾 2 g，用 500 mL 蒸馏水溶解。

(7)班氏试剂。称取 $CuSO_4$ 17.3 g，加蒸馏水 100 mL，加热溶解。另取柠檬酸钠 173 g 及无水 Na_2CO_3 100 g，加蒸馏水 600 mL，加热溶解，待冷却后将 $CuSO_4$ 溶液慢慢加入混匀，用蒸馏水稀释至 1 000 mL，可长期保存。

(8)石英砂。

四、操作方法

1. 肝组织匀浆液的制备

取刚刚放血致死的动物肝脏 1 g，迅速放入研钵中，加少量石英砂和 10%三氯醋酸溶液 1 mL，初步研磨，然后再加 5%三氯醋酸 2 mL 研磨成匀浆。

2. 制取无蛋白匀浆液

将匀浆转移到离心管中，在 2 500 r/min 的条件下离心 10 min，上清液即为无蛋白匀浆液。

3. 糖原的提取

将无蛋白匀浆液转移到另一支离心管中，加入等体积的 95%乙醇，混匀，静置 10 min，糖原可呈絮状析出，在 2 500 r/min 的条件下离心 10 min，弃去上清液，离心管倒置滤纸上 1～2 min，剩余沉淀即为糖原。

4. 制备糖原溶液

向离心管沉淀中加蒸馏水 1 mL，用玻棒搅拌使沉淀溶解，即得糖原溶液。

5. 鉴定糖原

(1)显色反应。取试管 2 支按下表进行操作，并解释 2 支试管现象。

试管号	糖原溶液/滴	蒸馏水/滴	碘液/滴	现象
1	10	—	1	
2	—	10	1	

(2)糖原酸解，鉴定葡萄糖。将剩余的溶液转移到另一支试管中，加 3 滴浓盐酸，沸水浴 10 min。冷却，加 20% NaOH 溶液调至中性(pH 试纸检验)，然后加入班氏试剂 2 mL，沸水浴 5 min，取出冷却，观察沉淀变化，解释现象。

技能训练八　血清总脂的测定

一、目的

了解香草醛法进行血清总脂测定的原理，学会测定方法和结果计算。

二、原理

血清中的不饱和脂类与硫酸作用，水解后生成碳鎓离子(也称碳正离子)。试剂中的磷酸与香草醛作用，产生芳香族磷酸酯，使醛基变成反应性增强的羰基。正碳离子与磷酸香草脂的羰基起反应，生成红色的醌类化合物。

三、仪器、试剂与材料

1. 仪器

分光光度计；电炉；蒸锅；试管与试管架；吸管等。

2. 试剂与材料

(1)浓硫酸 (A. R.)。

(2)浓磷酸 (A. R.)。

(3)香草醛溶液(0.6%)。称取香草醛 0.6 g，用蒸馏水溶解并稀释至 100 mL。贮存于棕色瓶内，可保存 2 个月。

(4)总脂标准液(4 mg/mL)。精确称取纯胆固醇 400 mg，置于 100 mL 容量瓶内，用冰醋酸溶解并稀释至 100 mL。

四、操作方法

(1)取试管 3 支，按下表进行操作。

试剂	空白管	标准管	测定管
血清/mL	—	—	0.05
总脂标准液/mL	—	0.05	—
浓硫酸/mL	—	1.2	1.2

(2)充分混匀，置于沸水中加热 10 min，使脂类水解，取出后冷水浴中冷却。接着按下表进行操作。

试剂	空白管	标准管	测定管
吸取上述水解液于另一试管中/mL	—	0.2	0.2
浓磷酸/mL	3.0	2.8	2.8
0.6%香草醛溶液/mL	1.0	1.0	1.0

用玻棒充分搅匀。20 min 后，在 525 nm 波长处进行比色测定。用空白管调节零点，分别读取各管的光密度。

五、计算

$$\text{血清总脂(mg/100 mL)}=\frac{\text{测定管光密度}}{\text{标准管光密度}}\times 0.05\times 4\times\frac{100}{0.05}=\frac{\text{测定管光密度}}{\text{标准管光密度}}\times 400$$

六、注意事项

(1)血清总脂是血清中各种脂类物质的总称。本试验的显色强度与脂肪酸的饱和度有关，所以测定结果与所采用的参考标准物有关。一般认为血清中的饱和脂类与不饱和脂类之比为 3:7，用胆固醇作为标准物，与上述情况比较接近。

(2)血清中脂质含量过多时，可用生理盐水稀释后再进行测定，并将结果乘以稀释倍数。

技能训练九　酮体的测定

一、目的

通过酮体生成和利用试验，了解生成酮体的原料与酮体生成和利用的部位。

二、原理

酮体包括乙酰乙酸、β-羟丁酸和丙酮 3 种物质。在肝脏中，脂肪酸经 β-氧化作用生成乙酰 CoA。生成的乙酰 CoA 可经代谢缩合成乙酰乙酸，而乙酰乙酸既可脱羧生成丙酮，又可经 β-羟丁酸脱氢酶作用被还原生成 β-羟丁酸。酮体是机体正常代谢的中间产物，在肝脏中生成后被运往肝外组织(如心肌、肾脏、大脑和骨骼肌)才能被机体所利用。在正常情况下，酮体在动物体内生成量甚微；患糖尿病或食用高脂肪膳食时，血中酮体含量增高，尿中也能出现酮体。

本试验用丁酸作底物，与新鲜的肝匀浆一起保温后，再测定其中酮体的生成量。

因为在碱性溶液中碘可以将丙酮氧化为碘仿(CHI_3)，所以通过用硫代硫酸钠($Na_2S_2O_3$)

滴定反应中剩余的碘就可以计算出所消耗的碘量，进而可以求出以丙酮为代表的酮体的含量。有关的反应式如下：

$$CH_3COCH_3+4NaOH+3I_2 \longrightarrow CHI_3+CH_3COONa+3NaI+3H_2O$$

$$I_2+2Na_2S_2O_3 \longrightarrow Na_2S_4O_6+2NaI$$

根据滴定样品中与滴定对照中所消耗的硫代硫酸钠溶液体积之差，可以计算出由丁酸氧化生成丙酮的量。

三、仪器、试剂与材料

1. 仪器

匀浆器（或搅拌机）；碘量瓶；锥形瓶；恒温水浴锅；漏斗；刻度吸管；铁架台；滴定管等。

2. 试剂与材料

(1)氢氧化钠溶液（10%）。称取 10 g 氢氧化钠，在烧杯中用少量蒸馏水将之溶解后，定容至 100 mL。

(2)碘溶液（0.1 mol/L）。称取 13 g 碘和约 40 g 碘化钾，放置研钵中，加入少量蒸馏水后，将之研磨至溶解。用蒸馏水定容到 1 000 mL，在棕色瓶中保存。此时可用标准硫代硫酸钠溶液标定其浓度。

(3)正丁酸溶液（0.5 mol/L）。取 0.05 mL 正丁酸，用 0.5 mol/L 氢氧化钠溶液 100 mL 溶解即成。

(4)碘酸钾（KIO_3）溶液（0.1 mol/L）。称取 0.8918 g 干燥的碘酸钾，用少量蒸馏水将之溶解，最后定容至 250 mL。

(5)硫代硫酸钠（$Na_2S_2O_3$）溶液（0.1 mol/L）。称取 25 g 硫代硫酸钠，将它溶解于适量煮沸的蒸馏水中，并继续煮沸 5 min。冷却后，用冷却的已煮沸过的蒸馏水定容到 1 000 mL。此时即可用 0.1 mol/L 碘酸钾溶液标定其浓度。

(6)硫代硫酸钠溶液的标定。将蒸馏水 25 mL、碘化钾 2 g、碳酸氢钠 0.5 g、10%盐酸溶液 20 mL 加入一支锥形瓶内，另取 0.1 mol/L 碘酸钾溶液 25 mL 加入其中，然后用硫代硫酸钠溶液将之滴定至浅黄色，再加入 0.1%淀粉溶液 2 mL，然后继续用硫代硫酸钠溶液将之滴定至蓝色消退为止。

另设一空白，其中仅以蒸馏水代替碘酸钾，其余操作相同。计算硫代硫酸钠溶液的浓度所依据的反应式如下：

$$5KI+KIO_3+6HCl \rightleftharpoons 3I_2+6KCl+3H_2O$$

$$I_2+2Na_2S_2O_3 \rightleftharpoons Na_2S_4O_6+2NaI$$

(7)盐酸溶液（10%）。取 10 mL 盐酸，用蒸馏水稀释到 100 mL。

(8)淀粉溶液（0.1%）。称取 0.1 g 可溶性淀粉，置于研钵中，加入少量预冷的蒸馏水，将淀粉调成糊状。再慢慢倒入煮沸的蒸馏水 90 mL，搅匀后，再用蒸馏水定容至 100 mL。

(9)氯化钠溶液（0.9%）。

(10)磷酸盐缓冲溶液（1/15 mol/L pH 7.7）。①A 液（1/15 mol/L Na_2HPO_4溶液）：称取 $Na_2HPO_4 \cdot 2H_2O$ 1.187 g，将之溶解于 100 mL 蒸馏水中即成。②B 液（1/15 mol/L KH_2PO_4

溶液)：称取 KH_2PO_4 0.907 8 g，将之溶解于 100 mL 蒸馏水中即成。取 A 液 90 mL、B 液 10 mL，将两者混合即可(用酸度计检测 pH 7.7)。

(11)三氯乙酸溶液(20%)。称取 20 g 三氯乙酸，在烧杯中用少量的蒸馏水将之溶解，最后定容至 100 mL。

(12)活的动物。

四、操作方法

1. 肝匀浆的制备

(1)将动物(如鸡、家兔、大鼠、豚鼠)放血处死，取出肝脏。

(2)用 0.9%氯化钠溶液洗去肝脏上的污血，然后用滤纸吸去表面的水分。

(3)称取 5 g 肝组织，置玻璃皿上剪碎，倒入匀浆器碾呈匀浆，加 0.9%氯化钠溶液至总体积为 10 mL。

2. 酮体生成

(1)取 2 个锥形瓶、编号，按下表操作。

试剂	锥形瓶 1	锥形瓶 2
新鲜肝匀浆/mL	—	2.0
预先煮沸的肝匀浆/mL	2.0	—
pH 7.7 的磷酸缓冲液/mL	3.0	3.0
0.5 mol/L 正丁酸溶液/mL	2.0	2.0

(2)将加好试剂的 2 个锥形瓶摇匀，放入 43 ℃恒温水浴锅中保温 40 min 后取出。

(3)在 2 个锥形瓶中分别加入 20%三氯乙酸溶液 3 mL，摇匀后，于室温放置 10 min。

(4)将锥形瓶中的混合物分别用滤纸在漏斗上过滤，对应收集无蛋白滤液于 2 支试管中。

3. 酮体的测定

(1)取碘量瓶 2 个，根据上述编号顺序按下表操作。

试剂	碘量瓶 1	碘量瓶 2
无蛋白滤液/mL	5.0	5.0
0.1 mol/L 碘液/mL	3.0	3.0
10% NaOH/mL	3.0	3.0

(2)加完试剂后摇匀，将碘量瓶于室温放置 10 min。

(3)于各碘量瓶中分别滴加 10%盐酸溶液，使各瓶中溶液中和至中性或微酸性(可用 pH 试纸进行检测)。

(4)用 0.02 mol/L 硫代硫酸钠溶液滴定到碘量瓶中的溶液呈浅黄色时，往瓶中滴加数滴 0.1%淀粉溶液，使瓶中溶液呈蓝色。

(5)继续用 0.02 mol/L 硫代硫酸钠溶液滴定到碘量瓶中溶液的蓝色消退为止。

(6)记录滴定时所用去的硫代硫酸钠溶液毫升数，计算样品中丙酮的生成量。

4. 结果与计算

根据滴定样品与对照所消耗的硫代硫酸钠溶液体积之差，计算由丁酸氧化生成丙酮的量。

$$试验所用肝匀浆生成丙酮的量(mol)=(a-b)\times c\times 1/6$$

式中：a 为滴定样品 1(对照)所消耗的 0.02 mol/L 硫代硫酸钠溶液的毫升数；b 为滴定样品 2 所消耗的 0.02 mol/L 硫代硫酸钠溶液的毫升数；c 为硫代硫酸钠溶液的浓度(mol/L)。

五、注意事项

(1)肝匀浆必须新鲜，放置久则失去氧化脂肪酸的能力。

(2)试验加入三氯乙酸是使肝匀浆的蛋白质、酶变性，发生沉淀。

(3)在酮体的测定中使用碘量瓶的作用是防止碘液挥发，不能用锥形瓶代替。

技能训练十　核酸的定量测定(定磷法)

一、目的

掌握核酸定量测定的原理和方法；熟练掌握分光光度计的使用。

二、原理

核酸包括核糖核酸(RNA)和脱氧核糖核酸(DNA)两类。核酸分子中含磷量固定，DNA 中含磷约 9.2%，RNA 含磷 9.0%。通过测定核酸中磷的含量即可求得粗核酸的量。

核酸中的磷可以通过水解变为磷酸，磷酸与钼酸铵结合成磷钼酸铵。当有还原剂存在时，磷钼酸铵被还原为蓝色化合物，称为钼蓝。在一定范围内蓝色深浅与磷的浓度成正比，可以用比色法测定磷的含量。

三、仪器、试剂与材料

1. 仪器

50 mL 克氏烧瓶 2 个；直径 4 cm 小漏斗 1 个；100 mL 容量瓶 2 个；50 mL 容量瓶 1 个；5 mL 移液管 1 支；1 mL 吸量管 1 支；1.5 cm×18 cm 试管 11 支；722 型分光光度计；电炉；水浴锅。

2. 试剂与材料

(1)粗核酸样品；5%氨水；30% H_2O_2；27%的硫酸溶液；2.5%钼酸铵(2.5 g 溶于 100 mL 水中)；10%维生素 C(10 g 维生素 C 溶于 100 mL 水中)。

(2)磷酸标准溶液：准确称取 100 ℃烘至恒重的磷酸二氢钾 0.877 5 g 在小量蒸馏水中溶解，加 5 mL 5 mol/L 的硫酸及小量氯仿，定容至 500 mL，此溶液磷的浓度为 400 μg/mL。使用时准确稀释 20 倍，使浓度为 20 μg/mL。

(3)定磷试剂：按体积比 17%硫酸∶2.5%钼酸铵∶10%维生素 C∶水=1∶1∶1∶2 的比例配制(用时现配)。

四、操作步骤

1. 样品消化及吸光度测定

(1)样品定容：称取样品 0.1 g 定容至 50 mL(此进样品浓度：2 mg/mL)。

(2)样品消化：取样品溶液 1 mL 置于 50 mL 克氏烧瓶中，加 1 mL 浓硫酸和沸石，在克氏烧瓶上插一小漏斗，在通风橱中消化至黄色。加几滴 H_2O_2 继续消化至透明。将消化液冷却，在 100 mL 容量瓶中定容。

(3)样品吸光度的测定：取定容后的样品消化液 3.0 mL，加定磷试剂 3.0 mL，45 ℃加热 10 min，在 600 nm 处测定吸光度 A(总磷)。

2. 标准曲线的绘制

取 9 支试管中，按下表加入试剂，混匀后在 45 ℃水浴加热 10 min，在 660 nm 波长处测吸光度。

试剂	1 号试管	2 号试管	3 号试管	4 号试管	5 号试管	6 号试管	7 号试管	8 号试管	9 号试管
磷标准溶液/mL	0	0.05	0.1	0.2	0.3	0.4	0.5	0.6	0.7
蒸馏水/mL	3.0	2.95	2.9	2.8	2.7	2.6	2.5	2.4	2.3
定磷试剂/mL	3.0	3.0	3.0	3.0	3.0	3.0	3.0	3.0	3.0
含磷质量/μg	0	1	2	4	6	8	10	12	14
吸光度 A									

3. 无机磷的测定

吸取没有消化的样品 1.0 mL 在 100 mL 容量瓶中定容，取此溶液 3.0 mL 加定磷试剂 3.0 mL，在 45 ℃水浴加热 10 min，在 660 nm 处测吸光度 A(无机磷)。

五、结果计算

$$A(\text{核酸磷}) = A(\text{总磷}) - A(\text{无机磷})$$

在标准曲线上查出 A(核酸磷)所对应的质量 B(μg)，按下式计算核酸的质量分数 W：

$$W = B/C \times D$$

式中：C 为核酸的含磷量，RNA 为 9.0%，DNA 为 9.2%。D 为所取溶液含核酸样品量，即 $(0.1\ \text{g} \div 50) \times 1.0 \div 100 \times 3.0 \times 10^6 = 60(\mu g)$。

技能训练十一　荧光法测定维生素 C 的含量

一、目的

了解荧光法测定维生素 C 的基本原理，掌握荧光法测定维生素 C 含量的基本操作方法。

二、原理

在测定维生素 C 的方法中，荧光法为测定样品中维生素 C 含量的第一标准方法，2,4-二硝基苯肼法作为第二标准方法。样品中还原型抗坏血酸经活性炭氧化成脱氢型抗坏血酸后，与邻苯二胺反应生成具有荧光的喹喔啉，其荧光强度与脱氢抗坏血酸的浓度在一定条件下成正比，以此测定样品中抗坏血酸和脱氢抗坏血酸的总量。

脱氢抗坏血酸与硼酸可形成复合物而不与邻苯二胺反应，以此排除样品中荧光杂质所产生的干扰。

三、仪器、试剂和材料

1. 仪器

荧光分光光度计或具有 350 nm 及 430 nm 波长的荧光计；打碎机；烧杯；带盖三角瓶；刻度吸管；漏斗；50 mL 容量瓶等。

2. 试剂和材料

(1)偏磷酸-乙酸液。称取 15 g 偏磷酸，加入 40 mL 冰乙酸及 250 mL 水，搅拌，放置过夜使之逐渐溶解，加水至 500 mL，4 ℃冰箱可保存 7～10 d。

(2)硫酸(0.15 mol/L)。取 10 mL 硫酸，小心加入水中，再加水稀释至 1 200 mL。

(3)偏磷酸-乙酸-硫酸液。以 0.15 mol/L 硫酸液为稀释液，其余同偏磷酸-乙酸液的配制。

(4)乙酸钠溶液(50%)。称取 500 g 乙酸钠($CH_3COONa \cdot 3H_2O$)，加水至 1 000 mL。

(5)硼酸-乙酸钠溶液。称取 3 g 硼酸，将其溶解于 100 mL 的 50%乙酸钠溶液中。临用前配制。

(6)邻苯二胺溶液。称取 20 mg 邻苯二胺，于临用前用水稀释至 100 mL。

(7)百里酚蓝指示剂溶液(0.04%)。称取 0.1 g 百里酚蓝，加 0.02 mol/L 氢氧化钠溶液，在玻璃研钵中研磨至溶解，氢氧化钠的用量约为 10.75 mL，磨溶后用水稀释至 250 mL。

变色范围：pH＝1.2 红色　　pH＝2.8 黄色　　pH＞4.0 蓝色

(8)活性炭的活化。加 200 g 炭粉于 1 L 1＋9 盐酸中，加热回流 1～2 h，过滤，用水洗至滤液中无铁离子为止，置于 110～120 ℃烘箱中干燥，备用。

(9)抗坏血酸标准溶液(1 mg/mL)。准确称取 50 mg 抗坏血酸，用偏磷酸-乙酸溶液溶于 50 mL 容量瓶中，并稀释至刻度。

(10)抗坏血酸标准应用液(100 μg/mL)。取 10 mL 抗坏血酸标准液，用偏磷酸-乙酸溶液稀释至 100 mL。定容前测试 pH，如其 pH＞2.2 时，用偏磷酸-乙酸-硫酸溶液稀释。

(11)材料。蔬菜、水果。

四、操作方法

1. 标准曲线的制备

取抗坏血酸标准应用液 0.5 mL、1.0 mL、1.5 mL 和 2.0 mL 标准系列各 2 份，分别置于 10 mL 带盖试管中，再用水补充至 2.0 mL。

2. 样品制备

称取 100 g 鲜样，加 100 mL 偏磷酸-乙酸溶液，倒入打碎机内打成匀浆，用百里酚蓝指示剂调试匀浆酸碱度。若呈红色，即可用偏磷酸-乙酸溶液稀释；若呈黄色或蓝色，则用偏磷酸-

乙酸-硫酸溶液稀释，使其 pH 为 1.2。匀浆的取量需根据样品中抗坏血酸的含量而定。当样品液抗坏血酸含量在 40～100 μg/mL 之间，一般取 20 g 匀浆，用偏磷酸-乙酸溶液稀释至 100 mL，过滤，滤液备用。

3. 氧化处理

分别取样品滤液及标准使用液各 100 mL 于带盖三角瓶中，加 2 g 活性炭，用力振摇 1 min，过滤，弃去最初数毫升滤液，分别收集其余全部滤液，即样品氧化液和标准氧化液，待测定。

4. 溶液制备

各取 5 mL 标准氧化液于 2 个 50 mL 容量瓶中，分别标明“标准”及“标准空白”。各取 5 mL 样品氧化液于 2 个 50 mL 容量瓶中，分别标明“样品”及“样品空白”。于“标准空白”及“样品空白”溶液中各加 5 mL 硼酸-乙酸钠溶液，混合摇动 15 min，用水稀释至 50 mL，在 4 ℃ 冰箱中放置 2 h，取出备用。于“样品”及“标准”溶液中各加入 5 mL 50%乙酸钠溶液，用水稀释至 50 mL，备用。

5. 荧光反应

取“标准空白”溶液、“样品空白”溶液及上述“标准”溶液、“样品”溶液各 2 mL，分别置于 10 mL 带盖试管中。在暗室中迅速向各管中加 5 mL 邻苯二胺，振摇混合，在室温下反应 35 min，用激发光波长 338 nm、发射光波长 420 nm 测定荧光强度。标准系列荧光强度分别减去标准空白荧光强度为纵坐标，对应的抗坏血酸含量为横坐标，绘制标准曲线。

五、计算

$$抗坏血酸含量(mg/100\ g)=(c\times V/m)\times F\times(100/1\ 000)$$

式中：c 为由标准曲线查得样品溶液浓度(μg/mL)；m 为试样质量(g)；F 为样品溶液的稀释倍数；V 为荧光反应所用试样体积(mL)。

六、注意事项

(1)大多数植物组织内含有一种能破坏抗坏血酸的氧化酶，因此，抗坏血酸的测定应采用新鲜样品，并尽快用偏磷酸-醋酸提取液将样品制成匀浆以保存维生素 C。

(2)某些果胶含量高的样品不易过滤，可采用抽滤的方法，也可先离心，再取上清液过滤。

(3)活性炭可将抗坏血酸氧化为脱氢抗坏血酸，但它也有吸附抗坏血酸的作用，故活性炭用量应适当、准确，所以，应用电子天平称量。

(4)整个试验过程应避光。

技能训练十二　聚合酶链反应(PCR)实验

一、目的

了解典型的 PCR 三步反应组成的循环；熟悉 PCR 在分子克隆和 DNA 分析中的用途；掌握 PCR 反应体系的组成与反应条件的优化过程。

二、原理

聚合酶链反应是体外酶促合成特异 DNA 片段的一种方法，为最常用的分子生物学技术之一。典型的 PCR 由高温模板变性、引物与模板退火、引物沿模板延伸三步反应组成一个循环，通过多次循环反应，使目的 DNA 得以迅速扩增。其主要步骤是：将待扩增的模板 DNA 置高温下（通常为 93～94 ℃）使其变性解成单链；人工合成的两个寡核苷酸引物在其合适的复性温度下分别与目的基因的 2 条单链互补结合，2 个引物在模板上结合的位置决定了扩增片段的长短；耐热的 DNA 聚合酶（*Taq* 酶）在 72 ℃将单核苷酸从引物的 3′-端开始掺入，以目的基因为模板从 5′→3′方向延伸，合成 DNA 的新互补链。

PCR 能快速特异扩增任何已知目的基因或 DNA 片段，并能轻易使在皮克（pg）水平起始 DNA 混合物中的目的基因扩增达到纳克、微克、毫克级的特异性 DNA 片段。因此，PCR 技术一经问世就被迅速而广泛地用于分子生物学的各个领域。它不仅可以用于基因的分离、克隆和核苷酸序列分析，还可以用于突变体和重组体的构建、基因表达调控的研究、基因多态性的分析、遗传病和传染病的诊断、肿瘤机制的探索、法医鉴定等诸多方面。通常，PCR 在分子克隆和 DNA 分析中有着以下多种用途。

1. 目的基因的克隆

PCR 技术为在重组 DNA 过程中获得目的基因片段提供了简便快速的扩增方法。该技术可用于：①与反转录反应相结合，可以直接从组织和细胞的 mRNA 获得目的基因片段；②利用特异性引物以 cDNA 或基因组 DNA 为模板获得已知目的基因片段；③利用简并引物从 cDNA 文库或基因组文库中提取具有一定序列相似性的基因片段；④利用随机引物从 cDNA 文库或基因组文库中克隆基因。

2. 基因的体外突变

利用 PCR 技术可以随意设计引物在体外对目的基因片段进行嵌合、缺失、点突变等改造。

3. DNA 和 RNA 微量分析

PCR 技术高度敏感，对模板 DNA 的含量要求很低，是 DNA 和 RNA（RNA 一般需要先反转录成为 cDNA）微量分析的好方法。从理论上讲，只要存在一分子模板，就可以获得目的片段。在实际工作中，一滴血、一根毛发或一个细胞就足以满足 PCR 的检测需要。因此，PCR 在基因诊断方面具有极广阔的应用前景。

4. DNA 序列测定

将 PCR 技术引入 DNA 序列测定，可使测序工作大为简化，也提高了测序的速度。待测 DNA 片段既可以克隆到特定的载体后进行序列测定，也可以直接测定。

5. 基因突变分析

基因突变可引起许多遗传病、免疫性疾病，PCR 技术可用于分析基因突变。

三、仪器与试剂

引物（根据需扩增的 DNA 设计相应的引物）；*Taq*DNA 聚合酶；10×PCR 缓冲（随酶一起购买）；5 mmol/L dNTP 贮备液（商品化产品）；DNA 模板（需扩增的 DNA）；ddH_2O；PCR 反

应管;微量移液管;离心机;PCR 仪。

四、方法与操作

(1)在水浴中,按以下次序将各成分加入一个 0.5 mL 无菌离心管中。

10×PCR Buffer	5 μL
dNTP mix(2 mmol)	4 μL
引物 1(10 pmol)	2 μL
引物 2(10 pmol)	2 μL
Taq 酶 (2 U/μL)	1 μL
DNA 模板(50 ng/μL 至 1 μg/μL)	1 μL
加 ddH_2O 至	50 μL

(2)调整好反应程序。将上述混合液稍加离心,立即置 PCR 仪上进行扩增。在 93 ℃变性 3~5 min;进入循环扩增阶段,93 ℃ 40 s→58 ℃ 30 s→72 ℃ 60 s,循环 30~35 次,最后在 72 ℃保温 7 min。

(3)结束反应。PCR 产物放置于 4 ℃待电泳检测或−20 ℃长期保存。

(4)PCR 的电泳检测:PCR 扩增 DNA 片段只是一个重要手段,扩增片段的检测和分析才是目的,根据研究对象和目的的不同而采用不同的分析法。琼脂糖凝胶电泳可鉴定扩增产物的大小。

五、PCR 反应体系的组成与反应条件的优化

PCR 反应体系由反应缓冲液(10×PCR Buffer)、脱氧核苷三磷酸底物(dNTP mix)、耐热的 DNA 聚合物(*Taq* 酶)、寡聚核苷酸引物(Primer 1,Primer 2)、靶序列(DNA 模板)5 部分组成。各个组分都能影响 PCR 结果的好坏。

1. 反应缓冲液

一般随 *Taq* 酶供应。标准缓冲液含:50 mmol/L KCl,10 mmol/L Tris-HCl(pH 8.3 室温),1.5 mmol/L $MgCl_2$。Mg^{2+} 的浓度对反应的特异性及产量有着显著影响。浓度过高,使反应特异性降低;浓度过低,使产物减少。在各种单核苷酸浓度为 200 μmol/L 时,Mg^{2+} 为 1.5 mmol/L 较合适。若样品中含 EDTA 或其他螯合物,可适当增加 Mg^{2+} 的浓度。在高浓度 DNA 及 dNTP 条件下进行反应时,也必须相应调节 Mg^{2+} 的浓度。据经验,一般以 1.5~2 mmol/L(终浓度)较好。

2. dNTP mix 浓度

高浓度 dNTP 易产生错误掺入,过高则可能不扩增;但浓度过低,将降低反应产物的产量。PCR 中常用的 dNTP 终浓度为 50~400 μmol/L。四种脱氧核苷三磷酸的浓度应相同,如果其中任何一种的浓度明显不同于其他几种(偏高或偏低),就会诱发聚合酶的错误掺入,降低合成速度,过早终止延伸反应。此外,dNTP 能与 Mg^{2+} 结合,使游离的 Mg^{2+} 浓度降低。因此,dNTP 的浓度直接影响反应中起重要作用的 Mg^{2+} 浓度。

3. *Taq* 酶

在 100 μL 反应体系中,一般加入 2~4 IU 的酶量,足以达到每分钟延伸 1 000~4 000 个

核苷酸的掺入速度。酶量过多将导致产生非特异性产物。但是，不同的公司或不同批次的产品常有很大的差异，由于酶的浓度对 PCR 反应影响极大，所以应当作预试验或使用厂家推荐的浓度。当降低反应体积时（如 20 μL 或 50 μL），一般酶的用量仍不小于 2 IU，否则反应效率将降低。

4. 引物

引物是决定 PCR 结果的关键，引物设计在 PCR 反应中极为重要。要保证 PCR 反应能准确、特异、有效地对模板 DNA 进行扩增，通常引物设计要遵循以下几条原则：

（1）引物的长度以 15～30 bp 为宜，一般（G+C）的含量为 45%～55%，T_m 值高于 55 ℃［$T_m=4(G+C)+2(A+T)$］。应尽量避免数个嘌呤或嘧啶的连续排列，碱基的分布应表现出是随机的。

（2）引物的 3′-端不应与引物内部有互补，避免引物内部形成二级结构；两个引物在 3′-端不应出现同源性，以免形成引物二聚体。3′-端末尾碱基在很大程度上影响着 *Taq* 酶的延伸效率。两条引物间配对碱基数少于 5 个，引物自身配对若形成茎环结构，茎的碱基对数不能超过 3 个。由于影响引物设计的因素比较多，现常常利用计算机辅助设计。

（3）人工合成的寡聚核苷酸引物需经 PAGE 或离子交换 HPLC 进行纯化。

（4）引物浓度不宜偏高，浓度过高有两个弊端：一是容易形成引物二聚体（primer-dimer）；二是当扩增微量靶序列并且起始材料不纯时，容易产生非特异性产物。一般情况下，用低浓度引物不仅经济，而且反应特异性也较好。一般用 0.25～0.5 pmol/μL 扩增效果较好。

（5）引物一般用 TE 配置成较高浓度的母液（约 100 μmol/L），保存于 −20 ℃。使用前取出其中一部分用 ddH_2O 配置成 10 μmol/L 或 20 μmol/L 的工作液。

5. 模板

PCR 对模板的要求不高，单、双链 DNA 均可作为 PCR 的样品。虽然 PCR 可以用极微量的样品（甚至是来自单一细胞的 DNA）作为模板，但为了保证反应的特异性，一般宜用微克水平的基因组 DNA 或 10^4 拷贝的待扩增片段作为起始材料。原材料可以是粗制品。某些材料甚至仅需用溶剂一步提取之后即可用于扩增，但混有任何蛋白酶、核酸酶、*Taq* 酶抑制剂以及能结合 DNA 的蛋白质，将可能干扰 PCR 反应。

PCR 循环加快，即相对减少变性、复性、延伸的时间，可增加产物的特异性。

六、注意事项

（1）PCR 反应应该在一个没有 DNA 污染的干净环境中进行。最好设立一个专用的 PCR 实验室。

（2）纯化模板所选用的方法对污染的风险有极大影响。一般而言，只要能够得到可靠的结果，纯化的方法越简单越好。

（3）所有试剂都应该没有核酸和核酸酶的污染。操作过程应戴手套。

（4）配置 PCR 试剂应使用最高质量的新鲜 ddH_2O，采用 0.22 μm 滤膜过滤除菌或高压灭菌。

（5）所用试剂都应该以大体积配置，试验一下是否可用，然后分装成仅够一次使用的量贮存，从而确保实验与实验之间的连续性。

(6)试剂或样品准备过程中要使用一次性灭菌的塑料瓶和塑料管，玻璃器皿应洗涤干净并高压灭菌。

(7)PCR的样品应在水浴上化开，并且要充分混匀。

参考文献

[1] 夏未铭. 动物生物化学. 北京:中国农业出版社,2006.

[2] 李京杰. 动物生物化学. 北京:中国农业大学出版社,2011.

[3] 马君,韦新兰. 动物生物化学. 北京:中国农业大学出版社,2023.

[4] 周顺伍. 动物生物化学. 3 版. 北京:中国农业出版社,1999.

[5] 杨海莲,刘国琴. 生物化学. 3 版. 北京:中国农业大学出版社,2019.

[6] 张洪渊. 生物化学原理. 北京:科学出版社,2007.

[7] 古练权. 生物化学. 北京:高等教育出版社,2000.

[8] 吴玮,韩海棠. 基础生物化学. 3 版. 北京:中国农业大学出版社,2022.

[9] 李关荣,李天俊,冯建成. 生物化学实验教程. 北京:中国农业大学出版社,2011.